普通高等教育电子信息类系列教材

数字电子技术基础

杨照辉　梁宝娟　黄美玲　刘岳镭　编著

西安电子科技大学出版社

内 容 简 介

本书围绕数字系统的设计，全面介绍数字电路、脉冲电路和数字系统中其他电路的工作原理、分析和设计的方法。全书共12章，主要内容包括数字逻辑基础、逻辑门电路、组合逻辑电路、触发器、时序逻辑电路、半导体存储器、脉冲波形的产生与变换、数/模与模/数转换电路、可编程逻辑器件、数字系统硬件设计、VHDL逻辑电路设计和Quartus软件及仿真测试平台。各章章首有内容提要、学习提示，章末有本章小结、思考题与习题。

本书物理概念阐述清楚，理论联系实际、深入浅出，可作为高等学校电气工程、电子信息、自动化控制、机械电子、计算机科学与技术及相近专业本科生“数字电子技术基础”课程的教材和教学参考书，也可作为相关工程技术人员的参考书。

图书在版编目(CIP)数据

数字电子技术基础/杨照辉等编著. —西安：西安电子科技大学出版社，2020.3(2022.11重印)

ISBN 978-7-5606-5618-2

Ⅰ.①数… Ⅱ.①杨… Ⅲ.①数字电路—电子技术—高等学校—教材
Ⅳ.①TN79

中国版本图书馆CIP数据核字(2020)第021005号

策　　划　刘玉芳
责任编辑　刘玉芳
出版发行　西安电子科技大学出版社(西安市太白南路2号)
电　　话　(029)88202421　88201467　　邮　　编　710071
网　　址　www.xduph.com　　电子邮箱　xdupfxb001@163.com
经　　销　新华书店
印刷单位　陕西天意印务有限责任公司
版　　次　2020年3月第1版　2022年11月第3次印刷
开　　本　787毫米×1092毫米　1/16　印张22.5
字　　数　535千字
印　　数　4001～6000册
定　　价　55.00元
ISBN 978-7-5606-5618-2/TN
XDUP 5920001-3

前　言

数字电子技术是目前发展最快的技术领域之一，在数字集成电路集成度越来越高的情况下，开发数字系统的实用方法和用来实现这些方法的工具已经发生了变化。特别是可编程逻辑器件的大量应用，传统的标准逻辑器件在应用系统设计中的应用越来越少。电子技术和微电子技术在飞速发展，各种通用的、专用的、用户可编程的器件不断涌现，目前已可以在一块芯片上集成几千万个元件而构成数字系统。但是，在数字电子技术中作为理论基础的基本原理并没有改变，理解大规模集成电路中的基本模块结构仍然需要基本单元电路的有关概念。因此，数字电子技术基础课程的基本内容仍然是介绍数字系统中常用的基本单元电路、基本功能模块及基本的分析方法。

数字电子技术基础是一门重要的专业基础课。本书侧重于阐明基本物理概念、电路的工作原理和设计方法，尽量减少繁琐冗长的数学运算，力求做到深入浅出、便于自学。为了加强对概念的理解，学以致用，书中附有大量的实例以及实际应用中需要解决的各种问题，并介绍了一些在工程中常用的分析和设计方法。每章章末附有思考题与习题，以巩固所学知识。

全书共分 12 章。第 1 章论述了数字电路的特点和逻辑代数基础，介绍逻辑代数和逻辑函数化简。第 2 章是逻辑门电路，介绍了集成 TTL 逻辑门和 CMOS 逻辑门电路。第 3 章至第 6 章是本书的重点，其中第 3 章介绍了组合逻辑电路的分析方法、设计方法和常见的组合逻辑电路。第 4 章介绍了触发器的工作原理、逻辑特性和使用方法。第 5 章介绍了常见的时序逻辑电路，同时针对具体电路给出分析方法和设计方法。第 6 章介绍了半导体存储器 ROM 和 RAM。第 7 章讨论了各种脉冲电路的实现。第 8 章介绍了数字信号和模拟信号之间的相互转换电路。第 9 章介绍了可编程逻辑器件。第 10 章和第 11 章分别介绍了 VHDL 语言的基本语法结构和 VHDL 逻辑电路设计。第 12 章介绍了 Quartus 软件及仿真测试平台。读者若希望深入了解 VHDL 语言，请阅读专门介绍 VHDL 语言的教材或相关资料。另外，读者在阅读本书时，若跳过有关 VHDL 的内容，也不会影响其他内容的连贯性。

参加本书编写工作的有：杨照辉(第 1～7 章)、梁宝娟(第 8～9 章)、黄美玲(第 10～11 章)、刘岳镭(第 12 章)。杨照辉负责制定编写提纲和全书的统稿工作。在本书编写过程中，楚岩教授自始自终给予了热情支持与具体指导，提出了极其宝贵的建议和详尽的修改意见，邓秋霞副教授精心审阅了全书，提出了很多有益的建议，在此一并表示衷心的感谢。

限于编者的水平，书中难免会有不妥之处，恳请读者批评指正。编者 E-mail：zhhyang@chd.edu.cn。

编者

2019 年 10 月

目　　录

第 1 章　数字逻辑基础

内容提要：本章主要介绍数制、代码、三种基本逻辑运算、逻辑代数的基本定理、逻辑函数及其化简方法。

学习提示：二进制数及二进制代码是数字系统中信息的主要表示形式；与、或、非三种基本逻辑运算是逻辑代数的基础，熟练掌握三种基本逻辑运算是正确理解逻辑代数基本定理的前提。逻辑代数是分析数字电路和系统的基本工具，因此，正确理解并熟练掌握逻辑代数的基本定理、逻辑函数的代数化简法和卡诺图化简法是深入学习数字电子技术的关键。

1.1　概　　述

1.1.1　数字量和模拟量

在观察自然界中形形色色的物理量时不难发现，尽管它们的性质各异，但就其变化规律而言，不外乎两大类。

其中一类物理量的变化在时间上和数量上都是离散的。也就是说，它们的变化在时间上是不连续的，总是发生在一系列离散的瞬间。同时，它们的数值大小和每次的增减变化都是某一个最小数量单位的整数倍，而小于这个最小数量单位的数值没有任何物理意义。这一类物理量叫作数字量，把表示数字量的信号叫作数字信号，并且把工作在数字信号下的电子电路叫作数字电路。

例如，用电子电路记录从自动生产线上输出的零件数目时，每送出一个零件便给电子电路一个信号，使之记 1，而平时没有零件送出时加给电子电路的信号是 0，所以不记数。可见，零件数目这个信号无论在时间上还是在数量上都是不连续的，因此它是一个数字信号，最小数量单位就是 1 个。

另一类物理量的变化在时间上或数值上都是连续的。这一类物理量叫作模拟量，把表示模拟量的信号叫作模拟信号，并把工作在模拟信号下的电子电路叫作模拟电路。

例如，电热偶在工作时输出的电压信号就属于模拟信号，因为在任何情况下被测温度都不可能发生突变，所以测得的电压信号无论在时间上还是在数值上都是连续的。而且，这个电压信号在连续变化过程中的任何一个取值都有具体的物理意义，即表示一个相应的温度值。

如今，数字电路与技术已广泛应用于计算机、自动化装置、医疗仪器与设备、交通、电信、文娱活动等几乎所有的生活领域中，可以毫不夸张地说，几乎每人每天都在与数字技术打交道。从本章开始，你将逐步学习有关数字电子技术的一些基本概念、基本理论与基本分析方法，它们对于从最简单的开关接通和断开到最复杂的计算机等所有的数字系统都是适用的，如果你不断地深入学习并把所学的知识与日常生活相联系，那么你对数字电子技术的兴趣就会越来越浓厚，并乐在其中。

1.1.2 数字技术的特点

无论在简单的数字电路或复杂的数字系统中，一般仅涉及两种可能的逻辑状态，它们分别用高电平和低电平表示，高、低电平通常用1和0表示。当用1表示高电平，用0表示低电平时，称为正逻辑，它是目前各种数字系统中普遍采用的逻辑体系。这里的0和1不代表数值的大小，而代表两种不同的逻辑状态。

日常生活中的电子仪器及相关技术中，过去曾用模拟方法实现的功能，如今越来越多地被数字技术所替代，向数字技术转移的主要原因在于数字技术具有下述优点：

(1) 数字系统容易设计和调试。数字系统所使用的电路是开关电路，开关电路中电压或电流的精确值并不重要，重要的是其所处的状态(高电平或低电平)。

(2) 数字信息存储方便。信息存储由特定的器件和电路实现，这种电路能存储数字信息并根据需要长期保存。大规模存储技术能在相对较小的物理空间上存储几十亿位信息，相反，模拟存储能力是相当有限的。

(3) 数字电路抗干扰能力强。在数字系统中，电压的准确值并不重要，只要噪声信号不至于影响区别高低电平，则电压寄生波动(噪声)的影响就可忽略不计。信号一旦被数字化，在处理过程中其包含的信息精度不会降低。而在模拟系统中，电压和电流信号由于受到信号处理电路中元器件参数的改变、环境温度的影响等会产生失真。

(4) 数字电路易于集成化。由于数字电路中涉及的主要器件是开关元件，如二极管、三极管、场效应管等，它们便于集成在一个芯片上。事实上，模拟电路也受益于快速发展的集成电路工艺，但是模拟电路相对复杂一些，所有器件无法经济地集成在一起(如大容量电容、精密电阻、电感、变压器等)，它阻碍了模拟系统的集成化，使其无法达到与数字电路同样的集成度。

(5) 数字集成电路的可编程性好。现代数字系统的设计，越来越多地采用可编程逻辑器件，硬件描述语言的发展促进了数字系统硬件电路设计的软件化，为数字系统研发带来了极大的方便和灵活性。

虽然数字技术的优点明显，但采用数字技术时必须面对下述两大问题：一是自然界中大多数物理量是模拟量；二是信号的数字化过程需要时间。应用系统中被检测、处理、控制的输入、输出信号经常是模拟信号，如温度、压力、速度、液位、流速等。当涉及模拟输入、输出时，为了利用数字技术的优点，必须首先把实际中的模拟信号转换为数字形式进行数字信息处理，最后再把数字信号变换为模拟信号并输出。由于必须在信息的模拟形式与数字形式之间进行转换，从而增加了系统的复杂性和费用，所需要的数据越精确，则处理过程花费的时间就越长。

1.1.3 数字电路的发展

数字技术的发展历程一般以数字逻辑器件的发展为标志，数字逻辑器件经历了从半导体分立元件到集成电路的过程。数字集成电路可分为小规模(SSI)、中规模(MSI)、大规模(LSI)和超大规模(VLSI)集成电路等，如表1.1.1所示。集成度是指一个芯片中所含等效门电路(或三极管)的个数。随着集成电路生产工艺的进步，数字逻辑器件的集成度越来越高，目前所生产的高密度超大规模集成电路(GLSI)一个芯片内所含等效门电路的个数已超过一百万。

表1.1.1　数字集成电路的分类

类　型	三极管个数	典型集成电路
小规模(SSI)	≤10	逻辑门
中规模(MSI)	10～100	计数器、加法器
大规模(LSI)	100～1000	小型存储器、门阵列
超大规模(VLSI)	1000～10^6	大型存储器、可编程逻辑器件等

数字逻辑器件有标准逻辑器件和专用集成电路(ASIC)两种类型。标准逻辑器件包括TTL、CMOS、ECL系列，其中TTL、CMOS系列是过去30多年中构成数字电路的主要元器件，但随着专用集成电路中可编程逻辑器件的发展，新的系统设计正越来越多地采用可编程逻辑器件实现，因此，可编程逻辑器件代表了数字技术的发展方向。

随着现代电子技术和信息技术的飞速发展，数字电路已从简单的电路集成走向数字逻辑系统集成，即把整个数字逻辑系统制作在一个芯片上(SOC)。电路集成与系统集成都属于硬件集成技术。硬件集成技术飞速发展的同时，系统设计软件技术也发展得很快。硬件集成技术与系统设计软件技术的迅猛发展，不断向实现彻底的、真正的电子系统设计自动化的目标靠近。

20世纪70年代之前，数字集成电路产品主要是标准通用逻辑电路，它们的共同特点是每个集成电路芯片具有特定的逻辑功能，使用方法简单，但不足之处是器件功能灵活性差，对于较大的数字系统，往往需要几十甚至几百个集成电路芯片，这对于减少数字系统的体积、降低功耗不利。因此，标准化的通用数字集成电路器件难以满足整机用户对系统成本、可靠性、保密性及提高产品性价比的要求。

20世纪80年代，专用数字集成电路(Application Specific Integrated Circuit，ASIC)逐步流行起来。它们代表了数字系统硬件设计的发展方向，其中可编程逻辑器件的发展经历了由简单PLD到复杂PLD的过程。早期可编程逻辑器件的主要类型有PLA(Programmable Logic Array)和PAL(Programmable Array Logic)。PLA器件的特点是与阵列和或阵列均可编程，输出电路固定。在PLA器件基础上发展起来的PAL器件，其特点是与阵列可编程、或阵列固定，输出电路固定，但根据不同的要求，输出电路有组合输出方式，也有寄存器输出方式。为了提高输出电路结构的灵活性及可多次编程修改，在PAL器件的基础上，出现了GAL(Generic Array Logic)器件。GAL器件与PAL的最大区别在于将原来的固定输出结构变为可编程的输出逻辑宏单元(Output Logic Macro Cell，OLMC)。通过对OLMC的编程，可方便地实现组合逻辑电路输出或者寄存器输出结构，且这类器件采用电擦除CMOS工艺，通常可擦除几百次甚至上千次。正是由于GAL器件的通用性和可重复擦写等突出优点，它在20世纪90年代得到了广泛的应用。但GAL器件在集成度上仍与PAL器件类似，无法满足较大数字系统的设计要求。

20世纪90年代出现了高密度可编程逻辑器件(High Density PLD，HDPLD)和在系统可编程逻辑器件(In System Programmability PLD，ISP-PLD)。高密度可编程逻辑器件有两种类型，一种是复杂的可编程逻辑器件(Complex Programmable Logic Device，CPLD)，其器件内部包含可编程的逻辑宏单元、可编程的I/O单元及可编程的内部连线等。每个可编程的逻辑单元即逻辑块相当于一个GAL器件，多个逻辑块之间通过可编程的内部连线相互连接，从而实现各个逻辑块之间的资源共享。CPLD允许系统具有更多的输入、输出信号，因此，CPLD能满足较大数字系统的设计要求，且具有高速度、低功耗、高保密性等优点。另一种高密度可编程逻辑器件是现场可编程门阵列(Field Programmable Gate Array，FPGA)，其电路结构与CPLD完全不同，它由若干个独立的可编程逻辑块组成，用户通过对这些逻辑块的编程连接形成所需要的数字系统。FPGA内部单元主要有可编程的逻辑块(CLB)、可编程的输入输出单元(IOB)及可编程的互连资源(IR)。重复可编程的FPGA采用SRAM编程技术，其逻辑块采用查找表(Look-Up Table，LUT)方式产生所要求的逻辑函数，由此带来的优点是其无限次可重复快速编程能力及在系统可重复编程能力，但基于SRAM的器件是易失性的，因此上电后，要求重新配置FPGA。

可编程逻辑器件的发展趋势是从低密度向高密度发展，从而使PLD具有高密度、高速度、低功耗的特点。PLD器件类型较多，不同类型的器件各有特点，对于一般用户来说，重要的是了解各类PLD器件的特点，并根据实际需要选择适合系统要求的器件类型，使所设计的系统具有较高的性价比。

1.1.4 数字电路的研究对象、分析工具及描述方法

数字电路是以二值数字逻辑为基础的，电路的输入、输出信号为离散数字信号，电子元器件工作在开关状态。数字电路响应输入的方式叫作电路逻辑，每种数字电路都服从一定的逻辑规律，由于这一原因，数字电路又叫作逻辑电路。

在数字电路中，人们关心的是输入、输出信号之间的逻辑关系。输入信号通常称作输入逻辑变量，输出信号通常称作输出逻辑变量。输入逻辑变量与输出逻辑变量之间的因果关系通常用逻辑函数来描述。

分析数字电路的数学工具是逻辑代数，描述数字电路逻辑功能的常用方法有真值表、逻辑表达式、波形图、逻辑电路图等。随着可编程逻辑器件的广泛应用，硬件描述语言(HDL)已成为数字系统设计的主要描述方式，目前较为流行的硬件语言有VHDL、Verilog HDL等。

1.2 数制与数值转换

一个物理量的数值大小可以用两种不同的方法表示：一种是按“值”表示，另一种是按“形”表示。所谓按“值”表示，就是选定某种进位制来表示出某个数值，这就是所谓的数制。按“值”表示时需要解决三个问题：一是选择恰当的“数字符号”及组合规则；二是确定小数点的位置；三是正确地表示出正、负号。例如十进制数+15.5，用二进制数表示为“00001111.1”。所谓按“形”表示，就是按照一定的编码方法来形式地表示出某个数值。例如：在保密通信时需要约定：9999表示“+”，3217表示“1”，3258表示“5”，4444表示“.”，于是+15.5在此约定下可以表示为：9999 3217 3257 4444 3257。采用按“形”表示时，先确定编码规则，然后在此编码规则的约定下编出一组代码，并给每个代码赋予一定的含义，这就是所谓的码制。以下将介绍数字电路中常用的几种数制和码制。

1.2.1 数制

数制是数的表示方法，为了描述数的大小或多少，人们采用进位计数的方法，称为进位计数制，简称数制。组成数制的两个基本要素是进位基数与数位权值，简称基数与位权。

基数：一个数位上可能出现的基本数码的个数，记作R。

例如，十进制有 0，1，2，3，4，5，6，7，8，9 十个数码，则基数 $R=10$。二进制一个数位上包含 0、1 两个数码，基数 $R=2$。

位权：位权是基数的幂，记作 R^i，它与数码在数中的位置有关。

例如，十进制数 $137=1\times10^2+3\times10^1+7\times10^0$，$10^2$、$10^1$、$10^0$ 分别为最高位、中间位和最低位的位权。

同一串数字，数制不同，代表的数值大小也不同。

设 R 进制的数为 N，则可用多项式表示为

$$(N)_R = d_{n-1}R^{n-1} + d_{n-2}R^{n-2} + \cdots + d_1R^1 + d_0R^0 + d_{-1}R^{-1} + d_{-2}R^{-2} + \cdots + d_{-m}R^{-m}$$

$$= \sum_{i=-m}^{n-1} d_iR^i \qquad (1.2.1)$$

其中，下标 $n-1$，$n-2$，…，1，0 表示整数部分，-1，-2，…，$-m$ 表示小数部分，d_i 表示所在数位上的数字。

在数字电路中经常使用的计数进制除了十进制以外，还有二进制、八进制和十六进制。

1. 十进制

在日常生活中，使用最多的是十进制。十进制有十个不同的数码 0，1，2，…，9，任何一个数都可以用这十个数码按一定的规律排列起来表示。当任何一位的数比 9 大 1 时，则向相邻高位进 1，本位复 0，称为“逢十进一”。因此，十进制数就是以十为基数，逢十进一的计数体制。

例如：十进制数 3582.67 可以表示为如下形式：

$$3508.67 = 3\times10^3 + 5\times10^2 + 0\times10^1 + 8\times10^0 + 6\times10^{-1} + 7\times10^{-2}$$

显然，任意一个十进制数 N 可以表示为

$$(N)_{10} = k_{n-1}\times10^{n-1} + k_{n-2}\times10^{n-2} + \cdots + k_1\times10^1 + k_0\times10^0$$
$$+ k_{-1}\times10^{-1} + k_{-2}\times10^{-2} + \cdots + k_{-m}\times10^{-m}$$

式中，n、m 为自然数；k_i 为系数(十进制 0～9 中的某一个)；10 是进位基数；10^i 是十进制数的第 i 位的“权”($i=n-1$，$n-2$，…，1，0，-1，…，$-m$)，表示系数 k_i 在十进制数中的地位；k_i10^i 称为“加权系数”。不难看出，十进制数就是各加权系数之和。一般地，任意十进制数(括号右下标用 D(Decimal)表示)可表示为

$$(N)_D = \sum_{i=-m}^{n-1}(k_i\times10^i) \qquad (1.2.2)$$

十进制是人们最熟悉的数制，但不适合在数字系统中应用，因为很难找到一个电子器件使其具有十个不同的电平状态。

2. 二进制

在数字电路中常采用的是二进制数。二进制数用两个不同的符号 0 和 1 来表示，且计数规律为“逢二进一”。当进行 1+1 运算时，本位复 0，并向高位进 1，即 $(1+1)_2=(10)_2$。一般二进制数(括号右下标用 B(Binary)表示)可表示为

$$(N)_B = k_{n-1}\times2^{n-1} + k_{n-2}\times2^{n-2} + \cdots + k_1\times2^1 + k_0\times2^0$$
$$+ k_{-1}\times2^{-1} + k_{-2}\times2^{-2} + \cdots + k_{-m}\times2^{-m}$$
$$= \sum_{i=-m}^{n-1}k_i\times2^i \qquad (1.2.3)$$

式中，n、m 为自然数；k_i为系数；2 是进位基数；2^i是第 i 位的“权”($i=n-1, n-2, \cdots, 1, 0, -1, \cdots, -m$)。因此二进制数是以 2 为基数，逢二进一的计数体制。

例如：$(1011.101)_B=1\times2^3+0\times2^2+1\times2^1+1\times2^0+1\times2^{-1}+0\times2^{-2}+1\times2^{-3}$

由于多位二进制数不便识别和记忆，因此在数字计算机的资料中常采用八进制或十六进制数来表示二进制数，即三位二进制数对应一位八进制数，四位二进制数对应一位十六进制数，这样可以将较长的二进制数用比较容易记忆的八进制数或十六进制数表示。

3. 八进制

八进制数有八个数字符号：0，1，2，3，4，5，6，7。其计数规律是“逢八进一”，即$(7+1)_O=(10)_O$。八进制的基数是 2^3，即各位的权值是 8 的幂，故八进制数(括号右下标用O(Octal)表示)按权展开为

$$(N)_O=\sum_{i=-m}^{n-1}(k_i\times8^i) \tag{1.2.4}$$

例如：$(362.05)_O=3\times8^2+6\times8^1+2\times8^0+0\times8^{-1}+5\times8^{-2}$

因为 $2^3=8$，所以用三位二进制数可以表示一位八进制数。换言之，用一位八进制数可以表示三位二进制数。

4. 十六进制

十六进制数有 16 个不同符号表示：0，1，2，3，4，5，6，7，8，9，A，B，C，D，E，F。其计数规律是“逢十六进一”，即$(F+1)_H=(10)_H$。十六进制的基数是 2^4，即各位的权值是 16 的幂，故十六进制数(括号右下标用 H(Hexadecimal)表示)按权展开式为

$$(N)_H=\sum_{i=-m}^{n-1}(k_i\times16^i) \tag{1.2.5}$$

例如：$(86B.0F)_H=8\times16^2+6\times16^1+B\times16^0+0\times16^{-1}+F\times16^{-2}$

因为 $2^4=16$，故可以用四位二进制数表示一位十六进制数。换言之，用一位十六进制数可以表示四位二进制数。

基数和权是进位制的两个要素，正确理解其含义，便可掌握进位制的全部内容。表 1.2.1 列出了不同基数进位制数的相互关系。

表 1.2.1　常见数制

数制	数 字 符 号	基数
二进制 B	0 1	2
八进制 O	0 1 2 3 4 5 6 7	2^3
十进制 D	0 1 2 3 4 5 6 7 8 9	10
十六进制 H	0 1 2 3 4 5 6 7 8 9 A B C D E F	2^4

1.2.2　数制之间的相互转换

由于人们已经习惯十进制数，而计算机使用的是二进制数，因此在输入数据时就需要将十进制数转换成可以被机器所接受的二进制数，而机器运算的结果在输出时又要转换成人们熟悉的十进制数，因此，不同的数制之间需要相互转换。

1. 二进制、八进制、十六进制转换成十进制

根据式(1.2.3)～式(1.2.5)将二进制、八进制、十六进制数按权展开并求和即得到对应

的十进制数。

下面通过例子来说明其转换方法。

例 1.2.1　求下列各式的等值十进制数。

$(11010.101)_B$

$(463.32)_O$

$(2E0.B2)_H$

解：将以上各式按不同进制的权展开即可。

$$(11010.101)_B = 1\times2^4+1\times2^3+0\times2^2+1\times2^1+0\times2^0+1\times2^{-1}+0\times2^{-2}+1\times2^{-3} = (26.625)_D$$

$$(464.32)_O = 4\times8^2+6\times8^1+4\times8^0+3\times8^{-1}+2\times8^{-2} = (308.40625)_D$$

$$(2E0.B2)_H = 2\times16^2+E\times16^1+0\times16^0+B\times16^{-1}+2\times16^{-2} = 2\times16^2+14\times16^1+11\times16^{-1}+2\times16^{-2} = (736.6953125)_D$$

2. 十进制数转换成二进制数、八进制数、十六进制数

将十进制转换成其它进制时，需要把整数部分和小数部分分别进行转换。

(1) 对于整数部分，采用“除新基数取余法”，其转换步骤如下：

第一步，用新基数去除十进制数，第一次的余数为新基数制数中的最低位(Least Significant Bit，LSB)数字。

第二步，用新基数去除前一步的商，余数为与前一位新基数制数相邻的高一位数字。

第三步，重复第二步，直到商等于零为止。而商为零的余数就是新基数制数中的最高位(Most Significant Bit，MSB)数字。

下面通过举例说明数制的转换过程。

例 1.2.2　将十进制数$(43)_D$转换为等值的二进制数、八进制数。

解：采用短除法。待转换的十进制数被 2 或被 8 去除，将余数由后向前写出，即为所要转化的结果。

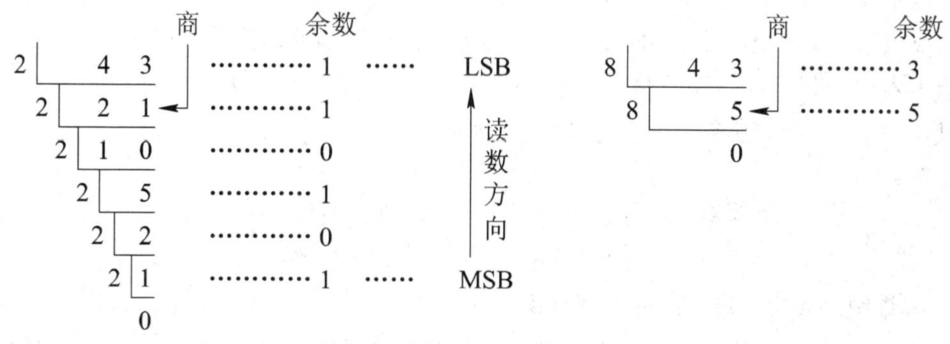

所以，$(43)_D=(101011)_B$，$(43)_D=(53)_O$。

(2) 对于小数部分，采用“乘新基数取整法”，其转换步骤如下：

第一步，用新基数乘以十进制小数，第一次乘积中整数部分的数字是新基数制的小数最高位数字。

第二步，用新基数乘以前一次乘积的小数部分，这次乘积中整数部分的数字是新基数制小数中的下一位数字。

第三步，重复第二步，直到乘积的小数部分为零，或者达到其误差要求的小数转换精度为止。

例 1.2.3 将十进制数$(0.695)_D$转换为等值的二进制数、八进制数。

解：采用取整法。

乘积	整数		乘积	整数	
0.695×2=1.390	1	…… MSB	0.695×8=5.56	5	…… MSB
0.390×2=0.780	0	↓	0.560×8=4.48	4	↓
0.780×2=1.560	1	读	0.480×8=3.84	3	读
0.560×2=1.120	1	数	0.840×8=6.72	6	数
0.120×2=0.240	0	方	0.720×8=5.76	5	方
0.240×2=0.480	0	向	0.760×8=6.08	6	向
0.480×2=0.960	0	↓	0.080×8=0.64	0	↓
0.960×2=1.920	1	…… LSB	0.640×8=5.12	5	…… LSB

所以，$(0.695)_D=(0.10110001)_B$，$(0.695)_D=(0.54365605)_O$。

例 1.2.4 将十进制数$(43.695)_D$转换为二进制数、八进制数。

解：将以上两例的整数部分和小数部分相加即可。

$$(43.695)_D=(101011.10110001)_B,\quad (43.695)_D=(53.54365605)_O$$

3. 二进制数与八进制数的相互转换

八进制数的基数是 2^3，因此二进制数转换为八进制数时采用“三位聚一位”的方法，即从二进制数的小数点开始，把二进制数的整数部分从低位起，每三位分一组，最高位不够三位时通过补零补齐三位。二进制数的小数部分从高位起，每三位分一组，最低位不够三位时通过补零补齐三位，然后顺序写出对应的八进制数即可。

例 1.2.5 将$(11010010011.11)_B$转换成等值的八进制数。

解：

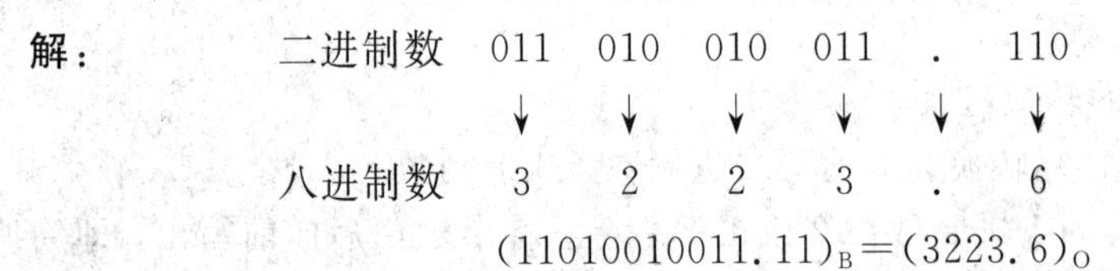

$$(11010010011.11)_B=(3223.6)_O$$

八进制数转换成二进制数时，其过程相反，采用“一位拆三位”的方法，即将每位八进制数用相应的三位二进制数来表示，去掉整数部分最高位和小数部分最后位的零。

例 1.2.6 将$(276.04)_O$转换为等值的二进制数。

解：

八进制数	2	7	6	.	0	4
	↓	↓	↓	↓	↓	↓
二进制数	010	111	110	.	000	100

$$(276.04)_O=(10111110.0001)_B$$

4. 二进制数与十六进制数的相互转换

十六进制数的基数是 2^4，所以每一位十六进制数对应四位二进制数，四位二进制数表示一位十六进制数。

同二进制数与八进制数的相互转换类似，二进制数转换为十六进制数时，采用“四位聚一位”的方法，从小数点处分别向左右两边以四位为一组划分，最高位与最低位不足四位者补零，则每组四位二进制数便对应一位十六进制数。

十六进制数转换为二进制数时，采用“一位拆四位”的方法。

十进制数0～20与等值的二进制数、八进制数及十六进制数之间的对应关系参见表1.2.2。

表1.2.2　常用进制对照表

十进制数	二进制数	八进制数	十六进制数
0	00000	0	0
1	00001	1	1
2	00010	2	2
3	00011	3	3
4	00100	4	4
5	00101	5	5
6	00110	6	6
7	00111	7	7
8	01000	10	8
9	01001	11	9
10	01010	12	A
11	01011	13	B
12	01100	14	C
13	01101	15	D
14	01110	16	E
15	01111	17	F
16	10000	20	10
17	10001	21	11
18	10010	22	12
19	10011	23	13
20	10100	24	14

例1.2.7　将$(110110101010110.101101)_B$转换为十六进制数，将$(36B.A)_H$转换为二进制数。

解：

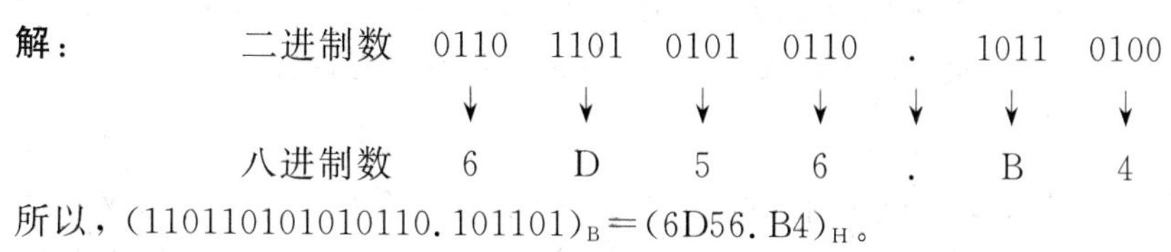

所以，$(110110101010110.101101)_B=(6D56.B4)_H$。

十六进制数　3　6　B　.　A

↓　↓　↓　↓　↓

二进制数　0011　0110　1011　.　1010

所以，$(36B.A)_H=(1101101011.101)_B$。

在计算机系统中，二进制主要用于机器内部的数据处理，八进制和十六进制主要用于书写程序，十进制主要用于最终运算结果的输出。

1.3　二进制编码

人们在交换信息时，可以通过一定的信号或符号来进行。数字系统中处理的信息分为两类：一类是数值，另一类是文字符号。它们都可用多位二进制数来表示，前一类表示数值的大小，后一类则表示不同的符号，这种多位二进制数叫作代码。所谓编码，就是按照一定的规则组合并被赋予一定含义的代码。

在数字系统中，二进制代码是由“0”“1”构成的不同组合，这里的“二进制”并无“进位”的含义，只是强调采用的是二进制数的数码符号而已。n 位二进制，可有 2^n 种不同的组合，即可代表 2^n 种不同的信息。

1.3.1　二-十进制编码(BCD码)

计算机通常对输入的十进制数直接处理，即把十进制数的每一位用多位二进制数来表示，称为二进制编码的十进制数，简称BCD(Binary Coded Decimal)编码。它具有二进制数的形式，又具有十进制数的特点，可以作为人与计算机联系的一种中间表示。

1. 8421码

n 位二进制代码可以组成 2^n 个不同码字，即可以表示 2^n 种不同信息或数据。给 2^n 种信息中的每一个信息指定一个具体码字的过程称为编码。

对于十进制数，由于有0～9共10个数字符号，因此 2^3 只能表示8个不同码字，要表示10个不同的数字符号至少需要4位二进制数，由于 2^4 可以表示16种不同码字，所以用4位二进制数表示十进制数只需要从中选取10种码字，其余的6种码字无效。若按照从左到右的顺序，各位的权分别为 2^3，2^2，2^1，2^0，这种代码称为有权码或权码。例如，按照这种有权码，则有3——0011，6——0110，9——1001，这种码称为BCD-8421码。

8421码是一种有权码，它与自然二进制数有很好的对应关系，故易于实现彼此间的相互转换。8421码的各位系数与它代表的十进制数的关系为

$$(N)_D = 8a_3 + 4a_2 + 2a_1 + 1a_0 \tag{1.3.1}$$

例如，$(92.35)_D=(1001\ 0010\ .0011\ 0101)_{8421}$。

奇偶性是8421码的另一个优点。凡是对应的十进制数是奇数的码字，最低位皆为1，而偶数码字的最低位则是0，因此，采用8421码的十进制数易判别奇偶性。

2. 2421码

2421码是另一种有权码，它也是由4位二进制数表示的BCD码，其各位的权值是2，4，2，1，它所代表的十进制数表示为(注意0～4(前5个数)的最高位为0，5～9(后5个数)的最高位为1)

$$(N)_D = 2a_3 + 4a_2 + 2a_1 + 1a_0 \tag{1.3.2}$$

例如：$(652.37)_D=(1100\ 1011\ 0010\ .0011\ 1101)_{2421}$。

除上面介绍的8421码、2421码外，还有许多种BCD编码是有权码。所有的有权码都可以写出每个码字的按权展开式，并且可以用加权法换算为它所表示的十进制数。有权码的展开式为

$$(N)_D = W_3a_3 + W_2a_2 + W_1a_1 + W_0a_0 \tag{1.3.3}$$

式中，$a_3 \sim a_0$ 为各位代码，$W_3 \sim W_0$ 为各位权值。

有权码分为正权码、负权码和余权码。凡每位的权值都为正数的码，称为正权码，例如 2421、3321、4221、8421 码等，约有 18 种。凡是有一位的权值为负数的码，称为负权码，例如 432-1、542-1、622-1、742-1、832-1 等，约有 71 种之多，最低两位为负权的有 63-2-1、84-2-2、75-3-1、86-4-2、87-4-2 等。

例如，$(8)_D = (1111)_{432-1} = 1\times4 + 1\times3 + 1\times2 + 1\times(-1)$。

3. 余 3 码

余 3 码是由 8421 码加 3(0011)得来的。余 3 码每位无固定的权，因此它是一种无权码。

余 3 码同十进制数的转换虽然也是直接按位转换，但这种转换一般是通过 8421 码为中间过渡形式实现的。

例如：$(18)_D = (0001\ 1000)_{8421}$，若在每个数符的对应代码(8421 码)上加上 0011，其结果为余 3 码，即

十进制数		1	8
8421 码		0001	1000
加 0011	+	0011	0011
余 3 码		0100	1011

又如，将余 3 码 $(0100\ 1010\ 1000\ 0011)_{XS3}$(XS3 表示余 3 码)转换为十进制数，应首先用余 3 码减去 0011，得到 8421 码，再用 8421 码的规则转换为十进制数，转换过程为

$$(0100\ 1010\ 1000\ 0011)_{XS3} = (0001\ 0111\ 0101\ 000)_{8421} = (1750)_D$$

表 1.3.1 列出了几种常用的二-十进制编码。其中格雷码(Gray 码)和右移码也属于无权 BCD 码。这两种码的特点是：相邻的两个码组之间仅有一位不同，因而常用于模拟量的转换。当模拟量发生微小变化可能引起数字量发生变化时，格雷码仅改变一位，这样与其他码同时改变两位或多位的情况相比更为可靠，减小了出错的可能性。

表 1.3.1　常用的 BCD 码

编码种类 十进制数	8421 码	2421(A)码	2421(B)码	余 3 码	格雷码	右移码
0	0000	0000	0000	0011	0000	00000
1	0001	0001	0001	0100	0001	10000
2	0010	0010	0010	0101	0011	11000
3	0011	0011	0011	0110	0010	11100
4	0100	0100	0100	0111	0110	11110
5	0101	0101	1011	1000	0111	11111
6	0110	0110	1100	1001	0101	01111
7	0111	0111	1101	1010	0100	00111
8	1000	1110	1110	1011	1100	00011
9	1001	1111	1111	1100	1101	00001
权	8 4 2 1	2 4 2 1	偏权码	无权码		

1.3.2 检错纠错码

以数字形式传递信息比以模拟形式传递信息有较强的抗干扰能力，但在大量的数据交换、数据远距离传输以及数据存储过程中免不了要出错误，产生错误可能有多种因素，如设备处于临界工作状态、有高频干扰、电源偶然出现瞬变现象等。为了减少这种错误，人们想办法在具体的编码形式上减少出错，或者一旦出现错误时易于被发现或改正，因此，纠错编码和容错技术受到普遍重视，目前已发展成为信息论学科的重要组成部分。

具有检错、纠错能力的编码，称为"可靠性编码"。目前，常用的可靠性编码有格雷码、奇偶校验码和海明码(Hamming Code)等。

1. 格雷码

由表 1.3.1 可知，任意相邻两个十进制数相差一个单位值时，它们的格雷码仅有一位之差，因此当它们代表的数递增或递减时不会发生较大误差。

举例来说，当十进制数由 7 变为 8 时，若采用 8421 码，则其编码将由 0111 变为 1000。此时四位二进制数的状态都发生变化，对于某一个具体实现 8421 码的设备而言，其四位设备状态同时要发生改变是非常困难的，于是有可能出现下列情况：

$$\begin{array}{ccccccccc} 0111 & \rightarrow & 0101 & \rightarrow & 0100 & \rightarrow & 1100 & \rightarrow & 1000 \\ 7 & & 5 & & 4 & & 12 & & 8 \end{array}$$

就是说，尽管最终的结果从 7 变到了 8，但出现了错误的中间转换过程。若无其他措施禁止这些中间错误结果输出，就有可能输出错误结果。然而，若采用格雷码，因为十进制数由 7 变为 8 时，其对应的格雷码将从 0100→1100，只有一位二进制数发生改变，也就无中间的错误结果出现。这一特点使格雷码广泛应用于模/数转换装置中。不仅如此，十进制数 0(0000)与 15(1000)的格雷码也只有一位不同，构成一个"循环"，故格雷码又是"循环码"。

格雷码是一种无权码，每一位都没有固定的权值，因而很难识别单个代码所代表的数值。格雷码不仅能对十进制数进行编码，而且能对任意二进制数进行编码。这就是说，若已知一组二进制码，便可找到一组对应的格雷码，反之亦然。设二进制码为

$$B = B_{n-1}B_{n-2}\cdots B_{i+1}B_i\cdots B_1B_0 \tag{1.3.4}$$

则其对应的格雷码为

$$G = G_{n-1}G_{n-2}\cdots G_{i+1}G_i\cdots G_1G_0 \tag{1.3.5}$$

式(1.3.4)、式(1.3.5)中 G_i 与 B_i 的关系为

$$G_i = B_{i+1} \oplus B_i \tag{1.3.6}$$

其中，$i=0, 1, \cdots, n-2, n-1$。

对于最高位的格雷码

$$G_{n-1} = 0 \oplus B_{n-1} \tag{1.3.7}$$

式中"$\oplus$"为"模 2 加"运算符，其规则为

$$0\oplus 0=0,\quad 1\oplus 0=1,\quad 0\oplus 1=1,\quad 1\oplus 1=0$$

下面通过举例来说明二进制码如何转换为格雷码。

例 1.3.1　已知二进制数 1110101，求其格雷码。

解：根据式(1.3.6)，从最低位开始进行"模 2 加"，在对最高位"模 2 加"时补 0，可得

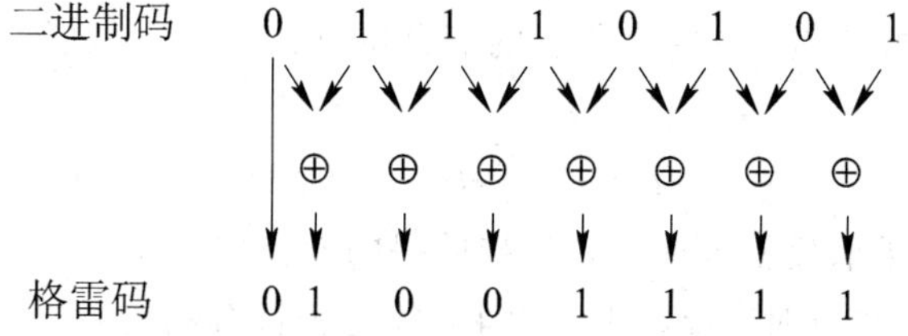

所以，其格雷码为 01001111。

反之，若已知一组格雷码，也可以方便地找出其对应的二进制码，其方法如下：

由式(1.3.6)可得

$$B_i = B_{i+1} \oplus G_i \tag{1.3.8}$$

其中，$i=n-1, n-2, \cdots, 1, 0$，且 $B_{n-1}=G_{n-1}$，然后从高位到低位进行“模 2 加”。

例 1.3.2　已知格雷码为 1110101，求其二进制码。

解：根据式(1.3.8)，可得

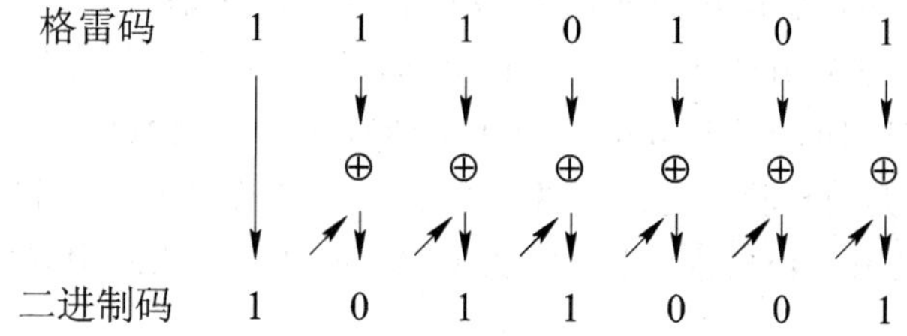

所以，其二进制码是 1011001。

2. 奇偶校验码

奇偶校验码是计算机存储器中广泛采用的可靠性编码，它由若干有效信息位和一位不带信息的校验位组成，其中校验位的取值(0 或 1)将使整个编码组成中“1”的个数为奇数或偶数。若“1”的个数为奇数则称为奇校验；若“1”的个数为偶数则称为偶校验。这种利用码元“1”的奇偶性检错和纠错的编码，称为奇偶校验码。在数字检错中，均采用奇校验码，这是因为奇校验不存在全 0 码，在某些场合下便于判别。8421 奇偶校验码如表 1.3.2 所示。

表 1.3.2　8421 奇偶校验码

8421 码	8421 偶校验码		8421 奇校验码	
	信息位 $A\ B\ C\ D$	校验位 P	信息位 $A\ B\ C\ D$	校验位 P'
0000	0 0 0 0	0	0 0 0 0	1
0001	0 0 0 1	1	0 0 0 1	0
0010	0 0 1 0	1	0 0 1 0	0
0011	0 0 1 1	0	0 0 1 1	1
0100	0 1 0 0	1	0 1 0 0	0
0101	0 1 0 1	0	0 1 0 1	1
0110	0 1 1 0	0	0 1 1 0	1
0111	0 1 1 1	1	0 1 1 1	0
1000	1 0 0 0	1	1 0 0 0	0
1001	1 0 0 1	0	1 0 0 1	1

以 8421 码的偶校验为例，只要对所有的信息位 A、B、C、D 进行“模 2 加”，就可以得到校验位的代码，即

$$F = A \oplus B \oplus C \oplus D \tag{1.3.9}$$

将式(1.3.9)的结果取反就可以得到奇校验码的校验位 P'。

对奇偶校验码进行检查时，看码中“1”的个数是否符合约定的奇偶要求，如果不对，就是非法码。例如偶校验中，代码 10001 是合法码，而代码 10101 就是非法码。

奇偶校验码的检错能力是很低的，它只能检测单个错误或奇数个错误，无法检测出偶数个错误。简单的奇偶校验码没有纠错能力，要纠错首先要对错误进行定位，但简单的奇偶校验码无定位能力，因而不具备自动纠错能力。在数据成组传送或存储的场合，多采用双向奇偶校验，使编码具有一定的纠错能力。

双向奇偶校验如图 1.3.1 所示，在水平和垂直两个方向各加一个校验位，形成阵列码。图中每列是一个数据字，七位信息加一位校验位 P，P 是垂直冗余校验(VRC，Vertical Redundancy Cheek)，它分别对每个码字进行奇偶校验。横行第十六个码字用作校验字，它是水平冗余校验(LRC，Lateral Redundancy Cheek)，它分别对数据块每一位进行奇偶校验。校验字的最后一位 E 是对校验位进行奇偶校验的，当信息的奇偶性无错时指示为 0，有错时指示为 1。如果信息的某一位出错，则可以从 VRC 和 LRC 的指示中确定错误的位置，并对该位进行纠正。

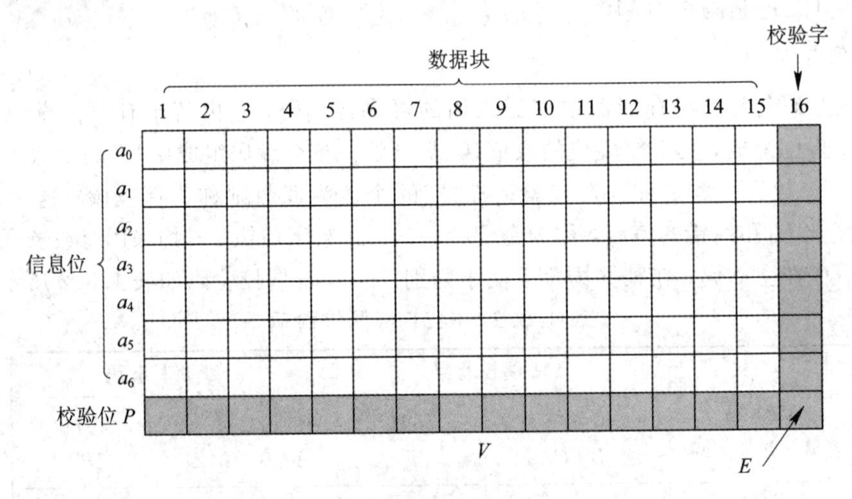

图 1.3.1　双向奇偶校验示意图

1.4　三种基本逻辑运算

逻辑代数是分析和设计数字电路必不可少的数学工具。逻辑代数中的逻辑运算遵循着一定的逻辑规律，可用字母表示变量，称为逻辑变量，这一点与普通代数相同，但两种代数中变量的含义却有着本质上的区别。逻辑变量只有两个值，即 0 和 1，0 和 1 并不表示数量的大小或多少，它们只表示两个对立的逻辑状态。

逻辑运算的逻辑关系可以用多种形式描述，如语句、逻辑表达式、表格及图形等。

逻辑代数中有三种基本逻辑运算，即与运算——逻辑乘法运算；或运算——逻辑加法运算；非运算——逻辑求反运算。

1.4.1　与运算

只有当决定一事件的条件全部具备之后，这一事件才会发生，这种因果关系称为与逻辑。

图 1.4.1(a)表示一个简单的与逻辑电路。电压 U 通过开关 S_1 和 S_2 向指示灯 L 供电。当 S_1 和 S_2 都闭合(全部条件同时具备)时，灯就亮(事件发生)，否则，灯就不亮(事件不发生)。

假如设定开关闭合和灯亮用 1 表示，开关断开和灯熄灭用 0 表示，上述逻辑关系可以用表格描述，如表 1.4.1 所示。这种描述输入逻辑变量取值的所有组合与输出函数值对应关系的表格称为真值表。

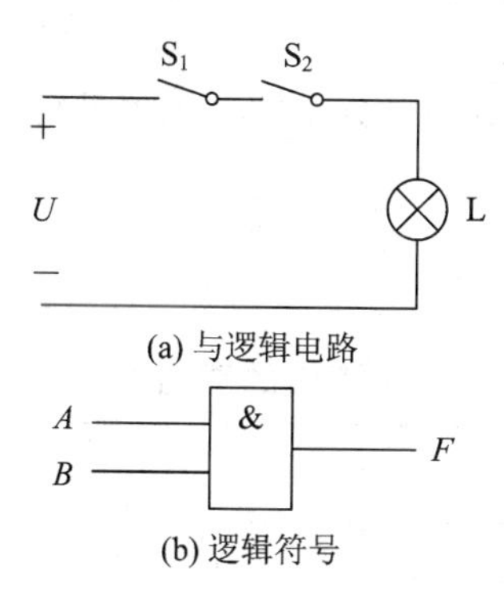

图 1.4.1　与逻辑电路及逻辑符号

表 1.4.1　与逻辑的真值表

输　入		输　出
A	B	F
0	0	0
0	1	0
1	0	0
1	1	1

上述的逻辑关系也可以用函数关系式表示，称为逻辑表达式。与逻辑的表达式为

$$F = A \cdot B \tag{1.4.1}$$

上式读作"F 等于 A 与 B"。式中"·"表示 A 和 B 之间的与运算，即逻辑乘。在不至于混淆的情况下，可将"·"省略。

实现与运算的逻辑电路称为与门，其逻辑符号如图 1.4.1(b)所示。

1.4.2　或运算

当决定一事件的所有条件中任一条件具备时，事件就发生，这种因果关系称为或逻辑。

图 1.4.2(a)表示一个简单的或逻辑电路。电压 U 通过开关 S_1 或 S_2 向指示灯 L 供电。当 S_1 或者 S_2 闭合(任一条件具备)时，灯就亮(事件发生)。

假如设定开关闭合和灯亮用 1 表示，开关断开和灯熄灭用 0 表示，上述逻辑关系可以用真值表描述，如表 1.4.2 所示。

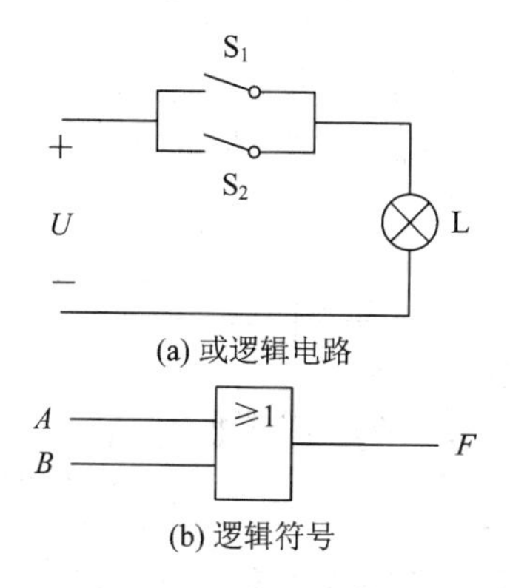

图 1.4.2　或逻辑电路及逻辑符号

表 1.4.2　或逻辑的真值表

输　入		输　出
A	B	F
0	0	0
0	1	1
1	0	1
1	1	1

用逻辑表达式表示或运算的逻辑关系为

$$F = A + B \tag{1.4.2}$$

上式读作“F 等于 A 或 B”。式中“+”是表示或运算的运算符号，即逻辑加。

实现或运算的逻辑电路称为或门，其逻辑符号如图 1.4.2(b)所示。

1.4.3 非运算

当条件具备时，事件不发生，条件不具备时，事件就发生，这种因果关系称为非逻辑。

图 1.4.3(a)表示一个非逻辑电路。当开关 S 闭合(条件具备)时，指示灯不亮(事件不发生)；当开关 S 断开(条件不具备)时，指示灯亮(事件发生)。

假如设定开关闭合和灯亮用 1 表示，开关断开和灯熄灭用 0 表示，非逻辑关系可以用真值表表示如表 1.4.3 所示。

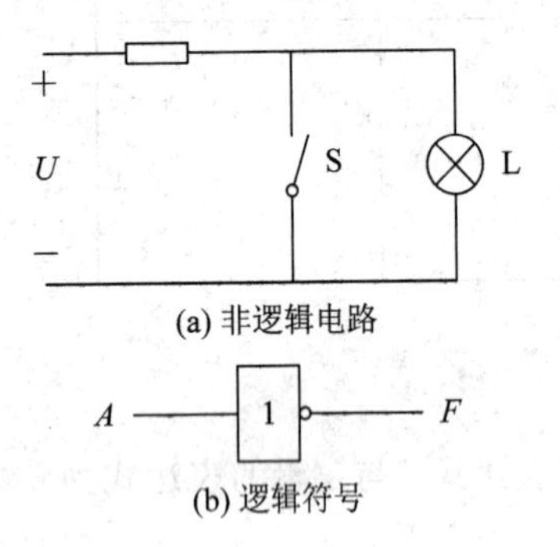

图 1.4.3 非逻辑电路及其逻辑符号

表 1.4.3 非逻辑的真值表

输 入	输 出
A	F
0	1
1	0

非逻辑的逻辑表达式为

$$F = \overline{A} \tag{1.4.3}$$

式中，变量 A 上的“−”表示非运算，读作“A 非”，通常称 A 为原变量，$\overline{A}$ 为反变量。

实现非运算的逻辑电路称为非门，其逻辑符号如图 1.4.3(b)所示。

在数字逻辑电路中，采用一些逻辑符号表示上述三种基本逻辑关系，如图 1.4.4 所示。图中(1)是国家标准《电气图形符号》中“二进制逻辑单元”的图形符号；(2)是过去沿用的图形符号；(3)是国外资料中常用的图形符号。

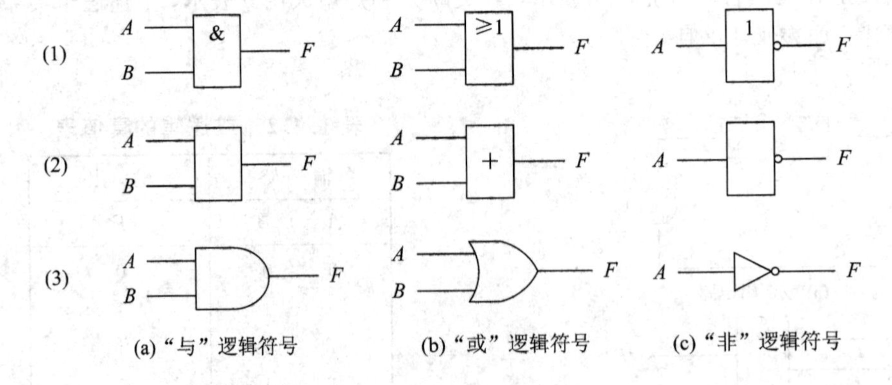

图 1.4.4 基本逻辑的逻辑符号

在数字逻辑电路中，把能实现基本逻辑关系的基本单元电路称为逻辑门电路。把能实现“与”逻辑的基本单元电路称为“与”门；把能实现“或”逻辑的基本单元电路称为“或”门；把能实现“非”逻辑的基本单元电路称为“非”门(或称为反相器)。图 1.4.4 所示的逻辑符号也用于表示相应的逻辑门。

1.4.4　常用复合逻辑

在逻辑代数中，除了最基本的“与”“或”“非”三种基本运算外，还常采用一些复合逻辑运算。

1. “与非”——“NAND”逻辑

“与非”逻辑是“与”逻辑运算和“非”逻辑运算的复合，它是将输入变量先进行“与”运算，然后再进行“非”运算，其表达式为

$$F = \overline{A \cdot B} \tag{1.4.4}$$

“与非”逻辑真值表如表 1.4.4 所示。由真值表可知，对于“与非”逻辑，只要输入变量中有一个为 0，输出就为 1，只有当输入变量全部为 1 时，输出才为 0，其逻辑符号如图 1.4.5(a)所示。

表 1.4.4　“与非”逻辑真值表

A	B	F
0	0	1
0	1	1
1	0	1
1	1	0

表 1.4.5　“或非”逻辑真值表

A	B	F
0	0	1
0	1	0
1	0	0
1	1	0

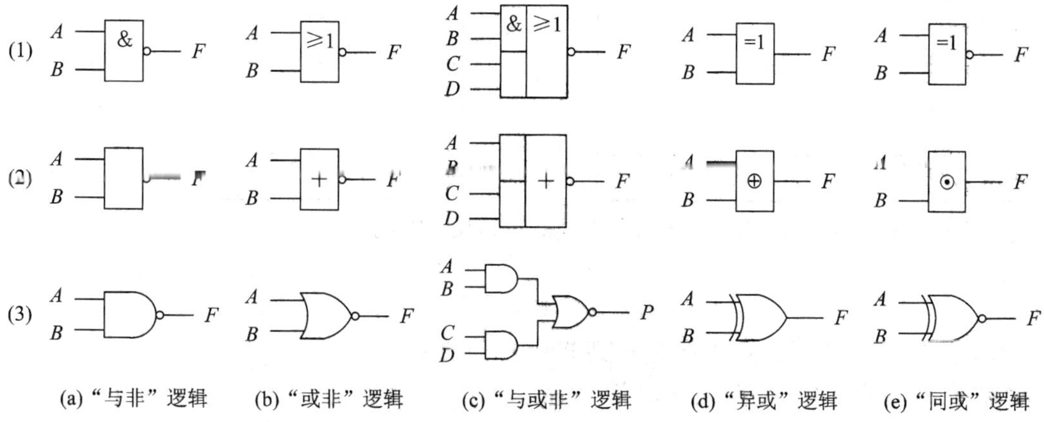

(a)“与非”逻辑　(b)“或非”逻辑　(c)“与或非”逻辑　(d)“异或”逻辑　(e)“同或”逻辑

图 1.4.5　复合逻辑符号

2. “或非”——“NOR”逻辑

“或非”逻辑是“或”逻辑运算和“非”逻辑运算的复合，它是将输入变量先进行“或”运算，然后再进行“非”运算，其表达式为

$$F = \overline{A + B} \tag{1.4.5}$$

“或非”逻辑的真值表如表 1.4.5 所示，由真值表可见，对于“或非”逻辑，只要输入变量中有一个为 1，输出就为 0，只有当输入变量全部为 0 时，输出才为 1，其逻辑符号如图 1.4.5(b)所示。

3. “与或非”——“AND-OR-INVERT”逻辑

“与或非”逻辑是“与”逻辑运算和“或非”逻辑运算的复合，它是先将输入变量 A、B 及 C、D 进行“与”运算，然后再进行“或非”运算，其表达式为

$$F=\overline{A\cdot B+C\cdot D} \tag{1.4.6}$$

“与或非”运算的逻辑符号如图 1.4.5(c)所示。

4. “异或”逻辑和“同或”逻辑

“异或”逻辑和“同或”逻辑是只有两个输入变量的逻辑函数(logic function)。

只有当两个输入变量 A 和 B 的取值相异时，输出 F 才为 1，否则 F 为 0，这种逻辑关系叫作“异或”，记为

$$F=A\oplus B=A\overline{B}+\overline{A}B \tag{1.4.7}$$

式中，“$\oplus$”是“异或”运算符，其真值表如表 1.4.6 所示，逻辑符号如图 1.4.5(d)所示。其一般的运算规则为

$$F=A\oplus 0=A,\quad F=A\oplus 1=\overline{A},\quad F=A\oplus\overline{A}=1,\quad F=A\oplus A=0$$

只有当两个输入变量 A 和 B 的取值相同时，输出 F 才为 1，否则 F 为 0，这种逻辑关系叫作“同或”，记为

$$F=A\odot B=\overline{A}\,\overline{B}+AB \tag{1.4.8}$$

式中，“$\odot$”是“同或”运算符，其真值表如表 1.4.7 所示，逻辑符号如图 1.4.5(e)所示。其一般的运算规则为

$$A\odot 0=\overline{A},\quad A\odot 1=A,\quad A\odot\overline{A}=0,\quad A\odot A=1$$

表 1.4.6 “异或”逻辑真值表

A	B	F
0	0	0
0	1	1
1	0	1
1	1	0

表 1.4.7 “同或”逻辑真值表

A	B	F
0	0	1
0	1	0
1	0	0
1	1	1

由以上分析可知，“同或”与“异或”逻辑正好相反，因此有

$$A\odot B=\overline{A\oplus B}$$
$$A\oplus B=\overline{A\odot B}$$

有时又将“同或”逻辑称为“异或非”逻辑。

由“异或”逻辑和“同或”逻辑的定义可得：

$$A\odot B=\overline{A}\odot\overline{B}$$
$$A\oplus B=\overline{A}\oplus\overline{B}$$
$$A\odot B=\overline{A}\oplus B=A\oplus\overline{B}$$
$$A\oplus B=\overline{A}\odot B=A\odot\overline{B}$$

1.5　逻辑代数基本定理

1849 年，英国数学家乔治·布尔(George Boole，1815—1864 年)首先提出了用数学研究人的逻辑思维规律和推理过程的方法——布尔代数(Boolean Algebra)。1938 年，克劳德·

香农(Claude E. Shannon)又将布尔代数的一些基本前提和定理应用于逻辑电路的数学描述，称为二值布尔代数，即开关代数。随着数字技术的发展，布尔代数成为数字逻辑电路分析和设计的基础，又称为逻辑代数。

1.5.1 逻辑函数的基本定理

分析数字系统、设计逻辑电路、简化逻辑函数，都需要借助于逻辑代数。应用逻辑代数的与、或、非三种基本运算法则，可推导出逻辑运算的基本定律，它是分析及简化逻辑电路的重要依据。

1. 变量与常量的关系公式

$$A+0=A,\quad A+1=1,\quad A+\overline{A}=1$$
$$A\cdot 0=0,\quad A\cdot 1=A,\quad A\cdot\overline{A}=0$$
$$A\odot 0=\overline{A},\quad A\odot 1=A,\quad A\odot\overline{A}=0$$
$$A\oplus 0=A,\quad A\oplus 1=\overline{A},\quad A\oplus\overline{A}=1$$

2. 交换律、结合律、分配律

交换律：

$$A+B=B+A,\quad A\cdot B=B\cdot A,\quad A\odot B=B\odot A,\quad A\oplus B=B\oplus A$$

结合律：

$$(A+B)+C=A+(B+C),\quad (A\cdot B)\cdot C=A\cdot(B\cdot C)$$
$$(A\odot B)\odot C=A\odot(B\odot C),\quad (A\oplus B)\oplus C=A\oplus(B\oplus C)$$

分配律：

$$A(B+C)=AB+AC,\quad A+BC=(A+B)(A+C)$$
$$A(B\oplus C)=AB\oplus AC,\quad A+(B\odot C)=(A+B)\odot(A+C)$$

3. 逻辑代数的一些特殊规律

重叠律：

$$A+A=A,\quad A\cdot A=A,\quad A\odot A=1,\quad A\oplus A=0$$

反演律：

$$\overline{A+B}=\overline{A}\cdot\overline{B},\quad \overline{AB}=\overline{A}+\overline{B},\quad \overline{A\odot B}=A\oplus B,\quad \overline{A\oplus B}=A\odot B$$

调换律：“同或”“异或”逻辑的特点还表现为变量的调换律。

“同或”调换律：若 $A\odot B=C$，则必有 $A\odot C=B$，$B\odot C=A$。

“异或”调换律：若 $A\oplus B=C$，则必有 $A\oplus C=B$，$B\oplus C=A$。

由调换律可以证明如下公式：

$$A\cdot B=A\odot B\odot(A+B)$$
$$A+B=A\oplus B\oplus(A\cdot B)$$
$$A+B=A\odot B\odot(A\cdot B)$$
$$A\cdot B=A\oplus B\oplus(A+B)$$

下面对上面第一个公式进行证明，其余可以同理得证。

设 $A\cdot B=A\odot B\odot(A+B)$，则由调换律知，$A\cdot B\odot(A+B)=A\odot B$。将等式的左边化简可得：

$$\overline{AB}\,\overline{(A+B)}+AB(A+B)=(\overline{A}+\overline{B})\overline{A}\overline{B}+AB=\overline{A}\overline{B}+AB=A\odot B$$

等式得证。

逻辑代数基本定律如表 1.5.1 所示。

表 1.5.1 逻辑代数基本定律

交换律	$A+B=B+A$	$AB=BA$
结合律	$A+(B+C)=(A+B)+C$	$ABC=(AB)C$
分配律	$A+BC=(A+B)(A+C)$	$A(B+C)=AB+AC$
0 律	$0+A=A$	$0\cdot A=0$
1 律	$1+A=1$	$1\cdot A=A$
互补律	$A+\overline{A}=1$	$A\cdot\overline{A}=0$
重叠律	$A+A=A$	$A\cdot A=A$
吸收律	$A+\overline{A}B=A+B$ $A+AB=A$	$A(\overline{A}+B)=AB$ $A(A+B)=A$
反演律（摩根定律）	$\overline{A+B}=\overline{A}\overline{B}$	$\overline{AB}=\overline{A}+\overline{B}$
包含律	$AB+\overline{A}C+BC=AB+\overline{A}C$	$(A+B)(\overline{A}+C)(B+C)=(A+B)(\overline{A}+C)$
否否律	$\overline{\overline{A}}=A$	

由表 1.5.1 可以看出，每个定律几乎都是成对出现的。这些定律可以直接代入值“0”、“1”进行验证，也可用真值表检验等式左边和右边的逻辑函数是否一致。例如用真值表证明反演律，如表 1.5.2 所示。

表 1.5.2 用真值表证明反演律

$A\ \ B$	$\overline{A+B}$	$\overline{A}\overline{B}$	$\overline{AB}$	$\overline{A}+\overline{B}$
0 0	1	1	1	1
0 1	0	0	1	1
1 0	0	0	1	1
1 1	0	0	0	0

注意：表 1.5.1 中所列出的基本定律，反映的是变量之间的逻辑关系，而不是数量之间的关系，这与初等代数的运算法则是不相同的。逻辑代数中无减法和除法，故无移项法，这一点在使用中应该注意。

1.5.2 基本规则

逻辑代数中有三个重要规则，可将原有的公式加以扩展从而推出一些新的运算公式。

1. 代入规则

任何一个含有变量 A 的等式，如果将所有出现变量 A 的地方都代之以一个逻辑函数 F，则等式仍然成立。

有了代入规则，就可以将上述基本等式中的变量用某一逻辑函数来代替，从而扩大了等式的应用范围。

例 1.5.1　已知等式$(A+B)E=AE+BE$，试证明将所有E的地方代之以$(C+D)$，等式仍成立。

解：

$$原等式左边=(A+B)(C+D)=AC+AD+BC+BD$$

$$原等式右边=A(C+D)+B(C+D)=AC+AD+BC+BD$$

所以等式的左边与右边相等。

注意：在使用代入规则时，一定要把所有被代替变量都代之以同一函数，否则不正确。

2. 反演规则

设F是一个逻辑函数表达式，如果将F中所有的“·”(注意：在逻辑表达式中，在不至于引起混淆的地方，“·”常被省略)换为“+”，所有的“+”换为“·”；所有的常量“0”换为常量“1”，所有的常量“1”换为常量“0”；所有的原变量换为反变量，所有的反变量换为原变量，这样所得到的新函数式就是$\overline{F}$。$\overline{F}$称为原函数F的反函数，或称为补函数。

反演规则又称为德·摩根(De·Morgan)定理，或称为互补规则。它的意义在于运用反演规则可以较方便地求出反函数$\overline{F}$。

例 1.5.2　已知$F=A\overline{B}C+A(D+\overline{E})$，求$\overline{F}$。

解：由反演规则可得：

$$\overline{F}=(\overline{A}+B+\overline{C})(\overline{A}+\overline{D}E)$$

在运用反演规则时要特别注意运算符号的优先顺序，即在原函数中的运算顺序在反函数中不改变。

3. 对偶规则

设F是一个逻辑函数表达式，如果将F中所有的“·”换为“+”，所有的“+”换为“·”；所有的常量“0”换为常量“1”，所有常量“1”换为常量“0”，则得到一个新的函数表达式F^*，F^*称为F的对偶式。例如

$$F=(\overline{A}+B)C \qquad F^*=\overline{A}B+C$$

$$F=\overline{A}B+C \qquad F^*=(\overline{A}+B)C$$

$$F=A\overline{B}+A(C+0) \qquad F^*=(A+\overline{B})(A+C\cdot 1)$$

注意：F的对偶式F^*和F的反演式是不同的，在求F^*时不需要将原变量和反变量互换。

如果$F(A, B, C, \cdots)=G(A, B, C, \cdots)$，则$F^*=G^*$。例如：

$$F=(A+B)(A+C), \quad G=A+BC$$

由分配律知$F=G$，则

$$F^*=AB+AC, \quad G^*=A(B+C)$$

不难看出$F^*=G^*$。

由分配律的公式可知

$$A(B+C)=AB+AC$$

$$A+BC=(A+B)(A+C)$$

所以上面两个公式互为对偶式，因此在记前面的公式时只需要记一半即可。

在使用对偶规则写函数的对偶式时，同样要注意运算符号的顺序。

1.5.3　常用公式

逻辑代数的常用公式有以下几个。

1. $AB+A\overline{B}=A$

证明：$AB+A\overline{B}=A(B+\overline{B})=A\cdot 1=A$。

此公式称为吸收律。它的意义是，如果两个乘积项除了公有因子(如 A)外，不同因子恰好互补(如 B 和 $\overline{B}$)，则这两个乘积项可以合并为一个由公有因子组成的乘积项，这个公式是简化逻辑函数时应用最普遍的公式。

根据对偶规则，有

$$(A+B)(A+\overline{B})=A$$

2. $A+AB=A$

证明：$A+AB=A(1+B)=A\cdot 1=A$。

它的意义是，如果两个乘积项中一个乘积项的部分因子(如 AB 中的 A)恰好是另一个乘积项(如 A)的全部，则该乘积项(如 AB)是多余的，如：$ABC+ABCDE=ABC$。

根据对偶规则，有

$$A(A+B)=A$$

3. $A+\overline{A}B=A+B$

证明：$A+\overline{A}B\overset{\text{分配律}}{=\!=\!=}(A+\overline{A})(A+B)=1\cdot(A+B)=A+B$。

它的意义是，如果两个乘积项中一个乘积项(如 $\overline{A}B$)的部分因子(如 $\overline{A}$)恰好是另一乘积项的补(如 A)，则该乘积项($\overline{A}B$)中的这部分因子($\overline{A}$)是多余的，如：$ABC+\overline{ABC}DE=ABC+DE$。

根据对偶原则，有

$$A(\overline{A}+B)=AB$$

4. $AB+\overline{A}C+BC=AB+\overline{A}C$

证明：$AB+\overline{A}C+BC=AB+\overline{A}C+(A+\overline{A})BC=AB+\overline{A}C+ABC+\overline{A}BC=AB+\overline{A}C$。

推论：

$AB+\overline{A}C+BCDE\cdots=AB+\overline{A}C$

$[=AB+\overline{A}C+(A+\overline{A})BCDE$

$=AB+ABCDE+\overline{A}C+\overline{A}BCDE=AB(1+CDE)+\overline{A}C(1+BDE)=AB+\overline{A}C]$

上式的意义是，如果两个乘积项中的部分因子恰好互补(如 AB 和 $\overline{A}C$ 中的 A 和 $\overline{A}$)，而这两个乘积项中的其余因子(如 B 和 C)都是第三乘积项中的因子，则这个第三乘积项是多余的。

根据对偶规则，有

$$(A+B)(\overline{A}+C)(B+C)=(A+B)(\overline{A}+C)$$

5. $AB+\overline{A}C=(A+C)(\overline{A}+B)$

证明：

$$(A+C)(\overline{A}+B)=A\overline{A}+AB+\overline{A}C+BC=AB+\overline{A}C+BC$$

$$\overset{\text{由前一公式}}{=\!=\!=\!=\!=}AB+\overline{A}C$$

根据对偶规则，有

$$(A+B)(\overline{A}+C)=AC+\overline{A}B$$

这两个公式称为交叉互换律。

1.5.4　基本定律的应用

1. 证明等式

利用基本定律证明等式的成立。

例 1.5.3　证明：$ABC+A\bar{B}C+AB\bar{C}=AB+AC$。

证：

$$\begin{aligned} ABC+A\bar{B}C+AB\bar{C} &= AB(C+\bar{C})+A\bar{B}C = AB+A\bar{B}C \\ &= A(B+\bar{B}C) \\ &= A(B+C) \\ &= AB+AC \end{aligned}$$

即 $ABC+A\bar{B}C+AB\bar{C}=AB+AC$。

例 1.5.4　求 $F=AB+\bar{A}C$ 的反函数。

解：应用反演规则有

$$\begin{aligned} \bar{F} &= (\bar{A}+\bar{B})(A+\bar{C}) \\ &= \bar{A}A+\bar{A}\bar{C}+A\bar{B}+\bar{B}\bar{C} \\ &= \bar{A}\bar{C}+A\bar{B} \end{aligned}$$

2. 逻辑函数不同形式的转换

对于一个特定的逻辑问题，其对应的真值表是唯一的，而其逻辑函数的形式可以是多种多样的。每一种逻辑函数表达式对应一种逻辑电路，因此，实现一个逻辑问题的逻辑电路也有多种形式。下面用例题加以说明。

例 1.5.5　将函数 $F=\overline{A\cdot\overline{AB}+B\cdot\overline{AB}}$ 进行转换，并画出相应的逻辑电路。

解：$F=\overline{A\cdot\overline{AB}+B\cdot\overline{AB}}$　　对应的逻辑电路如图 1.5.1(a)所示

$=\overline{\overline{AB}(A+B)}=\overline{\overline{AB}\cdot\overline{\bar{A}\bar{B}}}$　　对应的逻辑电路如图 1.5.1(b)所示

$=AB+\bar{A}\bar{B}=\overline{A\oplus B}$　　对应的逻辑电路如图 1.5.1(c)所示

$=\overline{A\bar{B}+\bar{A}B}$　　对应的逻辑电路如图 1.5.1(d)所示

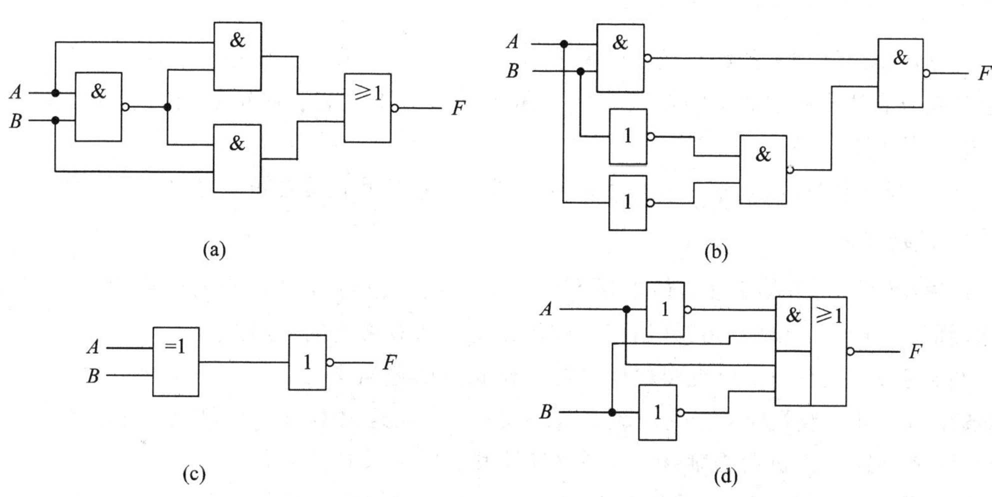

图 1.5.1　例 1.5.5 的逻辑电路图

由此可见，不管是以何种形式给出的逻辑函数，总可以按照需要进行转换，这给设计带来了便利——当手头缺少某种逻辑门器件时，可以通过变换逻辑表达式，避免缺少的或没有的逻辑门器件，而选用现有的其他器件代替。

3. 逻辑函数的化简

根据逻辑表达式，可以画出相应的逻辑电路图。同样可以根据逻辑要求，归纳出逻辑表达式并得到与其相对应的逻辑电路图，但这不一定是最简的形式，因此需要运用基本定律对逻辑函数进行化简，这称为代数法化简，这部分内容在1.6节专门介绍。

1.6　逻辑函数及其表示方法

1.6.1　逻辑函数的定义

当输入逻辑变量A、B、C、…的取值确定后，作为运算结果的输出逻辑变量值也随之确定。输入与输出逻辑变量之间的对应关系称为逻辑函数，写作：

$$Y = F(A, B, C, \cdots)$$

前面讲到的几种逻辑运算是最简单的逻辑函数。任何复杂逻辑函数都是由简单逻辑函数组合而成的。

任何一个具体的因果逻辑关系都可以用逻辑函数描述。例如，一个三人表决器，其中A有否决权，其逻辑关系如图1.6.1所示。

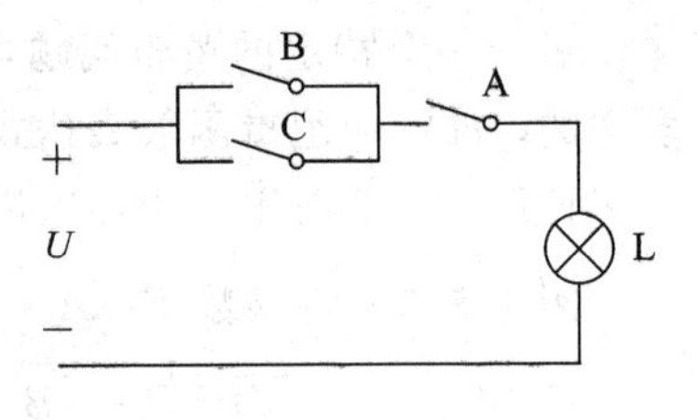

图1.6.1　三人表决器逻辑图

A、B、C分别表示三人手中的开关，同意就合上开关(1表示开关闭合)；否则，断开开关(0表示开关断开)。表决通过则灯亮(1表示灯亮)；否则灯暗(0表示灯暗)。则可将A、B、C的状态和L的状态用逻辑函数来表示：

$$L = F(A, B, C)$$

1.6.2　逻辑函数的表示方法

根据逻辑函数的不同特点，可以采用不同方法表示逻辑函数，每一种表示方法都可以将其逻辑功能表达准确。常用的逻辑函数表示方法有以下几种：逻辑真值表、逻辑函数表达式、逻辑图和波形图等。

一个逻辑问题可以表示为几种不同的形式，各种表示形式之间也可以互相转换。

1. 逻辑真值表

描述逻辑函数输入变量取值的所有组合和输出取值对应关系的表格称为逻辑真值表，简称真值表，即用表格的方式列出组合逻辑系统中所有可能的逻辑组合。

例1.6.1　设有一个监视交通信号灯工作状态的逻辑电路，每一组信号灯由红、黄、绿三盏灯组成。正常情况下，任何时刻必有一盏灯亮，而且只能有一盏灯亮，否则故障灯会发出信号，提醒维护人员前去维修。试列出描述其逻辑关系的真值表。

解：设A、B、C为输入逻辑变量，分别代表红、黄、绿三种信号灯的状态，规定灯亮时为1，不亮时为0。F为输出逻辑变量，代表故障灯的状态，没有发生故障为0，有故障发生为1。根据题意可列出真值表如表1.6.1所示。

表 1.6.1　例 1.6.1 的逻辑真值表

输入			输出
A	B	C	F
0	0	0	1
0	0	1	0
0	1	0	0
0	1	1	1
1	0	0	0
1	0	1	1
1	1	0	1
1	1	1	1

2. 逻辑函数表达式

逻辑变量按一定运算规律组成的数学表达式称为逻辑函数表达式，简称逻辑式或函数式，即用逻辑运算符号如与、或、非等的组合表示逻辑函数输入变量与输出变量之间的逻辑关系。

例 1.6.2　将例 1.6.1 的逻辑关系用逻辑函数表达式描述。

解：参照表 1.6.1 的逻辑真值表，可写出逻辑函数表达式：

$$F = \overline{A}\,\overline{B}\,\overline{C} + \overline{A}BC + A\overline{B}C + AB\overline{C} + ABC$$

3. 逻辑图

用逻辑符号连接起来实现逻辑函数的图称为逻辑图，即将逻辑函数式中各变量之间的与、或、非等运算关系用相应的逻辑符号图表示出来，就可以得到表示输入与输出之间函数关系的逻辑图。

例 1.6.3　根据例 1.6.2 的逻辑函数表达式画出相对应的逻辑门电路图。

解：其对应的逻辑门电路图如图 1.6.2 所示。

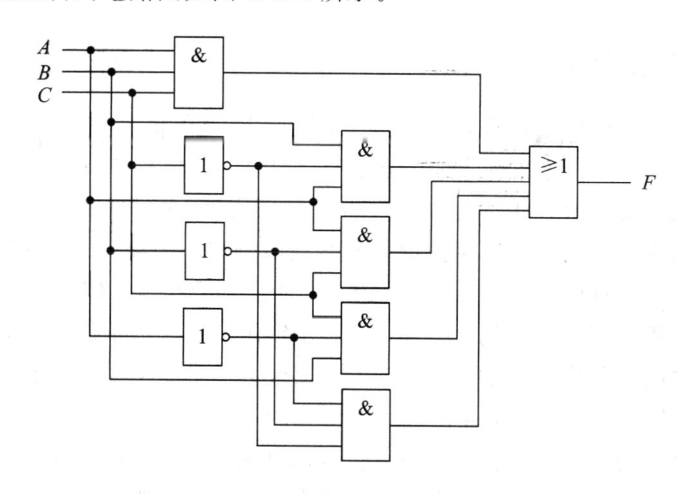

图 1.6.2　例 1.6.3 逻辑门电路图

4. 波形图

波形图可以反映逻辑变量之间时间顺序的逻辑关系，即针对输入变量的变化，以及输入变量和输出变量之间的逻辑关系，画出相应变化的波形图。

例 1.6.4　已知例 1.6.2 的逻辑函数表达式的输入变量波图形如图 1.6.3 所示，根据例 1.6.2 的逻辑关系画出输出波形。

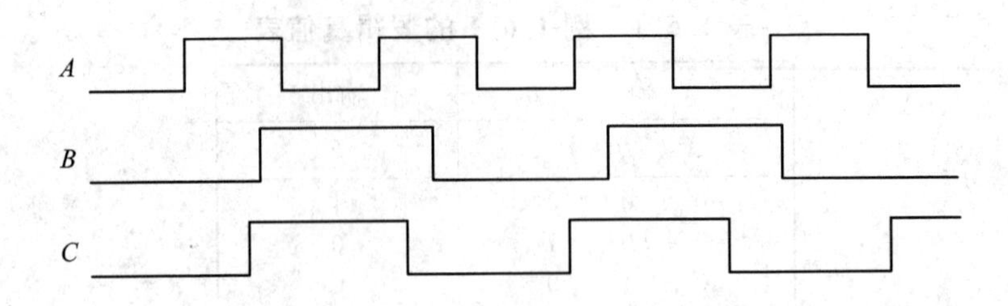

图 1.6.3 例 1.6.4 输入变量波形图

解：根据题意知其逻辑函数表达式为

$$F=\overline{A}\overline{B}\overline{C}+\overline{A}BC+A\overline{B}C+AB\overline{C}+ABC$$

根据输入和输出变量之间的逻辑关系可以画出输出波形，如图 1.6.4 所示。

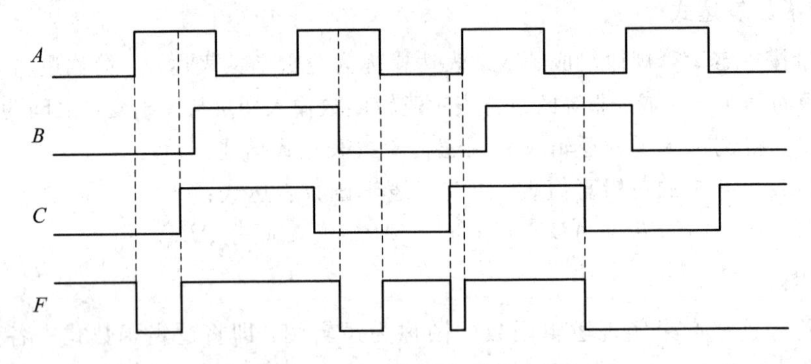

图 1.6.4 例 1.6.4 输出变量波形图

1.7 逻辑函数的化简

1.7.1 逻辑函数化简的意义

逻辑函数的化简是逻辑设计中的一个重要课题。同一逻辑函数可以有繁简不同的表达式，实现它的电路也不同。化简的目的就是寻求一种最佳等效函数式，以便在用集成电路去实现此函数时能获得速度快、可靠性高、集成电路块数和输入端数最少的电路。

直接按逻辑要求归纳出的逻辑函数通常不是最简形式。对与或逻辑函数式而言，最简形式的含义是，式中包含的与项个数最少，每个与项的变量数最少，即与或表达式中包含的乘积项及每个乘积项里的因子都不能再减少时，此逻辑函数式称为最简与或表达式。与项数目的多少决定设计电路中所用与门的个数，每个与项所含变量的多少，决定了所选用门电路输入端的数量，这些都直接关系着电路的成本及电路的可靠性。

逻辑代数的基本公式和常用公式多以与或逻辑式给出，由真值表得出的逻辑函数式，也常以与或函数形式出现，而且简化与或逻辑函数式很方便。另外，与或函数式与其他任何形式的函数式之间的转换，也很容易通过公式实现。例如：

$F=AB+\overline{A}C$	与或函数式
$=\overline{\overline{AB}\,\overline{\overline{A}C}}$	与非与非函数式
$=\overline{(\overline{A}+\overline{B})(A+\overline{C})}$	或与非函数式
$=\overline{\overline{\overline{A}+\overline{B}}+\overline{A+\overline{C}}}$	或非或非函数式

因此，与或函数式具有一般性，故下面主要讨论与或逻辑函数式的化简。

究竟应该将逻辑函数式变换成何种形式，取决于所选用的逻辑门电路的功能类型。值得注意的是，将最简与或逻辑式直接变换为与非与非逻辑式时，也将得到最简式，但将最简与或逻辑式直接变换为其他类型的逻辑式时，得到的结果则不一定是最简式。

逻辑函数的化简方法主要有代数化简法、卡诺图化简法和列表法三种。但是，不论是哪种化简方法，它们利用的都是吸收律、重叠律、反演规则等一些基本公式和法则。因此，熟练掌握这些公式、法则，是学习各种化简方法的重要环节。

1.7.2　代数化简法

运用逻辑代数的基本公式和法则对逻辑函数进行代数变换，消去多余项和多余变量，以期获得最简函数式的方法就是代数化简法。

1. 并项法

常用公式 $AB+A\overline{B}=A$ 将两项合并为一项。

例 1.7.1　化简逻辑函数 $F=A(BC+\overline{B}\overline{C})+A(B\overline{C}+\overline{B}C)$。

解：

$$F=ABC+A\overline{B}\overline{C}+AB\overline{C}+A\overline{B}C=AB(C+\overline{C})+A\overline{B}(C+\overline{C})$$
$$=AB+A\overline{B}=A(B+\overline{B})=A$$

2. 吸收法

常用公式 $A+AB=A$ 及 $AB+\overline{A}C+BC=AB+\overline{A}C$ 消去多余项。

例 1.7.2　化简逻辑函数 $F=A\overline{B}+A\overline{B}CD(E+F)$。

解：

$$F=A\overline{B}[1+CD(E+F)]=A\overline{B}$$

3. 消去法

常用公式 $A+\overline{A}B=A+B$ 消去多余因子。

例 1.7.3　化简逻辑函数 $F=AB+\overline{A}C+\overline{B}C$。

解：

$$F=AB+(\overline{A}+\overline{B})C=AB+\overline{AB}C=AB+C \text{（将 } AB \text{ 看成一个变量）}$$

4. 添项法

利用公式 $A+A=A$，$A\overline{A}=0$，$AB+\overline{A}C=AB+\overline{A}C+BC$，在函数式中重写某一项，以便简化函数。

例 1.7.4　化简逻辑函数 $F=AC+\overline{A}D+\overline{B}D+B\overline{C}$。

解：

$$\begin{aligned}F&=AC+\overline{A}D+\overline{B}D+B\overline{C}\\&=AC+B\overline{C}+(\overline{A}+\overline{B})D\\&=AC+B\overline{C}+AB+\overline{AB}D &&\text{（添加 } AB\text{）}\\&=AC+B\overline{C}+AB+D &&\text{（消去 } \overline{AB}\text{）}\\&=AC+B\overline{C}+D &&\text{（消去 } AB\text{）}\end{aligned}$$

5. 配项法

为了求得最简结果，有时可以将某一乘积项乘以 $(A+\overline{A})=1$，将一项展开为两项，或者利用公式 $AB+\overline{A}C=AB+\overline{A}C+BC$ 增加 BC 项，再与其他乘积项进行合并化简，以求得最简结果。

例 1.7.5　化简逻辑函数 $F=A\overline{B}+B\overline{C}+\overline{B}C+\overline{A}B$。

解：
$$
\begin{aligned}
F &= A\bar{B} + B\bar{C} + \bar{B}C(A+\bar{A}) + \bar{A}B(C+\bar{C}) \\
&= A\bar{B} + B\bar{C} + A\bar{B}C + \bar{A}\bar{B}C + \bar{A}BC + \bar{A}B\bar{C} \\
&= (A\bar{B} + A\bar{B}C) + (B\bar{C} + \bar{A}B\bar{C}) + \bar{A}C(\bar{B} + B) \\
&= A\bar{B} + B\bar{C} + \bar{A}C
\end{aligned}
$$

根据以上一些方法可以对逻辑函数进行化简。

例 1.7.6　化简逻辑函数 $F=AD+A\bar{D}+AB+\bar{A}C+BD+A\bar{B}EF+\bar{B}EF$。

解：(1) 利用$(A+\bar{A})=1$把 $AD+A\bar{D}$ 合并得

$$F = A + AB + \bar{A}C + BD + A\bar{B}EF + \bar{B}EF$$

(2) 利用 $A+AB=A$，把包含 A 这个因子的乘积项消去，得

$$F = A + \bar{A}C + BD + \bar{B}EF$$

(3) 利用 $A+A\bar{B}=A+B$，可消去 $\bar{A}C$ 中因子 $\bar{A}$，得

$$F = A + C + BD + \bar{B}EF$$

例 1.7.7　化简逻辑函数 $F=\overline{AB+\bar{A}\bar{B}+C}+AB$。

解：(1) 首先去掉函数式中 $AB+\bar{A}\bar{B}+C$ 的非号，利用$\overline{A+B+C}=\bar{A}\bar{B}\bar{C}$可将 F 化为

$$F = \overline{AB}\,\overline{\bar{A}\bar{B}}\,\bar{C} + AB$$

(2) 利用公式 $A+\bar{A}B=A+B$ 消去$\overline{AB}$(视$\overline{AB}$为一个变量)，上式简化为

$$F = \overline{\bar{A}\bar{B}}\,\bar{C} + AB$$

(3) 再次利用摩根定理$\overline{AB}=\bar{A}+\bar{B}$ 去掉$\overline{\bar{A}\bar{B}}$的公用非号，上式又可化简为

$$F = (\bar{\bar{A}} + \bar{\bar{B}})\bar{C} + AB = (A + B)\bar{C} + AB = A\bar{C} + B\bar{C} + AB$$

代数化简法的步骤是：首先将函数式转换成“与或”函数式；然后用合并项法、吸收法和消去法去化简函数式；最后，再思考一下能否用配项法再进行展开化简。

从以上举例可见，利用基本定律和常用公式化简逻辑函数，需要熟悉代数公式，并且需要具有一定的经验和技巧。而且，有些逻辑函数式不易化简到最简，其化简的结果不一定唯一，因此，代数化简法并不是一种非常简单方便的方法。

1.7.3　卡诺图化简法

为了更方便地进行逻辑函数的化简，人们创造了更系统、更简单、有规则可循的简化方法，卡诺图化简法就是其中最常用的一种。利用此种方法，不需要特殊技巧，只需要按照简单的规则进行化简，一定能得到最简结果。

卡诺图是逻辑函数的一种表示方法，它是按一种相邻原则排列而成的最小项方格图，利用相邻不断合并原则，使逻辑函数得到化简。

真值表不仅是一种直观的逻辑关系表示方式，而且还是逻辑电路设计时从逻辑要求过渡到逻辑函数表达式的有力工具。从上面介绍的逻辑函数相等及各个公式可见，一个逻辑函数的表达式不是唯一的。从真值表出发，写出的逻辑函数表达式有两种标准形式：最小项(minterm)表达式和最大项(maxterm)表达式。下面具体介绍这两种标准表达式的组成。

1. 最小项与最大项

1) 最小项

在 n 个变量的逻辑函数中，若 m 为包含 n 个因子的乘积项，而且这 n 个因子均以原变量或反变量的形式在 m 中出现一次，则称 m 为该组变量的最小项。n 个变量共有 2^n 个不同的组合值，所以有 2^n 个最小项。

例如，A、B、C 三个变量有$\overline{A}\,\overline{B}\,\overline{C}$、$\overline{A}\,\overline{B}C$、$\overline{A}B\overline{C}$、$\overline{A}BC$、$A\overline{B}\,\overline{C}$、$A\overline{B}C$、$AB\overline{C}$、$ABC$ 共8个（即 2^3 个）最小项。

输入变量的每一组取值都使一个对应的最小项的值等于1。例如，在三个变量 A、B、C 的最小项中，当 $A=1$、$B=0$、$C=1$ 时，$A\overline{B}C=1$。如果把 $A\overline{B}C$ 的取值看作一个二进制数，那么所表示的十进制数就是5，为了今后使用方便，将 $A\overline{B}C$ 这个最小项记作 m_5。按照这个约定，就得到了三个变量最小项的编号表，如表1.7.1所示。

表1.7.1　三个变量最小项的编号表

最小项	使最小项为1的变量取值			对应的十进制数	编号
	A	B	C		
$\overline{A}\,\overline{B}\,\overline{C}$	0	0	0	0	m_0
$\overline{A}\,\overline{B}C$	0	0	1	1	m_1
$\overline{A}B\overline{C}$	0	1	0	2	m_2
$\overline{A}BC$	0	1	1	3	m_3
$A\overline{B}\,\overline{C}$	1	0	0	4	m_4
$A\overline{B}C$	1	0	1	5	m_5
$AB\overline{C}$	1	1	0	6	m_6
ABC	1	1	1	7	m_7

根据同样的道理，把 A、B、C、D 这4个变量的16个最小项记作 $m_0 \sim m_{15}$。

从最小项的定义出发，可以证明它具有如下重要性质：

(1) 在逻辑函数输入变量的任何取值下必有一个最小项，且仅有一个最小项的值为1。

(2) 全体最小项的和为1。

(3) 任意两个最小项的乘积为0。

(4) 相邻的两个最小项之和可以合并成一项，并可消去一对因子。若两个最小项只有一个因子不同，则称这两个最小项具有相邻性。例如，$\overline{A}B\overline{C}$ 和 $AB\overline{C}$ 两个最小项仅有第一个因子不同，所以它们具有相邻性。这两个最小项相加时定能合并成一项，并将一对不同的因子消去，即

$$\overline{A}B\overline{C} + AB\overline{C} = (A+\overline{A})B\overline{C} = B\overline{C}$$

2）最大项

在 n 个变量的逻辑函数中，若 M 为 n 个变量之和，而且这 n 个变量均以原变量或反变量的形式在 M 中出现一次，则称 M 为该组变量的最大项。

例如，三变量 A、B、C 有 $\overline{A}+\overline{B}+\overline{C}$、$\overline{A}+\overline{B}+C$、$\overline{A}+B+\overline{C}$、$\overline{A}+B+C$、$A+\overline{B}+\overline{C}$、$A+\overline{B}+C$、$A+B+\overline{C}$、$A+B+C$ 共8个（即 2^3 个）最大项。对于 n 个变量则有 2^n 个最大项。可见，n 个变量的最大项的数目和最小项的数目是相等的。

输入变量的每一组取值都使一个对应的最大项的值为0。例如，在三个变量 A、B、C 的最大项中，当 $A=1$、$B=0$、$C=1$ 时，$\overline{A}+B+\overline{C}=0$。若将使最大项为0的 ABC 取值视为一个二进制数，并以其对应的十进制数给最大项编号，则 $\overline{A}+B+\overline{C}$ 可记作 M_5。由此得到的三个变量最大项的编号表如表1.7.2所示。

表 1.7.2　三个变量最大项的编号表

最大项	使最大项为 1 的变量取值			对应的十进制数	编号
	A	B	C		
$A+B+C$	0	0	0	0	M_0
$A+B+\overline{C}$	0	0	1	1	M_1
$A+\overline{B}+C$	0	1	0	2	M_2
$A+\overline{B}+\overline{C}$	0	1	1	3	M_3
$\overline{A}+B+C$	1	0	0	4	M_4
$\overline{A}+B+\overline{C}$	1	0	1	5	M_5
$\overline{A}+\overline{B}+C$	1	1	0	6	M_6
$\overline{A}+\overline{B}+\overline{C}$	1	1	1	7	M_7

根据最大项的定义，同样也可以得到它的主要性质，即：

(1) 在输入变量的任何取值下必有一个最大项，且只有一个最大项的值为 0。

(2) 全体最大项之积为 0。

(3) 任意两个最大项之和为 1。

(4) 只有一个变量不同的两个最大项的乘积等于各相同变量之和。例如，$A+B+C$、$A+B+\overline{C}$ 两个最大项中只有一个变量不同，它们具有相邻性，这两个最大项乘积的结果为

$$(A+B+C)(A+B+\overline{C})=(A+B)(A+B)+(A+B)\overline{C}+(A+B)C+C\overline{C}=A+B$$

如果将表 1.7.1 和表 1.7.2 进行对比可发现，最大项和最小项之间存在如下关系：

$$M_i=\overline{m_i}$$

例如，$m_0=\overline{A}\,\overline{B}\,\overline{C}$，则$\overline{m_0}=\overline{\overline{A}\,\overline{B}\,\overline{C}}=A+B+C=M_0$。

例 1.7.8　函数 F 的真值表如表 1.7.3 所示，求 F 的最大项表达式。

表 1.7.3　例 1.7.8 真值表

A	B	C	F
0	0	0	0
0	0	1	0
0	1	0	0
0	1	1	1
1	0	0	0
1	0	1	1
1	1	0	1
1	1	1	1

解：使 F 值为 0 的变量 ABC 的值为 000、001、010、100，则 F 的最大项为 $A+B+C$、$A+B+\overline{C}$、$A+\overline{B}+C$、$\overline{A}+B+C$，即 M_0、M_1、M_2、M_4，由此可写出 F 的最大项表达式为

$$F(A、B、C)=\prod M(0,1,2,4)$$

我们也可以直接将最小项表达式转换为最大项表达式，即 $\overline{F}$ 的最小项表达式为

$$\overline{F}(A、B、C)=m_0+m_1+m_2+m_4$$

所以，最大项表达式为

$$F(A、B、C)=\overline{m_0+m_1+m_2+m_4}=\overline{m_0}\cdot\overline{m_1}\cdot\overline{m_2}\cdot\overline{m_4}$$

$$=M_0\cdot M_1\cdot M_2\cdot M_4=\prod M(0,1,2,4)$$

对于一个与或表达式，如果其中每个与项都是该逻辑函数的一个最小项，则称此与或表达式为该逻辑函数的最小项表达式。对于给定的逻辑函数，利用逻辑代数的基本定理，一般可通过去非号、去括号、配项等步骤求出其最小项表达式。

例 1.7.9　写出下列逻辑函数的最小项表达式。

$$F_1 = AB(\overline{C}+\overline{AB})+\overline{AC}+AB$$

$$F_2 = ABC\overline{D}+AB+BC\overline{D}+ACD+B\overline{C}$$

解：

$$
\begin{aligned}
F_1 &= AB(\overline{C}+\overline{AB})+\overline{AC}+AB \\
&= AB\overline{C}+AB\,\overline{AB}+\overline{A}+\overline{C}+AB = AB\overline{C}+\overline{A}+\overline{C}+AB \\
&= AB\overline{C}+\overline{A}(B+\overline{B})(C+\overline{C})+\overline{C}(A+\overline{A})(B+\overline{B})+AB(C+\overline{C}) \\
&= AB\overline{C}+\overline{A}\,\overline{B}\,\overline{C}+\overline{A}\,\overline{B}C+\overline{A}B\overline{C}+\overline{A}BC+A\,\overline{B}\,\overline{C}+ABC
\end{aligned}
$$

$$
\begin{aligned}
F_2 &= ABC\overline{D}+AB+BC\overline{D}+ACD+B\overline{C} \\
&= ABC\overline{D}+AB(C+\overline{C})(D+\overline{D})+(A+\overline{A})BC\overline{D}+A(B+\overline{B})CD \\
&\quad +(A+\overline{A})B\overline{C}(D+\overline{D}) \\
&= ABCD+AB\overline{C}D+ABC\overline{D}+AB\,\overline{C}\,\overline{D}+\overline{A}BC\overline{D}+A\overline{B}CD+\overline{A}B\overline{C}D+\overline{A}B\,\overline{C}\,\overline{D}
\end{aligned}
$$

为了读写方便，常给每个最小项编号，用 m_i 表示。例如，三变量最小项 $A\overline{B}C$ 的编号为 m_5，ABC 的编号为 m_7，以此类推。由此可以写出例 1.7.9 中 F_1、F_2 的最小项的简化表达式为

$$F_1 = m_0+m_1+m_2+m_3+m_4+m_6+m_7$$

$$F_2 = m_4+m_5+m_6+m_{11}+m_{12}+m_{13}+m_{14}+m_{15}$$

例 1.7.10　将逻辑函数 $F=AB+AB\overline{C}+\overline{B}\overline{C}$ 改写成最小项简化表达式。

解：

$$
\begin{aligned}
F &= AB+AB\overline{C}+\overline{B}\overline{C} \\
&= AB(C+\overline{C})+AB\overline{C}+(A+\overline{A})\overline{B}\overline{C} \\
&= ABC+AB\overline{C}+A\,\overline{B}\,\overline{C}+\overline{A}\,\overline{B}\,\overline{C} \\
&= m_0+m_4+m_6+m_7
\end{aligned}
$$

2. 表示最小项的卡诺图

任意一个 n 变量的逻辑函数，其最小项的个数最多为 2^n。为了用图形形象地表示最小项并利用其进行逻辑函数化简，美国工程师卡诺(Karnaugh)先生首先提出了 n 变量最小项的卡诺图表示法，即每一个最小项用一个小方块表示，小方块的排列满足具有逻辑相邻性的最小项在几何位置上也相邻。根据这一原理，可以得到二变量、三变量、四变量等逻辑函数的卡诺图，如图 1.7.1 所示。

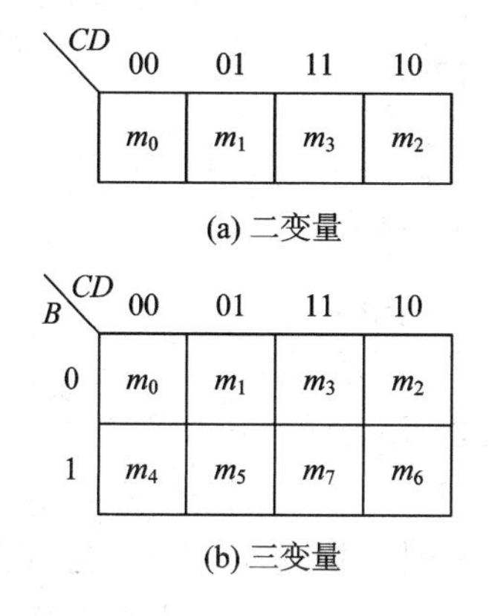

(a) 二变量

(b) 三变量

AB \ CD	00	01	11	10
00	m_0	m_1	m_3	m_2
01	m_4	m_5	m_7	m_6
11	m_{12}	m_{13}	m_{15}	m_{14}
10	m_8	m_9	m_{11}	m_{10}

(c) 四变量

图 1.7.1　二变量、三变量、四变量逻辑函数卡诺图

所谓几何相邻项，包含三种情况：一是相接，即紧挨着的最小项；二是相对，即任意一

行或一列的两头；三是相重，即对折起来位置重合。

所谓逻辑相邻是指两个最小项中只有一个变量形式不同。例如在四变量的卡诺图中，m_7 有四个几何相邻项 m_3、m_5、m_6、m_{15}，即

$$m_7 = \bar{A}BCD, \quad m_3 = \bar{A}\bar{B}CD, \quad m_5 = \bar{A}B\bar{C}D, \quad m_6 = \bar{A}BC\bar{D}, \quad m_{15} = ABCD$$

可见，m_3、m_5、m_6、m_{15} 均与 m_7 逻辑相邻。四变量有四个相邻的最小项，由此推知，n 变量的任何一个最小项有 n 个相邻项。

当用卡诺图表示两个以上变量的逻辑函数时，横纵方向上的输入变量组合不是按照通常习惯的 00、01、10、11 顺序排列的，而是调换了 10 和 11 的位置，目的是形成卡诺图中几何相邻的两项也逻辑相邻。这一点对于化简非常重要。

卡诺图的主要缺点是随着输入变量的增加，图形将变得很复杂，因此，一般很少采用五变量以上的卡诺图进行逻辑函数的化简。

3. 用卡诺图表示逻辑函数

用卡诺图表示给定的逻辑函数，其一般步骤是：求该逻辑函数的最小项表达式；作与其逻辑函数的变量个数相对应的卡诺图；然后在卡诺图的这些最小项对应的小方块中填入 1，在其余的地方填入 0，即可得到表示该逻辑函数的卡诺图。也就是说，任何一个逻辑函数都等于它的卡诺图中填 1 的那些小方块所对应的最小项之和。

例 1.7.11　用卡诺图表示逻辑函数 $F(ABCD)=A\bar{B}C\bar{D}+\bar{A}BC+\bar{C}D+\bar{A}BD$。

解：首先求该逻辑函数的最小项表达式，即

$$\begin{aligned} F(ABCD) &= A\bar{B}C\bar{D} + \bar{A}BC + \bar{C}D + \bar{A}BD \\ &= A\bar{B}C\bar{D} + \bar{A}BC(D+\bar{D}) + (A+\bar{A})(B+\bar{B})\bar{C}D + \bar{A}B(C+\bar{C})D \\ &= A\bar{B}C\bar{D} + \bar{A}BCD + \bar{A}BC\bar{D} + AB\bar{C}D + A\bar{B}\bar{C}D + \bar{A}B\bar{C}D + \bar{A}\bar{B}\bar{C}D \\ &= m_1 + m_5 + m_6 + m_7 + m_9 + m_{10} + m_{13} \end{aligned}$$

作四变量卡诺图，并在对应函数表达式中最小项的小方块内填入 1，其余位置填入 0，即得到所给逻辑函数的卡诺图，如图 1.7.2 所示。

AB \ CD	00	01	11	10
00	0	1	0	0
01	0	1	1	1
11	0	1	0	0
10	0	1	0	1

图 1.7.2　例 1.7.11 的卡诺图

在不至于混淆的情况下，卡诺图中可以只填写 1，不填写 0。

例 1.7.12　已知逻辑函数的卡诺图如图 1.7.3 所示，试写出该逻辑函数的表达式。

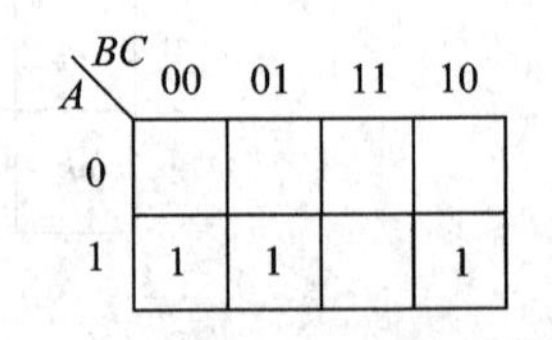

图 1.7.3　例 1.7.12 的卡诺图

解：设所求逻辑函数用 F 表示，则 F 等于卡诺图中填入 1 的那些小方块所对应的最小项之和，即有

$$F = A\bar{B}\bar{C} + A\bar{B}C + AB\bar{C}$$

4. 用卡诺图化简逻辑函数

逻辑函数的卡诺图化简法，是根据其几何位置相邻与逻辑相邻一致的特点，在卡诺图中直观地找到具有逻辑相邻的最小项进行合并，消去不同因子。

如图1.7.4所示三变量卡诺图中的最小项，逻辑相邻的四个与项为$A\bar{B}\bar{C}$、$A\bar{B}C$、$AB\bar{C}$、ABC，即

$$\begin{aligned}F &= A\bar{B}\bar{C} + A\bar{B}C + AB\bar{C} + ABC \\ &= AB(\bar{C}+C) + A\bar{B}(\bar{C}+C) \\ &= AB + A\bar{B} = A\end{aligned}$$

在图中用圈把这四个1圈起来，保留相同因子，消去不同因子，相同因子是A，与上式的推导一致。

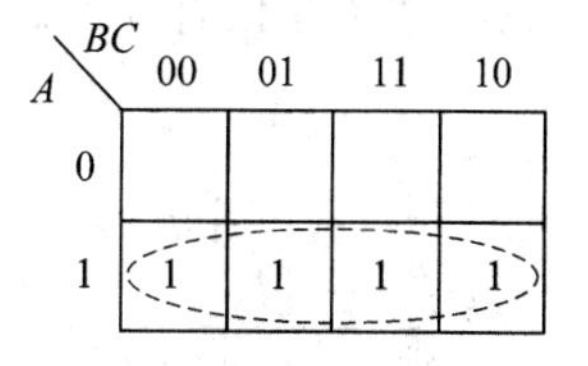

图1.7.4　$F=A\bar{B}\bar{C}+A\bar{B}C+AB\bar{C}+ABC$的卡诺图

1）卡诺图化简逻辑函数的一般步骤

（1）求所给逻辑函数的最小项表达式；

（2）画出表示该逻辑函数的卡诺图；

（3）按照合并规律合并最小项；

（4）求化简后的与或表达式。

例1.7.13　用卡诺图化简逻辑函数$F=A\bar{B}C+\bar{A}B\bar{C}+AB\bar{C}+A\bar{B}\bar{C}+BC$。

解：画出逻辑函数F的卡诺图，如图1.7.5所示。

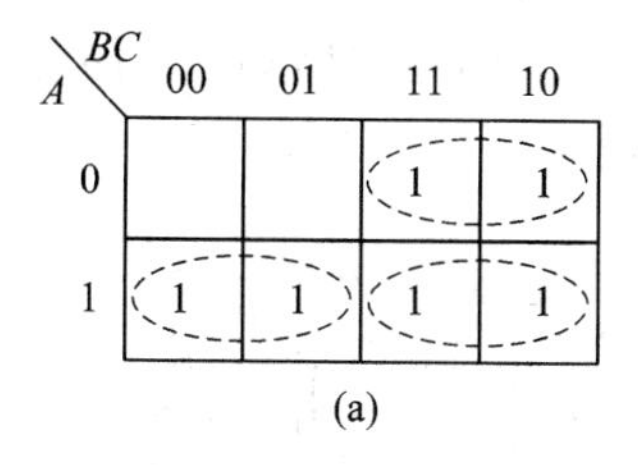

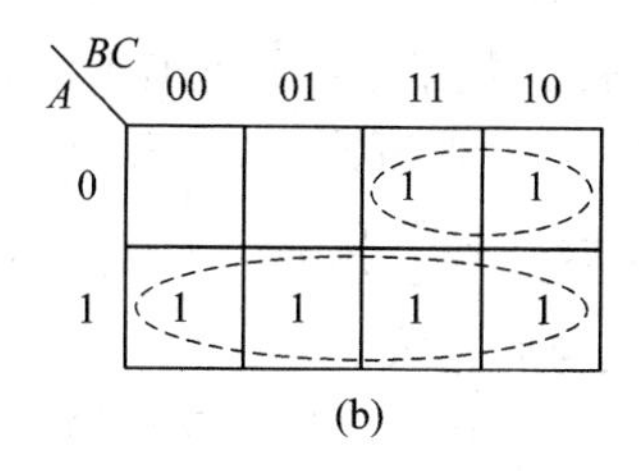

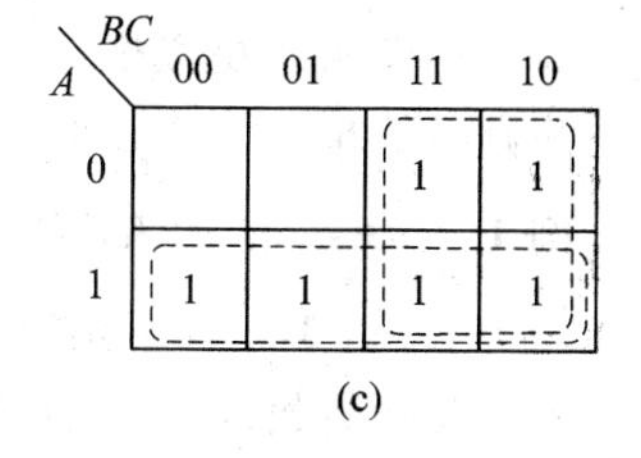

图1.7.5　例1.7.13的卡诺图

利用逻辑函数表达式画卡诺图时，并不要求一定将逻辑函数表达式F化为最小项之和的形式。例如，式中BC一项包括了所有含BC因子的最小项，所以在填卡诺图时，可以直接在B和C同时为1的空格中填上1，这样可省去第一步。找出可以合并的最小项，将可能合并的最小项用卡诺圈圈出，由此写出化简结果。

按图1.7.5(a)方式画圈合并最小项，所得结果为$F=A\bar{B}+AB+\bar{A}B$。可见两个小方格合并，消去一个变量。

按图1.7.5(b)方式画圈合并最小项，所得结果为$F=\bar{A}B+A$。可见四个小方格合并，消去两个变量。

按图1.7.5(c)方式画圈合并最小项，所得结果为$F=A+B$。

三种合并方式，按图1.7.5(c)方式画圈合并最小项，所得结果最简。由此可见，用卡诺圈化简，能否得到最简的结果关键在于卡诺圈的选择是否合适。

2）画卡诺圈的规则

（1）卡诺圈包围的小方格数为2^n个($n=0, 1, 2, \cdots$)。

（2）卡诺圈包围的小方格数(圈内变量)应尽可能多，化简消去的变量就多；卡诺圈的个数尽可能少，则化简结果中的与项个数就少。

(3) 允许重复圈方格，但每个卡诺圈内至少应有一个新方格。

(4) 卡诺圈内的方格必须满足相邻关系。

例 1.7.14 化简 $F(A, B, C, D) = \sum m(0, 2, 5, 6, 7, 8, 9, 10, 11, 14, 15)$。

解：其卡诺图及化简过程如图 1.7.6 所示。由图示化简结果有

$$F=\overline{B}\overline{D}+A\overline{B}+\overline{A}BD+BC。$$

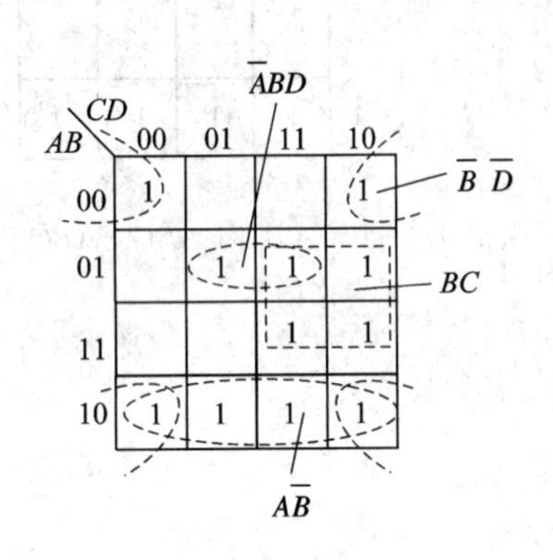

图 1.7.6 例 1.7.14 化简过程

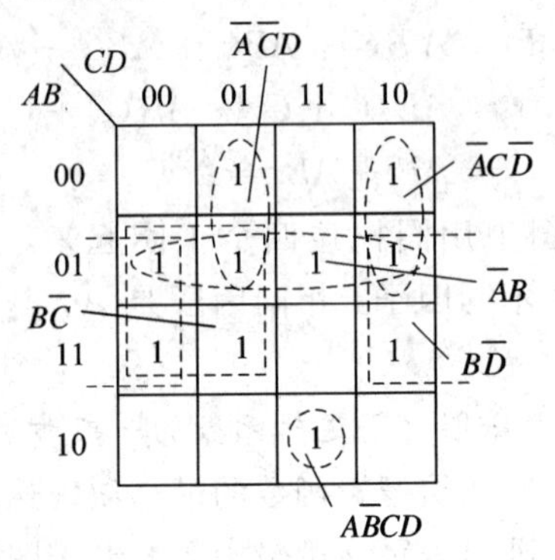

图 1.7.7 例 1.7.15 化简过程

例 1.7.15 化简 $F(A, B, C, D) = \sum m(1, 2, 4, 5, 6, 7, 11, 12, 13, 14)$。

解：其卡诺图及化简过程如图 1.7.7 所示。由图示化简结果有

$$F=B\overline{D}+B\overline{C}+\overline{A}\overline{C}D+A\overline{B}CD+\overline{A}C\overline{D}+\overline{A}B$$

若卡诺图中各小方格被 1 占去了大部分，用包围 1 的方法化简则会很麻烦，若用包围 0 的方法则更简单。即求出非函数，再对非函数求非，得到原函数。

例 1.7.16 求 $F(A, B, C, D) = \sum m(0, 4, 5, 7, 8, 12, 13, 14, 15)$ 的反函数和或与表达式。

解：求反函数的过程如图 1.7.8 所示。由图示化简结果有

$$\overline{F}=\overline{B}D+\overline{B}C+\overline{A}C\overline{D}$$

由反函数求原函数，利用摩根定律可得或与式：

$$F=\overline{\overline{F}}=\overline{\overline{B}D+\overline{B}C+\overline{A}C\overline{D}}=\overline{\overline{B}D}\;\overline{\overline{B}C}\;\overline{\overline{A}C\overline{D}}$$
$$=(B+\overline{D})(B+\overline{C})(A+\overline{C}+D)$$

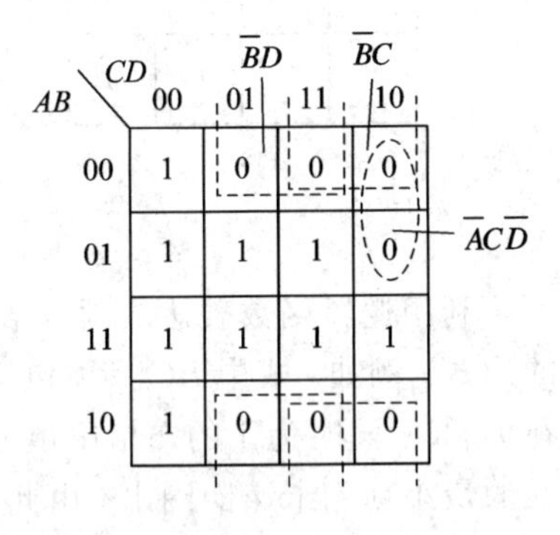

图 1.7.8 求例 1.7.16 的反函数

5. 无关项及无关项的应用

在分析某些具体的逻辑函数时，经常会遇到这样一种情况，即输入变量的取值不是任意的，其中某些取值组合不允许出现。例如，一台电动机的正转、反转、停止状况分别用逻辑变量 A、B、C 表示，$A=1$ 表示正转，$B=1$ 表示反转，$C=1$ 表示停止。因此，$\overline{A}BC$、$\overline{A}BC$、$A\overline{B}C$、$ABC\overline{}$、ABC 均为不允许出现的最小项，称为约束项，或称为禁止项。

有时还会遇到另外一种情况，即对于输入变量的某些取值，逻辑函数的输出值可以是任意的，或者这些变量的取值根本就不会出现，这些变量取值对应的最小项称为任意项。

把约束项和任意项统称为无关项。在化简具有无关项的逻辑函数时，根据无关项的随意性(即它的值可取 1，也可取 0，并不影响函数原有的实际逻辑功能)，在对函数化简有利时，

将无关项取 1，否则取 0，就能得到更简单的化简结果。

若无关项用 d 表示，则含有无关项的逻辑函数可表示为

$$F(A, B, C) = \sum m(1, 4) + \sum d(3, 5, 6, 7)$$

也可表示为

$$\begin{cases} F = \overline{A}\overline{B}C + A\overline{B}\overline{C} \\ AB + AC + BC = 0 \quad (\text{约束条件}) \end{cases}$$

即不允许 AB、AC、BC 同时为 1。

对上述逻辑函数的化简，如不考虑无关项，如图 1.7.9 所示，则无法化简，所以有

$$F = \overline{A}\overline{B}C + A\overline{B}\overline{C}$$

若考虑无关项时如图 1.7.10 所示，则可化简为 $F=C+A$。

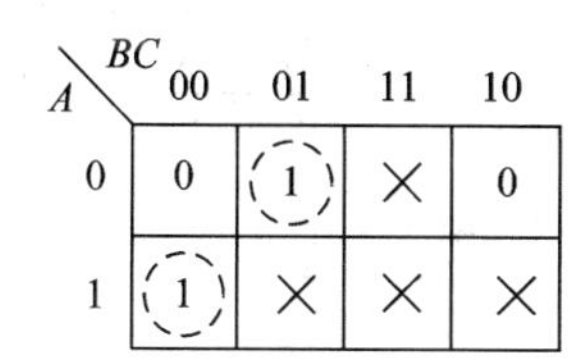

图 1.7.9　不考虑无关项的化简

图 1.7.10　考虑无关项的化简

可见，利用无关项化简逻辑函数时，仅将对化简有利的无关项圈进卡诺圈，对化简无利的项就不要圈进来。

例 1.7.17　化简 $F(A, B, C, D) = \sum m(1, 5, 8, 12) + \sum d(3, 7, 10, 14, 15)$。

解：化简过程如图 1.7.11 所示。由图 1.7.11 所示化简结果有

$$F = A\overline{D} + \overline{A}D$$

对于具有约束的逻辑函数，可以充分利用约束条件使表达式简化。

我们仍然通过例子来说明具有约束的逻辑函数化简方法。

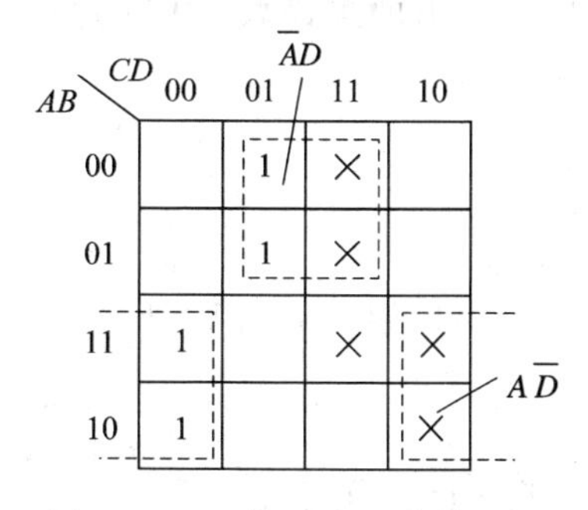

图 1.7.11　例 1.7.17 化简过程

例 1.7.18　如图 1.7.12 所示，设 $ABCD$ 是十进制数 y 的二进制编码，当 $y \geqslant 5$ 时，输出 $F=1$，求 F 的最简与或表达式。

解：根据题意，当 $ABCD$ 取值为 0000～0100 时，因为 $y \leqslant 4$ 时，输出 $F=0$，当 $ABCD$ 取值为 0101～1001 时，$y \geqslant 5$，输出 $F=1$，而 $ABCD$ 取值为 1010～1111 是不会出现的，因此是约束项，可用符号"×"表示。约束项在化简中可以根据需要设定，既可以当 0 使用，也可以当 1 使用，因为它们为 0 或 1 对整个函数的逻辑功能无影响。列出其真值表如表 1.7.4 所示。

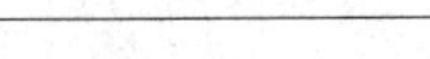

表 1.7.4　$y \geqslant 5$ 比较器的真值表

十进制数	A	B	C	D	F
0	0	0	0	0	0
1	0	0	0	1	0
2	0	0	1	0	0
3	0	0	1	1	0
4	0	1	0	0	0
5	0	1	0	1	1
6	0	1	1	0	1
7	0	1	1	1	1
8	1	0	0	0	1
9	1	0	0	1	1
	1	0	1	0	×
	1	0	1	1	×
	1	1	0	0	×
	1	1	0	1	×
	1	1	1	0	×
	1	1	1	1	×

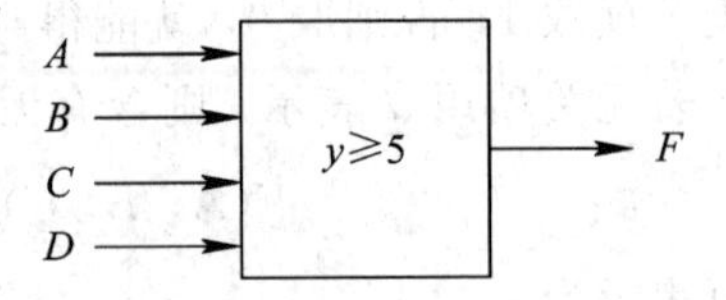

图 1.7.12　$y \geqslant 5$ 比较器方框图

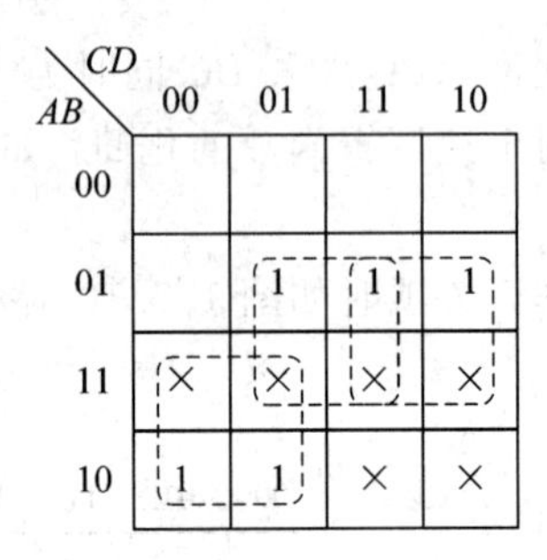

图 1.7.13　例 1.7.18 卡诺图

根据真值表画出相应的卡诺图如图 1.7.13 所示，化简时如不利用打“×”的约束项，则可得化简结果为 $F=A\bar{B}\bar{C}+\bar{A}BD+\bar{A}BC$。如果化简时适当地利用约束项，则化简结果为 $F=A+BD+BC$。虽然都为三个乘积项，但输入变量共少了三个（$\bar{A}$、$\bar{B}$、$\bar{C}$），可以减少三条输入线，进一步简化了比较器的逻辑图。

因此，在用卡诺图化简具有约束项的逻辑函数时要充分利用这些约束。

6. 多输出逻辑函数的化简

前述的电路只有一个输出端，而实际电路常常有两个或两个以上的输出端。化简多输出函数时，不能单纯地追求各个单一函数的最简式，因为这样做并不一定能保证整个系统最简，应该统一考虑，尽可能利用公共项。

例 1.7.19　对多输出函数 $\begin{cases} F_1(A,\ B,\ C)=\sum m(1,\ 3,\ 4,\ 5,\ 7) \\ F_2(A,\ B,\ C)=\sum m(3,\ 4,\ 7) \end{cases}$ 进行化简。

解：F_1、F_2 各自的卡诺图化简结果如图 1.7.14 所示。

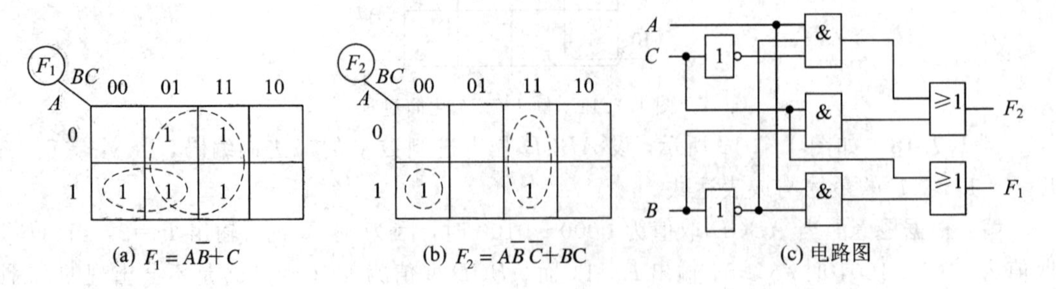

(a) $F_1=A\bar{B}+C$　　(b) $F_2=A\bar{B}\bar{C}+BC$　　(c) 电路图

图 1.7.14　例 1.7.19 各函数独立化简结果及电路图

将两个输出函数视为一个整体，其化简过程如图 1.7.15 所示。

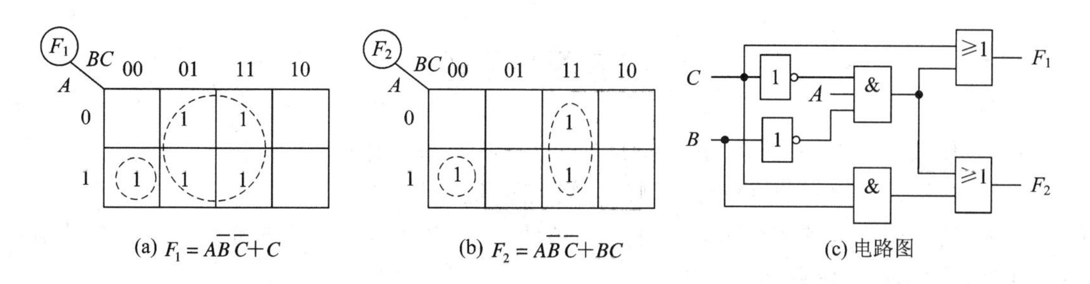

(a) $F_1 = A\overline{B}\,\overline{C}+C$　　(b) $F_2 = A\overline{B}\,\overline{C}+BC$　　(c) 电路图

图 1.7.15　例 1.7.19 考虑各函数整体化简结果及电路图

显然，整体考虑进行化简的结果比各函数独立进行化简的结果电路要简单、合理。

本 章 小 结

数字信号具有很多模拟信号不具备的优点，尤其在存储、传输、分析及抗干扰等方面，因此，数字系统的应用有着非常广阔的前景。

数字系统中，常用以一定规律组合的二进制数表示各种信息，掌握数制间的相互转换及几种码制的基本特点，有利于后续课程的学习。

二进制：有 0 和 1 两个数码，基数为 2，进位规律为逢二进一。

十六进制：有 0～9、A～F 十六个数码，基数是 16，进位规律为逢十六进一。

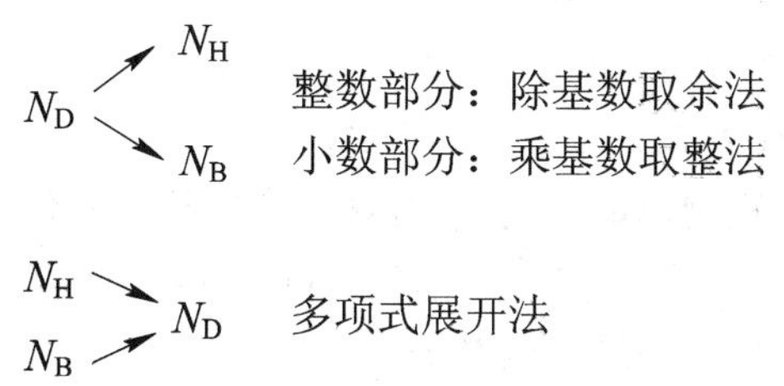

$N_H \rightleftarrows N_B$ 以小数点为界，四位一组，分组转换法

逻辑代数是分析和设计数字电路必不可少的数学工具。逻辑代数的基本运算有三种，即与、或、非运算。任何复杂的逻辑运算均由基本逻辑运算组合而成。逻辑运算遵循着一定的逻辑规律。

一个逻辑函数可以用几种不同的方法来表示，各种表示方法可以互相转换。

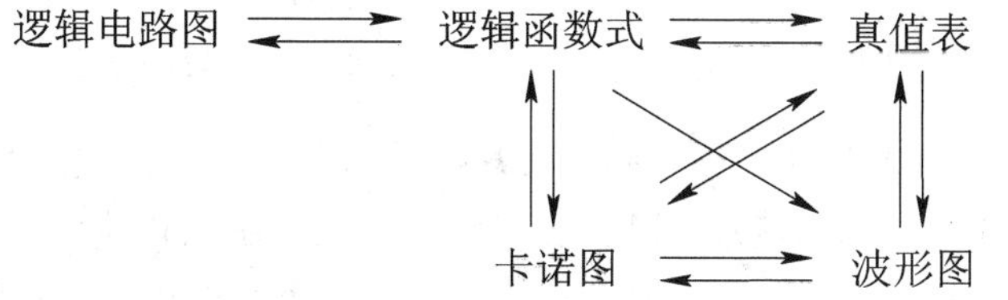

对于同一个逻辑问题，逻辑函数式和逻辑电路可以有多种形式，但与其相应的真值表却只能有一种，即对于任一逻辑函数，其真值表是唯一的。

化简逻辑函数常用的两种方法是代数法和卡诺图法。代数法没有任何条件限制，比较灵活，但其方法没有固定的规律可循，有时需要一定的技巧和经验，所以，有些逻辑函数式不容易化成最简式。卡诺图法简单、直观、有规律、易掌握，但不适合逻辑变量超过五个以上的电路。

思考题与习题

1.1 什么是进位计数制？进位计数制包含哪两个基本要素？

1.2 总结几种常用的进位计数制的优缺点及其相互转换的方法。

1.3 将下列十进制数转换成等值的二进制数、八进制数、十六进制数。要求二进制数保留小数点后4位有效数字。

(1) $(19)_D$； (2) $(37.656)_D$； (3) $(0.3569)_D$。

1.4 将下列八进制数转换成等值的二进制数。

(1) $(137)_O$； (2) $(36.452)_O$； (3) $(0.1436)_O$。

1.5 将下列十六进制数转换成等值的二进制数。

(1) $(1E7.2C)_H$； (2) $(36A.45D)_H$； (3) $(0.B4F6)_H$。

1.6 求下列BCD码代表的十进制数。

(1) $(1000011000110101.10010111)_{8421BCD}$。

(2) $(1011011011000101.10010111)_{余3BCD}$。

(3) $(1110110101000011.11011011)_{2421BCD}$。

(4) $(1010101110001011.10010011)_{5421BCD}$。

1.7 试完成下列代码转换。

(1) $(1110110101000011.11011011)_{2421BCD}=(\ ?\ )_{余3BCD}$；

(2) $(1010101110001011.10010011)_{5421BCD}=(\ ?\ )_{8421BCD}$。

1.8 试分别确定下列各组二进制码的奇偶校验位(包括奇校验和偶校验两种形式)。

(1) 10101101； (2) 10010100； (3) 11111101。

1.9 试用列真值表的方法证明下列逻辑函数等式。

(1) $A\oplus 0=A$； (2) $A\oplus 1=\overline{A}$；

(3) $A\oplus A=0$； (4) $A\oplus\overline{A}=1$；

(5) $A\overline{B}+\overline{A}B=\overline{AB+\overline{A}\,\overline{B}}$； (6) $A\oplus\overline{B}=\overline{A\oplus B}=A\oplus B\oplus 1$；

(7) $A(B\oplus C)=AB\oplus AC$。

1.10 写出下列逻辑函数的对偶式及反函数式。

(1) $F=A\overline{B}+\overline{A}B$； (2) $F=A\overline{B}(C+\overline{A}B)$；

(3) $F=\overline{A+\overline{B}}(A+\overline{B}+C)$； (4) $F=\overline{A\overline{B}+\overline{A}D}+\overline{\overline{A}D+B\overline{C}}$；

(5) $F=\overline{\overline{AC+\overline{C}D}+\overline{A}B}+BC(\overline{\overline{\overline{B}+AD}+CE})$。

1.11 用逻辑代数的基本定理和基本公式将下列逻辑函数化简为最简与或表达式。

(1) $F=A\overline{B}+\overline{A}B+A$； (2) $F=A\overline{B}C+\overline{A}+B$；

(3) $F=\overline{A\overline{B}}(ABC+\overline{A}B)$； (4) $F=A\overline{B}(\overline{A}CD+\overline{\overline{A}D+B\overline{C}})$；

(5) $F=AC(\overline{C}D+\overline{A}B)+BC(\overline{\overline{\overline{B}+AD}+CE})$； (6) $F=\overline{\overline{AC+\overline{B}C}+B(A\overline{C}+\overline{A}C)}$；

(7) $F=A+(\overline{\overline{C}+B})(A+\overline{B}+C)(A+B+C)$。

1.12 逻辑函数表达式为 $F=\overline{A}B\overline{C}D$，使用2输入的与非门和反相器实现该式的逻辑功能，画出其相应的逻辑电路。

1.13 设三变量 A、B、C，当变量组合值中出现偶数个1时，输出 F 为1，否则为0。列出此逻辑关系的真值表，并写出逻辑表达式。

1.14　用逻辑代数的基本定理证明下列逻辑等式。

(1) $AB+\overline{A}B+A\overline{B}=A+B$；　　(2) $(A+B)(B+C)(A+C)=AC+AB+BC$；

(3) $(AB+C)B=AB\overline{C}+\overline{A}BC+ABC$；　(4) $\overline{A}C+AB+BC+A+\overline{C}=1$。

1.15　已知逻辑函数的真值表如表 1.1 所示，写出对应的逻辑函数式，并画出波形图。

表 1.1　真值表

A	B	C	F
0	0	0	0
0	0	1	1
0	1	0	1
0	1	1	0
1	0	0	1
1	0	1	0
1	1	0	0
1	1	1	0

1.16　试用卡诺图化简下列逻辑函数。

(1) $F=A\overline{B}C+\overline{A}B+BC$；

(2) $F=A\overline{B}CD+\overline{A}CD+ABD+\overline{A}B\overline{C}+AC\overline{D}+BC$；

(3) $F=AB\overline{C}+\overline{A}B+\overline{A}C\overline{D}+\overline{B}C\overline{D}+\overline{A}B+B\overline{C}$；

(4) $F(A, B, C)=\sum m(0, 1, 3, 4, 6, 7)$；

(5) $F(A, B, C, D)=\sum m(1, 3, 4, 5, 6, 9, 10, 12, 14, 15)$；

(6) $F(A, B, C, D)=\sum m(0, 2, 3, 5, 7, 8, 10, 11, 13, 15)$；

(7) $F(A, B, C, D)=\sum m(1, 2, 5, 6, 10, 12, 15)+\sum d(3, 7, 8, 13)$；

(8) $F(A, B, C, D)=\sum m(3, 5, 6, 7, 10)+\sum d(0, 1, 2, 4, 8, 14)$；

(9) $F=\overline{A}\overline{B}C+ABC+\overline{A}\overline{B}C\overline{D}$，约束条件 $\overline{A}B+A\overline{B}=0$；

(10) $F=C\overline{D}(A\oplus B)+\overline{A}B\overline{C}+\overline{A}\overline{C}D$，约束条件 $AB+CD=0$；

(11) $F=(A\overline{B}+B)C\overline{D}+\overline{(A+B)(\overline{B}+C)}$，约束条件 $ABC+ABD+ACD+BCD=0$。

1.17　试用卡诺图化简下列逻辑函数。

(1) $\begin{cases} F_1=A\overline{B}+\overline{A}C+BC \\ F_2=A+BC \end{cases}$

(2) $\begin{cases} F_1(A, B, C)=\sum m(1, 2, 3, 4, 5, 7) \\ F_2(A, B, C)=\sum m(0, 1, 3, 5, 6, 7) \end{cases}$

(3) $\begin{cases} F_1(A, B, C, D)=\sum m(1, 2, 3, 5, 7, 8, 9, 12, 14) \\ F_2(A, B, C, D)=\sum m(0, 1, 3, 8, 12, 14) \end{cases}$

1.18　对于三变量的逻辑函数，试分别写出其所有的最小项，并举例说明最小项的性质。

1.19　写出图 1.1 中各逻辑图的逻辑函数式，并化简为最简与或式。

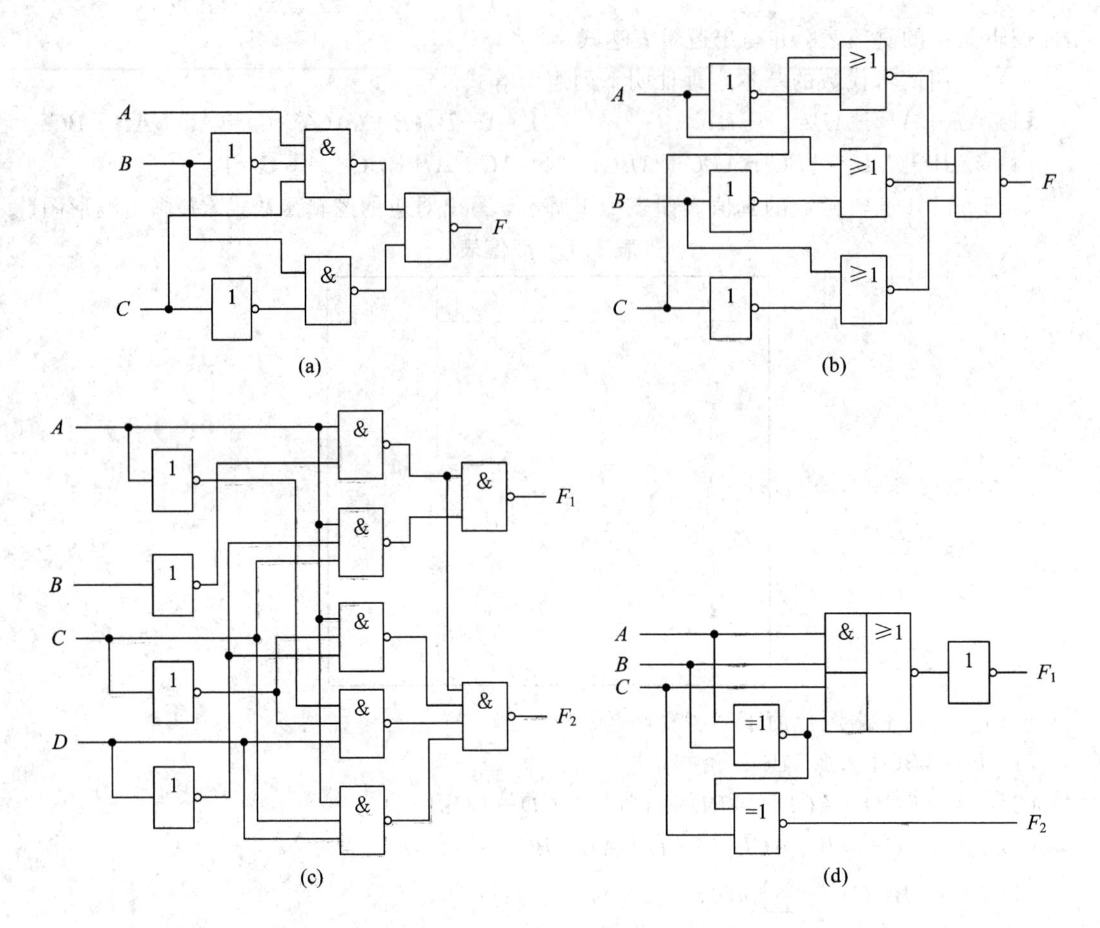

图 1.1　题 1.19 图

1.20　将下列各函数式化为最小项之和的形式。

(1) $F=\overline{A}BC+AC+\overline{B}C$；

(2) $F=A\,\overline{B}\,\overline{C}D+BCD+\overline{A}D$；

(3) $F=A+B+CD$；

(4) $F=AB+\overline{\overline{BC}(\overline{C}+\overline{D})}$；

(5) $F=L\overline{M}+M\overline{N}+N\overline{L}$。

1.21　将下列各式化为最大项之积的形式。

(1) $F=(A+B)(\overline{A}+\overline{B}+\overline{C})$；

(2) $F=A\overline{B}+C$；

(3) $F=AB\overline{C}+\overline{B}C+A\overline{B}C$；

(4) $F=BC\overline{D}+C+\overline{A}D$；

(5) $F=(A, B, C)=\sum(m_1, m_2, m_3, m_6, m_7)$。

1.22　试画出用与非门和反相器实现下列函数的逻辑图。

(1) $F=AB+BC+AC$；

(2) $F=(\overline{A}+B)(A+\overline{B})C+\overline{B}\,\overline{C}$；

(3) $F=\overline{AB\overline{C}+A\overline{B}C+\overline{A}BC}$；

(4) $F=A\,\overline{BC}+\overline{(\overline{A\overline{B}}+\overline{A}\,\overline{B}+BC)}$。

1.23　什么叫约束项，什么叫任意项，什么叫逻辑函数式中的无关项？

1.24　对于互相排斥的一组变量 A、B、C、D、E(即任何情况下 A、B、C、D、E 不可能有两个或两个以上同时为 1)，试证明：

$$A\bar{B}\bar{C}\bar{D}\bar{E} = A,\ \bar{A}B\bar{C}\bar{D}\bar{E} = B,\ \bar{A}\bar{B}C\bar{D}\bar{E} = C,\ \bar{A}\bar{B}\bar{C}D\bar{E} = D,\ \bar{A}\bar{B}\bar{C}\bar{D}E = E$$

1.25　将下列函数化为最简与或函数式。

(1) $F=\overline{A+C+D}+\bar{A}\bar{B}C\bar{D}+A\bar{B}\bar{C}D$，给定约束条件为

$$A\bar{B}C\bar{D} + A\bar{B}CD + AB\bar{C}D + AB\bar{C}D + ABC\bar{D} + ABCD = 0$$

(2) $F=C\bar{D}(A\oplus B)+\bar{A}B\bar{C}+\bar{A}\bar{C}D$，给定约束条件为

$$AB + CD = 0$$

(3) $F = (A\bar{B} + B)C\bar{D} + \overline{(A + B)(\bar{B} + C)}$，给定约束条件为

$$ABC + ABD + ACD + BCD = 0$$

(4) $F(A, B, C, D) = \sum(m_3, m_5, m_6, m_7, m_{10})$，给定约束条件为

$$m_0 + m_1 + m_2 + m_4 + m_8 = 0$$

(5) $F(A, B, C) = \sum(m_0, m_1, m_2, m4)$，给定约束条件为

$$m_3 + m_5 + m_6 + m_7 = 0$$

(6) $F(A, B, C, D) = \sum(m_2, m_3, m_7, m_8, m_{11}, m_{14})$，给定约束条件为

$$m_0 + m_5 + m_{10} + m_{15} = 0$$

1.26　在数字系统中，为什么要采用二进制？如何用二-十进制表示十进制数？

1.27　什么叫编码？二进制编码与二进制数有何区别？

第2章　逻辑门电路

内容提要：本章从三种最基本的与、或、非门电路出发，分析了其实现相应逻辑运算的工作原理；重点讲述了TTL与非门的工作原理、外特性及主要参数等；简要介绍了CMOS逻辑门电路的电路结构和工作原理。

学习提示：尽管大规模集成电路已成为目前数字系统设计的首选，但从正确理解数字器件的工作原理来看，最基本的逻辑门电路仍然是学习的基础。因此，在TTL与非门和CMOS门电路结构与工作原理上多下功夫，有助于奠定扎实的数字系统的硬件基础。

门电路(gate circuit)是构成数字电路的基本单元。所谓"门"就是一种条件开关，在一定的条件下，它允许信号通过，条件不满足时，信号无法通过。在数字电路中，实际使用的开关都是晶体二极管、三极管以及场效应管之类的电子器件。这种器件具有可以区分的两种工作状态，可以起到断开和闭合的开关作用，而且门电路的输出与输入之间存在着一定的逻辑关系，这种逻辑关系又称为逻辑门电路。

最基本的逻辑门电路有"与"门、"或"门和"非"门。在实际使用中，常用的是具有复合逻辑功能的门电路，如"与非"门、"或非"门、"与或非"门、"异或"门等电路。

逻辑门电路可以由分立元件构成，但目前大量使用的是集成逻辑门电路，它按晶体管的导电类型分为双极性(bipolar)和单极性两类。双极性逻辑门电路有晶体管逻辑门电路(简称TTL电路)、射极耦合逻辑门电路(简称ECL电路)、集成注入逻辑门电路(简称I^2L电路)等；单极性逻辑门电路有金属—氧化物—半导体互补对称逻辑门电路(简称CMOS电路)等。

本章在分析晶体二极管、三极管的开关特性(switching characteristic)的基础上，从分立元件构成的基本门电路入手，分析其工作原理，重点介绍目前应用最广泛的集成TTL电路和MOS电路。

2.1　最简单的与、或、非门电路

最简单的与、或、非门电路可由二极管和电阻或者三极管与电阻组成，二极管、三极管在电路中的作用类似于可控开关。在数字电路中，常用二极管、三极管的"导通"与"截止"来实现开关的两种状态，即"闭合"与"断开"。当脉冲信号频率很高时，开关状态变化的速度非常快，每秒可达百万次数量级，这就要求电子器件的导通与截止两种状态之间的转换要在微秒甚至纳秒数量级的时间内完成。因此，在讨论门电路之前，首先应了解二极管、三极管的开关特性。

一个理想的开关元件应具备三个主要特点：① 在接通状态时，其接通电阻为零，流过开关的电流完全由外电路决定；② 在断开状态下，阻抗为无穷大，流过开关的电流为零；③ 断开和接通之间的转换能在瞬间完成，即开关时间为零。尽管实际使用的半导体电子开关特性与理想开关有所差别，但是只要设置条件适当，就可以认为在一定程度上接近理想开关。

2.1.1　二极管的开关特性

由于二极管具有单向导电性，即外加正向电压时导通，外加反向电压时截止，所以二极管相当于是一个受外加电压极性控制的开关。二极管的开关特性就是讨论二极管的正向导通和反向截止两种不同状态之间的转换关系。

二极管实际就是一个 PN 结，PN 结电流的形成取决于内部电荷的扩散与漂移运动，因此，流过二极管的电流不仅受外加电压方向的控制，而且还会受到 PN 结内部电荷运动的影响。

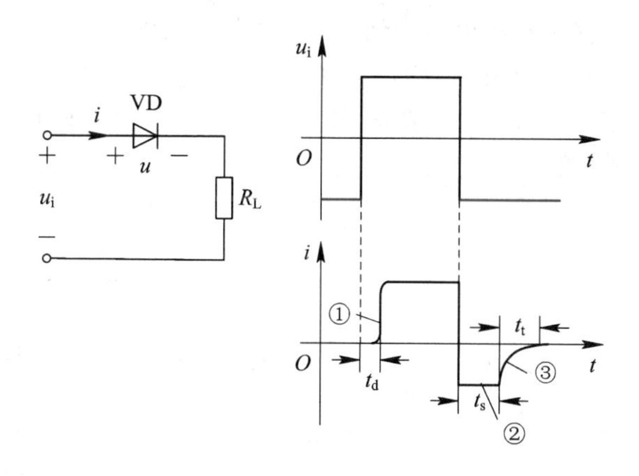

图 2.1.1　二极管的开关特性

当二极管的外加电压由反向偏置转为正向偏置时，理想情况下，二极管将立即转为导通，实际上由于 PN 结在外加反向电压时的电阻很大，当外加电压突然改为正向电压时，在最初的一瞬间 PN 结电阻仍然很大，没有正向导通电流。只有随着 PN 结内阻的减小，正向电流才能逐渐增大，流过二极管的电流出现迟滞现象，如图 2.1.1 中①所示。时间 t_d 称为正向导通时间。

当二极管的外加电压由正向偏置转为反向偏置时，理想情况下，二极管将立即转为截止，$i \approx I_S$，但实际情况不是这样。因为当外加正向电压时，势垒区变窄，有利于多数载流子的扩散，从而造成了载流子的积累，即在 P 区有电子的积累，在 N 区有空穴的积累，这些积累的载流子称为存储电荷，它们在 P 区和 N 区的积累是非均匀的，靠近势垒区的浓度高，远离势垒区的浓度低。当二极管的外加电压由正向转为反向时，这些存储电荷不会马上消失，会在外加反向电压的作用下形成反向漂移电流 i_R。由于存储电荷消失之前，PN 结仍处于正向偏置，PN 结的电阻很小，与负载电阻 R_L 相比可忽略，此时的反向电流 $I_R=(U_R+U_D)/R_L$。式中，U_D 为 PN 结的正向压降，一般有 $U_R \gg U_D$，所以 $I_R \approx U_R/R_L$。在一定时间 t_s 内，I_R 会基本保持不变，t_s 为存储时间，如图 2.1.1 中②所指。经过 t_s 以后，P 区和 N 区所存储的电荷逐渐减少，势垒区逐渐变宽，反向电流 i_R 才逐渐减小到一个很小的数值 $0.1I_R$，这段时间为过渡时间 t_t，如图 2.1.1 中③所指。经过过渡时间 t_t 以后，二极管进入反向截止状态。通常我们把二极管从正向导通转变为反向截止所经过的转换过程称为反向恢复过程，所经过的时间称为反向恢复时间 t_{re}，且 $t_{re}=t_s+t_t$。半导体器件手册中给出了各种二极管在一定条件下测出的反向恢复时间，一般开关管的 t_{re} 值很小(约在几个纳秒数量级)，用普通的示波器不易观察到。

由以上分析可知，二极管的反向恢复过程实质上是由存储电荷引起的，存储电荷消散所需要的时间就是反向恢复时间。一般二极管的反向恢复时间比它的正向导通时间大得多，所以二极管的开关速度主要取决于二极管的反向恢复时间。

2.1.2　三极管的开关特性

三极管开关电路如图2.1.2(a)所示，三极管按工作状态的不同分为截止区、放大区和饱和区。当输入电压u_I为低电平($u_I<0$)时，发射结处于反向偏置，三极管工作在截止区，此时基极电流$i_B\approx0$，集电极电流$i_C=I_{CEO}\approx0$，所以三极管的C-E间相当于一个断开的开关，输出电压$u_O=U_{OH}\approx U_{CC}$；当输入电压u_I为高电平($u_I>0$)时，输入电压u_I足以使$i_B\geqslant I_{BS}=U_{CC}/\beta R_C$时，发射结和集电结均处于正向偏置，三极管工作在饱和区，i_C不随i_B的增加而增大，三极管C-E间的饱和压降$U_{CES}\approx0.3$ V，所以三极管的C-E间相当于一个闭合的开关，输出电压$u_O=U_{OL}\approx0.3$ V。这样，利用u_I的高、低电平控制三极管的开关状态，就可以在输出端得到相应的高、低电平。

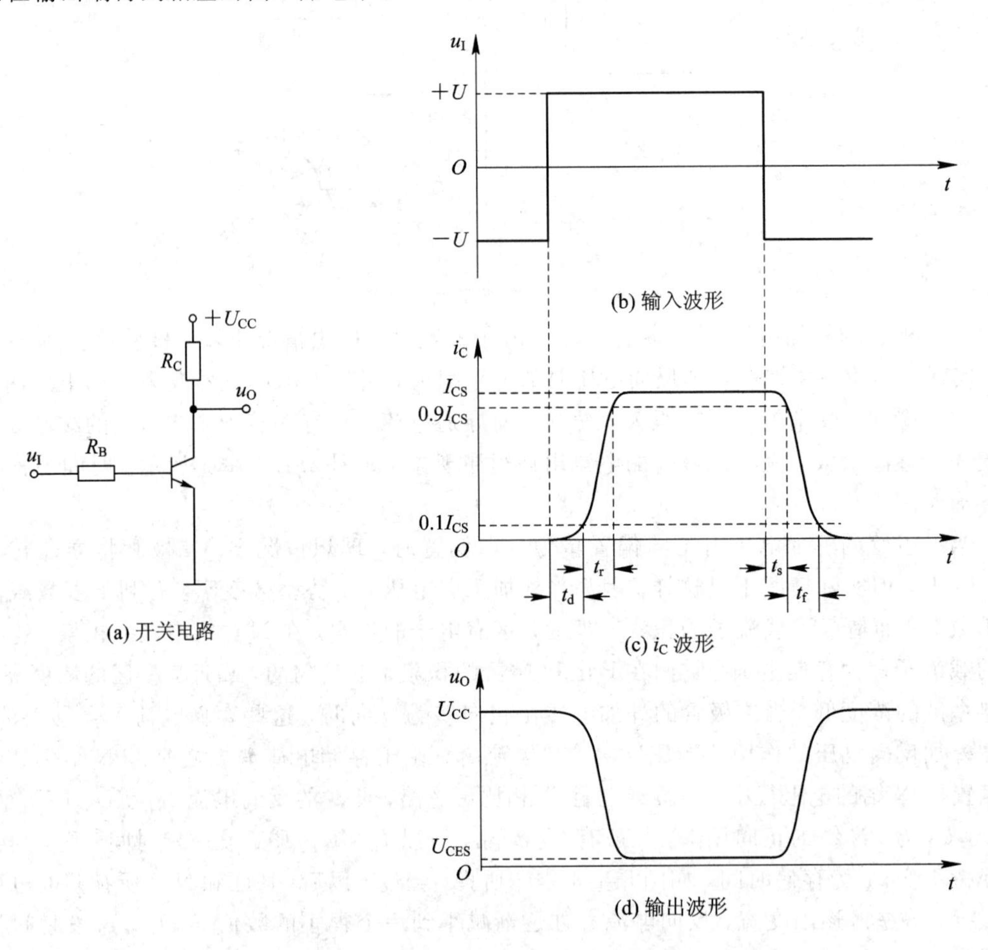

图 2.1.2　三极管开关电路及波形图

由于三极管从饱和到截止或从截止到饱和的状态转换都需要经过放大区，所以三极管饱和与截止两种状态的相互转换需要一定的时间才能完成。

在如图2.1.2(a)所示电路的输入端加入一个理想方波信号，其幅度在$-U\sim+U$之间变化，则输出电流i_C的波形如图2.1.2(c)所示。由图可见i_C的波形已不是理想方波，起始部分和平顶部分都延时了一段时间，上升沿和下降沿都变得缓慢了。

当输入电压 $u_I=-U$ 时，发射结、集电结均处于反向偏置，三极管工作在截止区，势垒区较宽，势垒区的空间电荷较多。当 u_I 由 $-U$ 跳变到 $+U$ 时，基极电流 i_B 的作用是抵消势垒区的空间电荷，使势垒区变窄，让发射区的电子注入到基区，并被集电区吸收形成集电极电流 i_C，它所需要的时间为延迟时间 t_d，即从 $+U$ 加入开始到集电极 i_C 上升到 $0.1I_{CS}$ 结束所需要的时间。

经过延迟时间 t_d 以后，发射区的电子会不断注入到基区，但由于开始时基区的电子浓度较低，i_C 较小，经过一定时间后，基区的电子浓度增加，这段时间为上升时间 t_r，即 i_C 从 $0.1I_{CS}$ 上升到 $0.9I_{CS}$ 所需要的时间。

经过上升时间 t_r 以后，集电极电流 i_C 继续增加到 I_{CS}，使三极管的集电极变为正向偏置，集电极收集电子的能力减弱，从而造成基区有大量的电子存储，同时在集电区靠近势垒区的边界处也会有一定的空穴积累。

当 u_I 由 $+U$ 跳变到 $-U$ 时，基区和集电区的存储电荷不能立即消散，集电极 i_C 不能马上降低，需要维持一段存储时间 t_s，存储时间 t_s 是指从输入信号降到 $-U$ 到 i_C 降到 $0.9I_{CS}$ 所需要的时间。它的大小取决于存储电荷的多少，饱和程度越深，存储电荷越多，存储时间 t_s 越长。

由于 u_I 跳变到 $-U$ 以后，发射结处于反向偏置，存储电荷在反相电压的作用下产生漂移运动，从而形成了反向基极电流，它有利于存储电荷的消散，使转换过程加快，从而缩短了存储时间 t_s。

经过存储时间 t_s 以后，存储的电荷继续消散，集电极电流 i_C 继续降低，三极管会从临界饱和经过放大区进入截止区，它所需要的时间为下降时间 t_f，即 i_C 从 $0.9I_{CS}$ 降到 $0.1I_{CS}$ 所需要的时间。

经过上述分析可知，三极管的开关过程和二极管一样，也是存储电荷“建立”和“消散”的过程。通常把 $t_{on}=t_d+t_r$ 称为开通时间，它反映了三极管从截止到饱和所需要的时间，也就是建立存储电荷的时间；而把 $t_{off}=t_s+t_f$ 称为关闭时间，它反映了三极管从饱和到截止所需要的时间，也就是存储电荷消散的时间。开通时间和关闭时间总称为三极管的开关时间，它随管子类型的不同而有很大差别，一般在几十至几百纳秒的范围，可以从半导体器件手册中查到。

三极管的开关时间限制了三极管开关运用的速度。开关时间越短，开关速度越高，因此要设法减小开关时间。由于三极管的开关时间与存储电荷的“建立”和“消散”有关，因此为了提高三极管的开关速度，一方面需要降低三极管的饱和深度，缩短存储时间；另一方面，可以在电路中设计存储电荷的消散回路，以加速存储电荷的消散。

2.1.3 简单的与、或、非门电路

第一章已经介绍过与、或、非运算等基本逻辑运算，而实现逻辑运算的电子电路称为门电路。下面介绍由二极管、三极管实现的简单的与、或、非门电路。

1. 与门电路

图 2.1.3(a)为由二极管实现的与门电路，图 2.1.3(b)为它的逻辑符号。A、B 为输入端，F 为输出端。电源电压 $U_{CC}=+5$ V，输入信号的高电平为+5 V，低电平为0 V。为分析方便，设二极管是理想的。

当输入端 A 为低电平时，二极管 VD_A 导通，此时无论输入端 B 为低电平还是高电平，

输出端 F 的电位被限制在 0 V(此时忽略了二极管的导通压降)上，所以输出端 F 为低电平。只有当两个输入端 A 和 B 都是高电平时，二极管 VD_A、VD_B 均截止，输出端 F 为+5 V，即为高电平。图 2.1.3(a)所示电路的输入与输出电压关系见表 2.1.1，对应的真值表见表 2.1.2。由真值表可知图 2.1.3(a)电路确实能实现逻辑与运算，其逻辑表达式为

$$F = AB$$

(a) 电路图　　(b) 逻辑符号

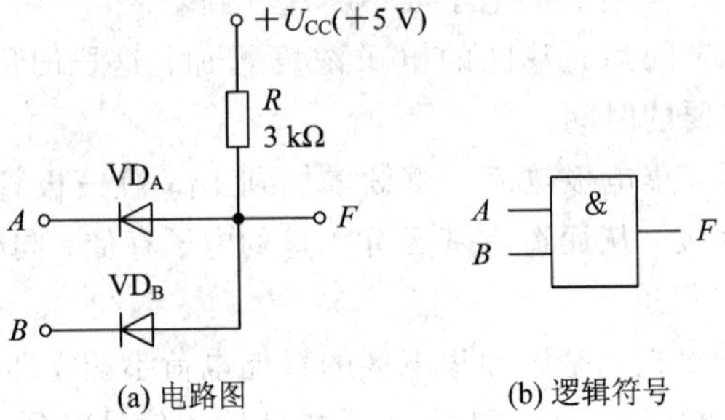

图 2.1.3　二极管与门电路

表 2.1.1　与门电路的输入与输出电压关系

输入		二极管的状态		输出
A	B	VD_A	VD_B	F
0 V	0 V	导通	导通	0 V
0 V	+5 V	导通	截止	0 V
+5 V	0 V	截止	导通	0 V
+5 V	+5 V	截止	截止	+5 V

表 2.1.2　与门电路的真值表

输入		输出
A	B	F
0	0	0
0	1	0
1	0	0
1	1	1

2. 或门电路

图 2.1.4(a)为由二极管实现的或门电路，图 2.1.4(b)为它的逻辑符号。

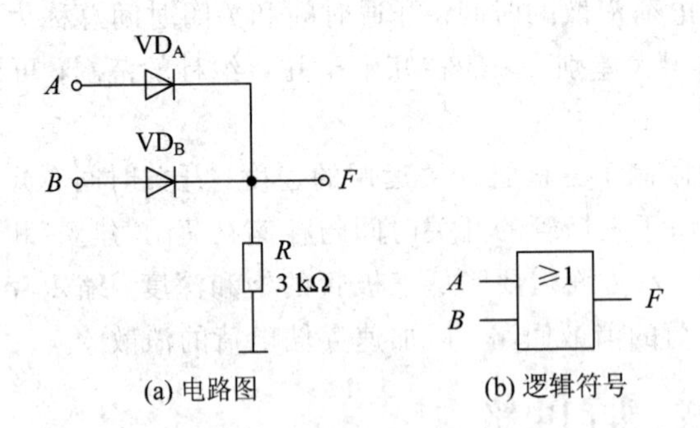

(a) 电路图　　(b) 逻辑符号

图 2.1.4　二极管或门电路

当两个输入端 A 和 B 均为低电平时，二极管 VD_A、VD_B 均截止，输出端 F 为低电平。如果两个输入端 A 和 B 中有一端是高电平，例如输入端 A 为高电平，二极管 VD_A 导通，输出端 F 为+5 V，即为高电平。图 2.1.4(a)所示电路的输入与输出电压关系见表 2.1.3，对应的真值表见表 2.1.4。由真值表可知图 2.1.4(a)电路确实能实现逻辑或运算，其逻辑表达式为

$$F = A + B$$

表 2.1.3 或门电路的输入与输出电压关系

输入		二极管的状态		输出
A	B	VD_A	VD_B	F
0 V	0 V	截止	截止	0 V
0 V	+5 V	截止	导通	+5 V
+5 V	0 V	导通	截止	+5 V
+5 V	+5 V	导通	导通	+5 V

表 2.1.4 或门电路的真值表

输入		输出
A	B	F
0	0	0
0	1	1
1	0	1
1	1	1

3. 非门电路

图 2.1.5(a)是由三极管构成的反相器，也称为非门电路。

当输入电压 u_I为低电平(0 V)时，此时发射结和集电结均处于反向偏置，所以三极管 V 截止，输出 u_O为高电平。当输入电压 u_I为高电平(+5 V)时，此时发射结和集电结均处于正向偏置，三极管 V 饱和，输出 u_O为低电平。若分别用 A 和 F 表示该电路的输入和输出逻辑变量，把分析结果列入表 2.1.5 中，可知图 2.1.5(a)电路完成的是非逻辑运算关系，其逻辑表达式为

$$F=\overline{A}$$

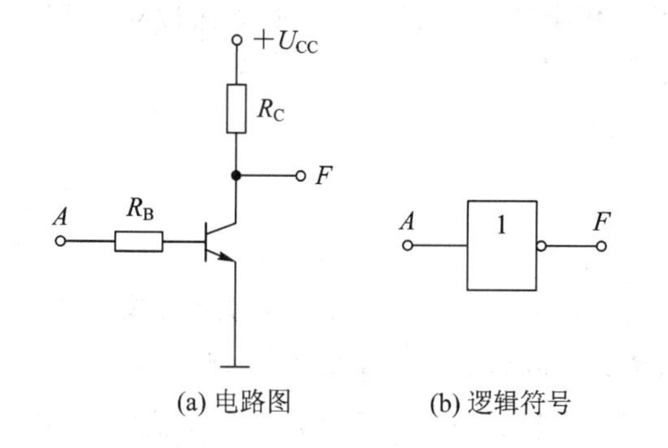

图 2.1.5 三极管非门电路

表 2.1.5 非门电路的输入与输出电压关系

输入 A	BJT 工作状态	输出 F
0 V	截止	+5 V
+5 V	饱和	0 V

4. 复合门电路

图 2.1.6(a)是由二极管、三极管组成的与非门电路，称为二极管-三极管逻辑门，简称 DTL 电路，图 2.1.6(b)为它的逻辑符号。图中二极管 VD_1、VD_2、VD_3与电阻 R_1组成与门电路，三极管 V 组成非门电路，二极管 VD_4、VD_5与电阻 R_2组成分压器对 P 点电位进行变换，称为电平转移二极管。当输入端 A、B、C 均为高电平(+5 V)时，二极管 VD_1～VD_3均截止，VD_4、VD_5和三极管 V 导通，$U_P=U_{VD4}+U_{VD5}+U_{BE}\approx3\times0.7\text{ V}=2.1\text{ V}$，而且二极管 VD_4、VD_5的正向导通电阻很小，使流入三极管 V 的基极电流 I_B足够大，从而使三极管 V 饱和导通，$U_F\approx0.3$ V，即输出为低电平。当输入端 A、B、C 中至少有一个为低电平 0.3 V 时，$U_P=0.3\text{ V}+0.7\text{ V}=1\text{ V}$，此时 VD_4、VD_5和三极管 V 均截止，$U_F\approx+U_{CC}$，即输出为高电平。由此可见，此电路实现的是与非逻辑关系，即

$$F=\overline{ABC}$$

按同样的方法，利用二极管或门串接三极管非门电路也可构成或非门电路。DTL 电路结构简单，但它的工作速度较低，因为三极管 V 在饱和时基区的存储电荷的消散需要较长的时间，为此人们设计了 TTL 电路。

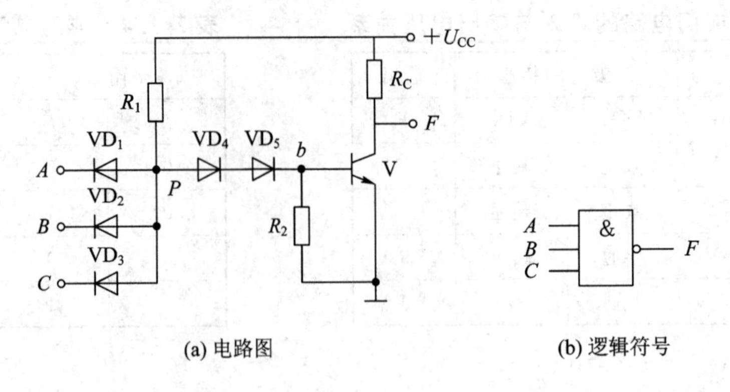

图 2.1.6　DTL 与非门电路

2.2　TTL 与非门电路

TTL(Transistor-Transistor Logic，晶体管—晶体管逻辑)集成电路，是以双极型晶体管为基本元件，集成在一块硅片上，并具有一定逻辑功能的电路，称为双极型数字集成电路，简称 TTL 电路。由于 TTL 集成电路具有结构简单、稳定可靠、工作速度范围很宽等优点，它的生产历史最长，品种繁多，因此是被广泛应用的数字集成电路之一。本节通过对 TTL 与非门典型电路的介绍，熟悉其工作原理及有关参数等。

2.2.1　TTL 与非门的工作原理

1. TTL 与非门的电路结构与工作原理

图 2.2.1 是一种典型的 TTL 与非门的电路结构图，它由输入级、中间放大级和输出级三部分组成。输入级由多发射极管 V_1 和电阻 R_1 组成，它的发射结、集电结分别与图 2.1.6 中的二极管 VD_1～VD_3 和 VD_4 的作用相同，可以实现与逻辑运算。中间放大级由 V_2 组成，它的发射结代替图 2.1.6 中的二极管 VD_5，经过 V_2 的放大作用，可以给输出管 V_5 提供一个较大的基极电流，从而提高门电路的带负载能力和开关速度。输出级由 V_3、V_4 和 V_5 组成，V_3、

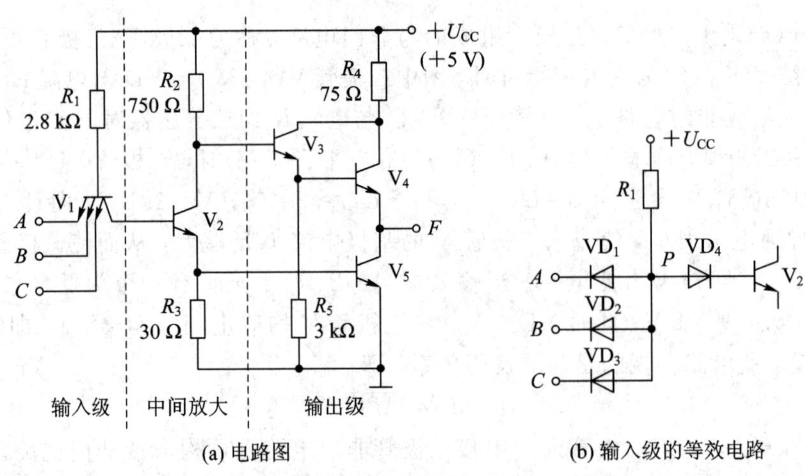

图 2.2.1　TTL 与非门电路

V_4组成复合管作为输出管 V_5的有源负载。

当输入端 A、B、C 均为高电平(+3.6 V)时，电源 U_{CC}通过电阻 R_1和三极管 V_1的集电结向三极管 V_2、V_3提供基极电流，使 V_2、V_5饱和，这时 V_1的基极电位 $U_{B1}=U_{BC1}+U_{BE2}+U_{BE5}=0.7+0.7+0.7=2.1$ V，从而使 V_1的发射结处于反向偏置，集电结处于正向偏置。V_1处于发射结和集电结倒置使用的放大状态。由于 V_2、V_5饱和导通，使输出端 F 为低电平，其数值为

$$U_{OL}=U_{C5}\approx 0.3 \text{ V}$$

这时 V_2的集电极电位为 $U_{C2}=U_{CES2}+U_{BE3}\approx 0.3+0.7=1$ V，V_3的基极电位 $U_{B3}=U_{C2}=1$ V，它大于 V_3的发射结正向电压，使 V_3导通。这时 V_4的基极电位 $U_{B4}=U_{E3}=U_{B3}-0.7=0.3$ V，$U_{BE4}=0$ V，所以 V_4截止。

当输入端 A、B、C 至少有一个接低电平(+0.3 V)时，就会使对应于多发射极管 V_1输入端接低电平的发射结导通，V_1的基极电位 $U_{B1}=0.3+0.7-1$ V。由于 U_{B1}是加在 V_1的集电结和 V_2、V_5的发射结上的电位，其数值不足以使它们同时导通，所以 V_2、V_5截止。

由于 V_2截止，电源 U_{CC}通过电阻 R_2向 V_3提供基极电流，使 V_4导通，V_4的基极电位 $U_{B4}=U_{E3}=U_{CC}-U_{BE3}-I_{B3}R_2$。同时由于 $U_{E3}=I_{E3}R_5\gg I_{B3}R_2$，故将 $I_{B3}R_2$忽略，所以 $U_{B4}=U_{E3}\approx U_{CC}-U_{BE3}=5-0.7=4.3$ V，这时 V_4导通，可得输出端 F 的高电平数值为

$$U_{OH}=U_{E4}=U_{B4}-U_{BE4}=4.3-0.7=3.6 \text{ V}$$

经过上述分析可得图 2.2.1 所示电路实现的与非逻辑关系，即

$$F=\overline{ABC}$$

图 2.2.1 所示的 TTL 与非门电路采用了多发射极管作为输入级，它在电路中不仅可以实现与逻辑运算，同时还具有电流放大作用，有利于提高电路的开关作用。图 2.2.2(a)、(b)和(c)分别为多发射极管的结构示意图、表示符号和等效电路。它可以看作三个发射极独立、基极和集电极分别并联在一起的三极管。

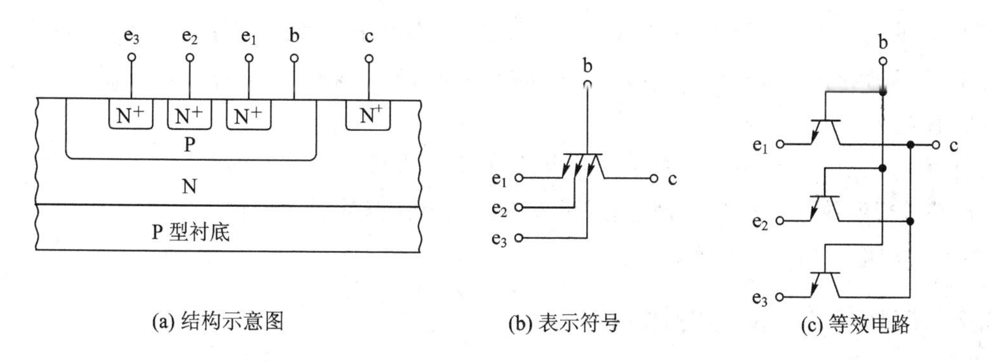

图 2.2.2 多发射极三极管

设输入信号的高电平为+3.6 V、低电平为 0.3 V，当 TTL 与非门的输入信号 A、B、C 中只要有一端由高电平(+3.6 V)变为低电平(0.3 V)时，V_1就有一个发射结导通，使 V_1的基极电位 $U_{B1}=(0.3+0.7)\text{V}=1$ V。但由于 V_2、V_5原来是饱和的，它们的基区存储电荷还来不及消散，使 V_2、V_5的发射结仍处于正向偏置，V_1的集电极电压为 $U_{C1}=U_{BE2}+U_{BE3}=(0.7+0.7)\text{V}=1.4$ V，使 V_1的集电结处于反向偏置，发射结处于正向偏置，因此 V_1工作在放大区，从而产生集电极电流 $i_{C1}\approx\beta i_{B1}$，其方向是从 V_2的基极流向 V_1的集电极，它很快地从 V_2的基区抽走多余的存储电荷，使 V_2迅速脱离饱和而进入截止状态。V_2的迅速截止导致

V_3、V_4立即导通，相当于V_5的负载是一个很小的电阻，使V_5的集电极电流加大，多余的存储电荷迅速从集电极消散而达到截止，从而加速了状态转换。

图 2.2.1 所示 TTL 与非门的输出级是由V_3、V_4、V_5组成的，其特点是在稳态下V_4、V_5总是一个导通而另一个截止，这样不仅可以有效地降低输出级的静态功耗，而且可以提高门电路的带负载能力。通常把这种形式的电路称为推拉式电路。

2. 改进电路

为了进一步提高门电路的开关速度，在图 2.2.1 的 TTL 与非门电路基础上提出了改进电路——有源泄放 TTL 与非门电路，如图 2.2.3 所示。图中用V_6、R_3和R_6组成的有源电路代替图 2.2.1 中的电阻R_3，为V_5的基极提供了一个有源泄放回路。

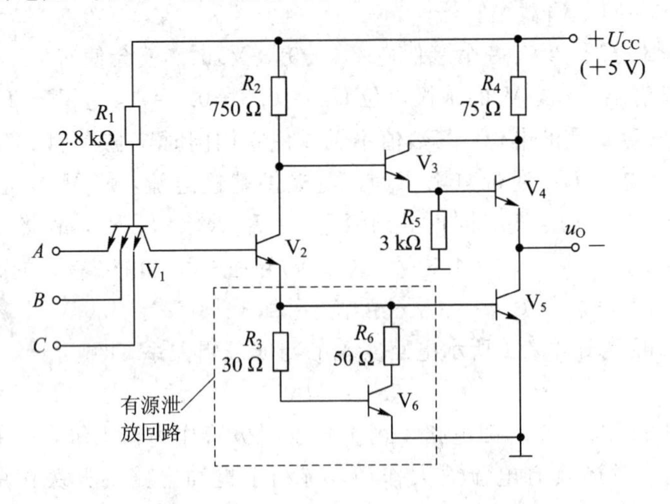

图 2.2.3 有源泄放 TTL 与非门电路

在V_5由截止变为导通的瞬间，由于V_6的基极回路中串接了电阻R_3，所以V_5的基极电位高于V_6的基极电位，使V_5先于V_6导通，这时V_2发射极电流几乎全部会流入V_5的基极，从而使V_5迅速导通，缩短了开通时间。V_5饱和导通以后，又由于V_6导通的分流作用，使V_5的基极电流减小，饱和程度降低，这样又缩短了存储时间。

当V_2从导通变为截止时，由于这时V_6仍处于导通状态，为V_5的基极提供了一个瞬间的低阻回路进行泄放，使V_5迅速截止。所以，有源泄放回路的引入缩短了门电路的传输延迟时间，提高了门电路的开关速度。

2.2.2 TTL 与非门的外特性

1. TTL 与非门的电压传输特性

TTL 与非门的电压传输特性是指与非门的输出电压与输入电压的关系，它表示输入信号由低电平逐渐上升到高电平时输出电平的相应变化。图 2.2.4 为 TTL 与非门电压传输特性的测试电路，图中输入端 A 与可调直流电源 E 相连接，其余输入端均接高电平。改变可调直流电源 E 的大小，用电压表测出输入电压 u_I 和输出电压 u_O 的大小，就可得到图 2.2.5 所示的电压传输特性。

当输入电压 $u_I<1.3$ V 时，V_1饱和，V_2、V_5截止，此时电路输出为高电平，如图 2.2.5 中的 ab 段。

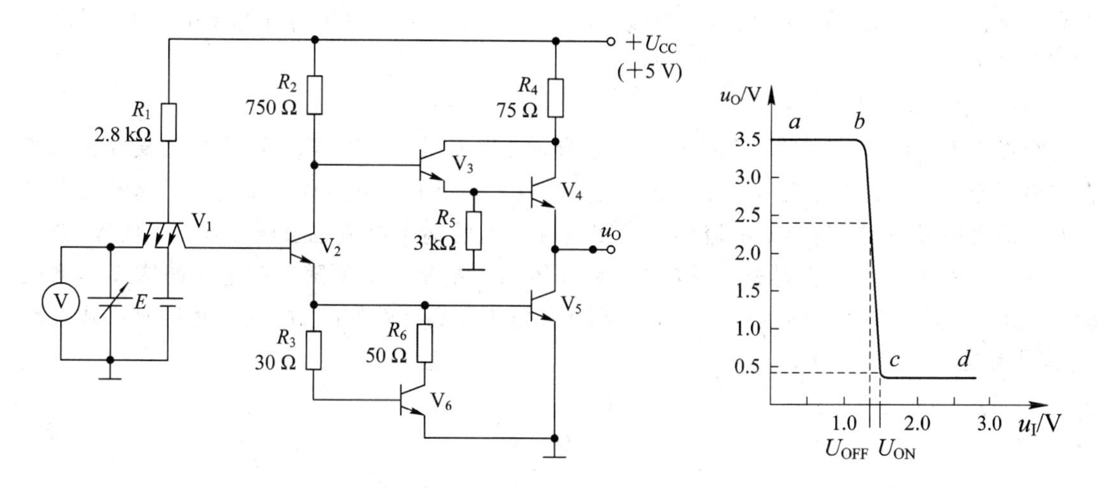

图 2.2.4　TTL 与非门电压传输特性的测试电路　　　图 2.2.5　TTL 与非门的电压传输特性

当输入电压 $u_I>1.3$ V 时，V_2、V_5开始导通，由于在导通的一瞬间，V_2的发射极电流几乎全部流入 V_5的基极，使 V_5迅速导通，输出电压急剧下降，如图 2.2.5 中的 *bc* 段。

当输入电压 $u_I>1.5$ V 以后，V_5进入深度饱和，输出电压下降为低电平并维持不变，如图 2.2.5 中的 *cd* 段。

2. TTL 与非门的输入特性

图 2.2.6(a)为 TTL 与非门的输入电路，在图示参考方向下的输入电流为

$$i_I=-\frac{U_{CC}-U_{BE1}-u_I}{R_1} \tag{2.2.1}$$

根据图 2.2.6(a)电路，可以画出 TTL 与非门的输入电流与输入电压之间的关系曲线——输入特性曲线，如图 2.2.6(b)所示。

在输入低电平时，输入电流 i_I称为低电平输入电流 I_{IL}，通常我们把 $u_I=0$ 时的输入电流叫作输入短路电流 I_{IS}，显然，输入短路电流 I_{IS}比低电平输入电流 I_{IL}要略大一些。

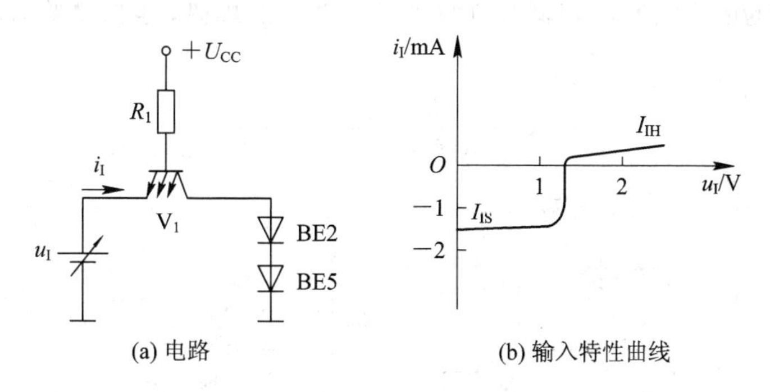

(a) 电路　　　(b) 输入特性曲线

图 2.2.6　TTL 与非门的输入特性

在输入高电平时，输入电流 i_I称为高电平输入电流 I_{IH}，此时 V_1的集电结处于正向偏置，发射结处于反向偏置，使 V_1工作在集电结和发射结倒置使用的放大状态。由于倒置放大的电流放大系数 β_i非常小(在 0.01 以下)，所以高电平输入电流 I_{IH}也很小，一般 $I_{IH}<50$ μA。

3. TTL 与非门的输出特性

TTL 与非门的输出特性反映了输出电压随输出负载电流的变化情况。由于 TTL 与非门

有高、低电平两种输出状态，所以它的输出特性也分为高电平输出特性和低电平输出特性，下面分别讨论。

1）高电平输出特性

当输出为高电平U_{OH}时，三极管V_3、V_4导通，V_5截止，这时V_3、V_4组成的复合管工作在射极跟随状态，电路的输出电阻很低，在负载电流较小时，由负载电流变化引起输出高电平U_{OH}的变化很小。随着负载电流的进一步增加，V_4的输出电流也会随之增大，使V_4进入饱和状态，这时V_4将失去射极跟随功能，因而输出高电平U_{OH}便随负载电流的增加而迅速减小。高电平输出特性曲线如图 2.2.7(a)所示。由于受到功耗的限制，实际运用时负载电流I_{OH}应限制在 400 μA 以下。

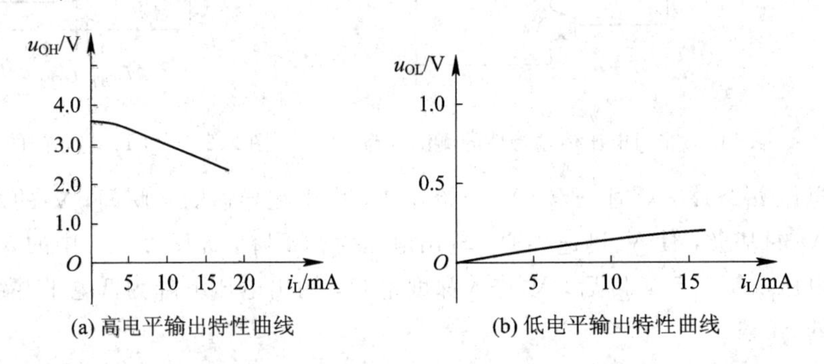

图 2.2.7　TTL 与非门的输出特性

2）低电平输出特性

当输出为低电平U_{OL}时，三极管V_4截止，V_5饱和导通，此时 C－E 间的导通电阻很小(通常在 10 Ω 以内)，所以输出为低电平U_{OL}会随负载电流绝对值的增加而略有增加。低电平输出特性曲线如图 2.2.7(b)所示。当灌电流太大时，V_5由饱和进入放大区，会使低电平U_{OL}迅速增加，破坏低电平的输出要求。

4. TTL 与非门的输入端负载特性

图 2.2.8(b)为输入信号u_I随输入负载电阻R变化的规律，也就是输入端负载特性曲线。由图 2.2.8(a)可知

$$u_I = \frac{R}{R+R_1}(U_{CC} - U_{BE}) \tag{2.2.2}$$

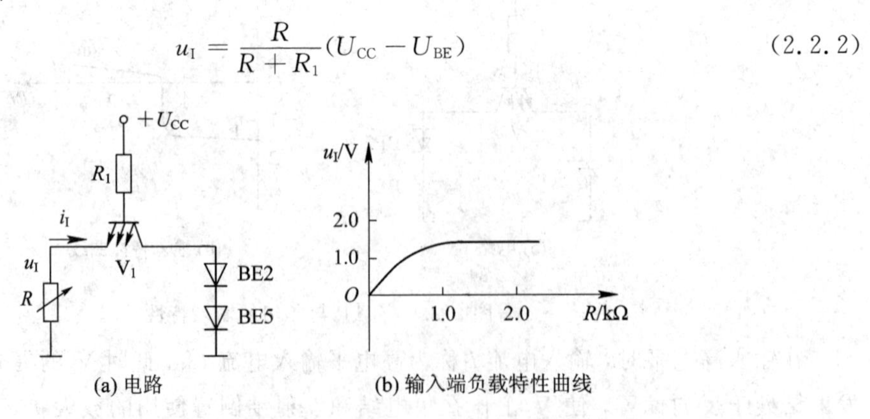

图 2.2.8　TTL 与非门输入端负载特性

当$R \ll R_1$时，u_I几乎与R成正比，u_I随R的增加而升高。当$u_I \approx 1.4$ V 时，V_2和V_5导通，使输出变为低电平，这时对应的电阻值称为开门电阻R_{ON}。当u_I升到 1.4 V 以后，由于

V_2和 V_5的导通使 u_{B1}钳位在 2.1 V 左右，所以 u_I不再随 R 的增加而升高，此时 u_I与 R 的关系不满足式(2.2.2)的规定。

2.2.3　TTL 与非门的主要参数

1. 输出高电平 U_{OH}

输出高电平 U_{OH}是指有一个(或几个)输入端是低电平时与非门的输出电平，这就是图 2.2.5 上 ab 段的输出电压值，其典型值约为 3.6 V。通常厂家在产品手册中给出在一定条件下输出高电平的下限值 U_{OHmin}，其典型值为 2.4 V，产品规范值 $U_{OH} \geqslant 2.4$ V。

2. 输出低电平 U_{OL}

输出低电平 U_{OL}是指输入全为高电平时与非门的输出电平。对应于图 2.2.5 中 cd 段平坦部分的电压值。通常厂家在产品手册中给出在一定条件下输出低电平的上限值 U_{OLmax}，其典型值为 0.4 V，产品规范值 $U_{OL} \leqslant 0.4$ V。

3. 开门电平 U_{ON}和关门电平 U_{OFF}

在额定负载下(例如所带负载门数 $N=8$)，使输出电平达到输出低电平的上限值 U_{OLmax}时的输入电平为开门电平 U_{ON}，它表示使与非门开通的最小输入高电平。从图 2.2.5 的电压传输特性上可得开门电平 U_{ON}约为 1.4 V。产品规范规定 $U_{ON}<2$ V。

关门电平 U_{OFF}是指输出电平上升到输出高电平的下限值 U_{OHmin}时的输入电平，它表示使与非门关断所需的最大输入低电平。从图 2.2.5 的电压传输特性上可得关门电平 U_{OFF}约为 1.35 V。

4. 噪声容限

噪声容限是一种表示与非门抗干扰能力的参数，分为低电平噪声容限 U_{NL}和高电平噪声容限 U_{NH}。

低电平噪声容限是指在保证输出高电平的前提下，允许叠加在输入低电平上的最大噪声电压(正向干扰)。它可以表示为该级输入电平所允许的最大值 U_{ILmax}(也就是关门电平 U_{OFF})与前一级输出低电平的上限值 U_{OLmax}之差，即

$$U_{NL}=U_{ILmax}-U_{OLmax}=U_{OFF}-U_{OLmax} \tag{2.2.3}$$

高电平噪声容限是指在保证输出低电平的前提下，允许叠加在输入高电平上的最大噪声电压(负向干扰)。它可以表示为该级输入电平允许的最小值 U_{IHmin}(也就是开门电平 U_{ON})与前一级输出高电平的下限值 U_{OHmin}之差，即

$$U_{NH}=U_{OHmin}-U_{IHmin}=U_{OHmin}-U_{ON} \tag{2.2.4}$$

关门电平 U_{OFF}与开门电平 U_{ON}越接近，即开门电平 U_{ON}越小，关门电平 U_{OFF}越大，则噪声容限值越大，表明与非门的抗干扰能力越强。噪声容限的示意图如图 2.2.9 所示。

5. 输入短路电流 I_{IS}

当某一输入端接地而其余输入端悬空时，流过这个输入端的电流称为输入短路电流 I_{IS}，如图 2.2.10 所示。由图可知

$$I_{IS}=\frac{U_{CC}-U_{BE1}}{R_1}=\frac{(5-0.7)\text{V}}{2.8\ \text{k}\Omega}\approx 1.5\ \text{mA}$$

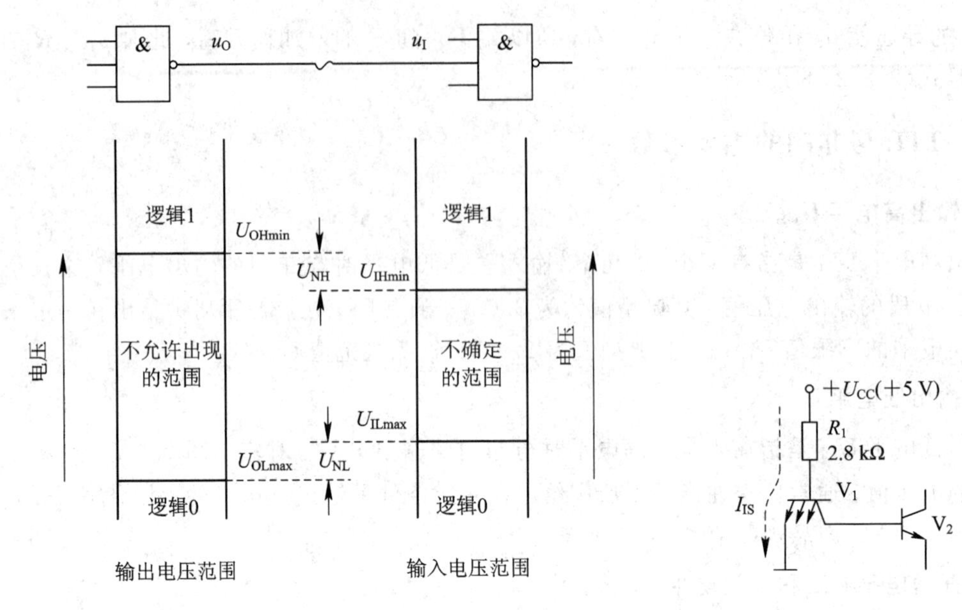

图 2.2.9　噪声容限的示意图

图 2.2.10　I_{IS}的定义

在实际电路中，由于 I_{IS}是流入前级与非门的输出管而作为前级的灌电流负载，这样 I_{IS}的大小将直接影响前级与非门的工作情况，因此，对输入短路电流 I_{IS}要有一定限制。产品规范值 $I_{IS}\leqslant 1.6$ mA。

6. 高电平输入电流 I_{IH}

高电平输入电流 I_{IH}又称为输入漏电流或输入交叉漏电流，它是指某一输入端接高电平，而其它输入端接地时的输入电流。在与非门串联的情况下，当前级门输出高电平时，后级门的 I_{IH}就是前级门的拉电流负载，如果 I_{IH}太大，会使前级门输出高电平下降，所以必须把 I_{IH}限制在一定数值以下，一般 $I_{IH}<50$ μA。

7. 平均传输延迟时间 t_{pd}

平均传输延时时间 t_{pd}是用来表示电路开关速度的参数，其定义如图 2.2.11 所示。输出电压对输入电压有一定时间的延迟，从输入波形上升沿中点到输出波形下降沿中点之间的时间延迟称为导通延迟时间 $t_{d(on)}$；从输入波形下降沿中点到输出波形上升沿中点之间的时间延迟称为截止延迟时间 $t_{d(off)}$；而 $t_{d(on)}$和 $t_{d(off)}$的平均值称为平均传输延时时间 t_{pd}，即$t_{pd}=\frac{1}{2}(t_{d(on)}+t_{d(off)})$。典型 TTL 与非门的平均传输延迟时间 $t_{pd}=$ 10～20 ns。

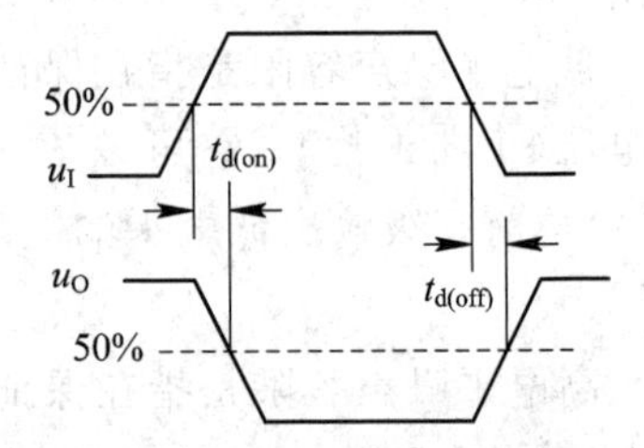

图 2.2.11　平均传输延迟时间的定义

8. 扇入系数 N_i与扇出系数 N_O

TTL 与非门的扇入系数 N_i是由输入端的个数决定的，例如一个三输入端的 TTL 与非门，其扇入系数 $N_i=3$。

TTL 与非门的扇出系数 N_O是由输出端所带同类与非门的个数决定的，图 2.2.12 所示电路是 TTL 与非门带几个同类型与非门的简化电路。由前面介绍的 TTL 与非门的输出特性可知，TTL 与非门所带负载的电流流向有两种情况，一种是负载电流从外电路流入与非门，称为灌电流负载；另一种是负载电流从与非门流向外电路，称为拉电流负载。下面针对这两种情况加以分析。

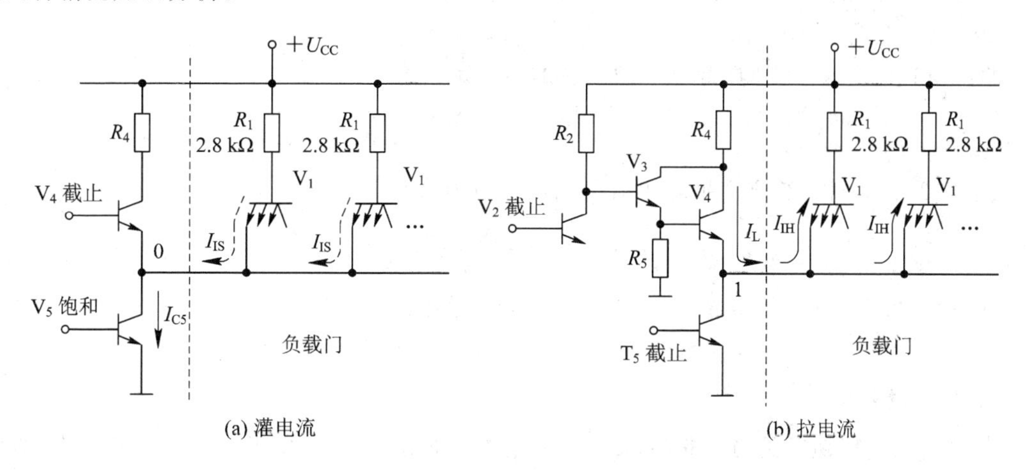

图 2.2.12　TTL 与非门的带负载能力

1）灌电流工作情况

在图 2.2.12(a)所示电路中，当前级与非门输出为低电平时，V_5饱和，每个负载门都会有 I_{IL}的电流流向 V_5的集电极，这些流入前级与非门的电流称为灌电流，这样 V_5的集电极电流 I_{C5}的大小与所带负载门的个数有关，I_{C5}实际上也就是与非门的输出电流 I_{OL}。当负载门的个数增多时，I_{C5}会增加，而其增加会引起输出低电平 U_{OL}升高。由于 TTL 与非门的最大输出低电平 $U_{OLmax}=0.4$ V，从而限制了灌电流负载门的个数，所以此时 TTL 与非门带同类型与非门的个数为

$$N_{OL} = \frac{I_{OL}}{I_{IL}}(\text{取整}) \tag{2.2.5}$$

由于 TTL 与非门采用推拉式输出级，当输出为低电平时，V_4截止，V_5处于深度饱和状态，这有利于提高它的灌电流负载能力。

2）拉电流工作情况

在图 2.2.12(b)所示电路中，当前级与非门输出为高电平时，V_5截止，有电流由电源 U_{CC}经 R_4流向负载门，这些由与非门流出的电流称为拉电流。这时前级与非门要向每个负载门提供 I_{IH}的电流，前级与非门的负载电流 I_{OH}仍然与所带负载门的个数有关，当负载门的个数增加时，负载电流 I_{OH}会增加，而 I_{OH}过大会使 R_4上的压降增加，U_{C3}下降，迫使 V_3进入饱和状态，电流放大系数 β_3变小，V_3和 V_4组成的复合管使与非门输出电阻增大，输出高电平 U_{OH}下降。由于 TTL 与非门的最小输出高电平 $U_{OHmin}=2.4$ V，从而限制了拉电流负载门的个数，所以此时 TTL 与非门带同类型与非门的个数为

$$N_{OH} = \frac{I_{OH}}{I_{IH}}(\text{取整}) \tag{2.2.6}$$

综合考虑以上两种情况可以得出 TTL 与非门驱动同类型与非门的个数(也就是扇出系数)应为

$$N_O = \min\{N_{OL},\ N_{OH}\} \tag{2.2.7}$$

一般半导体器件手册中，并不给出扇出系数，需要通过计算或实验的方法获得。对典型电路来说，通常扇出系数 $N_O \geqslant 8$。此外，在设计选择扇出系数时要留有余地，以保证数字电

路系统能可靠正常地运行。

例 2.2.1 试计算 T100 系列与非门带同类门的扇出系数。已知 $I_{OL}=16$ mA，$I_{IL}=1$ mA，$I_{OH}=0.4$ mA，$I_{IH}=0.04$ mA。

解：由式(2.2.5)可计算低电平输出时的扇出系数为

$$N_{OL}=\frac{I_{OL}}{I_{IL}}=\frac{16\ \text{mA}}{1\ \text{mA}}=16$$

由式(2.2.6)可计算高电平输出时的扇出系数为

$$N_{OH}=\frac{I_{OH}}{I_{IH}}=\frac{0.4\ \text{mA}}{0.04\ \text{mA}}=10$$

由式(2.2.7)可得 T100 系列与非门带同类门的扇出系数为

$$N_O=\min\{N_{OL},\ N_{OH}\}=10$$

9. 空载功耗

与非门的空载功耗是当与非门负载开路时电源总电流 I_{CC} 与电源电压 U_{CC} 的乘积。输出为低电平时的功耗称为空载导通功耗 P_{ON}，输出为高电平时的功耗称为空载截止功耗 P_{OFF}，一般 P_{ON} 要比 P_{OFF} 大。空载功耗取二者的平均值。

实际应用时需要注意的是，在与非门的输入由高电平转为低电平的瞬间，由于 V_5 原来是工作在深度饱和状态，这样 V_4 导通会先于 V_5 的截止，因此出现了 V_4 和 V_5 在瞬间同时导通的现象，这时流过 V_4 和 V_5 的电流都很大，使总电流 I_{CC} 出现峰值，瞬时功耗随之增加，整个平均功耗也会增加。在工作频率较低时它的影响比较小，可以忽略，但工作频率较高时，两种状态相互转换次数增多，峰值电流所出现的时间在整个周期中所占比例增大，亦即平均功耗增大，甚至超过额定值，因此在选用电源时，不能单从与非门的导通功耗考虑，还应留有适当的余量。

表 2.2.1 列出了国产 T000 系列 T060A 型中速与非门的参数规范及测试条件。

表 2.2.1 T060A 型中速与非门的参数规范及测试条件

参数名称	符号	单位	测试条件	规范值
输出高电平	U_{OH}	V	$U_{CC}=4.5$ V，输入端 $U_I=0.8$ V，输出端 $I_{OH}=400\ \mu$A	≥2.4
输入短路电流	I_{IS}	mA	$U_{CC}=5.5$ V，待测输入端接地，输出端空载	≤1.6
输出低电平	U_{OL}	V	$U_{CC}=4.5$ V，输入端 $U_I=2$ V，输出端 $I_{OL}=12.8$ mA	≤0.4
扇出系数	N_O		同 U_{OL} 及 U_{OH}	≥8
高电平输入电流	I_{IH}	μA	$U_{CC}=5.5$ V，输入端 $U_I=2.4$ V，输出端空载	≤50
平均传输延迟时间	t_{pd}	ns	$U_{CC}=5$ V，输入端信号：$U_m=3$ V，$f=2$ MHz	40
高电平输出时电源电流	I_{CH}	mA	$U_{CC}=5.5$ V，输入端接地，输出端空载	≤3.5
低电平输出时电源电流	I_{CL}	mA	$U_{CC}=5.5$ V，输入端悬空，输出端空载	≤7

2.2.4 抗饱和 TTL 电路

抗饱和 TTL 电路是目前传输速度比较高的一种 TTL 电路，这种电路由于采用肖特基势垒二极管 SBD 钳位方法来达到抗饱和的效果，一般称为 SBD－TTL 电路(简称 STTL 电路)，其平均传输延时时间可减至 2～4 ns。

肖特基势垒二极管是一种利用金属和半导体相接触在交界面形成势垒的二极管。与普通二极管相比，一方面肖特基势垒二极管 SBD 的导通阈值电压较低，约为 0.4～0.5 V；另一方面肖特基势垒二极管的导电机构是多数载流子，因而电荷存储效应很小。

如果在三极管的基极和集电极之间并联一个导通阈值较低的肖特基二极管，就可以限制三极管的饱和深度，如图 2.2.13(a)所示，通常我们把它们看成一个器件，其表示符号如图 2.2.13(b)所示。由于肖特基二极管的导通阈值电压较低，当三极管 b、c 之间加有正向偏置电压时，肖特基二极管首先导通，将三极管 b、c 之间的电压钳位在 0.4 V 左右，可以分流一部分流向基极的电流，从而有效防止三极管进入深度饱和状态，提高电路的开关转换速度。

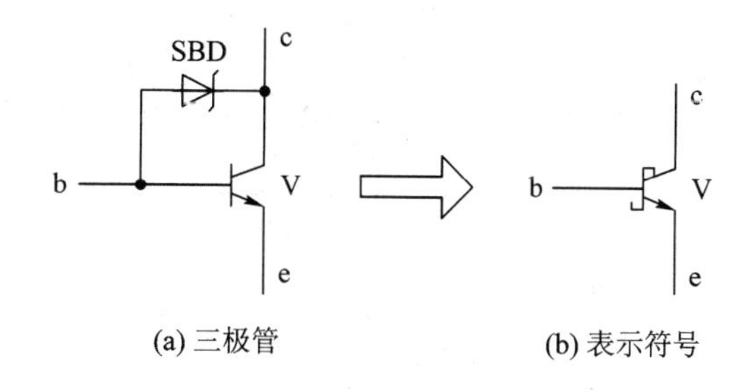

图 2.2.13　肖特基三极管

在图 2.2.1 TTL 与非门电路中，V_1、V_2、V_5 会工作在深度饱和区，管内存储效应对电路开关速度的影响很大，可以对它们采用 SBD 钳位，起到抗饱和的作用，其电路如图 2.2.14 所示。虽然抗饱和 TTL 电路的工作速度比较高，但采用抗饱和三极管也会带来一些缺点，如 V_5 导通时，由于脱离深度饱和状态，会使输出低电平升高，最大值可达 0.5 V 左右。

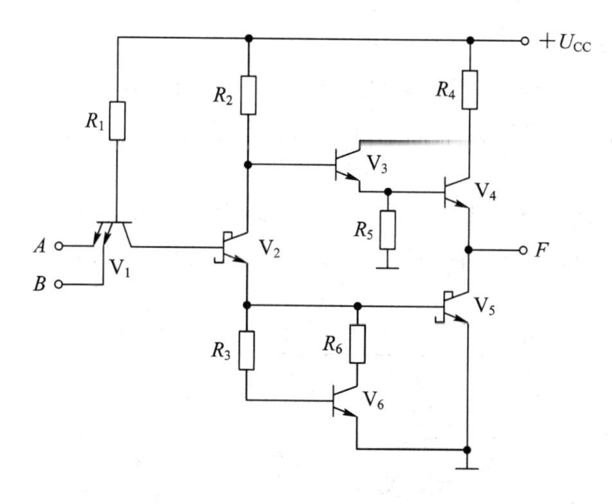

图 2.2.14　肖特基 TTL 与非门电路

2.2.5　集电极开路与非门和三态与非门

在实际应用中，为了简化电路，有时需要把几个与非门的输出端直接并联来实现两输出端的线与逻辑，即靠线的连接来完成与逻辑功能。

实际上并不是所有形式的与非门都能接成线与电路的，因为一般 TTL 与非门的输出电阻都很小，只有几欧姆或几十欧姆，如果将它们的输出端相连，当一个门的输出是高电平而另一个门的输出是低电平时，就会形成一条自U_{CC}到地的低阻通路，如图 2.2.15 所示，就会有很大的负载电流流经两个门电路的输出级，此时的电流会远大于与非门的正常工作电流，从而造成与非门的损坏。为了解决多个门电路输出端可以相互连接在一起的问题，人们对 TTL 与非门电路进行改进，形成了集电极开路与非门和三态与非门。

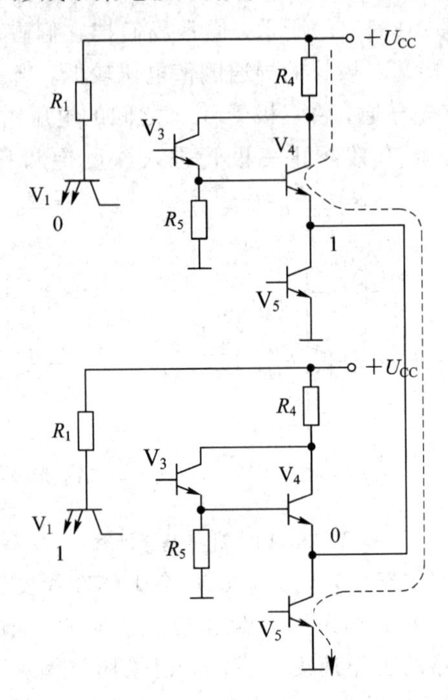

图 2.2.15　两个普通 TTL 与非门输出端相连

1. 集电极开路与非门

图 2.2.16(a)是一种集电极开路与非门(OC 门)的电路结构，它与一般 TTL 与非门的差别在于它的输出级采用集电极开路的三极管结构，即去掉了由复合管(图 2.2.1 中的 V_3、V_4)组成的有源负载，它在工作时需要外接负载电阻和电源。当 n 个 OC 门的输出端相连时，一般可共用一个电阻 R_c。只要选择适当的外接电阻 R_c和电源电压就可以保证输出的高电平和低电平符合要求，而输出三极管的负载电流又不会太大。图 2.2.16(b)是集电极开路与非门的逻辑符号。

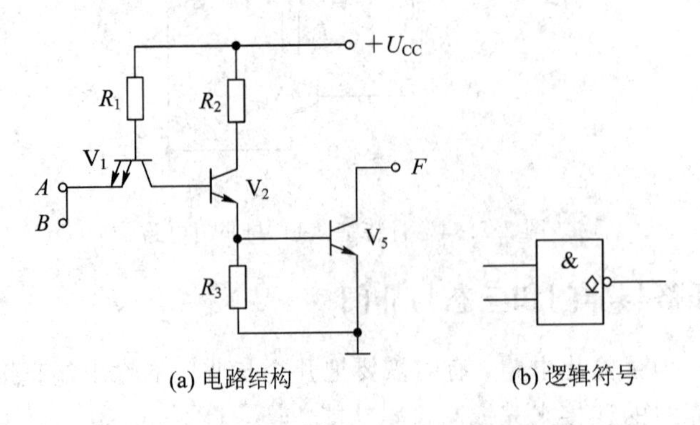

图 2.2.16　集电极开路与非门电路及符号

外接电阻 R_c 可用下面的计算公式确定。

设有 n 个 OC 门输出端进行线与连接，后面带有 TTL 与非门负载的输入端数为 m 个，如图 2.2.17 所示。当所有 OC 门同时截止时，输出 u_O 为高电平 U_{OH}。由图 2.2.17 可知

$$U_{OH} = U_{CC} - I_{R_c} R_c = U_{CC} - (nI_{OH} + mI_{IH})R_c$$

此时应保证输出高电平不低于规定高电平的下限值 U_{OHmin}，所以 R_c 不能选得太大。由此可得外接电阻 R_c 的最大值为

$$R_{cmax} = \frac{U_{CC} - U_{OHmin}}{nI_{OH} + mI_{IH}} \tag{2.2.8}$$

式中，I_{OH} 是 OC 门输出管截止时的漏电流，I_{IH} 是负载门的高电平输入电流。

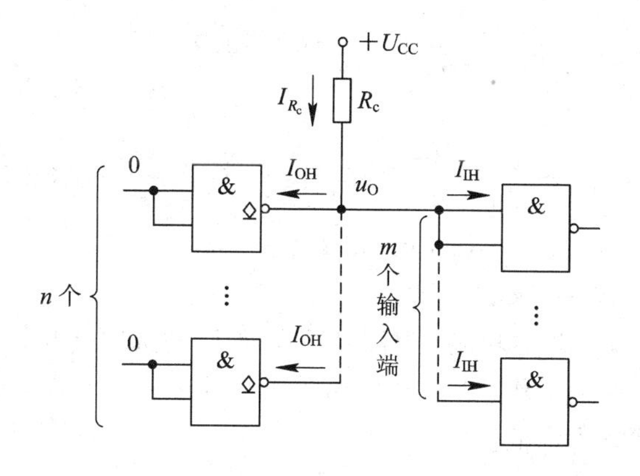

图 2.2.17　OC 门外接电阻 R_c 最大值的计算

当所有 OC 门中有一个导通时，输出 u_O 为低电平 U_{OL}。由图 2.2.18 可知

$$I_{OL} = I_{R_c} + m'I_{IL} = \frac{U_{CC} - U_{OL}}{R_c} + m'I_{IL}$$

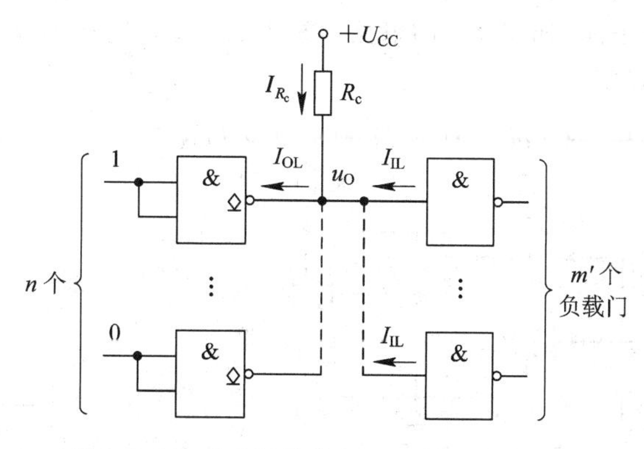

图 2.2.18　OC 门外接电阻 R_c 最小值的计算

由于这时所有负载门电流都会流入导通的那个 OC 门，流入 OC 门的电流较大，所以此时 R_c 不能选得太小，以确保流入 OC 门的电流不至于超过它的最大允许值。由此可得外接电阻 R_c 的最小值为

$$R_{cmin} = \frac{U_{CC} - U_{OLmax}}{I_{OL} - m'I_{IL}} \tag{2.2.9}$$

式中，I_{OL} 是 OC 门所允许的最大负载电流，I_{IL} 是负载门的低电平输入电流，U_{OLmax} 为输出低电平的上限值，m' 为 OC 门驱动的负载门数。

综上所述，可见 R_c 的值应满足：

$$\frac{U_{CC}-U_{OLmax}}{I_{OL}-m'I_{IL}} \leqslant R_c \leqslant \frac{U_{CC}-U_{OHmin}}{nI_{OH}+mI_{IH}}$$

例 2.2.2 在图 2.2.19 所示电路中，已知 OC 门在输出低电平时允许的最大负载电流 $I_{OL}=12$ mA，在输出高电平时的漏电流 $I_{OH}=200$ μA，与非门的高电平输入电流 $I_{IH}=50$ μA，低电平输入电流 $I_{IL}=1.4$ mA，$U_{CC}=5$ V。要求 OC 门输出高电平 $U_{OH}\geqslant 3$ V，输出低电平 $U_{OL}\leqslant 0.35$ V，试选取外接电阻 R_c 的值。

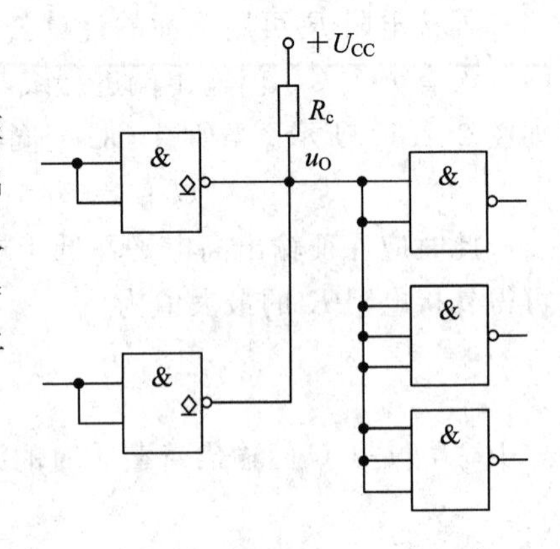

图 2.2.19 例 2.2.2 电路图

解：由式(2.2.8)得

$$R_{cmax}=\frac{U_{CC}-U_{OHmin}}{nI_{OH}+mI_{IH}}=\frac{5-3}{2\times 0.2+8\times 0.05}=2.5\ \text{k}\Omega$$

又由式(2.2.9)得

$$R_{cmin}=\frac{U_{CC}-U_{OLmax}}{I_{OL}-m'I_{IL}}=\frac{5-0.35}{12-3\times 1.4}\approx 0.6\ \text{k}\Omega$$

$$0.6\ \text{k}\Omega \leqslant R_c \leqslant 2.5\ \text{k}\Omega$$

所以可取外接电阻 $R_c=1$ kΩ。

OC 门虽然可以实现线与的功能，但因外接电阻 R_c 的选取会受到一定的限制而不能取得太小，从而限制了门电路的工作速度，同时由于它去掉了有源负载，失去了推拉式输出级的优点，使得它的带负载能力降低。

2. 三态与非门

三态与非门(TSL 门)是在普通门电路的基础上增加了控制端和控制电路而构成的。它的输出除了具有一般与非门的两种状态，即输出电阻较小的高、低电平状态外，还具有高输出电阻的第三状态，称为高阻态，又称为禁止态。

图 2.2.20(a)是一个简单的 TSL 门电路，图 2.2.20(b)是其逻辑符号。其中 EN 为使能端，A、B 为数据输入端。

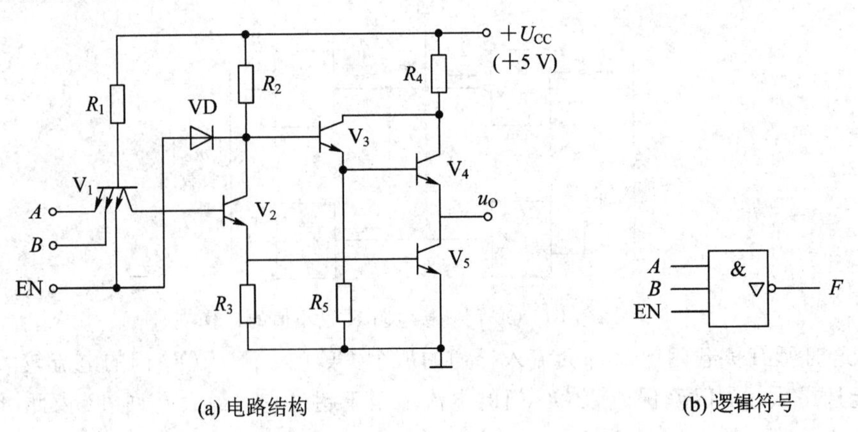

图 2.2.20 TSL 门电路结构和逻辑符号

当 EN=1 时，二极管 VD 截止，TSL 门处于工作状态，其输出状态取决于数据输入端 A、B 的状态，这时与普通的 TTL 与非门一样，$F=\overline{AB}$。当 EN=0 时，二极管 VD 导通，使 V_2 的集电极电位 U_{C2} 为低电平，这时 V_2～V_5 均截止，TSL 门处于高阻状态。列出 TSL 门的真值表如表 2.2.2 所示。

表 2.2.2　TSL 门的真值表

使能端	数据输入端		输出端
EN	A	B	F
1	0	0	1
1	0	1	1
1	1	0	1
1	1	1	0
0	×	×	高阻

TSL 门常用作计算机系统中各部件的输出级，这时多个 TSL 门输出端共同连接在同一总线上，如图 2.2.21 所示，当某一部件的数据需要传输到总线上时，对应的 TSL 门的使能端 EN 加以有效电平，而其它所有 TSL 门的 EN 端则施加相反的电平值，使之处于高阻态而与总线不产生电信号联系。

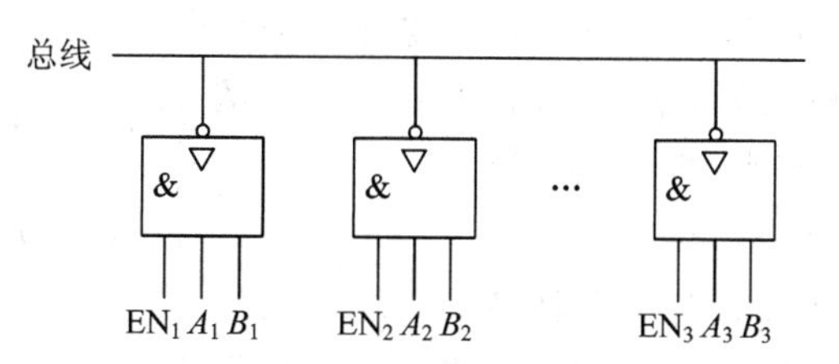

图 2.2.21　三态门用于总线传输

2.3　CMOS 门电路

2.3.1　NMOS 逻辑门电路

1. NMOS 反相器

NMOS 反相器如图 2.3.1(a)所示，当输入信号 u_I为低电平时，V_1 截止，输出电压 u_O为高电平；当输入信号 u_I为高电平时，V_1 导通，输出电压 u_O为低电平，其数值为

$$U_{OL}=\frac{R_{ds}}{R_D+R_{ds}}U_{DD} \qquad (2.3.1)$$

式中，R_{ds}为 NMOS 管导通时漏、源之间的等效电阻。

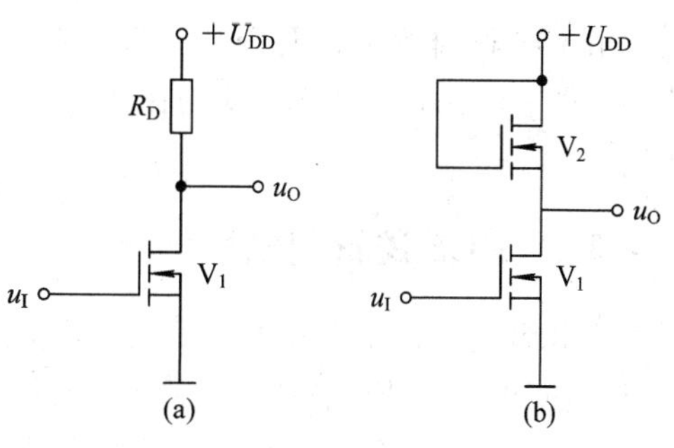

图 2.3.1　NMOS 反相器

由式(2.3.1)可知，R_{ds}越小，R_D越大，输出低电平 U_{OL} 越小，反相器在导通状态下的静态功耗就越低。但 R_D取得较大，一方面会影响输出电压的上升时间，从而限制了 MOS 管的开关速度；另一方面大阻值的电阻会占用较大的硅片面积，不利于电路集成。所以在实际的

NMOS反相器中，都是采用另一个NMOS管来代替电阻R_D，组成有源负载NMOS反相器，其电路如图2.3.1(b)所示，其中V_1为工作管，V_2为负载管，二者均为增强型NMOS管。同时负载管V_2的栅极、漏极与电源$+U_{DD}$相连接，因而V_2管总是处于导通状态。

当输入电压u_I为低电平U_{IL}(U_{IL}应小于V_1管开启电压U_{V1})时，V_1截止，输出为高电平。由于V_2管总是处于导通状态，所以高电平输出电压u_O为$U_{DD}-U_{V2}$。当输入电压u_I为高电平U_{IH}(U_{IH}应大于V_1管的开启电压U_{V1})时，V_1导通，输出为低电平，其大小取决于V_1、V_2两管导通时所呈现的电阻之比。通常V_1管的跨导g_{m1}远大于V_2管的跨导g_{m2}(二者之比约为10∶1)，以保证输出低电平u_O在+1 V左右。由于V_2管的跨导g_{m2}较小，漏、源之间的等效电阻R_{ds2}较大，使得NMOS反相器的工作速度受到限制，一般要比双极型反相器的工作速度低。

2. NMOS逻辑门电路

1) NMOS与非门

图2.3.2所示电路为两输入端的NMOS与非门电路。当输入端A、B均为高电平时，V_1、V_2都导通，输出为低电平，当输入端A、B当中有一个为低电平时，使V_1、V_2中有一个截止，输出为高电平。由此可以得出图2.3.2所示电路实现的是与非逻辑功能，即

$$F=\overline{AB}$$

由于这种与非门的输出低电平值取决于负载管的导通电阻与各工作管导通电阻之和的比，因此工作管的个数会影响输出低电平值，工作管串联的个数太多会使输出低电平值偏高，一般工作管不宜超过三个。

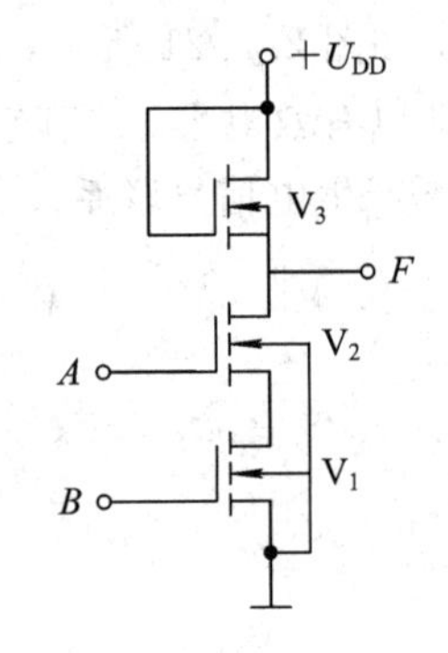

图2.3.2　NMOS与非门电路图

2) NMOS或非门

图2.3.3所示电路为两输入端的NMOS或非门电路。当输入端A、B中有一个为高电平时，与其相对应的V_1或V_2管导通，输出为低电平，当输入端A、B均为低电平时，V_1、V_2都截止，输出为高电平。由此可以得出图2.3.3所示电路实现的是或非逻辑功能，即

$$F=\overline{A+B}$$

由于或非门的工作管采用并联连接，工作管的个数不会影响输出低电平值，使用比较方便，因此NMOS逻辑门电路大都采用或非门电路的形式。

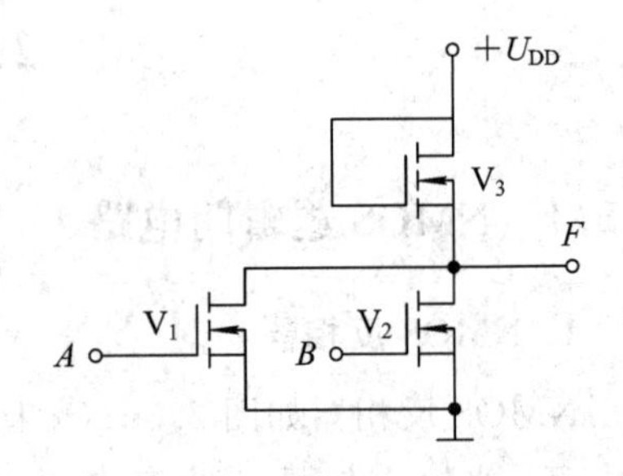

图2.3.3　NMOS或非门电路

2.3.2　CMOS逻辑门电路

CMOS逻辑门电路是继TTL门电路之后发展起来的又一种应用广泛的数字集成器件，由于CMOS不仅具有制造工艺简单、集成度高和制作成本低的优点，而且它的功耗低、抗干扰能力强，使其逐渐成为数字集成电路器件的主流产品。目前大多数的PLD、存储器等器件都采用CMOS制造工艺。下面我们在介绍CMOS反相器的基础上，再介绍其它CMOS逻辑门。

1. CMOS反相器

1）电路结构与工作原理

图2.3.4所示电路为CMOS反相器电路结构图，它由一个NMOS管和一个PMOS管组成。两个MOS管均为增强型的，其开启电压分别为U_{TN}和$|U_{TP}|$。为了保证电路正常工作，要求电源电压U_{DD}大于两个管子开启电压的绝对值之和，即$U_{DD}>|U_{TP}|+U_{TN}$。

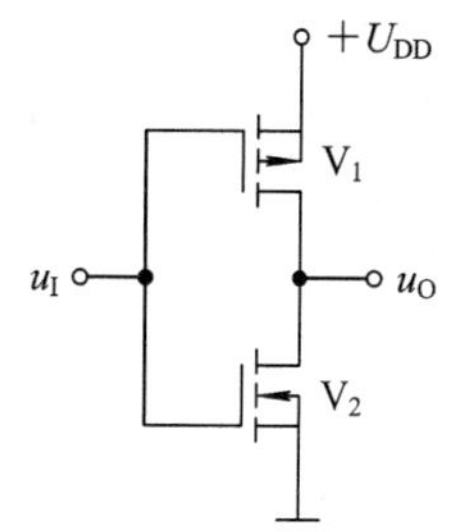

图2.3.4 CMOS反相器

当输入u_I为低电平$U_{IL}=0$时，$|u_{GS1}|=U_{DD}>|U_{TP}|$，$u_{GS2}=0<U_{TN}$，所以$V_1$导通，且$V_1$漏、源之间的导通电阻很低(在$|u_{GS1}|$足够大时可小于1 kΩ)；$V_2$截止，且$V_2$漏、源之间的输出电阻很高(可达$10^8$～$10^9$ Ω)，此时输出u_O为高电平$U_{OH}=U_{DD}$。

当输入u_I为高电平$U_{IH}=U_{DD}$时，$u_{GS1}=0<|U_{TP}|$，$u_{GS2}=U_{DD}>U_{TN}$，所以V_1截止，V_2导通，此时输出u_O为低电平$U_{OL}=0$。

由此可见输入与输出满足非逻辑关系。同时，无论输入u_I为低电平还是高电平，V_1和V_2总是处于一个导通而另一个截止的状态，即为互补状态，所以把这种结构形式称为互补对称式金属-氧化物-半导体电路，简称CMOS电路。由于V_1、V_2总有一个是截止的，所以其静态电流很小，约为纳安数量级(10^{-9} A)，故CMOS门电路的功耗都很低。

2）电压传输特性

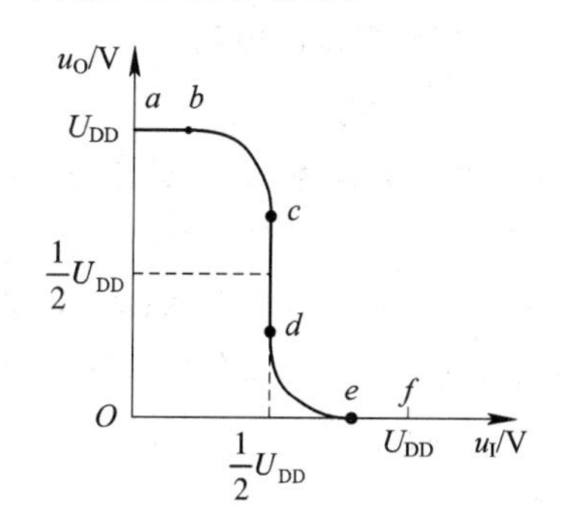

图2.3.5 CMOS反相器的电压传输特性

图2.3.5是CMOS反相器的典型电压传输特性。因为要求电路满足$U_{DD}>|U_{TP}|+U_{TN}$，且$|U_{TP}|=U_{TN}$的条件。当$u_I<U_{TN}$时，$|u_{GS1}|>|U_{TP}|$，$u_{GS2}<U_{TN}$，所以V_1导通，V_2截止，$u_O=U_{DD}$，如图2.3.5中的ab段。当u_I逐渐升高大于U_{TN}时，$u_{GS2}>U_{TN}$，V_2开始导通，而V_1工作在可变电阻区，所以此时u_O虽然开始下降但仍维持较高的电平，如图2.3.5中的bc段。随着u_I的升高，u_O会继续降低，致使$|u_{GS1}|>|U_{TP}|$，$u_{GS2}>U_{TN}$，所以V_1和V_2均工作在恒流区，两管同时导通。此时输出电压随输入电压的改变急剧变化，如图2.3.5中的cd段。考虑到电路的互补对称性，两管在$u_I=U_{DD}/2$处进行状态转换。当u_I继续升高时，u_O会进一步降低，V_2进入电阻区，变为低电平，如图2.3.5中的de段。当$|u_I-U_{DD}|<|U_{TP}|$，V_1截止，$u_O=U_{OL}=0$，如图2.3.5中的ef段。由于CMOS反相器的输出电压接近于零或$+U_{DD}$，功耗很低，故可近似为一理想的逻辑单元。

3）工作速度

由于CMOS反相器具有互补对称性，所以它的开通时间和关闭时间是相等的。图2.3.6是CMOS反相器带电容负载的工作情况，当输入u_I为低电平$U_{IL}=0$时，V_1导通，V_2截止，电源$+U_{DD}$通过V_1向负载电容C充电。由于CMOS反相器中两管的g_m值均设计得较大，所以它们的导通电阻较小，故而充电回路的时间常数较小。当输入u_I为高电平$U_{IH}=U_{DD}$时，V_1截止，V_2导通，负载电容C通过V_2放电。CMOS反相器的平均传输延迟时间约为数十纳秒。

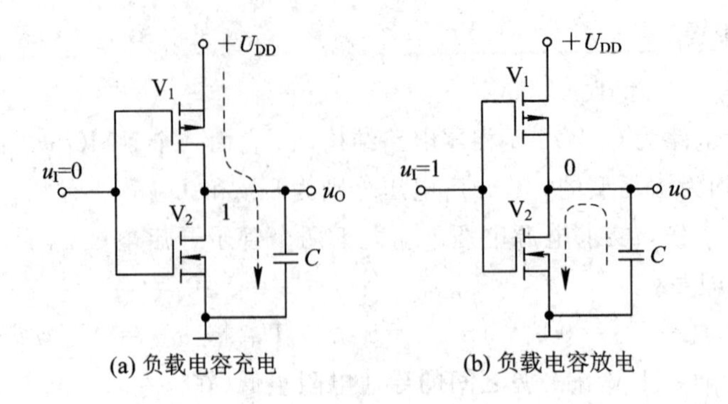

图 2.3.6　CMOS 反相器带负载电容的工作情况

4）扇出能力

CMOS 反相器在驱动同类逻辑门时，由于负载门仍然是 MOS 管，其输入电阻很高，约为 10^{15} Ω，几乎不从前一级取电流，也不会向前级灌入电流，所以在不考虑速度的情况下，其带负载能力几乎无限，但实际上 MOS 管存在着输入电容，当所带负载门增多时，前级门的总负载电容也会按比例增大。过大的负载电容会增加 CMOS 反相器的平均传输时间，降低开关速度，因此 CMOS 反相器的扇出能力实际上受到了负载电容的限制。CMOS 门电路的扇出系数一般大于 50，即可以带 50 个以上的同类门电路。

2. CMOS 逻辑门电路

1）与非门电路

图 2.3.7 是两输入端 CMOS 与非门电路，它由两个串联的 NMOS 管和两个并联的 PMOS 管组成，且所有的 MOS 管均为增强型的。当输入端 A、B 均为高电平时，两个串联的 NMOS 管都导通，两个并联的 PMOS 管都截止，输出为低电平；当输入端 A、B 中有一个为低电平时，会使与它相连的 NMOS 管截止，与它相连的 PMOS 管导通，输出为高电平，所以电路具有与非逻辑关系，即

$$F = \overline{AB}$$

由以上分析可知，对于 n 个输入端的与非门电路来说，就需要有 n 个 NMOS 管串联和 n 个 PMOS 管并联。

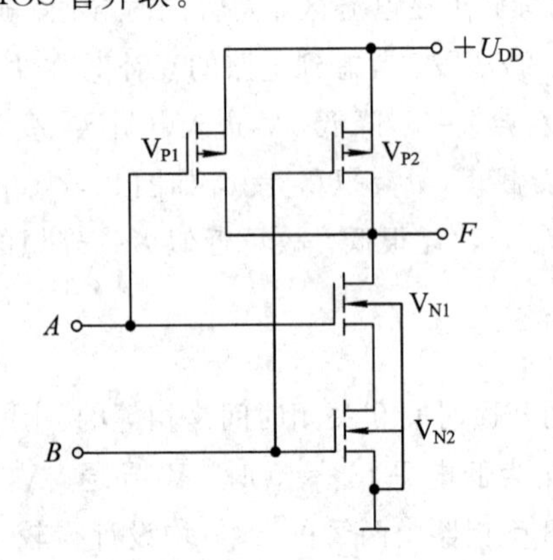

图 2.3.7　CMOS 与非门电路

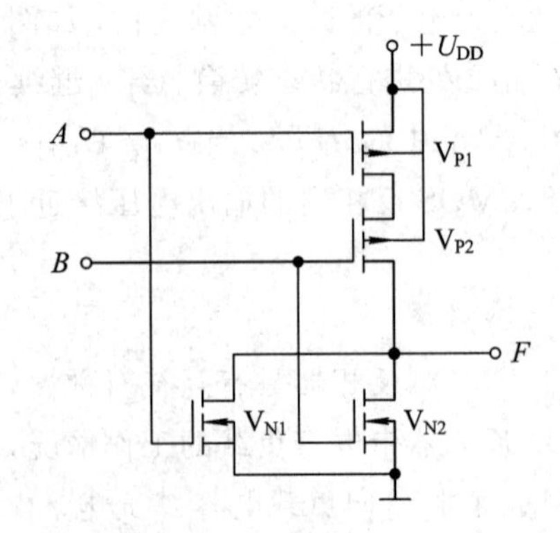

图 2.3.8　CMOS 或非门电路

2）或非门电路

图 2.3.8 是两输入端 CMOS 或非门电路，它由两个并联的 NMOS 管和两个串联的

PMOS管组成，且所有的MOS管均为增强型的。当输入端A、B均为低电平时，两个并联的NMOS管都截止，两个串联的PMOS管都导通，输出为高电平；当输入端A、B中至少有一个为高电平时，会使与它相连的NMOS管导通，与它相连的PMOS管截止，输出为低电平，所以电路具有或非逻辑关系，即

$$F=\overline{A+B}$$

由以上分析可知，对于n个输入端的或非门电路来说，就需要有n个NMOS管并联和n个PMOS管串联。

例2.3.1 试写出图2.3.9所示CMOS电路的逻辑表达式。

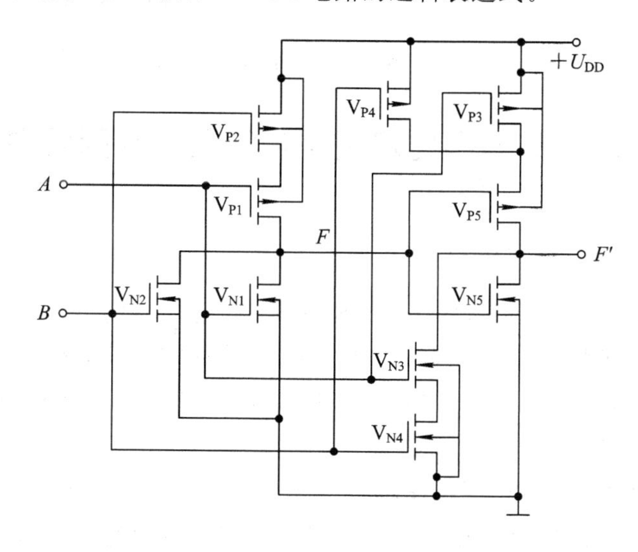

图2.3.9 例2.3.1CMOS电路图

解：由图2.3.9所示CMOS电路可知，V_{N1}、V_{N2}和V_{P1}、V_{P2}组成的是或非门，其输出$F=\overline{A+B}$，而V_{N3}、V_{N4}、V_{N5}和V_{P3}、V_{P4}、V_{P5}组成的是与或非门，其输出$F'=\overline{AB+F}$，将F代入可得

$$F'=\overline{AB+\overline{A+B}}=AB+\overline{A}\overline{B}=\overline{A\odot B}=A\oplus B$$

所以图2.3.9所示CMOS电路为异或门电路。

2.3.3 CMOS传输门

CMOS传输门实际上就是一种可以传输模拟信号的模拟开关，其电路和表示符号如图2.3.10(a)、(b)所示。它由一个P沟道和一个N沟道增强型MOS管并联而成，它们的源极相连作为输入端，漏极相连作为输出端，两个栅极是一对控制端，分别与控制信号C和$\overline{C}$相连，控制信号的高、低电平分别为$+U_{DD}$和0。

当控制端C接低电平0 V（$\overline{C}$接高电平$+U_{DD}$），而输入信号u_I取值范围在0～$+U_{DD}$之间时，V_N、V_P同时截止，输出与输入之间呈高阻态（$>10^9\ \Omega$），传输门截止，相当于开关断开。

当控制端C接高电平$+U_{DD}$（$\overline{C}$接低电平0），时，如果$0\leqslant u_I\leqslant U_{DD}-U_{TN}$，则$V_N$导通；如果$|U_{TP}|\leqslant u_I\leqslant U_{DD}$，则$V_P$导通。这样，输入信号$u_I$在0～$+U_{DD}$范围内变化时，$V_N$和$V_P$始终都会有一个导通，输出与输入之间呈低阻态，导通电阻约为数百欧姆，传输门导通，相当于开关闭合。此外，由于两个MOS管是结构对称的器件，它们的漏极和源极是可以互换的，所以传输门是一种双向器件，即输入端和输出端可以互换使用。

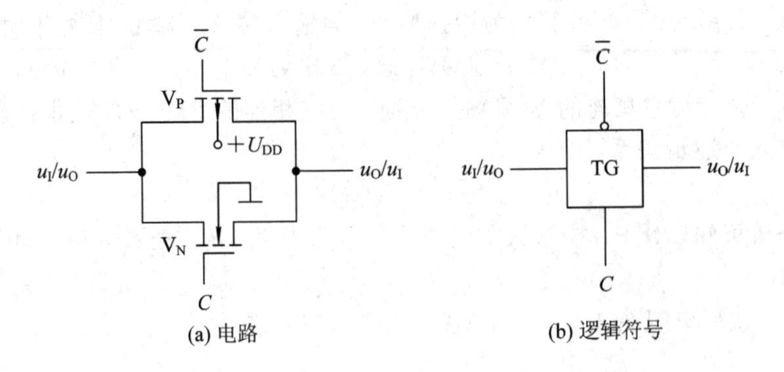

(a) 电路　　(b) 逻辑符号

图 2.3.10　CMOS 传输门的电路和逻辑符号

2.4　逻辑门电路使用中的几个实际问题

2.4.1　各种门电路之间的接口问题

TTL 和 CMOS 是目前应用最广泛的两种数字集成电路，在实际的数字电路中根据需要常常有两种器件并存的情况，从而出现了两种门电路之间的接口问题。其主要问题是驱动门与负载门之间的高、低电平是否合乎标准，驱动门是否有足够的驱动电流，下面针对这些问题提出了一些解决方法。

1. 用 TTL 门电路驱动 CMOS 门电路

当用 TTL 门电路驱动 CMOS 门电路时，主要应考虑的问题是 TTL 门电路的输出高电平是否满足 CMOS 门电路的输入电平要求。一般 TTL 门电路是采用＋5 V 直流电源供电的，如果 CMOS 门电路的电源也是＋5 V(即 $U_{DD}=U_{CC}$)时，要求 TTL 门电路的输出高电平 U_{OH} 能够大于 CMOS 门电路的输入高电平 U_{IH} 值，为此可以在 TTL 门电路的输出端与电源之间接一上拉电阻 R，如图 2.4.1 所示。当 TTL 与非门电路输出高电平时，输出级的负载管和驱动管同时截止，所以

$$U_{OH}=U_{DD}-R(I_{OH}+nI_{IH})$$

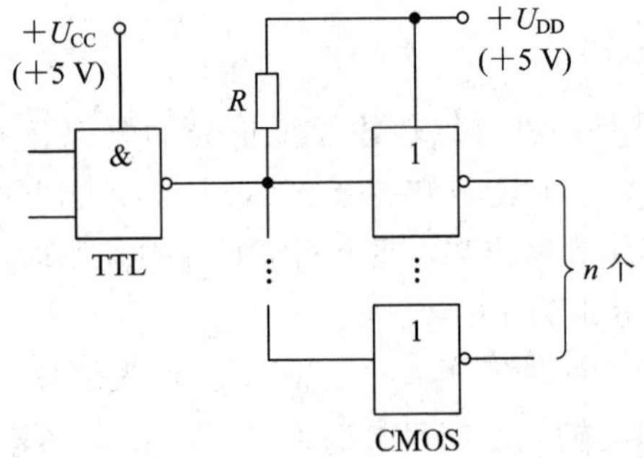

图 2.4.1　$U_{DD}=U_{CC}$ 时 TTL 与 CMOS 之间的接口

由此可得

$$R=\frac{U_{DD}-U_{OH}}{I_{OH}+nI_{IH}} \tag{2.4.1}$$

式中，I_{OH} 是 TTL 与非门电路中的 V_4、V_5 同时截止时的漏电流。由于 I_{OH} 和 I_{IH} 的数值均很

小，所以接入上拉电阻 R 以后 TTL 与非门的输出高电平 $U_{OH}\approx+U_{DD}$。

如果 CMOS 门电路的电源 $U_{DD}>U_{CC}$，有可能使 TTL 门电路输出端所承受的电压超过耐压极限，因而不能采用上述方法。解决这个问题的方法有两种，一种方法是用输出端耐压较高的 OC 门代替 TTL 门电路，或增加一级 OC 接口门，如图 2.4.2(a)所示。一般 OC 门的输出端三极管耐压比较高，可达 30 V 以上。另一种方法是采用专用的 CMOS 电平移动器(如 40109)，它用两种直流电源供电，可以接收 TTL 电平(对应于 U_{CC})，输出 CMOS 电平(对应于 U_{DD})，如图 2.4.2(b)所示。

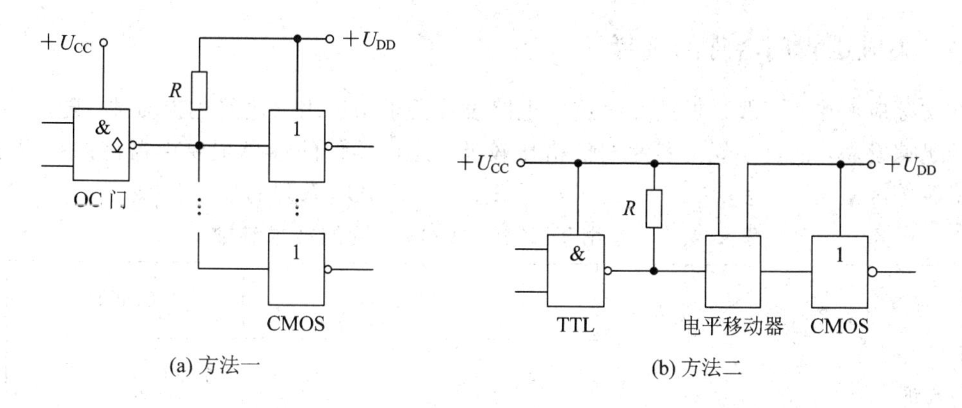

图 2.4.2　$U_{DD}>U_{CC}$ 时 TTL 与 CMOS 之间的接口

2. 用 CMOS 门电路驱动 TTL 门电路

当用 CMOS 门电路驱动 TTL 门电路时，需要考虑的问题是如何提高 CMOS 门电路在输出低电平时吸收负载电流的能力。其解决方法有如下几种：

一是在 CMOS 门电路的输出端增加一级 CMOS 驱动器，如图 2.4.3 所示。例如选用 CC4010 同相驱动器，当 $U_{DD}=5$ V 时，它的最大负载电流 $I_{OL}\geqslant3.2$ mA，可以直接驱动两个 TTL 门电路。二是可以使用漏极开路的 CMOS 驱动器，如 CC40107。当 $U_{DD}=5$ V 时，它的最大负载电流 $I_{OL}\geqslant16$ mA，能同时驱动 10 个 T1000 系列的 TTL 门电路。三是，如果没有合适的驱动器，还可以采用三极管组成的反相器作为接口电路，实现电流扩展，如图2.4.4 所示。只要合理选取反相器的电路参数，使反相器低电平输出电流 $I_{OL}>nI_{IL}$(TTL)。

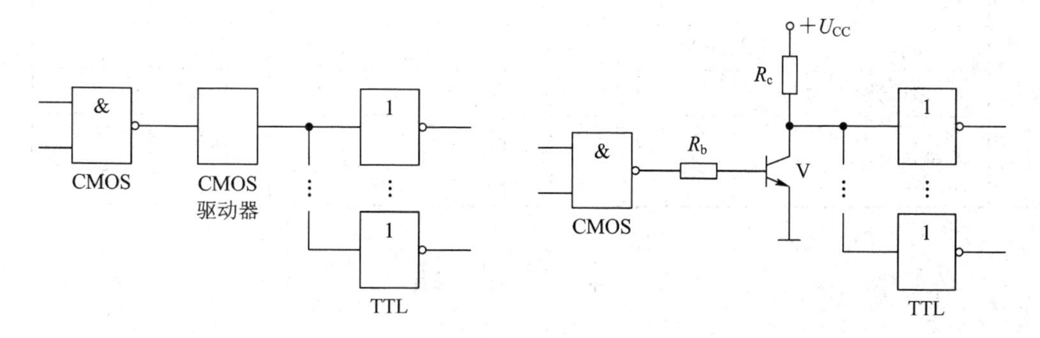

图 2.4.3　用 CMOS 驱动器实现 CMOS 与 TTL 之间的接口

图 2.4.4　用三极管反相器实现 CMOS 与 TTL 之间的接口

2.4.2 多余输入端的处理措施

集成逻辑门电路在使用时，经常会遇到有不使用的剩余输入端情况，一般不让多余的输入端悬空，以避免干扰信号引入。对多余输入端的处理是以不影响电路正常的逻辑关系及稳定可靠为原则的。例如，对于TTL与非门，一般可将多余的输入端通过上拉电阻接电源正端，也可以将它们与信号输入端并连在一起。对于CMOS电路，多余输入端可根据需要使之接地(如或非门)，也可以直接接$+U_{DD}$(如与非门)。

2.4.3 集成逻辑门器件的选择

在实际应用中，一般是根据数字逻辑电路设计要求来选用合适的逻辑器件。随着半导体技术的迅速发展，使得小规模芯片的价格比较低，这样器件的选择主要由器件的技术参数、市场货源等因素决定。表2.4.1列出了常用TTL和CMOS系列的技术参数。

表2.4.1 常用TTL和CMOS系列的技术参数

名称	参数＼类别	TTL			CMOS	
		74	74LS	74ALS	74HC	74HCT
输入和输出电流	$I_{IH(max)}$/mA	0.04	0.02	0.02	0.001	0.001
	$I_{IL(max)}$/mA	1.6	0.4	0.1	0.001	0.001
	$I_{OH(max)}$/mA	0.4	0.4	0.4	4	4
	$I_{OL(max)}$/mA	16	8	8	4	4
输入和输出电压	$U_{IH(min)}$/V	2.0	2.0	2.0	3.5	2.0
	$U_{IL(max)}$/V	0.8	0.8	0.8	1.0	0.8
	$U_{OH(min)}$/V	2.4	2.7	2.7	4.9	4.9
	$U_{OL(max)}$/V	0.4	0.5	0.4	0.1	0.1
电源电压	U_{CC}或U_{DD}/V	4.75～5.25			1.0～6.0	
平均传输延迟时间	t_{pd}/ns	9.5	8	2.5	10	13
功耗	P_D/mW	10	4	2.0	0.8	0.5
扇出数	N_O	10	20	20	4000	4000
噪声容限	U_{NL}/V	0.4	0.3	0.4	0.9	0.7
	U_{NH}/V	0.4	0.7	0.7	1.4	1.4

本章小结

TLL电路是数字集成电路的主流电路之一，本章以TTL与非门电路为例，讨论了其电路结构、工作原理、外特性及主要参数。对于电路结构，应重点了解其输入、输出电路的结构形式及特点；对于工作原理，一是正确理解如何实现与非运算的逻辑功能，二是了解在不同的输入条件下，各个晶体管的工作状态；外特性和主要参数从不同层面描述了门电路的电气性能，熟悉外特性和主要参数是正确使用门电路的前提条件。

CMOS门电路具有电路结构简单、功耗低、集成度高等特点，在大规模集成电路中得到广泛的应用。正确理解CMOS门电路的电路结构、工作原理、外特性等，对于学习可编程逻辑器件等大规模集成电路十分重要。

由于集成电路制造工艺的改进，目前生产和使用的数字集成电路种类很多。TTL电路所包含的系列有54/74系列、54H/74H系列、54S/74S系列、54LS/74LS系列、54AS/74AS系列、54ALS/74ALS系列等；CMOS电路所包含的系列有4000系列、54HC/74HC系列、54HCT/74HCT系列等。此外，还有HTL电路、ECL电路、IIL电路、NMOS电路、PMOS电路、Bi-CMOS电路等。

思考题与习题

2.1 在图2.1所示各电路中，当输入电压 u_I 分别为0 V、+5 V、悬空时，试计算输出电压 u_O 的数值，并指出三极管的工作状态。假设三极管导通时 $U_{BE}=0.7$ V。

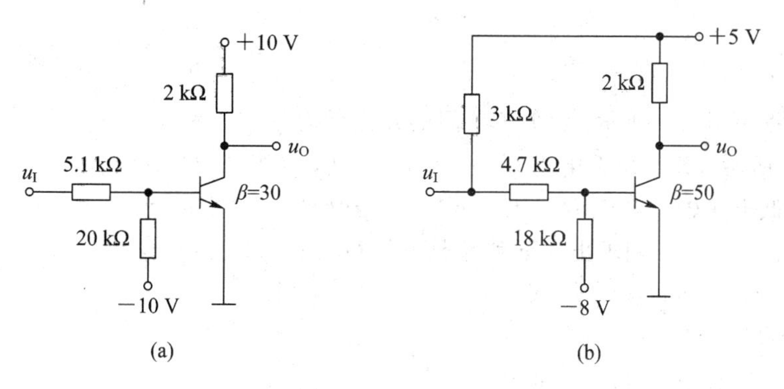

图2.1 题2.1图

2.2 为什么说TTL与非门输入端在以下三种接法时，在逻辑上都属于输入为0？(1) 输入端接地；(2) 输入端接低于0.8 V的电源；(3) 输入端接同类与非门的输出低电平0.3 V。

2.3 为什么说TTL与非门输入端在以下三种接法时，在逻辑上都属于输入为1？(1) 输入端悬空；(2) 输入端接高于2 V的电源；(3) 输入端接同类与非门的输出高电平3.6 V。

2.4 指出图2.2中各门电路的输出是什么状态(高电平、低电平或高阻态)。假定它们都是T1000系列的TTL门电路。

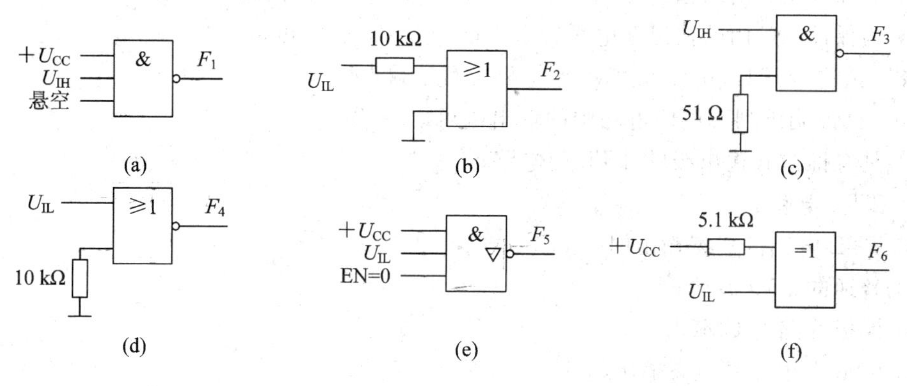

图2.2 题2.4图

2.5　图 2.3 所示为 TTL 与非门。设其输出低电平 $U_{OL} \leqslant 0.35$ V，输出高电平 $U_{OH} \geqslant 3$ V，允许最大灌入电流 $I_{OL} = 13$ mA，关门电平 $U_{OFF} = 0.8$ V，开门电平 $U_{ON} = 1.8$ V。

(1) 试求 TTL 与非门的扇出系数 N_O；

(2) 试求该 TTL 与非门的低电平噪声容限 U_{NL} 和高电平噪声容限 U_{NH}。

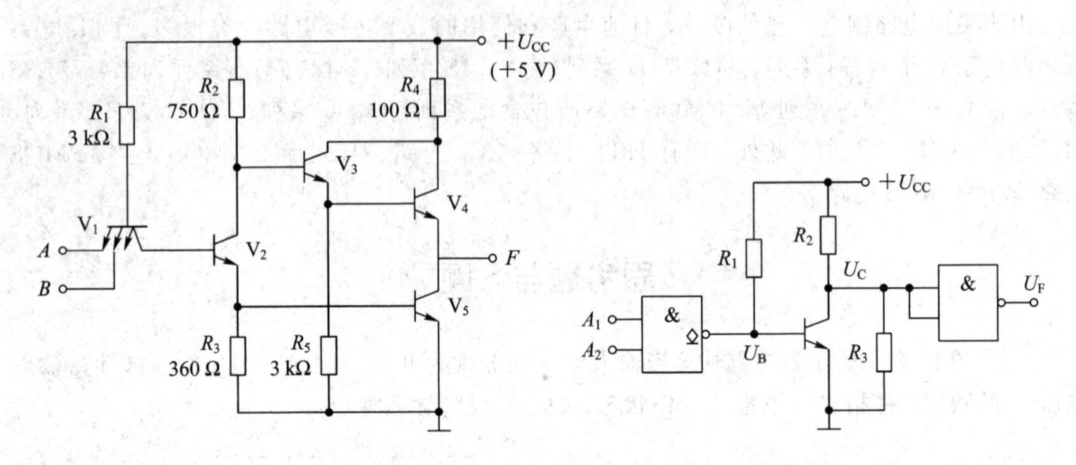

图 2.3　题 2.5 图　　　　图 2.4　题 2.6 图

2.6　电路如图 2.4 所示，已知 OC 门的输出低电平 $U_{OL} = 0.3$ V；TTL 与非门的内部电路如图 2.2.1 所示，其输出低电平 $U_{OL} = 0.3$ V，输出高电平 $U_{OH} = 3.6$ V，高电平输入电流 $I_{IH} = 40$ μA，低电平输入电流 $I_{IL} = 1.5$ mA；三极管导通时，$U_{BE} = 0.7$ V，饱和管压降 $U_{CES} = 0.3$ V，$U_{CC} = 5$ V。试分别求出在下列情况下的 U_B、U_C 和 U_F 值。

(1) $U_{A1} = 0.3$ V，$U_{A2} = 3.6$ V；

(2) $U_{A1} = U_{A2} = 3.6$ V；

(3) $R_1 = \infty$，$U_{A1} = U_{A2} = 3.6$ V；

(4) $R_2 = \infty$，$U_{A1} = U_{A2} = 3.6$ V；

(5) $R_3 = \infty$，$U_{A1} = U_{A2} = 3.6$ V。

2.7　在图 2.4 所示电路中，已知 OC 门在输出低电平时允许的最大负载电流 $I_{OL} = 12$ mA，在输出高电平时的漏电流 $I_{OH} = 200$ μA，与非门的高电平输入电流 $I_{IH} = 50$ μA，低电平输入电流 $I_{IL} = 1.4$ mA，$U_{CC} = 5$ V，$R_c = 1$ kΩ。

(1) 试问 OC 门的输出高电平 U_{OH} 为多少？

(2) 为保证 OC 门的输出低电平 U_{OL} 不大于 0.35 V，试问最多可接几个与非门？

(3) 为保证 OC 门的输出高电平 U_{OH} 不低于 3 V，试问可接与非门的输入端数为多少？

2.8　试比较 TTL 电路和 CMOS 电路的优、缺点。

2.9　试说明下列哪些门电路中的输出端可以并联使用。

(1) 具有推拉式输出级的 TTL 门电路；

(2) TTL 电路的 OC 门；

(3) TTL 电路的三态输出门；

(4) 普通的 CMOS 门；

(5) 漏极开路的 CMOS 门；

(6) CMOS 电路的三态输出门。

2.10　写出图 2.5 所示电路的逻辑表达式。

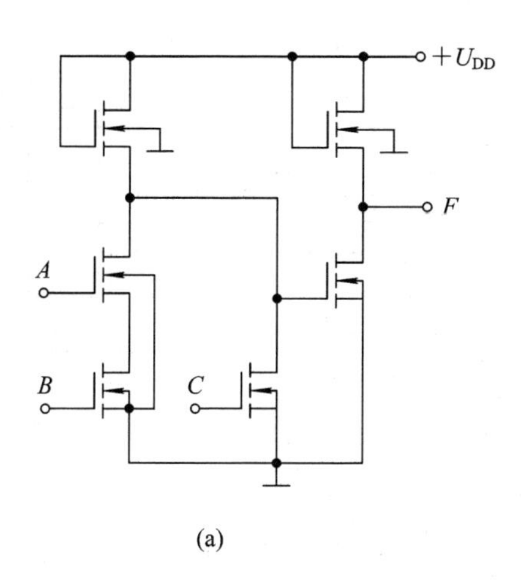

(a)

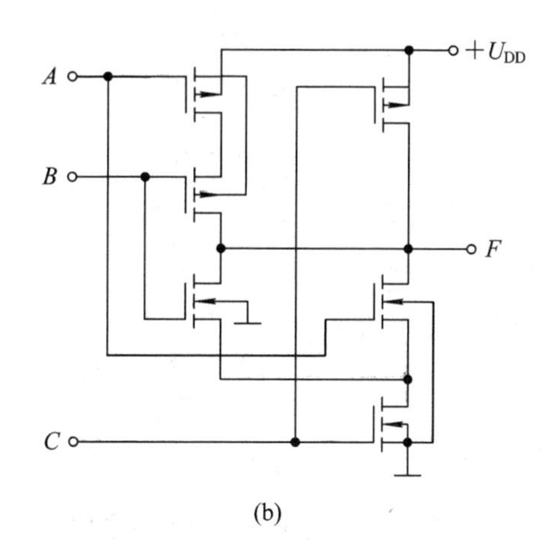

(b)

图 2.5　题 2.10 图

2.11　计算图 2.6 电路中的反相器 G_M 能驱动多少个同样的反相器。要求 G_M 输出的高、低电平符合 $U_{OH} \geqslant 3.2$ V，$U_{OL} \leqslant 0.25$ V。所有的反相器均为 74LS 系列 TTL 电路，输入电流 $I_{IL} \leqslant -0.4$ mA，$I_{IH} \leqslant 20$ μA。$U_{OL} \leqslant 0.25$ V 时输出电流的最大值为 $I_{OL(max)}=8$ mA，$U_{OH} \geqslant 3.2$ V 时输出电流撮大值为 $I_{OH(max)}=-0.4$ mA。G_M 的输出电阻可忽略不计。

2.12　在图 2.7 由 74 系列 TTL 与非门组成的电路中，计算门 G_M 能驱动多少个同样的与非门。要求 G_M 输出的高、低电平满足 $U_{OH}>3.2$ V，$U_{OL} \leqslant 0.4$ V。与非门的输入电流为 $I_{IL} \leqslant -16$ mA，$I_{IH} \leqslant 40$ μA，$U_{OL} \leqslant 0.4$ V 时输出电流最大值为 $I_{OL(max)}=16$ mA，$U_{OH} \geqslant 3.2$ V 时输出电流最大值为 $I_{OH(max)}=-0.4$ mA。G_M 的输出电阻可忽略不计。

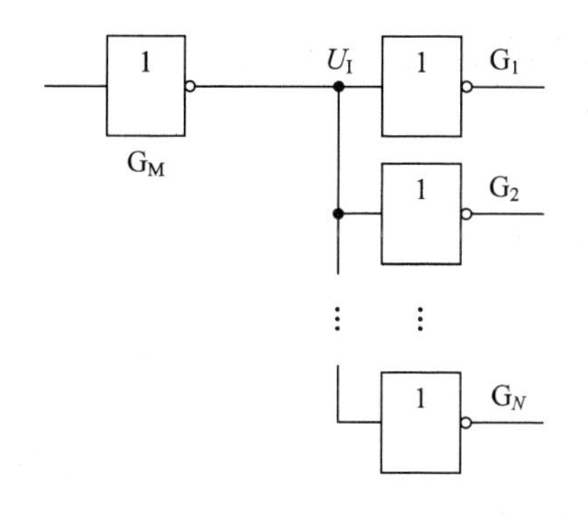

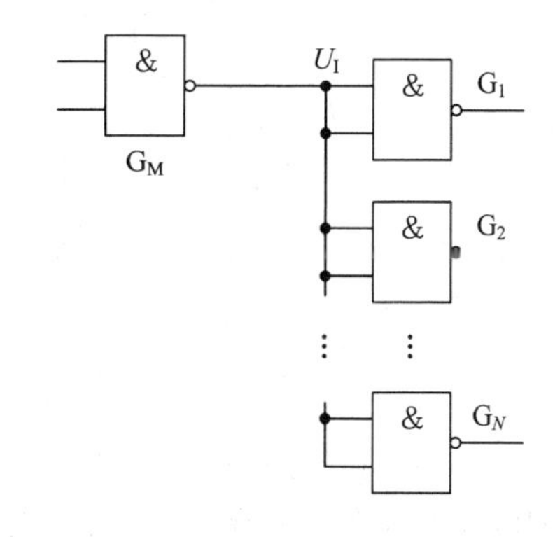

图 2.6　题 2.11 图　　　图 2.7　题 2.12 图

2.13　在图 2.8 由 74 系列或非门组成的电路中，试求门 G_M 能能驱动多少个同样的或非门。要求 G_M 输出的高、低电平满足 $U_{OH} \geqslant 3.2$ V，$U_{OL} \geqslant 0.4$ V。或非门每个输入端的输入电流为 $I_{IL} \leqslant -1.6$ mA，$I_{IH} \leqslant 40$ μA，$U_{OH} \leqslant 0.4$ V 时输出电流的最大值为 $I_{OL(max)}=16$ mA，$U_{OH} \geqslant 3.2$ V 时输出电流的最大值为 $I_{OH(max)}=-0.4$ mA。G_M 的输出电阻可忽略不计。

2.14　计算图 2.9 电路中上拉电阻 R_L 的阻值范围。其中 G_1、G_2、G_3 是 74LS 系列 OC 门，输出管截止时的漏电流 $I_{OH} \leqslant 100$ μA，输出低电平 $U_{OL} \leqslant 0.4$ V 时允许的最大负载电流 $I_{LM}=8$ mA，G_4、G_5、G_6 为 74LS 系列与非门，它们的输入电流为 $I_{IL} \leqslant -0.4$ mA、$I_{IH} \leqslant 20$ μA。OC 门的输出高、低电平应满足 $U_{OH} \geqslant 3.2$ V、$U_{OL} \leqslant 0.4$ V。

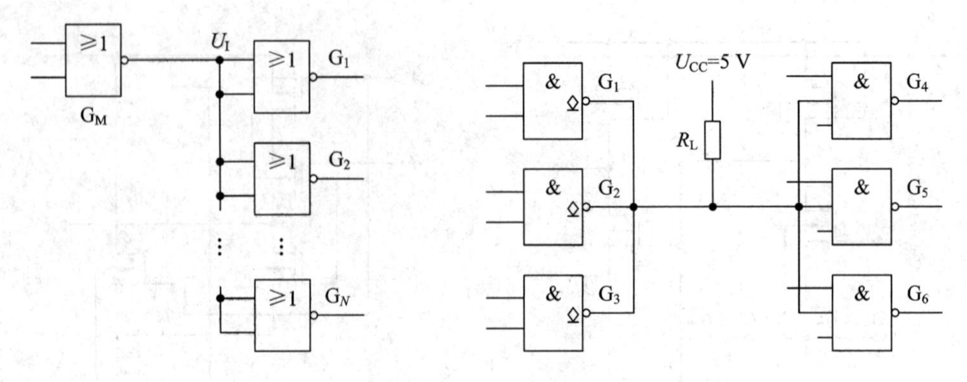

图 2.8　题 2.13 图　　　　图 2.9　题 2.14 图

2.15　在 CMOS 电路中有时采用图 2.10(a)～(d)所示的扩展功能用法，试分析各图的逻辑功能，写出 F_1～F_4 的逻辑式。已知电源电压 $U_{DD}=10$ V，二极管的正向导通压降为 0.7 V。

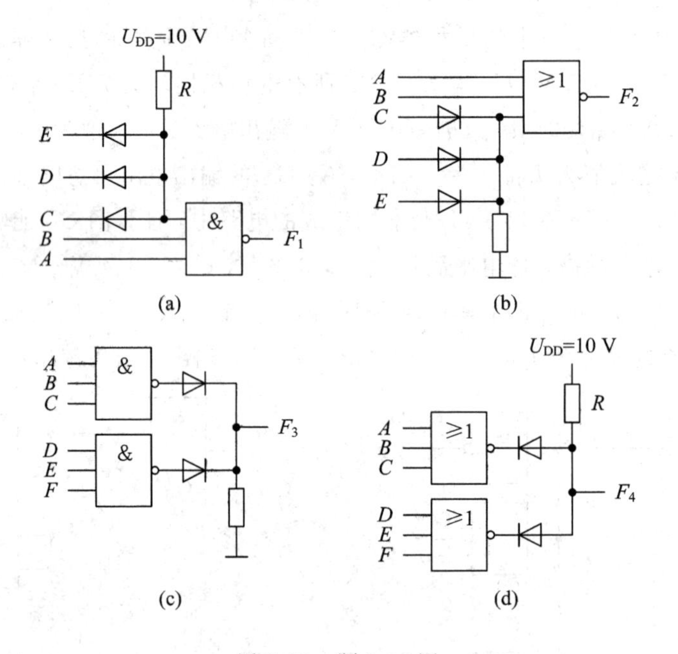

图 2.10　题 2.15 图

2.16　试说明在下列情况下，用万用表测量图 2.11 中 U_{I2} 端得到的电压各为多少？图中的与非门为 74 系列的 TTL 电路，万用表使用 5 V 量程，内阻为 20 kΩ。

(1) U_{I1}悬空；

(2) U_{I1}接低电平(0.2 V)；

(3) U_{I1}接高电平(3.2 V)；

(4) U_{I1}经 51 Ω 电阻接地；

(5) U_{I1}经 10 kΩ 电阻接地。

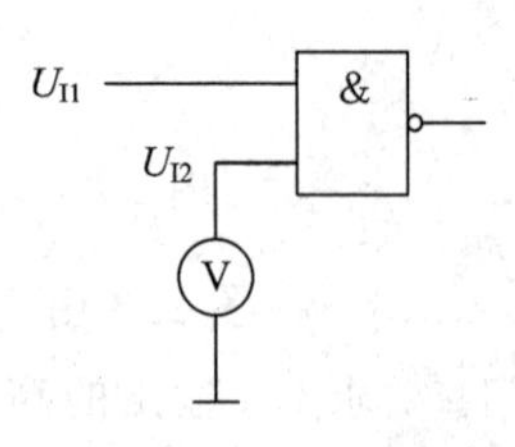

图 2.11　题 2.16 图

第 3 章　组合逻辑电路

内容提要：本章首先介绍了组合逻辑电路的分析和设计方法，然后分别讨论了编码器、译码器、数据选择器、数据分配器、加法器等常用的组合逻辑功能器件；简要介绍了组合逻辑电路中的竞争冒险。

学习提示：组合逻辑电路作为数字电路的关键内容之一，学习中要熟悉常用组合逻辑功能器件的有关概念，熟练掌握组合逻辑电路的分析和设计方法，熟悉常用中规模集成组合逻辑功能器件的基本应用及扩展应用。

3.1　概　　述

数字电路按其逻辑功能可分为两大类，即组合逻辑电路和时序逻辑电路。本章重点讨论组合逻辑电路的分析和设计方法。

3.1.1　组合逻辑电路的特点

所谓组合逻辑电路，就是任意时刻的输出稳定状态仅仅取决于该时刻的输入信号，而与输入信号作用前电路所处的状态无关。这是组合逻辑电路在逻辑功能上的共同特点。

从组合电路逻辑功能的特点不难想到，既然它的输出与电路的历史状况无关，那么电路中就不能包含存储单元，这就构成了组合逻辑电路在电路结构上的共同特点：电路由各种逻辑门电路构成，不存在反馈。

对于任何一个多输入、多输出的组合逻辑电路，都可以用图 3.1.1 所示的框图表示。图中 a_1，a_2，…，a_n 表示输入变量，y_1，y_2，…，y_m 表示输出变量。输出与输入的逻辑关系可以用一组逻辑函数表示：

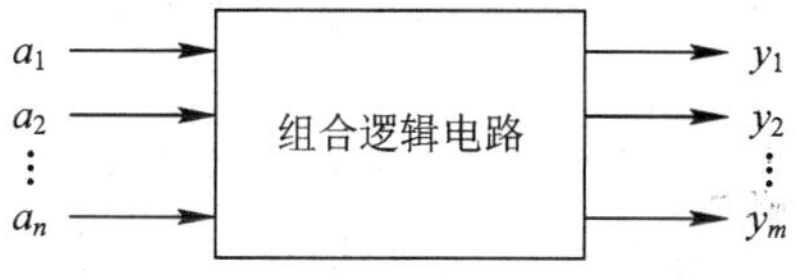

图 3.1.1　组合逻辑电路框图

$$\begin{cases} y_1 = f_1(a_1, a_2, \cdots, a_n) \\ y_2 = f_2(a_1, a_2, \cdots, a_n) \\ \vdots \\ y_m = f_m(a_1, a_2, \cdots, a_n) \end{cases}$$

或者写成向量函数的形式：

$$Y = F(A)$$

例如图 3.1.2 所示的逻辑电路图，其逻辑函数式为

$$F_1 = \overline{\overline{AB}\,\overline{BC}}, \quad F_2 = \overline{BC}$$

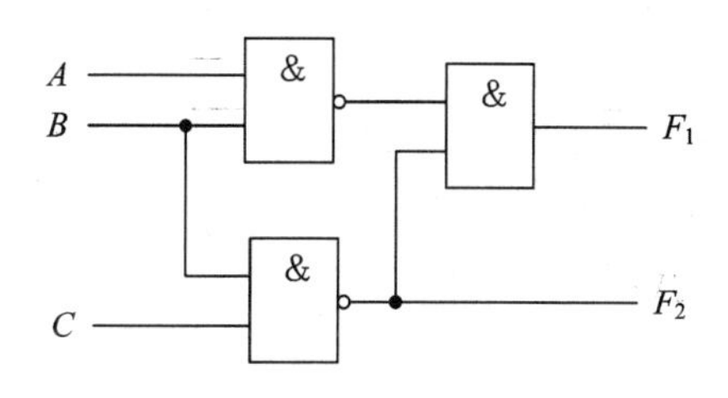

图 3.1.2　组合逻辑电路

在任何时刻，只要输入变量 A、B、C 取值确定，则输出 F_1、F_2 也随之确定，而与以前的工作状态无关。

根据组合逻辑电路的输出状态与其原来的状态无关可推知，电路中应该不包含记忆性元器件，并且输入与输出之间没有任何反馈电路或者反馈连线。

3.1.2　组合逻辑电路逻辑功能描述方式

描述组合逻辑电路功能的主要方式有以下几种：

(1) 由逻辑符号及相互连线组成的逻辑电路图；

(2) 表述逻辑功能的逻辑函数表达式；

(3) 描述逻辑功能的真值表或描述逻辑器件的逻辑功能表；

(4) 反映逻辑电路的输出与输入逻辑关系的波形图；

(5) 用硬件描述语言 HDL 来描述逻辑电路的逻辑功能。

本章将运用前两章所介绍的逻辑代数和逻辑门电路等基本知识，介绍组合逻辑电路分析和设计的方法，并介绍常用中规模集成电路和相应的功能器件。

3.2　组合逻辑电路的分析方法

组合逻辑电路的分析，就是根据已知的逻辑电路图，分析确定其逻辑功能的过程。对逻辑电路进行分析，一方面可以更好地对其加以改进和应用，另一方面也可以用于检验所设计的逻辑电路是否优化，以及是否能实现预定的逻辑功能。

组合逻辑电路分析通常可以按以下方法进行：

(1) 根据题意，由已知条件——逻辑电路图写出各输出端的逻辑函数表达式；

(2) 用逻辑代数和逻辑函数化简等基本知识，对各逻辑函数表达式进行化简和变换；

(3) 根据简化的逻辑函数表达式列出相应的真值表；

(4) 依据真值表和逻辑函数表达式对逻辑电路进行分析，确定逻辑电路的功能，给出对该逻辑电路的评价。

值得注意的是：在确定电路的逻辑功能时，其描述术语要尽量规范、简短和准确。在数字系统中，常见的组合逻辑电路的逻辑功能主要有二进制数的运算、二进制数的比较、编码与译码、数字信号的选择与分配、二进制代码的变换、奇偶校验等。

下面通过举例来说明组合逻辑电路的方法。

例 3.2.1　已知逻辑电路如图 3.2.1 所示，分析该电路的逻辑功能。

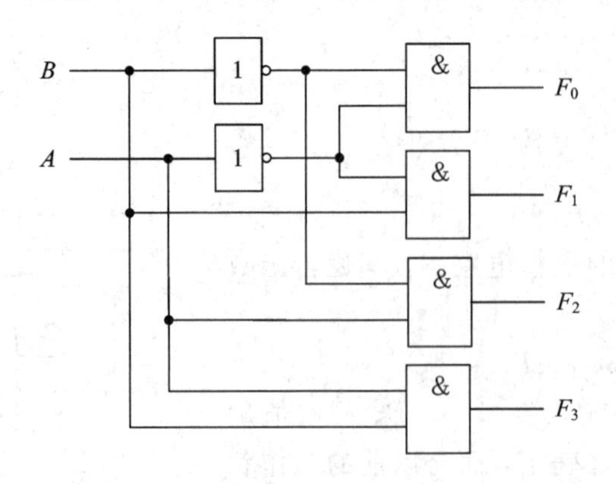

图 3.2.1　例 3.2.1 的逻辑电路图

解：(1) 由图 3.2.1 写出组合电路的逻辑表达式如下：

$$F_0 = \overline{A}\,\overline{B},\quad F_1 = \overline{A}B,\quad F_2 = A\overline{B},\quad F_3 = AB$$

(2) 由逻辑函数式列出真值表，如表 3.2.1 所示。

(3) 由真值表可知：

$AB = 00$ 时，$L_0 = 1$，其余输出端均为 0；

$AB = 01$ 时，$L_1 = 1$，其余输出端均为 0；

$AB = 10$ 时，$L_2 = 1$，其余输出端均为 0；

$AB = 11$ 时，$L_3 = 1$，其余输出端均为 0。

由此可以得知，此电路对应的每组输入信号只有一个输出端为 1，因此，根据输出状态即可以知道输入的代码值，故此逻辑电路具有译码功能，而且输出端是高电平有效。

对于比较简单的组合，有时也可通过其波形图进行分析，即根据输入波形逐级画出输出波形，然后根据输入与输出波形的关系确定其电路的逻辑功能。如图 3.2.1 所示的逻辑电路，输出、输入信号的波形如图 3.2.2 所示。

表 3.2.1　例 3.2.1 的真值表

输入		输出			
A	B	F_0	F_1	F_2	F_3
0	0	1	0	0	0
0	1	0	1	0	0
1	0	0	0	1	0
1	1	0	0	0	1

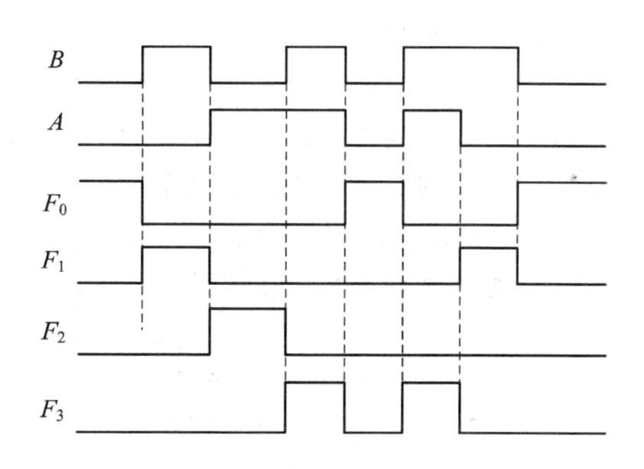

图 3.2.2　例 3.2.1 的波形图

由图 3.2.2 所示的波形图可以分析出其逻辑电路具有译码的逻辑功能。

如果将图 3.2.1 所示逻辑电路中的与门用与非门替代，则其逻辑函数式可以写为

$$F_0 = \overline{A}\,\overline{B},\quad F_1 = \overline{A}B,\quad F_2 = AB,\quad F_3 = AB$$

此时，电路的逻辑功能仍然为译码功能，只是其输出电平为低电平有效。

例 3.2.2　一个双端输入、双端输出的组合逻辑电路如图 3.2.3 所示，分析该电路的逻辑功能。

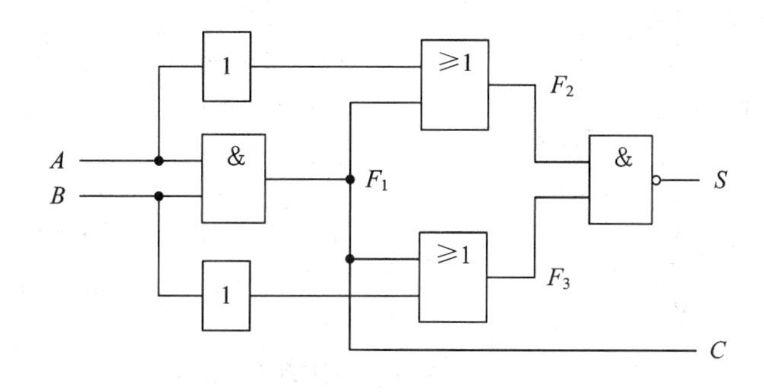

图 3.2.3　例 3.2.2 的逻辑电路图

解：(1) 根据图 3.2.3 写出逻辑函数式：

$$F_1 = AB,\quad F_2 = \overline{A} + F_1 = \overline{A} + AB,\quad F_3 = \overline{B} + F_1 = \overline{B} + AB$$

$$S = \overline{F_2 F_3} = \overline{(\overline{A} + AB)(\overline{B} + AB)} = A \oplus B$$

$$C = F_1 = AB$$

(2) 根据逻辑函数式列出其相应的真值表，如表 3.2.2 所示。

表 3.2.2　例 3.2.2 的真值表

输　入		输　出	
A	B	S	C
0	0	0	0
0	1	1	0
1	0	1	0
1	1	0	1

(3) 由真值表 3.2.2 可知：

当 A、B 都是 0 时，S 为 0，C 为 0；

当 A、B 中有一个为 1 时，S 为 1，C 为 0；

当 A、B 都是 1 时，S 为 0，C 为 1。

图 3.2.3 所示电路的逻辑功能，满足二进制数相加原则，A、B 是两个加数，S 为和数，C 为低位向高位的进位。由于输入仅是两个加数，而没有低位来的进位，故称为半加逻辑。

(4) 根据逻辑函数式或逻辑电路图，可以画出其相应的波形图，如图 3.2.4 所示。

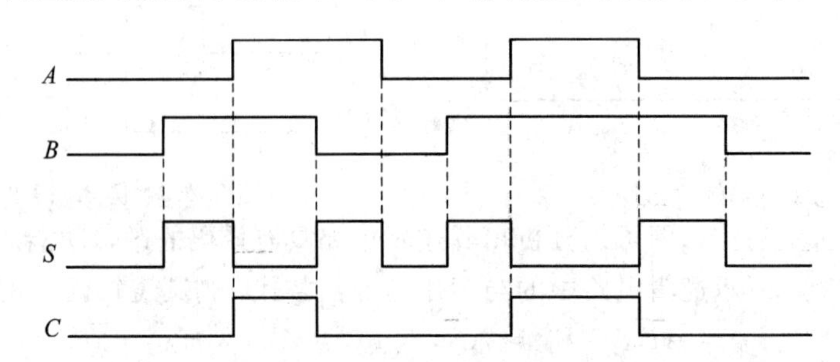

图 3.2.4　例 3.2.2 波形图

例 3.2.3　分析图 3.2.5(a)给定的组合逻辑电路。

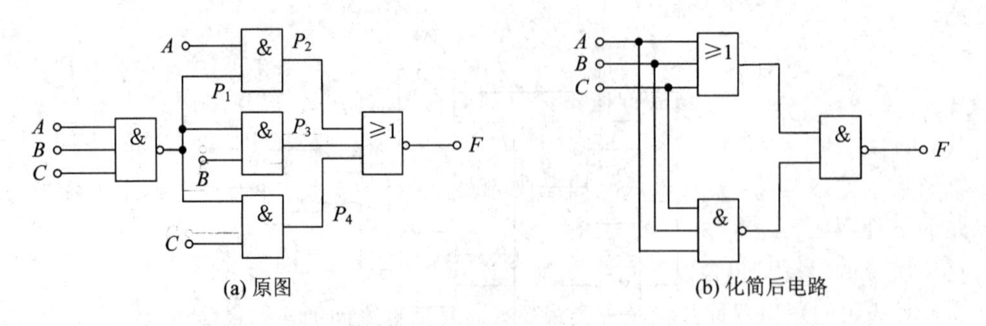

(a) 原图　　(b) 化简后电路

图 3.2.5　例 3.2.3 逻辑电路图

解：(1) 根据给定的逻辑电路图，写出逻辑函数表达式。根据电路中每种逻辑门电路的功能，从输入到输出，逐渐写出各逻辑门的函数表达式：

$$P_1 = \overline{ABC}$$
$$P_2 = AP_1 = A\,\overline{ABC}$$
$$P_3 = BP_1 = B\,\overline{ABC}$$
$$P_4 = CP_1 = C\,\overline{ABC}$$
$$F = \overline{P_2 + P_3 + P_4} = \overline{A\,\overline{ABC} + B\,\overline{ABC} + C\,\overline{ABC}}$$

(2) 化简电路的输出函数表达式。用代数化简法对所得输出函数表达式化简如下：

$$F = \overline{A\,\overline{ABC} + B\,\overline{ABC} + C\,\overline{ABC}} = \overline{\overline{ABC}(A+B+C)}$$
$$= \overline{\overline{ABC}} + \overline{A+B+C} = ABC + \bar{A}\bar{B}\bar{C}$$

(3) 根据化简后的逻辑函数表达式列出真值表。该函数的真值表如表3.2.3所示。

表3.2.3　例3.2.3逻辑函数真值表

A	B	C	F
0	0	0	1
0	0	1	0
0	1	0	0
0	1	1	0
1	0	0	0
1	0	1	0
1	1	0	0
1	1	1	1

(4) 功能评述。由真值表可知，该电路仅当输入 A、B、C 取值都为"0"或都为"1"时，输出 F 的值为1，其它情况下输出 F 均为"0"。也就是说，当输入一致时输出为"1"，输入不一致时输出为"0"。可见，该电路具有检查输入信号是否一致的逻辑功能，一旦输出为"0"，则表明输入不一致，因此，通常称该电路为"不一致电路"。

在某些对信息的可靠性要求非常高的系统中，往往采用几套设备同时工作，一旦运行结果不一致，便由"不一致电路"发出报警信号，通知操作人员排除故障，以确保系统的可靠性。

此外，由分析可知，该电路的设计方案并非最佳。根据化简后的逻辑函数表达式，可作出如图3.2.5(b)所示的逻辑电路。显然，它比原电路简单、清晰。

3.3　组合逻辑电路的设计方法

3.3.1　组合逻辑电路设计的基本思想

组合逻辑电路设计是根据某一具体逻辑问题或某一逻辑功能要求，得到实现该逻辑问题或逻辑功能的"最优"逻辑电路。所谓"最优"的逻辑设计，往往不能用一个或几个简单指标来描述。在用小规模集成电路进行逻辑设计时，利用前面介绍的逻辑函数化简和变换等方法，追求的目标是最少逻辑门和最少的器件种类等，以达到最稳定、最经济的指标。这是数字电路逻辑设计的基础，是比较成熟和经典的设计方法，本节主要以这一基本思想来讨论逻辑电路的设计问题。

这里所说的"最优"包含以下几个方面含义：

(1) 所选用的逻辑器件数量及种类最少，而且器件之间的连线最简单。

(2) 级数尽量少，以利于提高其工作速度。

(3) 功耗小，工作稳定。

随着数字集成电路生产工艺的不断成熟，中、大规模通用数字集成电路产品已批量生产，且产品已标准化、系列化、成本低廉，许多数字电路都可直接使用中、大规模集成电路的标准模块来实现，这样不仅可以使电路体积大大缩小，还可减少连线，提高电路的可靠性，降低电路的成本。在这种情况下追求最少门数和器件种类将不再成为"最优"设计的指标，而转为追求集成块数的减少。用标准的中规模集成电路模块来实现组合电路的设计、用大规模集成电路的可编程逻辑器件实现给定的逻辑功能的设计，已成为目前逻辑设计的新思想。前面所分析的组合逻辑电路都是中规模集成电路组件。

3.3.2 组合逻辑电路的一般设计方法

根据给出的实际逻辑功能要求，求出实现这一逻辑功能的最优电路，是设计组合逻辑电路时要完成的基本工作，其一般方法可总结如下：

(1) 根据实际逻辑问题的叙述，进行逻辑抽象。

在许多情况下，给出的实际逻辑问题或提出的实际要求，都是一个用文字描述的具有一定因果关系的事件。为了能够很好地设计出相关电路，需要通过逻辑抽象的方法，用一个逻辑函数来描述这一因果关系。

逻辑抽象工作的步骤如下：

① 分析事件的因果关系，确定输入变量和输出变量。一般总是把引起事件的原因定为输入变量，而把事件的结果作为输出变量。

② 定义逻辑状态的含义。以二值逻辑的 0、1 两种状态分别代表输入量和输出量的两种不同状态。这里 0 和 1 的具体含义完全是由设计者人为选定的，这项工作叫作逻辑状态赋值。

③ 根据给定的因果关系列出逻辑真值表，进而写出相关的逻辑函数标准表达式。

至此，便将一个实际的逻辑问题抽象成一个逻辑函数。

(2) 根据选定的器件类型对逻辑函数进行变换和化简，写出与使用的逻辑门相对应的最简逻辑函数表达式。

(3) 按简化的逻辑函数表达式绘制逻辑电路图。至此，原理性设计就已完成。

(4) 为了把逻辑电路实现为具体的电路装置，还需要一系列的工艺设计工作，最后还必须完成装配、调试。

应当指出，上述设计并不是一成不变的。例如，有的逻辑问题或设计要求是直接以真值表形式给出的，就不必再进行逻辑抽象了。又如，有的问题逻辑关系简单、直观，也可以不经过逻辑真值表而直接写出逻辑函数表达式。

通常在逻辑电路设计过程中还应注意以下几个问题：

(1) 输入变量的形式。输入变量有两种方式，一种是既提供原变量也提供反变量；另一种是只提供原变量而不提供反变量。

在信号源只提供原变量而不提供反变量时，只能由电路本身提供所需的反变量。最简便的方法是给每个输入的原变量增加一个非门，产生所需要的反变量。但是，这样处理往往是不经济的，而且增加了组合电路的级数，使信号的传输时间受到影响，因此通常需要采取适当的设计方法来节省器件，以满足信号传输的时间要求。

(2) 对组合电路信号传输时间的要求，即对组合电路级数的要求。

(3) 单输出函数还是多输出函数。实际过程中常常遇到多输出电路，即对应一种输入组合，有一组函数输出。如编码器、译码器、全加器等电路，都是多输出函数的组合电路。多输出函数电路的设计是以单输出函数设计为基础的，但又有其自身的特点。多输出函数电路是一个整体，设计时要求对总体电路进行简化，而不是对局部进行简化，即应考虑同一个门电路能为多少个函数所公用，从而减少总体电路所用门数，使电路最简单。

(4) 逻辑门输入端数的限制。在用小规模集成电路实现逻辑函数时，通常一个芯片中封装有几个逻辑门，每个逻辑门输入端的数目是一定的。如 74LS00 芯片，一个芯片上有四个与非门，每个与非门都有两个输入端，又如 74LS10 芯片中有三个与非门，每个与非门有三个输入端。

当用这些逻辑门实现逻辑函数时，在许多情况下需要根据芯片中提供的逻辑门及输入端的数目，在上述设计方法的基础上结合代数变换，以求使用的芯片数目最少，从而获得较好的设计。

3.3.3　组合逻辑电路的设计举例

下面通过例子来说明如何应用以上方法来设计常用的组合逻辑电路。

例 3.3.1　用与非门设计一个三变量“多数表决电路”。

解：第一步：根据给定的逻辑要求建立真值表。

不难理解，“多数表决电路”的逻辑功能就是按照少数服从多数的原则执行表决的，以确定某项决议是否通过。假设用 A、B、C 分别代表参加表决的三个逻辑变量，函数 F 表示表决结果，并约定逻辑变量取值为 0 表示反对，逻辑变量取值为 1 表示赞成；逻辑函数 F 取值为 0 表示决议被否定，逻辑函数取值为 1 表示决议通过。那么，按照少数服从多数的原则可知，函数和变量的关系是：当三个变量 A、B、C 中有两个或两个以上取值为 1 时，函数 F 的取值为 1，其它情况下函数 F 的取值为 0。因此，可列出该逻辑问题的真值表如表 3.3.1 所示。

第二步：根据真值表写出函数的最小项表达式。

由表 3.3.1 所示的真值表，可写出函数 F 的最小项表达式为

$$F(A、B、C) = \sum m(3, 5, 6, 7)$$

第三步：化简函数表达式，并转换成适当的形式。

将函数的最小项表达式填入卡诺图，如图 3.3.1(a)所示。利用卡诺图对逻辑函数进行化简，得最简“与或”表达式为

$$F(A、B、C) = AB + AC + BC$$

由于本例要求使用“与非”门，故将上述表达式变换成“与非—与非”表达式，即

$$F(A、B、C) = \overline{\overline{AB + AC + BC}} = \overline{\overline{AB}\,\overline{AC}\,\overline{BC}}$$

第四步：画出逻辑电路图。

由函数的“与非—与非”表达式，可画出实现给定功能的逻辑电路图如图 3.3.1(b)所示。

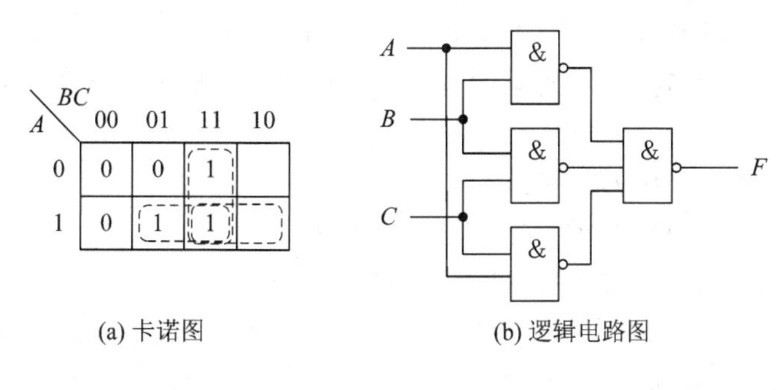

图 3.3.1　例 3.3.1 的卡诺图及逻辑电路图

表 3.3.1　例 3.3.1 真值表

A	B	C	F
0	0	0	0
0	0	1	0
0	1	0	0
0	1	1	1
1	0	0	0
1	0	1	1
1	1	0	1
1	1	1	1

例 3.3.2　设输入只有原变量，在不提供反变量的情况下，用三级与非门实现逻辑函数 $F(A、B、C) = \sum m(3, 4, 5, 6)$。

解：若采用上述的一般方法，首先将卡诺图化简成最简“与或”表达式：

$$F(A、B、C) = A\overline{B} + A\overline{C} + \overline{A}BC$$

其中，若反变量 $\overline{A}$、$\overline{B}$、$\overline{C}$ 分别由与非门得到，画出逻辑电路如图 3.3.2(a)所示，需要 7 个与非门。

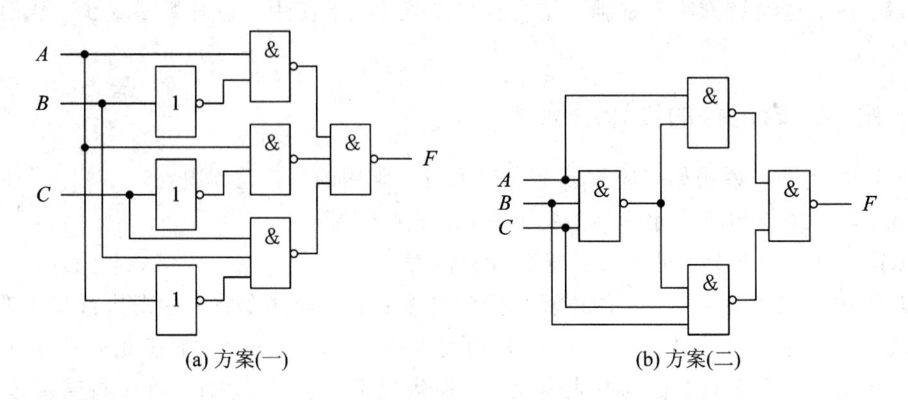

图 3.3.2　实现例 3.3.2 的两种方案

如果运用代数变换将上述表达式进行如下变换：

$$F = A(\overline{B} + \overline{C}) + \overline{A}BC = A\,\overline{BC} + \overline{A}BC = A\,\overline{ABC} + BC\,\overline{ABC}$$

根据该函数实现的逻辑电路图 3.3.2(b)所示，可以看到用 4 个与非门就可以实现该电路，比图(a)节省 3 个与非门，连线也少了，所以图(b)所示的电路更为简单。从变换的过程可知，它是采取下述两个措施而获得最简电路的。

(1) 合并的最简“与或”表达式中，若具有相同原变量因子的乘积项，以减少乘积项的数目及“非”号为首先考虑因素。

例如乘积项 $A\overline{B}+A\overline{C}$ 中的原变量都是 A，就可以合并成：

$$A\overline{B} + A\overline{C} = A\,\overline{BC}$$

这样就可以减少一项和一个“非”号。

通常一个乘积项(或合并积项)由两部分组成：不带“非”号部分及带“非”号的部分，前者称为乘积项的头部，后者称为乘积项的尾部，如：

$$\underbrace{A}_{\text{头部}}\ \underbrace{\overline{BCUV}}_{\text{尾部}}$$

因此，上述合并就是由两个或两个以上具有相同头部乘积项进行的合并。

例如，设有两个乘积项 $A\,\overline{B}\,\overline{U}\,\overline{V}$，可以利用“加对乘的分配律”及反演律来进行合并，其过程如下：

$$\begin{aligned} A\,\overline{B}\,\overline{U}\,\overline{V} + A\,\overline{B}\,\overline{X}\,\overline{Y} &= A\overline{B}(\overline{U}\overline{V} + \overline{X}\overline{Y}) \\ &= A\overline{B}(\overline{U}\overline{V} + \overline{X})(\overline{U}\overline{V} + \overline{Y}) \\ &= A\overline{B}(\overline{U} + \overline{X})(\overline{V} + \overline{X})(\overline{U} + \overline{Y})(\overline{V} + \overline{Y}) \\ &= A\,\overline{B}\,\overline{UX}\,\overline{VX}\,\overline{UY}\,\overline{VY} \end{aligned}$$

(2) 寻找公共尾因子，以进一步减少非号。

一个乘积项的尾部因子可以根据需要加以扩展，即将头部因子的各种组合分别插入其尾部因子而得到扩展的尾部因子。如乘积项 $BC\overline{A}$ 的尾部因子是 $\overline{A}$，将头部 BC 的各种组合插入尾部，得到扩展因子 $\overline{AC}$、$\overline{AB}$、$\overline{ABC}$。可以证明用这些因子代替原有因子 $\overline{A}$，乘积项的值不变，即

$$BC\,\overline{ABC} = BC(\overline{A} + \overline{B} + \overline{C}) = BC\overline{A}$$

这些扩展尾因子称为代替尾因子。

例 3.3.3　试用 74LS00 实现函数 $F(A、B、C、D) = \sum m(0, 1, 2, 4, 6, 11, 14, 15)$。

解：利用卡诺图化简得到函数表达式为

$$F = \overline{A}\,\overline{D} + \overline{A}\,\overline{B}\,\overline{C} + ABC + ACD$$

由于所用芯片每个门只有两个输入端，对于三变量的乘积项可用提公因子法，对于上式作如下变换：

$$\begin{aligned}F &= \overline{A}\,\overline{D} + \overline{A}\,\overline{B}\,\overline{C} + ABC + ACD \\ &= \overline{A}(\overline{D} + \overline{B}\,\overline{C}) + A(BC + CD) \\ &= \overline{A}\,\overline{D \cdot \overline{\overline{B}\,\overline{C}}} + A\,\overline{\overline{BC} \cdot \overline{CD}} \\ &= \overline{\overline{\overline{A}\,\overline{D \cdot \overline{\overline{B}\,\overline{C}}}} \cdot \overline{A\,\overline{\overline{BC} \cdot \overline{CD}}}}\end{aligned}$$

根据上式可以画出实现该逻辑函数的逻辑电路如图 3.3.3 所示。

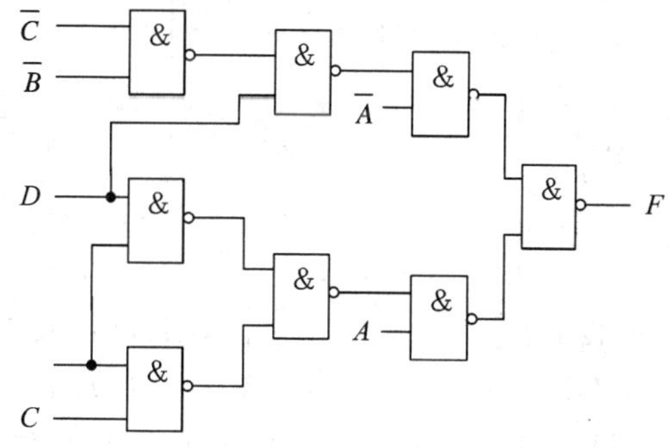

图 3.3.3　例 3.3.3 图

小规模组合电路常用于简单电路的设计，对于复杂一些电路的设计，则需要用中大规模集成逻辑功能器件完成。

3.4　编码器与译码器

编码器与译码器是常见的组合逻辑电路基本单元电路，已有标准化的集成电路功能器件可供选用，本节着重介绍编码器和译码器的特点、工作原理及其应用。

3.4.1　编码器

在数字系统中，用特定代码(比如 BCD 码、二进制码等)表示各种不同的符号、字母、数字等有关信号的过程称为编码。编码建立了输入信号与输出信号之间的一一对应关系，具有编码功能的电路称为编码器。编码器分为二进制编码器、优先编码器、8421BCD 码编码器等。

1. 二进制编码器

能够实现用 n 位二进制代码对 $N = 2^n$ 个一般信号进行编码的电路，称为二进制编码器，又称为普通编码器。

二进制编码器的主要特点是：任何时刻只允许一个输入编码信号有效，否则输出将会发生混乱。

现以三位二进制编码器为例分析编码器的工作原理，即 $n=3$，$N = 2^3 = 8$，对 8 个输入信号进行编码。编码器框图如图 3.4.1 所示，输入 $I_0 \sim I_7$ 为 8 个高电平信号，输出 A_2、

A_1、A_0为一组相应的二进制代码。表 3.4.1 是 3 位二进制编码器的功能表。

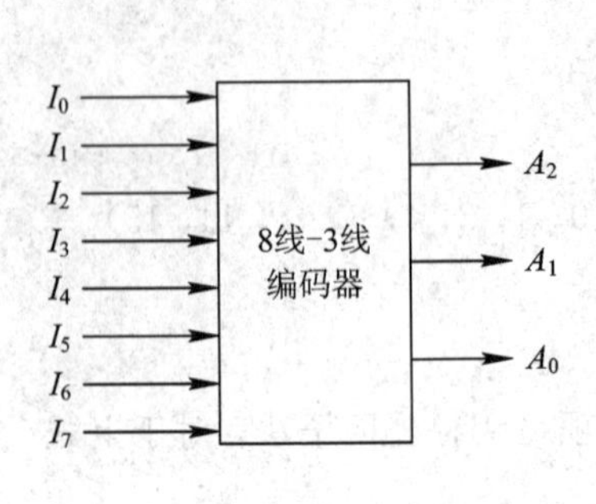

图 3.4.1 8 线-3 线编码器框图

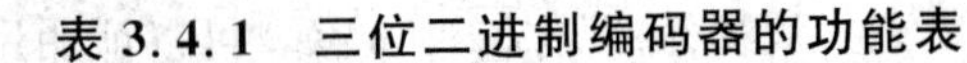

表 3.4.1 三位二进制编码器的功能表

输入								输出		
I_0	I_1	I_2	I_3	I_4	I_5	I_6	I_7	A_2	A_1	A_0
1	0	0	0	0	0	0	0	0	0	0
0	1	0	0	0	0	0	0	0	0	1
0	0	1	0	0	0	0	0	0	1	0
0	0	0	1	0	0	0	0	0	1	1
0	0	0	0	1	0	0	0	1	0	0
0	0	0	0	0	1	0	0	1	0	1
0	0	0	0	0	0	1	0	1	1	0
0	0	0	0	0	0	0	1	1	1	1

由表 3.4.1 可以得到对应的逻辑函数式为

$$A_2 = \bar{I}_0\bar{I}_1\bar{I}_2\bar{I}_3 I_4\bar{I}_5\bar{I}_6\bar{I}_7 + \bar{I}_0\bar{I}_1\bar{I}_2\bar{I}_3\bar{I}_4 I_5\bar{I}_6\bar{I}_7 + \bar{I}_0\bar{I}_1\bar{I}_2\bar{I}_3\bar{I}_4\bar{I}_5 I_6\bar{I}_7 + \bar{I}_0\bar{I}_1\bar{I}_2\bar{I}_3\bar{I}_4\bar{I}_5\bar{I}_6 I_7$$

$$A_1 = \bar{I}_0\bar{I}_1 I_2\bar{I}_3\bar{I}_4\bar{I}_5\bar{I}_6\bar{I}_7 + \bar{I}_0\bar{I}_1\bar{I}_2 I_3\bar{I}_4\bar{I}_5\bar{I}_6\bar{I}_7 + \bar{I}_0\bar{I}_1\bar{I}_2\bar{I}_3\bar{I}_4\bar{I}_5 I_6\bar{I}_7 + \bar{I}_0\bar{I}_1\bar{I}_2\bar{I}_3\bar{I}_4\bar{I}_5\bar{I}_6 I_7$$

$$A_0 = \bar{I}_0 I_1\bar{I}_2\bar{I}_3\bar{I}_4\bar{I}_5\bar{I}_6\bar{I}_7 + \bar{I}_0\bar{I}_1\bar{I}_2 I_3\bar{I}_4\bar{I}_5\bar{I}_6\bar{I}_7 + \bar{I}_0\bar{I}_1\bar{I}_2\bar{I}_3\bar{I}_4 I_5\bar{I}_6\bar{I}_7 + \bar{I}_0\bar{I}_1\bar{I}_2\bar{I}_3\bar{I}_4\bar{I}_5\bar{I}_6 I_7$$

根据编码的唯一性，即任何时刻只能对一个输入信号编码，所以，在任何时刻 $I_0 \sim I_7$ 当中仅有一个取值为 1，其余都为 0，这样就很容易写出输出端 A_2、A_1、A_0的逻辑表达式：

$$\begin{aligned} A_2 &= I_4 + I_5 + I_6 + I_7 \\ A_1 &= I_2 + I_3 + I_6 + I_7 \\ A_0 &= I_1 + I_3 + I_5 + I_7 \end{aligned} \tag{3.4.1}$$

由式 3.4.1 可以得出编码器的逻辑电路，如图 3.4.2 所示。

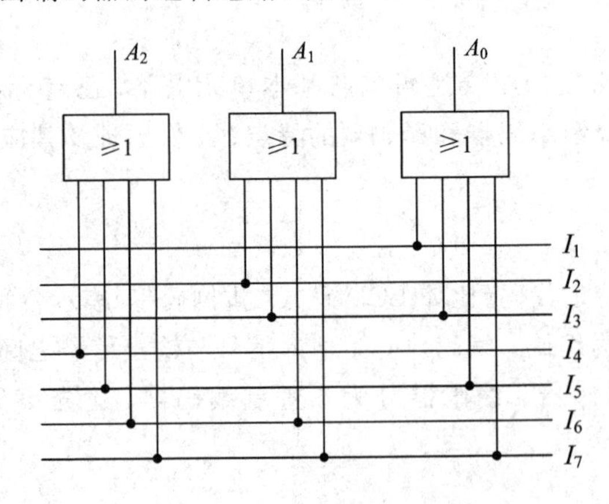

图 3.4.2 三位二进制编码器

I_0的编码是隐含的，当 $I_1 \sim I_7$ 均为 0 时，电路的输出就是 I_0的编码。这就带来一个问题，即输出 $A_2A_1A_0 = 000$ 时，可能表示 I_0输入有效，也可能 $I_0 \sim I_7$ 都都处于无效输入状态。如何区分 $A_2A_1A_0 = 000$ 所表示的输入状态，是这种电路需要解决的问题之一。为了正确地对输入信号进行编码，电路限定每次只允许一个输入信号有效，这在某些应用场合是不适合的，因此有必要改进电路以便解决上述问题。

2. 二-十进制编码器

将表示十进制数 0、1、2、3、4、5、6、7、8、9 的 10 个信号编成二进制代码的电路，称为二-十进制编码器。输出所用的代码是 8421BCD 码，故也称为 8421BCD 码编码器。

以键盘输入 8421BCD 码编码器为例，其逻辑功能如表 3.4.2 所示。对表 3.4.2 分析可知：

(1) C_S为编码状态输出标志。$C_S=0$ 表示编码器不工作，$C_S=1$ 表示编码器工作。

(2) $S_0\sim S_9$代表 10 个按键，与自然十进制数 0～9 的输入键相对应。$S_0\sim S_9$均为高电平时，表示无编码申请。当按下 $S_0\sim S_9$其中任一键时，表示有编码申请，相应的输入以低电平的形式出现，故此编码器为输入低电平有效。

(3) $A_3A_2A_1A_0$为编码器的输出端。在两种情况下，会出现 $A_3A_2A_1A_0=0000$，当 $C_S=0$ 时，出现 $A_3A_2A_1A_0=0000$，表示无信号输入，即无编码申请；当 $C_S=1$ 时，出现 $A_3A_2A_1A_0=0000$，表示十进制数 0(S_0)的编码输出。由此解决了前面所提出的如何区分两种情况下输出都是全 0 的问题。

表 3.4.2 十个按键 8421BCD 码编码器功能表

自然数	输入										输出				
N	S_9	S_8	S_7	S_6	S_5	S_4	S_3	S_2	S_1	S_0	A_3	A_2	A_1	A_0	C_S
×	1	1	1	1	1	1	1	1	1	1	0	0	0	0	0
0	1	1	1	1	1	1	1	1	1	0	0	0	0	0	1
1	1	1	1	1	1	1	1	1	0	1	0	0	0	1	1
2	1	1	1	1	1	1	1	0	1	1	0	0	1	0	1
3	1	1	1	1	1	1	0	1	1	1	0	0	1	1	1
4	1	1	1	1	1	0	1	1	1	1	0	1	0	0	1
5	1	1	1	1	0	1	1	1	1	1	0	1	0	1	1
6	1	1	1	0	1	1	1	1	1	1	0	1	1	0	1
7	1	1	0	1	1	1	1	1	1	1	0	1	1	1	1
8	1	0	1	1	1	1	1	1	1	1	1	0	0	0	1
9	0	1	1	1	1	1	1	1	1	1	1	0	0	1	1

由表 3.4.2 得到各输出端逻辑函数表达式为

$$A_3=\overline{S_8}+\overline{S_9}=\overline{S_8S_9}$$

$$A_2=\overline{S_4}+\overline{S_5}+\overline{S_6}+\overline{S_7}=\overline{S_4S_5S_6S_7}$$

$$A_1=\overline{S_2}+\overline{S_3}+\overline{S_6}+\overline{S_7}=\overline{S_2S_3S_6S_7}$$

$$A_0=\overline{S_1}+\overline{S_3}+\overline{S_5}+\overline{S_7}+\overline{S_9}=\overline{S_1S_3S_5S_7S_9}$$

$$\begin{aligned}C_S&=\overline{S_0}+\overline{S_1}+\overline{S_2}+\overline{S_3}+\overline{S_4}+\overline{S_5}+\overline{S_6}+\overline{S_7}+\overline{S_8}+\overline{S_9}\\&=\overline{S_0}+(\overline{S_8}+\overline{S_9})+(\overline{S_4}+\overline{S_5}+\overline{S_6}+\overline{S_7})+(\overline{S_2}+\overline{S_3}+\overline{S_6}+\overline{S_7})\\&\quad+(\overline{S_1}+\overline{S_3}+\overline{S_5}+\overline{S_7}+\overline{S_9})\\&=\overline{S_0}+A_3+A_2+A_1+A_0=\overline{S_0\,\overline{(A_3+A_2+A_1+A_0)}}\end{aligned}\tag{3.4.2}$$

十个按键 8421BCD 码编码器如图 3.4.3 所示。

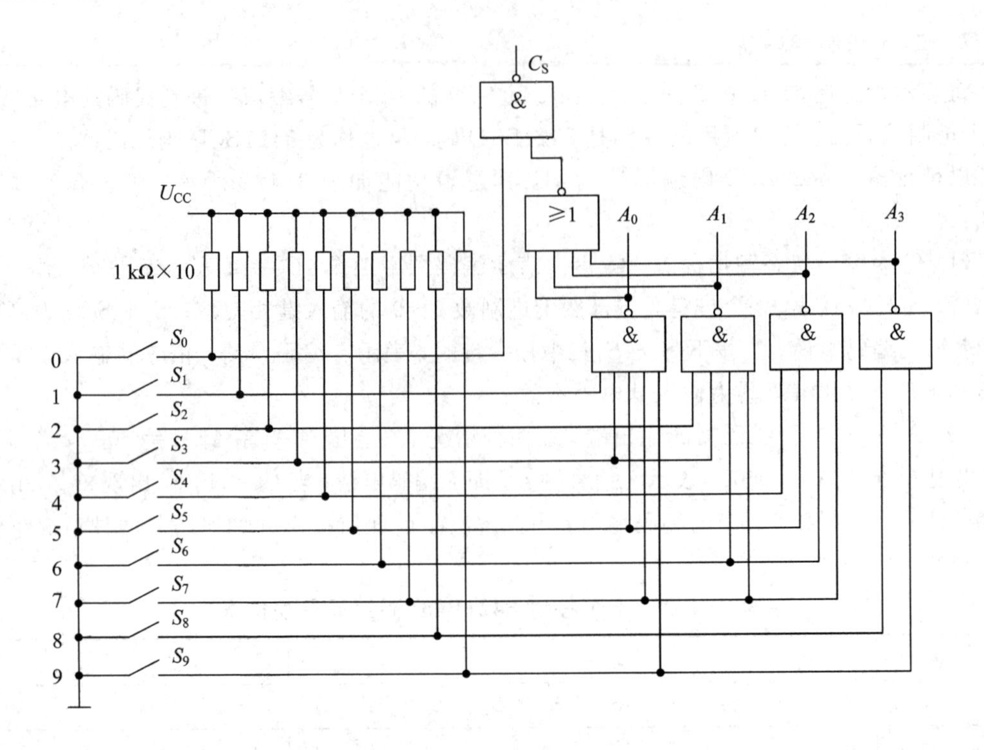

图 3.4.3　8421BCD 码编码器电路

例如，当键盘输入 7 时，即 S_7 接地，其他输入均为高电平，$C_S=1$，编码输出为 $A_3A_2A_1A_0=0111$。

上述编码电路简单、方便，但无法处理多个输入同时提出编码请求的情况，这就需要数字系统具有识别及排序功能，根据轻重缓急，按顺序依次处理。

3. 优先编码器

在优先编码器电路中，允许两个以上的编码信号同时输入，但是在设计优先编码器时，已经将所有输入信号按优先顺序排好了队，当 N 个输入信号同时出现时，只能对其中优先权最高的一个输入信号进行编码，这样就可以避免编码混乱现象的发生。这种编码器广泛应用于计算机系统的中断请求和数字控制的排队逻辑电路中。

图 3.4.4 是典型的 8 线-3 线优先编码器 74LS148 的逻辑符号图，其逻辑功能表如表 3.4.3 所示。在图 3.4.4 所示的 74LS148 逻辑符号图中，$I_0\sim I_7$ 为编码申请输入端，$A_0\sim A_2$ 为编码输出端，C_S 为优先编码工作状态标志，E_O 为输出使能端，C_S、E_O 主要用于级联和扩展，E_I 为输入使能端。框图内所有变量均为正逻辑，框图外输入端的小圆圈表示输入信号低电平有效，输出端的小圆圈表示反码输出，可理解为逻辑非。功能表 3.4.3 则更清楚地表明了这一点。

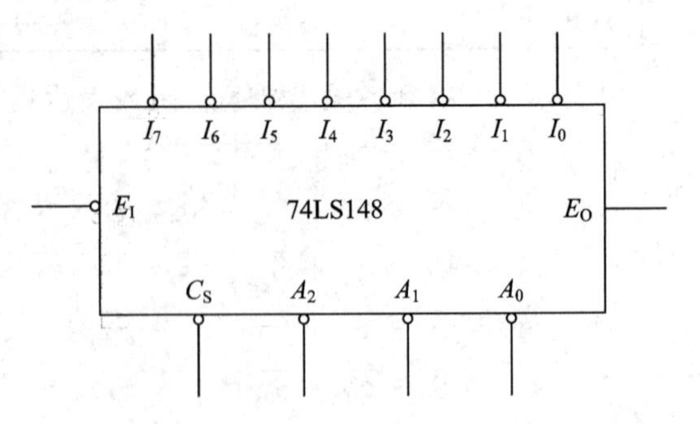

图 3.4.4　74LS148 逻辑符号图

表 3.4.3　74LS148 逻辑功能表

序号	输入									输出				
	E_I	I_7	I_6	I_5	I_4	I_3	I_2	I_1	I_0	A_2	A_1	A_0	C_S	E_O
1	1	×	×	×	×	×	×	×	×	1	1	1	1	1
2	0	1	1	1	1	1	1	1	1	1	1	1	1	0
3	0	0	×	×	×	×	×	×	×	0	0	0	0	1
4	0	1	0	×	×	×	×	×	×	0	0	1	0	1
5	0	1	1	0	×	×	×	×	×	0	1	0	0	1
6	0	1	1	1	0	×	×	×	×	0	1	1	0	1
7	0	1	1	1	1	0	×	×	×	1	0	0	0	1
8	0	1	1	1	1	1	0	×	×	1	0	1	0	1
9	0	1	1	1	1	1	1	0	×	1	1	0	0	1
10	0	1	1	1	1	1	1	1	0	1	1	1	0	1

由功能表 3.4.3 可知：

(1) 输入和输出均是低电平有效。

(2) 当 $E_I=1$ 时，电路禁止编码，输出 $A_2A_1A_0=111$，$E_O=C_S=1$。

(3) 当 $E_I=0$ 时，电路允许编码。若电路各输入端 $I_0 \sim I_7$ 均无编码申请，即 $I_0 \sim I_7$ 均为高电平，则 $C_S=1$，$E_O=0$，$A_2A_1A_0=111$；若 $I_0 \sim I_7$ 有编码申请，即输入有低电平，则 $C_S=0$，$E_O=1$，$A_2A_1A_0$ 以反码形式输出申请编码中级别最高的编码。

(4) 在所有输入端中，I_7 优先级别最高，I_0 优先级别最低。

(5) $A_2A_1A_0=111$ 总共出现三次，但每次表明的含义不同：

① $E_I=1$，$A_2A_1A_0=111$，电路禁止编码；

② $E_I=0$，$C_S=1$，$A_2A_1A_0=111$，电路允许编码，但输入无编码申请；

③ $E_I=0$，$C_S=0$，$A_2A_1A_0=111$，I_0 的编码输出。

例 3.4.1　试用两片 74LS148 接成 16 线-4 线优先编码器，逻辑电路图如图 3.4.5 所示，分析其电路特点。

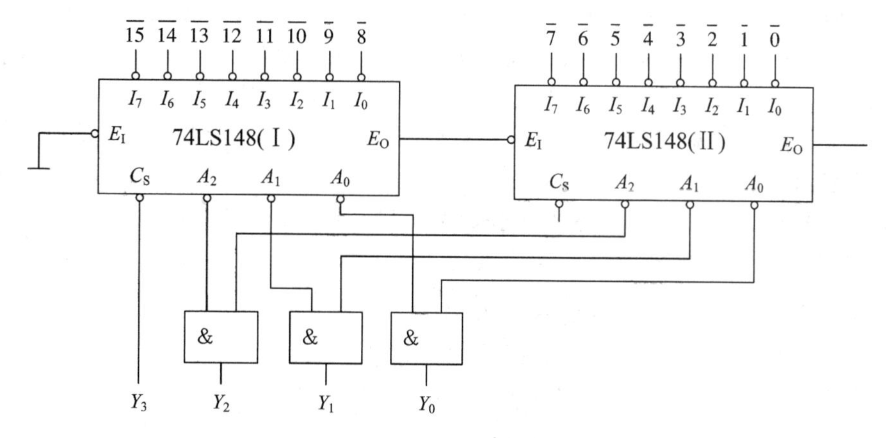

图 3.4.5　16 线-4 线优先编码器

解：根据 74LS148 的功能，对图 3.4.5 的逻辑电路进行分析得知：

(1) 编码器(Ⅰ)片的编码级别高于编码器(Ⅱ)片。当编码器(Ⅰ)片有编码申请时，其 $E_O=1$(即编码器(Ⅱ)片的 $E_I=1$)，故禁止编码器(Ⅱ)片编码。只有当编码器(Ⅰ)片无编码申请时，其 $E_O=0$(即编码器(Ⅱ)片的 $E_I=0$)，编码器(Ⅱ)片被允许编码。故编码器(Ⅰ)片编码级别高于编码器(Ⅱ)片。

(2) 每片中的I_7编码级别最高，编码器(Ⅰ)片中的I_7，即$\overline{15}$编码级别最高，并依次递减，编码级别最低的是编码器(Ⅱ)片中的I_0，即$\overline{0}$编码级别最低。

(3) 输入编码申请是低电平有效，输出的编码是反码形式。例如，编码器(Ⅰ)片中I_5有低电平输入，即I_5申请编码，编码器(Ⅰ)片的$E_O=1$，封锁了编码器(Ⅱ)片的输入使能端，编码器(Ⅱ)片的$A_2A_1A_0=111$。编码器(Ⅰ)片的$C_S=0$，$A_2A_1A_0=010$，则$Y_3Y_2Y_1Y_0=0010$，即$\overline{13}$的编码。

当编码器(Ⅰ)片无编码申请时，则$C_S=1$，$A_2A_1A_0=111$，$E_O=0$(即编码器(Ⅱ)片的$E_I=0$)，允许编码器(Ⅱ)片编码，若此时编码器(Ⅱ)片I_7申请编码，则编码器(Ⅱ)片的输出$A_2A_1A_0=000$，因此$Y_3Y_2Y_1Y_0=1000$，即$\overline{7}$的编码。

3.4.2 译码器

译码是编码的逆过程，它的功能是对具有特定含义的二进制码进行辨别，并转换成相应的控制信号。具有译码功能的逻辑电路称为译码器。

译码器根据输入代码的形式及用途可以分为二进制译码器、二—十进制译码器、码制转换译码器和显示译码器等。

1. 二进制译码器

二进制译码器输入n位二进制码，输出2^n条线。译码器的输出每次只有一个输出端为有效电平，与当时输入的二进制码相对应，其余输出端为无效电平，此类译码器又称为基本译码器或唯一地址译码器。例如，在计算机和其他数字系统中进行数据读写时，每输入一个二进制代码，则会输出与此对应的一个存储地址，从而选中对应的存储单元，以便对该单元的数据进行读或者写操作。

由于二进制译码器有n个输入端(即n位二进制码)，2^n个输出线，习惯上称为n线-2^n线译码器。常见的中规模集成译码器有2线-4线译码器(74LS139)、3线-8线译码器(74LS138)、4线-16线译码器(74LS154)等。现以集成译码器74LS138为例，分析讨论其工作原理和应用。

图3.4.6～图3.4.8分别是集成译码器74LS138的逻辑符号、管脚图和逻辑电路。译码器74LS138有三个输入端A_2、A_1、A_0，8个输出端$\overline{Y}_0\sim\overline{Y}_7$，故称为3线-8线译码器。$S_3$、$S_2$、$S_1$为三个控制输入端(使能控制端)。只有控制输入端处于有效状态时，输入与输出之间才有相应的逻辑关系。

分析译码器74LS138逻辑电路图，可得输出函数表达式如下：

$$\begin{cases}\overline{Y}_0=\overline{\overline{A}_2\,\overline{A}_1\,\overline{A}_0}=\overline{m}_0\\ \overline{Y}_1=\overline{\overline{A}_2\,\overline{A}_1A_0}=\overline{m}_1\\ \overline{Y}_2=\overline{\overline{A}_2A_1\,\overline{A}_0}=\overline{m}_2\\ \overline{Y}_3=\overline{\overline{A}_2A_1A_0}=\overline{m}_3\\ \overline{Y}_4=\overline{A_2\,\overline{A}_1\,\overline{A}_0}=\overline{m}_4\\ \overline{Y}_5=\overline{A_2\,\overline{A}_1A_0}=\overline{m}_5\\ \overline{Y}_6=\overline{A_2A_1\,\overline{A}_0}=\overline{m}_6\\ \overline{Y}_7=\overline{A_2A_1A_0}=\overline{m}_7\end{cases}\tag{3.4.3}$$

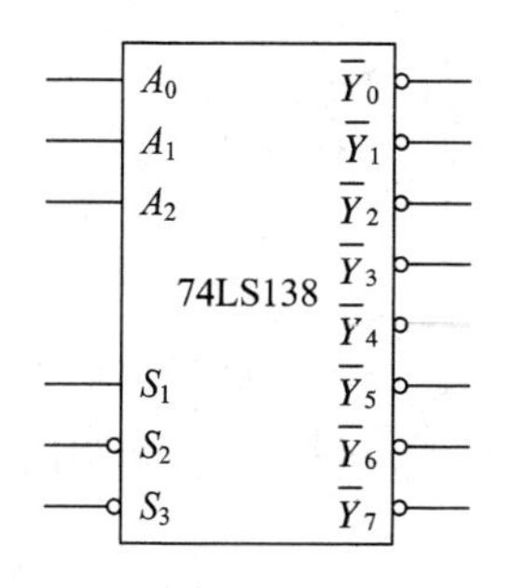

图 3.4.6　译码器 74LS138 逻辑符号

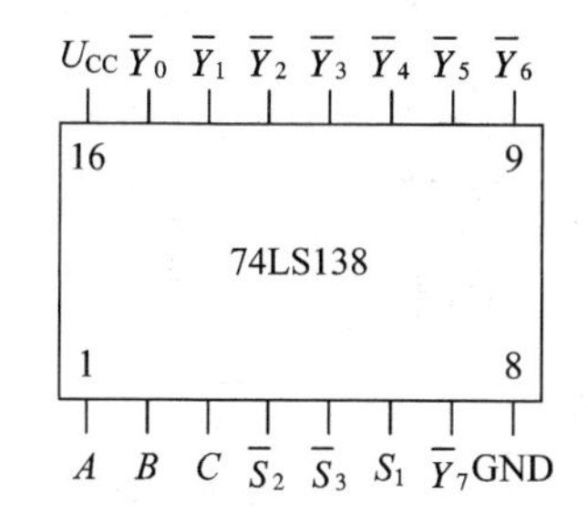

图 3.4.7　译码器 74LS138 管脚图

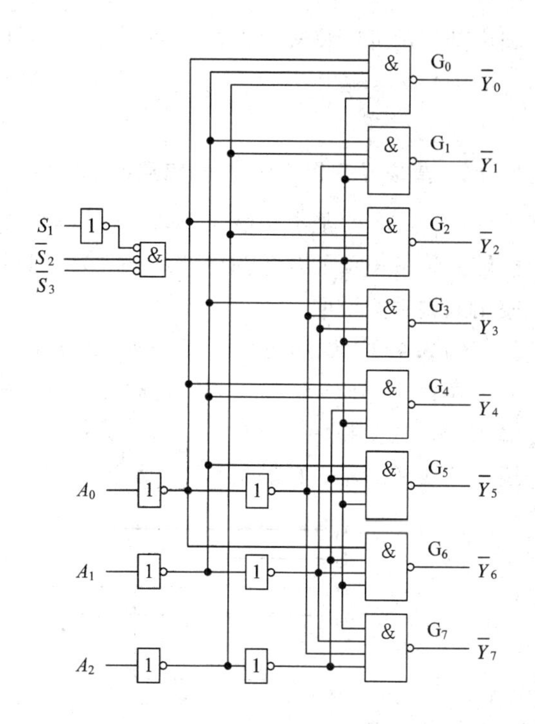

图 3.4.8　译码器 74LS138 逻辑电路图

3 线-8 线译码器 74LS138 的功能表如表 3.4.4 所示。

表 3.4.4　3 线-8 线译码器 74LS138 的功能表

输　入					输　出							
S_1	$\overline{S}_2+\overline{S}_3$	A_2	A_1	A_0	$\overline{Y}_0$	$\overline{Y}_1$	$\overline{Y}_2$	$\overline{Y}_3$	$\overline{Y}_4$	$\overline{Y}_5$	$\overline{Y}_6$	$\overline{Y}_7$
0	×	×	×	×	1	1	1	1	1	1	1	1
×	1	×	×	×	1	1	1	1	1	1	1	1
1	0	0	0	0	0	1	1	1	1	1	1	1
1	0	0	0	1	1	0	1	1	1	1	1	1
1	0	0	1	0	1	1	0	1	1	1	1	1
1	0	0	1	1	1	1	1	0	1	1	1	1
1	0	1	0	0	1	1	1	1	0	1	1	1
1	0	1	0	1	1	1	1	1	1	0	1	1
1	0	1	1	0	1	1	1	1	1	1	0	1
1	0	1	1	1	1	1	1	1	1	1	1	0

功能表 3.4.4 表明：

(1) 当 $S_1=0$ 或 $\overline{S}_2+\overline{S}_3=1$ 时，译码器被禁止，即译码器不工作，无论输入 A_2、A_1、A_0 为何种状态，译码器输出全为 1(输出低电平为有效电平)，即无译码输出。

(2) 当 $S_1=1$，$\overline{S}_2+\overline{S}_3=0$ 时，译码器处于工作状态。这三个控制端也称为片选输入端，利用其作用可以将多片连接起来，以便扩展译码器的功能。

(3) 反码输出 $\overline{Y}_0 \sim \overline{Y}_7$ 分别对应着二进制码 $A_2A_1A_0$ 所有最小项的非，即

$$\overline{Y}_i = \overline{m}_i \quad (i = 0 \sim 7) \tag{3.4.4}$$

2. 集成译码器 74LS138 应用举例

74LS138 的基本功能是 3 线-8 线译码器，但由于它具有 3 个使能控制端 S_3、S_2、S_1 及能够提供最小项的与非门电路结构，为 74LS138 译码器的扩展及灵活应用提供了方便。具体应用通过举例说明。

例 3.4.2 试用两片 3 线-8 线译码器 74LS138 接成 4 线-16 线译码器。

解： 74LS138 只有 3 个代码输入端(即地址输入端)，而 4 线-16 线译码器应有 4 个代码输入端，故选用一个使能控制端作为第 4 位地址 A_3 的输入端。应用两片 74LS138 扩展为 4 线-16 线译码器，如图 3.4.9 所示。

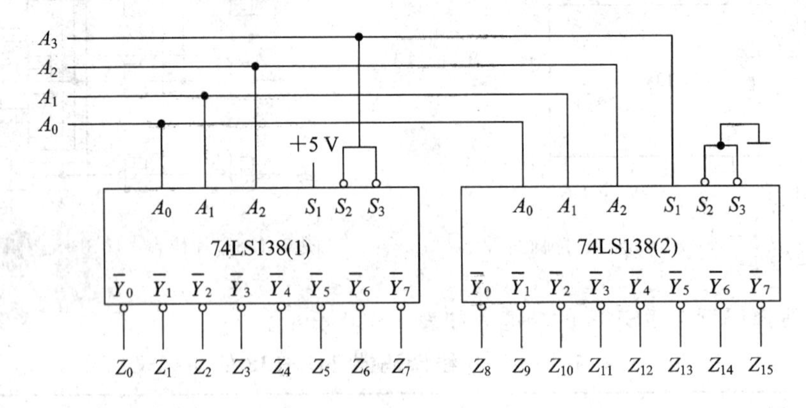

图 3.4.9 例 3.4.2 电路图

由图 3.4.9 可见，74LS138(1)的 S_1 接高电平，74LS138(2)的 S_2S_3 接地，A_3 分别与 74LS138(1)的 S_2、S_3 和 74LS138(2)的 S_1 相连接，A_3 的状态直接决定 74LS138(2)芯片的工作状态。当 $A_3=0$ 时，74LS138(1)处于译码工作状态；当 $A_3=1$ 时，74LS138(2)处于译码工作状态。

(1) 74LS138(1)片输出为 $Z_0 \sim Z_7$，74LS138(2)片输出为 $Z_8 \sim Z_{15}$。

(2) 当 $A_3A_2A_1A_0$ 为 1000～1111 时，74LS138(2)片译码，74LS138(1)片禁止；当 $A_3A_2A_1A_0$ 为 0000～0111 时，74LS138(1)片译码，74LS138(2)片被禁止。

图 3.4.8 译码器电路结构在控制输入端处于有效工作状态时，各个输出端如果外接反相器则可得到输入地址变量对应的全部最小项。由于任何组合逻辑函数都可以表示为最小项之和的形式，因此，译码器配合适当的门电路就可以实现任一组合逻辑函数。

例 3.4.3 图 3.4.10 是一个加热水容器的示意图。图中 A、B、C 为水位传感器。当水面在 AB 之间时，为正常状态，绿灯 G 亮；当水面在 BC 之间或者在 A 以上时，为异常状态，黄灯 Y 亮；当水面在 C 以下时，为危险状态，红灯 R 亮。现要求用中规模集成译码器设计一个按上述要求控制三种灯亮或暗的逻辑电路。

解： 设水位传感器 A、B、C 为逻辑输入变量，它们被侵入水中时为逻辑 1，否则为 0。指示灯 G、Y、R 为输出逻辑函数。灯亮为逻辑 1，灯暗为逻辑 0。

根据题意可列出真值表，如表 3.4.5 所示。

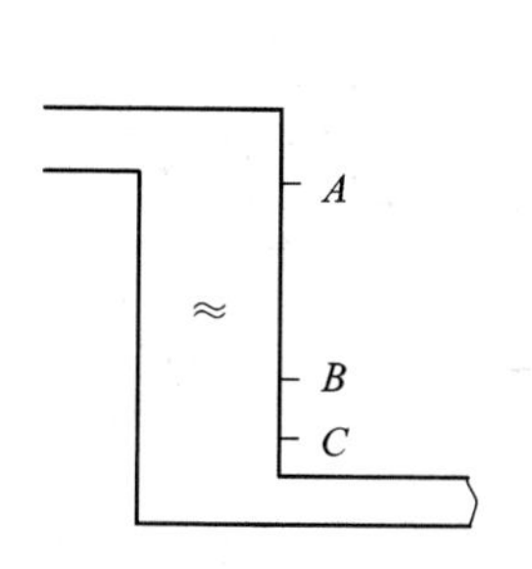

图 3.4.10　加热水容器的示意图

表 3.4.5　例 3.4.3 的真值表

输入			输出		
A	B	C	G	Y	R
0	0	0	0	0	1
0	0	1	0	1	0
0	1	0	×	×	×
0	1	1	1	0	0
1	0	0	×	×	×
1	0	1	×	×	×
1	1	0	×	×	×
1	1	1	0	1	0

根据真值表可写出 G、Y、R 的逻辑函数式如下：

$$G = \overline{A}BC = \overline{\overline{Y}}_3$$

$$Y = \overline{A}\overline{B}C + ABC = \overline{\overline{\overline{A}\overline{B}C}\,\overline{ABC}} = \overline{\overline{Y}_1\overline{Y}_7}$$

$$R = \overline{A}\overline{B}\overline{C} = \overline{\overline{Y}}_0$$

由于输入是三个变量，故采用 3 线-8 线译码器 74LS138 和三个与非门实现其逻辑功能，如图 3.4.11 所示。

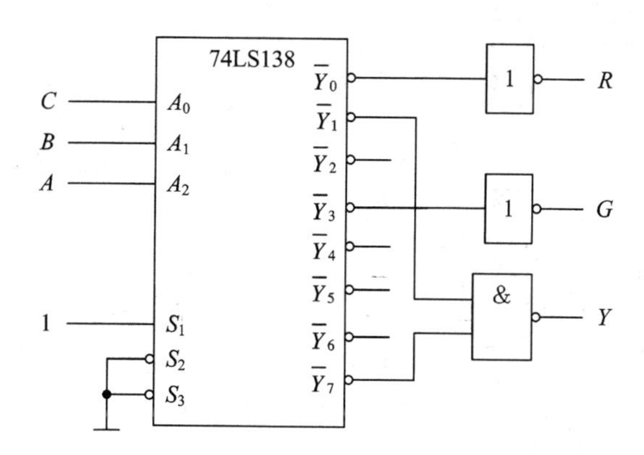

图 3.4.11　例 3.4.3 的图

基本译码器实际上是一个最小项发生器，利用译码器和门电路可以构成各种多变量逻辑函数发生器，产生各种逻辑函数。

例 3.4.4　试用 74LS138 译码器和适当的门电路实现多输出逻辑函数。

$$F_1 = A \oplus B \oplus C$$

$$F_2 = AB + (A \oplus B)C$$

解：现将函数写成最小项表达式如下：

$$F_1 = \overline{A}\overline{B}C + \overline{A}B\overline{C} + A\overline{B}\overline{C} + ABC = m_1 + m_2 + m_4 + m_7$$

$$= \overline{\overline{m}_1\ \overline{m}_2\ \overline{m}_4\ \overline{m}_7} = \overline{\overline{Y}_1\ \overline{Y}_2\ \overline{Y}_4\ \overline{Y}_7}$$

$$F_2 = \overline{A}BC + A\overline{B}C + AB\overline{C} + ABC = m_3 + m_5 + m_6 + m_7$$

$$= \overline{\overline{m}_3\ \overline{m}_5\ \overline{m}_6\ \overline{m}_7} = \overline{\overline{Y}_3\ \overline{Y}_5\ \overline{Y}_6\ \overline{Y}_7}$$

由于输入是三个变量，故采用 3 线-8 线 74LS138 译码器和两个与非门实现其逻辑功能，如图 3.4.12 所示。

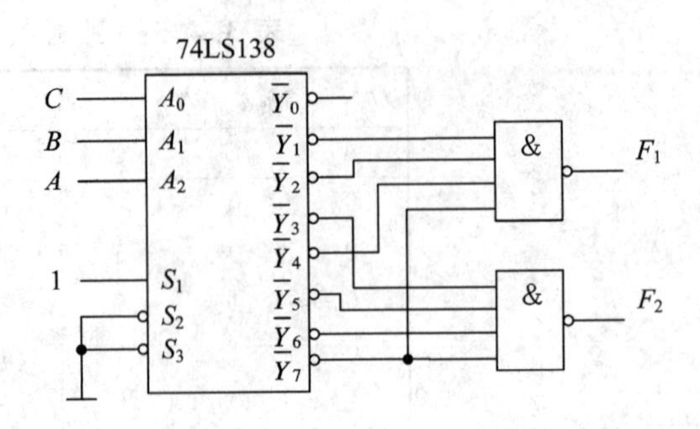

图 3.4.12　例 3.4.4 的图

3. 二-十进制译码器

二-十进制译码器也称 BCD 译码器，它的逻辑功能是将输入的一组 BCD 码译成十个高低电平输出信号。BCD 码的含义是用 4 位二进制码表示十进制数中的 0～9 十个数码。因此，BCD 译码器又称为 4 线-10 线译码器。图 3.4.13 是二-十进制译码器 74LS42 的逻辑符号，其功能如表 3.4.6 所示。

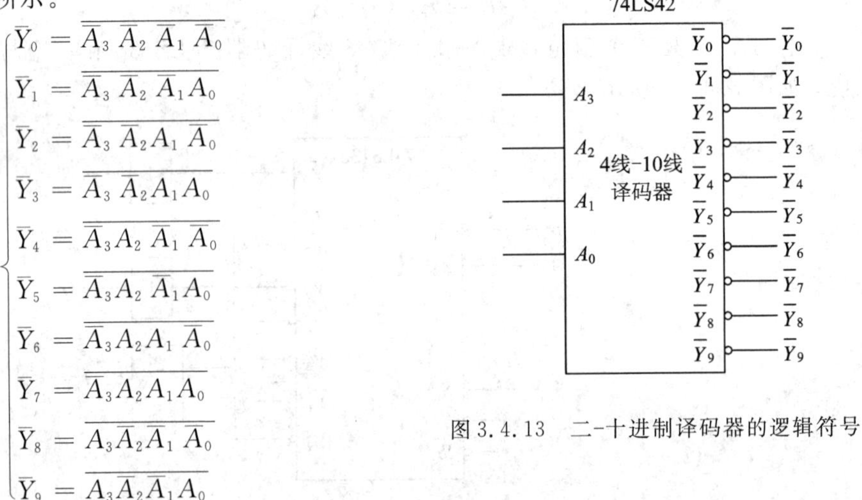

$$\begin{cases} \overline{Y}_0 = \overline{\overline{A}_3\,\overline{A}_2\,\overline{A}_1\,\overline{A}_0} \\ \overline{Y}_1 = \overline{\overline{A}_3\,\overline{A}_2\,\overline{A}_1 A_0} \\ \overline{Y}_2 = \overline{\overline{A}_3\,\overline{A}_2 A_1\,\overline{A}_0} \\ \overline{Y}_3 = \overline{\overline{A}_3\,\overline{A}_2 A_1 A_0} \\ \overline{Y}_4 = \overline{\overline{A}_3 A_2\,\overline{A}_1\,\overline{A}_0} \\ \overline{Y}_5 = \overline{\overline{A}_3 A_2\,\overline{A}_1 A_0} \\ \overline{Y}_6 = \overline{\overline{A}_3 A_2 A_1\,\overline{A}_0} \\ \overline{Y}_7 = \overline{\overline{A}_3 A_2 A_1 A_0} \\ \overline{Y}_8 = \overline{A_3\overline{A}_2\overline{A}_1\,\overline{A}_0} \\ \overline{Y}_9 = \overline{A_3\overline{A}_2\overline{A}_1 A_0} \end{cases}$$

图 3.4.13　二-十进制译码器的逻辑符号

表 3.4.6　4 线-10 线译码器功能表

序号	输入				输出									
	A_3	A_2	A_2	A_0	$\overline{Y}_0$	$\overline{Y}_1$	$\overline{Y}_2$	$\overline{Y}_3$	$\overline{Y}_4$	$\overline{Y}_5$	$\overline{Y}_6$	$\overline{Y}_7$	$\overline{Y}_8$	$\overline{Y}_9$
0	0	0	0	0	0	1	1	1	1	1	1	1	1	1
1	0	0	0	1	1	0	1	1	1	1	1	1	1	1
2	0	0	1	0	1	1	0	1	1	1	1	1	1	1
3	0	0	1	1	1	1	1	0	1	1	1	1	1	1
4	0	1	0	0	1	1	1	1	0	1	1	1	1	1
5	0	1	0	1	1	1	1	1	1	0	1	1	1	1
6	0	1	1	0	1	1	1	1	1	1	0	1	1	1
7	0	1	1	1	1	1	1	1	1	1	1	0	1	1
8	1	0	0	0	1	1	1	1	1	1	1	1	0	1
9	1	0	0	1	1	1	1	1	1	1	1	1	1	0

续表

序号	输入				输出									
	A_3	A_2	A_2	A_0	$\overline{Y}_0$	$\overline{Y}_1$	$\overline{Y}_2$	$\overline{Y}_3$	$\overline{Y}_4$	$\overline{Y}_5$	$\overline{Y}_6$	$\overline{Y}_7$	$\overline{Y}_8$	$\overline{Y}_9$
伪码	1	0	1	0	1	1	1	1	1	1	1	1	1	1
	1	0	1	1	1	1	1	1	1	1	1	1	1	1
	1	1	0	0	1	1	1	1	1	1	1	1	1	1
	1	1	0	1	1	1	1	1	1	1	1	1	1	1
	1	1	1	0	1	1	1	1	1	1	1	1	1	1
	1	1	1	1	1	1	1	1	1	1	1	1	1	1

若输入信号 $A_3A_2A_1A_0$ 在 0000～1001 之间时，相应的输出端产生一个低电平有效信号。如果 $A_3A_2A_1A_0$ 不在 0000～1001 之间时，则输出 $\overline{Y}_0$～$\overline{Y}_9$ 均无低电平信号输出，即译码器处于无效工作状态。对于 BCD 代码的伪码(即 1010～1111 六个代码)，$\overline{Y}_0$～$\overline{Y}_9$ 均无低电平信号产生，译码器拒绝“翻译”，所以这个电路结构具有拒绝伪码的功能。

4. 数字显示译码器

数字显示译码器不同于上述的译码器，它的主要功能是译码驱动数字显示器件。数字显示的方式一般分为三种：

(1) 字形重叠式，即将不同字符的电极重叠起来，使相应的电极发亮，则可显示需要的字符。

(2) 分段式，即在同一个平面上按笔画分布发光段，利用不同发光段组合显示不同的数码。

(3) 点阵式，由一些按一定规律排列的可发光的点阵组成，通过发光点组合显示不同的数码。

数字显示方式以分段式应用最为普遍，现以驱动发光二极管数码管的十进制数七段译码器为例，介绍其显示译码器原理。

1) 七段数码管的结构及工作原理

七段数码管的结构如图 3.4.14 所示，它有七个发光段，即 a、b、c、d、e、f、g，数码显示与发光段之间的对应关系如表 3.4.7 所示。七段数码管内部由发光二极管组成，在发光二极管两端加上适当的电压时，就会发亮。数码管有两种接法：共阴极和共阳极接法，如图 3.4.15 所示。

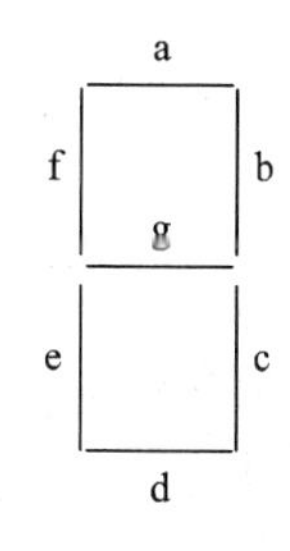

图 3.4.14　数码管的结构

表 3.4.7　BCD 码与显示发光段对应关系

BCD 码	显示数码	发光段	BCD 码	显示数码	发光段
0000	0	abcdef	0101	5	acdfg
0001	1	bc	0110	6	cdefg
0010	2	abdeg	0111	7	abc
0011	3	abcdg	1000	8	abcdefg
0100	4	bcfg	1001	9	abcfg

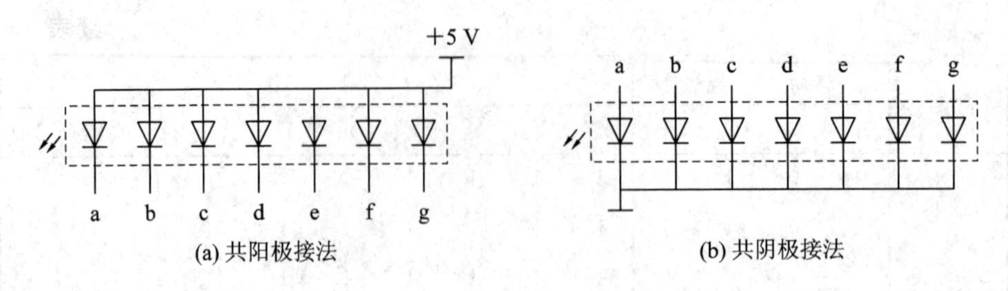

图 3.4.15　数码管的两种接法

当选用共阳极数码管时，应选用低电平输出有效的七段译码器驱动；当选用共阴极数码管时，应选用高电平输出有效的七段译码器驱动。在实际应用数码管时，应考虑接入限流电阻。

2) 七段显示译码器 7447

七段显示译码器 7447 输出低电平有效，用以驱动共阳极数码管。图 3.4.16 给出了七段显示译码器 7447 的逻辑符号，其功能如表 3.4.8 所示。

$\overline{LT}$、$\overline{RBI}$、$\overline{BI}/\overline{RBO}$是七段显示译码器 7447 的辅助控制输入端，其作用是实现灯测试和灭零功能。

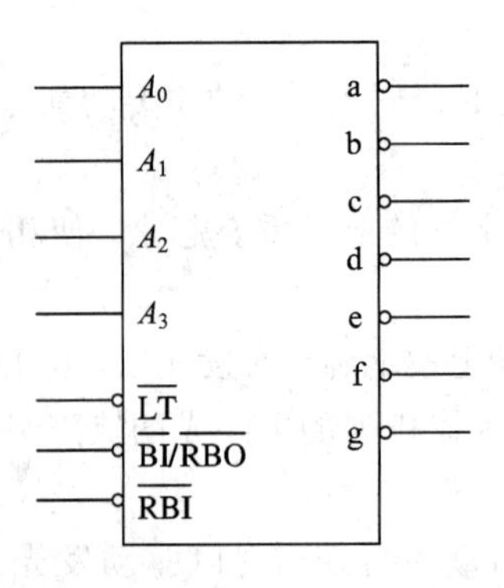

图 3.4.16　七段显示译码器 7447 逻辑符号

表 3.4.8　七段显示译码器 7447 功能表

十进制数	输入							输出							显示字型
	$\overline{LT}$	$\overline{RBI}$	$\overline{BI}/\overline{RBO}$	A_3	A_2	A_1	A_0	a	b	c	d	e	f	g	
	0	×	1	×	×	×	×	0	0	0	0	0	0	0	8
	×	×	0	×	×	×	×	1	1	1	1	1	1	1	熄灭
	1	0	0	0	0	0	0	1	1	1	1	1	1	1	熄灭
0	1	1	1	0	0	0	0	0	0	0	0	0	0	1	0
1	1	×	1	0	0	0	1	1	0	0	1	1	1	1	1
2	1	×	1	0	0	1	0	0	0	1	0	0	1	0	2
3	1	×	1	0	0	1	1	0	0	0	0	1	1	0	3
4	1	×	1	0	1	0	0	1	0	0	1	1	0	0	4
5	1	×	1	0	1	0	1	0	1	0	0	1	0	0	5
6	1	×	1	0	1	1	0	1	1	0	0	0	0	0	6
7	1	×	1	0	1	1	1	0	0	0	1	1	1	1	7
8	1	×	1	1	0	0	0	0	0	0	0	0	0	0	8
9	1	×	1	1	0	0	1	0	0	0	1	1	0	0	9

续表

十进制数	输　入							输　出							显示字型
10	1	×	1	1	0	1	0	1	1	1	0	0	1	0	⊏
11	1	×	1	1	0	1	1	1	1	0	0	1	1	0	⊐
12	1	×	1	1	1	0	0	1	0	1	1	1	0	0	⊔
13	1	×	1	1	1	0	1	0	1	1	0	1	0	0	⊏
14	1	×	1	1	1	1	0	1	1	1	0	0	0	0	⊢
15	1	×	1	1	1	1	1	1	1	1	1	1	1	1	熄灭

（1）试灯输入$\overline{LT}$。试灯输入主要用于检测数码管的各个发光段能否正常发光。当$\overline{LT}$=0，$\overline{BI}/\overline{RBO}$=1 时，七段数码管的每一段都被点亮，显示字型"8"。如果此时数码管的某一段不亮，则表明该段已经烧坏。正常工作时，应使$\overline{LT}$=1。

（2）灭零输入$\overline{RBI}$。灭零输入用于取消多位数字中不必要的 0 的显示，例如在 6 位数字显示中 0015.200，显示时只需出现 15.2 即可，而 15.2 前、后的 0 必需去掉，即无效 0 不显示。把整数有效数字前面的 0 熄灭称为头部灭零，把小数点后面数字尾部的 0 熄灭称为尾部灭零。注意，只是把不需要的 0 熄灭，比如数字 030.080 将显示 30.08(需要的 0 仍然保留)。

当 $\overline{LT}$=1，$\overline{RBI}$= 0 时，若输入代码为 $A_3A_2A_1A_0$= 0000，则相应的零字型不显示，即灭零，此时$\overline{BI}/\overline{RBO}$输出 0。当 $\overline{LT}$=1，$\overline{RBI}$=1 时，若输入代码为 $A_3A_2A_1A_0$=0000，则显示零字型，此时，$\overline{BI}/\overline{RBO}$输出 1。

（3）熄灯输入/灭零输出 $\overline{BI}/\overline{RBO}$。$\overline{BI}/\overline{RBO}$是特殊控制端。输出$\overline{RBO}$和输入$\overline{BI}$共用一根引脚$\overline{BI}/\overline{RBO}$与外部连接。也就是说，引脚$\overline{BI}/\overline{RBO}$既可以作为输入端，又可以作为输出端。当把$\overline{BI}/\overline{RBO}$作输入端使用时，是灭灯输入，控制着数码管的显示，即$\overline{BI}$=0 时，不管其他输入端状态如何，字型处于熄灭状态。当把$\overline{BI}/\overline{RBO}$作输出端使用时，是动态灭零输出，常与相邻位的$\overline{RBI}$相连，通知下一位如果出现零，则熄灭。图 3.4.17 给出了灭零控制的应用举例。

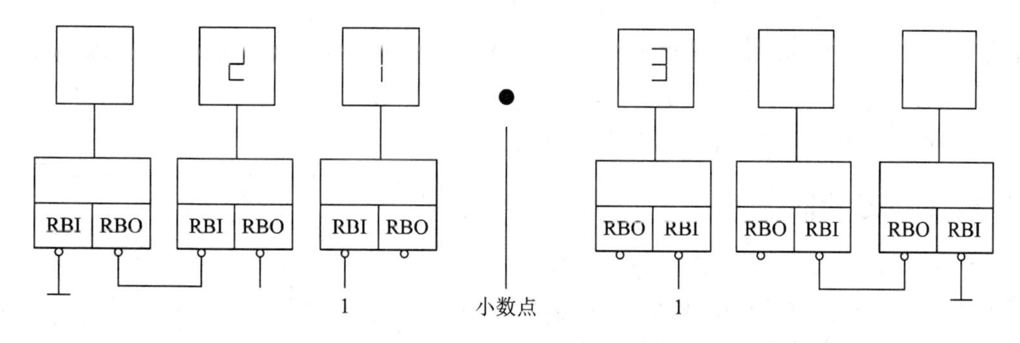

图 3.4.17　显示系统动态灭零控制举例

整数部分最高位和小数部分最低位的灭零输入$\overline{RBI}$接地，以便灭零。整数最高位的$\overline{RBO}$与次高位的$\overline{RBI}$连接；小数最低位的$\overline{RBO}$与高一位的$\overline{RBI}$相连，以便去掉多余的 0，即整数最高位是 0，并且被熄灭时，次高位才有灭零信号。同理，小数最低位是 0，并且被熄灭时，高一位才有灭零输入信号。整数个位和小数最高位没有用灭零功能。

3.5 数据分配器与数据选择器

3.5.1 数据分配器

在数据传输过程中，常需要把一条通道上的数据分配到不同的数据通道上，实现这一功能的电路称为数据分配器(也称多路数据分配器，多路数据调节器)。图 3.5.1 为数据分配器功能示意图。

数据分配器可以直接用译码器来实现。例如用 3 线-8 线 74LS138 译码器，可以把三个控制端中的一个控制端作为数据输入通道，根据地址码 $A_2A_1A_0$ 的不同组合，将输入数据 D 分配到 8 个($Y_0 \sim Y_7$)相应的输出通道上去，如图 3.5.2 所示。

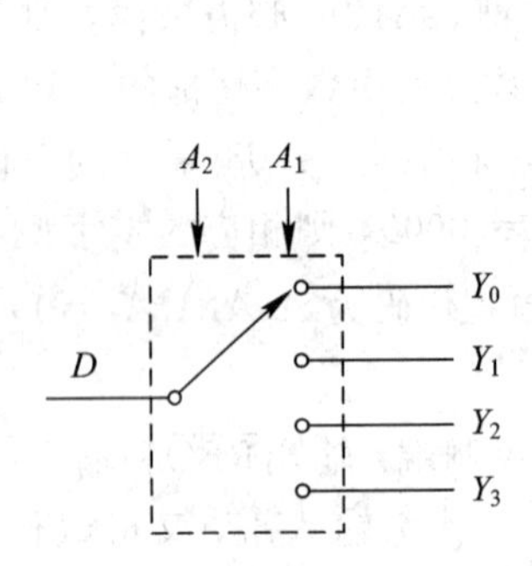

图 3.5.1 数据分配器示意图

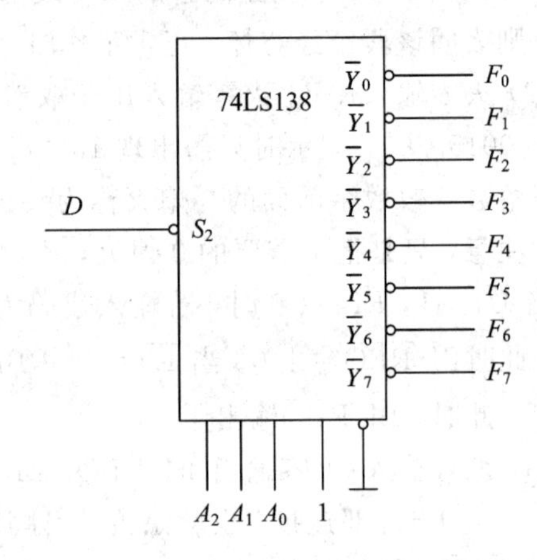

图 3.5.2 74LS138 构成的数据分配器

选择 S_2 作为数据输入通道，从图 3.5.2 可见，$S_1=1$，$S_2=D$，$S_3=0$，则有

$$F_i = \overline{Y}_i = \overline{S_1\overline{S}_2\overline{S}_3 m_i} = \overline{\overline{D}m_i}$$

其中，m_i 为地址 $A_2A_1A_0$ 对应的最小项。例如，当 $A_2A_1A_0=011$ 时，选择 F_3 通道，$m_3=1$，则有 $F_3=D$。当 $A_2A_1A_0=111$ 时，选择 F_7 通道，$m_7=1$，则有 $F_7=D$。根据输入地址的不同，可将输入数据分配到 8 路数据输出中的任一通道。

3.5.2 数据选择器

数据选择器(MUX)的逻辑功能是在地址选择信号的控制下，从多路数据中选择出一路数据作为输出信号，相当于多输入的单刀多掷开关，其示意图如图 3.5.3 所示。

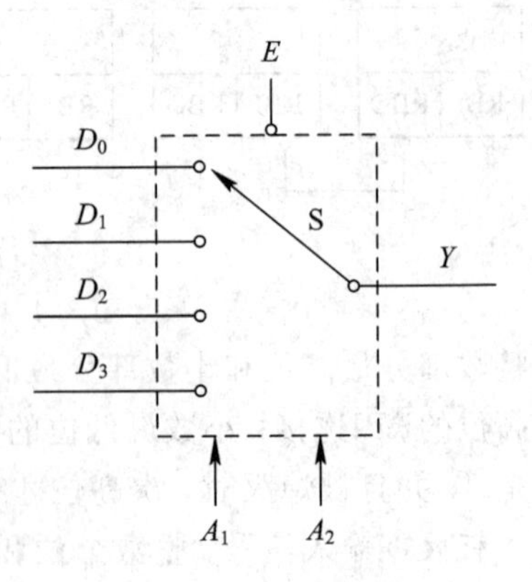

图 3.5.3 数据选择器示意图

1. 数据选择器的功能描述

图 3.5.4 是四选一数据选择器的逻辑符号。$D_0 \sim D_3$ 是数据输入端，即数据输入通道；A_1A_0 是地址输入端；Y 是输出端；E 是使能端，低电平有效。四选一数据选择器的逻辑功能如表 3.5.1 所示。

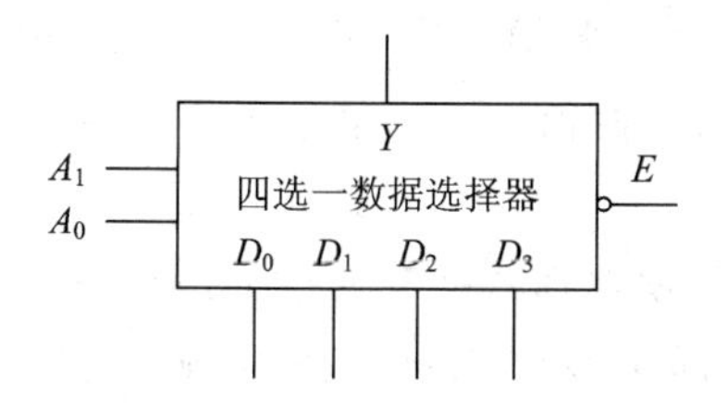

图 3.5.4　四选一数据选择器的逻辑符号

表 3.5.1　四选一数据选择器功能表

E	A_1	A_0	Y
1	×	×	0
0	0	0	D_0
0	0	1	D_1
0	1	0	D_2
0	1	1	D_3

当使能端 $E=1$ 时，地址输入端 A_1A_0 无论为何值，输出 $Y=0$，表示无数据输出；当使能端 $E=0$ 时，根据地址输入端 A_1A_0 的组合，从数据输入端 $D_0\sim D_3$ 中选择出相应的一路输出。

根据表 3.5.1，数据选择器的逻辑表达式如下：

$$Y=\overline{E}\overline{A}_1\overline{A}_0D_0+\overline{E}\overline{A}_1A_0D_1+\overline{E}A_1\overline{A}_0D_2+\overline{E}A_1A_0D_3=\overline{E}\sum_{i=0}^{3}m_iD_i \qquad (3.5.1)$$

式中，m_i 是地址变量 A_1A_0 所对应的最小项，D_i 表示对应的输入数据。

二位地址码可以有四个输入通道，三位地址码可选数据通道数为 8 个。若地址码是 n 位，则数据通道数为 2^n 个，故 2^n 选一数据选择器的逻辑表达式为

$$Y=\overline{E}\sum_{i=0}^{2^n-1}m_iD_i \qquad (3.5.2)$$

常用集成数据选择器有双四选一数据选择器 74LS153、74LS253 等；八选一数据选择器有 74LS152、74LS151 等；十六选一数据选择器有 74LS150、74850、74851 等。

2. 数据选择器的扩展

如需要选择的数据通道较多时，可以选用八选一或十六选一数据选择器，也可以把几个数据选择器连接起来扩展数据输入端，常常采用级联的方法来扩展输入端。

图 3.5.5 所示的是利用使能端将四选一数据选择器扩展为八选一数据选择器的实例。

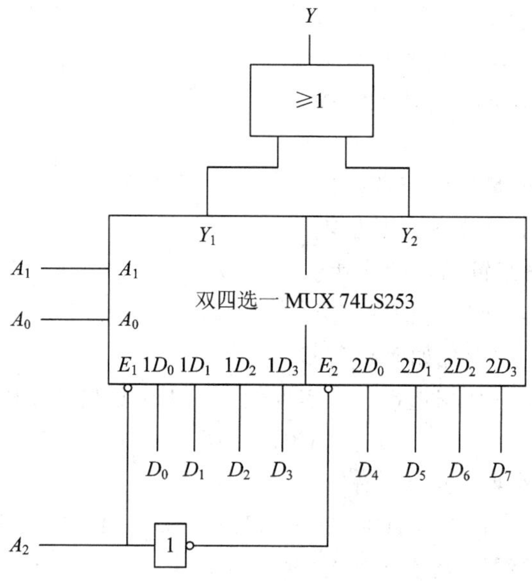

图 3.5.5　双四选一 MUX 扩展为八选一 MUX

当 $A_2 = 0$ 时，$E_1=0$，$E_2=1$，Y_1 对应的四选一数据选择器工作，即 $Y_1 = \sum_{i=0}^{3} m_{1i}D_{1i}$，$Y_2$ 对应的四选一数据选择器处于禁止工作状态，即 $Y_2=0$。所以，$Y = Y_1$，即从 $D_0 \sim D_3$ 中选一路输出。

当 $A_2 = 1$ 时，$E_1=1$，$E_2=0$，Y_1 对应的四选一数据选择器处于禁止工作状态，Y_2 对应的四选一数据选择器处于工作状态，所以，$Y = Y_2$，即从 $D_4 \sim D_7$ 中选一路输出。

3. 数据选择器的应用

数据选择器的应用很广泛，它不仅可以实现有选择地传递数据，而且还可以作为逻辑函数发生器实现所要求的逻辑函数功能，也可以将并行数据转换为串行数据进行传输。

例 3.5.1 应用八选一数据选择器实现下述逻辑函数：

$$F = A\overline{B}C + AB + \overline{C}$$

解：通过配项，将 F 展开为最小项表达式，有

$$\begin{aligned} F &= \overline{A}\,\overline{B}\,\overline{C} + \overline{A}B\overline{C} + A\,\overline{B}\,\overline{C} + A\overline{B}C + AB\overline{C} + ABC \\ &= m_0 + m_2 + m_4 + m_5 + m_6 + m_7 \end{aligned} \tag{3.5.3}$$

由于有 3 个输入变量，可选择八选一数据选择器。根据数据选择器的通式(3.5.2)，当使能输入 $E=0$ 时，有

$$Y = \sum_{i=0}^{7} m_i D_i = D_0 m_0 + D_1 m_1 + D_2 m_2 + D_3 m_3 + D_4 m_4 + D_5 m_5 + D_6 m_6 + D_7 m_7 \tag{3.5.4}$$

比较式(3.5.3)和式(3.5.4)，若要求 $F = Y$，则应满足：

$$D_0 = D_2 = D_4 = D_6 = D_7 = 1,\quad D_1 = D_3 = 0$$

根据上述分析，可画出实现该逻辑函数的逻辑电路图如图 3.5.6 所示。注意，$A_2A_1A_0=ABC$。

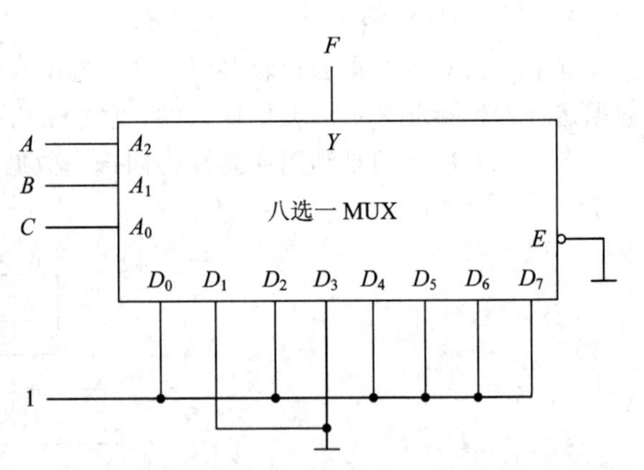

图 3.5.6 例 3.5.1 的逻辑图

上述举例中，逻辑函数的输入变量数与数据选择器的地址输入端数恰好相同，通过比较逻辑函数的最小项表达式与数据选择器表达式的系数，容易确定各个数据输入端的接法。

当逻辑函数的输入变量数大于数据选择器的地址输入端数时，某些输入变量就要通过 D_i 反映其对输出逻辑函数的作用。换句话说，D_i 是多余输入变量的函数，简称余函数。因此，问题的关键是如何确定 D_i。

例 3.5.2 试用四选一数据选择器来实现例 3.5.1 中给出的逻辑函数：

$$F = A\overline{B}C + AB + \overline{C}$$

解：将 F 展开为最小项表达式，有

$$F = \overline{A}\,\overline{B}\,\overline{C} + \overline{A}B\overline{C} + A\,\overline{B}\,\overline{C} + A\overline{B}C + AB\overline{C} + ABC \tag{3.5.5}$$

对于四选一数据选择器，当使能输入 $E=0$ 时，有

$$Y = \sum_{i=0}^{3} m_i D_i = D_0 \overline{A}_1 \overline{A}_0 + D_1 \overline{A}_1 A_0 + D_2 A_1 \overline{A}_0 + D_3 A_1 A_0 \tag{3.5.6}$$

此时，由于式(3.5.5)和式(3.5.6)所含的与项数不同，不能直接进行比较。但是，若选择 AB 作为地址输入变量，并令 $A_1A_0=AB$，对式(3.5.5)重新进行整理，有

$$F = \overline{C}\overline{A}\overline{B} + \overline{C}\overline{A}B + (\overline{C}+C)A\overline{B} + (\overline{C}+C)AB \tag{3.5.7}$$

注意到 $A_1A_0=AB$，要使 $F=Y$，则应满足：

$$D_2 = D_3 = 1$$

根据上述分析，可画出实现该逻辑函数的逻辑电路图如图 3.5.7 所示。

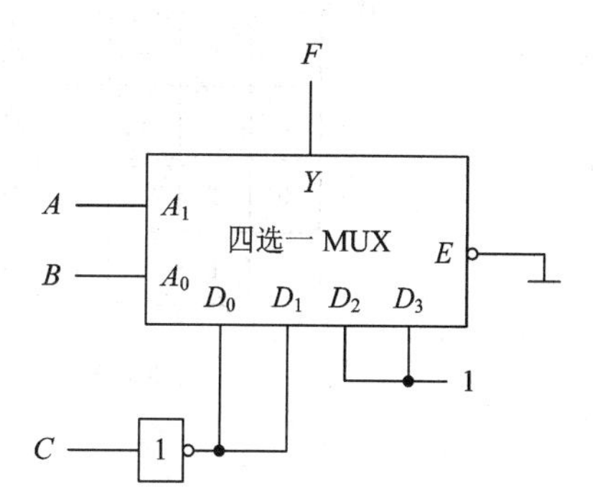

图 3.5.7　例 3.5.2 的电路图

用数据选择器实现逻辑函数，当地址变量确定之后，也可通过卡诺图确定 D_i 的连接关系。用卡诺图法确定 D_i 连接关系的一般步骤是：

(1) 画出逻辑函数 F 的卡诺图；

(2) 确定逻辑函数输入变量与数据选择器地址输入变量的对应关系；

(3) 在卡诺图上确定地址变量的控制范围，即输入数据区；

(4) 由输入数据区确定每一数据输入端的连接关系；

(5) 依据分析所得的连接关系作图。

例 3.5.3　试用四选一数据选择器实现三变量多数表决器。

解：三变量多数表决器的逻辑表达式为

$$F = \overline{A}BC + A\overline{B}C + AB\overline{C} + ABC$$

画出逻辑函数 F 的卡诺图如图 3.5.8(a)所示，若令 $BC=A_1A_0$ 作为地址输入变量，则可确定地址输入变量的控制范围如图 3.5.8(b)所示，并由此得出 $D_0=0$，$D_1=D_2=A$，$D_3=1$。用四选一数据选择器实现三变量多数表决器的电路如图 3.5.8(c)所示。

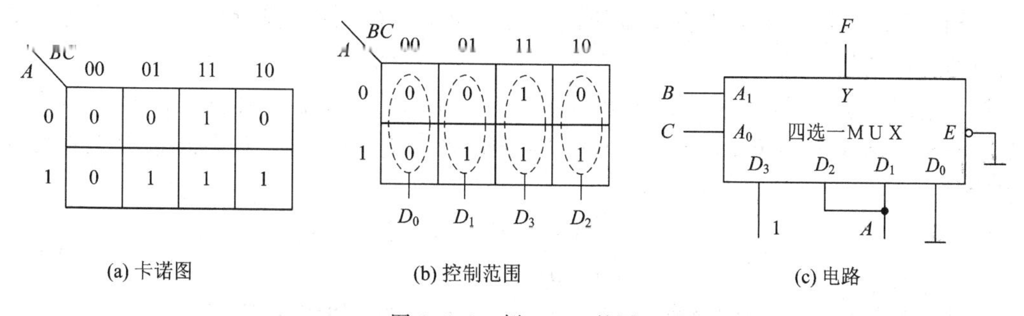

(a) 卡诺图　　(b) 控制范围　　(c) 电路

图 3.5.8　例 3.5.3 的图

例 3.5.4　用四选一数据选择器实现如下逻辑函数：

$$F = \sum m(0, 1, 2, 5, 7, 8, 9, 11, 13, 15)$$

解：选择 AB 作为地址输入变量，即 $A_1A_0=AB$，作四变量卡诺图并在卡诺图上确定地址变量的控制范围及每一数据输入端的连接方式，如图 3.5.9(a)所示。由图 3.5.9(a)可以得出由四选一数据选择器构成满足题意要求的逻辑电路，如图 3.5.9(b)所示。

上述分析表明，用数据选择器实现逻辑函数，关键在于地址变量和数据输入端连接方式的确定。当地址变量确定之后，D_i 的连接方式可通过比较系数法、卡诺图法进行确定。事实上，也可以借助真值表确定 D_i 的连接方式，此内容留作习题请读者自己思考。

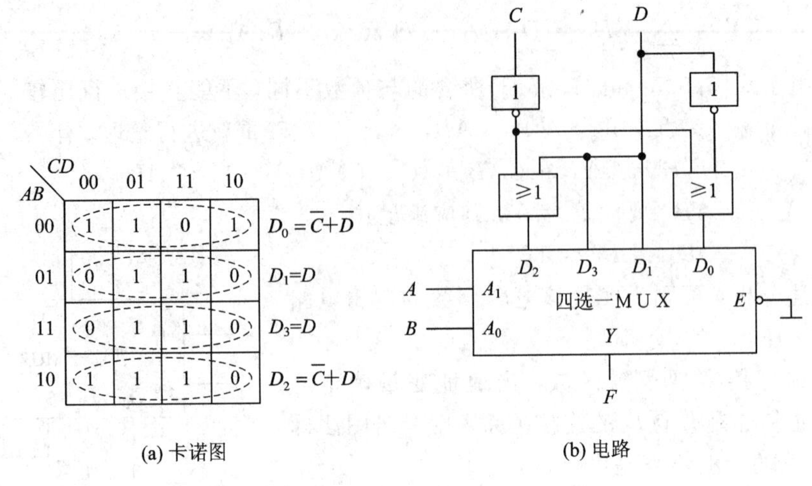

(a) 卡诺图　　(b) 电路

图 3.5.9　例 3.5.4 的图

3.6　算术运算电路

算术运算是数字系统的基本功能之一，更是数字计算机中不可缺少的组成单元。构成算术运算电路的基本单元则是加法器(adder)，因为两个二进制数之间的算术运算，无论是加、减、乘、除，都可化作若干步加法运算来进行。

最基本的加法器是一位加法器，一位加法器按功能不同又有半加器(half adder)和全加器(full adder)之分。

3.6.1　加法器

1. 半加器

所谓“半加”是指不考虑来自低位的进位而将两个一位二进制数相加。实现半加运算的逻辑电路叫作半加器。

按二进制加法的运算规则可以列出如表 3.6.1 所示的半加器真值表。其中 A、B 是两个加数，S(Sum)是相加的和，C_O(Carry Out)是向高位的进位。将 S、C_O 和 A、B 关系写成逻辑表达式：

$$\begin{cases} S=\overline{A}B+A\overline{B}=A\oplus B \\ C_O=AB \end{cases} \tag{3.6.1}$$

因此，半加器是由一个“异或”门和一个“与”门组成的，如图 3.6.1 所示。

表 3.6.1　半加器真值表

A	B	S	C_O
0	0	0	0
0	1	1	0
1	0	1	0
1	1	0	1

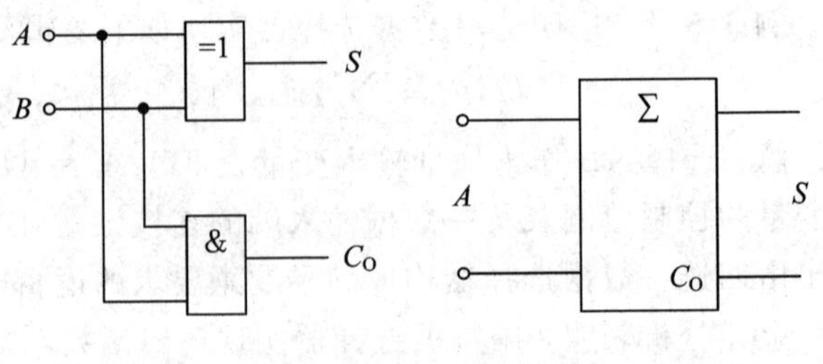

图 3.6.1　半加器

2. 全加器

如果不仅考虑两个一位二进制数相加，而且考虑来自低位的进位的加法运算称作全加，即将本位的加数、被加数以及来自低位的进位 3 个数相加。实现全加运算的逻辑电路称为全加器。

根据二进制加法运算规则可列出 1 位全加器的真值表，如表 3.6.2 所示。

表 3.6.2 全加器的真值表

C_I	A	B	S	C_O
0	0	0	0	0
0	0	1	1	0
0	1	0	1	0
0	1	1	0	1
1	0	0	1	0
1	0	1	0	1
1	1	0	0	1
1	1	1	1	1

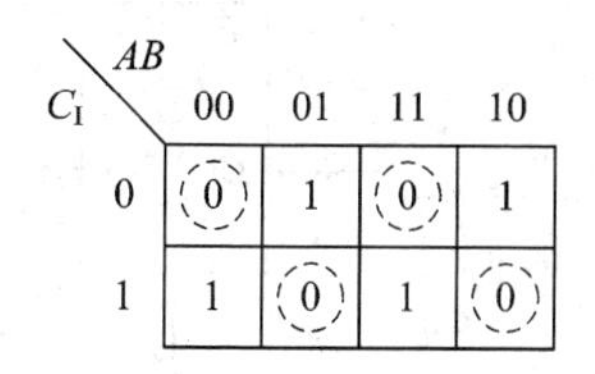

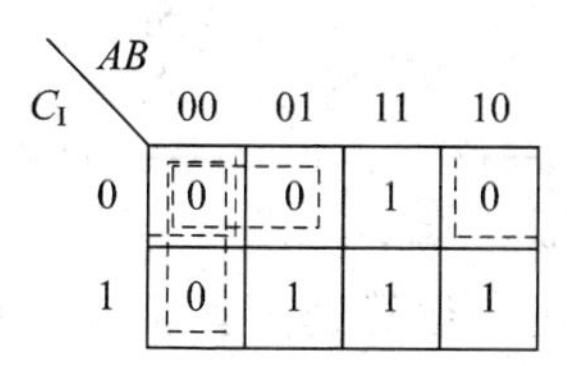

图 3.6.2 全加器的卡诺图

画出 S 和 C_O 的卡诺图，如图 3.6.2 所示，采用合并“0”再求反的化简方法得：

$$\begin{cases} S = \overline{\overline{A}\,\overline{B}\,\overline{C_I} + A\overline{B}C_I + \overline{A}BC_I + AB\,\overline{C_I}} \\ C_O = \overline{\overline{A}\,\overline{B} + \overline{B}\,\overline{C_I} + \overline{A}\,\overline{C_I}} \end{cases} \tag{3.6.2}$$

根据上面的逻辑表达式可以画出全加器的逻辑图，如图 3.6.3 所示。

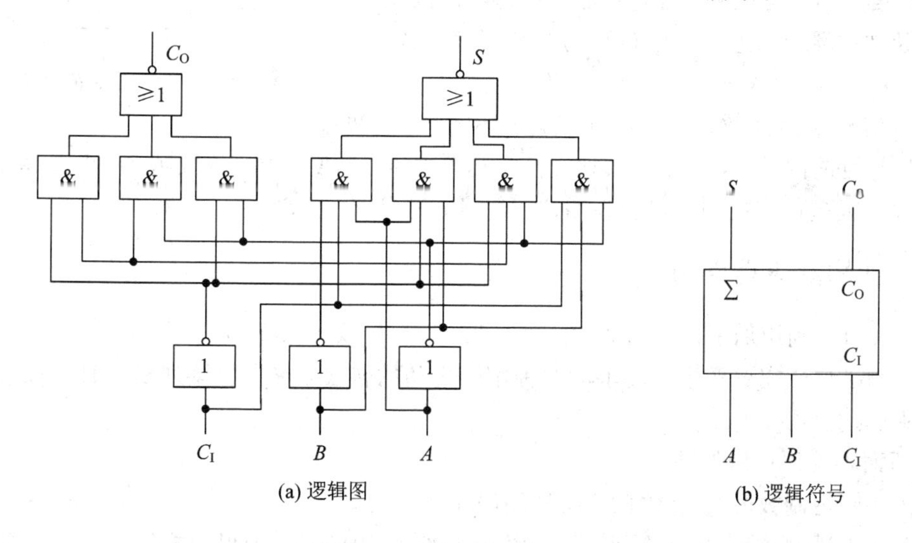

图 3.6.3 全加器逻辑电路

3. 多位加法器

实现多位二进制数加法运算的电路称为多位加法器。按各数相加时进位方式的不同，多位加法器分为串行进位加法器和超前进位加法器。

1) 串行进位加法器

图 3.6.4 是一个四位串行进位并行加法器。由图可见，全加器的个数等于相加数的位

数，高位的运算必须等低位运算结束，送来进位信号以后才能进行。它的进位是由低位向高位逐位串行传递的，故称为串行进位并行加法器。其优点是电路简单，连接方便，缺点是运算速度低。

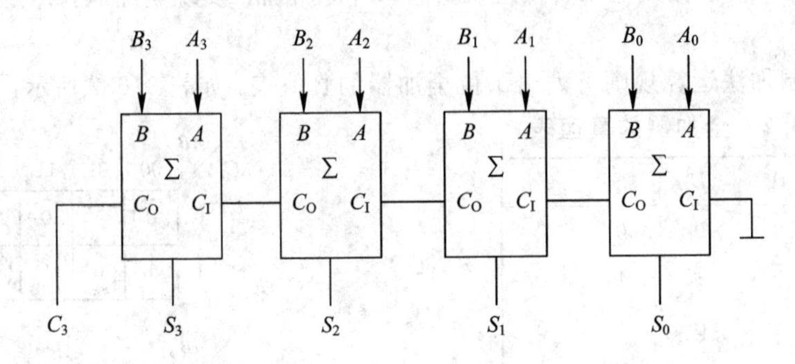

图 3.6.4 四位串行进位并行加法器

2）超前进位加法器

为了提高运算速度，通常使用超前进位并行加法器。图 3.6.5 是中规模四位二进制超前进位加法器 74LS283 的逻辑符号。其中：$A_0 \sim A_3$、$B_0 \sim B_3$分别为四位加数和被加数的输入端，$S_0 \sim S_3$分别为四位和的输出端，C_I为最低进位输入端，C_O为向高位输送进位的输出端。

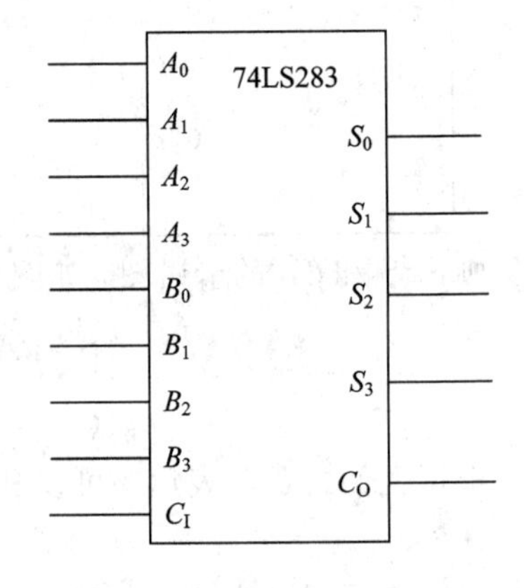

图 3.6.5 74LS283 的逻辑符号

这种超前进位加法电路的运算速度高的主要原因在于，进位信号不再是逐级传递，而是采用超前进位技术。超前进位加法器内部进位信号 C_i 可写为如下表达式：

$$C_i = f_i(A_0 \cdots, A_i, B_0 \cdots, B_i, C_I)$$

各级进位信号仅由加数、被加数和最低进位信号 C_I决定，而与其他进位无关，这就有效地提高了运算速度。速度越高，位数越多，电路越复杂。目前中规模集成超前进位加法器多为四位，常用的型号有 74LS283、54283 等。

3.6.2 加法器应用举例

例 3.6.1 利用加法器 74LS283 将 5421BCD 码转换为 2421BCD 码。

解：为了便于完成题中所要求的两种编码之间的转换，首先应该列出两种编码表，如表 3.6.3 所示。

分析两种编码可以发现：

(1) 在十进制数的 0～4 之间，两种编码完全相同。

(2) 在十进制数的 5～9 之间，5421BCD 码加上 0011 后，即得到相应的 2421BCD 码。

这就是说，只要用适当的数与 5421BCD 码相加，则可将 5421BCD 码转换成 2421BCD 码：即，当输入 5421BCD 码在 0000～0100 之间时，加上 0000；在 1000～1100 之间时，加上 0011。

根据以上分析，并且利用输入的 5421BCD 码的最高位来控制全加器的加数，即可得出符合题意的逻辑电路，如图 3.6.6 所示。

表 3.6.3　5421BCD 码与 2421BCD 码对照表

5421BCD 码	2421BCD 码	十进制数
0 0 0 0	0 0 0 0	0
0 0 0 1	0 0 0 1	1
0 0 1 0	0 0 1 0	2
0 0 1 1	0 0 1 1	3
0 1 0 0	0 1 0 0	4
1 0 0 0	1 0 1 1	5
1 0 0 1	1 1 0 0	6
1 0 1 0	1 1 0 1	7
1 0 1 1	1 1 1 0	8
1 1 0 0	1 1 1 1	9

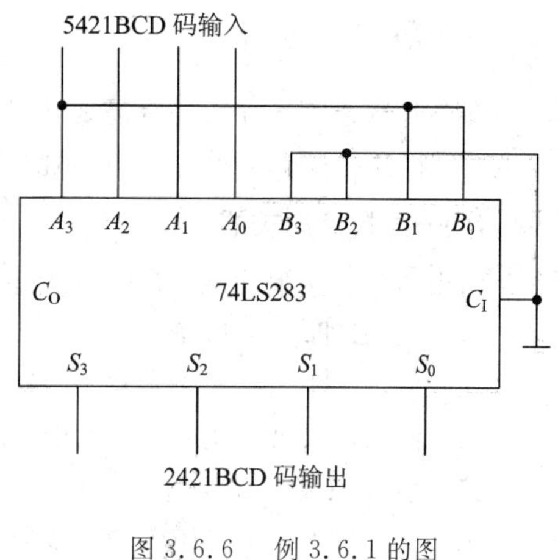

图 3.6.6　例 3.6.1 的图

例 3.6.2　使用四位加法器构成一位 8421BCD 码的加法电路。

解：BCD 码是用 4 位二进制数表示 1 位十进制数，四位二进制数内部为二进制，BCD 码之间是十进制，即逢十进一，而四位二进制加法器是按四位二进制数进行运算的，即逢十六进一，二者进位关系不同。当和数大于 9 时，即 $S_3S_2S_1S_0>1001$ 时，8421BCD 码产生进位，而此时十六进制则不可能产生进位，因此需对二进制和数进行修正，即加上 6(0110)，让其产生一个进位。当 $S_3S_2S_1S_0\leqslant 1001$(即和数小于等于 9)时，则不需要修正或者说加上 0(即 0000)。

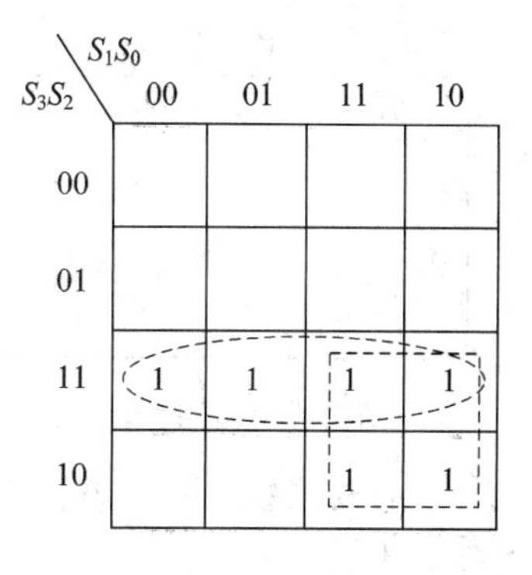

图 3.6.7　和数大于 9 的卡诺图

将大于 9 的最小项填在如图 3.6.7 所示的卡诺图中，还要考虑到，若相加产生进位，则同样出现大于 9 的结果，综合考虑可求得需要进行修正和数的条件为

$$F=C_3+S_3S_2+S_3S_1=\overline{\overline{C_3}\,\overline{S_3S_2}\,\overline{S_3S_1}}$$

由此可得到具有修正电路的一位 8421BCD 码加法器电路，如图 3.6.8 所示。

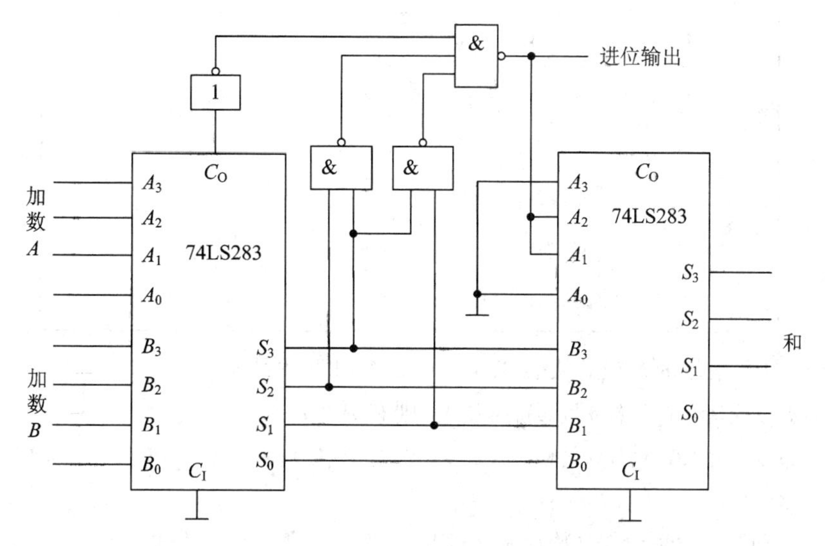

图 3.6.8　一位 8421BCD 码加法器电路图

3.6.3 数值比较器

在各种数字系统中，经常需要比较两个数的大小，完成这一功能的逻辑电路称为数值比较电路，相应的逻辑器件称为数值比较器。

1. 一位数值比较器

两个一位二进制数 A、B 进行大小比较，会出现三种可能：

(1) $A>B$(即 $A=1$, $B=0$)，则输出 $Y_{A>B}=1$；

(2) $A<B$(即 $A=0$, $B=1$)，则输出 $Y_{A<B}=1$；

(3) $A=B$(即 $A=B=0$, $A=B=1$)，则输出 $Y_{A=B}=1$。

其真值表如表 3.6.4 所示，由真值表可以写出其逻辑表达式如下：

$$Y_{A>B}=A\overline{B},\quad Y_{A<B}=\overline{A}B,\quad Y_{A=B}=AB+\overline{A}\,\overline{B}=\overline{A\overline{B}+\overline{A}B}$$

由逻辑表达式可画出一位数值比较器逻辑电路图，如图 3.6.9 所示。

表 3.6.4 一位数值比较器的真值表

输入		输出		
A	B	$Y_{A>B}$	$Y_{A<B}$	$Y_{A=B}$
0	0	0	0	1
0	1	0	1	0
1	0	1	0	0
1	1	0	0	1

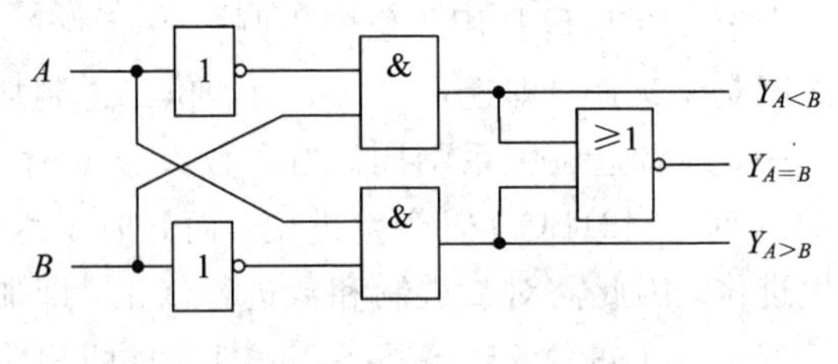

图 3.6.9 一位数值比较器逻辑图

2. 两位数值比较器

设有两位数 $A=A_1A_0$，$B=B_1B_0$，可以利用上述一位数值比较器的结果进行分析，其功能表如表 3.6.5 所示。

表 3.6.5 两位数值比较器的功能表

输入		输出		
A_1 B_1	A_0 B_0	$Y_{A>B}$	$Y_{A<B}$	$Y_{A=B}$
$A_1>B_1$	× ×	1	0	0
$A_1<B_1$	× ×	0	1	0
$A_1=B_1$	$A_0>B_0$	1	0	0
$A_1=B_1$	$A_0<B_0$	0	1	0
$A_1=B_1$	$A_0=B_0$	0	0	1

对于 2 位二进制数的比较，从表 3.6.5 可归纳出下述结论：

若($A_1>B_1$)或者($A_1=B_1$)且($A_0>B_0$)，则有 $A>B$；

若($A_1<B_1$)或者($A_1=B_1$)且($A_0<B_0$)，则有 $A<B$；

若($A_1=B_1$)且($A_0=B_0$)，则有 $A=B$。

由上述分析可知，两个多位数比较大小时，必须自高而低逐位进行比较，若高位的数不等，则可确定数的大小；当高位数相等时，需要比较低位来确定数的大小。

3. 集成数值比较器

目前常用的集成数值比较器是四位并行数值比较器，例如74LS58、MC14585、CC14585等。

1）逻辑功能

图3.6.10是四位数值比较器74LS58的逻辑符号。其中，$A_3 \sim A_0$，$B_3 \sim B_0$是待比较的两组四位二进制数的输入，$Y_{A<B}$、$Y_{A=B}$、$Y_{A>B}$是比较结果输出，$I_{A<B}$、$I_{A=B}$、$I_{A>B}$是三个级联输入端。在需要扩大待比较的二进制数的位数时，可以将低位比较器的输出端$Y_{A<B}$、$Y_{A=B}$、$Y_{A>B}$分别接到高位比较器的三个级联输入端$I_{A<B}$、$I_{A=B}$、$I_{A>B}$。关于级联扩展问题，后面将会举例说明。

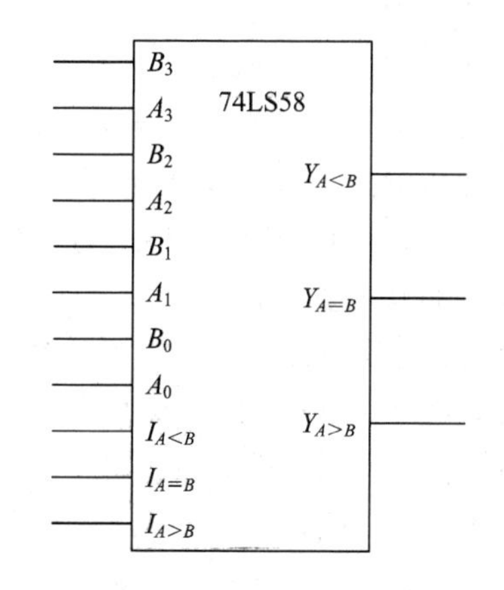

图3.6.10 四位数值比较器74LS58的逻辑符号

四位数值比较器74LS58逻辑功能表如表3.6.6所示。

表3.6.6 四位数值比较器74LS58逻辑功能表

比较器输入				级联输入			输出		
A_3 B_3	A_2 B_2	A_1 B_1	A_0 B_0	$I_{A>B}$	$I_{A=B}$	$I_{A<B}$	$Y_{A>B}$	$Y_{A=B}$	$Y_{A<B}$
$A_3>B_3$	× ×	× ×	× ×	×	×	×	1	0	0
$A_3<B_3$	× ×	× ×	× ×	×	×	×	0	0	1
$A_3=B_3$	$A_2>B_2$	× ×	× ×	×	×	×	1	0	0
$A_3=B_3$	$A_2<B_2$	× ×	× ×	×	×	×	0	0	1
$A_3=B_3$	$A_2=B_2$	$A_1>B_1$	× ×	×	×	×	1	0	0
$A_3=B_3$	$A_2=B_2$	$A_1<B_1$	× ×	×	×	×	0	0	1
$A_3=B_3$	$A_2=B_2$	$A_1=B_1$	$A_0>B_0$	×	×	×	1	0	0
$A_3=B_3$	$A_2=B_2$	$A_1=B_1$	$A_0<B_0$	×	×	×	0	0	1
$A_3=B_3$	$A_2=B_2$	$A_1=B_1$	$A_0=B_0$	×	×	×	0	1	0
$A_3=B_3$	$A_2=B_2$	$A_1=B_1$	$A_0=B_0$	×	×	×	1	0	0
$A_3=B_3$	$A_2=B_2$	$A_1=B_1$	$A_0=B_0$	×	×	×	0	0	1

由表3.6.6可知：

(1) $Y_{A>B}=1$（即$A>B$）应具备的条件是：

① $A_3>B_3$；

② $A_3=B_3$，$A_2>B_2$；

③ $A_3=B_3$，$A_2=B_2$，$A_1>B_1$；

④ $A_3=B_3$，$A_2=B_2$，$A_1=B_1$，$A_0>B_0$；

⑤ $A_3=B_3$，$A_2=B_2$，$A_1=B_1$，$A_0=B_0$，$I_{A>B}=1$。

(2) $Y_{A=B}$（即$A=B$）的条件是：

$A_3=B_3$，$A_2=B_2$，$A_1=B_1$，$A_0=B_0$，$I_{A=B}=1$。

(3) $Y_{A<B}=1$ (即 $A<B$)应具备的条件是：

① $A_3<B_3$；

② $A_3=B_3$，$A_2<B_2$；

③ $A_3=B_3$，$A_2=B_2$，$A_1<B_1$；

④ $A_3=B_3$，$A_2=B_2$，$A_1=B_1$，$A_0<B_0$；

⑤ $A_3=B_3$，$A_2=B_2$，$A_1=B_1$，$A_0=B_0$，$I_{A<B}=1$。

在上述条件中，同组条件是与的关系，各组条件之间是或的关系。

2) 数值比较器的级联

四位数值比较器可直接用来比较两个四位或小于四位的二进制数的大小，但当待比较数的位数超过四位时，则需要两片以上的数值比较器通过级联的方法进行扩展。下面通过举例说明级联输入端的用法。

例 3.6.3 应用四位数值比较器 74LS58 比较两个六位二进制整数的大小。

解：采用两片四位集成数值比较器 74LS58 进行级联扩展，可以实现六位二进制数值大小的比较，其逻辑图如图 3.6.11 所示。

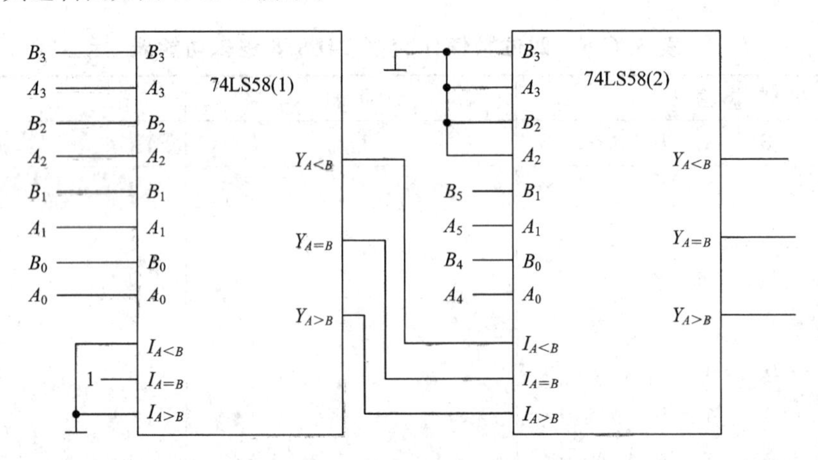

图 3.6.11 例 3.6.3 的逻辑图

低位片 74LS58(1)的输出端 $Y_{A>B}$、$Y_{A=B}$、$Y_{A<B}$ 分别与高位片 74LS58(2)的级联输入端 $I_{A>B}$、$I_{A=B}$、$I_{A<B}$ 相连接，数值比较的顺序由高位到低位逐次进行比较。

当 $A_5=B_5$，$A_4=B_4$(即高位片(2)中的 $A_1=B_1$，$A_0=B_0$)时，输出则由低位片 74LS58(1)的输出端(即高位片(2)的级联输入端)决定。

目前生产的数值比较器产品中，内部电路结构形式不完全相同，因此，级联输入端的功能也不尽相同。例如，MC145855 内部电路的结构，决定了其三个级联输入端的优先级别不同，$I_{A<B}$ 的优先级别最高，$I_{A=B}$ 的优先级别次之，$I_{A>B}$ 的优先级别最低。应用时请注意查阅集成电路使用手册。

3.7 组合逻辑电路中的竞争-冒险

3.7.1 产生竞争-冒险的原因

1. 竞争

在前述讨论组合逻辑电路的分析和设计方法时，均是以输入、输出电平已处于稳定状态为前提进行的，而没有涉及逻辑电路在两个稳态之间进行转换时可能出现的问题，即没有考虑到门电路的延迟时间对逻辑电路产生的影响。实际上，信号从输入到输出的过程中，通过的路径不同，其经过的门的级数有可能不同；门电路的种类不同，则其平均延迟时间也不尽相同，这些因素都有可能造成一个输入信号经过不同的路径到达同一点的时间不同，这种现象称为竞争。

在如图 3.7.1 所示的逻辑组合电路中，变量 B 有两条路径可以到达 G_4 门(一条是经过 G_1、G_3 门到 G_4 门；另一条是经过 G_2 门到 G_4 门)，两条路径所用的时间不同，即同一信号到达 G_4 门的时间不同，因此说变量 B 具有竞争能力。而变量 A 和变量 C 因为只有一条路径到达 G_4 门，故无竞争能力。

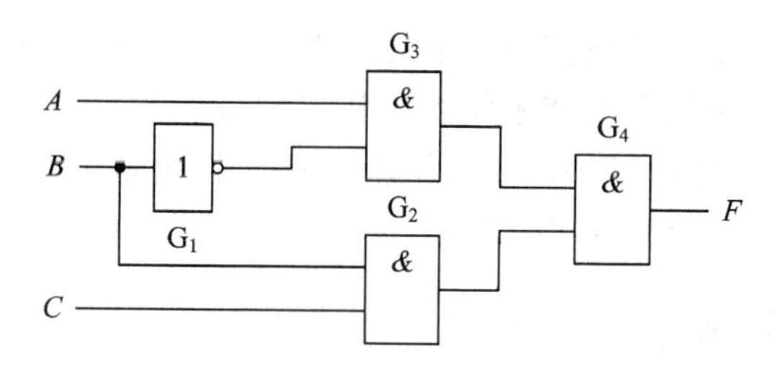

图 3.7.1　逻辑电路中的竞争示意图

2. 冒险

竞争现象有可能引起电路的逻辑混乱，因而导致逻辑电路输出瞬时出现错误信号，这一现象称为冒险(或称为险象)。下面通过几个简单的例子分析冒险现象。

在如图 3.7.2(a)所示的组合逻辑电路中，变量 A 可以通过两条路径到达 G_2 门，G_2 门(与门)的输入是 A 与 $\overline{A}$ 两个互补信号。由图 3.7.2(a)可得出电路的逻辑表达式为

$$F = A\overline{A} = 0$$

实际上，由于 G_1 门的传输延迟，$\overline{A}$ 波形的下降沿与 A 波形的上升沿不能同时出现，而是滞后于 A 波形的上升沿，从而导致输出波形出现一个高电平窄脉冲，如图 3.7.2(b)所示，此时 $F=1$，这与逻辑分析结果矛盾。由此可知，同一信号到达同一地点所用时间不同，即竞争现象，造成了逻辑电路输出瞬时错误信号。

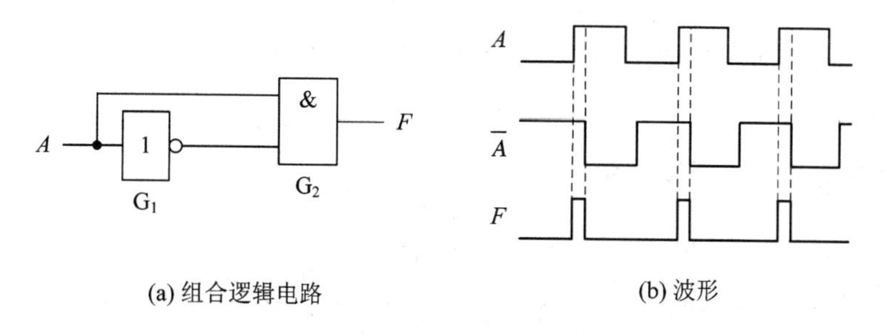

(a) 组合逻辑电路　　(b) 波形

图 3.7.2　竞争产生的正尖脉冲

在如图 3.7.3(a)所示的组合逻辑电路中，变量 A 可以通过两条路径到达 G_2 门，G_2 门(或门)的输入是 A 与 $\overline{A}$ 两个互补信号。由图 3.7.3(a)可得出电路的逻辑表达式为

$$F = A + \overline{A} = 1$$

由于 G_1 门的传输延迟，使 $\overline{A}$ 的变化滞后于 A 的变化，导致 F 的波形出现负脉冲，如图 3.7.3(b)所示，即出现了 $F=0$ 的现象，这与逻辑分析结果相矛盾。这也是由于竞争引起电

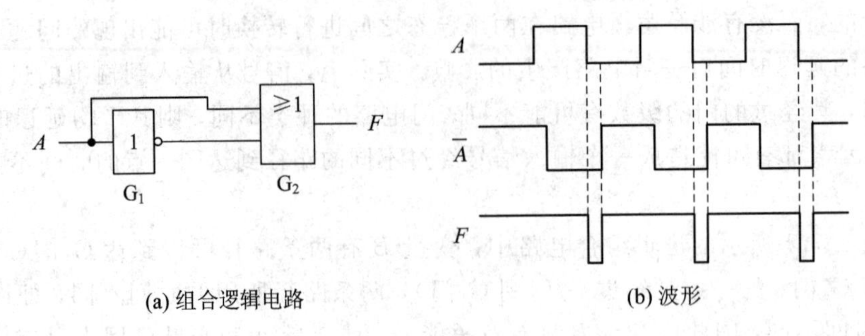

图 3.7.3　竞争产生的负尖脉冲

路出现逻辑混乱的冒险现象。

正尖峰脉冲和负尖峰脉冲都属于电压毛刺。对于数字系统，当出现电压毛刺的后一级对脉冲信号敏感时，电压毛刺就可能使系统发出错误指令，导致误操作。因此，设计电路时，应该尽量避免冒险现象的发生。但值得注意的是，竞争经常发生，但并不是所有的竞争都能产生冒险，有一些竞争是不会产生冒险的。

3.7.2　冒险现象的判别

根据上述两个例子可知，当逻辑电路的输出表达式在一定的输入取值下，可以化为 $F=A\overline{A}$ 或 $F=A+\overline{A}$ 的形式时，A 的变化将会引起冒险。下面介绍几种常用的判别冒险现象的方法。

1. 代数法

首先找出具有竞争能力的变量，然后逐次改变其他变量，判断是否存在冒险。

例 3.7.1　判断 $F=A\overline{C}+\overline{A}B+\overline{A}C$ 是否存在冒险现象。

解：由逻辑函数式可以看出变量 A 和 C 都具有竞争能力。

根据分析可知，在 $B=1$，$C=0$ 时，$F=A+\overline{A}$，A 可以产生冒险。而 C 虽然具有竞争能力，但始终不会产生冒险。

例 3.7.2　判断 $F=(\overline{A}+\overline{C})(A+B)(B+C)$是否存在冒险现象。

解：由逻辑函数式可以看出变量 A 和 C 都具有竞争能力。

在 $B=0$，$C=1$ 时，$F=A\overline{A}$ ，A 可以产生冒险。

在 $B=0$，$A=1$ 时，$F=C\overline{C}$ ，C 可以产生冒险。

2. 卡诺图法

将上述例题分别用卡诺图表示出来，如图 3.7.4 所示。

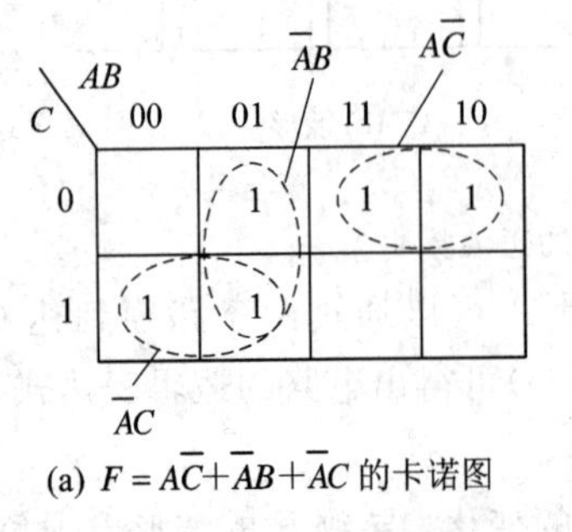

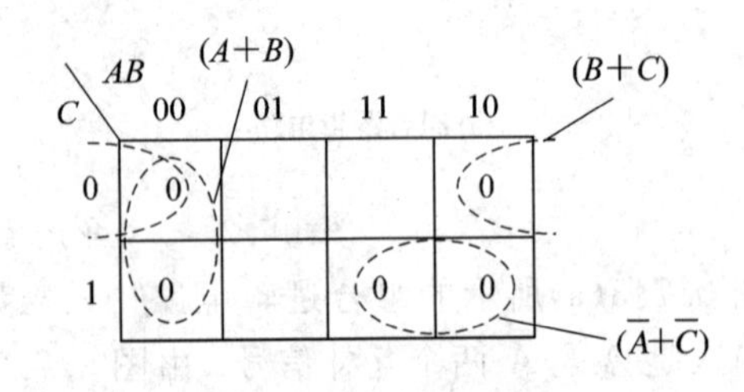

图 3.7.4　卡诺图判别冒险

由图 3.7.4(a)可知：在 $A\overline{C}$ 与 $\overline{A}B$ 两个卡诺圈相切处，$B=1$，$C=0$，当 A 发生变化时则会出现险象，而 $A\overline{C}$ 与 $\overline{A}C$ 两个卡诺圈不相切，故无冒险。

由图 3.7.4(b)可知：$(B+C)$与$(\overline{A}+\overline{C})$两个卡诺圈的相切处，$A=1$，$B=0$，$C$ 发生变化时会出现冒险。$(A+B)$与$(\overline{A}+\overline{C})$两个卡诺圈的相切处，$B=0$，$C=1$，$A$ 发生变化时会出现冒险。

由此可见，在卡诺图中，若包围圈之间存在着相切，而相切处又未被其他卡诺圈包围，则会发生冒险现象。

3. 计算机辅助分析法

上述判别方法虽然简单，但有很大的局限性，因为实际的逻辑电路输入变量通常会比较多，并且有可能多个输入变量同时发生变化，在这种情况下，则很难利用上述判别方法找出所有的冒险现象。

计算机辅助分析方法是，通过在计算机上运行数字电路的模拟程序，迅速查到电路中的冒险现象。目前，已有成熟的程序可供选用。

由于计算机软件设计采用的是标准化的典型参数，而且某些地方还采用了一些必要的近似，所以用计算机模拟数字电路的工作情况与实际的数字电路工作情况会有一些差异，因此，用计算机辅助方法检查过的电路，还需要用实验的方法再次检验确定是否存在冒险。

4. 实验法

实验法是利用实验手段检查冒险的方法，即在逻辑电路的输入端加入信号所有可能的组合状态，用逻辑分析仪或示波器捕捉输出端可能产生的冒险。实验法检查的结果是最终的结果。

实验法是检验电路是否存在冒险的最有效、最可靠的方法。

3.7.3　消除冒险的方法

当逻辑电路存在着冒险时，会对电路的正常工作造成威胁，因此必须设法消除。常采用的消除冒险的方法有以下几种。

1. 修改逻辑设计

(1) 增加多余项法。在逻辑表达式中添加多余项，消除冒险现象。

例 3.7.3　判断 $F=AC+\overline{A}B+\overline{A}\overline{C}$是否存在冒险，若有消除之。

解：分析 F 的表达式可知：在 $B=C=1$ 时，$F=A+\overline{A}$，A 可以产生冒险。而 C 虽然具有竞争能力，但始终不会产生冒险。

若在逻辑表达式中，增加多余项 BC，则当 $B=C=1$ 时，F 恒为 1，故消除了冒险。

F 表达式的卡诺图如图 3.7.5 所示。分析卡诺图可见，添加多余项则意味着在相切处多画一个卡诺圈 BC，使相切变为相交，从而消除了冒险。在化简时，为了简化逻辑电路，多余项通常会被舍去。在图 3.7.5 中，为了保证逻辑电路能够可靠地工作，又需要添加多余项消除冒险，这说明最简设计并不一定是最可靠设计。

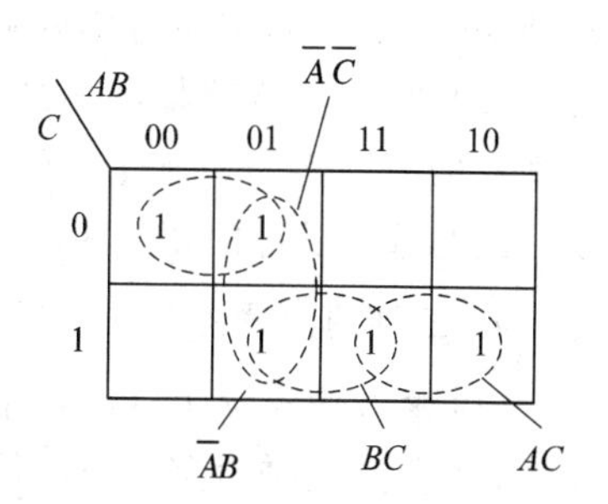

图 3.7.5　添加多余项消除冒险

(2) 消掉互补变量法。对逻辑表达式进行逻辑变换，以便消掉互补变量。

例 3.7.4　消除 $F=(\overline{A}+\overline{C})(A+B)(B+C)$ 中的冒险。

解：由例 3.7.2 已知，变量 A 与 C 均存在着冒险。现对逻辑表达式进行变换：

$$F=(\overline{A}+\overline{C})(A+B)(B+C)=\overline{A}B+AB\overline{C}+B\overline{C}+\overline{A}BC=\overline{A}B+B\overline{C}$$

在上述逻辑变换过程中，消去了表达式中隐含的 $A\overline{A}$ 和 $C\overline{C}$ 项，则由表达式 $\overline{A}B+B\overline{C}$ 组成的逻辑电路，就不会出现冒险现象了。

2. 加滤波器电路

由于冒险产生的电压毛刺一般都很窄，所以只要在逻辑电路的输出端并接一个很小的滤波电容，就可以把电压毛刺的尖峰脉冲的幅度削弱至门电路的阈值以下。

在实现逻辑功能 $F=AC+\overline{A}B+\overline{A}\overline{C}$ 的组合逻辑电路的输出端并联上一个很小的电容 C，如图 3.7.6(a)所示。由于小电容的作用，使冒险的尖峰幅度变得很小，极大地削弱了冒险对逻辑电路的影响，如图 3.7.6(b)所示，但同时也使得输出上升沿的变化较缓。

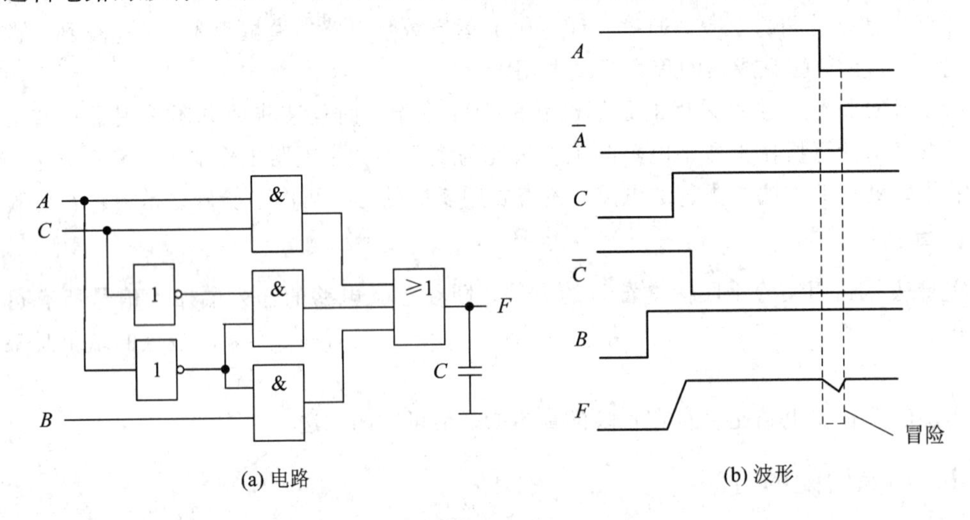

图 3.7.6　加小电容消除冒险

3. 引入选通电路

在组合逻辑电路中引入选通信号，使电路在输入信号变化时处于禁止状态，待输入信号稳定后，令选通信号有效使电路输出正常结果，这样可以有效地消除任何冒险现象。图3.7.7 所示电路就是利用选通信号消除冒险现象的一个例子，但此电路输出信号的有效时间与选通脉冲的宽度相同。

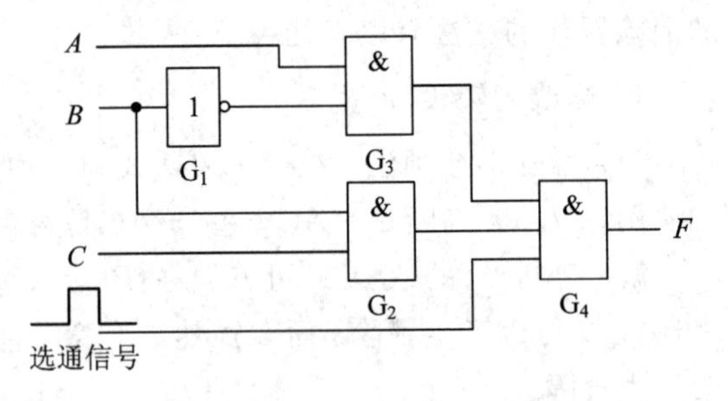

图 3.7.7　利用选通信号消除冒险

4. 三种消除冒险方法的比较

(1) 修改逻辑设计的方法简便，但局限性较大，不适合于输入变量较多及较复杂的电路。

(2) 加入滤波电路的方法简单易行，但输出电压的波形边沿会随之变形，因此仅适合于对输出波形前、后沿要求不高的电路。

(3) 引入选通电路的方法简单且不需要增加电路元件，但要求选通信号与输入信号同步，而且对选通信号的宽度、极性、作用时间均有严格要求。

本章小结

组合逻辑电路在逻辑功能上的特点是：任意时刻的输出仅仅取决于该时刻的各输入变量的状态组合，而与电路过去的状态无关。它在电路结构上的特点是：只包含门电路，没有存储(记忆)单元。

分析组合电路的目的是确定已知电路的逻辑功能。利用逻辑门设计组合逻辑电路，常以电路简单、所用器件的个数以及种类最少为原则。组合逻辑电路分析与设计的方法可归纳如下：

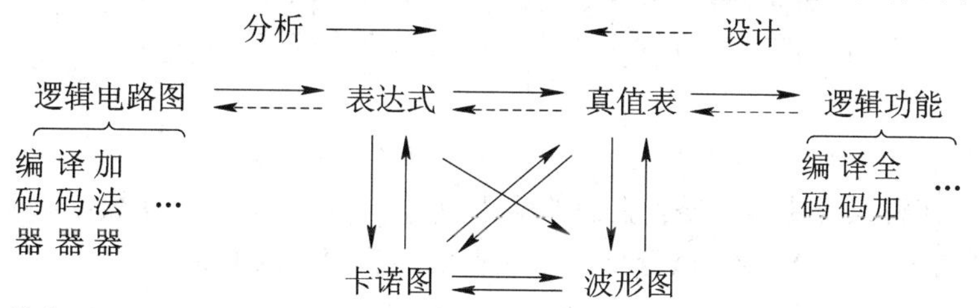

使用中规模集成器件可以大大简化设计。大多数中规模集成电路都设置了控制端，这些控制端既可以作为输出信号的选通端，用于控制电路的工作状态，又可以用来扩展电路的功能。因此，控制端的灵活应用是中规模组合电路设计中的关键。

竞争-冒险是组合逻辑电路工作状态转换过程中经常会出现的一种现象，如果负载是一些对尖峰脉冲敏感的电路，则必须采取措施消除由于冒险而产生的尖峰脉冲；如果负载电路对尖峰脉冲不敏感(例如光电显示器)，就不必考虑冒险问题。

思考题与习题

3.1　试分析图3.1所示组合逻辑电路的逻辑功能，写出逻辑函数式，列出真值表，说明电路完成的逻辑功能。

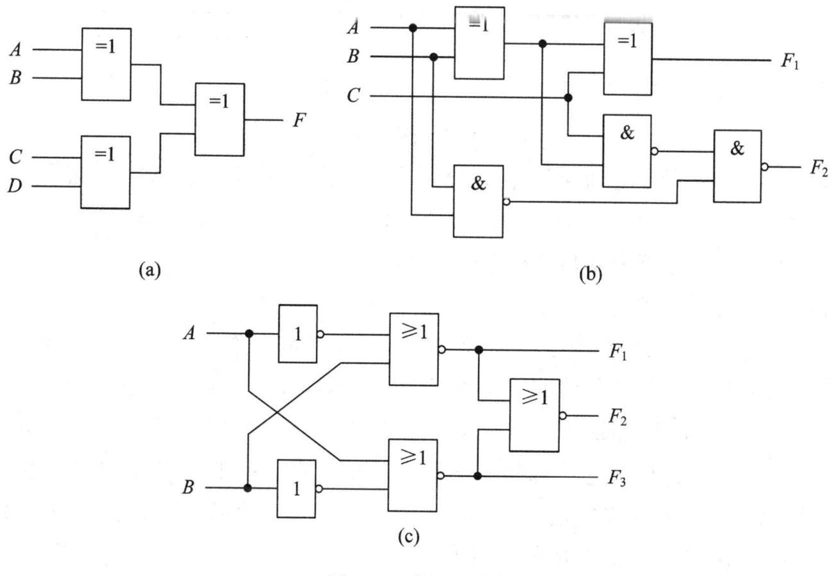

图3.1　题3.1图

3.2　图 3.2 是一密码锁控制电路。开锁条件是：拨对密码；钥匙插入锁眼将开关 S 闭合。当两个条件同时满足时，开锁信号为“1”，锁被打开。否则，报警信号为“1”，接通警铃。试分析密码 $ABCD$ 为多少？

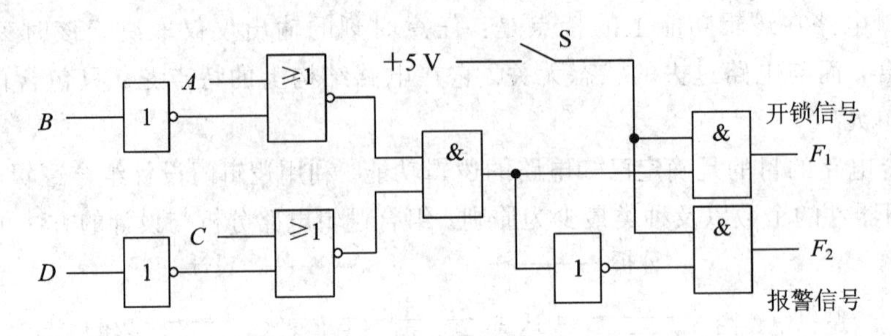

图 3.2　题 3.2 图

3.3　设有四种组合逻辑电路，它们的输入波形(A、B、C、D)如图 3.3 所示，其对应的输出波形分别为 W、X、Y、Z，试分别写出它们的逻辑表达式并化简。

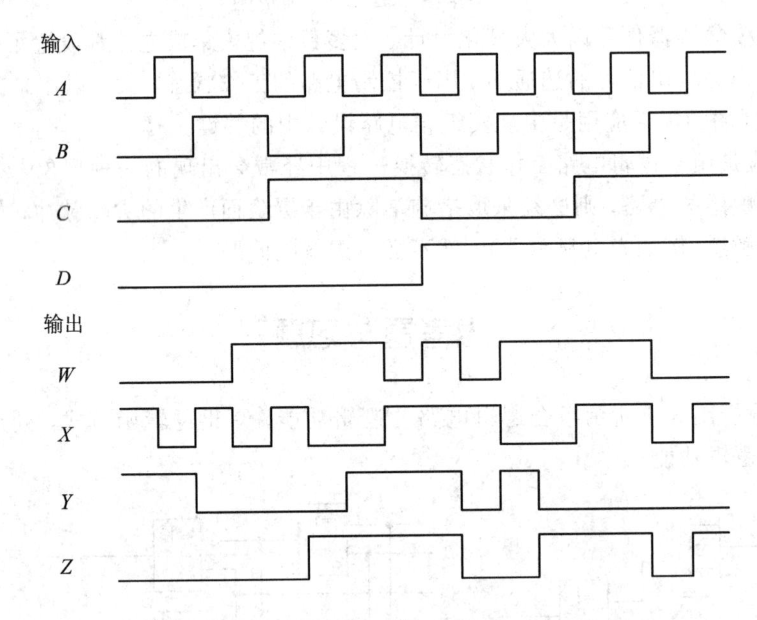

图 3.3　题 3.3 图

3.4　X、Y 均为四位二进制数，它们分别是一个逻辑电路的输入和输出。

设：当 $0 \leqslant X \leqslant 4$ 时，$Y=X+1$；当 $5 \leqslant X \leqslant 9$ 时，$Y=X-1$，且 X 不大于 9。

(1) 试列出该逻辑电路完整的真值表；

(2) 用与非门实现该逻辑电路。

3.5　设计一交通灯监测电路。红、绿、黄三只灯正常工作时只能一只灯亮，否则，将会发出检修信号，用两输入与非门设计逻辑电路，并给出所用 74 系列的型号。

3.6　试用优先编码器 74LS148 和门电路设计医院优先照顾重患者呼唤的逻辑电路。医院的某科有 1、2、3、4 四间病房，每间病房设有呼叫按钮，护士值班室内对应的装有 1 号、2 号、3 号、4 号指示灯。患者按病情由重至轻依次住进 1～4 号病房。护士值班室内的 4 盏指示灯每次只亮一盏对应于较重病房的呼唤灯。

3.7　试用译码器 74LS138 和适当的逻辑门设计一个三位数的奇校验器。

3.8　试用译码器 74LS138 和与非门实现下列逻辑函数：

(1) $\begin{cases} F_1 = AB + A\bar{B}C \\ F_2 = A\bar{C} + \bar{A} + \bar{B}; \\ F = \overline{\bar{A}B \cdot \overline{AC}} \end{cases}$

(2) $F = \sum_m (0, 2, 6, 8)$。

3.9　某一组合逻辑电路如图 3.4 所示，试分析其逻辑功能。

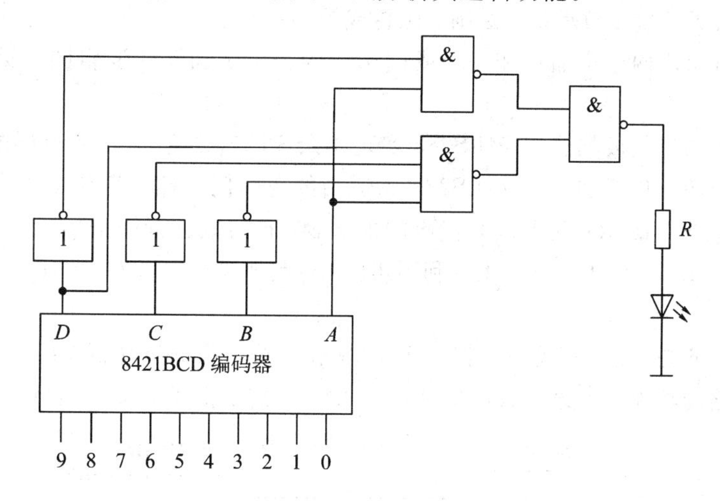

图 3.4　题 3.9 图

3.10　试用译码器 74LS138 和适当的逻辑门设计一个一位数的全加器。

3.11　试用译码器 74LS138 和适当的逻辑门设计一个组合电路。该电路输入 X 与输出 F 均为三位二进制数。二者之间的关系如下：

当 $2 \leqslant X \leqslant 5$ 时，$F = X + 2$；

当 $X < 2$ 时，$F = 1$；

当 $X > 5$ 时，$F = 0$。

3.12　试用三片 3 线-8 线译码器 74LS138 组成 5 线-24 线译码器。

3.13　试用一片 4 线-16 线译码器 74LS154 组成一个 5421BCD 码十进制数译码器。

3.14　由数据选择器组成的逻辑电路如图 3.5 所示，试写出电路的输出函数式。

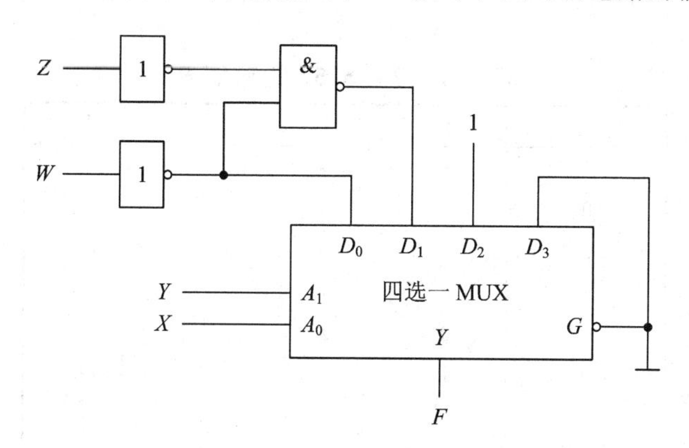

图 3.5　题 3.14 图

3.15　试用四选一数据选择器实现下列逻辑函数：

(1) $F=\sum_m(0, 2, 4, 5)$；

(2) $F=\sum_m(1, 3, 5, 7)$；

(3) $F=\sum_m(0, 2, 5, 7, 8, 10, 13, 15)$；

(4) $F=\sum_m(1, 2, 3, 14, 15)$。

3.16　试用四选一数据择器设计一判定电路。只有在主裁判同意的前提下，三名副裁判中多数同意，比赛成绩才被承认，否则，比赛成绩不被承认。

3.17　试画出用两个半加器和一个或门构成的一位全加器的逻辑图，要求写出 S_i 和 C_i 的逻辑表达式。

3.18　利用四位集成加法器 74LS283 实现将余 3 码转换为 8421BCD 码的逻辑电路。

3.19　利用四位集成加法器 74LS283 和适当的逻辑门电路，实现一位余 3 代码的加法运算，画出逻辑图。(提示：列出余 3 代码的加法表，再对数进行修正)

3.20　设 A、B 均为三位二进制数，利用四位二进制加法器 74LS283 实现一个 $F=2(A+B)$ 的运算电路。

3.21　图 3.6 是 3 线-8 线译码器 74LS138 和八选一数据选择器 74LS151 组成的电路，试分析整个电路的功能。八选一数据选择器 74LS151 的功能见表 3.1 所示。

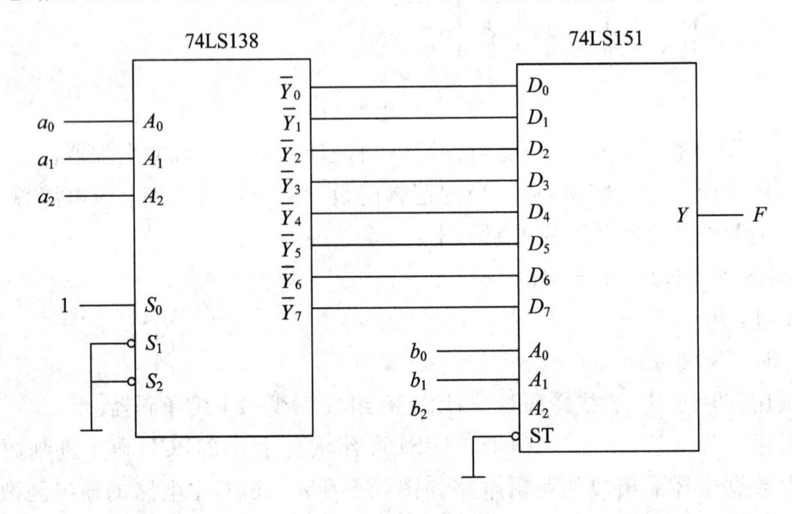

图 3.6　题 3.21 图

表 3.1　74LS151 的功能表

$\overline{ST}$	A_2	A_1	A_0	Y
1	×	×	×	0
0	0	0	0	D_0
0	0	0	1	D_1
0	0	1	0	D_2
0	0	1	1	D_3
0	1	0	0	D_4
0	1	0	1	D_5
0	1	1	1	D_6
0	1	1	1	D_7

3.22　试用十六选一数据选择器和一个异或门实现一个八位逻辑电路，其逻辑功能要求如表 3.2 所示。

3.23　判断下列逻辑函数是否存在冒险现象？若有，试消除之。

(1) $F=\overline{A}B+A\overline{C}+\overline{B}C$；

(2) $F=\sum_m(2, 6, 8, 9, 11, 12, 14)$；

(3) $F=\sum_m(0, 2, 3, 4, 8, 9, 14, 15)$；

(4) $F=(A+B+\overline{C})(\overline{A}+B+C)(\overline{A}+B+\overline{C})$。

表 3.2　逻辑功能

S_2	S_1	S_0	F
0	0	0	0
0	0	1	$A+B$
0	1	0	$\overline{AB}$
0	1	1	$A\oplus B$
1	0	0	1
1	0	1	$\overline{A+B}$
1	1	0	AB
1	1	1	$A\odot B$

3.24　有一水塔，由两台一大一小的电动机 M_S 和 M_L 驱动水泵向水塔注水，当水塔的水位在 C 点以上时，不给水塔注水，当水位降到 C 点，由小电动机 M_S 单独驱动，水位降到 B 点时，由大电动机 M_L 单独驱动给水塔注水，降到 A 点时，则两个电动机同时驱动，如图 3.7 所示。试设计一个控制电动机工作的逻辑电路。

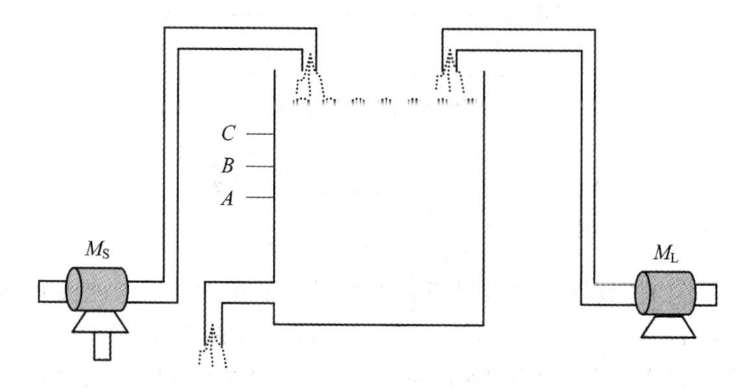

图 3.7　题 3.24 图

3.25　飞机在下列条件下不允许发动：门关上但座位皮带未束紧；束紧了座位皮带但是制动闸没有松开；松开了制动闸但门未关上。但是在维修飞机时发动，则不受上述限制。试写出飞机发动的逻辑表达式，并用与非门实现。

3.26　TTL 或非门组成图 3.8 所示电路。

(1) 分析电路在什么时刻可能出现冒险现象？

(2) 若用增加冗余项的方法来消除冒险，电路应该怎样修改？

3.27　组合逻辑电路如图 3.9 所示。

(1) 分析图示电路，写出函数 F 的逻辑表达式，用 $\sum m$ 形式表示。

(2) 若允许电路的输入变量有原变量和反变量的形式，将电路改用最少数目的与非门实现。

(3) 检查上述(2)实现的电路是否存在竞争-冒险现象？若存在，则可能在什么时刻出现冒险现象？

(4) 试用增加冗余项的方法消除冒险(写出函数表达式即可)。

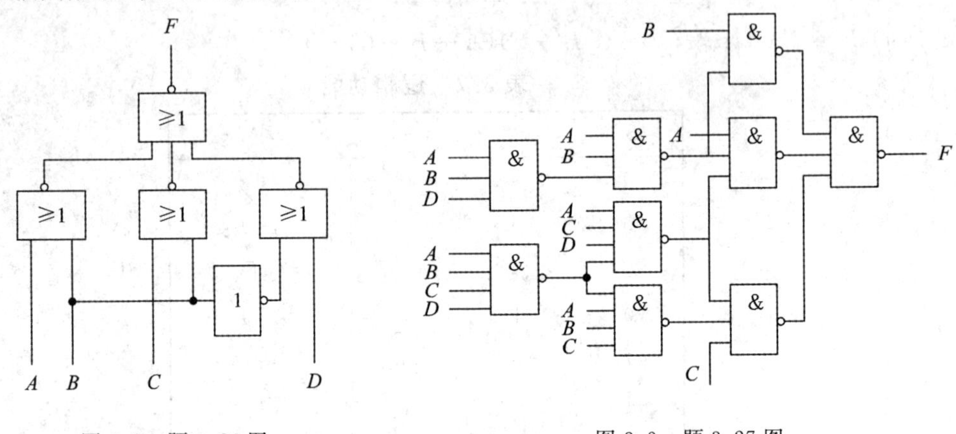

图 3.8　题 3.26 图　　　　图 3.9　题 3.27 图

3.28　血型有 A、B、AB、O 四种。输血时输血者的血型与受血者血型必须符合图 3.10 中箭头指示的授受关系。试用数据选择器设计一个逻辑电路，判断输血者与受血者的血型是否符合上述规定。(提示：可以用两个逻辑变量的 4 种取值表示输血者的血型，用另外两个逻辑变量的 4 种取值表示受血者的血型。)

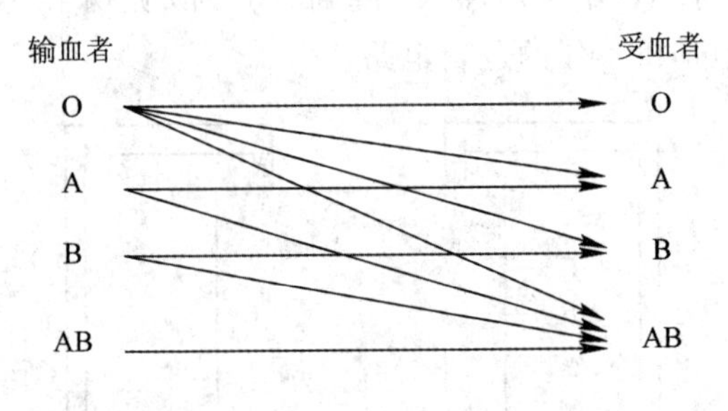

图 3.10　题 3.28 图

3.29　试用两个四位数值比较器组成三个数的判断电路。要求能够判别三个四位二进制数 $A(a_3a_2a_1a_0)$、$B(b_3b_2b_1b_0)$、$C(c_3c_2c_1c_0)$ 是否相等、A 是否最大、A 是否最小，并分别给出“三个数相等”“A 最大”“A 最小”的输出信号。(可以附加必要的门电路)

第4章 触 发 器

内容提要：本章从基本触发器出发，分析了同步触发器、主从触发器、边沿触发器的电路结构和工作原理；重点讨论了 RS、JK、D、T 触发器的逻辑功能及其描述方法；简要介绍了触发器的脉冲工作特性。

学习提示：了解触发器的电路结构是熟悉其动作特点的基础；掌握触发器的逻辑功能是正确使用触发器的前提条件。触发器是构成时序逻辑电路的基本单元，因此，熟练掌握触发器的特性表、特性方程、状态转换图等对于进一步学习时序逻辑电路十分重要。

在数字系统中，不但需要对二值信号进行算术运算和逻辑运算，还常需要把运算结果保存下来，因此，需要具有记忆功能的逻辑电路。能够存 1 位二进制码的单元电路称为触发器(Flip-Flop，FF)，它能接收、保存和输出数码 0、1。各类触发器都可由门电路引入适当的反馈构成。

根据电路结构形式的不同，可以将触发器分为基本触发器、同步触发器、主从触发器、边沿触发器等。这些不同的电路结构在状态变化过程中具有不同的动作特点，掌握这些动作特点对于正确使用这些触发器是十分必要的。

由于控制方式的不同(即信号的输入方式以及触发器状态随输入信号变化的规律不同)，触发器按逻辑功能的不同又可分为 RS 触发器、D 触发器、JK 触发器、T 触发器等几种类型。下面将对各种触发器加以讨论。

4.1 基本触发器

4.1.1 基本触发器的逻辑结构和工作原理

基本触发器的逻辑结构如图 4.1.1 所示。它可由两个与非门交叉耦合构成，图 4.1.1(a)是其逻辑电路图和逻辑符号，也可以由两个或非门交叉耦合构成，如图 4.1.1(b)所示。

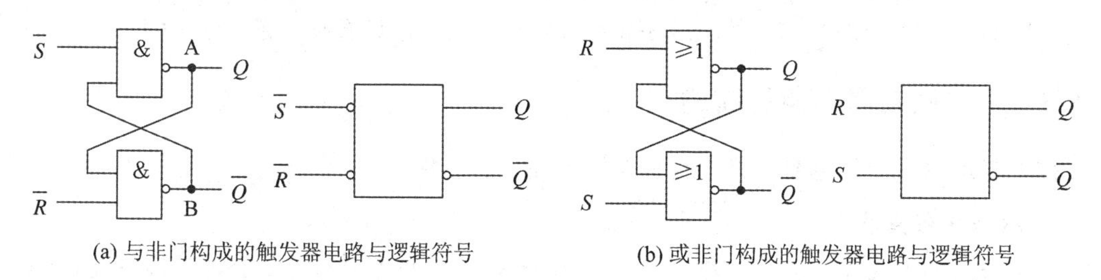

(a) 与非门构成的触发器电路与逻辑符号

(b) 或非门构成的触发器电路与逻辑符号

图 4.1.1 基本触发器逻辑结构及逻辑符号

现在以两个与非门组成的基本触发器为例分析其工作原理。

在图 4.1.1(a)中，A 和 B 是两个与非门，它可以是 TTL 门，也可以是 CMOS 门。Q 和

$\overline{Q}$ 是触发器的两个输出端。当 $Q=0$，$\overline{Q}=1$ 时，称触发器状态为 0；当 $Q=1$，$\overline{Q}=0$ 时，称触发器状态为 1。触发器有两个输入端 $\overline{R}$、$\overline{S}$，字母上的非号表示低电平或负脉冲有效(在逻辑符号中用小圆圈表示)。根据与非逻辑关系可写出触发器输出端的逻辑表达式如下：

$$Q=\overline{\overline{S}\overline{Q}},\quad \overline{Q}=\overline{\overline{R}Q} \tag{4.1.1}$$

根据以上两式，可得如下结论：

① 当 $\overline{R}=0$，$\overline{S}=1$ 时，则 $\overline{Q}=1$，$Q=0$，触发器置 0；

② 当 $\overline{R}=1$，$\overline{S}=0$ 时，则 $\overline{Q}=0$，$Q=1$，触发器置 1；

③ 当 $\overline{R}=1$，$\overline{S}=1$ 时，触发器状态保持不变，触发器具有保持功能；

④ 当 $\overline{R}=0$，$\overline{S}=0$ 时，则 $\overline{Q}=1$，$Q=1$，触发器置两输出端均为 1。如果 $\overline{R}=0$ 和 $\overline{S}=0$ 的持续时间相同，并且同时发生由 0 变到 1，则两个与非门输出都要由 1 向 0 转换，这就出现了所谓的竞争现象。假若与非门 A 的延迟时间小于 B 的延迟时间，则触发器将最终稳定在 $\overline{Q}=0$，$Q=1$ 的状态。因此，在 $\overline{R}=0$ 和 $\overline{S}=0$ 而且又同时变为 1 时，电路的竞争使得最终稳定状态不能确定，这种状态应尽可能避免。但假若 $\overline{R}=0$ 和 $\overline{S}=0$ 后，$\overline{R}$ 和 $\overline{S}$ 不是同时恢复为 1，那么最后稳定状态的新状态仍按上述①或②的情况确定，即触发器被置 0 或被置 1。图 4.1.2 所示为基本触发器的工作波形。图中虚线部分表示不确定。

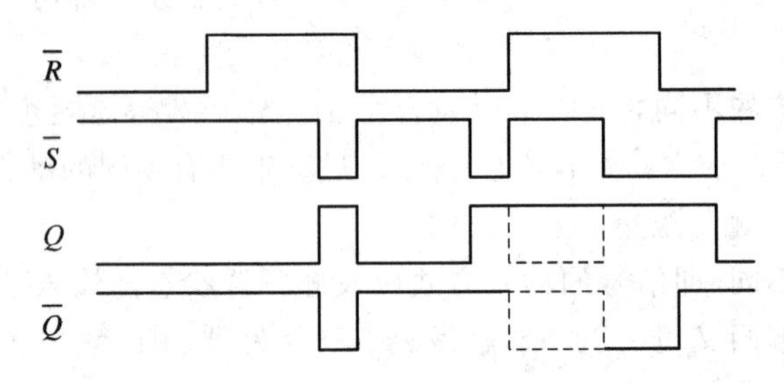

图 4.1.2 基本触发器工作波形

由上述分析可见，两个与非门交叉耦合构成的基本触发器具有置 0、置 1 及保持功能。通常称 $\overline{S}$ 为置 1 端，因为 $\overline{S}=0$ 时被置 1，所以是低电平有效。$\overline{R}$ 为置 0 端，因为 $\overline{R}=0$ 时置 0，所以也是低电平有效。基本触发器又称置 0 置 1 触发器，或称为 RS 触发器。

需要强调的是，当 $\overline{S}=0$，$\overline{R}=1$，触发器置 1 后，如果 $\overline{S}$ 由 0 恢复至 1，即 $\overline{S}=1$，$\overline{R}=1$，触发器保持在 1 状态，即 $Q=1$。同理，当 $\overline{S}=1$，$\overline{R}=0$ 时，触发器置 0 后，$\overline{R}$ 由 0 恢复至 1，即 $\overline{S}=1$，$\overline{R}=1$ 时，触发器保持在 0 状态，即 $Q=0$。这一保持功能和前面介绍的组合电路是完全不同的，因为在组合电路中，如果输入信号确定后，将只有唯一的一种输出。

4.1.2 基本触发器功能的描述

描述基本触发器的逻辑功能，通常采用下面三种方法。

1. 状态转移真值表

为了表明触发器在输入信号作用下，触发器下一稳定状态(次态)Q^{n+1} 与触发器稳定状态(现态)Q^n 以及输入信号之间关系，可将上述对触发器分析的结论用表格形式来描述，如表 4.1.1 所示。该表称为触发器状态转移真值表，表 4.1.2 为表 4.1.1 的简化表。

表 4.1.1　基本触发器的状态转移真值表

现态	输入信号		次　态	功能
Q^n	$\overline{R}$	$\overline{S}$	Q^{n+1}	
0 1	0 0	1 1	0 0 } 0	置 0
0 1	1 1	0 0	1 1 } 1	置 1
0 1	1 1	1 1	0 1 } Q^n	保持
0 1	0 0	0 0	1 不正常 1	不允许

表 4.1.2　简化真值表

$\overline{R}$	$\overline{S}$	Q^{n+1}
0	1	0
1	0	1
1	1	Q^n
0	0	不定

2. 特征方程(状态方程)

触发器的逻辑功能还可用逻辑函数表达式来描述。描述触发器逻辑功能的函数表达式称为特征方程或状态转移方程，简称为状态方程。由表 4.1.1 通过卡诺图 4.1.3 化简，可得

$$\begin{cases} Q^{n+1} = \overline{\overline{S}} + \overline{R}Q^n = S + \overline{R}Q^n \\ \overline{S} + \overline{R} = 1 \end{cases} \tag{4.1.2}$$

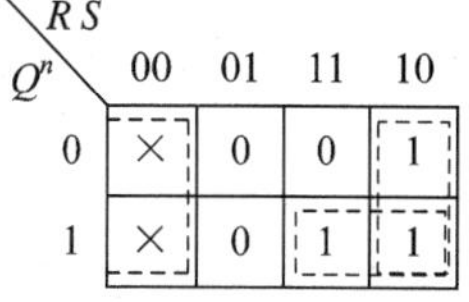

图 4.1.3　卡诺图

其中，$\overline{S}+\overline{R}=1$ 称为约束条件。由于 $\overline{S}$ 和 $\overline{R}$ 同时为 0 又同时恢复为 1 时，状态 Q^{n+1}是不确定的。为了获得确定的 Q^{n+1}，输入信号 $\overline{S}$ 和 $\overline{R}$ 应满足 $\overline{S}+\overline{R}=1$。

3. 状态转移图和激励表

描述触发器的逻辑功能还可以采用图形方式，即状态转移图来描述。图 4.1.4 为基本触发器的状态转移图。图中两个圆圈分别代表基本触发器的两个稳定状态，箭头表示在输入信号作用下状态转移的方向，箭头旁的标注表示状态转移时的条件。

由图 4.1.4 可见，如果触发器当前稳定状态是 $Q^n=0$，则在输入信号 $\overline{S}=0$，$\overline{R}=1$ 的条件下，触发器转移至下一个状态(次态)$Q^{n+1}=1$；如果输入信号 $\overline{S}=1$，$\overline{R}=0$ 或 1，则触发器维持在 0 状态；如果触发器的当前稳定状态是 $Q^n=1$，则在输入信号 $\overline{S}=1$，$\overline{R}=0$ 的作用下，触发器转移至下一状态(次态)$Q^{n+1}=0$；如果输入信号 $\overline{S}=1$ 或 0，$\overline{R}=1$，则触发器维持在 1 状态。这与表 4.1.1 所描述的功能是一致的。

由图4.1.4可以方便地列出表4.1.3。表4.1.3表示触发器由当前状态Q^n转移至确定要

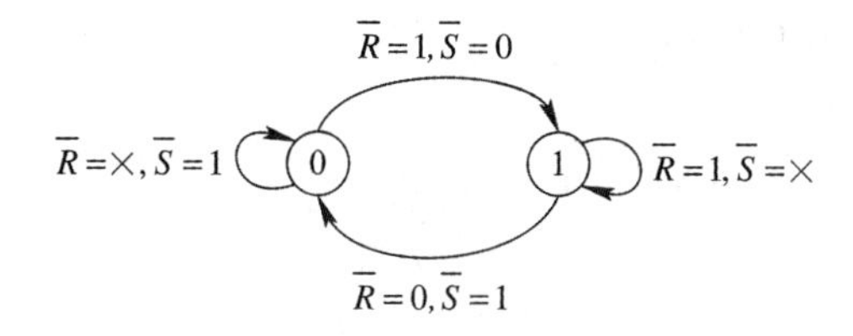

图 4.1.4　基本触发器的状态转移图

表 4.1.3　基本触发器的激励表

状态转换		激励输入	
Q^n	→ Q^{n+1}	$\overline{R}$	$\overline{S}$
0	0	×	1
0	1	1	0
1	0	0	1
1	1	1	×

其中×表示任意，0 或 1。

求的下一状态 Q^{n+1} 时对输入信号的要求，因此表 4.1.3 为触发器的激励表或驱动表。它实质上是表 4.1.1 状态转移真值表的派生表。

上述触发器逻辑功能的几种描述方法，其本质是相通的，可以互相转换。在分析包含触发器的逻辑电路时，必须熟练地运用状态转移真值表、状态方程及状态转移图，而在设计包含有触发器的逻辑电路(时序逻辑电路)时，必须运用触发器的激励表。

4.1.3　基本触发器的应用

基本触发器电路简单，只要注意它的约束条件，其应用也很广泛。例如用基本触发器来消除机械开关产生的抖动脉冲。当机械开关从一个位置扳到另一个位置时，机械触头在闭合瞬间将会产生震颤，形成抖动脉冲，影响电路正常工作。为了消除抖动脉冲，机械开关与基本触发器按图 4.1.5 连接，形成消除开关抖动电路，其波形如图 4.1.6 所示。

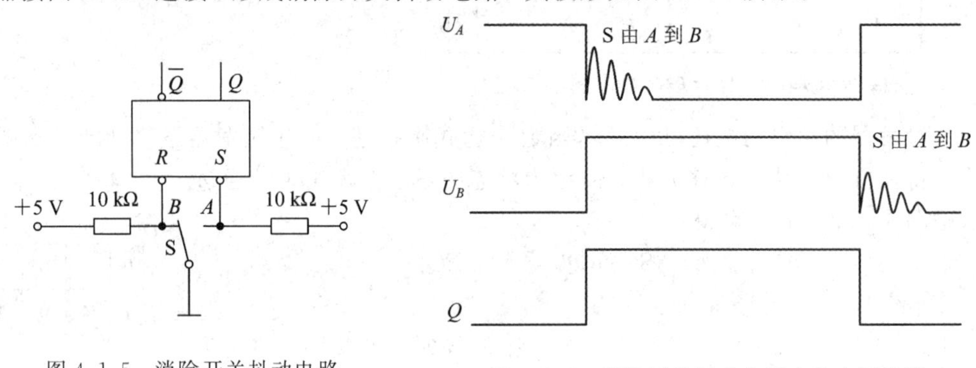

图 4.1.5　消除开关抖动电路

图 4.1.6　消除开关抖动电路中的电压波形

4.2　同步触发器

前面介绍的基本触发器，其输出状态直接受输入信号控制。而在实际运用中，常常需要触发器的输入仅作为触发器发生状态变化的转移条件，不希望触发器状态随输入信号的变化而立即发生相应变化，而是要求在时钟脉冲信号(CP)的作用下，触发器状态根据当时的输入激励条件发生相应的状态转移(例如，计算机中存储器只有在存数时才将输入端的数据存入，其他时间则保存数据值不变)。为此，在基本触发器的基础上加上触发引导电路，构成时钟控制触发器。时钟控触发器的种类很多，其中最简单、最基本的一类是同步触发器。

根据功能的不同，同步触发器可分为同步 RS 触发器、同步 D 触发器等。

4.2.1　同步 RS 触发器

由与非门构成的同步 RS 触发器如图 4.2.1(a)所示，其逻辑符号如图 4.2.1(b)所示。图中门 A 和 B 构成基本触发器，门 C 和 E 构成触发引导电路。

由图 4.2.1(a)可见，基本触发器的输入如下：

$$\bar{S}_D = \overline{S \cdot CP}, \quad \bar{R}_D = \overline{R \cdot CP}$$

当 CP=0 时，不论 S、R 是什么，$\bar{S}_D$、$\bar{R}_D$ 的值都为 1，由基本触发器功能可知，触发器状态 Q 维持不变。当 CP=1 时，$\bar{S}_D=\bar{S}$，$\bar{R}_D=\bar{R}$，触发器状态将发生转移。为使触发器的翻转时刻真正由 CP 控制，而不受 S、R 信号的影响，要求 S、R 信号在 CP=1 期间保持不变。因此，CP 的作用仅是控制触发器的翻转时刻，而触发器翻转后的状态仍然是由 S、R 和 Q^{n+1}

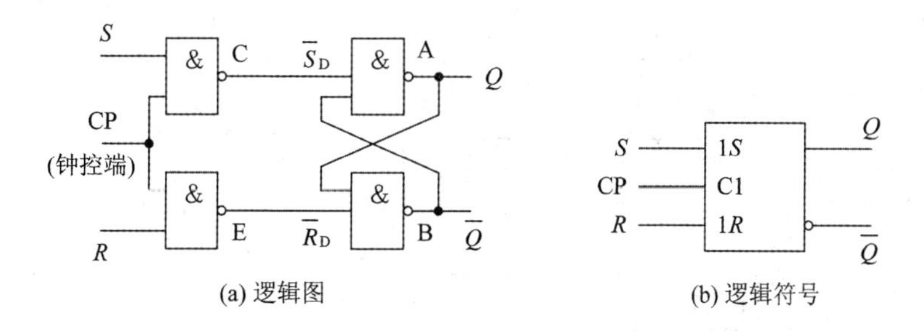

图 4.2.1 同步 RS 触发器

决定的。

根据基本触发器的状态方程，可以得到，当 CP=1 时，有

$$\begin{cases} Q^{n+1} = S + \overline{R}Q^n \\ RS = 0 \end{cases} \tag{4.2.1}$$

该式是同步 RS 触发器的状态方程，其中 $RS=0$ 是约束条件，它表明在 CP=1 期间，触发器的状态按上式的描述发生状态转移。

同理可得在 CP=1 时，同步 RS 触发器的状态转移真值表如表 4.2.1 所示，激励表如表 4.2.2 所示，状态转移图如图 4.2.2 所示。

表 4.2.1 同步 RS 触发器的状态转移真值表

R	S	Q^{n+1}
0	0	Q^n
0	1	1
1	0	0
1	1	不定

表 4.2.2 同步 RS 触发器的激励表

Q^n	$\longrightarrow Q^{n+1}$	$\overline{R}$	$\overline{S}$
0	0	×	0
0	1	0	1
1	0	1	0
1	1	0	×

图 4.2.3 是同步 RS 触发器的工作波形。当 CP=0 时，不论 R、S 如何变化，触发器状态维持不变。只有当 CP=1 时，R、S 的变化才能引起状态的改变。

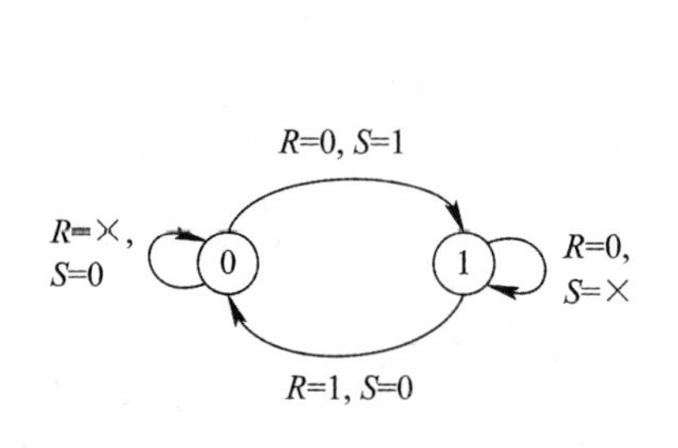

图 4.2.2 同步 RS 触发器的状态转移图

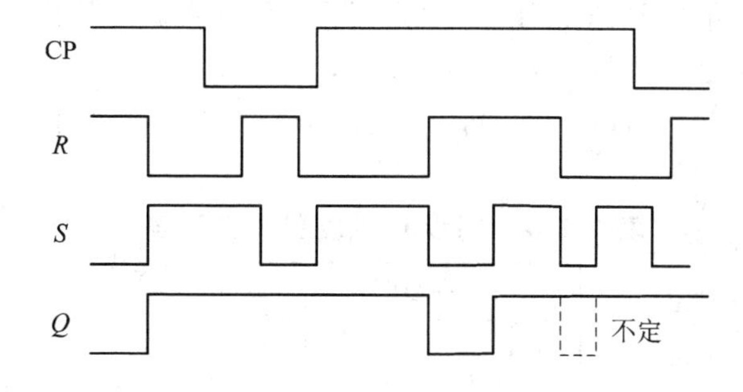

图 4.2.3 同步 RS 触发器的工作波形

4.2.2 同步 D 触发器

为了避免同步 RS 触发器的输入信号同时为 1，可以在 S 和 R 之间接一个“非门”，信号只从 S 端输入，并将 S 端改称为数据输入端 D，如图 4.2.4 所示。这种单输入的触发器称为同步 D 触发器，也称 D 锁存器。

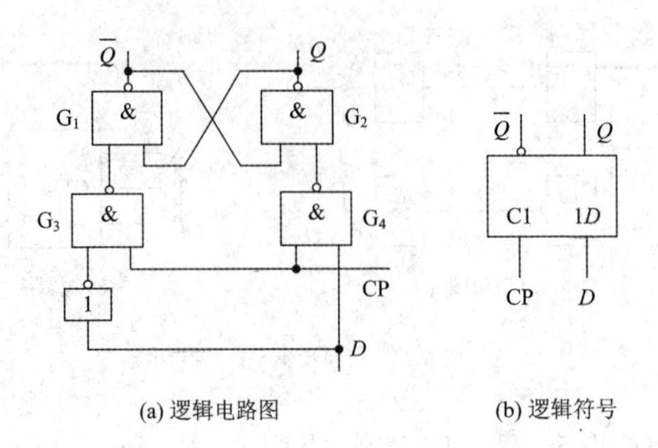

(a) 逻辑电路图　　(b) 逻辑符号

图 4.2.4　同步 D 触发器

由图可知，$S=D$，$R=\overline{D}$，当 CP=0 时，触发器的状态 Q 维持不变。当 CP=1 时，若 $D=1$，则 $S=1$，$R=\overline{S}=0$，故 $Q^{n+1}=1$；若 $D=0$，则 $S=0$，$R=\overline{S}=1$，故 $Q^{n+1}=0$。由此得到同步 D 触发器的状态转移真值表 4.2.3 所示。

表 4.2.3　同步 D 触发器的状态转移真值表

CP	D	Q^n	Q^{n+1}	说　明
0	×	0	0	保持原状态不变
0	×	1	1	
1	0	0	0	置 0
1	0	1	0	
1	1	0	1	置 1
1	1	1	1	

由状态转移真值表可直接列出同步 D 触发器的状态方程为

$$Q^{n+1}=D$$

同步 D 触发器逻辑功能表明：只要向同步触发器送入一个 CP，即可将输入数据 D 存入触发器。CP 过后，触发器将存储该数据，直到下一个 CP 到来时为止，故可锁存数据。这种触发器同样要求 CP=1 时，D 保持不变。

同理可得，同步 D 触发器在 CP=1 时的激励表如表 4.2.4 所示，状态转移图如图 4.2.5 所示。

表 4.2.4　同步 D 触发器的激励表

Q^n	$\longrightarrow Q^{n+1}$	D
0	0	0
0	1	1
1	0	0
1	1	1

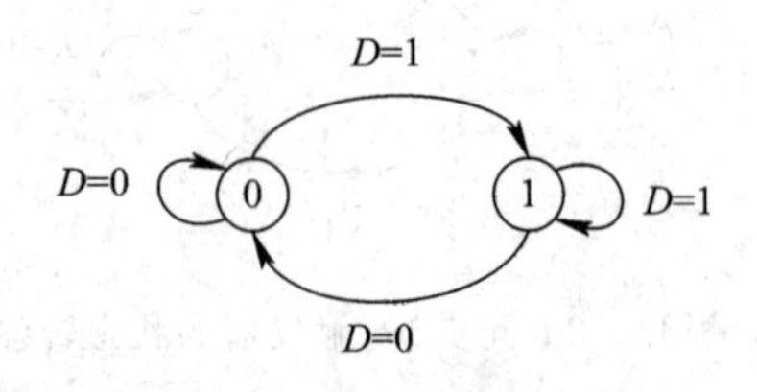

图 4.2.5　同步 D 触发器的状态转移图

4.2.3　同步触发器的触发方式和空翻问题

1. 空翻问题

由于在 CP=1 期间，同步触发器的触发引导门都是开放的，触发器都可以接收输入信号而翻转，所以在CP=1期间，如果输入信号发生多次变化，触发器的状态也会发生相应的改变，如图4.2.6所示。这种在CP=1期间，由于输入信号变化而引起的触发器翻转的现象，称为触发器的空翻现象。

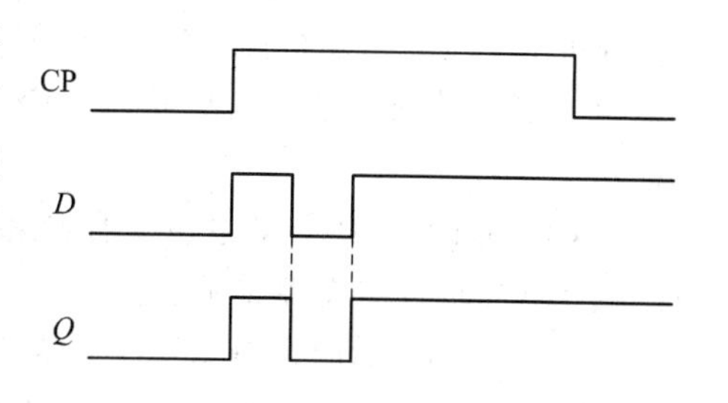

图4.2.6 同步D触发器的空翻波形

由于同步D触发器存在空翻问题，其应用范围也就受到了限制。它不能用来构成移位寄存器(register)和计数器(counter)，因为在这些部件中，当CP=1时，不可避免地会使触发器的输入信号发生变化，从而出现空翻现象，使这些部件不能按时钟脉冲的节拍正常工作。此外，这种触发器在CP=1期间，如遇到一定强度的正向脉冲干扰而使 S、R 或 D 信号发生变化时，也会引起空翻现象，所以它的抗干扰能力也差。

2. 触发方式

由于同步触发器在CP为高电平期间均可翻转，所以其CP触发方式属于电平触发方式，因此，同步触发器也称为电平触发型触发器。为了避免空翻现象，必须采用其他的电路结构，这就产生了无空翻的主从触发器、边沿触发器。

4.3 主从触发器

4.3.1 主从触发器基本原理

1. 主从RS触发器

为了解决同步D触发器在CP=1期间，输出状态随着输入信号的改变而变化的问题，引入了主从触发器的电路结构形式。主从触发器由两组同步RS触发器构成，图4.3.1所示为主从RS触发器的电路结构，其中由与非门 $G_1 \sim G_4$ 组成的同步RS触发器称为从触发器，由与非门 $G_5 \sim G_8$ 组成的同步RS触发器称为主触发器。其中主触发器接收输入信号，其输出状态 Q' 直接由输入信号决定，从触发器接收主触发器的输出信号，其输出状态 Q 由主触发器的状态决定。从触发器的输出为整个主从触发器的输出，主触发器的输入为整个主从触发器的激励输入。

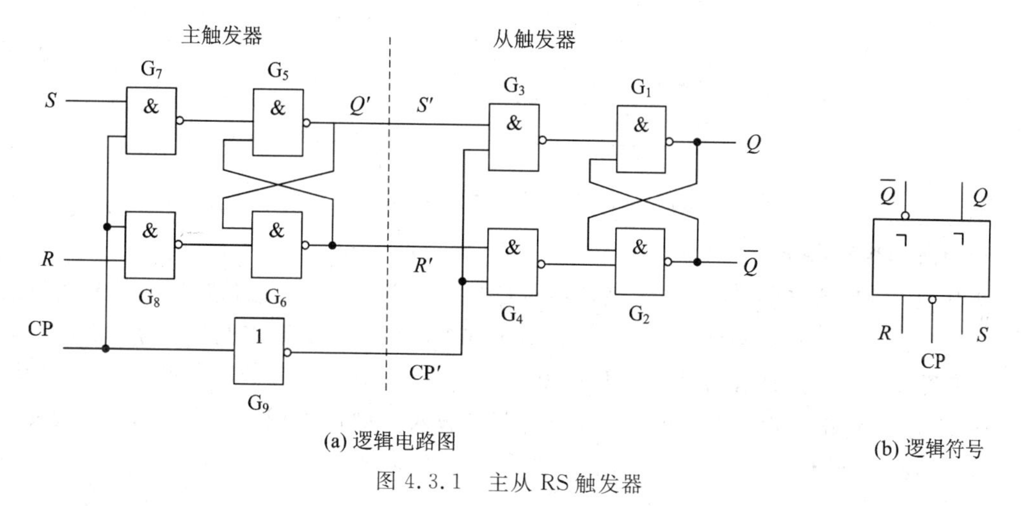

图4.3.1 主从RS触发器

分析图 4.3.1 所示电路可知，当 CP=1 时，时钟脉冲经 G_9 门反相后使 $CP'=0$，则 G_3、G_4 门被封锁，从触发器保持原状态不变；而 G_7、G_8 门被打开，主触发器 Q' 的状态由 R、S 决定。

当 CP=0 时，$\overline{CP}=1$，主触发器被封锁，而从触发器被打开，接收主触发器的内容，从而使触发器的输出状态保持不变。

当 CP=1 时，此时主触发器接收输入激励信号，其状态方程为

$$\begin{cases} Q^{n+1} = S + \bar{R}Q^n \\ RS = 0 \end{cases} \quad CP = 1 \text{ 期间有效} \tag{4.3.1}$$

此时，因为$\overline{CP}=0$，从触发器被封锁，输出端 Q、$\bar{Q}$ 保持原来状态不变。

当 CP 从 1 变 0 时，CP′由 0 变 1，G_3、G_4 门被打开，主触发器的输出状态决定了从触发器的 Q、$\bar{Q}$ 端的状态；同时 G_7、G_8 门被封锁，截断了输入端 RS 与主触发器的联系，使 R、S 输入信号无效，即在 CP=0 期间，主触发器保持原状态不变。

主从 RS 触发器利用 CP=1 和 CP 下降沿分别控制数据的存入和输出，因此，图 4.3.1(b) 的逻辑符号中，框内“¬ ”号表示延迟输出，即 CP=0 以后触发器输出状态才改变。

综上所述，主从 RS 触发器的工作过程分为两步，即在 CP=1 时 $CP'=0$，主触发器接收输入端 R、S 的信号决定 Q' 的状态，从触发器保持状态不变；当 CP=0 时，$CP'=1$，主触发器保持输出状态不变，从触发器的输出 Q 由 Q' 决定。尽管在 CP=1 期间，主触发器的状态可以随着输入 R、S 的改变而变化，但从触发器的输出状态仅由 CP 从 1 变 0 时主触发器的状态决定，主从触发器的输出取自从触发器的输出端，因此，保证了每来一个时钟脉冲，触发器的输出状态仅变化一次。

在 CP 的一个变化周期内，只有在 CP 下降沿来到的瞬间，触发器输出状态(Q、$\bar{Q}$)才能发生一次翻转，这种触发方式称为脉冲触发，因此，这种触发器能有效地克服空翻。图 4.3.2 所示为主从 RS 触发器的工作波形。在图 4.3.1(b)中，CP 端的小圆圈“。”表示触发器是 CP 下降沿触发的。

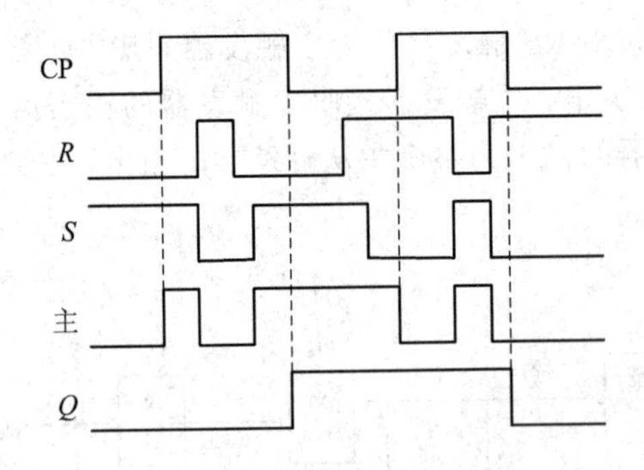

图 4.3.2 主从 RS 触发器工作波形

2. 主从 JK 触发器

主从 RS 触发器解决了同步 RS 触发器在 CP=1 期间，输出状态随着输入信号的改变而多次翻转的问题，但约束条件仍然存在，这对于许多应用来说是不方便的。为了去掉约束条件，或者说设法使电路能够自动满足 $RS=0$ 的约束条件，对电路作进一步改进，具体做法是在 R 和 S 的输入端分别增加一个 2 输入的与门，输入控制信号用 J、K 表示，并且使 $S=J\bar{Q}$，$R=KQ$，这样有 $RS=JK\bar{Q}Q=0$。改进后的电路如图 4.3.3 所示，此触发器叫作主从

JK 触发器。图 4.3.3 所示触发器除了同步输入端 J、K 及 CP 脉冲以外，还增加了不受时钟脉冲 CP 控制的直接置 1、置 0 端 S_d 和 R_d，它们也叫异步输入控制端，可根据需要预先把触发器置成 1 或 0。S_d 和 R_d 是低电平有效信号，如不需要时，S_d 和 R_d 端均接高电平。

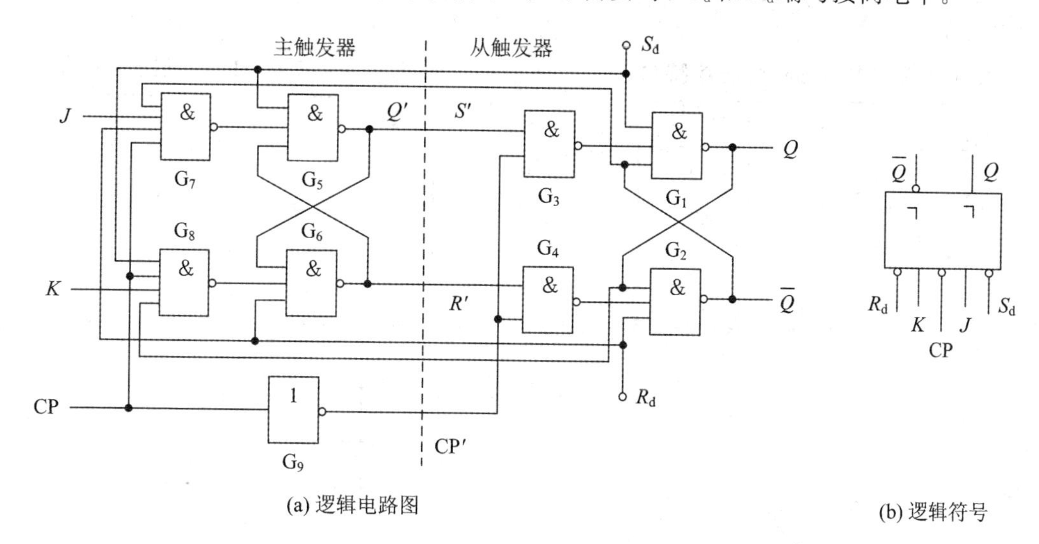

图 4.3.3　主从 JK 触发器

当 CP=1 时，CP′=0，G_3、G_4 门被封锁，从触发器保持原状态不变，而 G_7、G_8 门被打开，J、K 和 Q、$\overline{Q}$ 的状态决定主触发器的状态。由于 Q 和 $\overline{Q}$ 两条反馈线的作用使主触发器状态一旦改变成与从触发器相反的状态时，就不会再翻转了。

当 CP 从 1 变成 0 时，G_3、G_4 门被打开，主触发器的状态决定了从触发器 Q、$\overline{Q}$ 端的状态，同时 G_7、G_8 门被封锁，切断了输入端与主触发器的联系，J、K 输入信号无效。即在 CP=0 期间，主触发器不翻转，抑制了干扰信号。

把 $S=J\overline{Q}$，$R=KQ$ 代入基本触发器的特性方程式(4.1.1)，可得 JK 触发器的特性方程如式(4.3.2)所示。

$$Q^{n+1}=J\overline{Q}^n+\overline{K}Q^n \tag{4.3.2}$$

由于 $S\cdot R=J\overline{Q}^n\cdot KQ^n=0$，对于 J、K 的任意取值都不会使 R、S 同时为 1，因此，J、K 之间不会有约束。

依据式(4.3.2)可得出主从 JK 触发器的特性表如表 4.3.1 所示。

表 4.3.1　主从 JK 触发器的特性表

J	K	Q^n	Q^{n+1}	说　明
0	0	0	0	输出状态不变
0	0	1	1	
0	1	0	0	输出状态为 0
0	1	1	0	
1	0	0	1	输出状态为 1
1	0	1	1	
1	1	0	1	每输入 1 个时钟脉冲
1	1	1	0	状态改变 1 次

根据主从 JK 触发器的状态方程，可得到简化特性表 4.3.2、激励表 4.3.3、状态转移图 4.3.4 及工作波形图 4.3.5。由表 4.3.2 可见，主从 JK 触发器在 $J=K=0$ 时，具有保持功能；在 $J=0$，$K=1$ 时具有置 0 功能；在 $J=1$，$K=0$ 时具有置 1 功能；在 $J=1$，$K=1$ 时具有翻转功能。

表 4.3.2　主从 JK 触发器特性表

J	K	Q^{n+1}
0	0	Q^n
0	1	0
1	0	1
1	1	$\overline{Q}^n$

表 4.3.3　主从 JK 触发器激励表

Q^n	$\longrightarrow Q^{n+1}$	J	K
0	0	0	×
0	1	1	×
1	0	×	1
1	1	×	0

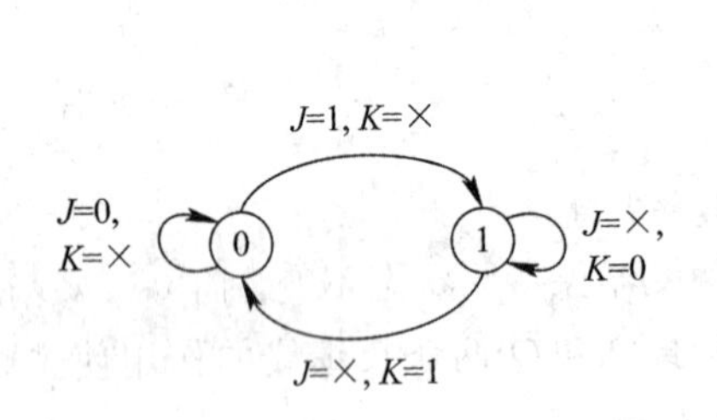

图 4.3.4　主从 JK 触发器状态转移图

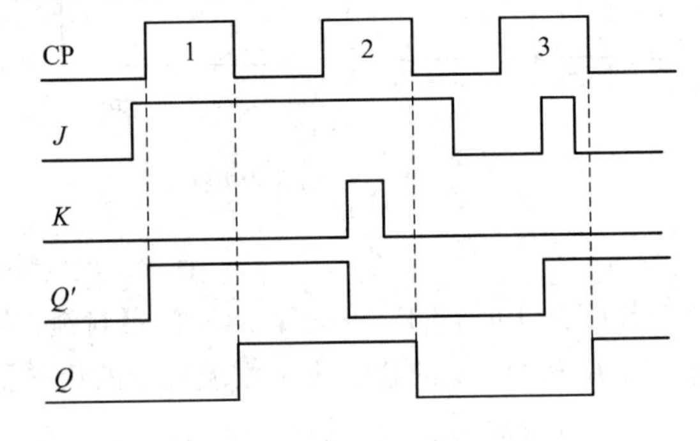

图 4.3.5　主从 JK 触发器工作波形

例 4.3.1　在图 4.3.3 所示的主从 JK 触发器中，已知 R_d、S_d、CP、J、K 各输入端的波形如图 4.3.6(a)所示，试画出与之对应的 Q 输出端的波形。

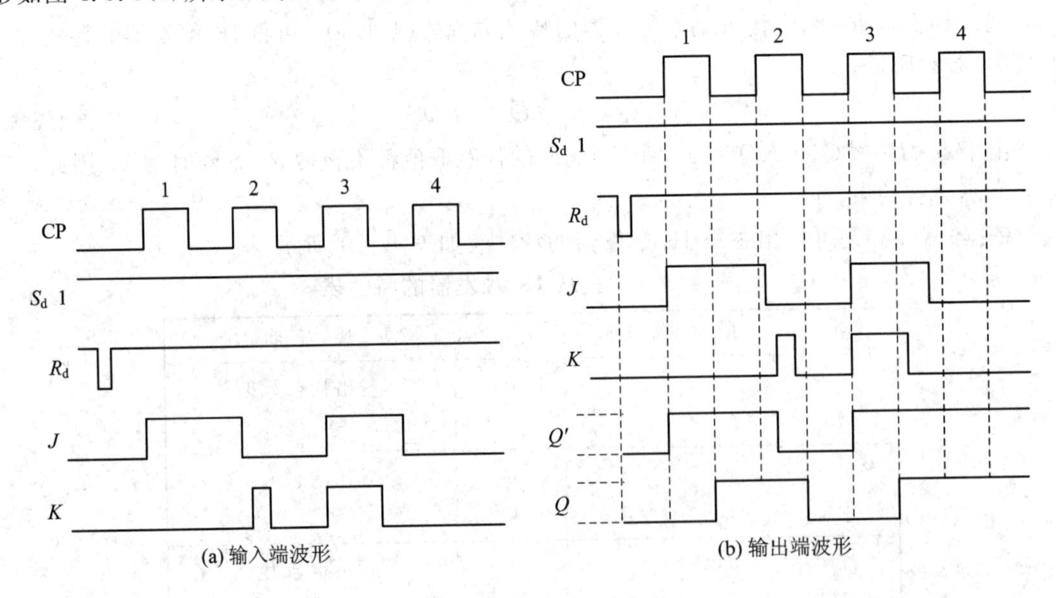

图 4.3.6　例 4.3.1 图

解：从输入信号波形可见，在 CP 脉冲信号到来之前，异步输入控制信号出现 $S_d=1$，$R_d=0$，使触发器置 0，即 $Q=0$，$\overline{Q}=1$。此后，$S_d=1$，$R_d=1$，异步输入控制信号处于无效状态。

由图可见，第一个 CP 脉冲为高电平期间，一直保持 $J=1$、$K=0$，根据输入信号分析可见 G_7 输出为 0，G_8 输出为 1，故 $Q'=1$。在 CP 下降沿到达后，主触发器控制从触发器使其输出 $Q=1$。

第二个 CP 脉冲为高电平期间，出现了短时间的 $J=0$，$K=1$ 状态，此时主触发器被置 0，虽然在 CP 脉冲下降沿到达前，输入状态回到了 $J=K=0$，但在 CP 下降沿到达后从触发器仍按主触发器状态被置 0，即 $Q=0$。

第三个 CP 脉冲为高电平期间，J、K 几乎同时变为 1，此时主触发器被置 1，即 $Q'=1$。在 CP 下降沿到达后，从触发器接收主触发器状态被置 1，即 $Q=1$。

第四个 CP 脉冲到达后，$J=K=0$ 保持不变，G_7、G_8 门被封锁，主触发器和从触发器均保持输出状态不变。

按照上述分析，可画出 Q'、Q 的波形图如图 4.3.6(b)所示。

主从 JK 触发器对输入控制信号没有约束条件，并且每来一个时钟脉冲，触发器的输出仅可能翻转一次，因此，就逻辑功能的完善性、使用的灵活性和通用性来说，JK 触发器具有明显优势。但是，主从 JK 触发器也存在不足之处，就是通常所说的一次变化问题。例如在例 4.3.1 的分析中，在第二个 CP 脉冲的下降沿到来前，$J=0$，$K=0$，若按 JK 触发器的特性表分析，Q 的状态应保持 1 状态不变，但在 CP 的高电平期间，出现了短时间的 $J=0$，$K=1$ 状态，结果使 $Q=0$。

进一步的分析表明，若主从 JK 触发器的现态为 0，即 $Q=0$，$\bar{Q}=1$，由于 Q 和 $\bar{Q}$ 分别反馈到 G_7 和 G_8 的输入端，G_8 门被 $Q=0$ 封锁。在 CP=1 期间，只有 G_7 门能接收输入端 J 的变化，比如 $J=1$，则 G_7 输出的 0 使 G_5 输出为 1，G_6 输出为 0。G_6 输出的 0 使 G_5 门被封锁，此后即使输入端 J 由 1 变 0，主触发器的状态也将保持 1 不变。若主从 JK 触发器的现态为 1，即 $Q=1$，$\bar{Q}=0$，Q 和 $\bar{Q}$ 反馈的结果使 G_7 门被 $\bar{Q}=0$ 封锁。在 CP=1 期间，只有 G_8 门能接收输入端 K 的变化，比如 $K=1$，则 G_8 输出的 0 使 G_6 输出为 1，G_5 输出为 0。G_5 输出的 0 使 G_6 门被封锁，此后即使输入端 K 由 1 变 0，主触发器的状态也将保持 0 不变。

由上述分析可见，主从 JK 触发器的一次变化问题是由其电路结构决定的。主从 JK 触发器一次变化现象的存在，降低了其抗干扰能力，因此在使用主从 JK 触发器时，为了减少触发器接收干扰的机会，宜采用正向窄脉冲。

3. 主从 T 触发器

在图 4.3.3 中，将 J、K 输入端连接在一起，并用 T 作为输入控制信号，便得到了 T 触发器。令 $J=K=T$，则 T 触发器的特性方程可由式(4.3.2)求出：

$$Q^{n+1}=T\bar{Q}^n+\bar{T}Q^n \tag{4.3.3}$$

由式(4.3.3)出发，可分别作出 T 触发器的特性表和状态转移图，如表 4.3.4 和图 4.3.7 所示。

表 4.3.4　T 触发器的特性表

T	Q^n	Q^{n+1}	说　明
0	0	0	$Q^{n+1}=Q^n$
0	1	1	
1	0	1	$Q^{n+1}=\bar{Q}^n$
1	1	0	

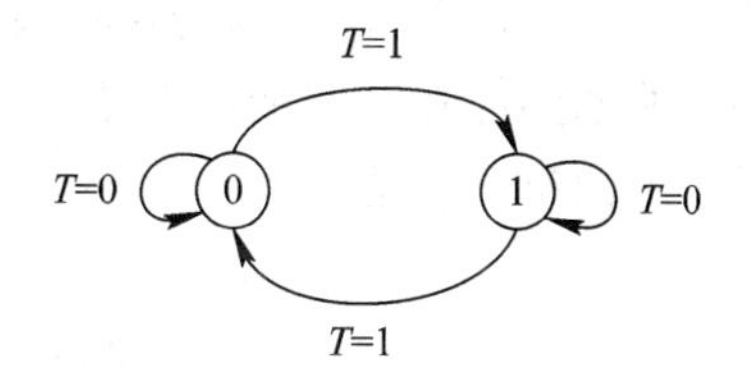

图 4.3.7　T 触发器的状态转移图

例 4.3.2 主从 T 触发器的逻辑符号及 CP、T 的输入信号波形如图 4.3.8(a)、(b)所示，试画出 Q 端的波形。设触发器的初始状态为 0。

解：分析 T 触发器的逻辑功能特点可见，T=1 时，每来一个时钟脉冲，触发器的状态改变一次；当 T=0 时，触发器保持原状态不变。考虑到主从触发器的动作特点，触发器在 CP 脉冲由 1 变 0 时输出状态发生改变。综上所述，可画出 Q 端的波形如图 4.3.8(c)所示。

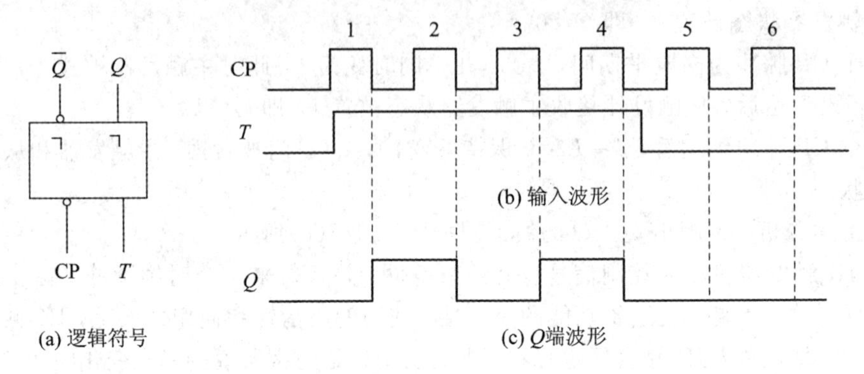

(a) 逻辑符号　　(c) Q端波形

图 4.3.8　例 4.3.2 图

T 触发器在 T=1 时，每来一个时钟脉冲，触发器的状态改变一次；当 T=0 时，触发器保持原状态不变。基于这一特点，T 触发器又叫作可控计数型触发器。

当 T 触发器的 T 端输入值恒为 1 时，其特性方程为 $Q^{n+1}=\bar{Q}^n$。这表示每输入一个时钟脉冲，触发器翻转一次。通常称具有此特点的触发器为计数型触发器，用 T′表示。

4.3.2　主从触发器一次翻转现象

由主从 JK 触发器的工作原理可知，在 CP=1 期间，J、K 信号是不变的，当 CP 由 1 变 0 时，从触发器达到稳定状态(即主触发器的输出状态输入到从触发器，并决定了整个触发器的输出状态)。但是如果在 CP=1 期间，J、K 信号发生变化，主从 JK 触发器就有可能产生一次性翻转现象。所谓主从 JK 触发器的一次翻转现象是在 CP=1 期间，不论输入信号 J、K 变化多少次，主触发器能且仅能翻转一次。这是因为在图 4.3.3 中，状态互补的 Q、$\bar{Q}$ 分别反馈到了 G_7、G_8 门的输入端，使这两个门中总有一个是被封锁的，而根据同步 RS 触发器的性能知道，从一个输入端加信号，其状态能且仅能改变一次。例如，当 $\bar{Q}$=0，Q=1 时，G_8 门被封锁，J 不起作用，信号只能由 K 端经 G_7 门将主触发器置 0，且一旦置 0 后，无论 K 怎么变化，主触发器都将保持 0 状态不变。$\bar{Q}$=1，Q=0 时的情况正好相反，被封锁的是 G_7 门，信号只能由 J 端经 G_8 门起作用，因而仅可将主触发器置 1，且一旦置 1 以后，状态也不可能再改变。

综上所述，只有当 Q=1，在 CP=1 时 K 由 0 变 1，或 Q=0，在 CP=1 时 J 由 0 变 1 这两种情况下，才产生一次翻转现象，并非所有的跳变信号都会使主从 JK 触发器出现一次翻转现象。图 4.3.5 所示为主从 JK 触发器的工作波形，由图可见，在第二个时钟脉冲及第三个时钟脉冲期间存在一次翻转现象。一次翻转现象，不仅限制了主从 JK 触发器的使用，而且降低了它的抗干扰能力。

4.4　边沿触发器

从前面的讨论已知，随着触发器电路结构的改进，触发器的电气性能与动作特点也在不断变化，同步触发器的引入，解决了控制信号与时钟脉冲相联系的问题；主从 RS 触发器的引入，解决了同步触发器存在的空翻问题；主从 JK 触发器的引入，消除了主从 RS 触发器的约束条件，但主从 JK 触发器由于存在一次变化问题，在 CP=1 期间，其抗干扰能力降低。为了提高触发器的抗干扰能力，又引入了边沿触发器。边沿触发器的次态仅取决于 CP 脉冲上升沿(或下降沿)到达时刻输入信号的状态，而在 CP 其他时刻输入信号的变化对触发器状态均无影响，因此增强了电路的抗干扰能力，提高了触发器的可靠性。

目前，数字集成电路产品中的边沿触发器有利用门电路传输延迟时间的边沿触发器、维持阻塞型触发器等多种形式。现以利用传输延迟时间构成的负边沿触发器为例，如图 4.4.1 所示，说明边沿触发器的工作原理。

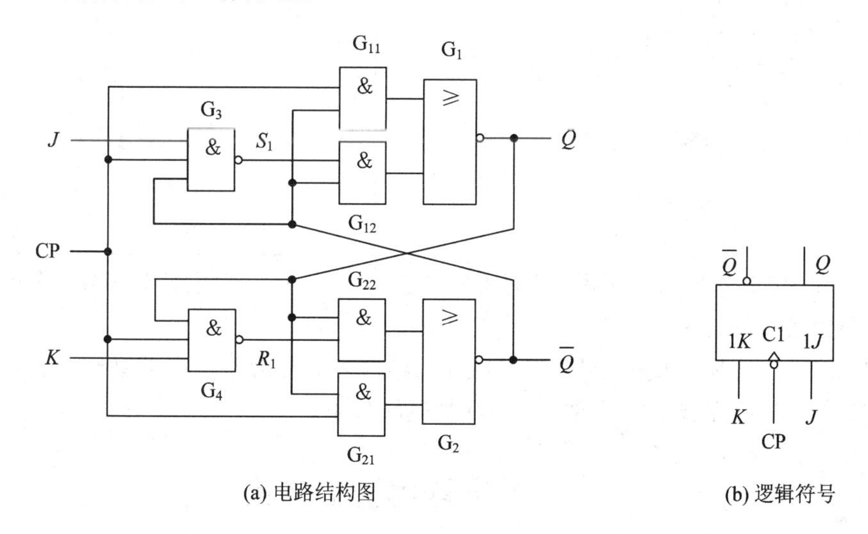

(a) 电路结构图 (b) 逻辑符号

图 4.4.1 边沿 JK 触发器

在图 4.4.1(a)所示电路中，G_1、G_{11}、G_{12}(G_1、G_{11}、G_{12}构成与或非门)、G_2、G_{21}、G_{22}门构成基本触发器，两个与非门 G_3、G_4作为输入信号引导门，而且与非门的传输延迟时间大于基本触发器的翻转时间。下面按 CP 脉冲的四个阶段来分析它的工作原理。

(1) 当 CP=0 时，G_1、G_{21}、G_3、G_4门被封锁，不论 J、K 为何种状态，R_1、S_1均为 1，电路通过 G_{12}、G_{22}门实现自锁，基本触发器保持 Q、$\overline{Q}$ 的状态不变。这说明 CP=0 时，无论 J、K 怎样变化，对触发器都不起作用。

(2) 当 CP 从 0 变成 1 时，即上升沿瞬间，触发器保持现态不变。因为一旦 CP 变化为 1，G_{11}、G_{21}门较 G_3、G_4门先被打开，设原来 $Q=0$，$\overline{Q}=1$，则 G_{11}输出为 1，它保证了 G_1输出为 0。由于 $Q=0$ 使 G_{21}、G_{22}被封锁，无法接收 K 输入端的信号。当 J 输入端的信号经 G_3传送到 G_{12}时，由于 G_{11}输出已为 1，因此不管 G_{12}的输出如何都不影响 G_1的输出状态，其结果使触发器状态保持不变。

(3) 当 CP=1 时，无论触发器处于什么状态，电路通过 G_{11}、G_{21}门实现自锁，触发器状态保持状态不变，因此，J、K 输入信号不起作用。

(4) 当 CP 从 1 变成 0 时，即下降沿瞬间，G_{11}、G_{21}门先被封锁，其输出 0，而由于 G_3、G_4门的传输延迟，S_1、R_1端的状态还维持 CP 下降沿作用前由 J、K 的输入状态所确定的输出值，由此值决定基本触发器的输出状态，并进入自锁状态。

综上所述，负边沿 JK 触发器是在 CP 脉冲下降沿产生翻转的，翻转后的状态取决于 CP 脉冲下降沿到达前 J、K 端的输入信号，这说明只要在 CP 脉冲下降沿到达前的短暂时间内

保持 J、K 端的输入信号稳定即可。而在 CP=0 和 CP=1 期间，J、K 信号的任何变化都不会影响触发器的输出状态。因此，边沿触发器的抗干扰能力很强。

图 4.4.2 所示为上升沿触发的边沿 D 触发器的逻辑符号，特性表如表 4.4.1 所示，其状态转移发生在 CP 上升沿(前沿)到达时刻，且接收这一时刻的输入激励信号 D，其状态方程为

$$Q^{n+1}=D\quad (\text{CP 上升沿到来后有效})$$

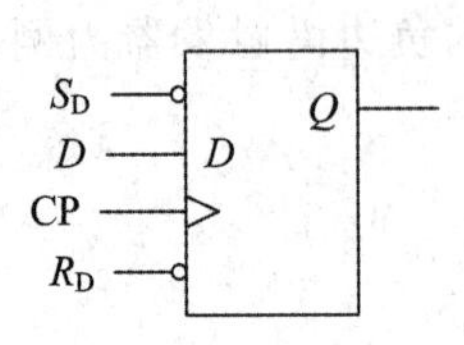

图 4.4.2　边沿 D 触发器逻辑符号

表 4.4.1　边沿 D 触发器特性表

输入				输出
S_D	R_D	D	CP	Q
0	×	×	×	1
1	0	×	×	0
1	1	1	↑	1
1	1	0	↑	0
1	1	×	0	Q^n
1	1	×	1	Q^n

图 4.4.2 中 CP 端没有小圆圈，表示 CP 的上升沿到达时，触发器状态发生转移。图中的“＞”表示触发方式为边沿触发。

总之，该触发器是在 CP 上升沿前接收输入信号，上升沿时触发器翻转，上升沿后的输入信号被封锁，从而克服了空翻现象和一次性翻转现象。

4.5　触发器类型的转换

根据在时钟信号 CP 控制下逻辑功能的不同，常把钟控触发器分成 RS、D、JK、T、T′等类型，这些不同类型的触发器可以按照一定的方法互相转换。下面首先介绍 T 触发器和 T′触发器的功能，然后通过实例介绍触发器间相互转换的方法。

4.5.1　T 触发器和 T′触发器

在 CP 控制下，根据输入信号 T($T=0$ 或 $T=1$)的不同，具有保持和翻转功能的电路，都叫作 T 触发器。将 JK 触发器的 J、K 端短接，并取名为 T 端，就能构成 T 触发器，其逻辑符号如图 4.5.1 所示。T 触发器的状态方程为

$$Q^{n+1}=J\overline{Q}^n+\overline{K}Q^n=T\overline{Q}^n+\overline{T}Q^n=T\oplus Q^n$$

由此可得 T 触发器的特性表 4.5.1、激励表 4.5.2 以及状态转移图 4.5.2。

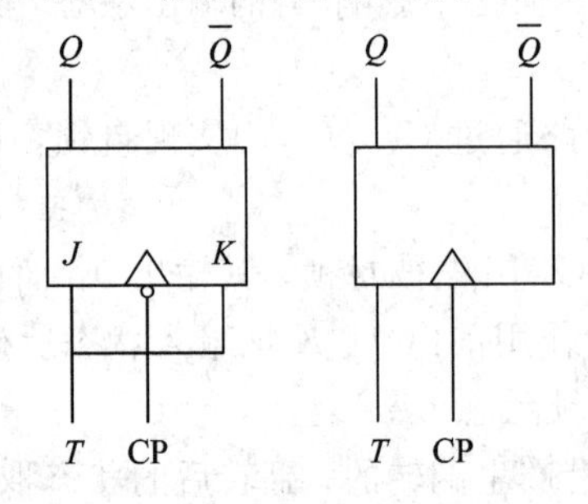

图 4.5.1　T 触发器逻辑符号

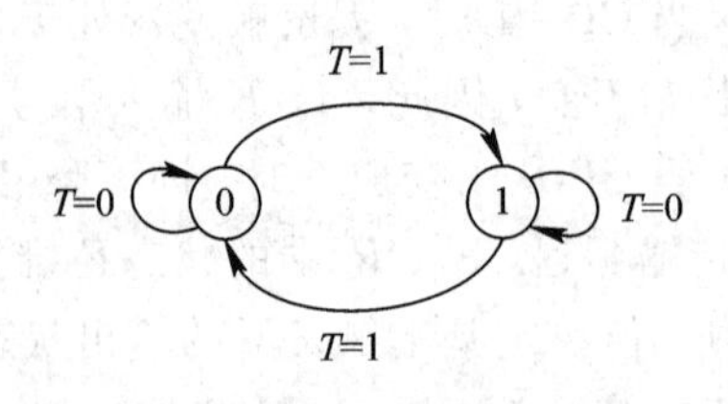

图 4.5.2　T 触发器状态转移图

表 4.5.1 T触发器特性表

T	Q^{n+1}
0	Q^n
1	$\bar{Q}^n$

表 4.5.2 T触发器激励表

Q^n	$\longrightarrow Q^{n+1}$	T
0	0	0
0	1	1
1	0	1
1	1	0

由表4.5.1可见，T触发器在$T=0$时，具有保持功能；在$T=1$时，具有翻转功能。

在CP控制下，只具有翻转功能的电路叫作T′触发器。即在T触发器中，当T恒为1时就构成了T′触发器，其状态方程为

$$Q^{n+1}=T\oplus Q^n=1\oplus Q^n=\bar{Q}^n$$

4.5.2 触发器的类型转换

所谓触发器的类型转换，就是用一个已有的触发器去实现另一类型触发器的功能，其一般转换要求示意图如图4.5.3所示，目的是求转换逻辑，也就是求已有触发器的激励方程。常用的方法有两种：

公式法：通过比较触发器的状态转移方程求转换逻辑。

图形法：利用触发器的状态转移表、激励表和卡诺图求转换逻辑。

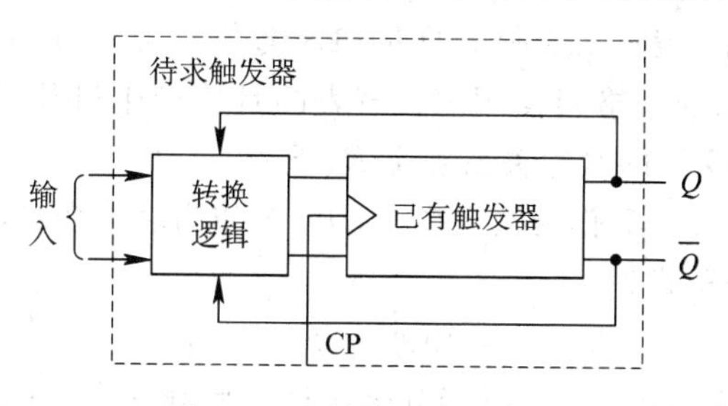

图4.5.3 转换要求示意图

例如：将钟控RS触发器转换成JK触发器。

(1) 用公式法。RS触发器的状态转移方程为

$$\begin{cases}Q^{n+1}=S+\bar{R}Q^n\\ SR=0\end{cases}$$

JK触发器的状态转移方程为

$$Q^{n+1}=J\bar{Q}^n+\bar{K}Q^n$$

因为$SR=0$为约束条件，所以令$\bar{R}=S$，且令$R=K$，则$S=\bar{K}$，由RS触发器状态转移方程和JK触发器的状态转移方程得：

$$S+SQ^n=J\bar{Q}^n+SQ^n$$

故得

$$\begin{cases}S=J\bar{Q}^n\\ R=K\end{cases}$$

但是，考虑到RS触发器的约束条件，在$J=K=1$，$Q^n=0$的条件下不能满足，故应变换JK触发器状态转移方程，即

$$Q^{n+1}=J\bar{Q}^n+\bar{K}Q^n=J\bar{Q}^n+\overline{KQ^n}Q^n$$

再比较状态转移方程得

$$\begin{cases} S = J\overline{Q}^n \\ R = KQ^n \end{cases}$$

这样，使得约束条件始终能够满足。图 4.5.4 所示是将 RS 触发器转换为 JK 触发器的电路图。

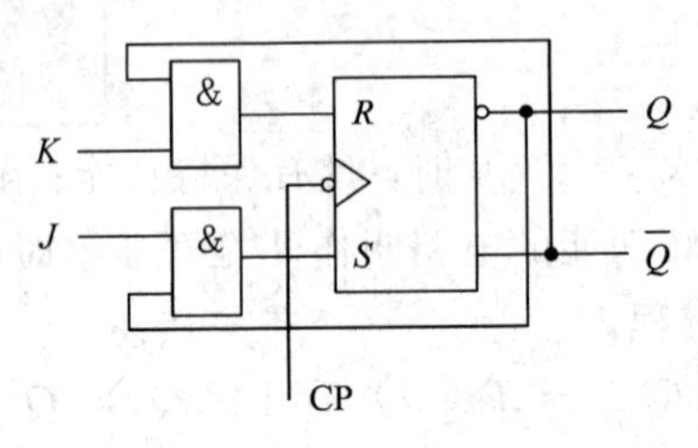

图 4.5.4　RS→JK 触发器转换电路图

(2) 用图形法。根据 JK 触发器的状态转移真值表和钟控 RS 触发器的激励表列出 RS→JK 的使用表，如表 4.5.3 所示。

JK 触发器的状态转移真值表反映了对转换的要求，当 Q^n、J、K 的取值确定以后，便可以求出相应的 Q^{n+1}。这里的 Q^n 和 Q^{n+1} 既是待求的 JK 触发器的现态和次态，也是已有 RS 触发器的现态和次态，因此 Q^n 和 Q^{n+1} 的对应关系也反映了对 RS 触发器的激励要求，再根据 RS 触发器的激励表即可确定对应的 R、S 取值，即 Q^n 和 J、K 的取值决定了 Q^{n+1} 的值，从而也就决定了 R、S 的值。表 4.5.3 所示的 R 和 S 与 Q^{n+1} 是一样的，同样是 Q^n 和 J、K 的函数，把反映这些函数关系的表格叫使用表。该表的具体产生过程是，先由 J、K 和 Q^n 求出 Q^{n+1}，再由相应的 $Q^n \to Q^{n+1}$ 的对应关系确定 R、S。

根据表 4.5.3，以 J、K、Q^n 作为输入变量，R、S 作为输出变量，通过卡诺图(如图 4.5.5 所示)化简得出其逻辑表达式为

$$R = KQ^n, \quad S = J\overline{Q}^n$$

所得结果与公式法求出的相同。对于其余各种类型触发器之间的转换，请读者仿照上述方法自行练习。

表 4.5.3　RS→JK 的使用表

J	K	Q^n	Q^{n+1}	R	S
0	0	0	0	×	0
0	0	1	1	0	×
0	1	0	0	×	0
0	1	1	0	1	0
1	0	1	1	0	1
1	1	0	1	0	×
1	1	1	1	0	1
1	1	1	0	1	0

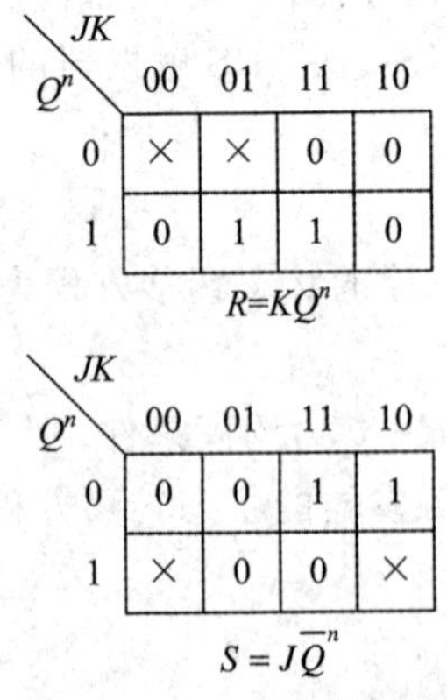

图 4.5.5　R、S 函数卡诺图

4.6　触发器的脉冲工作特性

为了正确地使用触发器，不但需要掌握触发器的逻辑功能，而且需要掌握触发器的脉冲

工作特性，即触发器对时钟脉冲、输入信号以及它们在时间上的相互配合问题。

由于集成触发器的输入、输出电路结构与相应集成门的输入、输出结构类似，所以两者的输入、输出特性也相似。描述这些特性的静态参数，如 I_{IL}、I_{IH}、U_{OH}、U_{OL} 等，它们的定义和测试方法也大体相同，不必赘述。下面以主从 JK 触发器和维持阻塞 D 触发器为例，着重介绍集成触发器的脉冲工作特性及动态参数。

4.6.1 主从 JK 触发器的脉冲工作特性

图 4.6.1 所示是双极型主从 JK 触发器集成单元的逻辑图，由于主从 JK 触发器存在一次翻转现象，因此，J、K 信号必须在 CP 正跳沿前加入，并且不允许在 CP＝1 期间发生变化。为了可靠工作，CP 的 1 状态必须保持一段时间，直到主触发器的 $Q_{主}$ 和$\overline{Q}_{主}$端电平稳定，这段时间称为维持(hold)时间 t_{CPH}。由电路图可知，t_{CPH}应大于两级与或非门延迟时间，设一级与非门的平均延迟时间为 t_{pd}，则一级与或非门的延迟时间约为 $1.4t_{pd}$，因此 $t_{CPH}>2.8t_{pd}$。

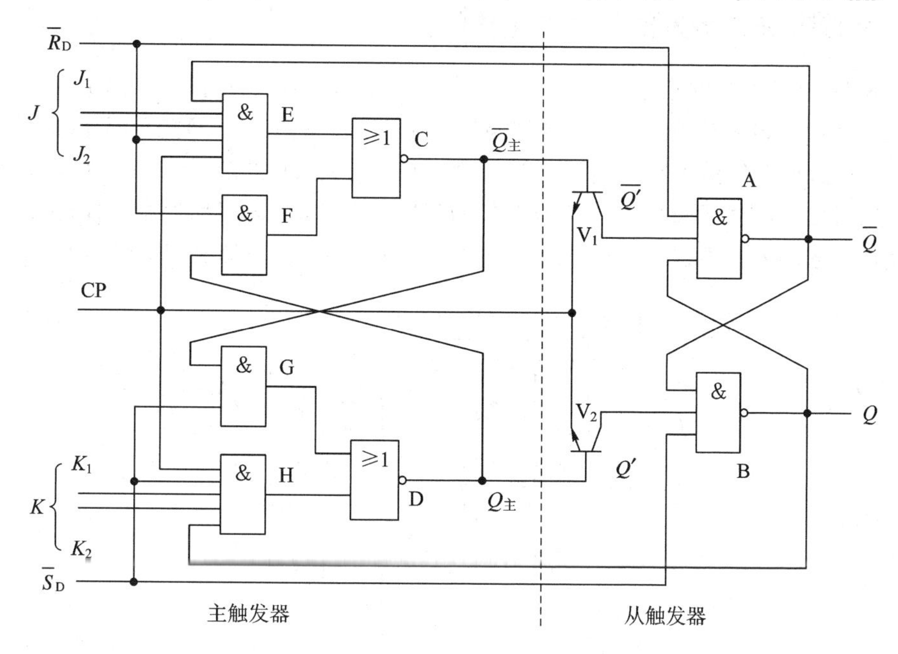

图 4.6.1 主从 JK 触发器

从 CP 负跳沿到触发器输出状态稳定，也需要一定的延迟时间 t_{CPL}。这要经过如下过程：V_1导通→$\overline{Q}$ 由 0 变 1→Q 由 1 变 0；或者 V_2导通→Q 由 0 变 1→$\overline{Q}$ 由 1 变 0。我们把从时钟脉冲触发沿开始到一个输出端由 0 变 1 所需的延迟时间称为 t_{CPLH}，把从 CP 触发沿开始到输出端由 1 变 0 的延迟时间称为 t_{CPHL}。设三极管开关的延迟时间为 $0.5t_{pd}$，逻辑门的延迟时间为 t_{pd}，则有 $t_{CPLH}=1.5t_{pd}$，$t_{CPHL}=2.5t_{pd}$，因此，为了使触发器可靠翻转，就要求 CP=0 的持续期 $t_{CPL}>2.5t_{pd}$。

综上所述，为了保证触发器可靠地发生状态转移，主从 JK 触发器要求时钟信号的最高频率为

$$f_{CPmax}\leqslant\frac{1}{t_{CPH}+t_{CPL}}=\frac{1}{5.3t_{pd}}$$

主从 JK 触发器对 CP 和 J、K 信号的要求及触发器的翻转时间示意图如图 4.6.2 所示。

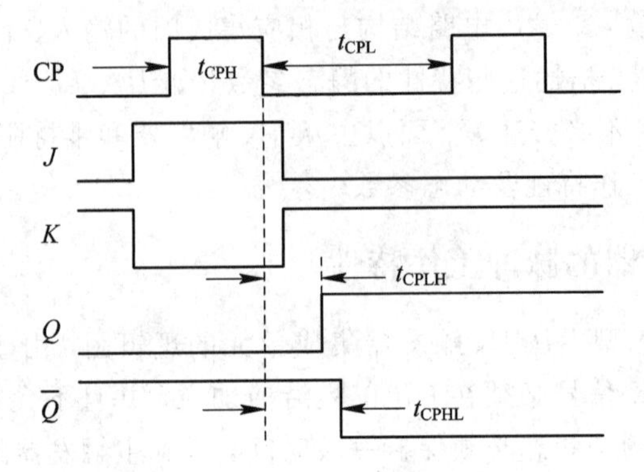

图 4.6.2　主从 JK 触发器对 CP 和 JK 信号的要求及触发器翻转时间的示意图

4.6.2　维持阻塞 D 触发器的脉冲工作特性

维持阻塞 D 触发器的工作分两个阶段，当 CP=0 时，为准备阶段；当 CP 由 0 向 1 正向跳变时刻，为状态转移阶段。为了使维持阻塞 D 触发器(见图 4.6.3)能可靠工作，要求：

在 CP 正跳变触发沿到来之前，门 F 和门 G 的输出端 Q_2 和 Q_1 应建立起稳定状态。由于 Q_2 和 Q_1 稳定状态的建立需要经历两个与非门的延迟时间，这段时间称为建立时间 $t_{set}=2t_{pd}$。在这段时间内要求输入激励信号 D 不能发生变化，所以 CP=0 的持续时间应满足 $t_{CPL}\geqslant t_{set}=2t_{pd}$。

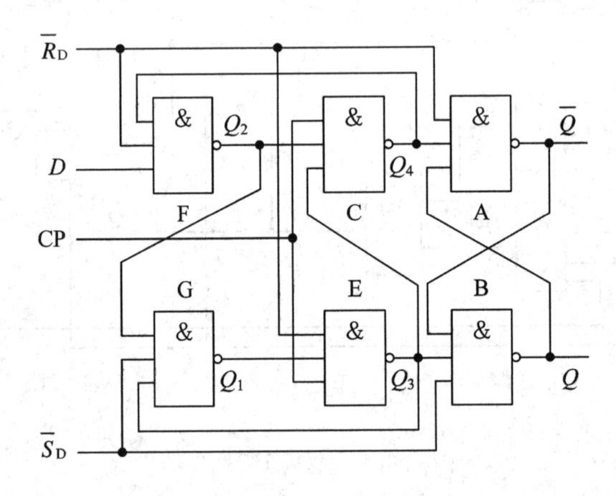

图 4.6.3　维持阻塞 D 触发器逻辑图

在 CP 正跳变触发沿来到后，要达到维持阻塞作用，必须使 Q_4 或 Q_3 由 1 变为 0，这需要经历一个与非门延迟时间。在这段时间内，输入激励信号 D 也不能发生变化，将这段时间称为保持时间 t_h，其中 $t_h=1t_{pd}$。

CP=1 的持续时间 t_{CPH} 必须大于 t_{CPHL}，该触发器的 t_{CPHL} 为三级与非门(C→A→B 或 E→B→A)延迟时间，即 $t_{CPH}>t_{CPHL}=3t_{pd}$。

CP 脉冲的工作频率应满足

$$f_{CPmax}=\frac{1}{t_{CPH}+t_{CPL}}=\frac{1}{5t_{pd}}$$

维持阻塞 D 触发器对输入信号 D 及触发脉冲 CP 的要求示意如图 4.6.4 所示。

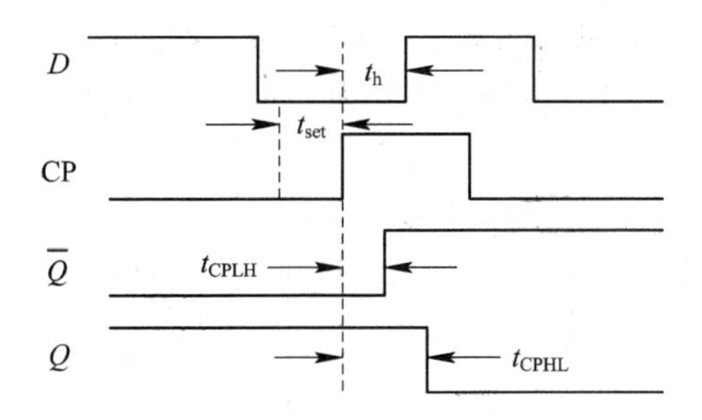

图 4.6.4 维持阻塞 D 触发器对 CP 和输入信号的要求及触发器翻转时间的示意图

本章小结

触发器是数字系统中极为重要的基本逻辑单元。每个触发器能够存储 1 位二进制数码。

触发器按逻辑功能分类有 RS 触发器、JK 触发器、D 触发器、T 触发器和 T′触发器。其逻辑功能可用状态表、特性方程、状态图、逻辑符号图、波形图和硬件描述语言来描述。

按电路结构分类有基本触发器、同步触发器、主从触发器和边沿触发器。它们的触发方式不同，有高电平 CP=1、低电平 CP=0、上升沿 CP↑和下降沿 CP↓四种触发形式。

在使用触发器时，要注意触发方式及逻辑功能。如同步触发器在 CP=1 时触发翻转，属于电平触发，有空翻现象。主从触发器和边沿触发器的触发翻转虽然都发生在脉冲跳变时，但对输入信号的输入时间要求不同，如果是负跳变触发的主从触发器，输入信号必须在脉冲正跳变前加入，而边沿触发器可以在触发沿到来前加入信号。

同一电路结构可构成不同逻辑功能的触发器，同一逻辑功能的触发器可用不同的电路结构实现。

思考题与习题

4.1 在图 4.1 由与非门组成的基本触发器中，若 R、S 端的输入波形如图 4.1 所示，试画出其输出端 $\overline{Q}$、Q 的波形。设触发器的初态为 0。

4.2 现有 TTL2 输入或非门 2 个，试组成一个基本触发器。要求画出逻辑电路图并分析其工作原理。

4.3 若在图 4.2 电路中的 CP、S、R 输入端加入如图 4.2 所示的波形信号，试画出其 Q 和 $\overline{Q}$ 端波形，设初态 $Q=0$。

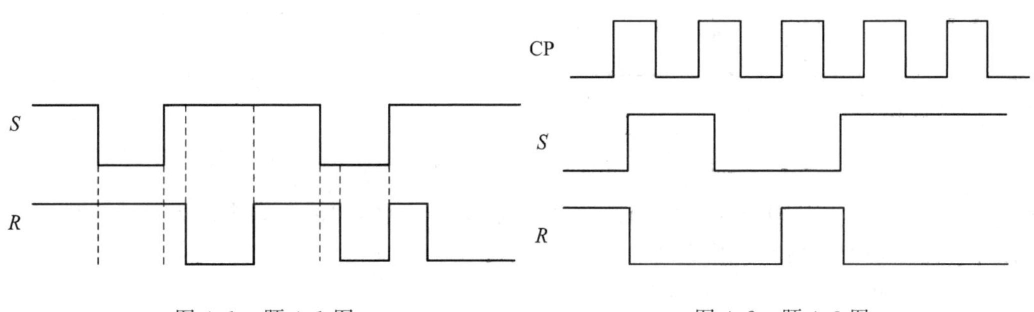

图 4.1 题 4.1 图　　图 4.2 题 4.3 图

4.4　归纳基本触发器、同步触发器、主从触发器和边沿触发器翻转的特点。

4.5　设图 4.3 中各触发器的初始状态皆为 $Q=0$，画出在 CP 脉冲连续作用下各个触发器输出端的波形图。

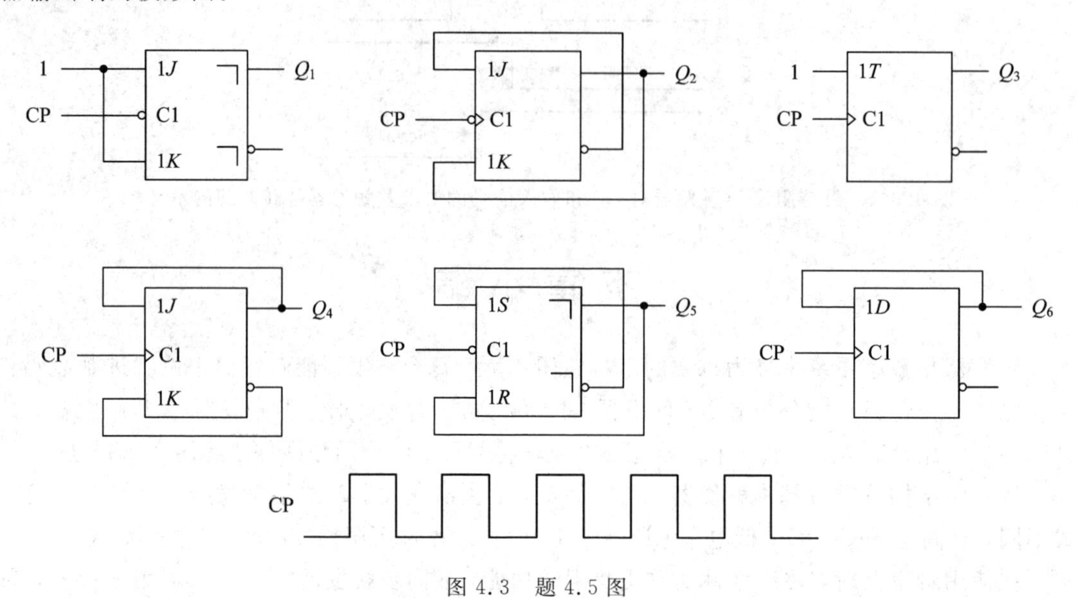

图 4.3　题 4.5 图

4.6　试写出图 4.4(a)中各触发器的次态函数(即 Q_1^{n+1}、Q_2^{n+1} 与现态和输入变量之间的函数式)，并画出在图 4.4(b)给定信号作用下 Q_1、Q_2 的波形。假定各触发器的初始状态均为 $Q=0$。

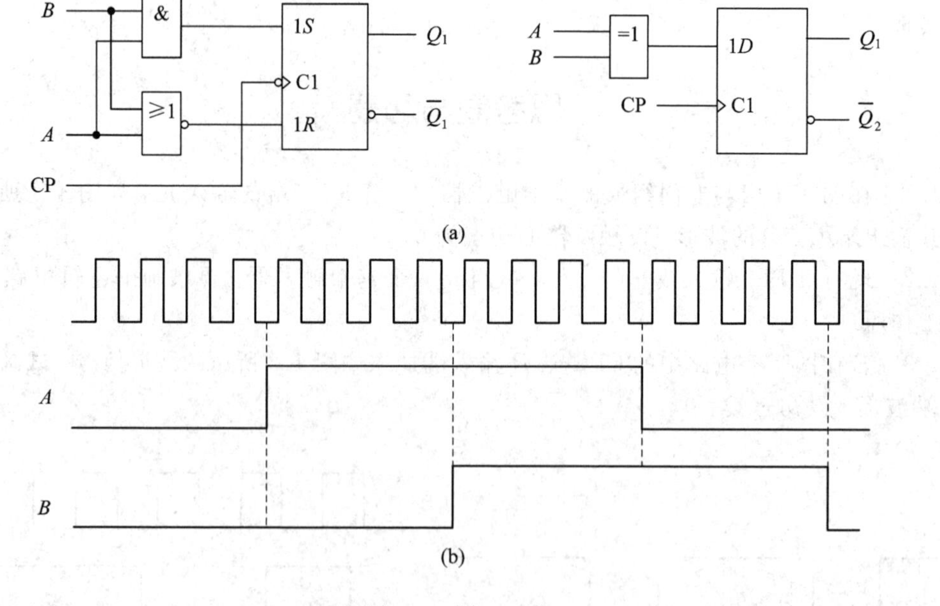

图 4.4　题 4.6 图

4.7　图 4.5(a)、(b)分别示出了触发器和逻辑门构成的脉冲分频电路，CP 脉冲如图4.5(c)所示，设各触发器的初始状态均为 0。

(1) 试画出图(a)中 Q_1、Q_2 和 F 的波形。

(2) 试画出图(b)中 Q_3、Q_4 和 Y 的波形。

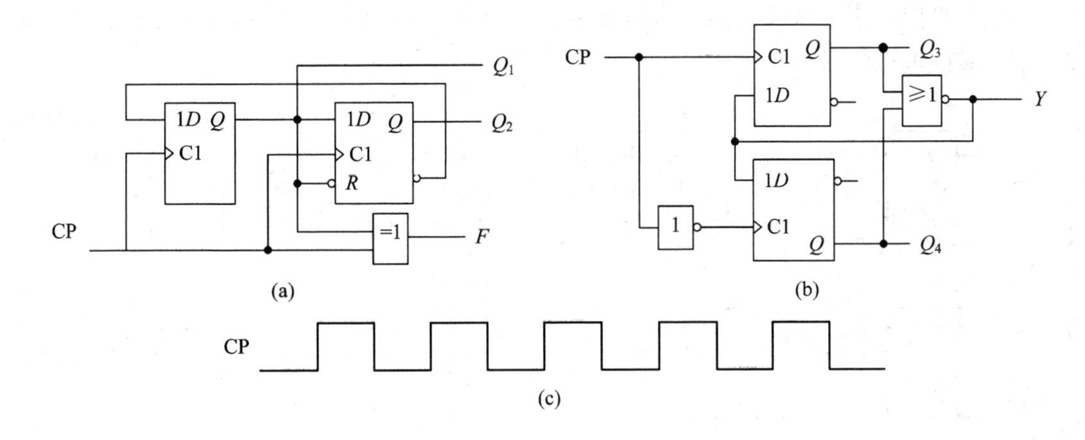

图 4.5 题 4.7 图

4.8 电路如图 4.6 所示，设各触发器的初始状态均为 0。已知 CP 和 A 的波形，试分别画出 Q_1、Q_2 的波形。

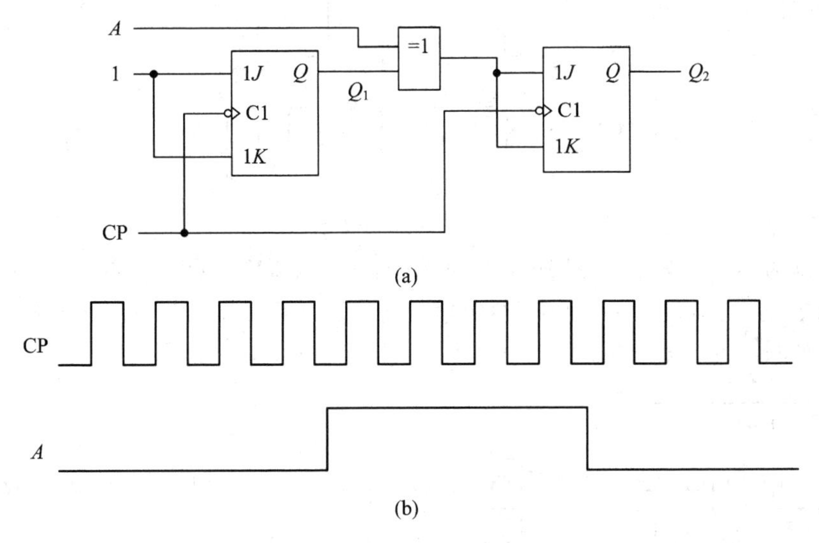

图 4.6 题 4.8 图

4.9 电路如图 4.7 所示，设各触发器的初始状态均为 0。已知 CP_1、CP_2 的波形如图示，试分别画出 Q_1、Q_2 的波形。

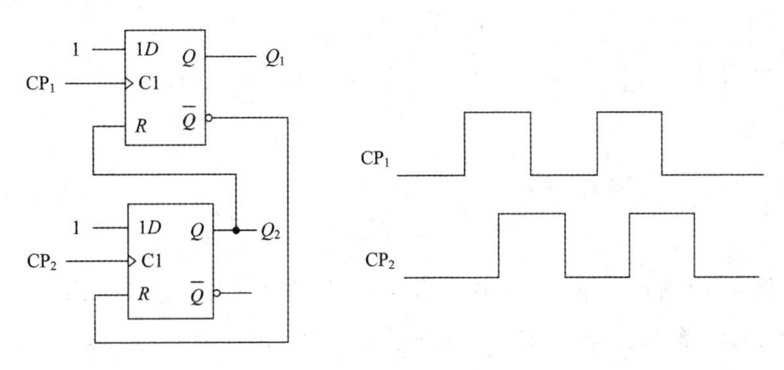

图 4.7 题 4.9 图

4.10　设图 4.8 中各触发器的初始状态皆为 $Q=0$，试画出在 CP 信号连续作用下各触发器输出端的电压波形。

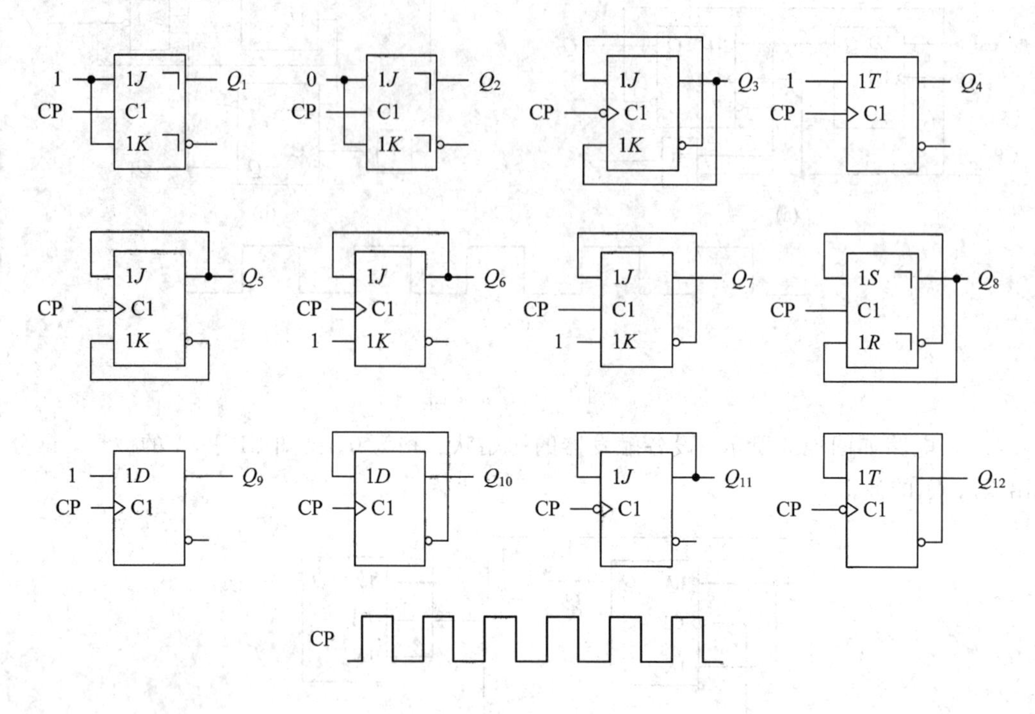

图 4.8　题 4.10 图

4.11　试写出图 4.9 中各电路的次态函数(即 Q_1^{n+1}、Q_2^{n+1}、Q_3^{n+1}、Q_4^{n+1})与现态和输入变量之间的函数式，并画出在图 4.9(b)给定信号的作用下 Q_1、Q_2、Q_3、Q_4 的电压波形。假定各触发器的初始状态均为 $Q=0$。

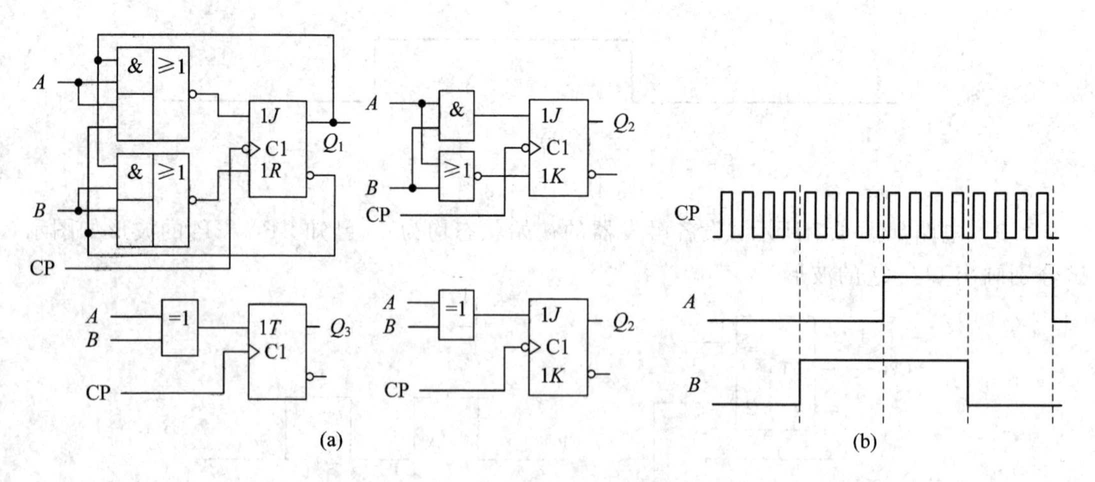

图 4.9　题 4.11 图

4.12　在图 4.10 所示电路中，已知输入信号 U_I 的电压波形如图所示，试画出与之对应的输出电压 U_O 的波形。触发器为维持阻塞结构，初始状态为 $Q=0$。(提示：应考虑触发器和异或门的传输延迟时间。)

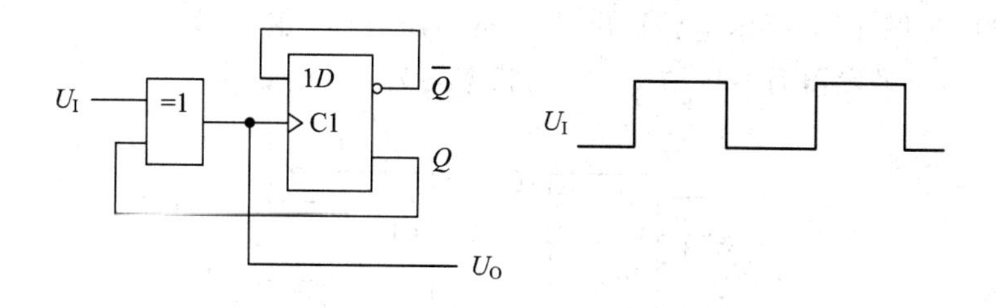

图 4.10　题 4.12 图

4.13　在图 4.11 所示的主从 JK 触发电路中，CP 和 A 的电压波形如图所示，试画出 Q 端对应的电压波形。设触发器的初始状态为 $Q=0$。

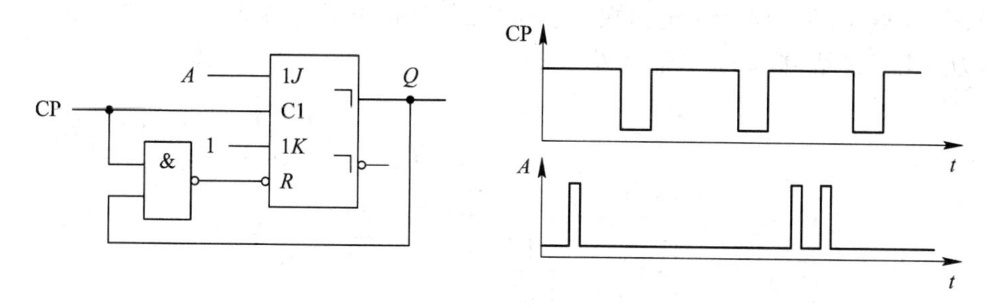

图 4.11　题 4.13 图

4.14　图 4.12 所示是用边沿触发器和或非门组成的脉冲分频电路。试画出在一系列 CP 脉冲的作用下，Q_1、Q_2 和 Z 端对应的输出电压波形。设触发器的初始状态皆为 $Q=0$。

4.15　图 4.13 所示是用维持阻塞结构 D 触发器组成的脉冲分频电路。试画出在一系列 CP 脉冲的作用下输出端 Y 对应的电压波形。设触发器的初始状态均为 $Q=0$。

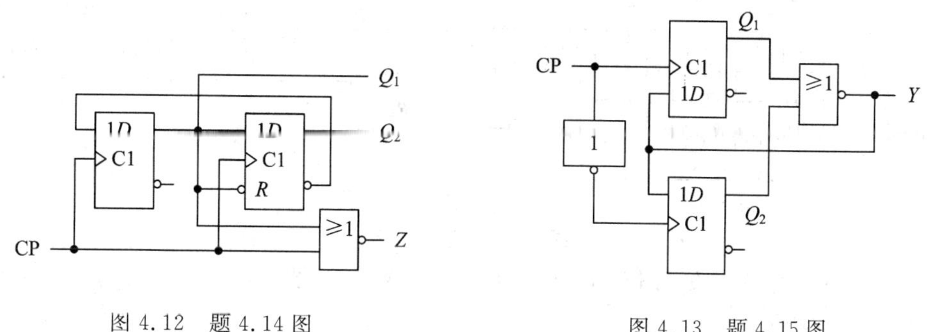

图 4.12　题 4.14 图　　图 4.13　题 4.15 图

4.16　试画出图 4.14 所示电路输出 Y、Z 的电压波形，输入信号 A 和时钟脉冲 CP 的电压波形如图中所示，设触发器的初始状态均为 $Q=0$。

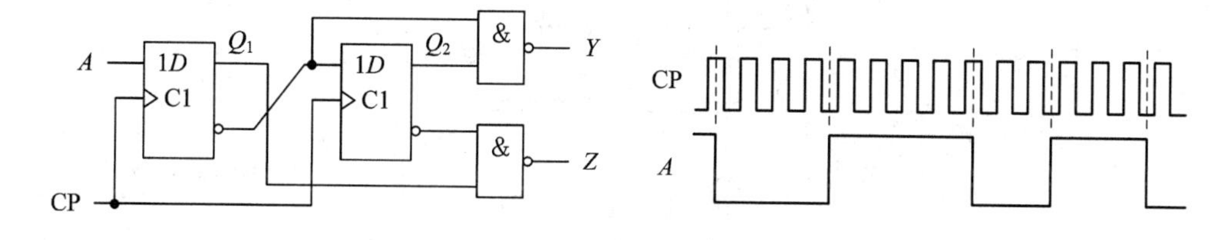

图 4.14　题 4.16 图

4.17　试画出图 4.15 所示电路输出端 Q_2 的电压波形。输入信号 A 和 CP 的电压波形与题 4.16 相同，假定触发器为主从结构，初始状态均为 $Q=0$。

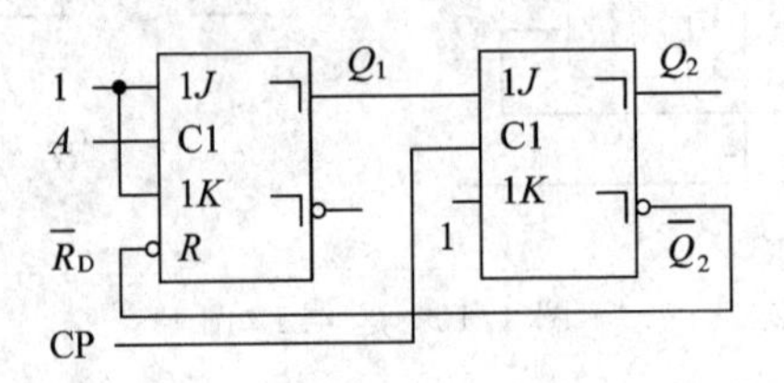

图 4.15　题 4.17 图

4.18　试画出图 4.16 所示电路在一系列 CP 信号作用下 Q_1、Q_2、Q_3 端输出电压的波形，触发器为边沿触发结构，初始状态为 $Q=0$。

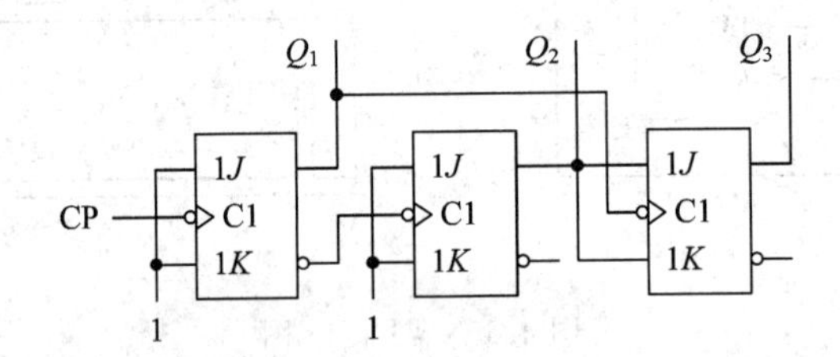

图 4.16　题 4.18 图

4.19　试画出图 4.17 所示电路在图中 CP、$\overline{R}_D$ 信号作用下 Q_1、Q_2、Q_3 的输出电压波形，并说明 Q_1、Q_2、Q_3 输出信号的频率与 CP 信号频率之间的关系。

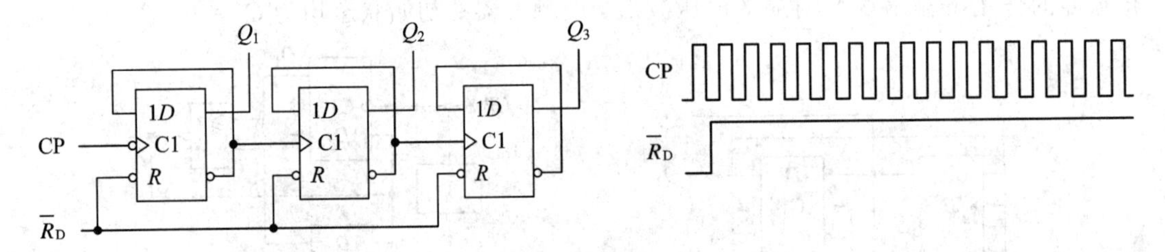

图 4.17　题 4.19 图

4.20　输入信号 u_i 如图 4.18 所示。试画出在该输入信号 u_i 作用下，由与非门组成的基本触发器 Q 端的波形：

(1) u_i 加于 $\overline{S}$ 端，且 $\overline{R}=1$，初始状态 $Q=0$；

(2) u_i 加于 $\overline{R}$ 端，且 $\overline{S}=1$，初始状态 $Q=1$。

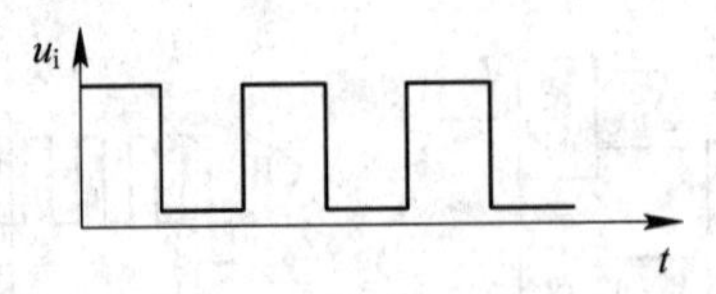

图 4.18　题 4.20 图

4.21　图 4.19 所示为两个与或非门构成的基本触发器，试写出其状态方程、真值表及状态转移图。

4.22　主从 JK 触发器的输入端波形如图 4.20 所示，试画出输出端的波形。

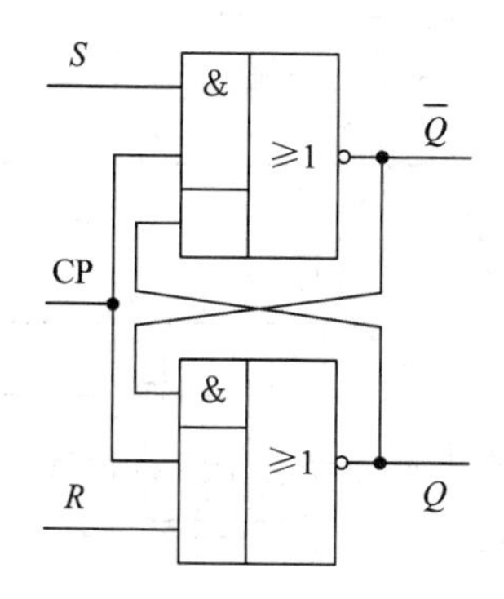

图 4.19　题 4.21 图

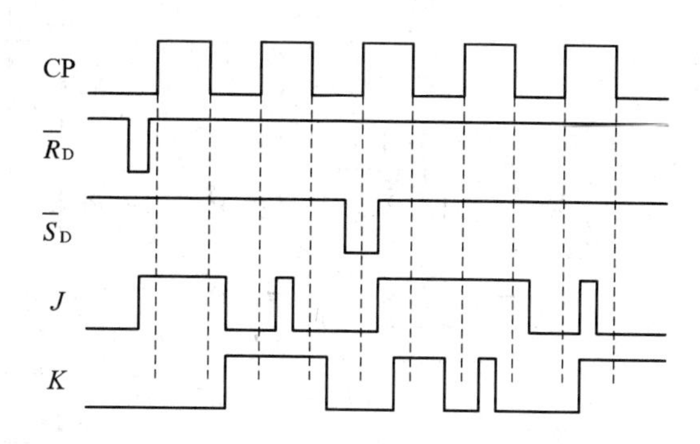

图 4.20　题 4.22 图

4.23　电路如图 4.21 所示，是否是由 JK 触发器组成的二分频电路？请通过画出输出脉冲 Y 与输入脉冲 CP 的波形图说明什么是二分频。

4.24　在图 4.22 电路中，设 Q_A 初始状态为 0，不计延迟时间，试根据输入波形画出对应的输出波形 Q_A、Q_B。

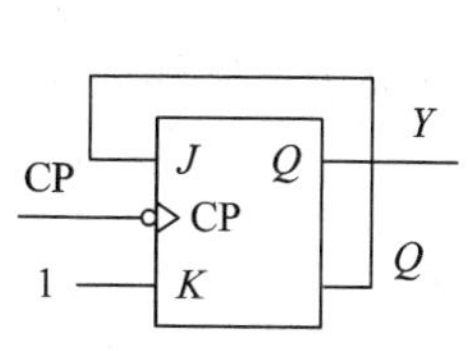
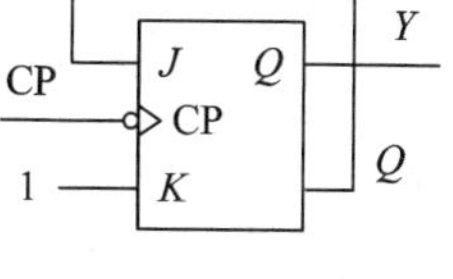

图 4.21　题 4.23 图

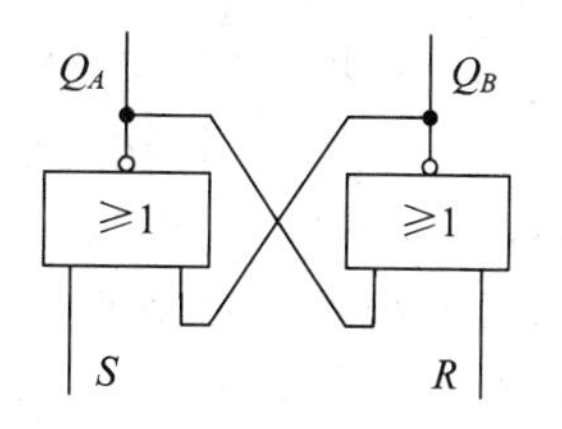

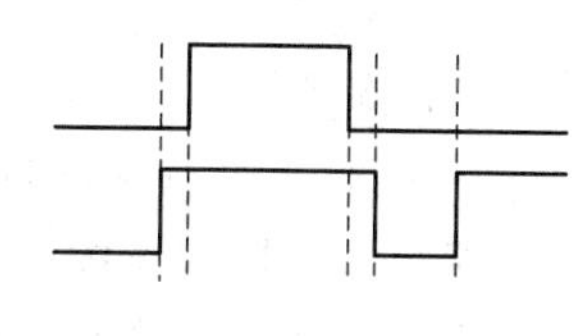

图 4.22　题 4.24 图

4.25　设计一个四人抢答逻辑电路，具体要求如下：

(1) 每个参赛者控制一个按钮，按动按钮发出抢答信号。

(2) 竞赛主持人另有一个按钮，用于复位电路。

(3) 竞赛开始后，先按动按钮者将使对应的一个发光二极管点亮，此后其他 3 人再按动按钮则对电路不起作用。

4.26　电路如图 4.23(a)所示，若已知 CP 和 x 的波形如图 4.23(b)所示。设触发器的初始状态为 $Q=0$，试画出 Q 端的波形图。

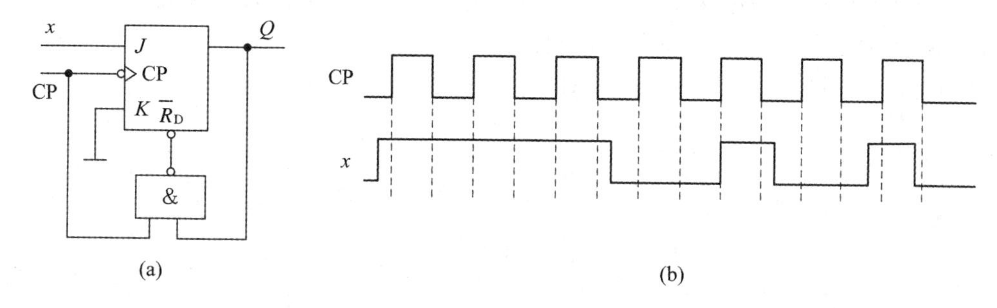

图 4.23　题 4.26 图

4.27　若主从 JK 触发器 CP、$\overline{R}_D$、$\overline{S}_D$、J、K 端的电压波形如图 4.24(b)所示，试画出 Q、$\overline{Q}$ 端对应的电压波形。

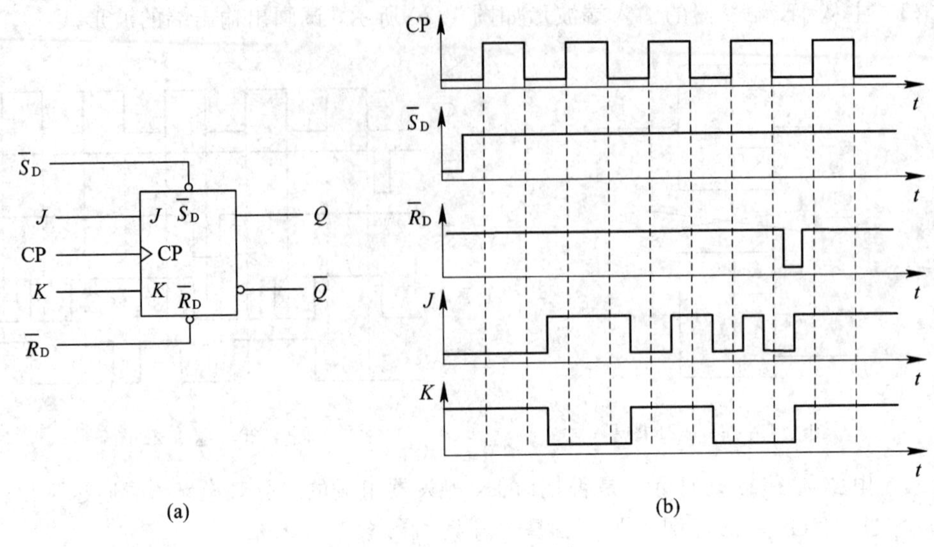

图 4.24　题 4.27 图

4.28　依据所给条件，选择填空。

(1) 触发器时钟脉冲输入的目的是(　　)。

A. 复位　　B. 总是使得输出改变状态

C. 置位　　D. 使得输出呈现的状态取决于控制输入

(2) 对于边沿触发的 D 触发器(　　)。

A. 触发器状态的改变只发生在时钟脉冲的触发边沿

B. 触发器要进入的状态取决于 D 输入

C. 输出跟随每一个时钟脉冲的输入

D. 上述所有答案

(3) 区别 JK 触发器和 RS 触发器特征的是(　　)。

A. 自动翻转情况　　B. 预置位输入

C. 时钟类型　　D. 清零输入

(4) JK 触发器出现自动翻转情况的条件是(　　)。

A. $J=1$，$K=0$　　B. $J=1$，$K=1$

C. $J=0$，$K=0$　　D. $J=0$，$K=1$

(5) 当 $T=1$ 时，T 触发器输入时钟脉冲的频率为 10 kHz，此时 Q 端输出(　　)。

A. 保持高电平　　B. 保持低电平

C. 10 kHz 方波　　D. 5 kHz 方波

第 5 章　时序逻辑电路

内容提要：本章首先介绍了时序逻辑电路的特点、描述方法和分析方法，重点讲述了寄存器、移位寄存器、计数器的工作原理及常用中规模集成电路；简要讨论了常用时序逻辑电路的设计方法。

学习提示：时序逻辑电路作为数字电路的重点内容之一，熟悉其工作原理和描述方法是前提，掌握时序逻辑电路分析方法及其相关电路的设计方法是关键。

5.1　概　　述

根据逻辑功能和电路组成的不同特点，逻辑电路可分为组合逻辑电路和时序逻辑电路两大类。门电路是构成组合逻辑电路的基本单元电路，故组合逻辑电路在逻辑功能上的特点是，电路任一时刻的输出状态仅仅取决于当时输入信号的取值组合。触发器是构成时序逻辑电路的基本单元电路，触发器具有记忆功能，因此，时序逻辑电路在逻辑功能上的特点是，在任意时刻，电路的输出状态不仅取决于当时的输入信号，而且还与电路原来的状态有关，也就是电路具有记忆功能。

时序逻辑电路依据电路中各个触发器状态的转换时间是否相同，可以把时序逻辑电路分为同步时序电路和异步时序电路。在同步时序电路中，所有触发器状态变化都发生在同一时刻，即各个触发器由一个共同的时钟脉冲在相同的时间触发。而在异步时序电路中，各个触发器状态的变化不是同时发生的。

时序逻辑电路依据其逻辑功能可以分为寄存器、计数器、顺序脉冲发生器、序列信号发生器等多种类型。

时序逻辑电路按其输出与输入的关系不同，可分为米里(Mealy)型和摩尔(Moore)型两类。在米里型时序逻辑电路中，输出信号不仅取决于输入信号，而且还取决于存储电路的状态。在摩尔型时序逻辑电路中，输出信号仅仅取决于存储电路的状态，或者就以存储电路的状态作为输出。

此外，还可以从其他角度进行电路分类，不再赘述。

5.1.1　时序逻辑电路的基本结构

时序逻辑电路指在任意时刻，电路的输出信号不仅取决于当时的输入信号，而且还与电路原来的状态有关。

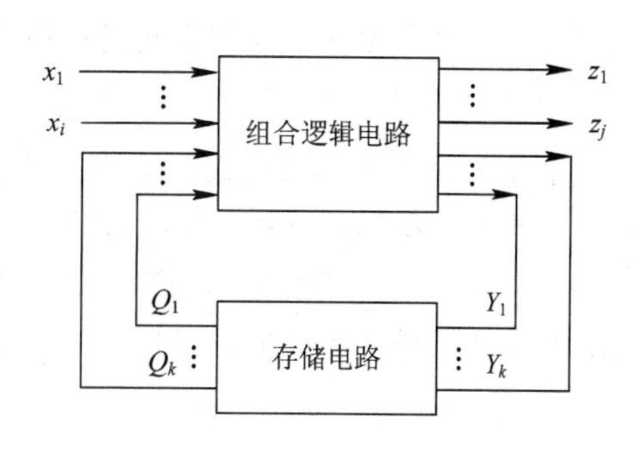

图 5.1.1　时序逻辑电路的结构框图

时序逻辑电路的输出状态既然与电路原来的状态有关，那么，时序逻辑电路中一定含有存储电路，而且存储电路的输出状态必须与输入信号共同决定时序逻辑电路的输出状态。时序逻辑电路的一般结构框图如图 5.1.1 所示。图中 $X(x_1、x_2\cdots x_i)$

代表外部输入信号，$Z(z_1、z_2\cdots z_j)$代表输出信号，$Y(Y_1、Y_2\cdots Y_k)$代表存储电路的输入信号，$Q(Q_1、Q_2\cdots Q_k)$代表存储电路的输出状态。这些信号之间的逻辑关系可表示为

输出方程：

$$Z = F[X, Q^n] \tag{5.1.1}$$

驱动方程：

$$Y = G[X, Q^n] \tag{5.1.2}$$

状态方程：

$$Q^{n+1} = H[Y, Q^n] \tag{5.1.3}$$

输出方程和驱动方程反映的是电路的连接关系，其表达式是组合逻辑函数。状态方程由触发器的特性方程代入驱动条件而得到，它反映的是次态与现态的关系。

图 5.1.1 所示的时序逻辑电路的一般结构形式，在具体电路中可能有所变化。如某些时序逻辑电路没有输入信号 X，此时电路的输出及存储电路的驱动信号仅由存储电路的状态来决定；而对于另外一些时序逻辑电路，存储电路的输出状态就是整个时序逻辑电路的输出。但无论何种时序逻辑电路形式，电路都具有驱动信号和状态变量。

5.1.2 时序逻辑电路的描述方法

1. 逻辑方程式

时序逻辑电路的功能可以由输出方程和状态方程所确定，因此，输出方程和状态方程是描述时序逻辑电路的基本形式。逻辑方程式可以描述时序电路的逻辑功能，但这种描述方式不够直观，且在设计时序逻辑电路时，很难根据实际问题而直接写逻辑方程式。

2. 状态转换表

状态转换表是以表格的形式来描述时序逻辑电路的输入变量、输出函数、电路的现态与次态之间的逻辑关系。将输入变量 X 及电路初态 Q^n 的所有取值代入状态方程和输出方程，即可求出对应的电路次态 Q^{n+1} 和输出 Z 的数值，采用矩阵形式将全部计算结果列成表格，就得到状态转换表，简称状态表。它虽然不如状态转换图表述逻辑功能直观，但可以进行状态化简。

3. 状态转换图

状态转换图简称状态图，其主要特点是直观地描述了时序逻辑电路的状态转换过程。

时序逻辑电路的状态图与触发器的状态图类似，其区别在于前者状态数更多一些且标明了输出 Z 的值。在状态图中以圆圈表示电路的各个状态，以箭头表示状态转换方向，标在箭头连线一侧的数字表示状态转换前输入信号值 X 和输出值 Z，以 X/Z 形式标识。

4. 时序图

在时钟脉冲序列及输入信号的作用下，电路状态、输出状态随时间变化的波形叫作时序图，它是时序逻辑电路的工作波形图。

上述几种时序逻辑电路描述方法，尽管表现形式各不相同，但它们所描述的逻辑功能是相同的，并且各种描述形式可以相互转换。另外，还可以用逻辑电路图等来表示时序逻辑电路。

5.2　时序逻辑电路的分析方法

时序逻辑电路的分析，就是对于一个给定的时序逻辑电路，找出在输入信号及时钟信号作用下，电路状态和输出的变化规律，而这种变化规律通常表现在状态表、状态图或时序图中。因此，分析一个给定的时序逻辑电路，实际上就是求出该电路的状态表、状态图或时序图，从而确定该电路的逻辑功能。

时序逻辑电路分析的一般步骤如下：

（1）根据给定的时序逻辑电路，写出各个触发器的时钟方程、驱动方程及电路输出方程的逻辑表达式。

（2）求状态方程。把驱动方程代入相应触发器的特性方程，即可求出电路的状态方程，也就是各个触发器的状态方程。

（3）根据状态方程和输出函数表达式进行计算，列出状态表，画出状态图或波形图。

（4）说明时序逻辑电路的逻辑功能。

5.2.1　同步时序逻辑电路分析举例

例 5.2.1　时序逻辑电路如图 5.2.1 所示，试分析其逻辑功能。

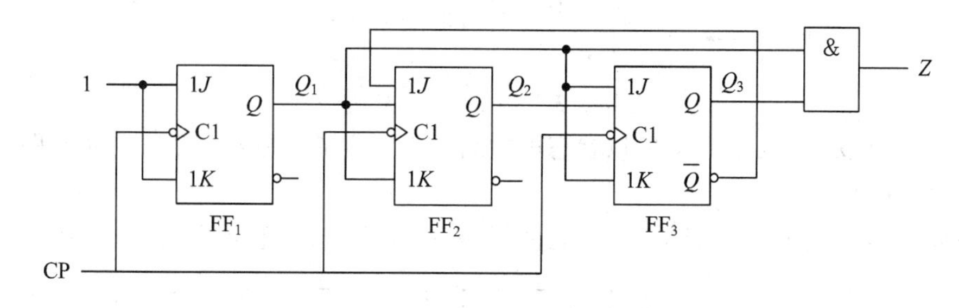

图 5.2.1　例 5.2.1 逻辑电路图

解：（1）写出各逻辑方程式。

① 这是一个由 JK 触发器组成的同步时序电路，每个触发器都在 CP 下降沿的作用下进行状态转换，可以省略时钟方程。($CP_0=CP_1=CP_2=CP\downarrow$)

② 驱动方程如下：

$$J_1=1,\quad J_2=Q_1^n\overline{Q}_3^n,\quad J_3=Q_1^nQ_2^n$$
$$K_1=1,\quad K_2=Q_1^n,\quad K_3=Q_1^n$$

③ 输出方程如下：

$$Z=Q_1^nQ_3^n$$

（2）将驱动方程代入 JK 触发器的特性方程中，求得状态方程：

$$Q_1^{n+1}=\overline{Q}_1^n$$
$$Q_2^{n+1}=Q_1^n\overline{Q}_3^n\overline{Q}_2^n+\overline{Q}_1^nQ_2^n$$
$$Q_3^{n+1}=Q_1^nQ_2^n\overline{Q}_3^n+\overline{Q}_1^nQ_3^n$$

（3）列状态表并画状态图和时序图。设电路初态 $Q_3^nQ_2^nQ_1^n=000$，代入状态方程和输出方程，可求出 $Q_3^{n+1}Q_2^{n+1}Q_1^{n+1}=001$，$Z=0$。照此方法，求出所有 $Q_3^nQ_2^nQ_1^n$ 取值对应的 $Q_3^{n+1}Q_2^{n+1}Q_1^{n+1}$ 和 Z，列成状态表如表 5.2.1 所示。

表 5.2.1 例 5.2.1 的状态表

Q_3^n	Q_2^n	Q_1^n	Q_3^{n+1}	Q_2^{n+1}	Q_1^{n+1}	Z
0	0	0	0	0	1	0
0	0	1	0	1	0	0
0	1	0	0	1	1	0
0	1	1	1	0	0	0
1	0	0	1	0	1	0
1	0	1	0	0	0	1
1	1	0	1	1	1	0
1	1	1	0	0	0	1

根据状态表可画出状态图，如图 5.2.2 所示。

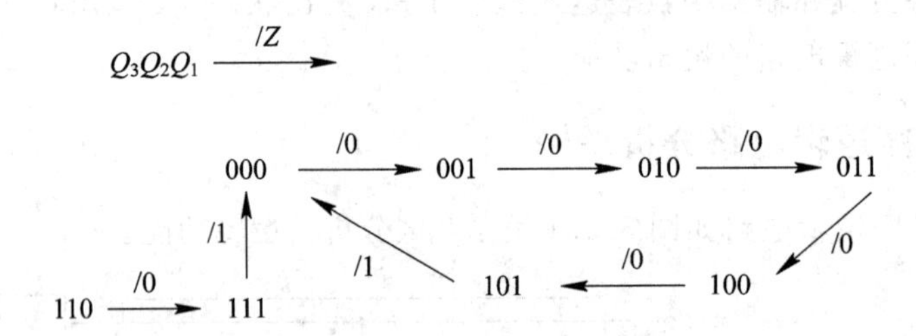

图 5.2.2 例 5.2.1 的状态图

由于此电路没有输入信号，所以状态图中斜线上方空着。另外，完整的状态图一定要画上图标 $Q_3Q_2Q_1$ 和 $/Z$。

根据状态表和状态图，可画出该电路的时序图，如图 5.2.3 所示。

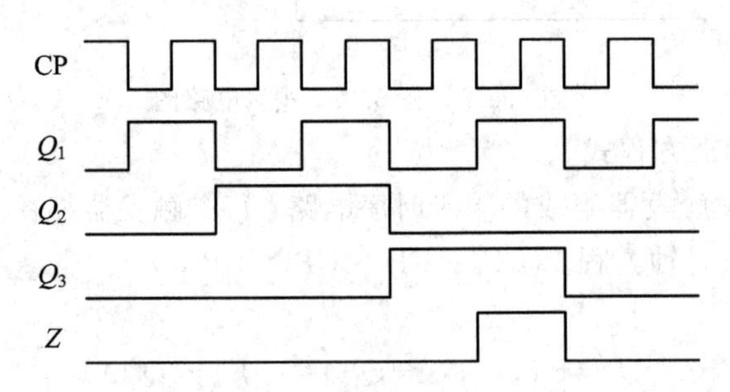

图 5.2.3 例 5.2.1 的时序图

(4) 逻辑功能说明。在 CP 脉冲的作用下，$Q_3Q_2Q_1$ 的状态从 000 到 101，以递增的形式每输入六个 CP 脉冲信号循环一次，可见，该电路对时钟脉冲信号有计数功能，所以这个电路是一个同步六进制加计数器，Z 为进位。000～101 这六个状态为有效状态，有效状态构成的循环为有效循环。110 和 111 状态为无效状态，无效状态在 CP 脉冲的作用下能够进入有效循环，说明该电路能够自启动。若无效状态在 CP 脉冲的作用下不能进入有效循环，则表明电路不能自启动。例 5.2.1 电路能够自启动。

另外，由时序图可以看出，Z 和 Q_3 的频率变化是 CP 输入脉冲频率的六分之一，所以，又可将计数器称为分频器。

例 5.2.2 电路如图 5.2.4 所示，试分析其逻辑功能。

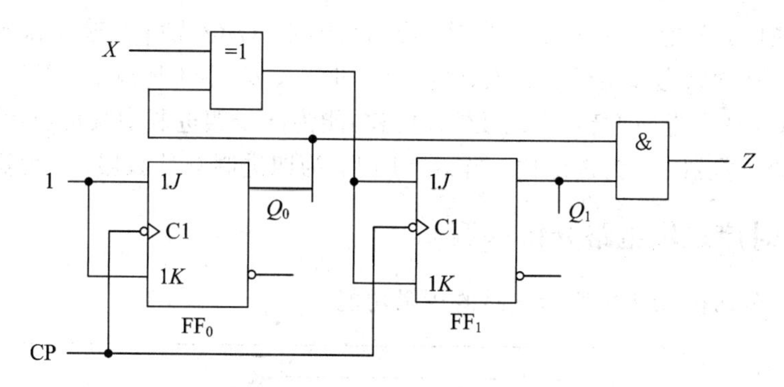

图 5.2.4　例 5.2.2 逻辑电路图

解：(1) 写出各逻辑方程式。

① 这仍是一个同步时序电路，时钟方程可以不写。($CP_0=CP_1=CP\downarrow$)

② 驱动方程：

$$J_0=1,\quad J_1=X\oplus Q_0^n$$

$$K_0=1,\quad K_1=X\oplus Q_0^n$$

③ 输出方程：

$$Z=Q_1^nQ_0^n$$

(2) 将驱动方程代入 JK 触发器的特性方程中，求得状态方程：

$$Q_0^{n+1}=\overline{Q}_0^n$$

$$Q_1^{n+1}=X\oplus Q_0^n\oplus Q_1^n$$

(3) 列状态表，画状态图和时序图。由于本例中有输入信号 X，所以列状态表时应加入 X 的取值组合，如表 5.2.2 所示。

由状态表很容易画出状态图和时序图，分别如图 5.2.5 和图 5.2.6 所示。

表 5.2.2　例 5.2.2 的状态表

$Q_n^nQ_0^n$ \ $Q_1^{n+1}Q_n^{n+1}/Z$ \ X		0	1
0	0	01/0	11/0
0	1	10/0	00/0
1	0	11/0	01/0
1	1	00/1	10/1

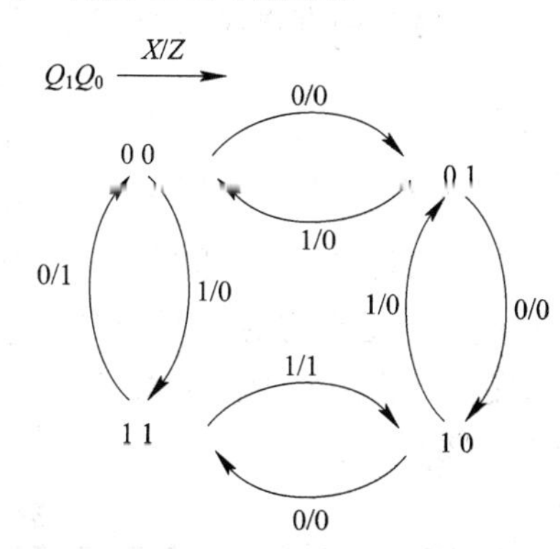

图 5.2.5　例 5.2.2 状态图

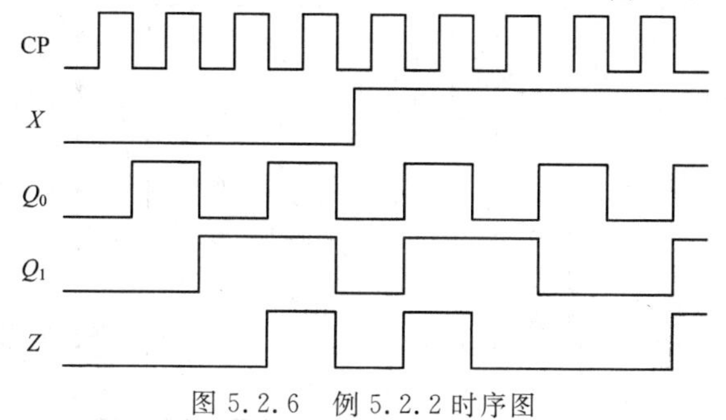

图 5.2.6　例 5.2.2 时序图

(4) 功能说明。该电路受输入 X 控制，当 $X=0$ 时，Q_1Q_0 随 CP 输入脉冲变化规律是从 00 到 11 每 4 个脉冲状态递增循环一次；当 $X=1$ 时，Q_1Q_0 随 CP 输入脉冲变化规律为从 11 到 00 每 4 个脉冲状态递减循环一次。故该电路功能为同步四进制加减可逆计数器。当 $X=0$ 时，为四进制加计数器，Z 为进位位；当 $X=1$ 时，为四进制减计数器，Z 为借位位。

5.2.2　异步时序逻辑电路分析举例

例 5.2.3　分析图 5.2.7 所示电路的逻辑功能。

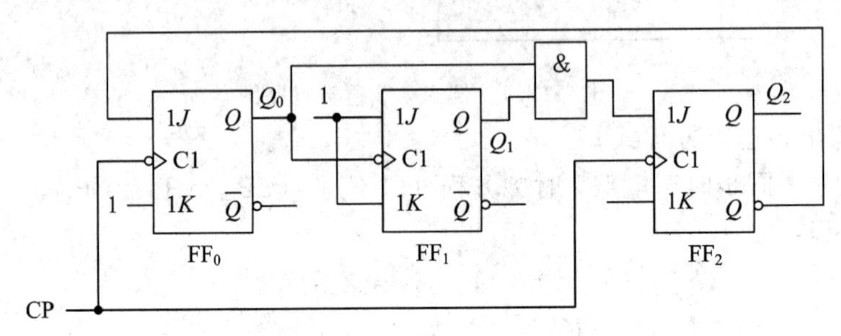

图 5.2.7　例 5.2.3 逻辑电路

解：(1) 写出各逻辑方程式。

① 因为该电路是异步时序逻辑电路，所以要列出时钟脉冲方程式。

$$CP_0 = CP,\quad CP_1 = Q_0,\quad CP_2 = CP$$

② 驱动方程：

$$J_0 = \bar{Q}_2^n,\quad J_1 = 1,\quad J_2 = Q_0^nQ_1^n$$

$$K_0 = 1,\quad K_1 = 1,\quad K_2 = 1$$

③ 电路中没有输出信号，不用列输出方程。

(2) 将驱动方程代入 JK 触发器的特性方程，求得电路的状态方程：

$$Q_0^{n+1} = \bar{Q}_2^n\bar{Q}_0^n \quad (CP\downarrow)$$

$$Q_1^{n+1} = \bar{Q}_1^n \quad (Q_0\downarrow)$$

$$Q_2^{n+1} = \bar{Q}_2^nQ_1^nQ_0^n \quad (CP\downarrow)$$

(3) 列状态表，画状态图和时序图。特别要注意：异步时序电路中，每个触发器的新状态 Q^{n+1} 一定是在它的 CP 脉冲作用下形成的。因此，首先要看 CP 脉冲来了没有，CP 脉冲来了才能按状态方程变化形成 Q^{n+1} 状态；CP 脉冲没来，触发器状态不变。经分析可得状态表如表 5.2.3 所示。

表 5.2.3　例 5.2.3 状态表

Q_2^n	Q_1^n	Q_0^n	Q_2^{n+1}	Q_1^{n+1}	Q_0^{n+1}	CP_0	CP_1	CP_2
0	0	0	0	0	1	↓		↓
0	0	1	0	1	0	↓	↓	↓
0	1	0	0	1	1	↓		↓
0	1	1	1	0	0	↓	↓	↓
1	0	0	0	0	0	↓		↓
1	0	1	0	1	0	↓	↓	↓
1	1	0	0	1	0	↓		↓
1	1	1	0	0	0	↓	↓	↓

由状态表可画出状态图和时序图，如图 5.2.8、图 5.2.9 所示。

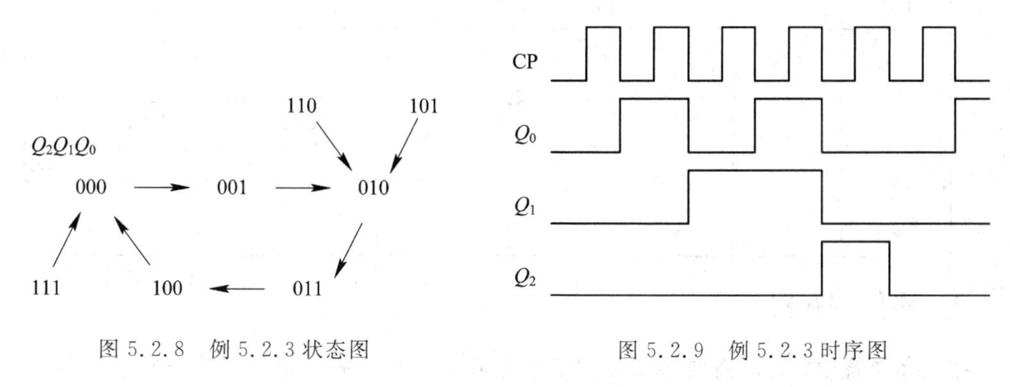

图 5.2.8　例 5.2.3 状态图　　　　图 5.2.9　例 5.2.3 时序图

(4) 功能说明。由分析过程可知，该电路为异步五进制加法计数器，可以自启动。

5.3　寄存器和移位寄存器

寄存器是一种重要的数字逻辑部件，常用来暂时存放数据、指令等。除此以外，有时为了处理数据的需要，寄存器的各位数据需要依次(低位向高位或高位向低位)移位，具有移位功能的寄存器称为移位寄存器。

5.3.1　寄存器

由于触发器能够存储二进制数码，所以在数字系统中常用 n 个触发器集成为 n 位寄存器，用以存储 n 位二进制数。74LS175 是用四个 D 触发器组成的四位寄存器，其逻辑电路图和引脚图如图 5.3.1(a)、(b)所示。

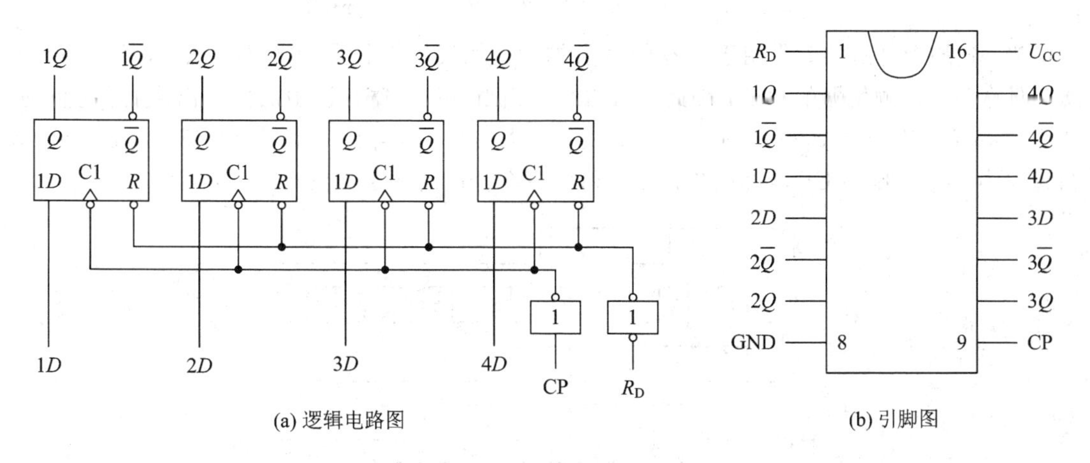

(a) 逻辑电路图　　　　(b) 引脚图

图 5.3.1　集成寄存器 74LS175

由图 5.3.1 的电路图可见，在 CP 上升沿到达时 1D～4D 端的状态被同时寄存到各触发器中，形成 $1Q^{n+1}$～$4Q^{n+1}$ 状态。为了增加电路的灵活性，74LS175 中加了异步清零控制端 R_D。当 $R_D=0$ 时，不需要和 CP 同步，就可完成寄存器 $1Q$～$4Q$ 的清零工作。74LS175 功能见表 5.3.1。

表 5.3.1 74LS175 功能表

CP	R_D	1D	2D	3D	4D	Q_0	Q_1	Q_2	Q_3
×	0	×	×	×	×	0	0	0	0
↑	1	1D	2D	3D	4D	1D	2D	3D	4D
1	1	×	×	×	×	保持			
0	1	×	×	×	×	保持			
↓	1	×	×	×	×	保持			

5.3.2 移位寄存器

在数字系统中，有时需要将寄存器的数据在CP脉冲的控制下依次进行左、右移位，用以实现数值运算及数据的串行-并行转换等，因此，需要移位寄存器。

移位寄存器可分为单向移位寄存器和双向移位寄存器。单向移位寄存器是指仅具有左移功能或右移功能的寄存器。而双向移位寄存器是指既能左移、又能右移的移位寄存器。

图5.3.2是由四个边沿D触发器串接构成的四位移位寄存器。FF_0输入端接收信号D_I，其余每个触发器输入均与左边触发器的输出相连。

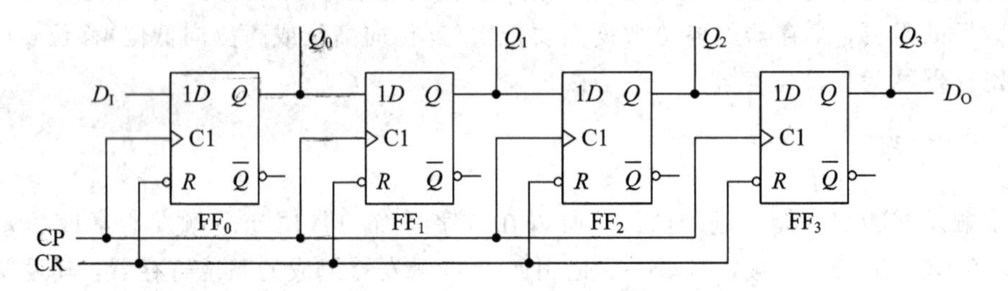

图 5.3.2 边沿D触发器构成的四位移位寄存器

当CP的上升沿同时作用于所有的触发器时，触发器都将形成与D端输入相同的新状态，即等于左边触发器的输出，因此，总的效果相当于移位寄存器中的代码依次右移，同时，从D_I端输入一位数据到Q_0。例如：设$Q_0\,Q_1\,Q_2Q_3=0000$，若在4个时钟周期内，由D_I输入的代码为1101，则在CP脉冲的作用下，移位寄存器的时序图如图5.3.3所示。

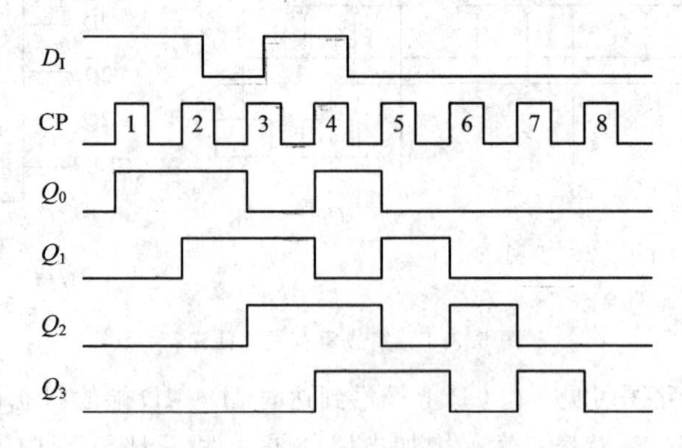

图 5.3.3 图 5.3.2 电路的时序图

经过4个时钟脉冲后，1101出现在寄存器的$Q_3\,Q_2\,Q_1\,Q_0$输出端，实现了数据串入-并出的转换。在第 8 个时钟脉冲作用后，数据从 Q_3端全部移出寄存器，说明存入该寄存器的数据也可以从 Q_3端串行输出。

为增加使用的灵活性，集成移位寄存器又附加了左右移位控制、数据并行输入、异步复位、保持等功能。图 5.3.4(a)、(b)分别给出了集成移位寄存器 74194 的逻辑符号和引脚图。图中 D_{SR}为数据右移串行输入端，D_{SL}为数据左移串行输入端；D～A 为数据并行输入端；Q_D～Q_A为数据并行输出端；S_1、S_0控制着移位寄存器的工作状态。表 5.3.2 是 74194 的功能表。

表 5.3.2　74194 功能表

R_D	S_1	S_0	D_{SL}	D_{SR}	CP	D	C	B	A	Q_D	Q_C	Q_B	Q_A	说明
0	×	×	×	×	×	×	×	×	×	0	0	0	0	清零
1	1	1	×	×	↑	D	C	B	A	D	C	B	A	并行输入
1	1	0	D_{SL}	×	↑	×	×	×	×	D_{SL}	Q_D	Q_C	Q_B	左移
1	0	1	×	D_{SR}	↑	×	×	×	×	Q_C	Q_B	Q_A	D_{SR}	右移
1	0	0	×	×	↑	×	×	×	×	Q_D	Q_C	Q_B	Q_A	保持

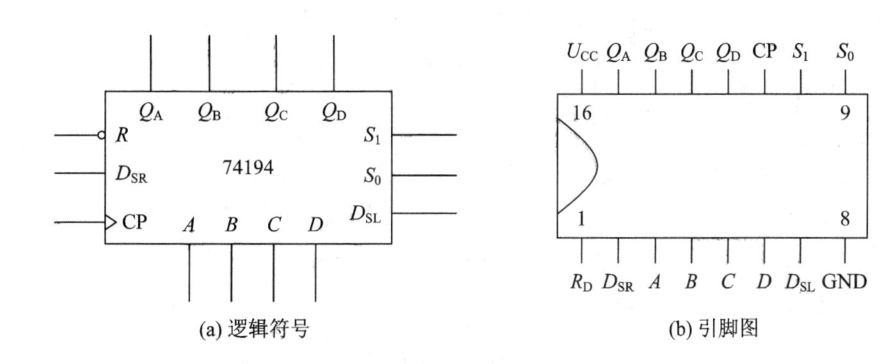

图 5.3.4　4 位双向移位寄存器 74194

例 5.3.1　电路如图 5.3.5 所示，画出该电路的状态图，并说明其逻辑功能。

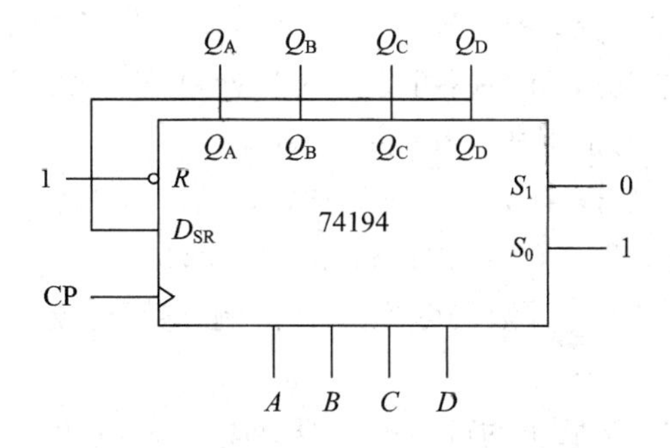

图 5.3.5　例 5.3.1 逻辑电路图

解：分析上面电路可以看出 $S_1=0$，$S_0=1$ 控制整个寄存器工作在右移状态，且 Q_D移出的数据由串行右移输入 D_{SR}端又移入到了 Q_A端，因此它能把寄存器中的数据循环右移，所以，其状态图如图 5.3.6 所示。可以看出，它是一个环形移位寄存器，由于它的最大环只有四个状态，也可构成四进制计数器。逻辑功能为四位环形计数器，不能自启动。

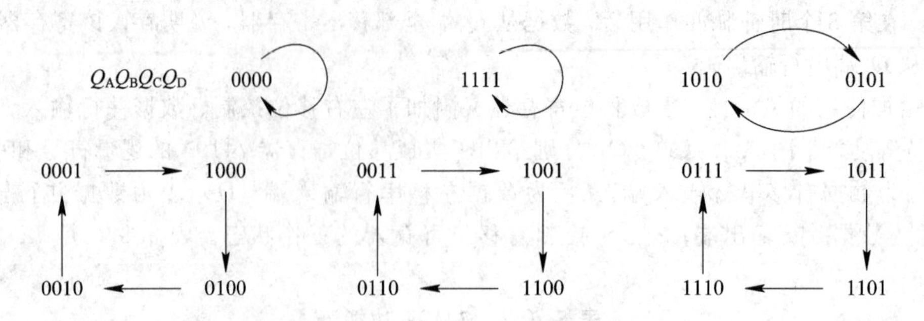

图 5.3.6 例 5.3.1 的状态图

如果选择每个有效状态只有一个"1"或一个"0"的环作为环形计数器的有效环，则它可直接用作顺序脉冲发生器。环形计数器的缺点是状态利用率低，为了提高其状态利用率，可将 Q_D 取反后再反馈到串行输入 D_{SR} 端，这样就构成了扭环形计数器(又叫约翰逊计数器)，如图5.3.7 所示。其工作过程请读者自己分析。

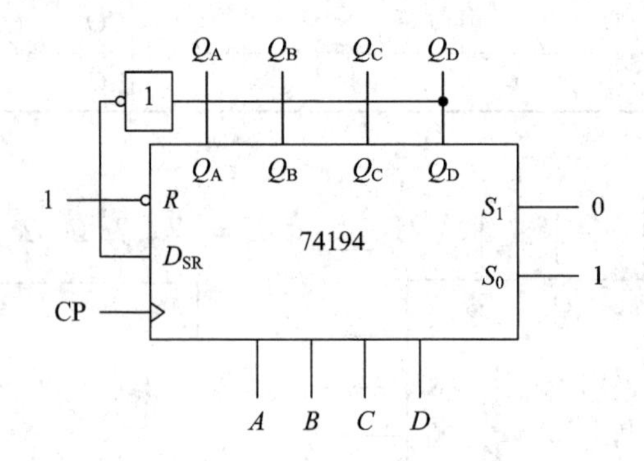

图 5.3.7 四位扭环形计数器

5.4 计 数 器

计数器是用来累计和寄存输入脉冲个数的时序逻辑部件。计数器常用于对时钟脉冲的计数、分频、定时等，用途广泛，种类繁多。

按计数脉冲输入方式划分，计数器可分为同步计数器(各触发器同时形成新的状态)和异步计数器(各触发器新状态的形成不在同一时刻)。

按计数过程增减趋势划分，计数器可分为加计数器(对 CP 脉冲递增计数)、减计数器(对 CP 脉冲递减计数)和可逆计数器(可控制进行加或减计数)。

按计数器容量不同来划分，计数器可分为 2^n 进制计数器(模 2 计数器)和非 2^n 进制计数器(非模 2 计数器)。

各种计数器在电路实现形式上均可由触发器组成，但最常用的是各种集成计数器。

5.4.1 2^n 进制计数器组成规律

1. 2^n进制同步加计数器

同步计数器中，每个触发器在 CP 作用下同时形成新状态，由 2^n进制加计数规律(表 5.4.1 中二进制的变化规律)可知，每来一个时钟脉冲最低位就应翻转一次，而其他各位应在其所有低位全为 1 时，再来时钟脉冲才翻转(低位向高位进位)。考虑到 JK 触发器的动作特点，用 JK 触发器实现 2^n进制加计数器，其各级 J、K 输入关系如下：

$$J_0 = K_0 = 1$$

$$J_1 = K_1 = Q_0^n$$

$$J_2 = K_2 = Q_1^n Q_0^n$$

$$J_3 = K_3 = Q_2^n Q_1^n Q_0^n$$

$$\vdots$$

$$J_m = K_m = Q_{m-1}^n Q_{m-2}^n \cdots Q_0^n = Q_{m-1}^n J_{m-1}$$

表 5.4.1　四位二进制加法计数器状态表

计数脉冲序号 CP	现态				次态				输出
	Q_3^n	Q_2^n	Q_1^n	Q_0^n	Q_3^{n+1}	Q_2^{n+1}	Q_1^{n+1}	Q_0^{n+1}	Z
0	0	0	0	0	0	0	0	1	0
1	0	0	0	1	0	0	1	0	0
2	0	0	1	0	0	0	1	1	0
3	0	0	1	1	0	1	0	0	0
4	0	1	0	0	0	1	0	1	0
5	0	1	0	1	0	1	1	0	0
6	0	1	1	0	0	1	1	1	0
7	0	1	1	1	1	0	0	0	0
8	1	0	0	0	1	0	0	1	0
9	1	0	0	1	1	0	1	0	0
10	1	0	1	0	1	0	1	1	0
11	1	0	1	1	1	1	0	0	0
12	1	1	0	0	1	1	0	1	0
13	1	1	0	1	1	1	1	0	0
14	1	1	1	0	1	1	1	1	0
15	1	1	1	1	0	0	0	0	1

同步四位二进制加法计数器逻辑电路如图 5.4.1 所示。

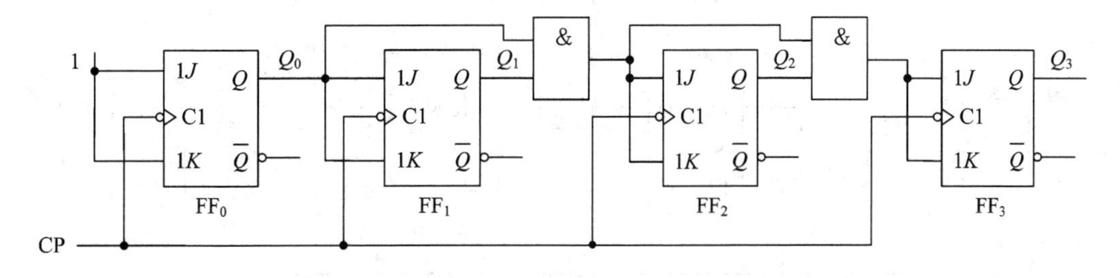

图 5.4.1　同步四位二进制加法计数器逻辑电路图

2. 2^n 进制同步减计数器

由表 5.4.2 四位二进制减法计数器状态表可知，每来一个时钟脉冲最低位触发器就应翻转一次，高位触发器只有在低位全部为 0，且需向高位借位时，在时钟脉冲的作用下才翻转。用 JK 触发器实现时，其各级 J、K 输入应满足以下格式：

$$J_0 = K_0 = 1$$
$$J_1 = K_1 = \overline{Q}_0^n$$
$$J_2 = K_2 = \overline{Q}_1^n \overline{Q}_0^n$$
$$J_3 = K_3 = \overline{Q}_2^n \overline{Q}_1^n \overline{Q}_0^n$$
$$\vdots$$
$$J_m = K_m = \overline{Q}_{m-1}^n \overline{Q}_{m-2}^n \cdots \overline{Q}_0^n = \overline{Q}_{m-1}^n J_{m-1}$$

表 5.4.2　四位二进制减法计数器状态表

计数脉冲序号 CP	现态				次态				输出
	Q_3^n	Q_2^n	Q_1^n	Q_0^n	Q_3^{n+1}	Q_2^{n+1}	Q_1^{n+1}	Q_0^{n+1}	Z
0	0	0	0	0	1	1	1	1	1
1	1	1	1	1	1	1	1	0	0
2	1	1	1	0	1	1	0	1	0
3	1	1	0	1	1	1	0	0	0
4	1	1	0	0	1	0	1	1	0
5	1	0	1	1	1	0	1	0	0
6	1	0	1	0	1	0	0	1	0
7	1	0	0	1	1	0	0	0	0
8	1	0	0	0	0	1	1	1	0
9	0	1	1	1	0	1	1	0	0
10	0	1	1	0	0	1	0	1	0
11	0	1	0	1	0	1	0	0	0
12	0	1	0	0	0	0	1	1	0
13	0	0	1	1	0	0	1	0	0
14	0	0	1	0	0	0	0	1	0
15	0	0	0	1	0	0	0	0	0

同步四位二进制减法计数器逻辑电路如图 5.4.2 所示。

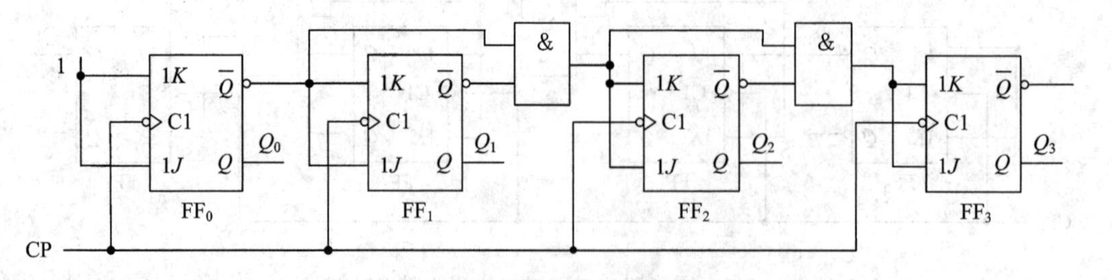

图 5.4.2　同步四位二进制减法计数器逻辑电路图

3. 2^n 进制异步加计数器

将所有触发器都接成计数器工作状态(即 $Q^{n+1}=\overline{Q}^n$，对于 D 触发器，使 $D_i=\overline{Q}_i$；对于 JK 触发器，使 $J_i=K_i=1$)，在电路连接时只需考虑 CP 脉冲的来源。每来一个时钟脉冲最低位触发器翻转一次，所以最低位时钟直接与外部输入的 CP 脉冲相连接，其他位当低位由 1 变 0 时，向高位产生进位使其翻转。对于下降沿触发器，高位的 CP 输入端连接相邻低位的 Q 输出端，即 $CP_m=Q_{m-1}$；对于上升沿触发器，高位 CP 输入端应接相邻低位的 $\overline{Q}$ 端，即 $CP_m=\overline{Q}_{m-1}$。图 5.4.3 和图 5.4.4 分别给出了上升沿触发的三位二进制异步加法计数器逻辑电路和其工作波形。

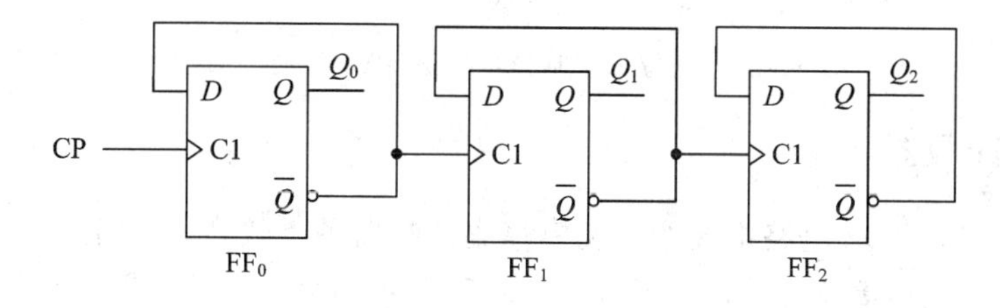

图 5.4.3　三位二进制异步加法计数器逻辑电路

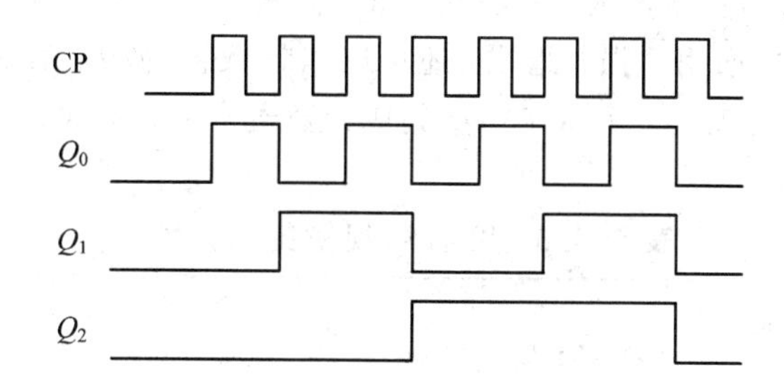

图 5.4.4　三位二进制异步加法计数器的工作波形

4. 2^n 进制异步减计数器

将所有触发器仍旧固定接成计数工作状态，只需设计 CP 脉冲。最低位的时钟脉冲输入端直接与外部输入的 CP 脉冲相连；其他位应当在低位由 0 变 1 时，向高位产生借位信号使高位翻转。对于上升沿触发的触发器，高位 CP 端应与相邻低位 Q 端相连，即 $CP_m=Q_{m-1}$；对于下降沿触发器，其高位 CP 端应与相邻低位 $\overline{Q}$ 端相连，即 $CP_m=\overline{Q}_{m-1}$。

依据上述规律，图 5.4.5 画出了下降沿触发的三位二进制异步减法计数器逻辑电路。图 5.4.6 是图 5.4.5 电路的工作波形图。

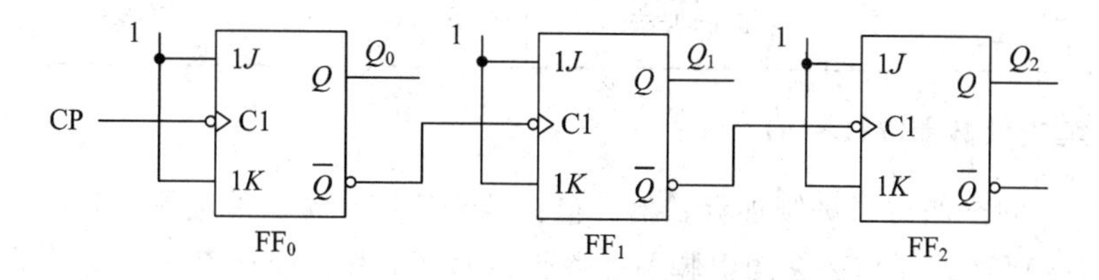

图 5.4.5　三位二进制异步减法计数器逻辑电路

由于二进制异步计数器高位触发器的状态变化必须在低位触发器产生进位(或借位)信号后才能实现，因此这类计数器称为串行计数器，故异步计数器的工作速度较同步计数器低。

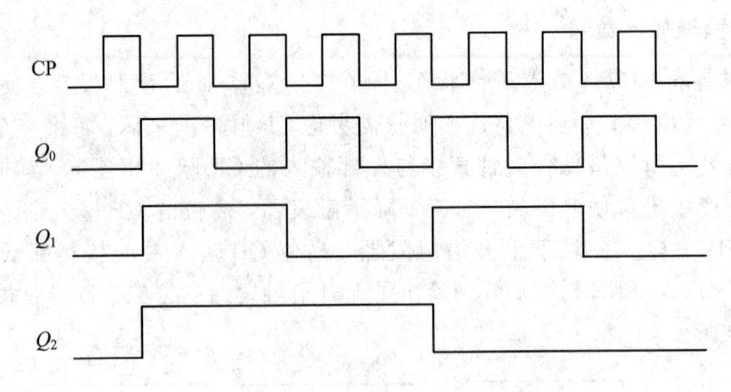

图 5.4.6 三位二进制异步减法计数器的工作波形

5.4.2 集成计数器

目前 TTL 和 CMOS 电路构成的中规模集成计数器种类较多，应用广泛，它们具有体积小、功耗低、功能灵活等优点。它们可分为异步和同步两大类，通常集成计数器分为 BCD 码十进制计数器和四位二进制计数器，还可分为可逆计数器和不可逆计数器。另外，按预置功能和清零功能还可分为同步预置数、异步预置数、同步清零和异步清零。这些计数器功能比较完善，可以自由扩展，通用性强，此外，还可以以计数器为核心器件，辅以其他组件实现时序逻辑电路的设计。表 5.4.3 列举了一些集成计数器产品。下面选择其中几个典型集成计数器电路进行分析介绍。

表 5.4.3 几种中规模集成计数器

类型	型号	计数器模式	清零方式	预置数方式	工作频率/MHz
同步	74LS160	十进制加法	异步(低电平)	同步	25
	74LS161	四位二进制加法	异步(低电平)	同步	25
	74HC161	四位二进制加法	异步(低电平)	同步	
	74HCT161	四位二进制加法	异步(低电平)	同步	
	74LS190	单时钟十进制可逆	无	异步	20
	74LS191	单时钟四位二进制可逆	无	异步	20
	74LS193	双时钟四位二进制可逆	异步(高电平)	异步	25
异步	74LS293	双时钟四位二进制加法	异步(高电平)	无	32
	74LS290	二-五-十进制加法	异步(高电平)	异步	32

1. 同步集成计数器 74LS161

74LS161 是同步四位二进制加计数器，它有异步清零、同步预置数等功能。

图 5.4.7(a)和(b)分别是它的引脚图和逻辑符号图，其功能如表 5.4.4 所示。CP 脉冲上升沿控制电路计数工作，R_D端为异步清零端，L_D是预置数控制端，A、B、C、D 是预置数输入端，EP 和 ET 是计数使能(控制)端，$R_{CO}=Q_DQ_CQ_BQ_A\text{ET}$ 是进位输出端。下面根据功能表进一步说明各控制端的作用。

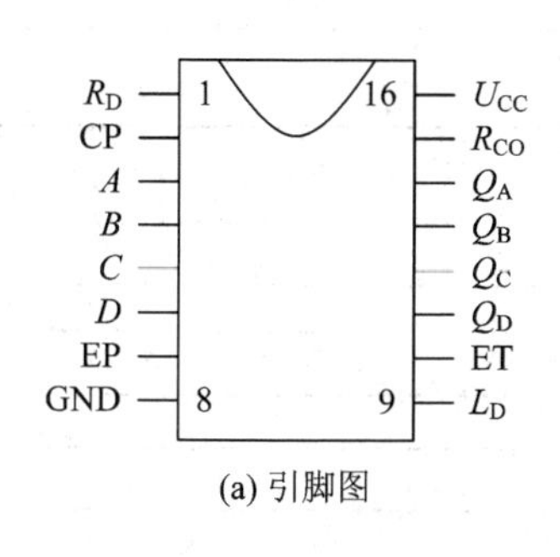

(a) 引脚图

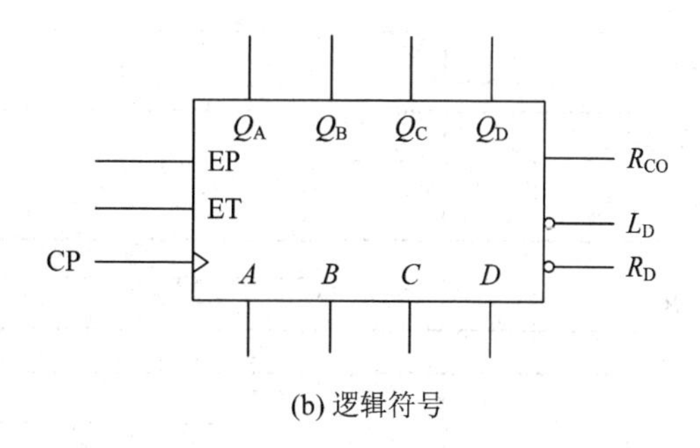

(b) 逻辑符号

图 5.4.7　74LS161 引脚图和逻辑符号

表 5.4.4　74LS161 功能表

CP	R_D	L_D	EP	ET	D	C	B	A	Q_D	Q_C	Q_B	Q_A
×	0	×	×	×	×	×	×	×	0	0	0	0
↑	1	0	×	×	D	C	B	A	D	C	B	A
×	1	1	0	×	×	×	×	×	保持			
×	1	1	×	0	×	×	×	×	保持			
↑	1	1	1	1	×	×	×	×	加计数			

(1) 异步清零：当 $R_D=0$ 时，其他输入端任意取值，计数器将被直接置零。

(2) 同步预置数：当 $R_D=1$，$L_D=0$，且有 CP 脉冲上升沿作用时，将输入端 D、C、B、A 的数据置入计数器，使 $Q_DQ_CQ_BQ_A=DCBA$。由于这个操作需要与 CP 上升沿同步，所以称为同步预置数。

(3) 保持：当 $R_D=L_D=1$ 时，若 EP · ET=0，则不管有无 CP 脉冲作用，计数器保持输出原状态不变。考虑到 $R_{CO}=Q_DQ_CQ_BQ_A\cdot \mathrm{ET}$，当 ET=0 时，进位输出 $R_{CO}=0$。

(4) 计数：当 $R_D=L_D=1$，EP=ET=1 时，74LS161 处于计数状态，对 CP 脉冲上升沿进行四位二进制加计数。

高速 CMOS 集成计数器 74HC161、74HCT161 的逻辑功能、外形尺寸、引脚图等与 74LS161 完全相同。另外，与 74LS161 类似的还有同步十进制加计数器 74LS160，各输入/输出功能、功能表和逻辑符号图都与 74LS161 一致，只是计数进制不同，这里不再赘述。

图 5.4.8 为 74LS161 的时序图，它进一步表述了 74LS161 的功能和各控制信号间的时间关系。特别需要注意的是，时序图所反映的同步预置数、异步清零的控制特点。

2. 同步集成计数器 74LS193

74LS193 是双时钟同步四位二进制可逆计数器，能够预置数。它的管脚图和逻辑符号如图 5.4.9 所示，其功能如表 5.4.5 所示。

表 5.4.5　74LS193 功能表

CP_U	CP_D	R_D	L_D	工作状态
×	×	1	×	清零
×	×	0	0	预置数
↑	1	0	1	加计数
1	↑	0	1	减计数

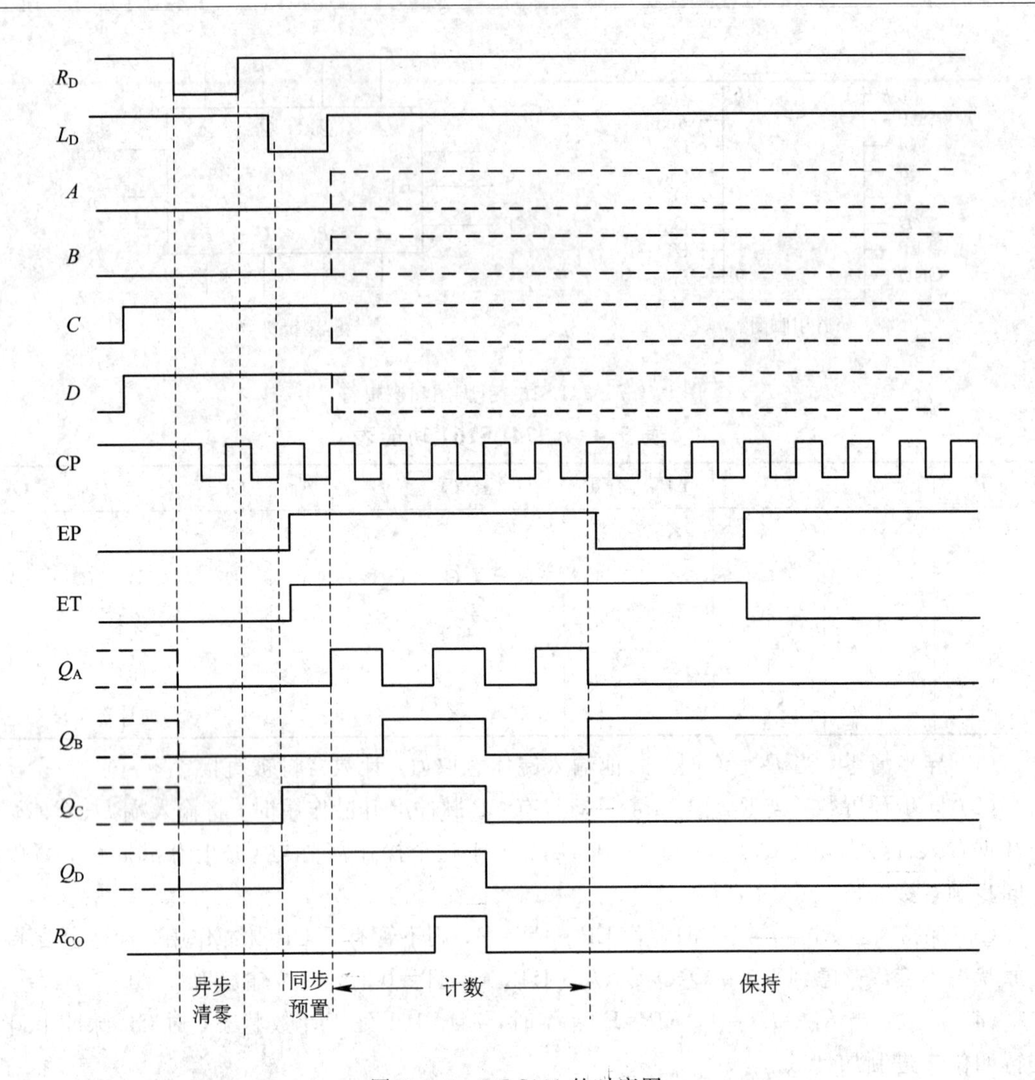

图 5.4.8　74LS161 的时序图

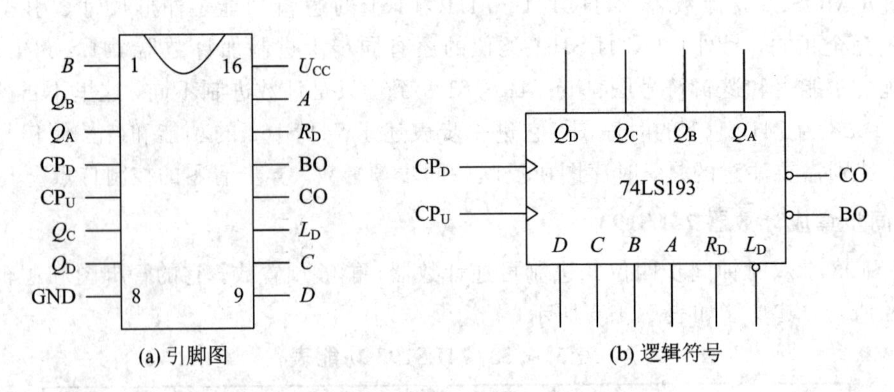

图 5.4.9　74LS193 引脚图和逻辑符号图

其中，CP_U是加计数器时钟信号，CP_D是减计数器时钟信号。$R_D=1$ 时，无论时钟脉冲状态如何，完成异步直接清零功能。当 $R_D=0$，$L_D=0$ 时，不管时钟脉冲状态如何，输入信号将立即被送入计数器的输出端，使 $Q_DQ_CQ_BQ_A=DCBA$，完成异步预置数功能。

进位输出和借位输出是分开的。CO 是进位输出信号，加计数时，进入 1001 状态后有负脉冲输出。BO 是借位输出信号，减计数时，进入 0000 状态后有负脉冲输出。

3. 异步集成计数器 74LS290

74LS290 是异步二-五-十进制计数器，其逻辑电路图、引脚图和逻辑符号如图 5.4.10(a)、(b)、(c)所示。它由一个二进制计数器和一个五进制计数器级联组成。若以 CP_0 为计数输入端、Q_0 为输出端，则得到二进制计数器；若以 CP_1 为输入端，Q_3、Q_2、Q_1 为输出端，则得到异步五进制加计数器；将 CP_1 与 Q_0 相连并以 CP_0 为时钟脉冲输入端，Q_3、Q_2、Q_1、Q_0 为输出端，则得到十进制计数器(8421BCD 码)。若将 CP_0 与 Q_3 相连，以 CP_1 为输入端，从 Q_0、Q_3、Q_2、Q_1 端输出，也得到十进制计数器(5421BCD 码)。另外，电路中还设置了两个清零控制端 $R_{0(1)}$、$R_{0(2)}$，两个置 9 控制端 $S_{9(1)}$、$S_{9(2)}$。当 $R_{0(1)}=R_{0(2)}=1$，且 $S_{9(1)}S_{9(2)}=0$ 时，74LS290 的输出被直接置零；当 $S_{9(1)}=S_{9(2)}=1$，$R_{0(1)}R_{0(2)}=0$ 时，计数器输出将被置 9，即 $Q_3Q_2Q_1Q_0=1001$。74LS290 的功能如表 5.4.6 所示。

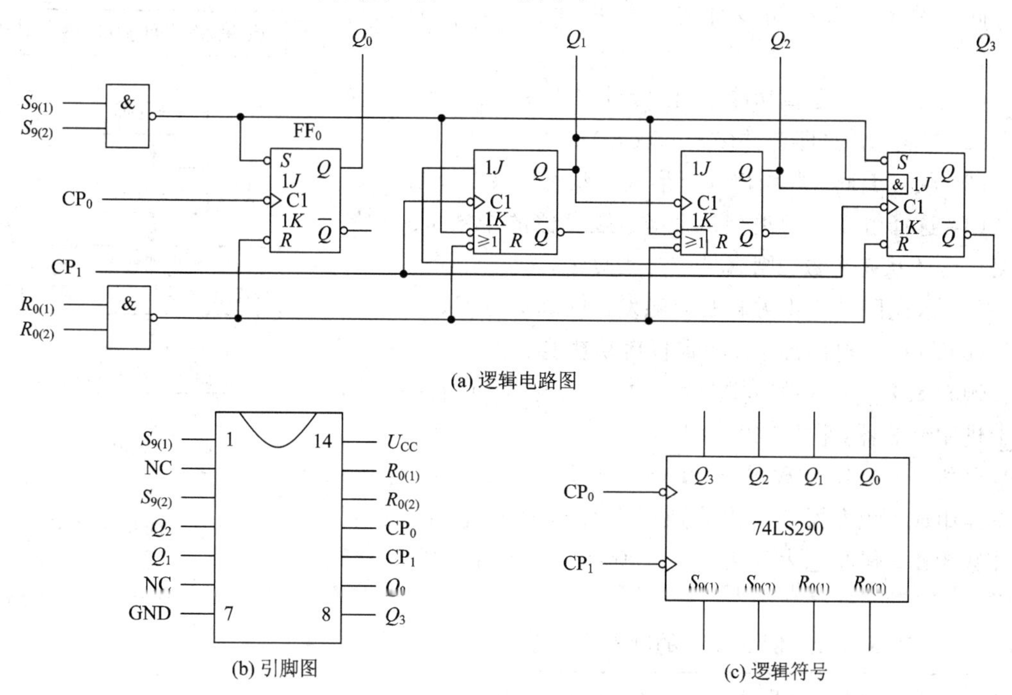

图 5.4.10　异步二-五-十计数器 74LS290

表 5.4.6　74LS290 功能表

复位输入		置数输入		时钟		输出			
$R_{0(1)}$	$R_{0(2)}$	$S_{9(1)}$	$S_{9(2)}$	CP_0	CP_1	Q_3	Q_2	Q_1	Q_0
1	1	0	×	×	×	0	0	0	0
1	1	×	0	×	×	0	0	0	0
×	0	1	1	×	×	1	0	0	1
0	×	1	1	×	×	1	0	0	1
$R_{0(1)}R_{0(2)}=0$		$S_{9(1)}S_{9(2)}=0$		CP	×	二进制计数			
				×	CP	五进制计数			
				CP	Q_0	十进制计数(8421 码)			
				Q_3	CP	十进制计数(5421 码)			

5.5　常见时序逻辑电路的设计方法

设计时序逻辑电路可以将触发器作为基本单元电路，也可以以集成计数器为基础，后者的设计过程简单方便。

时序逻辑电路的设计就是根据给定问题的逻辑要求，设计出满足逻辑要求的电路，并力求最简。如果选用 SSI 设计时序电路，电路最简的标准是：选用的触发器和逻辑门数目最少，而且触发器和门电路的输入端的数目亦最少。如果选用 MSI 设计时序电路，电路最简的标准则是：集成电路的数目最少、种类最少，而且相互连线最少。

5.5.1　同步时序逻辑电路的设计方法

同步时序逻辑电路设计的一般步骤(参考图 5.5.1)如下：

(1) 由给定的逻辑功能求出原始状态图；

(2) 状态化简(即合并多余的状态)；

(3) 状态编码，并画出编码形式的状态图及状态表；

(4) 选择触发器的类型及个数：触发器的个数 n、M 是电路包含的状态个数，则满足 $2^{n-1}<M\leqslant 2^n$；

(5) 求电路的输出方程及各触发器的驱动方程；

(6) 画逻辑电路图，并检查自启动功能。

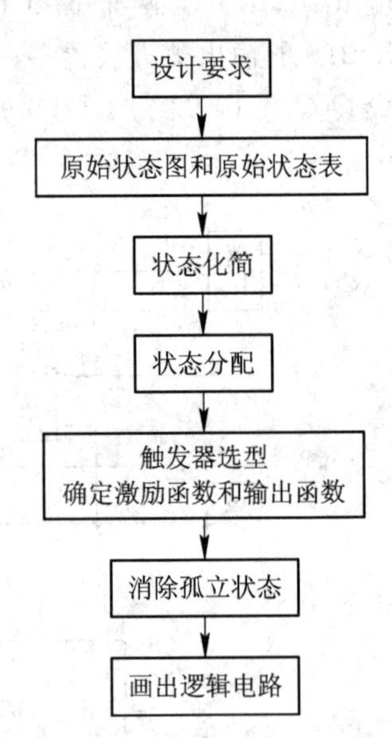

图 5.5.1　同步时序逻辑电路设计流程

例 5.5.1　试以触发器作为基本单元电路，设计一个同步十进制计数器(采用 8421 编码)。

分析：十进制计数器有 10 个稳定状态，最少应由 4 个触发器组成。触发器的输出分别记为 $Q_3Q_2Q_1Q_0$，按十进制的计数规律，作状态表如表 5.5.1 所示，状态图如图 5.5.2 所示。

表 5.5.1　例 5.5.1 的状态表

Q_3^n	Q_2^n	Q_1^n	Q_0^n	Q_3^{n+1}	Q_2^{n+1}	Q_1^{n+1}	Q_0^{n+1}
0	0	0	0	0	0	0	1
0	0	0	1	0	0	1	0
0	0	1	0	0	0	1	1
0	0	1	1	0	1	0	0
0	1	0	0	0	1	0	1
0	1	0	1	0	1	1	0
0	1	1	0	0	1	1	1
0	1	1	1	1	0	0	0
1	0	0	0	1	0	0	1
1	0	0	1	0	0	0	0

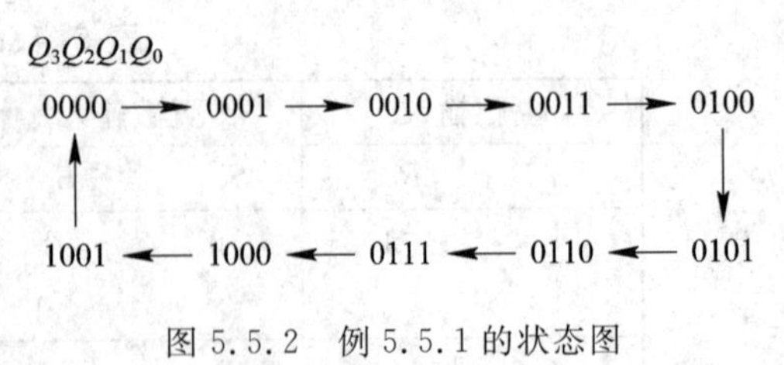

图 5.5.2　例 5.5.1 的状态图

根据状态表并考虑到计数器正常工作时 1010～1111 状态不会出现，故将 1010～1111 作为无关项处理，利用卡诺图化简过程如图 5.5.3 所示。

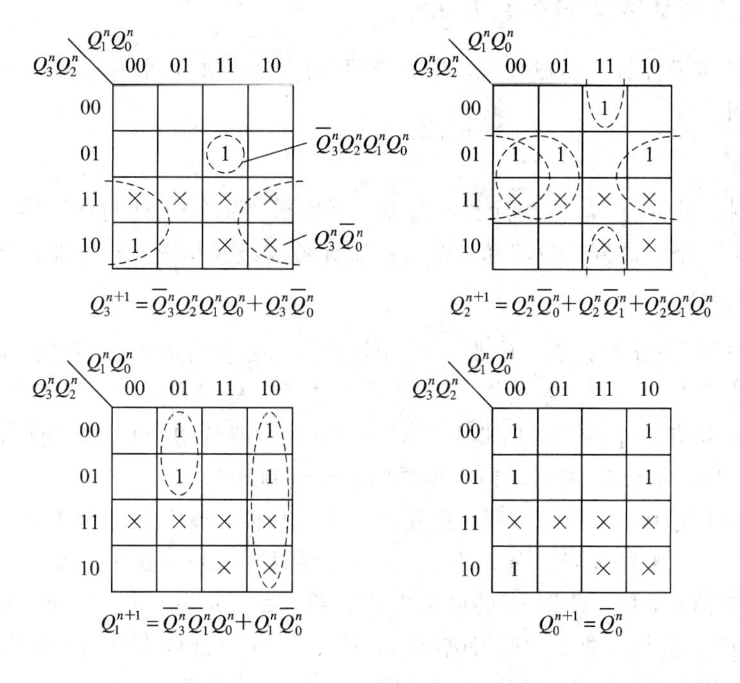

图 5.5.3　例 5.5.1 的卡诺图

由卡诺图化简得到电路的状态方程如下：

$$Q_0^{n+1}=\overline{Q}_0^n$$
$$Q_1^{n+1}=\overline{Q}_3^n\overline{Q}_1^nQ_0^n+Q_1^n\overline{Q}_0^n$$
$$Q_2^{n+1}=Q_2^n\overline{Q}_0^n+Q_2^n\overline{Q}_1^n+\overline{Q}_2^nQ_1^nQ_0^n$$
$$Q_3^{n+1}=\overline{Q}_3^nQ_2^nQ_1^nQ_0^n+Q_3^n\overline{Q}_0^n$$

状态方程确定以后，画电路图的关键是选择触发器的类型。如果采用 JK 触发器实现，将 JK 触发器的特性方程 $Q^{n+1}=J\overline{Q}^n+\overline{K}Q$ 与电路的各个状态方程进行比较，可确定各个触发器的驱动方程如下：

$$J_3=Q_2^nQ_1^nQ_0^n,\quad K_3=Q_0^n$$
$$J_2=Q_1^nQ_0^n,\quad K_2=Q_1^nQ_0^n$$
$$J_1=\overline{Q}_3^nQ_0^n,\quad K_1=Q_0^n$$
$$J_0=K_0=1$$

依据驱动方程画出电路图，如图 5.5.4 所示。

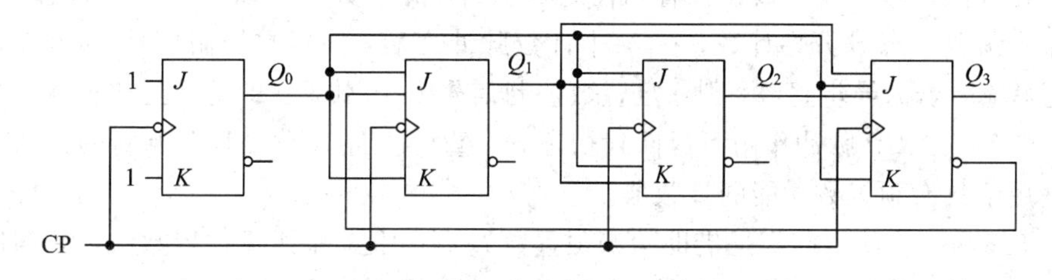

图 5.5.4　例 5.5.1 的电路图

读者试选用D触发器或者T触发器来实现同步十进制计数器。

5.5.2 任意进制计数器的构成方法

利用中规模集成计数器构成任意进制计数器的方法归纳起来有乘数法、反馈清零法和反馈置数法三种。

1. 乘数法

将 N_1 进制计数器与 N_2 进制计数器级联，可构成 $N_1 \times N_2$ 进制计数器，74LS290就是典型例子。它将1个二进制计数器和1个五进制计数器级联构成了十进制计数器。

2. 反馈清零法

中规模 M 进制集成计数器要构成 N 进制计数器，必须满足 $M>N$ 才能应用此方法。计数器由全0状态开始计数，当输入 N 个计数脉冲之后，利用 $R_D=0$（设 R_D 低电平有效），使计数器回到全0状态。清零信号 R_D 返回常态1时，计数器从初态0开始重新计数。

例 5.5.2 用74LS161采用反馈清零法构成十进制计数器。

解：74LS161是十六进制计数器，具有异步清零功能，清零信号低电平有效。现在要构成十进制计数器，利用异步清零端 R_D 的功能。当计数器由0000状态开始计数到第十个脉冲时，产生 $R_D=0$ 信号，使74LS161的输出立即清零，回到初态0000，完成十进制计数功能。图5.5.5(a)是该十进制计数器的逻辑电路图，图5.5.5(b)是该十进制计数器的主循环状态图。由于异步清零只要第十个CP脉冲输入后，计数器状态为1010，产生 $R_D=\overline{Q_3 Q_1}=0$ 信号，就立即清零，因此，$Q_3Q_2Q_1Q_0=1010$ 状态只在极短的瞬间出现，用虚线示出，它不包含在计数器的稳定循环状态中。

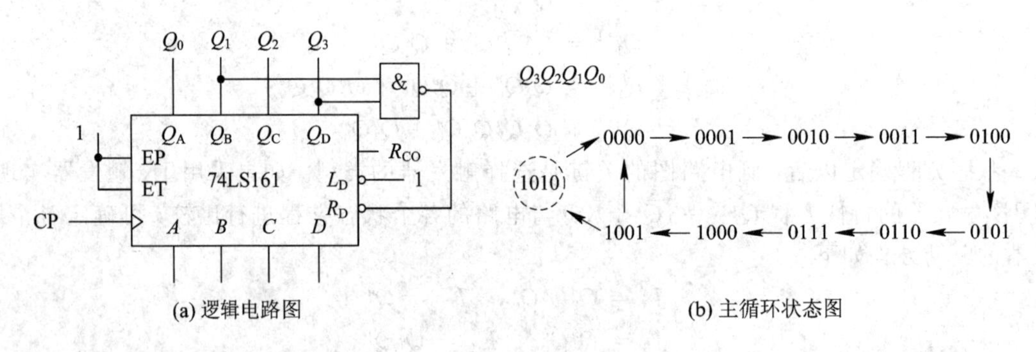

图 5.5.5 例5.5.2的逻辑电路图及主循环状态图

3. 反馈置数法

由于置数操作可以使计数器预置到任意状态，因此计数器可以不从全0状态开始计数，而是从某个预置状态 S_i 开始计数，在 N 个计数脉冲之后，使置数控制信号 L_D 有效，计数器进入预置状态。若为异步置数，则一旦置数控制信号 L_D 有效，立即返回到初态 S_i；若为同步置数，则在下一个CP脉冲作用下返回到初态 S_i，重复上述计数过程开始新的计数周期。这种方法适用于具有预置数功能的计数器。

图5.5.6(a)、(b)、(c)都是借助同步预置数 L_D 端功能，采用反馈置数法，用74LS161构成的十进制加计数器。表5.5.2示出了它们计数状态变化的状态表。

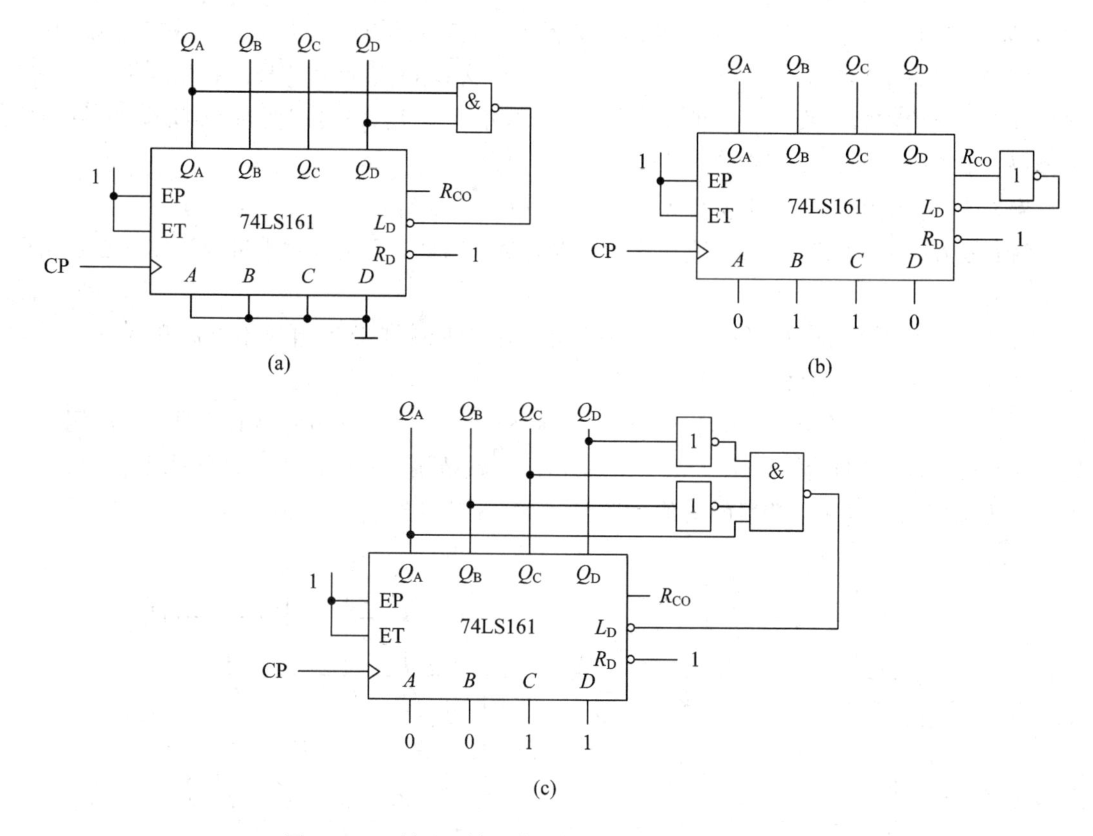

图 5.5.6　利用反馈置数法构成十进制计数器电路图

表 5.5.2　利用反馈置数法构成十进制计数器的状态图

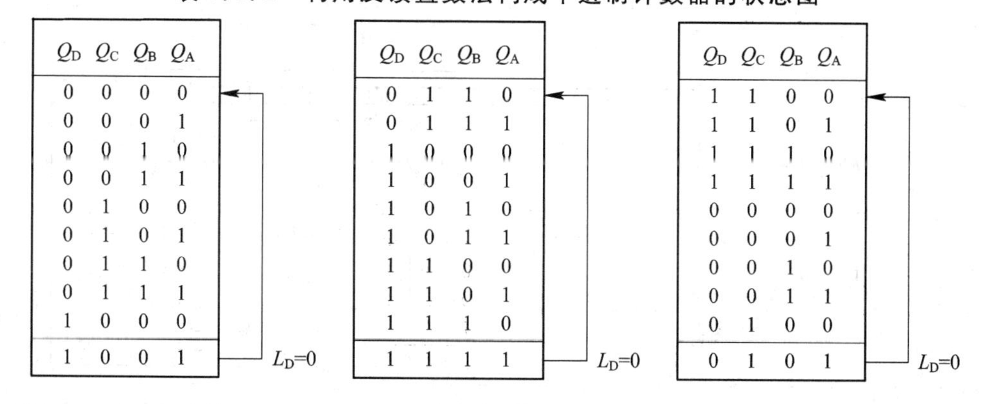

Q_D	Q_C	Q_B	Q_A
0	0	0	0
0	0	0	1
0	0	1	0
0	0	1	1
0	1	0	0
0	1	0	1
0	1	1	0
0	1	1	1
1	0	0	0
1	0	0	1

L_D=0

Q_D	Q_C	Q_B	Q_A
0	1	1	0
0	1	1	1
1	0	0	0
1	0	0	1
1	0	1	0
1	0	1	1
1	1	0	0
1	1	0	1
1	1	1	0
1	1	1	1

L_D=0

Q_D	Q_C	Q_B	Q_A
1	1	0	0
1	1	0	1
1	1	1	0
1	1	1	1
0	0	0	0
0	0	0	1
0	0	1	0
0	0	1	1
0	1	0	0
0	1	0	1

L_D=0

图 5.5.6(a)电路中，$DCBA$=0000，初始状态为 $Q_DQ_CQ_BQ_A$=0000，当第 9 个脉冲过后，计数器处在 $Q_DQ_CQ_BQ_A$=1001 状态，产生 $L_D=\overline{Q_DQ_A}=0$ 信号，待第 10 个脉冲到达时同步预置数，使计数器回到 0000 初态。

图 5.5.6(b)电路中，由于 $L_D=\bar{R}_{CO}$，所以当 $Q_DQ_CQ_BQ_A$=1111 时，$L_D=\bar{R}_{CO}=0$，准备预置计数初态。为了实现十进制，置数输入端 $DCBA$ 的值应为 $(16-10)_{10}=(0110)_2$，而 0110 为 1010 的补码，由此得出结论：对于 M 进制计数器时，若选用 2^n 进制计数器利用 $L_D=\bar{R}_{CO}$ 形式构成时(同步置数)，则置数输入端的预置数应为 M 的补码。

图 5.5.6(c)电路给出了一般情况，利用预置数控制完成 M 进制计数器的构成。即：计数器初态为同步置数输入端 $DCBA$ 的值，计数终态产生 $L_D=0$ 信号，做好预置数准备。待

CP 脉冲到来时，将初态值从输入端置入计数器中，使其回到初态。例如，计数初态为 1100，则 $DCBA=1100$。终态为 $DCBA=0101$，产生 $L_D=\overline{\overline{Q}_D Q_C \overline{Q}_B Q_A}=0$ 信号。由于这种设计不能保证终态是所有有效状态中最大的状态，因此，这里产生 L_D 信号需要对 $Q_D Q_C Q_B Q_A$ 输出完全译码，才能保证计数器正常工作。

例 5.5.3　试用 74LS161 实现六十进制计数器。

解：因为一片 74LS161 只能完成十六进制计数，因此，要实现六十进制计数器必须用两片 74LS161。

方法一：乘数法，将 60 分解为 10×6，用两片 74LS161 分别组成十进制和六进制计数器，然后再级联成六十进制的计数器，逻辑电路如图 5.5.7(a)所示。

方法二：反馈置数法，将两片 74LS161 级联构成 16×16=256 进制计数器，然后用反馈置数法构成六十进制计数器，图 5.5.7(b)给出了计数范围 0～59 的六十进制计数器。读者可考虑给出实现六十进制计数器的其他途径。

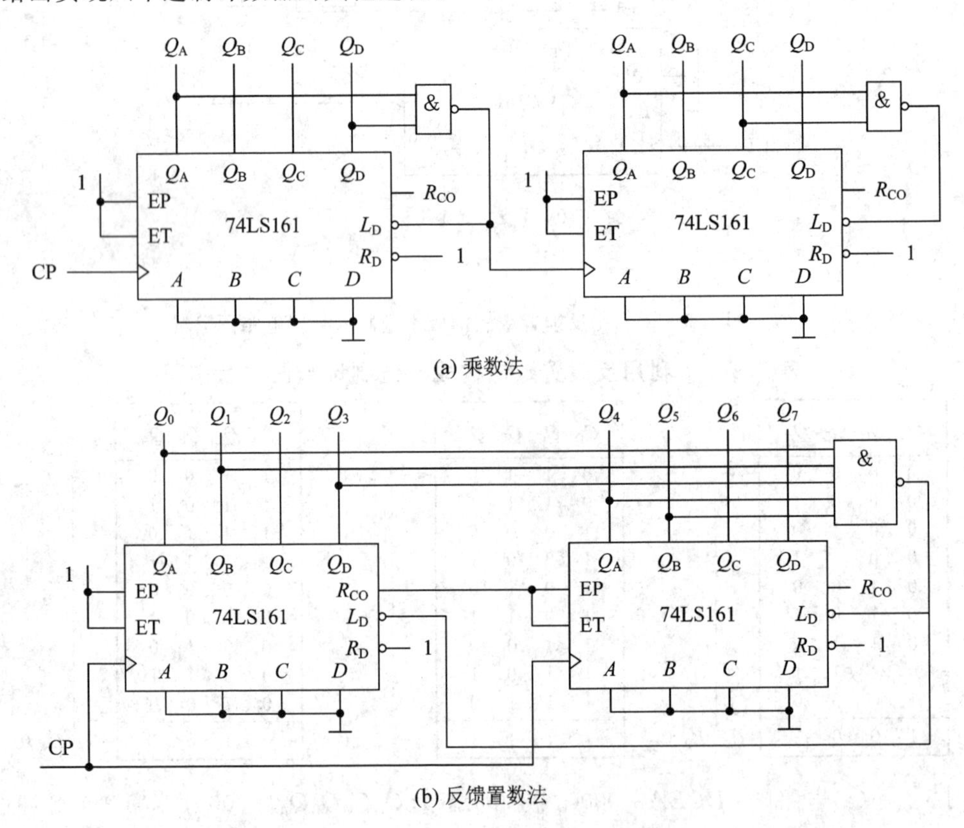

图 5.5.7　六十进制计数器逻辑图

5.6　顺序脉冲发生器和序列信号发生器

5.6.1　顺序脉冲发生器

顺序脉冲发生器是用来产生在时间上有一定先后顺序的脉冲信号电路。这组脉冲信号可用来控制某系统按规定进行顺序操作。

由图 5.3.6 可知，当环形移位寄存器工作在每个状态中只有一位是 1(或只有一位是 0)的循环状态时，它就是个顺序脉冲发生器。用环形移位寄存器构成的顺序脉冲发生器电路结构简单，不必加译码器。当采用触发器构成环形移位寄存器时，所使用的触发器个数较多，且需要考虑电路的自启动问题。

计数器与译码器适当相连，可以构成顺序脉冲发生器，如图 5.6.1 所示分别是其逻辑图和波形图。74LS161 连接成计数器工作状态，其 $Q_CQ_BQ_A$ 在 000～111 之间加 1 循环变化，控制译码器 74LS138 的 $A_2A_1A_0$，使其输出端 $\overline{Y}_0$～$\overline{Y}_7$ 依次输出顺序脉冲。

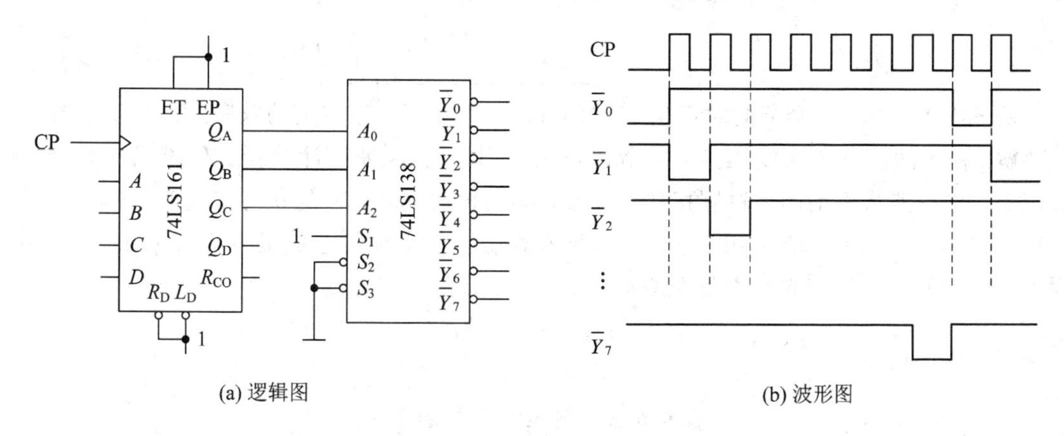

图 5.6.1　由计数器和译码器构成的顺序脉冲发生器

5.6.2　序列信号发生器

序列信号发生器是能够循环产生一组或多组序列信号的时序电路，它的构成方法较多，但比较简单、直观的方法是用计数器和数据选择器组成。在如图 5.6.2 所示电路中，当 CP 信号连续到来时，74LS161 输出 $Q_CQ_BQ_A$ 状态为 000～111 循环变化，控制着数据选择器 74LS151 的 $A_2A_1A_0$ 也按照此规律变化。由于 $D_0=D_2=D_3=D_6=0$，$D_1=D_4=D_5=D_7=1$，所以在 74LS151 数选器输出 Y 端得到不断循环的序列信号 01001101，电路状态表如表 5.6.1 所示。若需要修改序列信号，只要修改加到 D_0～D_7 的高低电平就可实现，电路使用灵活方便。

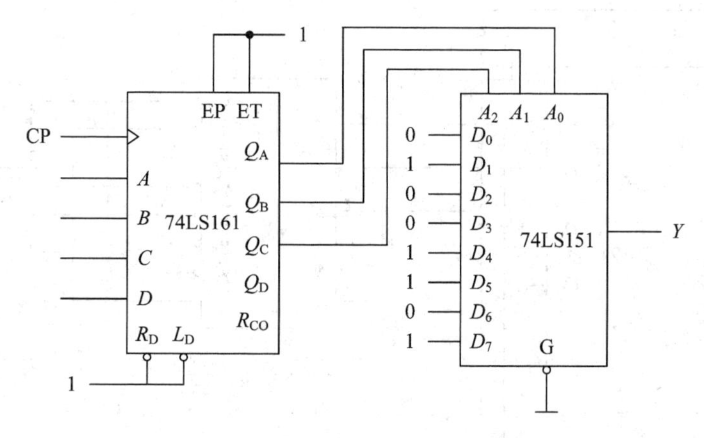

图 5.6.2　产生 01001101 序列信号的电路

表 5.6.1　图 5.6.2 电路的状态表

CP	Q_C (A_2)	Q_B (A_1)	Q_A (A_0)	Y
0	0	0	0	0
1	0	0	1	1
2	0	1	0	0
3	0	1	1	0
4	1	0	0	1
5	1	0	1	1
6	1	1	0	0
7	1	1	1	1

例 5.6.1　设计一个能同时产生 101101 和 110100 两组序列码的双序列信号发生器。

解：由于两个序列长度均为六，所以需要设计一个六进制计数器。在图 5.6.3 中，用 74LS194 构成能自启动的六进制扭环形计数器，其输出 $Q_CQ_BQ_A$ 的状态变化为：000→001→011→111→110→100 循环；用 3 线-8 线译码器输出最小项组合完成本设计要求。表5.6.2 列出了组合的输出真值表，其表达式为

$$Z_1 = m_0 + m_3 + m_4 + m_7$$

$$Z_2 = m_0 + m_1 + m_7$$

表 5.6.2　例 5.6.1 的真值表

Q_C A_2	Q_B A_1	Q_A A_0		Z_1	Z_2
0	0	0	m_0	1	1
0	0	1	m_1	0	1
0	1	1	m_3	1	0
1	1	1	m_7	1	1
1	1	0	m_6	0	0
1	0	0	m_4	1	0

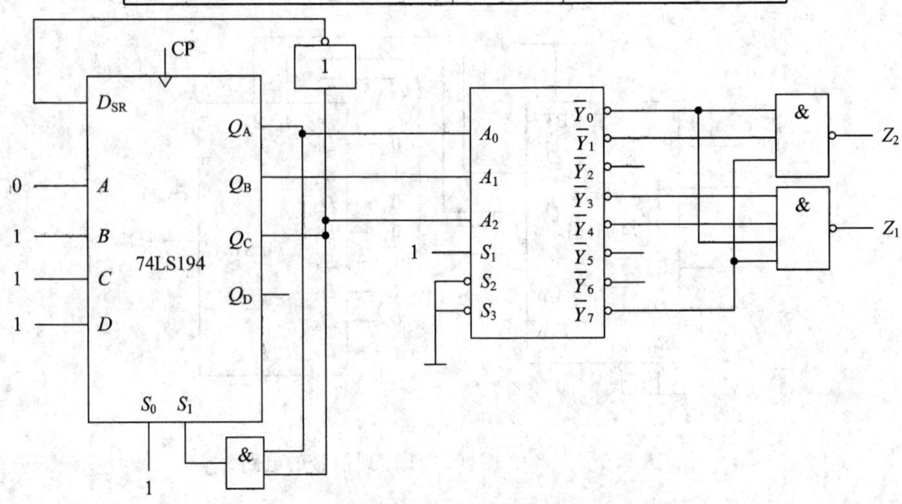

图 5.6.3　例 5.6.1 逻辑电路图

本章小结

时序电路由存储电路(触发器构成)和组合电路组成。存储电路和输入逻辑变量一起决定输出信号的状态，这是时序电路的结构特点，它决定了时序电路在逻辑功能上的特点，即时序电路在任一时刻的输出信号不仅和当时的输入信号有关，而且还与电路原来的状态有关。

时序电路按工作方式不同可分为同步时序电路和异步时序电路。对其相应的分析方法，特别是时序电路逻辑功能的几种描述方法应该熟练掌握。

由触发器组成的时序逻辑电路的分析过程可用下述流程表示：

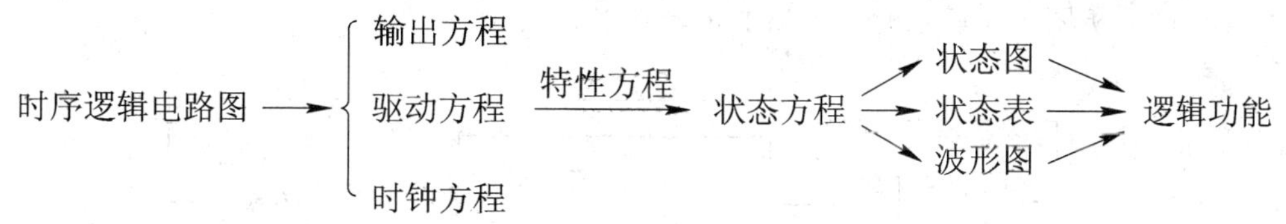

中规模集成时序逻辑电路器件很多，本章介绍的寄存器、移位寄存器、计数器等只是常见的最基本电路，应掌握这些电路的逻辑功能。

掌握用中规模集成电路 MSI 进行简单的逻辑设计。例如：用 M 进制集成计数器产品构成 N(任意)进制计数器。当 $M>N$ 时，用 1 片 M 进制计数器，采取反馈清零法或反馈置数法，跳过 $M-N$ 个状态即可；当 $M<N$ 时，选用多片 M 进制计数器组合，采用并行进位、串行进位、整体反馈清零和整体反馈置数的方式，构成 N 进制计数器。

思考题与习题

5.1　分析图 5.1 所示时序电路的逻辑功能，写出电路的驱动方程、状态方程和输出方程，设各触发器的初始状态为 0，画出电路的状态图，说明电路能否自启动。

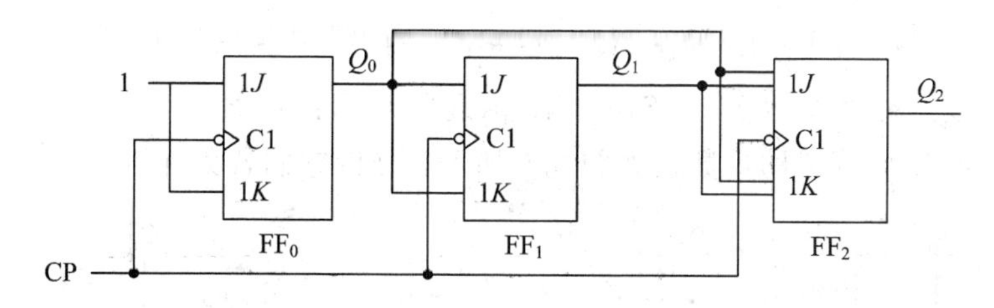

图 5.1　题 5.1 图

5.2　试求图 5.2 所示电路的状态表和状态图。说明 $X=0$ 及 $X=1$ 时电路的逻辑功能。

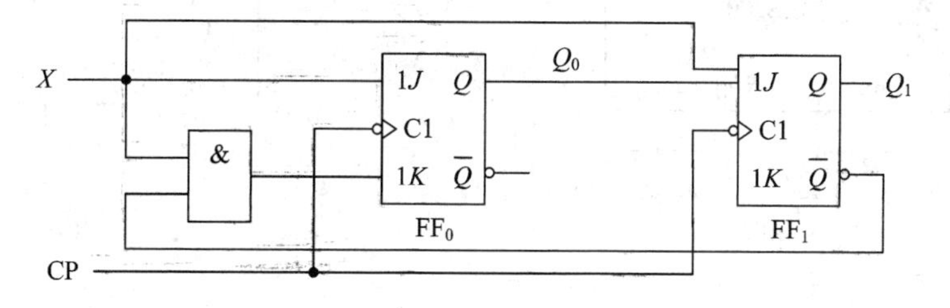

图 5.2　题 5.2 图

5.3 试分析图 5.3 所示时序电路的逻辑功能，X 为输入变量。

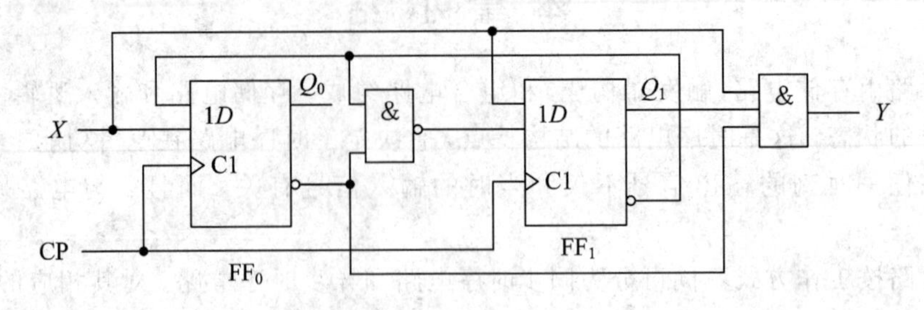

图 5.3 题 5.3 图

5.4 试分析图 5.4 所示时序电路的逻辑功能。

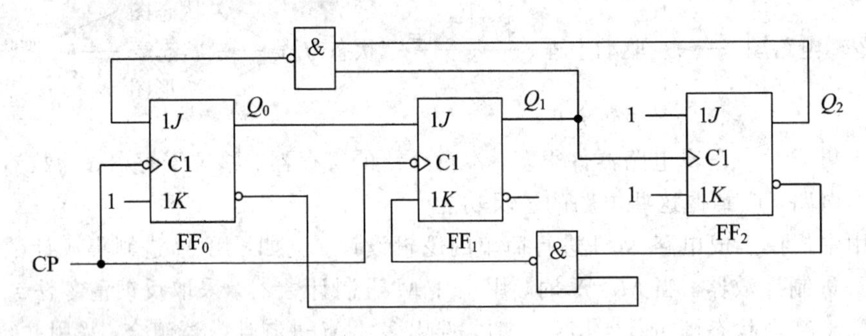

图 5.4 题 5.4 图

5.5 用 JK 触发器和门电路设计满足图 5.5 所示要求的两相脉冲发生电路。

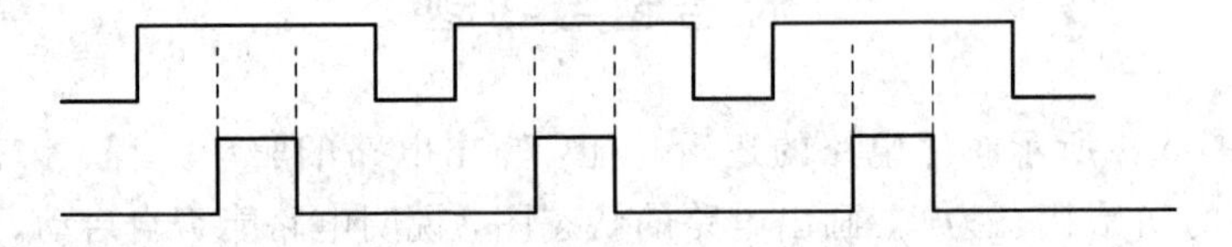

图 5.5 题 5.5 图

5.6 试用双向移位寄存器 74LS194 构成六位扭环形计数器。

5.7 由 74LS290 构成的计数器如图 5.6 所示，分析它们各为几进制计数器。

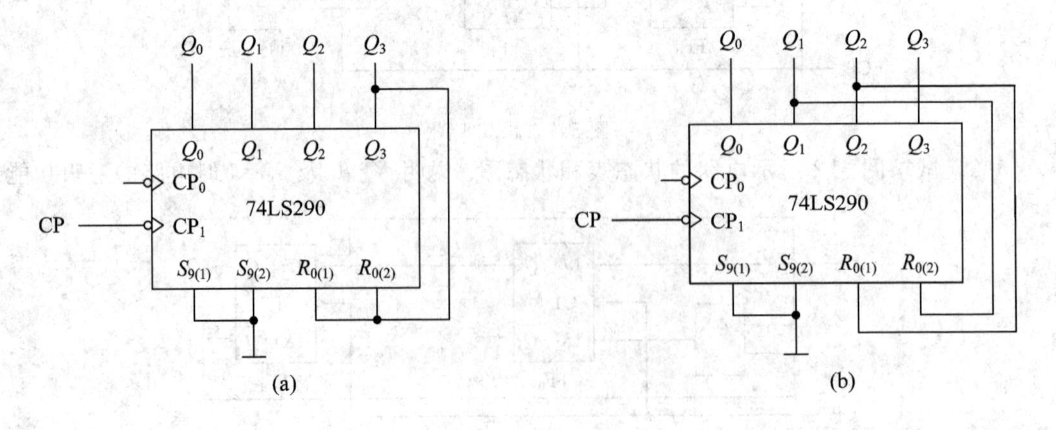

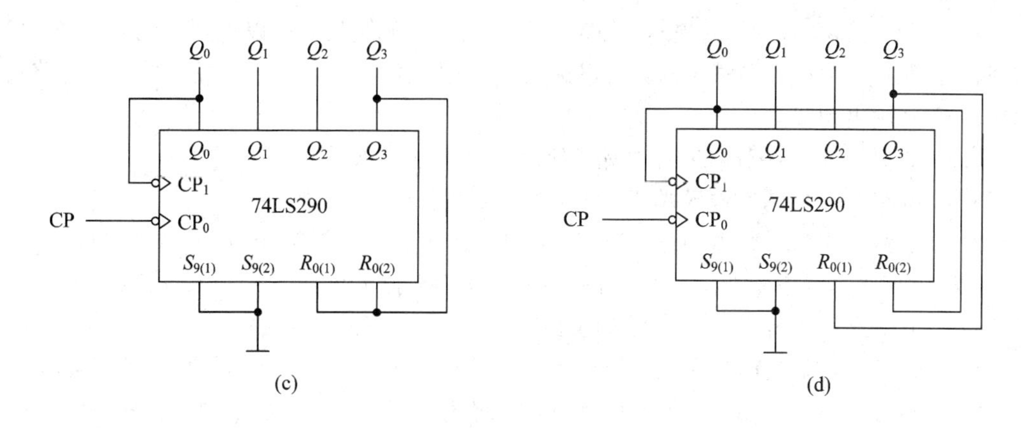

图 5.6　题 5.7 图

5.8　试画出图 5.7 所示电路的完整状态图。

5.9　试用 74LS161 设计一个计数器，其计数状态为 0111～1111。

5.10　试分析图 5.8 所示电路，画出它的状态图，说明它是几进制计数器。

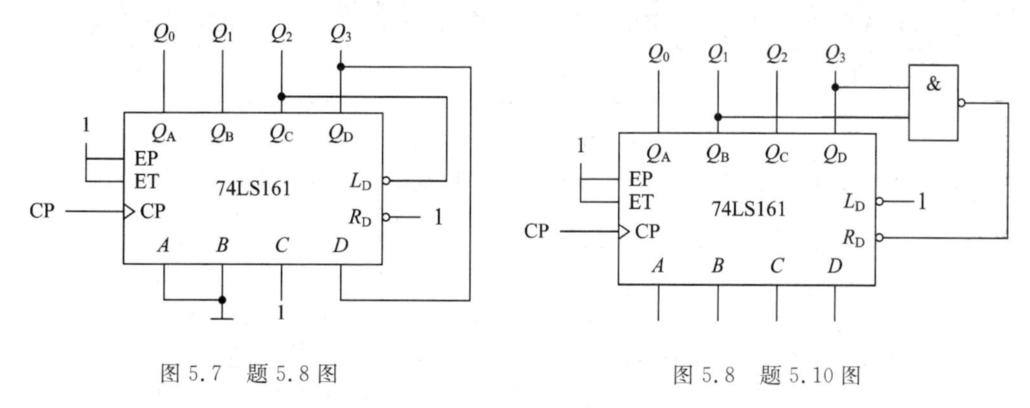

图 5.7　题 5.8 图　　　图 5.8　题 5.10 图

5.11　试用 74LS160 构成二十四进制计数器，要求采用两种不同的方法。

5.12　试设计一个能产生 011100111001110 序列的脉冲发生器。

5.13　设计一个灯光控制逻辑电路。要求红、绿、黄三种颜色的灯在时钟信号作用下按表 5.1 规定的顺序转换状态。表中的 1 表示灯“亮”，0 表示灯“灭”。

表 5.1　灯亮控制表

CP 顺序	红	黄	绿
0	0	0	0
1	1	0	0
2	0	1	0
3	0	0	1
4	1	1	1
5	0	0	1
6	0	1	0
7	1	0	0
8	0	0	0

5.14　试用 JK 触发器和与非门设计一个十一进制加计数器。

5.15　试用 JK 触发器(具有异步清零功能)和门电路采用反馈清零法设计一个九进制计数器。

5.16　设计一个自动售货机控制电路。售货机中有两种商品，其中一种商品的价格为一元五角，另一种商品的价格是两元。售货机每次只允许投入一枚五角或一元的硬币，当用户选择好商品后，根据用户所选商品和投币情况，控制电路应完成的功能是：若用户选择两元的商品，当用户投足两元(五角或一元)时，对应商品输出；当用户选择一元五角的商品时，若用户投入两枚一元的硬币，应找回五角并输出商品，若正好投入一元五角，只输出商品。(提示：假定电路中已有检测电路，可以识别一元和五角；电路应有两个控制端，两种商品选择输入；电路有两个输入端，五角、一元投币输入；电路有两个输出，商品输出和找零输出)

5.17 设计一个脉冲异步时序电路，使之满足下述要求：

(1) 该电路有一个脉冲输入端 P，两个电平输出端 Y_1、Y_2；

(2) 该电路要作为计数器使用：当 $P=1$ 时，其计数序列为 $Y_1Y_2=00$, 01, 11, 10, 00, …；当 $P=0$ 时，其状态不变。要求用 JK 触发器作为存储元件。

5.18 试设计一个小汽车尾灯控制电路，小汽车左右两侧各有三个尾灯，要求：

(1) 左转弯时，在左转弯开关的控制下，左侧 3 个灯按图 5.9 所示周期性地亮与灭；

(2) 右转弯时，在右转弯开关的控制下，右侧 3 个灯按图 5.9 所示周期性地亮与灭；

(3) 在左、右两个转弯开关的控制下，两侧的灯做同样周期性的亮与灭动作；

(4) 在制动开关(制动器)作用下，6 个尾灯同时亮。若转弯情况下制动，则 3 个转向尾灯正常动作(按转弯时的情况周期地亮与灭)，另一侧的 3 个尾灯均亮。

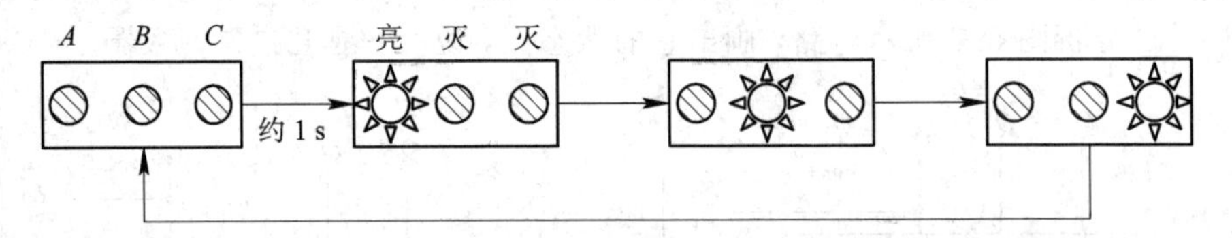

图 5.9 题 5.18 图

5.19 试分析图 5.10 所示的时序电路，画出状态图，并说明该电路的逻辑功能。

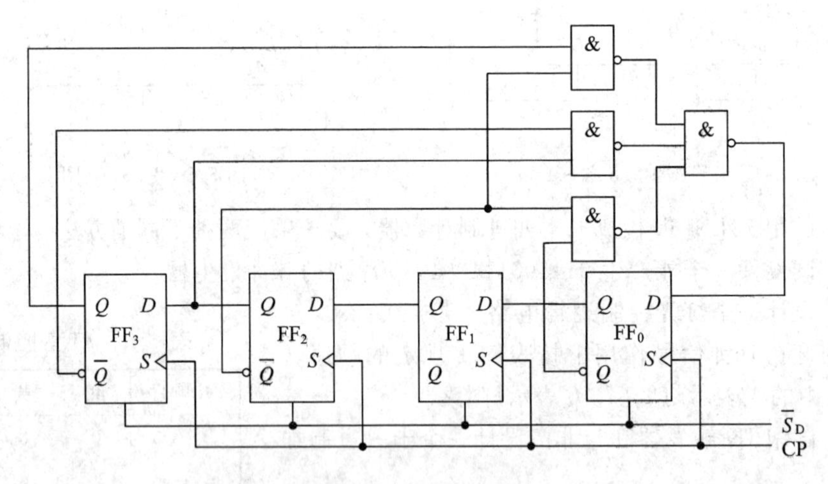

图 5.10 题 5.19 图

5.20 分析图 5.11 所示时序电路的逻辑功能，写出电路的驱动方程、状态方程和输出方程，画出电路的状态图，说明电路能否自启动。

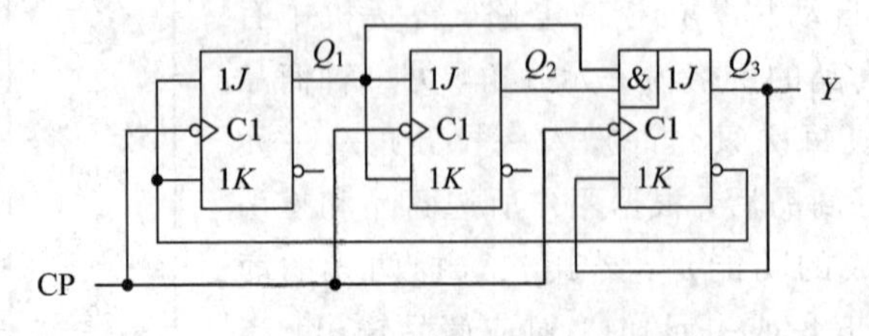

图 5.11 题 5.20 图

5.21　试分析图 5.12 所示时序电路的逻辑功能，写出电路的驱动方程、状态方程和输出方程，画出电路的状态图。A 为输入逻辑变量。

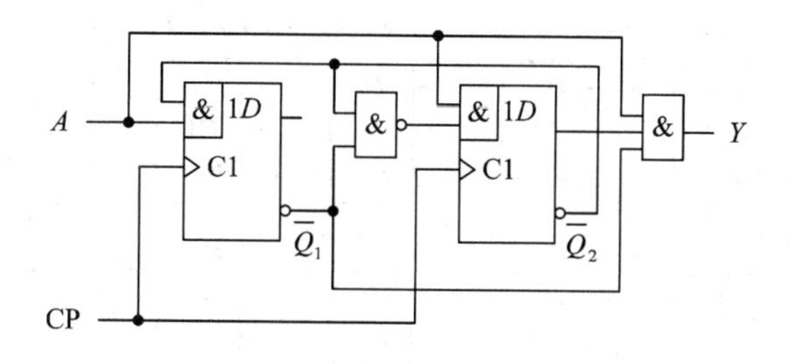

图 5.12　题 5.21 图

5.22　试分析图 5.13 所示时序电路的逻辑功能，写出电路的驱动方程、状态方程和输出方程，画出电路的状态图，检查电路能否自启动。

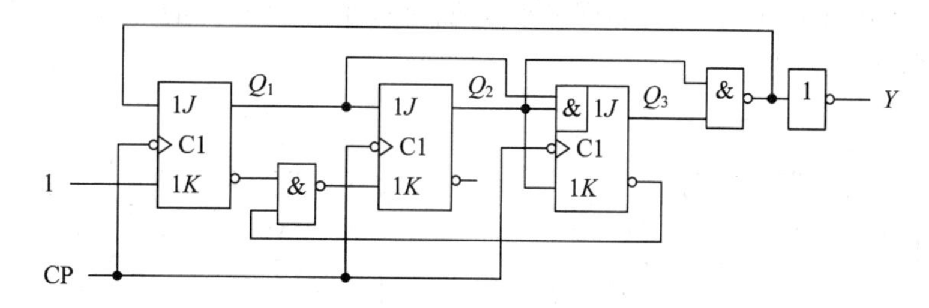

图 5.13　题 5.22 图

5.23　分析图 5.14 给出的时序电路，画出电路的状态图，检查电路能否自启动，说明电路实现的功能。A 为输入变量。

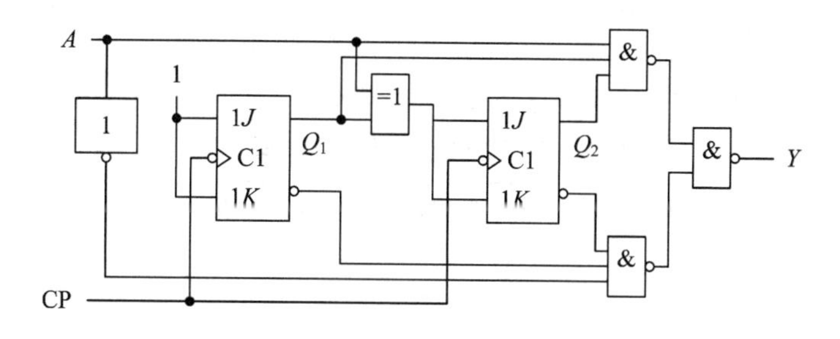

图 5.14　题 5.23 图

5.24　分析图 5.15 所示时序逻辑电路，写出电路的驱动方程、状态方程和输出方程，画出电路的状态图，说明电路能否自启动。

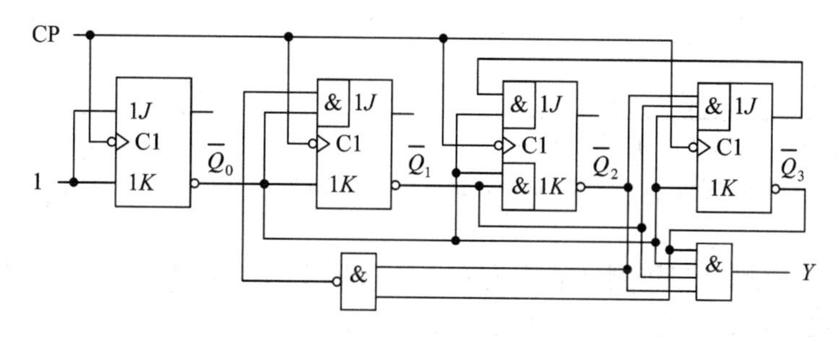

图 5.15　题 5.24 图

5.25　在图 5.16 所示电路中，若两个移位寄存器中的原始数据分别为 $A_3A_2A_1A_0=$

1001，$B_3B_2B_1B_0=0011$，试问经过4个CP信号作用以后两个寄存器中的数据如何？这个电路完成什么功能？

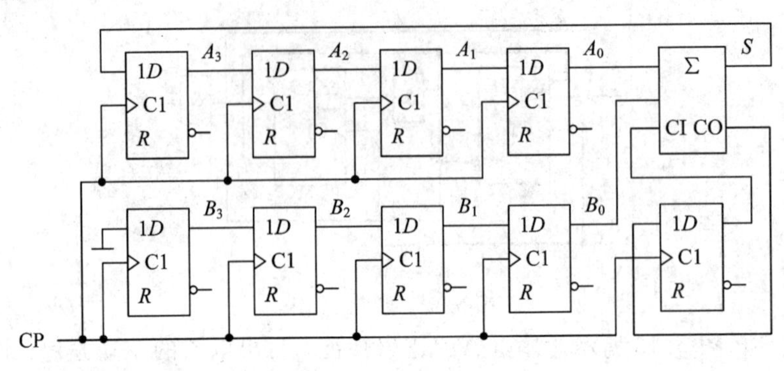

图5.16　题5.25图

5.26　分析图5.17所示的计数器电路，说明这是多少进制的计数器。十进制计数器74LS160的功能表见表5.2。

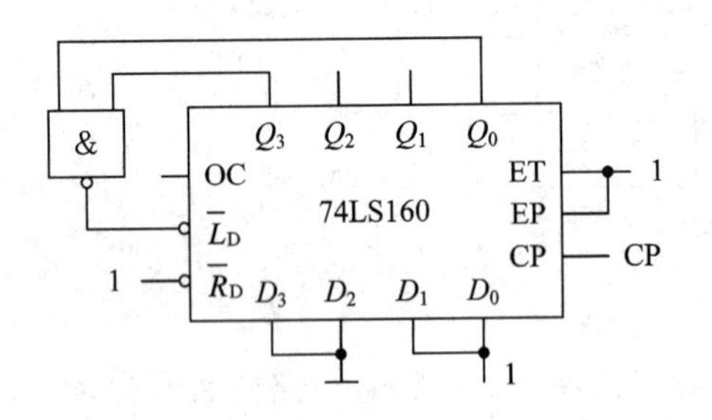

图5.17　题5.26图

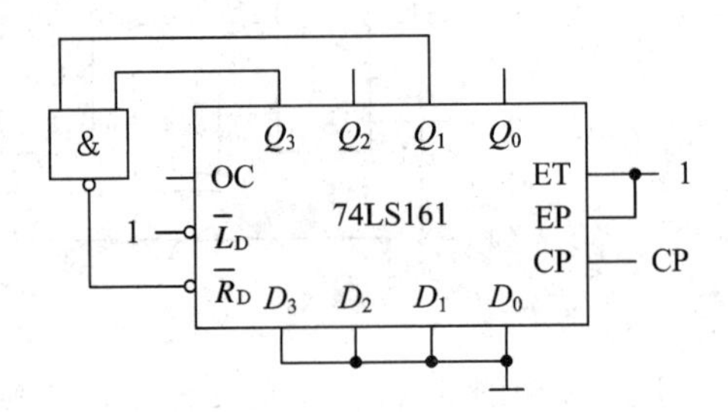

图5.18　题5.27图

5.27　分析图5.18所示的计数器电路，画出电路的状态图，说明这是多少进制的计数器。十六进制计数器74LS161的功能表如表5.2所示。

表5.2　74LS161、74LS160功能表

输入									输出				说明
$\overline{R}_D$	EP	ET	$\overline{L}_D$	CP	D_3	D_2	D_1	D_0	Q_3	Q_2	Q_1	Q_0	高位在左
0	×	×	×	×	×	×	×	×	0	0	0	0	异步清零
1	×	×	0	↑	D	C	B	A	D	C	B	A	置数在CP↑完成
1	0	×	1	×	×	×	×	×	保持				不影响OC输出
1	×	0	1	×	×	×	×	×	保持				ET=0，OC=0
1	1	1	1	↑	×	×	×	×	计数				

注：(1) 只有当CP=1时，EP、ET才允许改变状态。

(2) OC为进位输出，平时为0，当$Q_3Q_2Q_1Q_0=1111$时，OC=1(74LS160是当$Q_3Q_2Q_1Q_0=1001$时，OC=1)。

5.28　试用4位同步二进制计数器74LS161接成十三进制计数器，标出输入、输出端，可以附加必要的门电路。74LS161的功能表见表5.2。

5.29　试分析图5.19所示的计数器在$M=1$和$M=0$时各为几进制。74LS160的功能表见表5.2。

5.30　图 5.20 电路是可变进制计数器。试分析当控制变量 A 为 1 和 0 时电路各为几进制计数器。74LS161 的功能表见表 5.2。

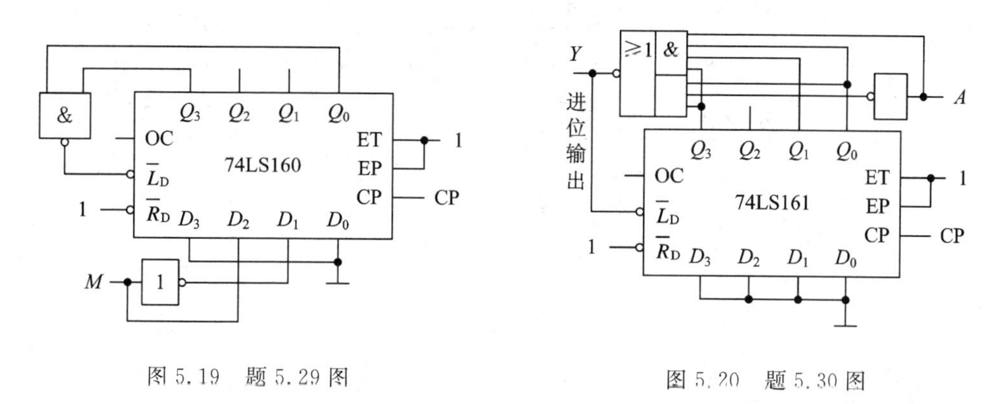

图 5.19　题 5.29 图　　　　图 5.20　题 5.30 图

5.31　设计一个可控制进制的计数器，当输入控制变量 $M=0$ 时工作在五进制，$M=1$ 时工作在十五进制。请标出计数输入端和进位输出端。

5.32　试分析图 5.21 所示计数器电路的分频比(即 Y 与 CP 的频率之比)。74LS161 的功能表见表 5.2。

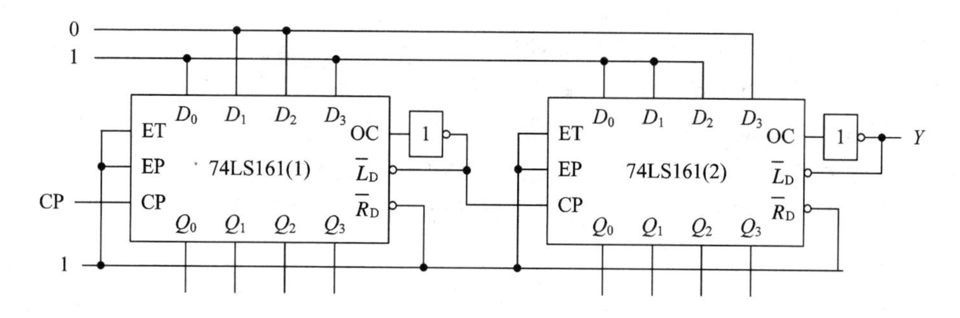

图 5.21　题 5.32 图

5.33　图 5.22 电路是由两片同步十进制计数器 74LS160 组成的计数器，试分析这是多少进制的计数器，两片之间是几进制。74LS160 的功能表见表 5.2。

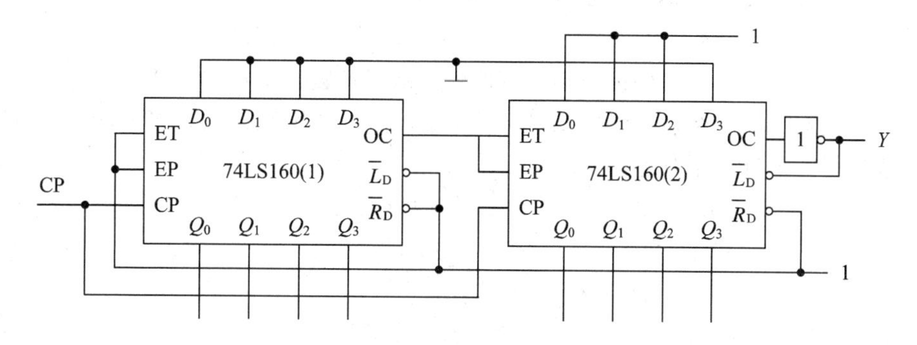

图 5.22　题 5.33 图

5.34　分析图 5.23 给出的电路，说明这是多少进制的计数器，两片之间多少进制。74LS161 的功能表见表 5.2。

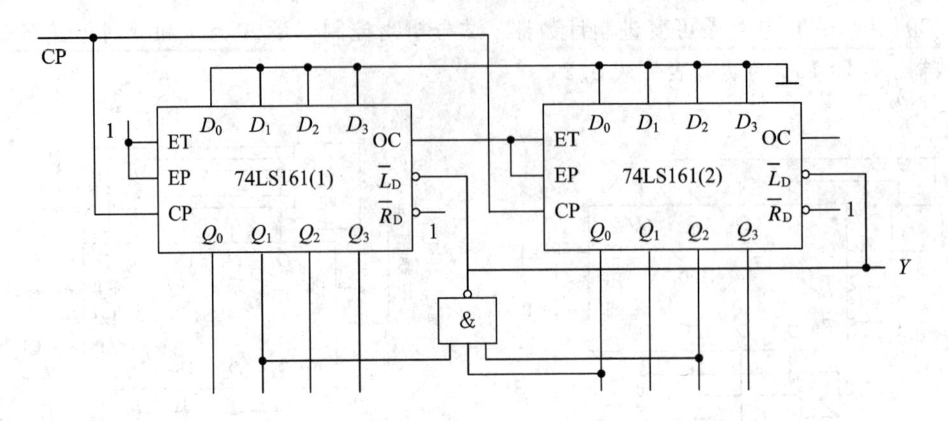

图 5.23　题 5.34 图

5.35　用同步十进制计数芯片 74LS160 设计一个三百六十五进制的计数器。要求各位间为十进制关系，允许附加必要的门电路。74LS160 的功能表见表 5.2。

5.36　依据所给条件，选择填空。

(1) 为了将一个字节数据串行移位到移位寄存器中，必须有(　　)。

A. 1 个时钟脉冲

B. 8 个时钟脉冲

C. 数据中每个 1 都需要 1 个时钟脉冲

D. 数据中每个 0 都需要 1 个时钟脉冲

(2) 异步计数器和同步计数器的区别是(　　)。

A. 状态图中状态的个数　　B. 所使用触发器的类型

C. 时钟脉冲信号的数量　　D. 计数器中各个触发器的翻转时刻不同

(3) 计数器的模是(　　)。

A. 触发器的个数　　B. 状态图中稳定状态的个数

C. 一秒内循环的次数　　D. 状态编码中对应的十进制数的最大值

(4) 5 位二进制计数器的最大模是(　　)。

A. 8　　B. 16　　C. 32　　D. 64

(5) 3 个模 10 计数器级联，形成几进制计数器(　　)。

A. 30　　B. 100　　C. 1000　　D. 10000

(6) 一个频率为 10 MHz 的时钟脉冲，作为一级联计数器的时钟脉冲输入信号，该计数器由一个模 5 计数器、一个模 8 计数器和两个模 10 计数器级联组成，在该计数器的各个输出端，可能获得的最低信号频率是(　　)。

A. 10 kHz　　B. 5 kHz　　C. 2.5 kHz　　D. 250 Hz

第 6 章　半导体存储器

内容提要：本章主要介绍只读存储器(ROM)和随机存储器(RAM)的电路结构、工作原理，并简要讨论利用给定存储器扩展存储容量的方法，以及存储器在组合逻辑电路设计中的应用。

学习提示：了解存储器的分类是基础，熟悉各类半导体存储器的电路结构及性能特点是关键，掌握存储器的应用是目的。

6.1 概　　述

在数字系统中，往往需要存储大量的数据，半导体存储器就是一种能够存放二值数据的集成电路，它是数字系统中非常重要的、不可缺少的组成部分。

讨论半导体存储器时，经常涉及位、字节、字的概念。位是二值数据的最小单位，8 位一组构成一个字节，一个或多个字节组成的信息单位称作字。一个字所具有的位数叫作字长，例如，一个字由 2 个字节组成，则称其字长为 16 位。

在半导体存储器中，存储元件又称为存储单元，每一个存储单元用于保存一个 1 或者 0。存储单元构成的存储阵列是半导体存储器的基本结构形式，每个存储单元在存储阵列中的位置由行和列确定，这就是经常提到的存储单元的地址。

1. 半导体存储器的分类

(1) 按制造工艺分类：可分为双极型存储器和 MOS 型存储器两类。

双极型存储器以双极型触发器为存储单元，具有工作速度快、功耗大等特点，主要用于对速度要求较高的场合，例如计算机的高速缓冲存储器。

MOS 型存储器以 MOS 触发器或电荷存储结构为存储单元，具有工艺简单、集成度高、功耗低、成本低等特点。

(2) 按数据存取方式分类：可分为只读存储器(ROM)和随机存取存储器(RAM)两大类。

只读存储器(ROM)在正常工作时，只能从存储器的单元中读出数据。存储器中的数据是在存储器生产时确定的，或事先用专门的写入装置写入。ROM 中存储的数据可以长期保持不变，即使断电也不会丢失数据。

根据数据写入的方式，只读存储器又可分为以下几种：

① 掩模只读存储器(ROM)，即存储器中的数据由生产厂家一次写入，且只能读出，不能改写。

② 可编程只读存储器(PROM)，即存储器中的数据由用户通过特殊写入器写入，但只能写一次，写入后无法再改变。

③ 可擦除只读存储器(EPROM 和 E^2PROM)，即写入的数据可以擦除，因此，可以多次改写其中存储的数据。EPROM 和 E^2PROM 的不同之处是：EPROM 是用紫外线擦除存入数据的，其结构简单、编程可靠，但擦除操作复杂，速度慢；E^2PROM 是用电擦除存入数据的，擦除速度较快，但改写字节必须在擦除该字节后才能进行，擦/写过程约为 10～15 ms，进行在线修改程序时，其延时很明显。另外，E^2PROM 的集成度不够高，并且一个字节可擦

写的次数限制在 10 000 次左右。

④ 快闪存储器，这是新一代电信号擦除的可编程 ROM，它既吸收了 EPROM 结构简单、编程可靠的优点，又保留了 E^2PROM 擦除快的优点，而且具有集成度高、容量大、成本低等优点。

随机存取存储器(RAM) 在正常工作时，可以随时写入(存入)或读出(取出)数据，但断电后，器件中存储的信息也随之消失。

按照存储单元的结构，随机存取存储器又可分为以下两种：

① 动态随机存取存储器(DRAM)。DRAM 的存储单元电路简单，集成度高，价格便宜，但需要刷新电路，因为它是用电容存储信息的，电容的漏电会导致信息丢失，因此要求定时刷新(即定时对电容充电)。大部分 PC 中的存储器都使用 DRAM。

② 静态随机存取存储器(SRAM)。SRAM 存储单元的电路结构复杂，集成度较低，但读写速度快，且不需要刷新电路，使用简单，因为 SRAM 的存储单元是触发器，在不失电的情况下，触发器的状态不改变。SRAM 主要用于高速缓冲存储器。

2. 存储器的技术指标

存储器的技术指标主要有两个：存储容量和存取周期。

(1) 存储容量。存储容量是指存储器存放数据的多少，即存储单元的总数。

一个存储器由许多存储单元组成，每个存储单元存放一位二值数据(0 或 1)。存储单元通常以“字”为单位排列成矩阵形式，1 个“字”的位数(“字”长)与其占用的存储单元数相等，因此存储容量不仅与存储器存放的数据个数(“字”数)有关，而且与数据的长度(位数)有关。表示存储容量的计算公式为

$$存储容量 = N(字数) \times M(位数)$$

例如，一个存储器能存放 256 个数据，每一个数据有 8 位，则该存储容量为

$$256 \times 8 = 2048(位)$$

存储器也可以用一个字节(B)为最小存储单元，它由 8 个存放一位二值数据(0 或 1)的基本存储单元组成，即 $256 \times 8 = 256$ B。

存储器的字数通常采用 K、M、G 为单位，其中 1 K$=2^{10}=1024$，1 M$=2^{20}=1024\times1024=1024$K，1 G$=2^{30}=1024$ M。所以，存储容量也可以这样表示：256×8，1K×4，1M×1。

(2) 存取周期。存储器的存取周期指两次连续读取(或写入)数据之间的间隔时间。

存储器一次读(或写)操作后，其内部电路需经一定的时间恢复，才能进行下一次的读(写)操作。间隔时间越短，说明存储周期越短，工作速率越高。

6.2 只读存储器

1. 掩模只读存储器(ROM)

掩模 ROM 又称固定 ROM。这种 ROM 在制造时，生产厂家利用掩模技术把数据写入存储器中，一旦制成，其内部存储的信息则固化在里边，不能改变，使用时只能读出，不能写入。

ROM 的电路结构由地址译码器、存储矩阵和输出缓冲器三部分组成，如图 6.2.1 所示。

存储矩阵是存储器的主体，它由许多存储单元排列而成。存储单元可以由二极管构成，也可以由双极型三极管或者 MOS 管构成。

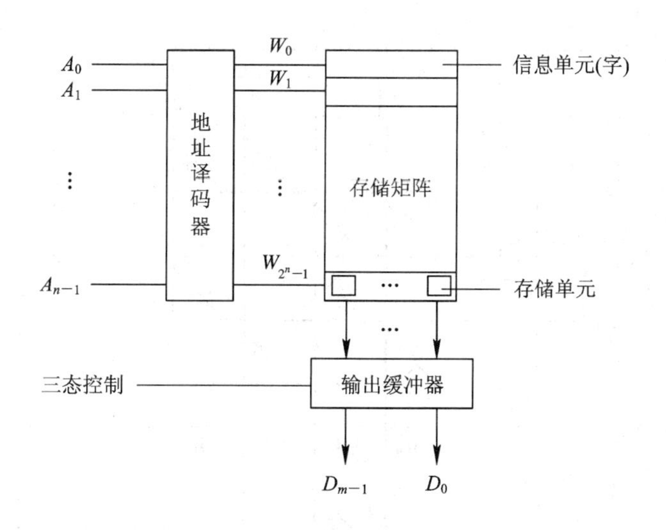

图 6.2.1　ROM 的电路结构图

在存储器中，为了存入和取出信息的方便，必须给每组存储单元(字单元)一个确定的标号，即存储单元的地址。不同的字单元具有不同的地址，由地址译码器从存储矩阵中选定相应的字输出。

在图 6.2.1 中，$A_0 \sim A_{n-1}$是地址译码器的输入线，称为地址线，一共有 n 条，由此输入地址代码。$W_0 \sim W_{2^n-1}$既是译码器的输出线(即地址选择线)，又是存储矩阵的输入控制线，共有 2^n条，分别与存储矩阵中的“字”相对应，简称字线。n 个输入地址代码对应 2^n条字线。对应地址码的每一种组合，只要一条字线 W_i被选中，在存储矩阵中与 W_i相应的字也被选中。字中的 m 位信息被送至输出缓冲器，由 $D_{m-1} \sim D_0$读出，$D_{m-1} \sim D_0$称为数据线，简称位线。

存储器的存储容量(即存储单元数)＝ 字线数 × 位线数，所以，图 6.2.1 所示的 ROM 存储器的存储容量(即存储单元)为 $2^n \times m$。

由此可见，地址译码器的作用是将地址代码译为存储矩阵的控制信号，从而找到指定的信息，并将其中的数据送至输出缓冲器。

图 6.2.2 是具有两位地址输入码和四位数据输出的 ROM 电路，其存储单元由二极管或门构成，地址译码器由二极管与门构成。

由图 6.2.2 可见，ROM 地址译码器由 4 个二极管与门组成。两位地址代码 A_1、A_0可以给出四个不同的地址，即 00、01、10、11。A_1、A_0每一种组合经译码器译码后，可选中 $W_0 \sim W_3$中的一条字线，被选中的字线 W_i为高电平。

ROM 的存储矩阵实际上是由四个二极管或门组成的编码器。四条“字”线 $W_0 \sim W_3$分别对应存储矩阵中的四个“字”，每个“字”存放四位信息。制作芯片时，若在一个“字”中的某一位存入“1”，则在该“字”的字线 W_i与位线 D_i之间加入二极管；反之，就不接二极管。

由三态门组成输出缓冲器，通过$\overline{EN}$端对输出进行三态控制。在读取数据时，只要输入指定地址码，并令$\overline{EN}=0$，则可以在数据输出端 $D_0 \sim D_3$获得与该地址对应的“字”中所存储的数据。

例如，设$\overline{EN}=0$，当 $A_1A_0=01$ 时，$W_1=1$，$W_0=W_2=W_3=0$，即此时 W_1被选中，读出与 W_1对应的“字”中的数据为 $D_3D_2D_1D_0=1010$。同理，可以分析出 A_1A_0为其他组合时，与其相对应的输出数据，参看表 6.2.1。

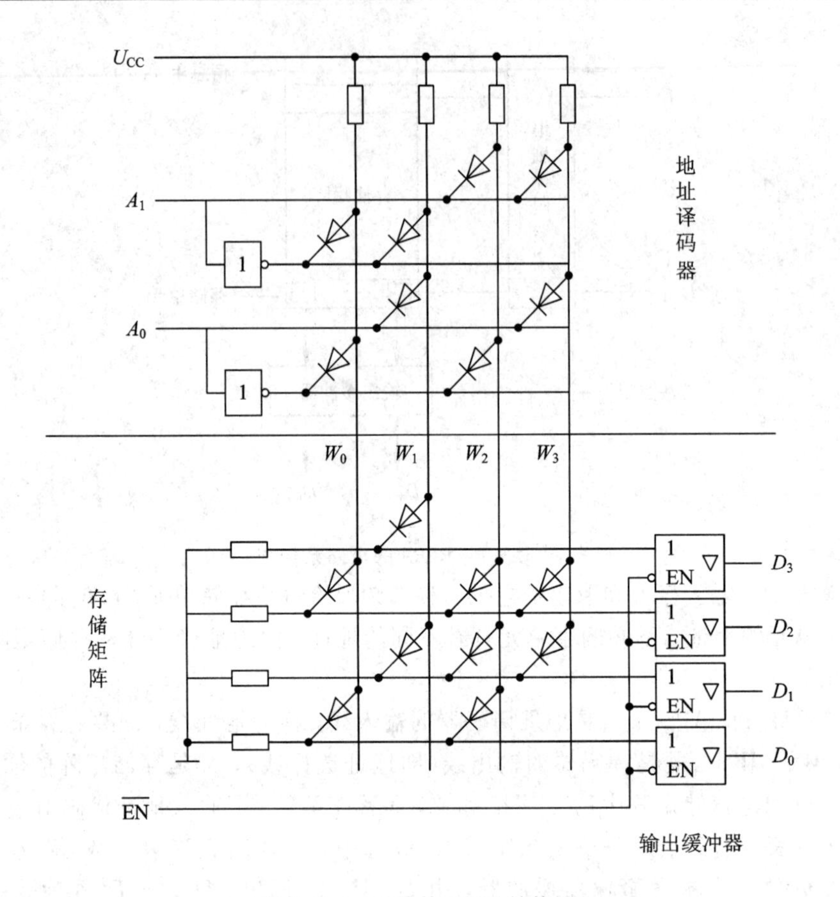

图 6.2.2　二极管 ROM 结构图

表 6.2.1　图 6.2.2ROM 的数据表

地　址		字　线	数　　据			
A_1	A_0	W_i	D_3	D_2	D_1	D_0
0	0	W_0	0	1	0	1
0	1	W_1	1	0	1	0
1	0	W_2	0	1	1	1
1	1	W_3	0	1	1	0

由表 6.2.1 得出地址输入与“字”线的关系如下：

$$W_0 = \overline{A}_1\overline{A}_0, \quad W_1 = \overline{A}_1 A_0, \quad W_2 = A_1\overline{A}_0, \quad W_3 = A_1 A_0 \qquad (6.2.1)$$

位线与“字”线的关系如下：

$$D_0 = W_0 + W_2,\ D_1 = W_1 + W_2 + W_3,\ D_2 = W_0 + W_2 + W_3,\ D_3 = W_1 \qquad (6.2.2)$$

可见，地址译码器实现的是地址输入变量的“与”运算，也称为与阵列；存储矩阵实现的是“字”线的“或”运算，因此称为或阵列。

制作固定 ROM 的顺序应是：先设计 ROM 矩阵(程序)，后生产制作(固化程序)。比如：在 ROM 矩阵中，交叉点信息为“1”的单元需要制造管子；交叉点信息为“0”的单元不需要制造管子。因此，需要画出存储矩阵的点阵图，为简化起见，可在存储矩阵中有管子的地方用“码点”(黑点)表示。这样，就使 ROM 的地址译码器和存储矩阵之间的逻辑关系变得十分简捷而且直观。简化了的 ROM 的点阵图如图 6.2.3 所示。

为了更清楚地描述图 6.2.3 所示的点阵图中的“与”阵列及“或”阵列的逻辑关系，可以通过与门和或门来表示，如图 6.2.4 所示。

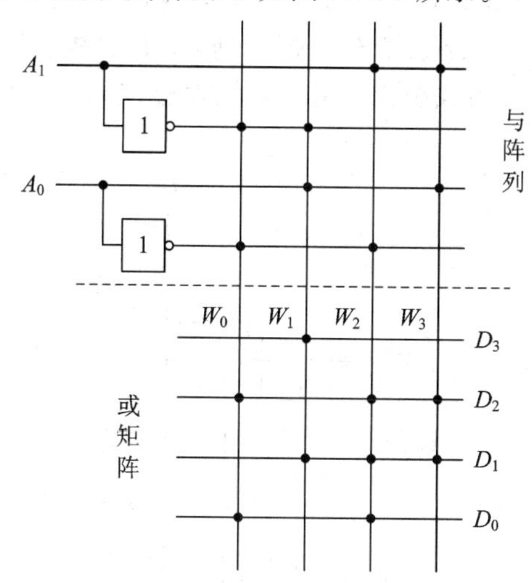

图 6.2.3　图 6.2.2ROM 的点阵图

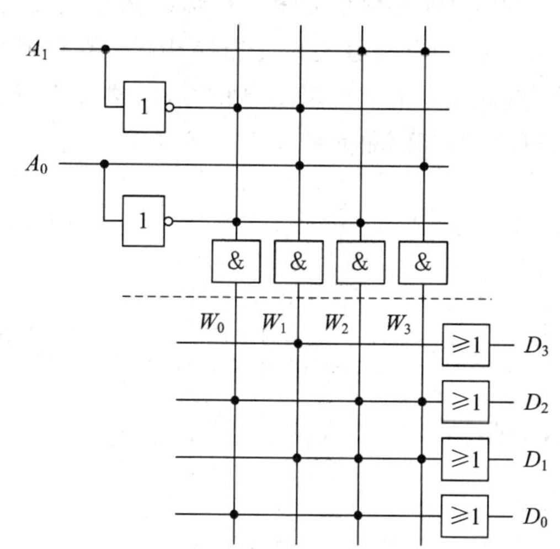

图 6.2.4　图 6.2.2ROM 的与或阵列图

2. 可编程只读存储器(PROM)

PROM 的总体结构与掩模 ROM 一样，同样由存储矩阵、地址译码器和输出缓冲器组成，不过在出厂时已经在存储矩阵的所有交叉点上制作了存储元件，即在所有存储单元里都存入 0(或 1)，用户可根据需要将某一单元改写为 1(或 0)，但只能改写一次。因为这种 ROM 采用的是烧断熔丝或击穿 PN 结的方法，这些方法不可逆，一经改写再无法恢复。

在熔丝型 PROM 的存储矩阵中，每一存储单元都是由存储管和串接的快速熔丝组成的，如图 6.2.5 所示。熔丝没有烧断时，相当于所有的存储单元都存储的是 1。需要编程时，逐字逐位地选择需要编程为 0 的单元，通过一定幅度和宽度的脉冲电流，将存储单元中的熔丝熔断，则该单元中的内容由 1 被改写为 0。

用 PN 结击穿法改写 PROM 存储单元的原理如图 6.2.6(a)所示。字线与位线相交处由两个肖特基二极管反向串接，由于总有一个二极管处于反向截止，故相当于存储单元中存入 0。编程时，选择需要存储 1 的单元，用一定值的反向直流电流将 VD_1 击穿短路，如图 6.2.6(b)所示，相当于将该单元的内容由 0 改写成 1。

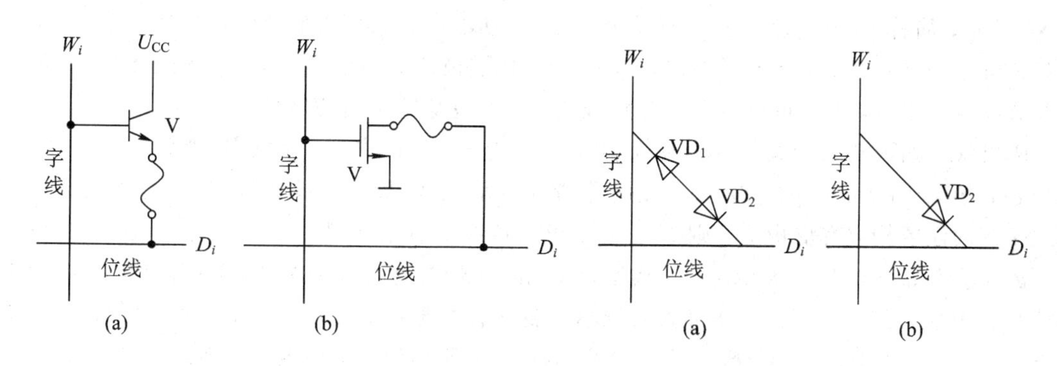

图 6.2.5　熔丝型 PROM 存储单元　　图 6.2.6　PN 结击穿法改写 PROM 存储单元

3. 可擦除的可编程只读存储器

1) 光擦除可编程存储器(EPROM)

EPROM 存储单元采用特殊结构的叠栅注入 MOS 管，简称 SIMOS，其符号如图 6.2.7 所示。这种 MOS 管有两个重叠栅极，即控制栅 G_c 与浮置栅 G_f。控制栅 G_c 有引线引出，与“字”线相接，用于控制读出和写入；浮置栅 G_f 没有引线引出，用于长期保存注入的负电荷。EPROM 的存储单元如图 6.2.8 所示。

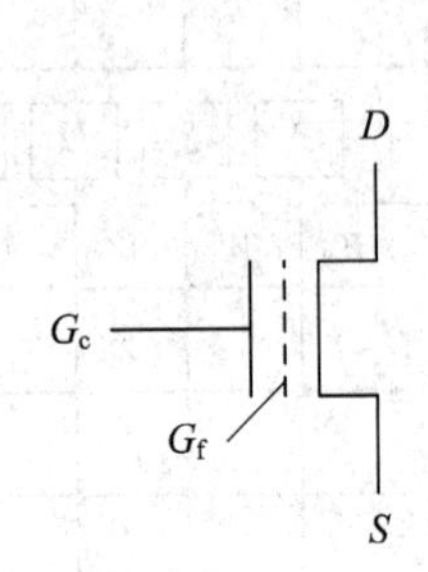

图 6.2.7　SIMOS 符号

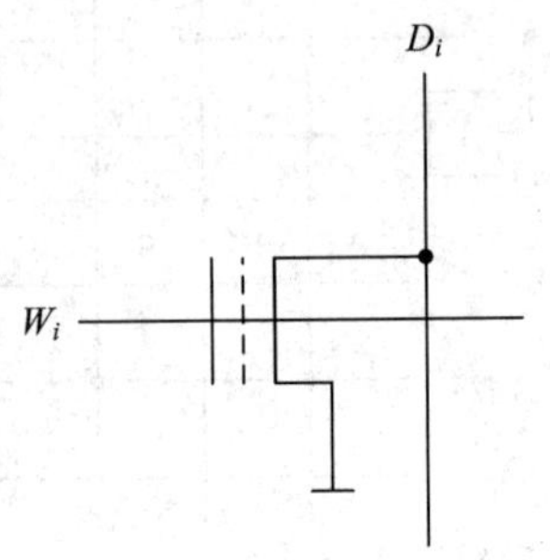

图 6.2.8　EPROM 存储单元

读出时，如果浮置栅 G_f 上没有积累电子，则 MOS 管的开启电压很低，此时，若给控制栅 G_c 上加 +5 V 的电压(读出电压)，MOS 管导通，位线上读出 0。反之，如果浮置栅 G_f 上积累了电子，则 MOS 管的开启电压很高，控制栅 G_c 上加 +5 V 电压时，MOS 管截止，位线上读出 1。这种 EPROM 出厂时，全为 0，即浮置栅 G_f 上无电子积累，可根据编程的需要再写入 1。

写入(即编程)时，首先选中需要存储 1 的单元，在其对应的 MOS 管的漏极上加约几十伏的正脉冲电压，使电子注入到浮置栅 G_f 中，即在存储单元中写入了 1。由于 G_f 无引线(即浮置栅上的电子无放电通路)，所以电子能够长期保存。

EPROM 擦除的方法是，将器件放在紫外线下照射 15～20 min，使浮置栅 G_f 上的电子形成光电流而泄放，从而恢复写入前的状态。EPROM 可反复擦写多次。为了便于擦除操作，其外壳装有透明的石英盖板。写好数据以后，应使用不透光的胶带将石英盖板遮蔽，以防数据丢失。虽然 EPROM 具备了可擦除重写的功能，但擦除操作复杂，速度很慢。为了克服这些缺点，又研制出了可以用电信号擦除的可编程 ROM。

2) 电擦除可编程只读存储器(E^2PROM)

E^2PROM 的存储单元如图 6.2.9(a)所示。图中 V_2 是选通管，V_1 采用的是浮栅隧道氧化层 MOS 管，简称 Flotox 管。它与 SIMOS 管的相似之处是也有两个栅极，即控制栅 G_c 和浮栅 G_f；其不同之处是，漏区与浮栅之间有一个氧化层极薄的隧道区，在一定的条件下，隧道区可形成导电隧道，电子可以双向通过形成电流，此现象称为隧道效应。

读出状态如图 6.2.9(b)所示。在控制栅 G_c 加上 +3 V 的电压，字线 W_i 上有 +5 V 电压，V_2 导通，如果 Flotox 管的浮置栅上没有存储电子，则 V_1 导通，可从位线 D_i 上读出 0；若 Flotox 管的浮置栅有存储电子，则 V_1 截止，可从位线 D_i 上读出 1。

擦除状态如图 6.2.9(c)所示。在控制栅 G_c 和字线 W_i 上加 +20 V 左右的脉冲电压，位线 D_i 接 0 V 电压，Flotox 管的电子通过隧道区存储于浮置栅中。此时，Flotox 管所需要的开启电压高达 +7 V 以上，远大于读出状态时控制栅 G_c 上所加的 +3 V 电压，因此，Flotox 管截止。字被擦除后，存储单元为 1 状态。

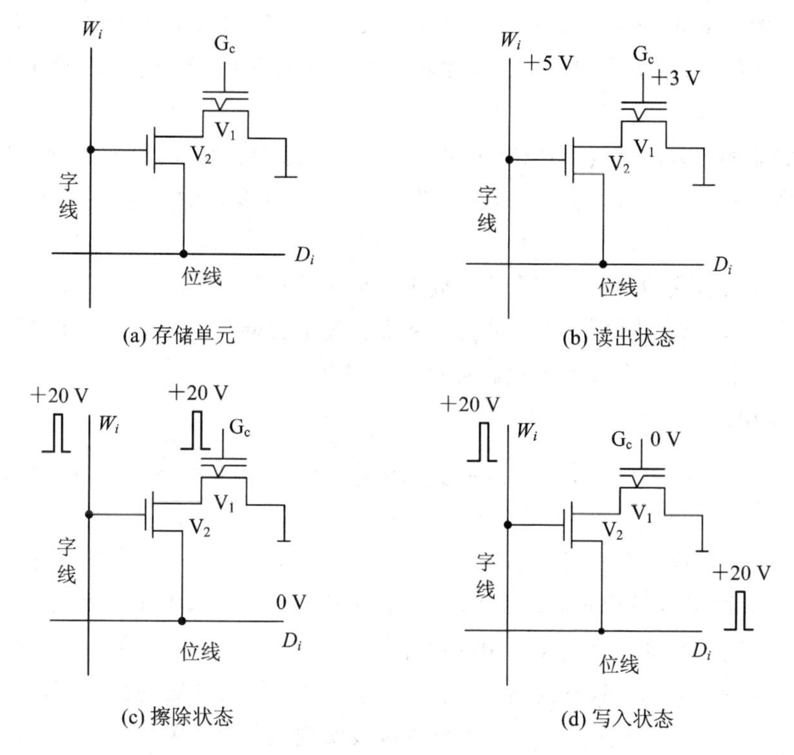

图 6.2.9 E^2PROM 存储单元及三种工作状态

写入状态如图 6.2.9(d)所示。在要写入 0 的存储单元的 Flotox 管控制栅 G_c上加上 0 V 电压，字线 W_i和位线 D_i上加+20 V 左右的脉冲电压，存储于 Flotox 管浮置栅中的电子通过隧道放电。此时，Flotox 管的开启电压为 0V，读出时，控制栅 G_c上加+3 V 的电压，Flotox 管导通，存储单元为 0 状态。

E^2PROM 虽然实现了电擦除和写入，但擦、写的速度仍然不够快，而且其存储单元中用了两个 MOS 管，也限制了其集成度的提高，因此，E^2PROM 仍然只能工作在它的读出状态，作为 ROM 使用。

3）快闪存储器

图 6.2.10 所示的是快闪存储器的存储单元。这是新一代电信号可擦除的可编程 ROM，它既吸收了 EPROM 结构简单、编程可靠的优点，又保留了 E^2PROM 用隧道效应擦除快的优点，而且集成度可以做得很高。管子采用叠栅 MOS 管，其内部结构与 EPROM 中的 SIMOS 管极为相似。

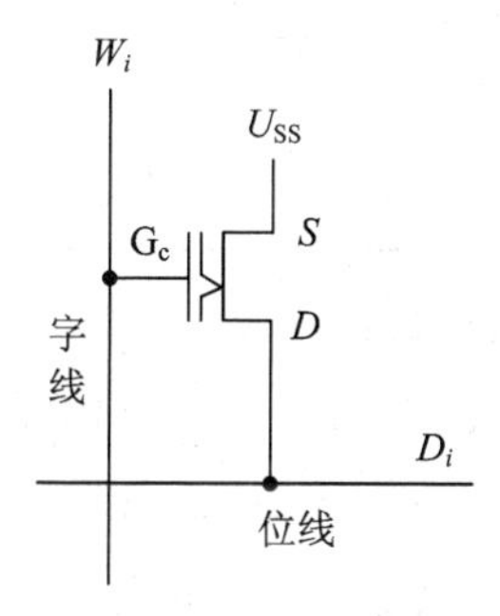

图 6.2.10 快闪存储器的存储单元

读出状态时，在 W_i 字线上加+5 V 电压，$U_{SS}=0$ V，如果控制栅 G_c 上没有存储电子，叠栅 MOS 管导通，位线 D_i 输出 0；如果控制栅上 G_c 有存储电子，则叠栅 MOS 管截止，位线 D_i 输出 1。

快闪存储器的写入状态与 EPROM 相同，擦除方法则类似于 E^2PROM，但由于片内所有叠栅管的源极是连在一起的，所以全部存储单元同时被擦除，这一点与 E^2PROM 是不同的。

快闪存储器具有集成度高、容量大、成本低以及使用方便等优点，而且产品的集成度在逐年提高，目前已有 64 兆位的产品问世，因而引起了普遍的关注。有人推测，在不久的将来，快闪存储器很可能成为较大容量磁存储器的替代产品。

4. 应用举例

例 6.2.1 使用 ROM 设计一个能够实现函数 $Y=X^2-1$ 的运算电路，X 是正整数，取值范围为 1～7。

解：因为逻辑函数的自变量 X 是 1～7 的正整数，所以，可以用 3 位二进制正整数 $X=A_2A_1A_0$ 来表示，而逻辑函数的输出 Y 的最大值是 $7^2-1=48$，因此，Y 可以用 6 位二进制数 $Y=Y_5Y_4Y_3Y_2Y_1Y_0$ 来表示。即：用存储器 ROM 的地址输入 $A_2A_1A_0$ 作为函数的逻辑输入变量 X；将存储器 ROM 的数据输出端 $Y_5Y_4Y_3Y_2Y_1Y_0$ 作为函数的输出 Y，根据 $Y=X^2-1$ 的关系，在 ROM 中写入相应的数据，则可以构成实现函数 $Y=X^2-1$ 的运算电路。

根据逻辑函数 $Y=X^2-1$ 的关系，可以用表列出 $Y_5Y_4Y_3Y_2Y_1Y_0$ 与 $A_2A_1A_0$ 之间的关系，如表 6.2.2 所示。

表 6.2.2 例 6.2.1 的真值表

输入			位线	输出						十进制数
A_2	A_1	A_0	W_i	Y_5	Y_4	Y_3	Y_2	Y_1	Y_0	
0	0	0	W_0	0	0	0	0	0	0	0
0	0	1	W_1	0	0	0	0	0	0	0
0	1	0	W_2	0	0	0	0	1	1	3
0	1	1	W_3	0	0	1	0	0	0	8
1	0	0	W_4	0	0	1	1	1	1	15
1	0	1	W_5	0	1	1	0	0	0	24
1	1	0	W_6	1	0	0	0	1	1	35
1	1	1	W_7	1	1	0	0	0	0	48

根据表 6.2.2 可以写出 Y 的表达式：

$$Y_5=\sum(W_6, W_7),\quad Y_4=\sum(W_5, W_7)$$

$$Y_3=\sum(W_3, W_4, W_5),\ Y_2=W_4$$

$$Y_1=\sum(W_2, W_4, W_6),\quad Y_0=\sum(W_2, W_4, W_6)$$

根据上述表达式可画出 ROM 存储点阵图，如图 6.2.11 所示。

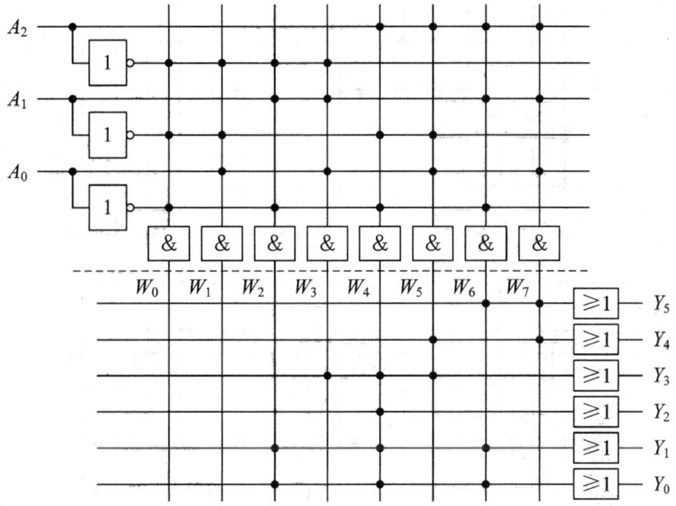

图 6.2.11　例 6.2.1 的 ROM 存储点阵图

例 6.2.2　试用 PROM 实现两个 2 位二进制数的乘法运算。

解：设这两个乘数为 $A = A_1A_0$，$B = B_1B_0$，乘积 $Y = Y_3Y_2Y_1Y_0$，列出乘法表如表 6.2.3 所示。

表 6.2.3　2 位二进制数的乘法表

输入				位线	输出				输入				位线	输出			
A_1	A_0	B_1	B_0	W_i	Y_3	Y_2	Y_1	Y_0	A_1	A_0	B_1	B_0	W_i	Y_3	Y_2	Y_1	Y_0
0	0	0	0	W_0	0	0	0	0	1	0	0	0	W_8	0	0	0	0
0	0	0	1	W_1	0	0	0	0	1	0	0	1	W_9	0	0	1	0
0	0	1	0	W_2	0	0	0	0	1	0	1	0	W_{10}	0	1	0	0
0	0	1	1	W_3	0	0	0	0	1	0	1	1	W_{11}	0	1	1	0
0	1	0	0	W_4	0	0	0	0	1	1	0	0	W_{12}	0	0	0	0
0	1	0	1	W_5	0	0	0	1	1	1	0	1	W_{13}	0	0	1	1
0	1	1	0	W_6	0	0	1	0	1	1	1	0	W_{14}	0	1	1	0
0	1	1	1	W_7	0	0	1	1	1	1	1	1	W_{15}	1	0	0	1

根据表 6.2.3 可以写出 Y 的表达式：

$$Y_3 = W_{15}$$
$$Y_2 = W_{10} + W_{11} + W_{14}$$
$$Y_1 = W_6 + W_7 + W_9 + W_{11} + W_{13} + W_{14}$$
$$Y_0 = W_5 + W_7 + W_{13} + W_{15}$$

根据上述表达式可画出 PROM 存储点阵图，如图 6.2.12 所示。

由于 PROM 的存储单元是可擦除的，所以节点用"×"表示，其地址译码器单元不可擦除，故仍用"· "表示节点。

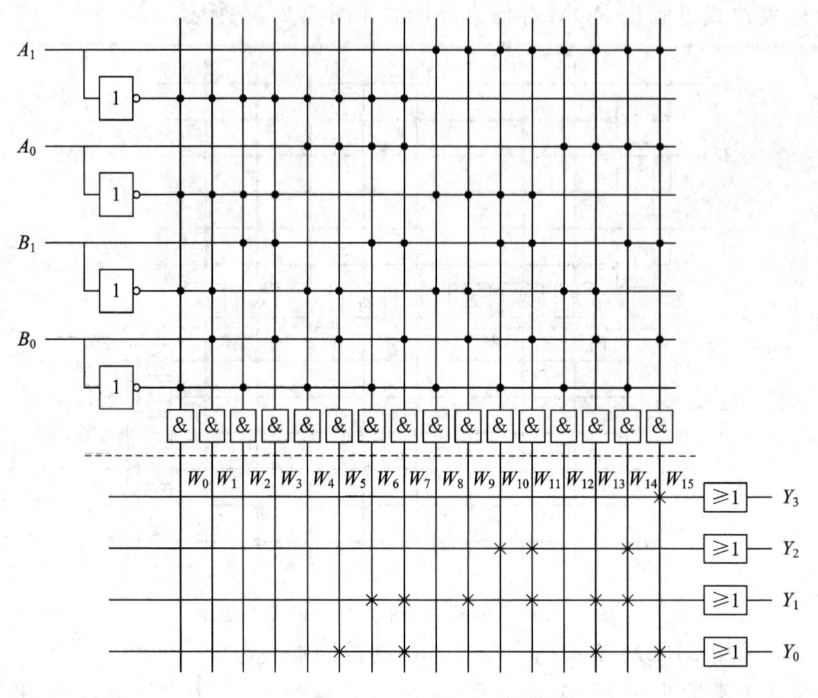

图 6.2.12　例 6.2.2 的 PROM 存储点阵图

6.3　随机存储器

随机存储器也叫随机读/写存储器，简称 RAM。它可以在工作时，随时从任何一个指定的地址写入(存入)或读出(取出)信息。RAM 最大的优点是读/写方便，但也有信息容易丢失的缺点，一旦电源关断，所存储的信息就会随之消失，不利于长期保存。根据存储单元的不同，RAM 可分为静态 RAM 和动态 RAM。

1. RAM 的结构

随机存储器 RAM 的结构与 ROM 类似，也是由地址译码器、存储矩阵和读写控制电路组成的，如图 6.3.1 所示。

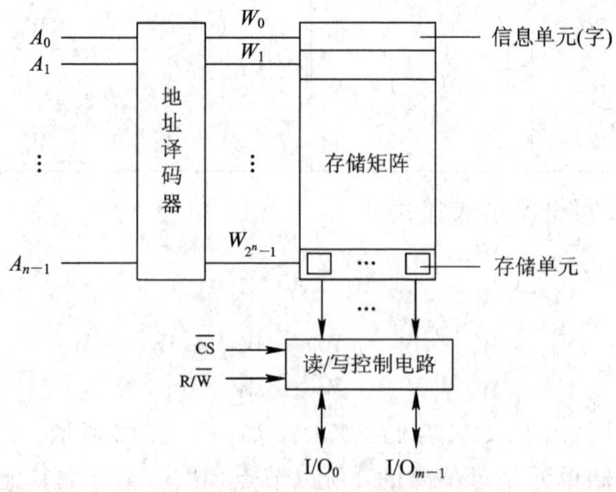

图 6.3.1　RAM 的电路结构图

1）存储矩阵

存储矩阵由大量的基本存储单元组成，每个存储单元可以存储 1 位二进制数码(1 或 0)。与 ROM 存储单元不同的是，RAM 存储单元的数据不是预先固定的，而取决于外部输入的信息。要存得住这些信息，RAM 存储单元必须由具有记忆功能的电路构成。

2）地址译码器

一个地址码对应着一条选择线 W_i。为了区别各个不同的字，将存放同一个字的存储单元编为一组，并赋予一个号码，即地址，故字单元也称为地址单元。

存储矩阵中存储单元的编址方式有两种：一种是单地址译码方式，适用于小容量存储器；另一种是双地址译码方式，适用于大容量存储器。

单地址译码方式中，RAM 内部字线 W_i 选择的是一个字的所有位。由于有 n 个地址输入的 RAM，具有 2^n 个字，所以应有 2^n 根字线。图 6.3.2 是 16×8 的存储器单地址译码方式的结构图。

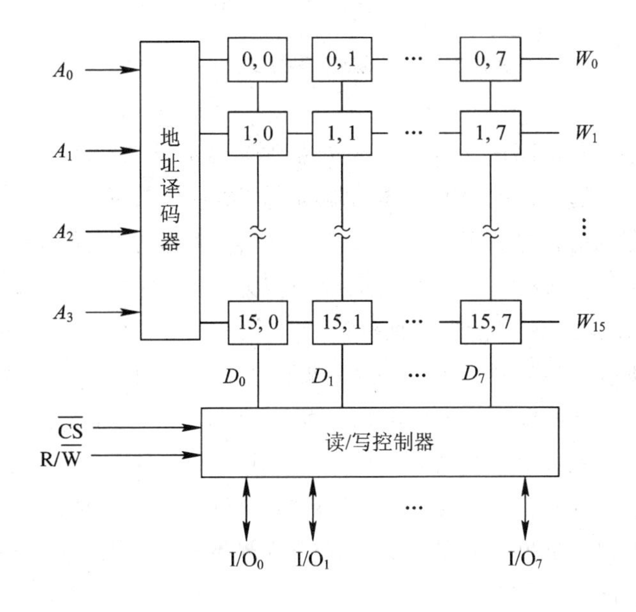

图 6.3.2　单地址译码方式的电路结构图

存储矩阵排列成 16 行(即 16 个字)8 列，需要四个地址输入信号 $A_3A_2A_1A_0$，给出一个地址信号，即可选中存储矩阵中相应字的所有存储单元；每一列与每行的同一位相对应(位线)，并通过读/写控制电路与外部的数据线 I/O(输入/输出端)相连。例如，当地址输入信号为 0001 时，选中 W_1 字线，同时对(1，0)～(1，7)等 8 个基本存储单元进行读/写操作。

双地址译码方式中，地址译码器分为两个，即行地址译码器和列地址译码器，图 6.3.3 是双地址译码方式的电路结构图。其输出线分别为 X_i、Y_i。存储矩阵中的某一个字能否被选中，由行地址线 X_i 和列地址线 Y_i 共同决定。

双地址译码方式的电路共有 8 根地址输入线，分为 $A_0 \sim A_3$、$A_4 \sim A_7$ 两组，$A_0 \sim A_3$ 是行地址译码器的输入端；$A_4 \sim A_7$ 为列地址译码器的输入端。假如 8 位地址输入 $A_7A_6A_5A_4A_3A_2A_1A_0 = 00011111$，$X_{15}$ 和 Y_1 的地址线为高电平，则字 W_{31} 的存储单元被选中。

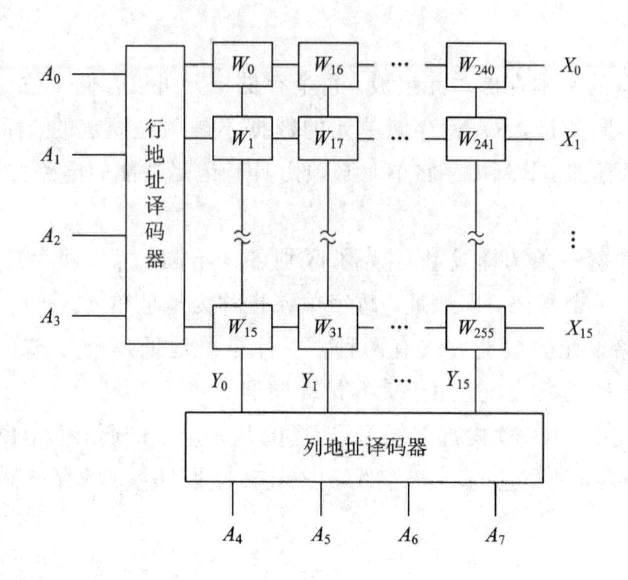

图 6.3.3　双地址译码方式的电路结构

3）读写控制电路

读写控制电路用于对电路的工作状态进行控制。当地址译码器选中相应的存储矩阵中的某个基本单元后，该基本存储单元的输出端与 RAM 内部数据线 D、$\overline{D}$ 直接相连，是读出该基本存储单元中存储的信息，还是将外部信息写入到该基本存储单元中，则由读/写控制电路的工作状态决定。可采用高电平或者低电平作为读/写控制信号，$\mathrm{R}/\overline{\mathrm{W}}$ 为读/写控制输入端。因为在同一时间内，不可能同时把读控制指令和写控制指令送入 RAM 芯片，所以输入数据线和输出数据线可以合用一条，即双向数据端 I/O 既可作为数据输入端，将外部的数据信息写入存储矩阵；也可作为数据输出端，读出存储矩阵中存储的信息。

一片 RAM 芯片所能存储的信息是有限的，往往需要把多片 RAM 组合组成一个容量更大的存储器，以满足实际工作的需要。这个存储器进行读/写操作时，与哪一片 RAM 或者哪几片 RAM 进行数据交换工作，则需要通过片选控制信号进行控制。$\overline{\mathrm{CS}}$即为片选控制输入端，控制 RAM 芯片能否进行数据交换。

(1) 当$\overline{\mathrm{CS}}=0$ 且 $\mathrm{R}/\overline{\mathrm{W}}=1$ 时，读/写控制器工作在读出状态，$\mathrm{I/O}=D$，RAM 存储器中的信息被读出；

(2) 当$\overline{\mathrm{CS}}=0$ 且 $\mathrm{R}/\overline{\mathrm{W}}=0$ 时，读/写控制器工作在写入状态，加到 I/O 端的输入数据便被写入指定的 RAM 存储单元中；

(3) 当$\overline{\mathrm{CS}}=1$ 时，所有的 I/O 端均处于禁止状态，将存储器内部电路与外部连线隔离，既不能读出，也不能写入。

2. 静态 RAM 存储单元(SRAM)

静态存储单元是在静态触发器的基础上附加门控电路而构成的，因此，它是靠触发器的自保功能存储数据的。

图 6.3.4 是用六只 N 沟道增强型 MOS 管组成的静态存储单元。其中，$\mathrm{V}_1\sim\mathrm{V}_4$ 组成了一个基本 RS 触发器，用来存储一位二值数据。$\mathrm{V}_5\sim\mathrm{V}_6$ 为本单元控制门，由行选择线 X_i 控制。当 $X_i=1$ 时，$\mathrm{V}_5\sim\mathrm{V}_6$ 导通，触发器与位线接通；当 $X_i=0$ 时，$\mathrm{V}_5\sim\mathrm{V}_6$ 截止，触发器与位线

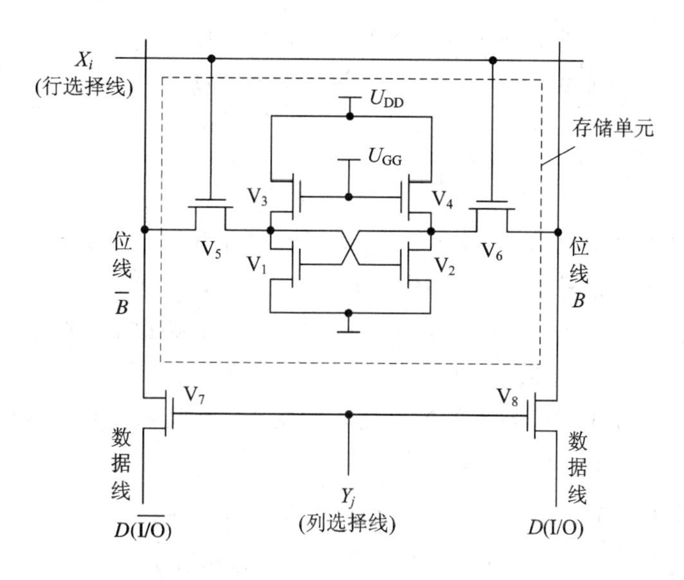

图 6.3.4　六管静态存储单元

隔离。V_7～V_8为一列存储单元公用的控制门，用于控制位线与数据线的连接状态，由列选择线 Y_j控制。$Y_j=1$ 时，V_7～V_8均导通；$Y_j=0$ 时，V_7～V_8均截止。当行地址线 X_i与列地址线 Y_j都为高电平时，行、列的门控制管 V_5～V_8均导通，触发器的输出与 RAM 内部的数据线 D、$\overline{D}$ 接通，将触发器内存储的信息读出。向触发器写入信息时，将需要写入的信息加在数据线 D、$\overline{D}$ 上，并使得该触发器的地址 X_i和 Y_j均处于高电平，行、列的门控制管 V_5～V_8都导通，这样，D、$\overline{D}$ 上的信息就可写到该触发器中。由于 SRAM 的存储单元是由触发器构成的，因此，只要不失电，数据就不会丢失。

静态 RAM 的存储单元所用的管子数目较多，因此功耗大，集成度受到限制。为了克服这些缺点，人们研制出了动态 RAM(DRAM)。

3. 动态 RAM 的存储单元(DRAM)

动态 RAM 存储数据的原理是基于 MOS 管栅极电容存储电荷效应。由于漏电流的存在，电容上存储的数据(电荷)不能长久保存，必须定期给电容补充电荷，以避免存储数据的丢失，这种操作称为再生刷新。

早期采用的动态存储单元多为四管电路或三管电路。这两种电路的优点是，外围控制电路比较简单，输出信号也比较大；缺点是电路结构仍不够简单，不利于提高集成度。

单管动态存储单元是所有存储单元中电路结构最简单的一种。图 6.3.5 是单管动态 MOS 存储单元的电路结构图。

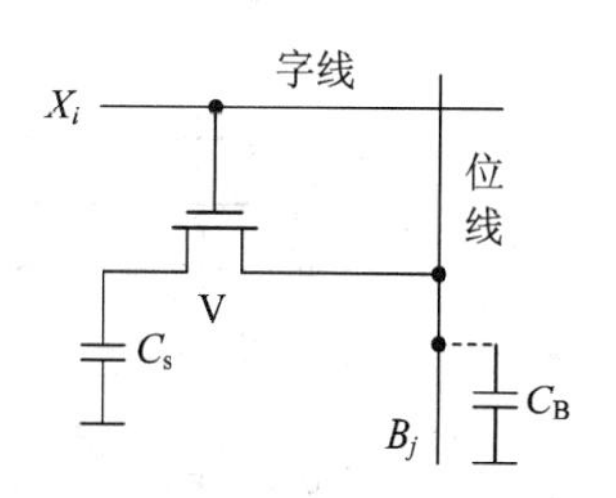

图 6.3.5　单管动态存储单元

存储单元由一只 N 沟道增强型 MOS 管 V 和一个电容 C_S组成。C_B是位线上的分布电容(C_B远大于 C_S)。V 为门控管，通过控制 V 管的导通或截止，把数据从存储单元从位线 B_j读出，或将位线 B_j上的数据写入存储单元。C_S的作用是存储数据。

写入信息时，字线为高电平，即 $X_i=1$，V 管导通，位线 B_j上的输入数据经过 V 存入 C_S。读出信息时，位线原状态为低电平，即 $B_j=0$，字线 X_i为高电平，即 $X_i=1$，V 管导通，这时，C_S经 V 向 C_B充电，使位线 B_j获得读出的信号电平。

设 C_S上原来存储有正电荷，其电压 U_{C_S}为高电平，而位线电压 $U_B=0$，在执行读操作后，位线电平将上升为

$$U_B = \frac{C_S}{C_S + C_B} U_{C_S}$$

因为在实际的存储器电路中，位线上总是同时接有很多存储单元，使得 C_B远大于 C_S，所以位线上读出的电压信号很小，所以需要在 DRAM 中设置灵敏的读出放大器将读出的信号放大。另外，读出后 C_S上的电荷也会减少很多，使其所存储的数据被破坏，必须进行“刷新”操作，恢复存储单元中原来存储的信号，以保证其存储信息不会丢失。

虽然单管动态存储单元的外围控制电路比较复杂，但其在提高集成度上所具有的优势使它成为目前所有大容量 DRAM 首选的存储单元。

4. RAM 存储容量的扩展

在数字系统中，当使用一片 RAM 器件不能满足存储容量要求时，必须将若干片 RAM 连在一起，以扩展存储容量。扩展的方法可以通过增加位数或字数来实现。

1）位数的扩展

当实际需要的存储系统的数据位数超过每一片存储器的数据位数，而每一片存储数据的字数够用时，需要进行位数扩展。

图 6.3.6 是用 8 个 256×1 的 RAM 芯片扩展成 256×8 位 RAM 的存储系统框图。图中 8 片 RAM 的所有地址线、R/$\overline{W}$、$\overline{CS}$分别对应连接在一起，而每一片的 I/O 端作为整个 RAM 的 I/O 端的一位，其总的存储容量为每一片存储容量的 8 倍。

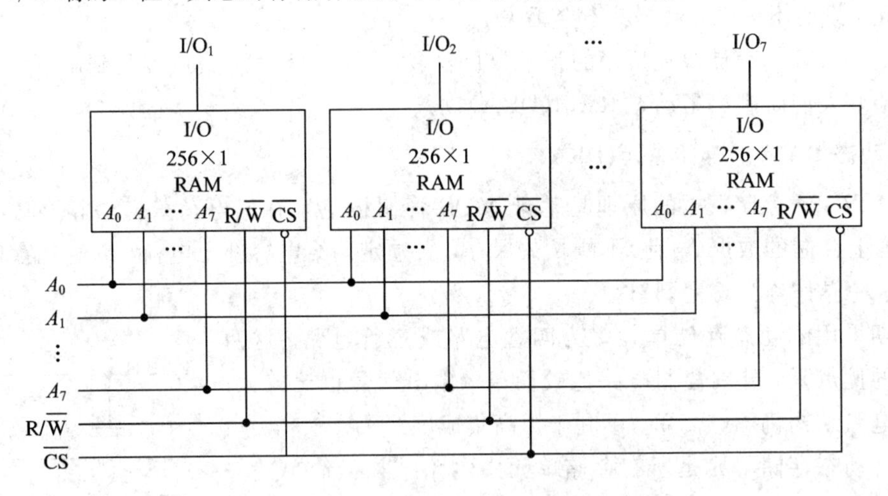

图 6.3.6　RAM 的位数扩展连接法

2）字数的扩展

若每一片存储数据位数够用而字数不够用，则需要采用字数扩展方式。字数的扩展可以利用外加译码器控制存储芯片的片选输入端（$\overline{CS}$）来实现。具体字数扩展的方法是：将几片 RAM 的输入/输出端、读/写控制端、地址输入端都对应地并联起来，再用一个译码器控制各 RAM 芯片的片选端，其总字数等于几片 RAM 字数之和。

图 6.3.7 是采用字数扩展方式将 4 片 256×8 RAM 芯片组成 1024×8 存储器的连接图。

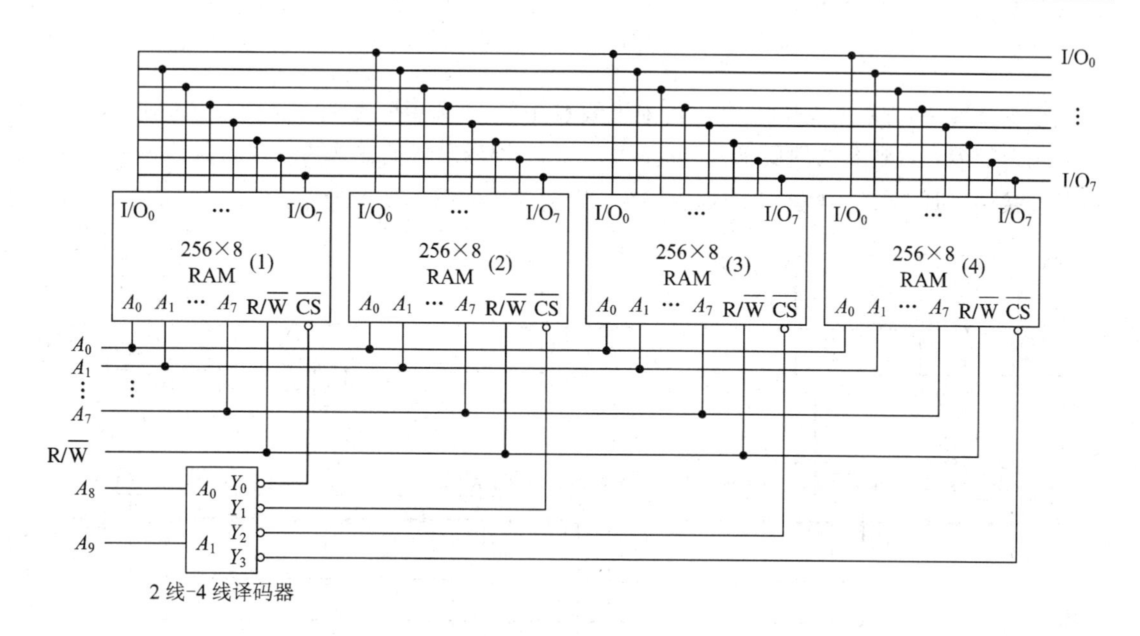

图 6.3.7　RAM 的字数扩展连接法

256×8 RAM 芯片有 8 个地址输入，而 1024×8 存储器应该有 10 个地址输入，为此，可把 4 片 RAM 相应的地址输入端分别连接在一起，构成 1024×8 存储器的低 8 位地址，1024×8 存储器的两个高位地址输入 A_8、A_9 加到 2 线-4 线译码器输入端，译码器的 4 个输出端分别与 4 个 256×8RAM 芯片的片选控制端 $\overline{CS}$ 相连，2 线-4 线译码器可将 A_8、A_9 的 4 种编码 00、01、10、11 分别译成 $\overline{Y}_0$、$\overline{Y}_1$、$\overline{Y}_2$、$\overline{Y}_3$ 四个低电平输出信号，然后分别去控制 4 片 RAM 的片选信号 $\overline{CS}$ 端。

例如，$A_8A_9=01$，则 RAM(2)片的 $\overline{CS}=0$，其余各片 RAM 的 $\overline{CS}$ 均为 1，故第二片 RAM 被选中，只有该片的信息可以读出并送至位线上，读出的内容则由低位地址 $A_7 \sim A_0$ 决定。4 片 RAM 的地址分配情况如表 6.3.1 所示。显然，四片 RAM 轮流工作，任何时候只有一片 RAM 处于工作状态，整个系统扩大了 4 倍，而字长仍为 8 位。

表 6.3.1　图 6.3.7 中各片 RAM 电路的地址分配

器件编号	2 线-4 线译码器输入		2 线-4 线译码器输出				地址范围	相应十进制数
	A_9	A_8	$\overline{Y}_0$	$\overline{Y}_1$	$\overline{Y}_2$	$\overline{Y}_3$	A_9A_8　$A_7A_6A_5A_4A_3A_2A_1A_0$	
RAM(1)	0	0	0	1	1	1	00　00000000～00　11111111	0～255
RAM(2)	0	1	1	0	1	1	01　00000000～01　11111111	256～511
RAM(3)	1	0	1	1	0	1	10　00000000～10　11111111	512～767
RAM(4)	1	1	1	1	1	0	11　00000000～11　11111111	768～1023

实际应用中，常将两种方法相互结合，以达到字数和位数均扩展的要求，因此，无论需要多大容量的存储器系统，均可利用容量有限的存储器芯片，通过位数和字数的扩展来构成。

例 6.3.1　试用 1024×4 位 RAM 实现 4096×8 位存储器。

解：4096×8 位存储器需要 1024×4 位 RAM 的芯片数为

$$C=\frac{\text{总存储容量}}{\text{一片存储容量}}=\frac{4096\times 8}{1024\times 4}=8\text{ 片}$$

根据字数 $=2^n$ 可知，4096 个字的地址线数 $n=12$，利用两片 1024×4 位 RAM 的并联可以实现位扩展，达到 8 位的要求。地址线 A_{11}、A_{10} 接译码器的输入端，译码器的每一条输出线对应接到两片 1024×4 位 RAM 的 $\overline{CS}$ 端，连接方式如图 6.3.8 所示。

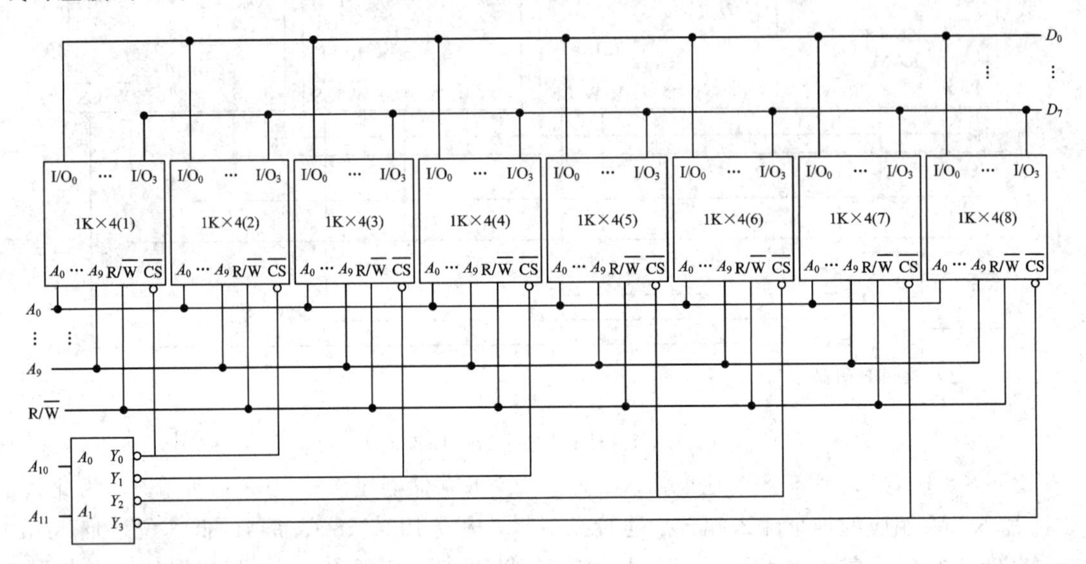

图 6.3.8 例 6.3.1 的 RAM 的字、位扩展

本章小结

半导体存储器是一种能够存储大量二值数据或信号的集成电路，其电路结构由地址译码器、存储矩阵和输入/输出电路三部分组成。

根据读、写功能的不同，可将半导体存储器分为只读存储器（ROM）和随机存储器（RAM）两大类。

只读存储器（ROM）主要用于存储固定数据，其结构可以用简化阵列图来表示。根据数据写入的方式，可将 ROM 分为掩模 ROM（ROM）、可编程 ROM（PROM）、可擦除可编程 ROM（EPROM、E^2PROM、快闪存储器）。

随机存储器（RAM）可以随机读取或写入数据，但其存储的数据只能在不断电的情况下保存。根据随机存储器的结构，可将其分为静态随机存储器（SRAM）和动态随机存储器（DRAM）。

当存储器的容量不能满足存储要求时，可以将若干个存储器的芯片组合起来，采用扩展的方法来扩大存储器的容量，构成一个容量更大的存储器。

半导体存储器的应用领域极为广泛，是数字系统中不可缺少的重要组成部分，不仅在记录数据或各种信号的场合需要用到存储器，而且在设计组合逻辑电路时也可以利用存储器，即：把地址输入作为输入逻辑变量，把数据输出端作为函数输出端，根据所需的逻辑函数写入相应的数据，即可得到所需要的组合逻辑电路。

在学习半导体存储器时，应注意掌握各种类型半导体存储器的电路结构和性能上的不同特点，这样才能更好、更合理地应用半导体存储器。

思考题与习题

6.1　ROM 有哪些种类，各有何特点。

6.2　指出下列 ROM 存储系统各具有多少个存储单元，应有地址线、数据线、字线和位线各多少根。

(1) 256 字×4 位；　(2) 64K×1；

(3) 256K×4；　(4) 1M×8。

6.3　一个有 16 384 个存储单元的 ROM，它的每个字是 8 位。试问它应有多少个字，有多少根地址线和数据线。

6.4　已知 ROM 如图 6.1 所示，试列表说明 ROM 存储的内容。

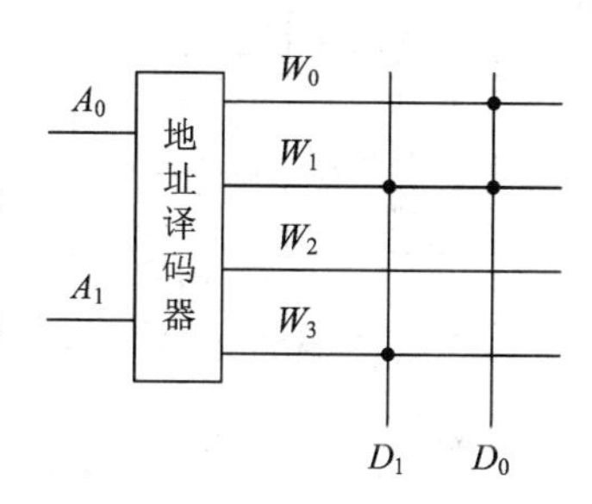

图 6.1　题 6.4 图

6.5　ROM 点阵图及地址线上的波形图如图 6.2 所示，试画出数据线 $D_3 \sim D_0$ 上的波形图。

6.6　试用 ROM 设计一个组合逻辑电路，用来产生下列一组逻辑函数，并画出存储矩阵的点阵图。

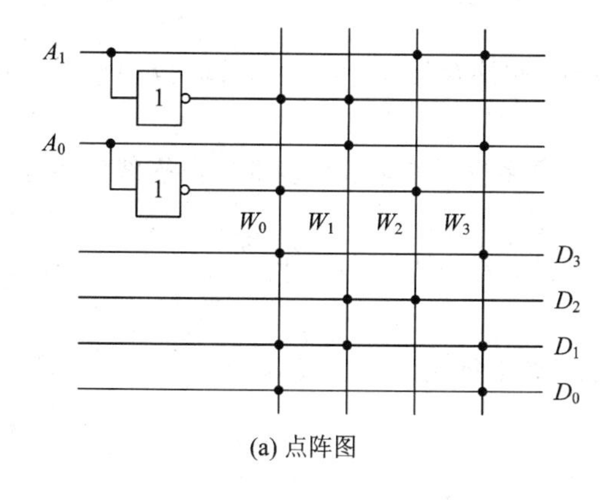

(a) 点阵图

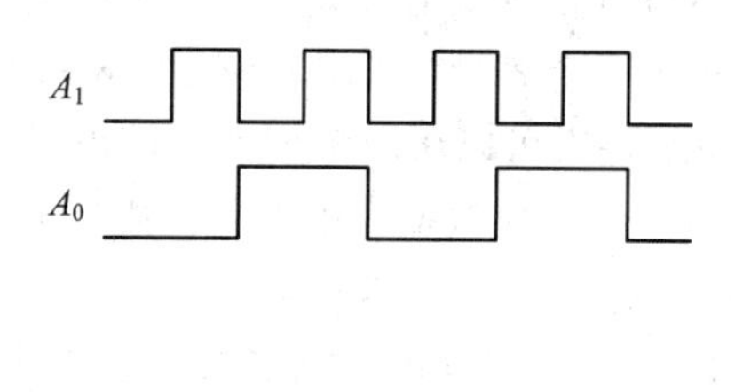

(b) 波形图

图 6.2　题 6.5 图

(1) $F_1=\overline{A}B\overline{C}D+A\overline{B}C\overline{D}+AB\overline{C}D+ABC\overline{D}$；

(2) $F_2=A\overline{B}C\overline{D}+A\overline{B}D+A\overline{C}D$；

(3) $F_3=\overline{A}B+B\overline{C}D+AC\overline{D}+\overline{B}D$；

(4) $F_4=B\overline{D}+\overline{B}D$。

6.7　试用 ROM 设计一个实现 8421BCD 码到余 3 码转换的逻辑电路，要求选择 EPROM 的容量，画出简化阵列图。

6.8　图 6.3 是用 ROM 构成的七段译码电路框图，$A_0 \sim A_3$ 为 ROM 的输入端；LT 为试灯输入端：当 LT = 1 时，无论二进制数为何值，数码管七段全亮；当 LT = 0 时，数码管显示与输入的四位二进制数对应的十进制数。试列出实现上述功能的 ROM 数据表，并画出 ROM 的阵列图(采用共阴极数码管)。

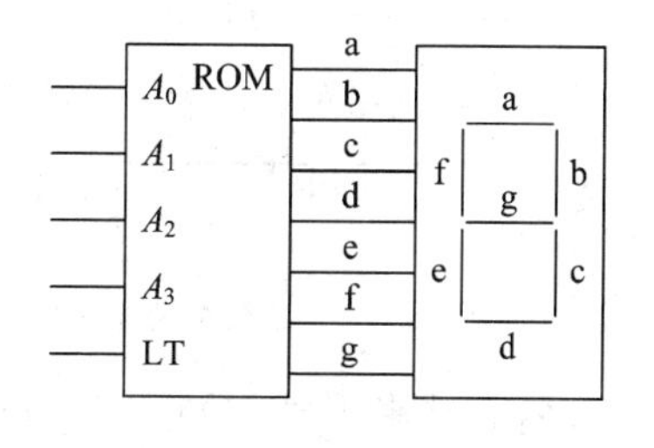

图 6.3　题 6.8 图

6.9　如图 6.4 所示的电路是用 3 位二进制计数器和 8×4 EPROM 组成的波形发生器电路。在某时刻 EPROM 存储的二进制数据表如表 6.1 所示，试画出 CP 和 $Y_0 \sim Y_3$ 的波形。

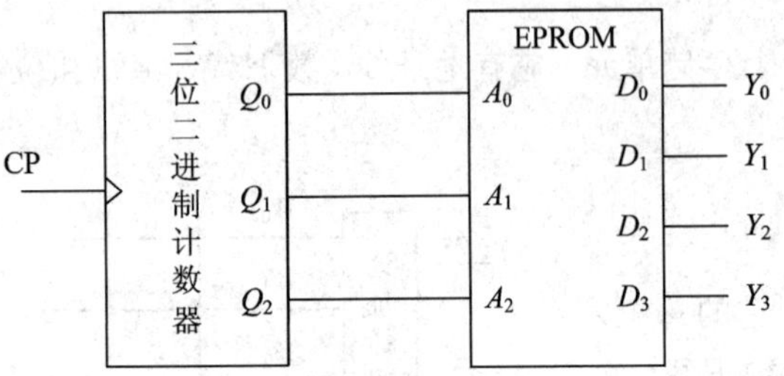

图 6.4　题 6.9 图

表 6.1　题 6.9 的 EPROM 数据表

A_2	A_1	A_0	D_3	D_2	D_1	D_0
0	0	0	1	1	1	0
0	0	1	0	0	1	0
0	1	0	1	0	0	0
0	1	1	0	0	0	0
1	0	0	1	1	1	1
1	0	1	0	0	1	1
1	1	0	0	0	0	1
1	1	1	0	0	0	1

6.10　ROM 和 RAM 有什么相同之处？只读存储器的写入信息有几种方式？

6.11　某台计算机的内部存储器设置有 32 位地址线，16 位并行数据输入/输出端，试计算它的最大存储量。

6.12　一个有 32 768 个存储单元的 RAM，它能存储 4096 个字。试问每个字是多少位？此存储器应有多少根地址线？多少根数据线？

6.13　一个容量为 512×4 位的 RAM，需要多少根地址线？多少根数据线？共有多少个存储单元？每次可以访问多少个存储单元？

6.14　设一片 RAM 芯片的字数为 n，位数为 d，扩展后的字数为 N，位数为 D，求需要的片数 x 的公式。

6.15　已知 4×4 位 RAM 如图 6.5 所示，如果把它们扩展成 8×8 位 RAM，问：

(1) 需要几片 4×4 位 RAM?

(2) 画出扩展电路图(可以用少量的与非门)。

6.16　256×4 位 RAM 芯片的符号图如图 6.6 所示。试用位扩展的方法组成 256×8 位 RAM，并画出逻辑图。

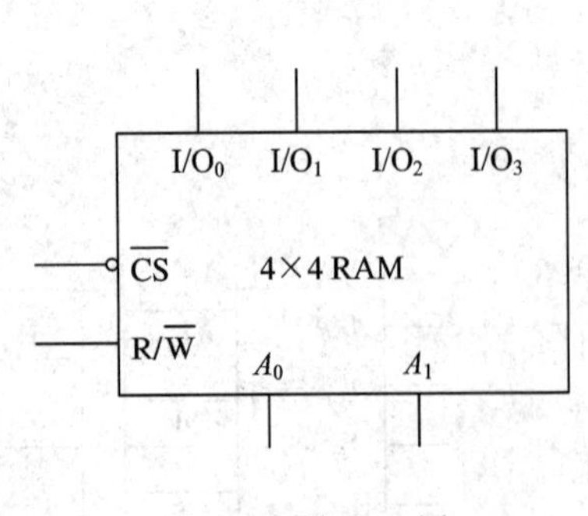

图 6.5　题 6.15 图

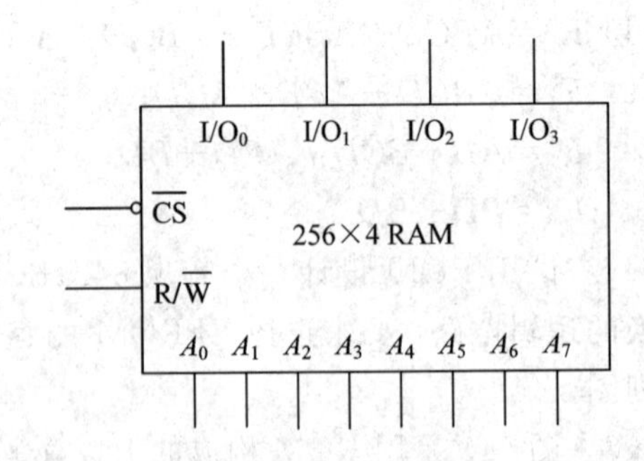

图 6.6　题 6.16 图

6.17　试用 4 片 2114(2114 是静态 RAM，其存储容量为 1024×4 位)和 3 线-8 线译码器 74LS138 组成 4096×4 位的 RAM。

6.18　试用 16 片 2114(2114 是静态 RAM，其存储容量为 1024×4 位)和 3 线-8 线译码器 74LS138 组成 8K×8 位的 RAM。

6.19　图 6.7 是一个 16×4 位的 ROM，A_3、A_2、A_1、A_0为地址输入，D_3、D_2、D_1、D_0是数据输出。若将 D_3、D_2、D_1、D_0视为 A_3、A_2、A_1、A_0的逻辑函数，试写出 D_3、D_2、D_1、D_0的逻辑函数式。

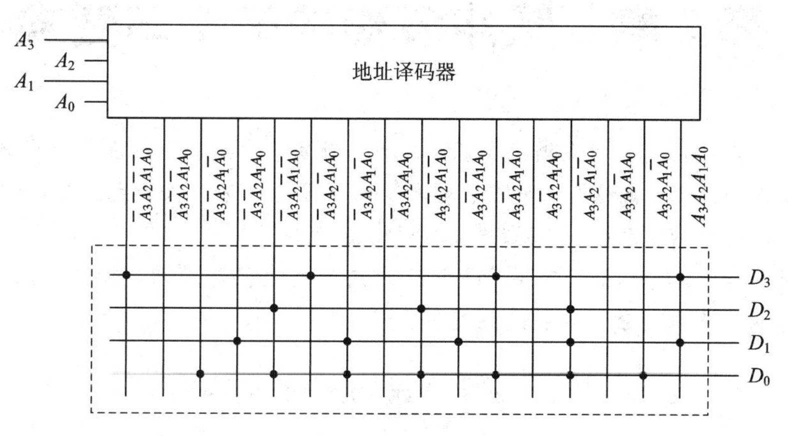

图 6.7　题 6.19 图

6.20　用 16×4 位的 ROM 设计一个将两个 2 位二进制数相乘的乘法器电路，列出 ROM 的数据表，画出存储矩阵的点阵图。

6.21　用 ROM 设计一个组合逻辑电路，用来产生下列一组逻辑函数：

(1) $Y_1=\overline{A}\,\overline{B}\,\overline{C}\,\overline{D}+\overline{A}B\overline{C}D+A\overline{B}C\overline{D}+ABCD$；

(2) $Y_2=\overline{A}\,\overline{B}C\overline{D}+\overline{A}BCD+A\,\overline{B}\,\overline{C}\,\overline{D}+AB\overline{C}D$；

(3) $Y_3=\overline{A}BD+\overline{B}C\overline{D}$；

(4) $Y_4=BD+\overline{B}\,\overline{D}$。

列出 ROM 的数据表，画出存储矩阵的点阵图。

6.22　依据所给条件，选择填空。

(1) 一个存储器有 1024 个地址，每个地址可以存储 8 个位信息，那么它的存储容量为(　　)。

A. 1024　　B. 8192　　C. 8　　D. 4096

(2) 在一次写数据操作过程中，数据存储到随机存储器中的时间是(　　)。

A. 寻址操作　　B. 使能操作　　C. 写操作　　D. 读操作

(3) 随机存储器中给定地址中存储的数据在(　　)情况下，所存储的数据会丢失。

A. 电源关闭　　B. 数据从地址中读出

C. 在地址中写入数据　　D. 答案 A 和 C

(4) 易失性存储器有(　　)，非易失性存储器有(　　)。

A. EPROM　　B. SRAM　　C. DRAM　　D. 闪存

(5) SRAM 中的存储单元是(　　)，DRAM 中的存储单元是(　　)。

A. 电容　　B. 触发器　　C. 二极管　　D. 熔丝

第 7 章 脉冲波形的产生与变换

内容提要：本章主要介绍多谐振荡器、单稳态触发器、施密特触发器的电路结构与工作原理。构成多谐振荡器、单稳态触发器、施密特触发器的电路结构形式较多，如门电路与 RC 电路、集成电路外接 RC 元件、555 定时器外接 RC 元件等。

学习提示：学习本章内容，熟悉 RC 电路的充放电过程是基础，掌握定性分析、波形分析、定量计算这些基本的分析方法是关键。

7.1 概 述

数字电路又称为脉冲(pluse)数字电路，所以脉冲信号在数字电路中扮演着重要的角色。脉冲这个词包含着脉动和短促的意思，在脉冲技术中，主要的研究对象是一些具有间断性和突发性特点的、短暂出现的、周期或非周期性时间函数的电压或电流。

矩形波是最常用的脉冲波形。矩形波具有两个固定电平，其电平转换时间与每个电平的持续时间相比可以忽略。由于实际的矩形脉冲波形是非理想的，因此，有必要定量描述矩形脉冲的特性，通常使用如图 7.1.1 所示的几个主要参数。

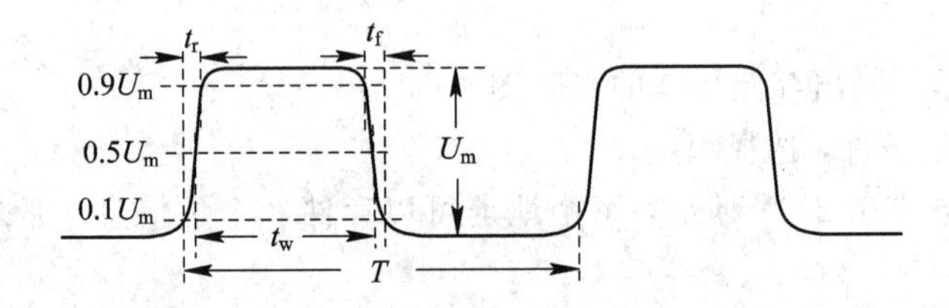

图 7.1.1 描述矩形脉冲的主要参数

脉冲周期 T：周期性重复的脉冲序列中，两个相邻脉冲之间的时间间隔。有时也使用频率 $f=1/T$，表示单位时间脉冲重复的次数。

脉冲幅度 U_m：脉冲电压的最大变化幅度。

脉冲宽度 t_w：从脉冲上升沿的 $0.5U_m$ 起，到脉冲下降沿的 $0.5U_m$ 为止的一段时间。

上升时间 t_r：脉冲上升沿从 $0.1U_m$ 上升到 $0.9U_m$ 所需的时间。

下降时间 t_f：脉冲下降沿从 $0.9U_m$ 下降到 $0.1U_m$ 所需的时间。

占空比 q：脉冲宽度与脉冲周期之比，即 $q=t_w/T$。

获取矩形脉冲波形图形的途径主要有两种：一种是利用各种形式的多谐振荡器电路直接产生所需要的矩形脉冲，另一种则是通过各种整形电路把已有的周期性变化波形变换为符合要求的矩形脉冲。

在时序电路中，矩形脉冲作为时钟信号控制和协调着整个系统的工作，因此，其波形特性直接关系到系统能否正常工作。

7.2　多谐振荡器

多谐振荡器是一种自激振荡器，在接通电源以后，不需外加触发信号，便能自动地产生矩形脉冲。由于矩形波中含有丰富的高次谐波分量，所以习惯上把矩形波振荡器叫作多谐振荡器。多谐振荡器也称无稳电路，主要用于产生各种方波或时钟脉冲信号。

7.2.1　简单环形振荡器

利用门电路的传输延迟时间，将奇数个非门首尾相接就构成环形振荡器。如图 7.2.1 所示，它由三个反相器首尾相连而组成，这个电路是没有稳定状态的，从任何一个门的输出端都可得到高、低电平交替出现的方波，图 7.2.2 所示波形就是该电路的工作波形图。

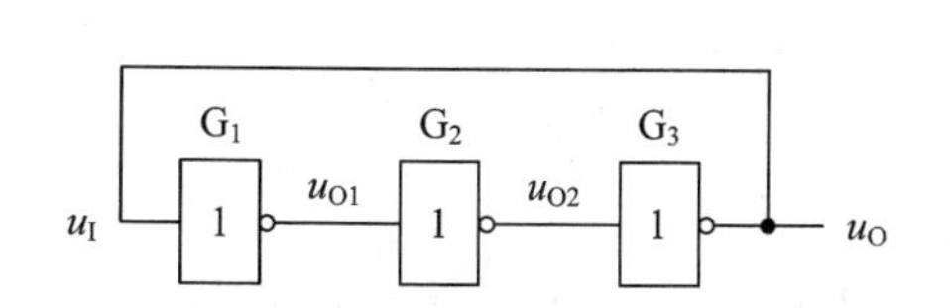

图 7.2.1　最简单的环形振荡器

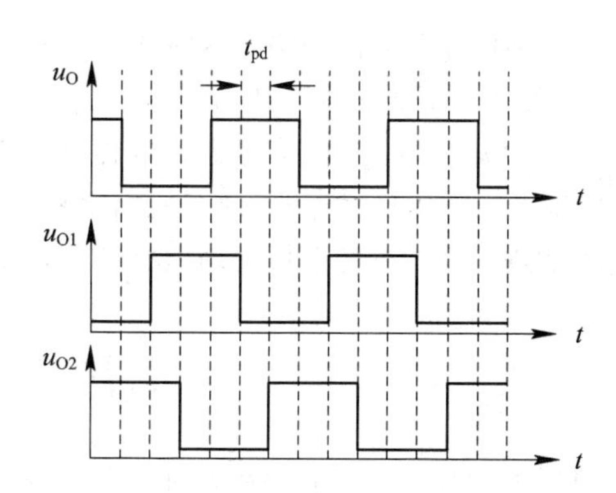

图 7.2.2　图 7.2.1 的工作波形图

假设 3 个反相器的传输时间均为 t_{pd}，并设某一时刻 u_O 由高电平 1 跳变为低电平 0，由于导线间传输延迟忽略不计，自然 u_I 也同时由 1 跳变为 0，则门 G_1、G_2、G_3 将依次翻转，经过三级门的传输延迟时间 $3t_{pd}$ 后，使输出 u_O 由低电平 0 跳变为高电平 1，如此周而复始地跳变，形成矩形波。由图 7.2.2 可见，其振荡周期为 $T=6t_{pd}$。这种简单的环形振荡器周期短、频率高、频率不易调，所以不实用。

7.2.2　带 *RC* 延迟的环形振荡器

1. 电路结构形式

为了克服简单环形振荡器的缺点，可在图 7.2.1 电路中引入 *RC* 延迟环节，构成如图 7.2.3 所示电路。图中 R_S 为限流电阻，对门 G_3 起保护作用。由于 R_S 很小(100 Ω)，u_A 可视为

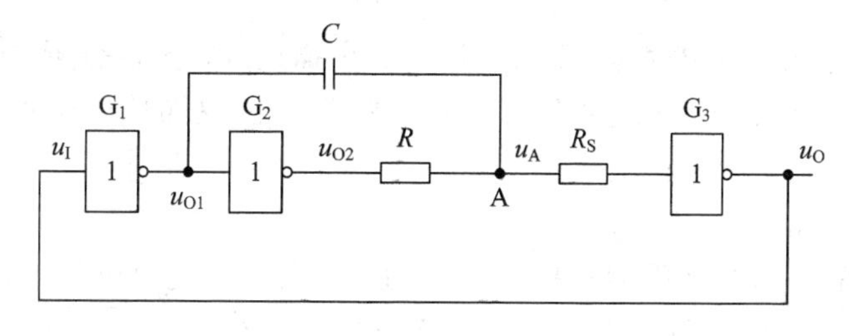

图 7.2.3　带 *RC* 延迟的环形振荡器

G_3门的输入电压。通常 RC 电路产生的延迟时间远远大于门电路本身的传输延迟时间 t_{pd}，所以分析时可以忽略 t_{pd}。另外，要注意电容 C 上的电压不能突变，A 点电压 u_A 的变化是决定电路工作状态的关键。

2. 工作原理分析

1）定性分析

在图 7.2.4 所示电路中，设在 t_0 时刻，$u_I = u_O$ 为低电平，则 u_{O1} 为高电平，u_{O2} 为低电平。此时 u_{O1} 经电容 C、电阻 R 到 u_{O2} 形成电容的充电回路，如图 7.2.4(a)所示。设充电电流为 i，则电路中 A 点的电压为 $u_A = Ri + u_{O2}$。随着充电过程的进行，充电电流逐渐减小，A 点的电压也相应减小，当 u_A 接近门电路的阈值电压 U_{TH} 时，形成下述正反馈过程：

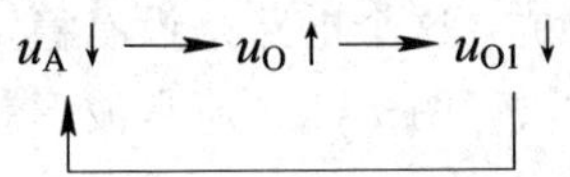

正反馈的结果，使电路在 t_1 时刻，$u_I = u_O$ 变为高电平，则 u_{O1} 为低电平，u_{O2} 为高电平。此时 u_{O2} 经电阻 R、电容 C 到 u_{O1} 形成电容的反方向充电回路，如图 7.2.4(b)所示。电路中 A 点的电压为 $u_A = u_C + u_{O1}$，考虑到电容电压不能突变，A 点电压在 u_{O1} 由高电平变为低电平时，出现下跳，其幅度与 u_{O1} 的变化幅度相同。事实上，电容先放电后反方向充电。随着充放电过程的进行，A 点的电压逐渐增大，当 u_A 接近门电路的阈值电压 U_{TH} 时，形成下述正反馈过程：

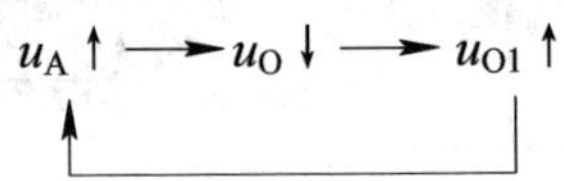

正反馈的结果，使电路在 t_2 时刻返回到 $u_I = u_O$ 为低电平，则 u_{O1} 为高电平，u_{O2} 为低电平的状态，又开始新一轮的充电过程。此时 A 点的电压为 $u_A = Ri + u_{O2}$，考虑到电容电压不能突变，A 点电压在 u_{O1} 由低电平变为高电平时，出现上跳，其幅度与 u_{O1} 的变化幅度相同。

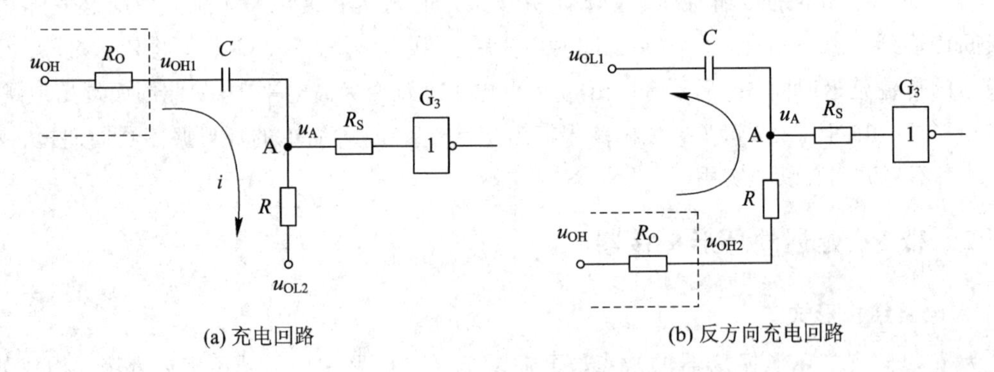

图 7.2.4　图 7.2.3 电路的充放电等效电路

2）波形分析

图 7.2.3 所示电路的工作过程，不仅可以用文字描述进行定性分析，还可以用波形图来描述。事实上，波形分析是文字描述的图形表示。参照定性分析的结论，可作出图 7.2.3 电路的工作波形，如图 7.2.5 所示。

3）定量计算

此处的定量计算是指振荡周期和振荡频率的分析计算，充放电等效电路和波形图是定量计算的基础。由图 7.2.5 可见，振荡周期是 T_1 与 T_2 之和，依据 RC 电路瞬态分析的理论，可由初始值、终了值、时间常数三要素分别确定 T_1 与 T_2。

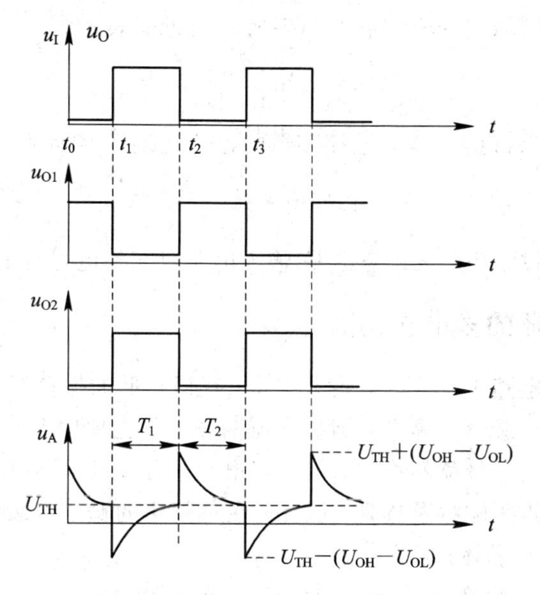

图 7.2.5　图 7.2.3 电路工作波形

T_1对应的等效电路如图 7.2.4(b)所示，分析图 7.2.4(b)和图 7.2.5 可知：

$$u_{A(0)} = u_{A(t1)} = U_{TH} - (U_{OH} - U_{OL})$$

$$u_{A(\infty)} = U_{OH}$$

$$\tau = (R_O + R)C$$

按照三要素法有：

$$\begin{aligned} u_A &= u_{A(\infty)} + (u_{A(0)} - u_{A(\infty)})\,e^{-\frac{t}{\tau}} \\ &= U_{OH} + (U_{TH} - (U_{OH} - U_{OL}) - U_{OH})\,e^{-\frac{t}{\tau}} \\ &= U_{OH} + (U_{TH} - 2U_{OH} + U_{OL})\,e^{-\frac{t}{\tau}} \end{aligned} \tag{7.2.1}$$

当 $t=T_1$时，将 $u_A=U_{TH}$代入式(7.2.1)并整理有：

$$T_1 = \tau\ln\frac{U_{TH} - 2U_{OH} + U_{OL}}{U_{TH} - U_{OH}} = (R + R_O)C\ln\frac{U_{TH} - 2U_{OH} + U_{OL}}{U_{TH} - U_{OH}} \tag{7.2.2}$$

一般情况下，$R \gg R_O$，$U_{OL}\approx 0$，所以式(7.2.2)可近似表示为

$$T_1 \approx RC\ln\frac{U_{TH} - 2U_{OH}}{U_{TH} - U_{OH}} \tag{7.2.3}$$

T_2对应的等效电路如图 7.2.4(a)所示，分析图 7.2.4(a)和图 7.2.5 可知：

$$u_{A(0)} = u_{A(t2)} = U_{TH} + (U_{OH} - U_{OL})$$

$$u_{A(\infty)} = U_{OL}$$

$$\tau = (R_O + R)C$$

按照三要素法有：

$$\begin{aligned} u_A &= u_{A(\infty)} + (u_{A(0)} - u_{A(\infty)})\,e^{-\frac{t}{\tau}} \\ &= U_{OL} + (U_{TH} + (U_{OH} - U_{OL}) - U_{OL})\,e^{-\frac{t}{\tau}} \\ &= U_{OL} + (U_{TH} + U_{OH} - 2U_{OL})\,e^{-\frac{t}{\tau}} \end{aligned} \tag{7.2.4}$$

当 $t=T_2$时，将 $u_A=U_{TH}$代入式(7.2.1)并整理有：

$$T_2 = \tau\ln\frac{U_{TH} + U_{OH} - 2U_{OL}}{U_{TH} - U_{OL}} = (R + R_O)C\ln\frac{U_{TH} + U_{OH} - 2U_{OL}}{U_{TH} - U_{OL}} \tag{7.2.5}$$

一般情况下，$R \gg R_O$，$U_{OL} \approx 0$，所以式(7.2.5)可近似表示为

$$T_2 \approx RC\ln\frac{U_{TH}+U_{OH}}{U_{TH}} \tag{7.2.6}$$

由式(7.2.3)和式(7.2.6)可得多谐振荡器的振荡周期 T 的计算公式为

$$T = T_1 + T_2 \approx RC\ln\frac{U_{TH}-2U_{OH}}{U_{TH}-U_{OH}}\frac{U_{TH}+U_{OH}}{U_{TH}} \tag{7.2.7}$$

注意，在上述分析过程中，没有考虑 G_3 输入电路对充放电过程的影响。

7.2.3 采用石英晶体的多谐振荡器

在 RC 环形振荡器电路中，虽然接入 RC 后可获得较低的振荡频率，而且通过改变 R 和 C 的值可容易地实现振荡频率的调节，但决定振荡频率的主要因素是电路到达阈值电压 U_{TH} 的时间，而门电路的 U_{TH} 本身就不稳定，加上当电容电压接近 U_{TH} 时，充、放电过程比较缓慢，微小的干扰都会严重影响振荡周期。因此，在对频率的稳定性要求较高的电路中，应采用频率稳定性很高的石英晶体振荡器。

图 7.2.6 为石英晶体的符号、等效电路和电抗频率特性。由于石英晶体的品质因数 Q 值很高，因而具有很好的选频特性；另外，它具有一个极为稳定的固有谐振频率 f_s，而 f_s 只由石英晶体的结晶方向和外形尺寸所决定。具有各种谐振频率的石英晶体已被制成标准化和系列化的产品出售。

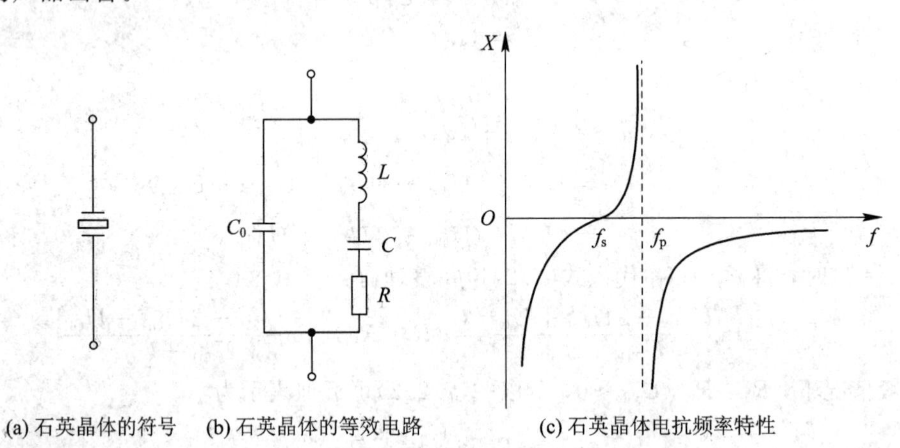

(a) 石英晶体的符号　(b) 石英晶体的等效电路　(c) 石英晶体电抗频率特性

图 7.2.6　石英晶体的符号、等效电路和电抗频率特性

图 7.2.7 给出了两种常见的石英晶体振荡器电路，其谐振频率由石英晶体的固有频率决定。

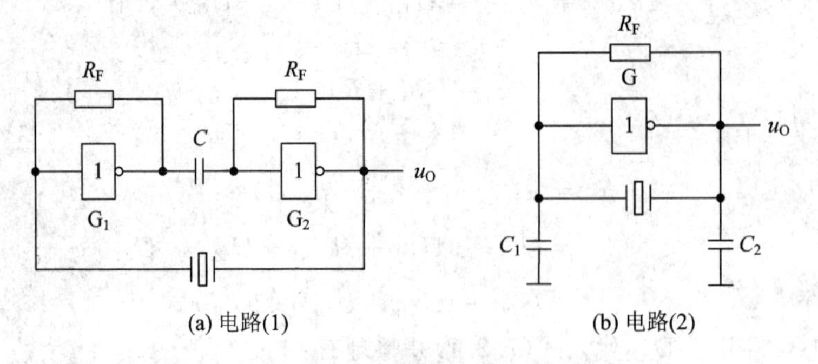

(a) 电路(1)　(b) 电路(2)

图 7.2.7　两种石英晶体多谐振荡器电路

7.3　单稳态触发器

单稳态触发器有一个稳定状态和一个暂稳态。当外加触发信号时，单稳态触发器从稳定状态转换到暂稳态，在暂稳态维持一段时间后，由于电路中所包含的电容元件的充放电作用，电路自动返回到稳定状态。暂稳态维持的时间取决于电路本身的参数，而与外触发信号的宽度无关。

根据单稳态触发器的这些特点，数字系统常用它构成整形、延时和定时(产生一定宽度的方波)等电路。

7.3.1　门电路构成的单稳态触发器

1. 电路结构

由门电路和 RC 元件组成的单稳态触发器电路形式较多。一个电阻和一个电容元件可以组成积分电路或者微分电路，因此，由门电路和 RC 元件可组成积分型单稳态触发器和微分型单稳态触发器。图 7.3.1 所示电路就是微分型单稳态触发器的电路形式之一。电路中电阻 R 的值小于门电路的开门电阻值，即 $R<R_{ON}$。

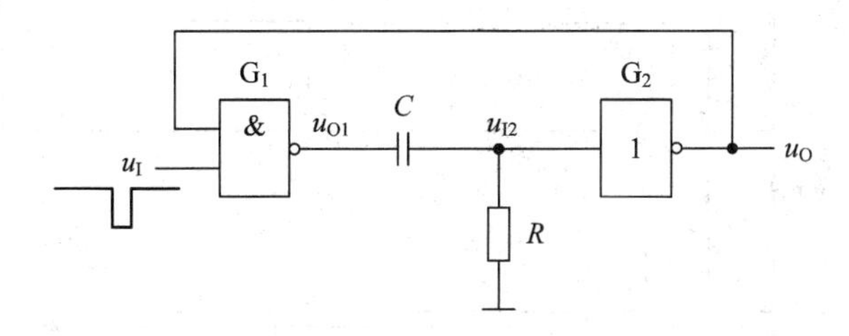

图 7.3.1　微分型单稳态触发器

2. 工作原理分析

1) 定性分析

分析单稳态触发器的工作原理，就是分析如何在外触发信号的作用下，电路由稳态进入暂稳态，然后又如何在电容充放电的作用下，自动返回稳定状态。

在图 7.3.2 所示电路中，输入信号 u_I 在稳态下为高电平。考虑到 $R<R_{ON}$，所以稳态时 u_{I2} 为低电平，则 u_O 为高电平。与非门 G_1 的 2 个输入端均为高电平，所以 u_{O1} 为低电平，电容 C 两端的电压近似为 0 V。只要输入信号保持高电平不变，电路就维持在 u_{O1} 为低电平、u_O 为高电平这一稳定状态。

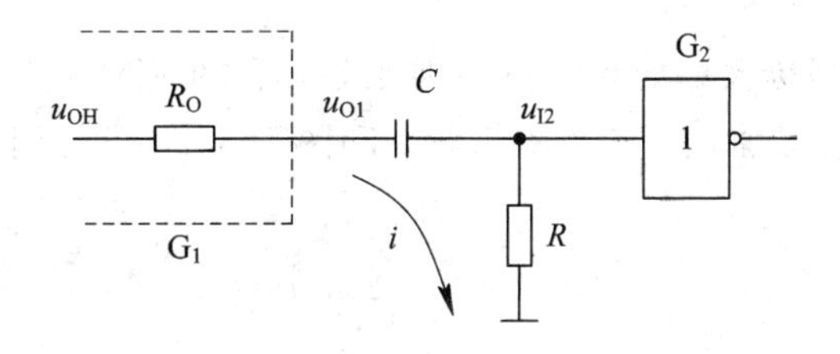

图 7.3.2　暂稳态期间充电等效电路

当输入信号出现负脉冲时，即在外触发信号的作用下，与非门 G_1 的输出 u_{O1} 变为高电平。此时，u_{OH1}经电容 C 和电阻 R 到地形成充电回路，如图 7.3.2 所示。电容 C 开始充电，$u_{I2}=u_R$变为高电平，输出 u_O变为低电平，此低电平反馈到 G_1的输入端，即使 u_I恢复到高电平，反馈仍然保证了 u_{O1}维持在高电平。电路处于 u_{O1}为高电平、u_O为低电平的状态就是其暂稳态。

在暂稳态期间，电容 C 充电，随着充电过程的进行，充电电流逐渐减小，u_{I2}下降。当减小接近门电路的阈值电压时(设此时触发脉冲已消失)，出现下述正反馈过程：

$$u_{I2}\downarrow \longrightarrow u_O\uparrow \longrightarrow u_{O1}\downarrow$$

此正反馈的结果，使电路自动返回到 u_{O1}为低电平、u_O为高电平的稳定状态。电容开始放电，为下一次触发做准备。

2) 波形分析

波形分析实际上是将定性分析的文字描述过程用图形表示出来。在图 7.3.2 中，R_O是门 G_1输出高电平时的输出等效电阻。考虑到$u_{O1}=u_{OH}-R_O i$，在开始充电时，由于充电电流较大，因此 R_O上的压降较大。随着充电过程的进行，充电电流减小，u_{O1}逐步上升，因此，反映在 u_{O1}的波形上不是平顶而是按指数规律变化的。结合上述分析过程，可画出图 7.3.1 微分型单稳态触发器的工作波形，如图 7.3.3 所示。

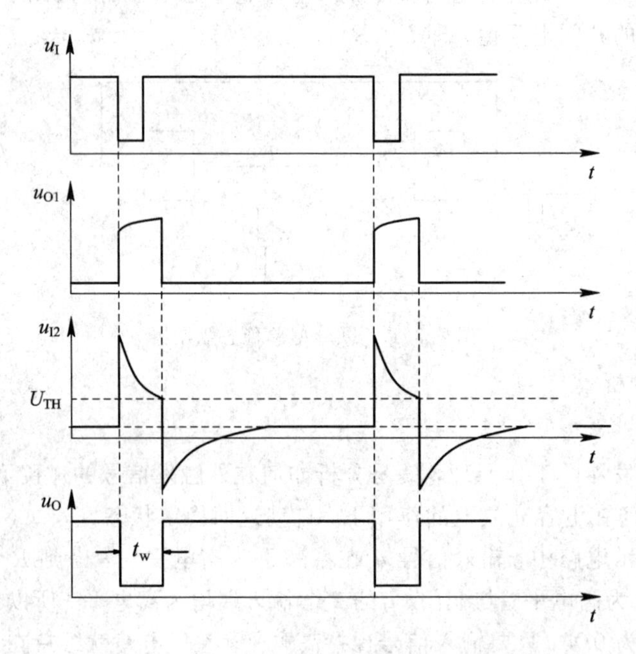

图 7.3.3　微分型单稳态触发器的工作波形

3) 定量计算

分析单稳态触发器所涉及的定量计算主要是输出脉冲宽度 t_w的计算，其分析依据仍然是 RC 电路动态过程的三要素法。参照图 7.3.2 和图 7.3.3，可分别求出 u_{I2}的初始值、终了值和时间常数为

$$u_{I2(0)}=\frac{R}{R+R_O}U_{OH}$$

$$u_{I2(\infty)}=0\ \mathrm{V}$$

$$\tau\approx(R+R_O)C$$

所以有：

$$u_{I2} = u_{I2(\infty)} + (u_{I2(0)} - u_{I2(\infty)})\,e^{-\frac{t}{\tau}} = U_{OH}\frac{R}{R+R_O}e^{-\frac{t}{\tau}} \tag{7.3.1}$$

当 $t=t_w$ 时，将 $u_{I2}=U_{TH}$ 代入式(7.3.1)并整理有：

$$t_w = \tau\ln\frac{R}{R+R_O}\frac{U_{OH}}{U_{TH}} = (R+R_O)C\ln\frac{R}{R+R_O}\frac{U_{OH}}{U_{TH}} \tag{7.3.2}$$

为了方便，输出脉冲宽度 t_w 通常可用式(7.3.2)近似计算：

$$t_w \approx 0.8(R_O+R)C \tag{7.3.3}$$

式中，R_O 为与非门的输出电阻，可取 $R_O=100\ \Omega$。

3. 适合宽脉冲触发的电路

在图 7.3.1 所示电路的分析中，我们假定输入触发信号的脉冲宽度小于 t_w。如果这个条件不满足，则会使电路无法正常工作。为了满足宽脉冲触发输入的要求，必须对电路结构进行改进。既然图 7.3.1 所示电路在窄脉冲触发时能正常工作，只要在其输入电路增加宽脉冲到窄脉冲的变换电路即可。实现宽脉冲到窄脉冲的变换，简单的微分电路即可满足要求，改进后的电路如图 7.3.4 所示。

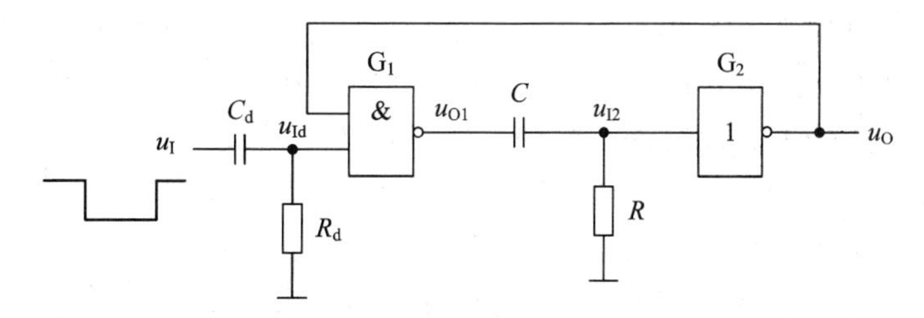

图 7.3.4　改进后的微分型单稳态触发器电路

在图 7.3.4 所示电路中，要求 $R_d > R_{ON}$，以保证在稳态时 u_{Id} 为高电平。

7.3.2　集成单稳态触发器

由门电路和 RC 元件构成的单稳态触发器电路简单，但输出脉宽的稳定性差，调节范围小，且触发方式单一，因此数字系统中广泛使用集成单稳态触发器。单片集成单稳态触发器只需要外接很少的元件和连线就可方便地使用，而且由于器件内部电路一般还附加了上升沿和下降沿触发的控制和置零功能，使用极为方便。此外，由于将元器件集成于同一芯片，并且在电路上采取了温漂补偿措施，所以电路的温度稳定性比较好。

图 7.3.5 是 TTL 集成单稳态触发器 74121 简化的原理性逻辑图、引脚图和逻辑符号。

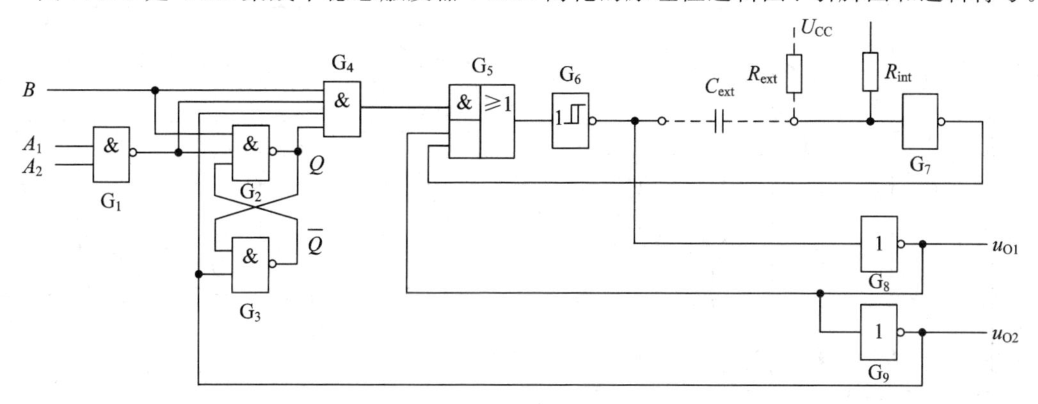

(a) 逻辑图

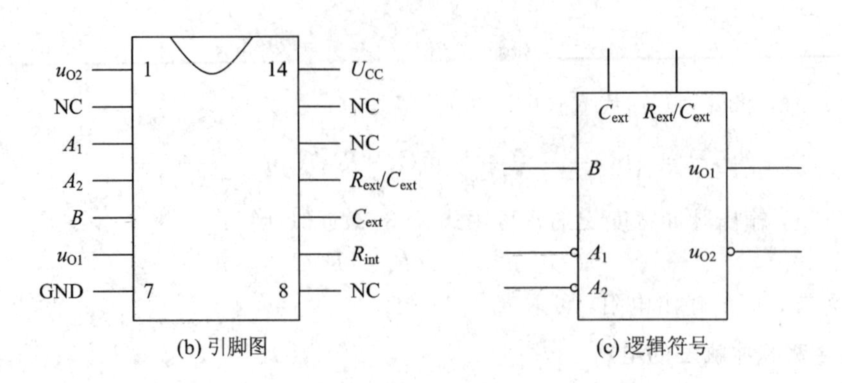

图 7.3.5　集成单稳态触发器 74121

门 G_5、G_6、G_7 和外接电阻 R_{ext}、外接电容 C_{ext} 组成微分型单稳态触发器。把 G_5 和 G_6 合起来视为具有迟滞特性(见施密特触发器部分)的或非门，其工作原理与图 7.3.1 所示的单稳态触发器类似。74121 中用门 G_4 给出的正脉冲触发，其输出脉冲的宽度由 R_{ext} 和 C_{ext} 的大小决定。

门 G_1～G_4 组成输入控制电路，用于实现上升沿触发或下降沿触发控制。上升沿的触发脉冲由 B 端输入，同时 A_1、A_2 中至少要有一个接至低电平 0。若需下降沿的触发脉冲则由 A_1 或 A_2 端输入(另一个接高电平 1)，同时将 B 端接高电平。表 7.3.1 为 74121 的功能表。当触发脉冲到达时，因为门 G_4 输出跳变为高电平，使电路由稳态($u_{O1}=0$，$u_{O2}=1$)进入暂稳态($u_{O1}=1$，$u_{O2}=0$)。u_{O2} 为低电平后使门 G_2 和 G_3 组成的 RS 触发器置零，因而门 G_4 输出一窄脉冲，它与触发脉冲的宽度无关。

输出缓冲电路由反相器 G_8 和 G_9 组成，用于提高电路的负载能力。图 7.3.6 是 74121 在触发脉冲作用下的波形图。输出脉冲宽度 t_w 可由下式估算：

$$t_w = 0.7RC \tag{7.3.4}$$

通常 R 取值范围为 2～30 kΩ，C 取值为 10 pF～10 μF，得到 t_w 范围可达到 20 ns～200 ms。当需要电阻较小时，可用 74121 内部电阻 R_{int}(约 2 kΩ)取代外接电阻 R_{ext}，此时将 9 脚接至电源 U_{CC}(14 脚)。当希望得到较宽的输出脉冲时，需使用外接电阻 R_{ext}，此时 74121 芯片的 9 脚应悬空，电阻接在 11、14 脚之间。

表 7.3.1　74121 功能表

输入			输出	
A_1	A_2	B	u_{O1}	u_{O2}
0	×	1	0	1
×	0	1	0	1
×	×	0	0	1
1	1	×	0	1
1	↓	1	⊓	⊔
↓	1	1	⊓	⊔
↓	↓	1	⊓	⊔
0	×	↑	⊓	⊔
×	0	↑	⊓	⊔

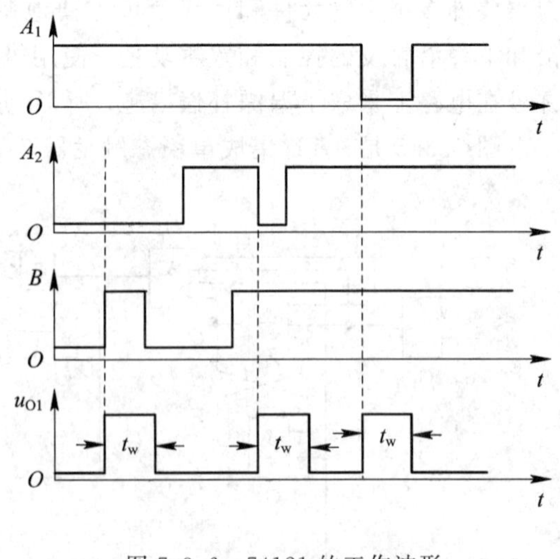

图 7.3.6　74121 的工作波形

目前使用的集成单稳态触发器有不可重复触发和可重复触发之分。不可重复触发的单稳态触发器一旦被触发进入暂稳态后，再有触发脉冲作用，电路工作过程不受影响，直到暂稳态结束后，它才能接受下一个触发脉冲而再次进入暂稳态。而可重复触发单稳态触发器在暂稳态期间，如有触发脉冲作用，电路会被重新触发，使暂稳态继续延迟一个 t_w时间。两种单稳态电路工作波形如图 7.3.7 所示。

集成单稳态触发器中，74121、74221、74LS221 等是不可重复触发的单稳态触发器，74122、74123、74LS123、4258 等是可重复触发的单稳态触发器。

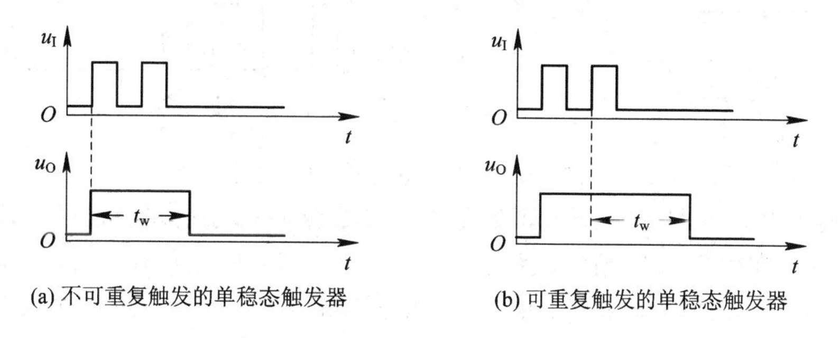

图 7.3.7 两种单稳态电路的工作波形

7.3.3 单稳态触发器的应用

1. 脉冲整形

脉冲信号在传送的过程中，常会因干扰导致波形的变化，利用单稳态触发器的输出脉冲宽度和幅度是确定的这一性质，可将宽度和幅度不规则的脉冲整形为规则的脉冲，如图 7.3.8 所示。

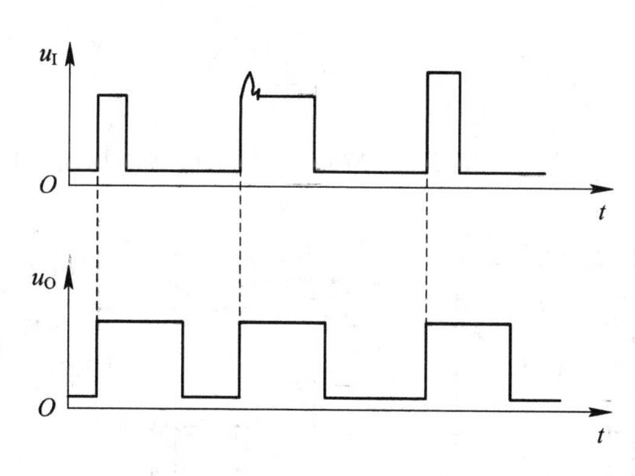

图 7.3.8 脉冲整形波形图

2. 定时控制

利用单稳态电路输出矩形脉冲宽度 t_w恒定这一特性，可控制某一系统，使其在 t_w时间内动作(或不动作)，起到定时控制的作用。如图 7.3.9 所示，在定时时间 t_w内输出脉冲信号，而在其他时间输出信号为 0。

3. 脉冲延迟

脉冲延迟一般包括两种情况，一是边沿延迟，如图 7.3.10(a)所示，输出脉冲信号的下

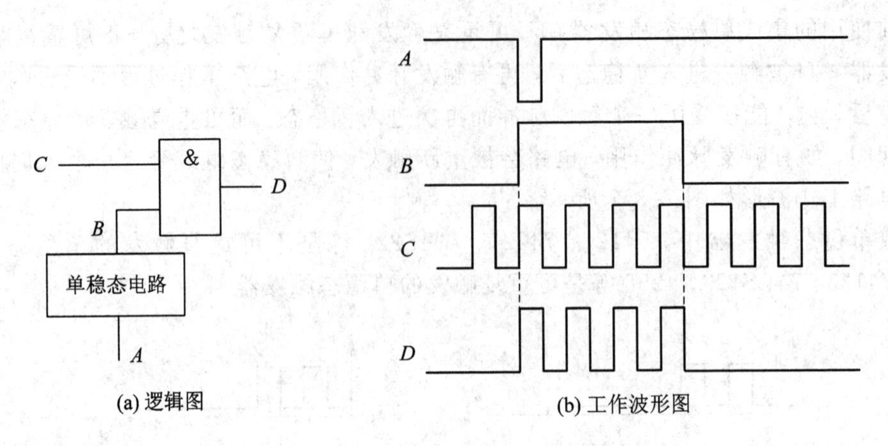

(a) 逻辑图　　　(b) 工作波形图

图 7.3.9　单稳态用于定时控制

降沿相对于输入脉冲信号的下降沿延迟了 t_w；二是脉冲信号整体延迟了一段时间，如图 7.3.10(b)所示。在图 7.3.11 所示电路中，第一个单稳态采用上升沿触发，其输出脉冲宽度 t_w 等于所要求的延迟时间 t_1。第二个单稳态采用下降沿触发，选择 R_2、C_2 值使其输出脉冲宽度等于第一个单稳态输入脉冲的宽度即可。

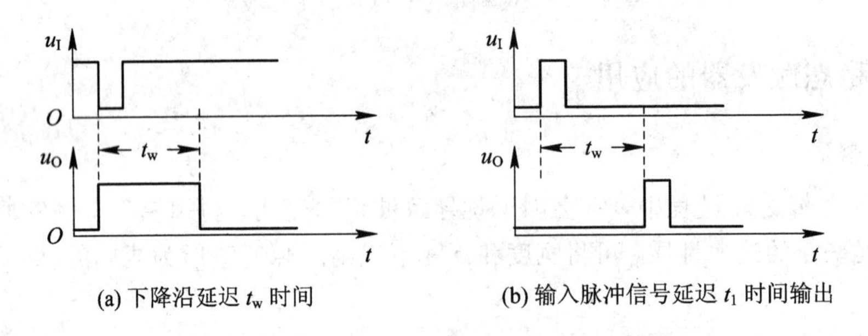

(a) 下降沿延迟 t_w 时间　　　(b) 输入脉冲信号延迟 t_1 时间输出

图 7.3.10　脉冲信号延迟

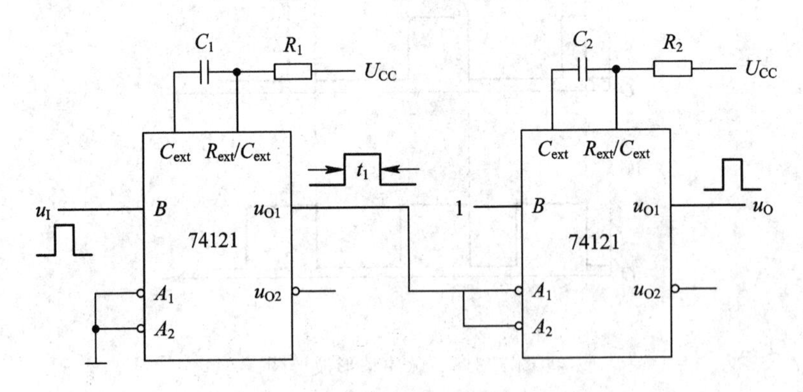

图 7.3.11　输入脉冲信号延迟 t_1 时间输出

7.4　施密特触发器

施密特触发器有两个稳定状态，状态的转换依靠外部输入信号的触发，但两次状态转换所要求的触发电平不同。施密特触发器能够把边沿变化缓慢的波形信号变换为数字电路适用的矩形波，其输入、输出信号之间的关系可用传输特性表示，如图 7.4.1 所示。从图 7.4.1

可见，其传输特性的最大特点是：当输入信号幅值增大或者减少时，电路状态翻转对应不同的阈值电压 U_{T+} 和 U_{T-}，而且 $U_{T+} > U_{T-}$，U_{T+} 与 U_{T-} 的差值称作回差电压。

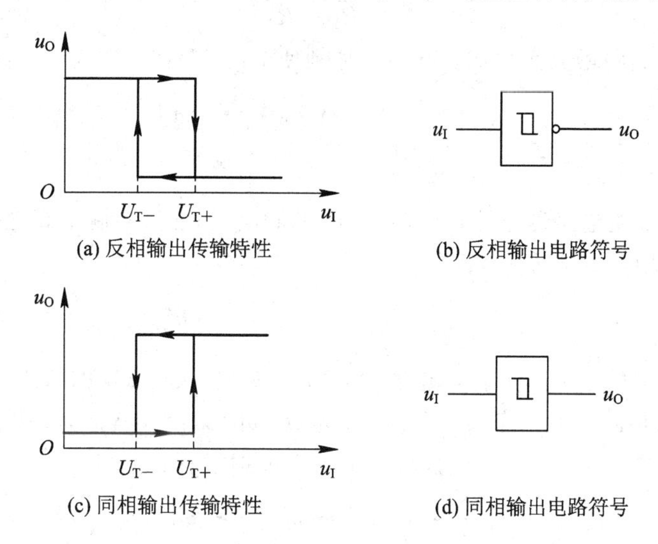

图 7.4.1　施密特触发器的传输特性与电路符号

7.4.1　门电路构成的施密特触发器

1. 电路组成

施密特触发器的电路形式较多，图 7.4.2 所示是由 CMOS 反相器和电阻构成的施密特触发器，为保证电路正常工作，要求 $R_1 < R_2$。

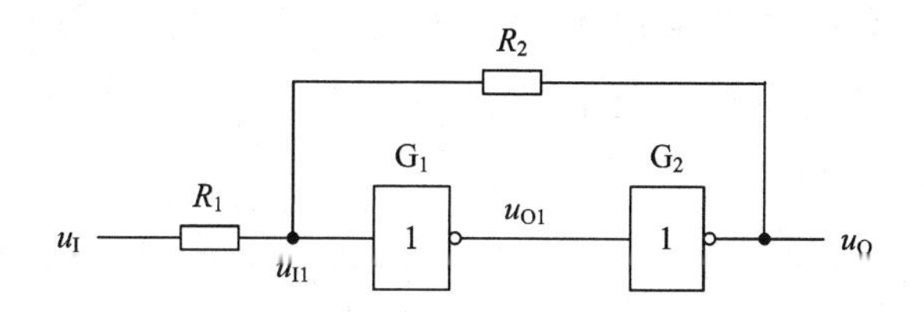

图 7.4.2　CMOS 反相器构成的施密特触发器

2. 工作原理分析

分析施密特触发器的工作原理，就是讨论当输入信号增大和减小时，电路状态是如何翻转的，以及阈值电压 U_{T+} 和 U_{T-} 与电路参数的关系等。

1）定性分析

在图 7.4.2 中，u_{I1} 的值是决定电路状态变化的关键。依据叠加原理可得：

$$u_{I1} = \frac{R_2}{R_1 + R_2} u_I + \frac{R_1}{R_1 + R_2} u_O \tag{7.4.1}$$

首先分析输入电压由 0 逐渐增大的情况。当 $u_I = 0$ V 时，由式(7.4.1)得：

$$u_{I1} = \frac{R_1}{R_1 + R_2} u_O$$

考虑到 $R_1 < R_2$ 及 CMOS 门电路一般有 $U_{TH} = U_{DD}/2$，$U_{OH} = U_{DD}$，$U_{OL} = 0$ V，因此无论 u_O 是高电平还是低电平，都满足 $u_{I1} < U_{TH}$，所以当 $u_I = 0$ V 时，门 G_1 输出高电平，门 G_2 输出低电平，即 $u_{O1} = U_{DD}$，$u_O = 0$ V。

当 u_I 由 0 逐渐增大时，考虑到 $u_O=0$ V，由式(7.4.1)有：

$$u_{I1}=\frac{R_2}{R_1+R_2}u_I \tag{7.4.2}$$

可见，u_{I1} 随着 u_I 的增大而增加。当 u_I 增加到使 $u_{I1}=U_{TH}$ 时，出现下述正反馈过程：

$$u_I\uparrow\longrightarrow u_{I1}\uparrow\longrightarrow u_{O1}\downarrow\longrightarrow u_O\uparrow$$

正反馈的结果，使电路迅速翻转为门 G_1 输出低电平，门 G_2 输出高电平，即 $u_{O1}=0$ V，$u_O=U_{DD}$。此时由式(7.4.1)有：

$$u_{I1}=\frac{R_2}{R_1+R_2}u_I+\frac{R_1}{R_1+R_2}U_{OH} \tag{7.4.3}$$

若 u_I 继续增加，由于 $u_{I1}>U_{TH}$，电路保持 $u_{O1}=0$ V，$u_O=U_{DD}$ 的状态不变。

当 u_I 从其最大值减小时，若 $u_{I1}>U_{TH}$，则电路保持 $u_{O1}=0$ V，$u_O=U_{DD}$ 的状态不变。若 u_I 继续减小，当 u_I 减小到 $u_{I1}=U_{TH}$ 时，出现下述正反馈过程：

$$u_I\downarrow\longrightarrow u_{I1}\downarrow\longrightarrow u_{O1}\uparrow\longrightarrow u_O\downarrow$$

正反馈的结果，使电路迅速翻转为门 G_1 输出高电平，门 G_2 输出低电平，即 $u_{O1}=U_{DD}$，$u_O=0$ V。

若 u_I 继续减小，由于 $u_{I1}<U_{TH}$，电路保持 $u_{O1}=U_{DD}$，$u_O=0$ V 的状态不变。

2) 计算转折点电压及回差电压

由上述分析可知，当输入电压增加时，电路状态翻转发生在 $u_{I1}=U_{TH}$ 时，若此时对应的输入电压用 U_{T+} 表示，依据式(7.4.2)有：

$$u_{I1}=U_{TH}=\frac{R_2}{R_1+R_2}U_{T+} \tag{7.4.4}$$

由式(7.4.4)解得：

$$U_{T+}=\left(1+\frac{R_1}{R_2}\right)U_{TH} \tag{7.4.5}$$

当输入电压减小时，电路状态翻转发生在 $u_{I1}=U_{TH}$ 时，若此时对应的输入电压用 U_{T-} 表示，考虑到 $U_{OH}=U_{DD}=2U_{TH}$，依据式(7.4.2)有：

$$u_{I1}=U_{TH}=\frac{R_2}{R_1+R_2}U_{T-}+\frac{R_1}{R_1+R_2}2U_{TH} \tag{7.4.6}$$

由式(7.4.6)解得：

$$U_{T-}=\left(1-\frac{R_1}{R_2}\right)U_{TH} \tag{7.4.7}$$

由式(7.4.5)与式(7.4.7)求得回差电压为

$$\Delta U_T=U_{T+}-U_{T-}=2\frac{R_1}{R_2}U_{TH} \tag{7.4.8}$$

可见，改变 R_1 和 R_2 就可调节回差电压的大小。

3) 输入输出电压波形及传输特性

综合上述分析过程，可作出图 7.4.2 所示电路的输入、输出电压波形及传输特性，如图 7.4.3 所示。

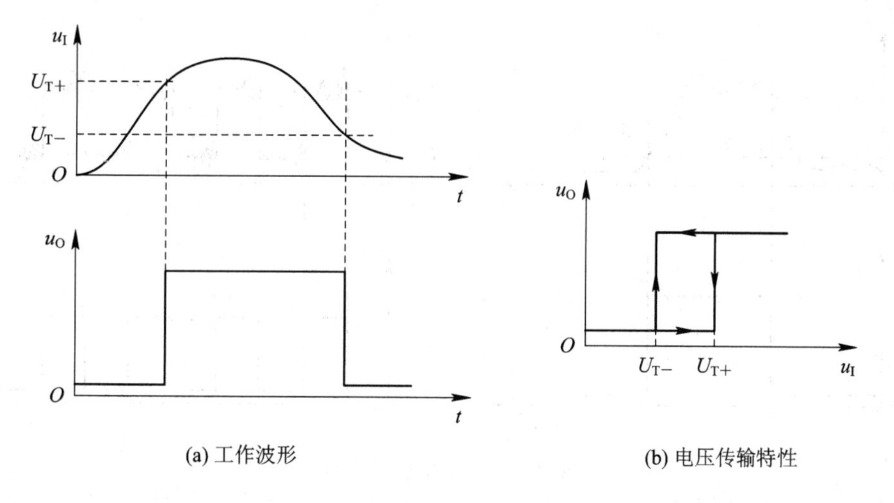

图 7.4.3　施密特触发器工作波形

由于门电路构成的施密特触发器电路阈值稳定性差、抗干扰能力弱等缺点，不能满足一些数字系统的需要，因此集成施密特触发器以其性能一致性好、触发阈值稳定等优点，得到广泛的应用。TTL 集成施密特触发器有 7413、74132 等；CMOS 集成施密特触发器有 CD40106、CD4093 等。

7.4.2　施密特触发器的应用

1. 波形变换

利用施密特触发器状态转换过程中的正反馈作用，可以把正弦波、三角波等波形变化缓慢的周期信号变换成矩形波，如图 7.4.4 所示。

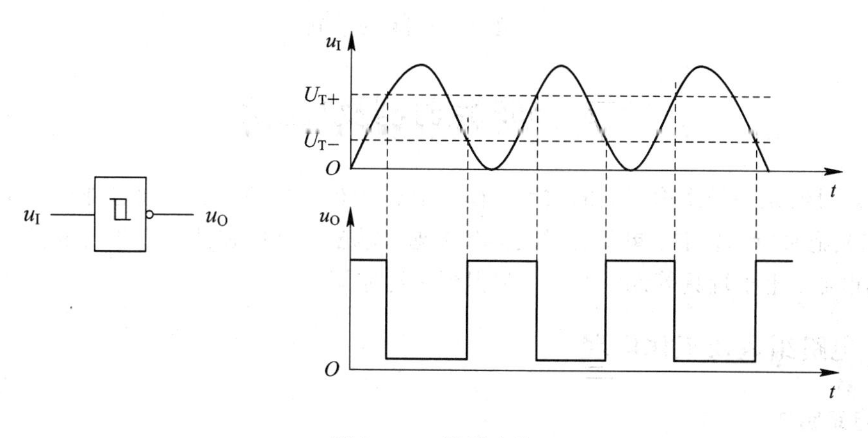

图 7.4.4　波形变换

2. 脉冲整形

在数字系统中，脉冲信号经过远距离传输后，往往会发生畸变。施密特触发器电路可对这些信号进行整形，如图 7.4.5 所示。

3. 幅度鉴别

若将一串幅度不等的脉冲信号输入到施密特触发器，则只有那些幅度大于 U_{T+} 的信号才会输出形成一个脉冲，而幅度小于 U_{T+} 的输入信号被剔除，如图 7.4.6 所示。

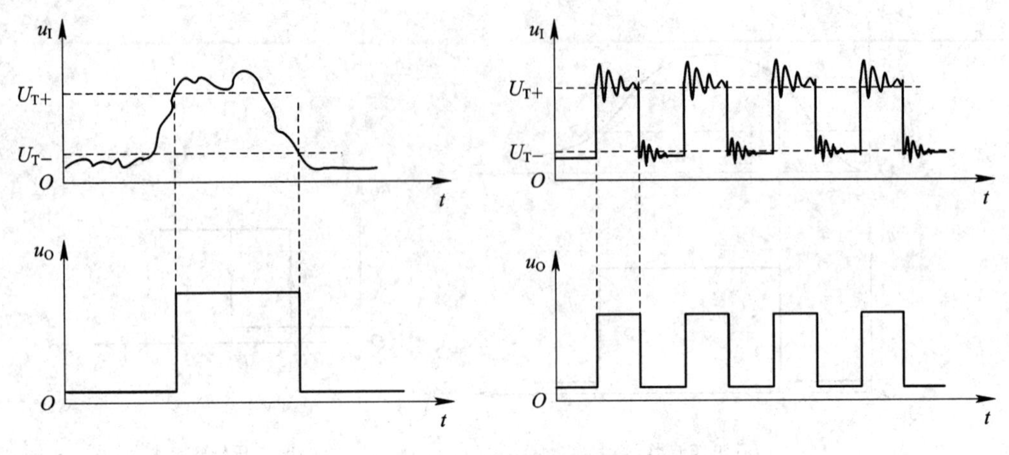

图 7.4.5　脉冲整形波形图

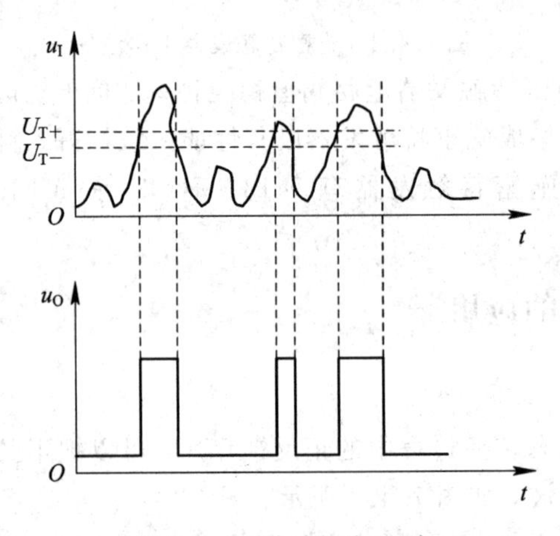

图 7.4.6　脉冲幅度鉴别

7.5　555 定时器及其应用

555 定时器是一种用途广泛的数字－模拟混合中规模集成电路，通过外接少量元件，可方便地构成施密特触发器、单稳态触发器和多谐振荡器，所以在波形产生与变换、测量与控制、家用电器、电子玩具等许多领域中都得到广泛应用。

7.5.1　电路组成及工作原理

1. 电路组成

图 7.5.1 是 555 定时器电路结构的简化原理图和引脚标识。由电路原理图可见，该集成电路由下述几个部分组成：串联电阻分压电路、电压比较器 C_1 和 C_2、基本 RS 触发器、放电三极管 V 以及缓冲器 G。编号“555”的内涵是因该集成电路的基准电压由 3 个 5 kΩ 电阻分压组成。

2. 工作原理分析

定时器的功能主要取决于比较器，比较器 C_1、C_2 的输出控制着 RS 触发器和放电三极管 V 的状态，R_D 为复位端。当 $R_D=0$ 时，输出 $u_O=0$，V 管饱和导通，此时其他输入端状态对

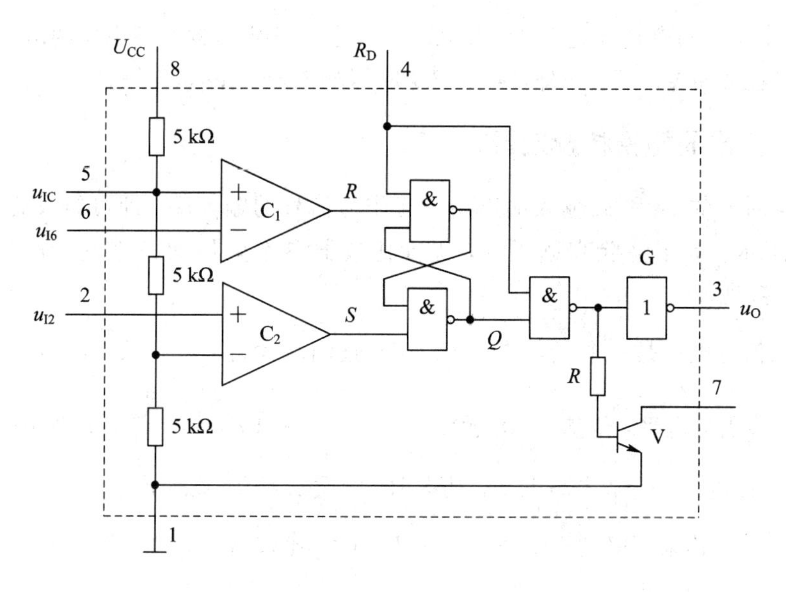

图 7.5.1　555 定时器电路结构图

电路清零状态无影响。正常工作时，应将 R_D 接高电平。

当控制电压输入端 5 脚悬空时，比较器 C_1、C_2 的基准电压分别是 $\frac{2}{3}U_{CC}$ 和 $\frac{1}{3}U_{CC}$。如果 5 脚 u_{IC} 外接固定电压，则比较器 C_1、C_2 的基准电压为 u_{IC} 和 $\frac{1}{2}u_{IC}$。

由图 7.5.1 可知，若 5 脚悬空，当 $u_{I6}<\frac{2}{3}U_{CC}$、$u_{I2}<\frac{1}{3}U_{CC}$ 时，比较器 C_1、C_2 分别输出高电平和低电平，即 $R=1$、$S=0$，使基本 RS 触发器置 1，放电三极管截止，输出 $u_O=1$。

当 $u_{I6}<\frac{2}{3}U_{CC}$、$u_{I2}>\frac{1}{3}U_{CC}$ 时，比较器 C_1 和 C_2 输出均为高电平，即 $R=1$、$S=1$，基本 RS 触发器维持原状态，使 u_O 输出保持不变。

当 $u_{I6}>\frac{2}{3}U_{CC}$、$u_{I2}>\frac{1}{3}U_{CC}$ 时，比较器 C_1 输出低电平，比较器 C_2 输出高电平，即 $R=0$、$S=1$，基本 RS 触发器置 0，放电三极管 V 导通，输出 $u_O=0$。

当 $u_{I6}>\frac{2}{3}U_{CC}$、$u_{I2}<\frac{1}{3}U_{CC}$ 时，比较器 C_1、C_2 均输出低电平，即 $R=0$、$S=0$。这种情况对于基本 RS 触发器属于禁止输入状态。

综上分析，可得 555 定时器功能表如表 7.5.1 所示。

表 7.5.1　555 定时器功能表

输　入			输　出	
R_D	u_{I6}	u_{I2}	u_O	V 状态
0	×	×	0	导通
1	$>2/3U_{CC}$	$>1/3U_{CC}$	0	导通
1	$<2/3U_{CC}$	$>1/3U_{CC}$	不变	不变
1	$<2/3U_{CC}$	$<1/3U_{CC}$	1	截止

555 定时器能在很宽的电源电压范围内工作。例如：双极型 NE555 定时器电源电压的范

围为 5～16 V，最大负载电流达 100 mA。CMOS 型 7555 定时器电源电压的范围为 3～18 V，最大负载电流在 4 mA 以下。另外，还有双定时器如 NE556、7555 等。

7.5.2　555 构成的施密特触发器

将 555 定时器的 u_{I6} 和 u_{I2} 输入端连在一起作为信号的输入端，即可组成施密特触发器，如图 7.5.2 所示。为了滤除高频干扰，提高比较器参考电压的稳定性，通常将 5 脚通过 0.01 μF 电容接地。

如果输入信号电压是一个三角波，当 u_I 从 0 逐渐增大时，若 $u_I<\frac{1}{3}U_{CC}$ 时，比较器 C_1 输出高电平，C_2 输出低电平，使基本 RS 触发器置 1，则输出 $u_O=1$；若 u_I 增加到 $u_I\geqslant\frac{2}{3}U_{CC}$ 时，比较器 C_1 输出低电平，C_2 输出高电平，基本 RS 触发器置 0，则输出 $u_O=0$。

当 u_I 从高电平逐渐下降到 $\frac{1}{3}U_{CC}<u_I<\frac{2}{3}U_{CC}$ 时，比较器 C_1 和 C_2 输出均为 1，基本 RS 触发器保持原状态，进而使 $u_O=0$ 不变。若 u_I 继续减小到 $u_I\leqslant\frac{1}{3}U_{CC}$ 时，比较器 C_2 输出 0，基本 RS 触发器置 1，输出 u_O 也随之跳变为高电平 1。如此连续变化，在输出端就得到一个矩形波，其工作波形如图 7.5.3 所示。

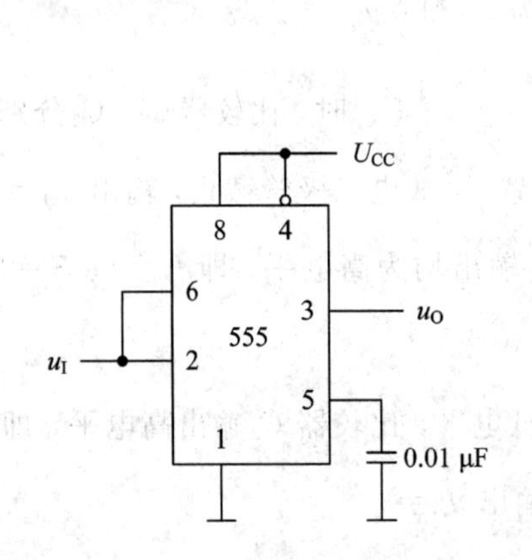

图 7.5.2　555 构成的施密特触发器电路

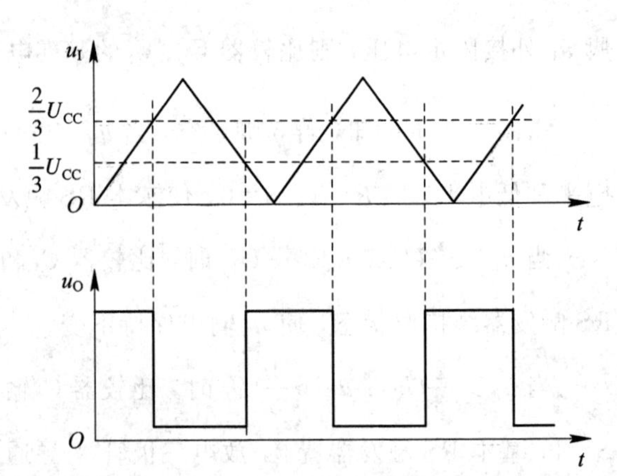

图 7.5.3　图 7.5.2 施密特触发器工作波形

从工作波形上可以看出：上限阈值电压 $U_{T+}=\frac{2}{3}U_{CC}$，下限阈值电压 $U_{T-}=\frac{1}{3}U_{CC}$，回差电压 $\Delta U=U_{T+}-U_{T-}=\frac{1}{3}U_{CC}$。

如果在 5 脚 u_{IC} 上加控制电压，则可改变 ΔU 的值。回差电压 ΔU 越大，电路的抗干扰能力越强。

7.5.3　555 构成的单稳态触发器

图 7.5.4 是由 555 及外接元件 RC 构成的单稳态触发器。外触发信号由第 2 脚输入，稳态时输入 u_I 应保持高电平。

当电路处于稳态时，$u_I=1$，$u_C=0$，输出 $u_O=0$。接通电源瞬间，$u_C=0$ V，输出 $u_O=1$，

放电三极管 V 截止。

在外触发信号的作用下，即当输入信号出现负脉冲时，555 定时器内部的触发器发生翻转，使 $u_O=1$，电路进入暂稳态。此时，555 定时器内部的三极管 V 截止，电源 U_{CC}通过 R 给 C 充电。当 u_C上升到$\frac{2}{3}U_{CC}$时，比较器 C_1输出变为低电平，此时基本 RS 触发器置 0，输出 $u_O=0$。同时，放电三极管 V 导通，电容 C 放电，电路自动恢复至稳态，等待下一次的触发输入。这种单稳态电路工作波形如图 7.5.5 所示。

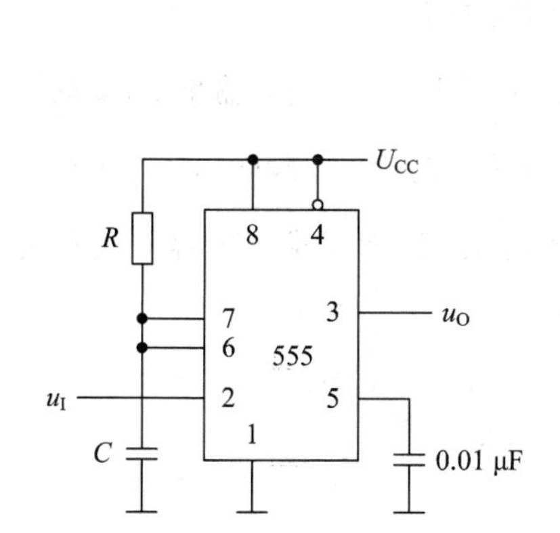

图 7.5.4　555 构成的单稳态触发器

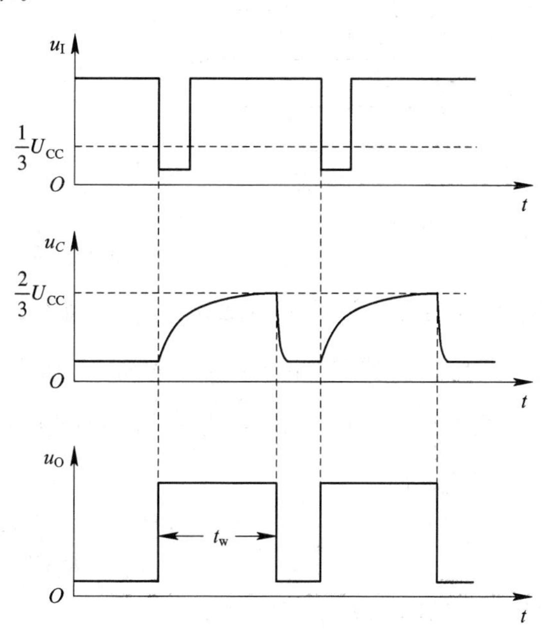

图 7.5.5　图 7.5.4 的工作波形

可见，暂稳态时间由 RC 电路参数决定。若忽略 V 的饱和压降，则电容 C 上的电压从 0 上升到$\frac{2}{3}U_{CC}$的时间，即输出脉冲宽度 t_w为

$$t_w = RC\ln 3 \approx 1.1RC \tag{7.5.1}$$

当输出信号由高电平变为低电平时，555 内部的放电三极管 V 导通，电容 C 通过 V 放电，由于 V 饱和导通时电阻很小，因此电容电压迅速减小为 0 V，电路恢复到稳定状态，为下次触发做好准备。

在图 7.5.4 所示电路中，它要求触发器脉冲宽度要小于 t_w，并且输入 u_I的周期大于 t_w。如果输入脉冲宽度大于 t_w时，可在输入端接一个 RC 微分电路，使输入负脉冲经 RC 微分变窄后再接到单稳态触发器上。通常 R 取值在几百欧姆到几兆欧姆，电容取值在几百皮法到几百微法，因此，电路产生的脉冲宽度从几个微秒到数分钟，精度可达 0.1%。

7.5.4　555 构成的多谐振荡器

555 定时器构成的多谐振器如图 7.5.6(a)所示，(b)为其工作波形。

当接通电源 U_{CC}后，电容 C 上的初始电压为 0 V，比较器 C_1、C_2输出为 1 和 0，使 $u_O=1$，放电管 V 截止，电源通过 R_1、R_2向 C 充电。u_C上升至$\frac{2}{3}U_{CC}$时，RS 触发器被复位，使$u_O=0$，

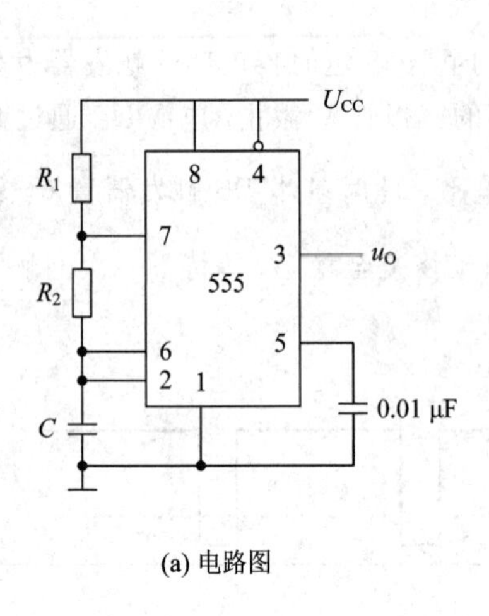

(a) 电路图

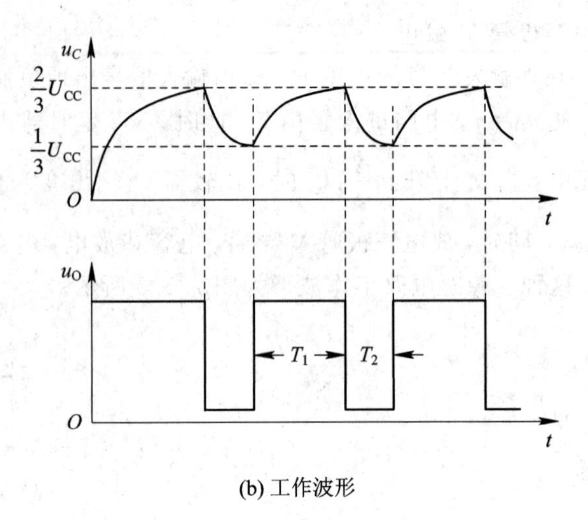

(b) 工作波形

图 7.5.6 555 构成多谐振荡器

V 导通，电容 C 通过 R_2 到地放电，u_C 开始下降，当 u_C 降到 $\frac{1}{3}U_{CC}$ 时，输出 u_O 又翻回到 1 状态，放电管 V 截止，电容 C 又开始充电。如此周而复始，就可在 3 脚输出矩形波信号。

由图 7.5.6(b)可见，u_C 将在 $\frac{1}{3}U_{CC}$ 与 $\frac{2}{3}U_{CC}$ 之间变化，因而可求得电容 C 上的充电时间 T_1 和放电时间 T_2：

$$T_1 = (R_1 + R_2)C\ln 2 \approx 0.7(R_1 + R_2)C$$

$$T_2 = R_2 C\ln 2 \approx 0.7R_2 C$$

所以输出矩形波的周期为

$$T = T_1 + T_2 = (R_1 + 2R_2)C\ln 2 \approx 0.7(R_1 + 2R_2)C \tag{7.5.2}$$

振荡频率为

$$f = \frac{1}{T} \approx \frac{1.44}{(R_1 + 2R_2)C} \tag{7.5.3}$$

占空比为

$$q = \frac{R_1 + R_2}{R_1 + 2R_2} > 50\% \tag{7.5.4}$$

如果 $R_1 \gg R_2$，则 $q \approx 1$，u_C 近似为锯齿波。

本 章 小 结

多谐振荡器不需外加输入信号，只要接通电源，就能自动产生矩形脉冲信号。矩形脉冲信号的频率由电路参数 R、C 决定。石英晶体多谐振荡器的脉冲频率很稳定。

单稳态触发器特点是：它有一个稳态和一个暂稳态，在外加触发脉冲作用下，电路从稳态翻转到暂稳态，依靠 R、C 定时电路的充、放电过程来维持暂稳态时间，然后自动返回到稳态。

施密特触发器输出有两个稳态，输入信号电平上升时，电路状态转换对应的输入电平 U_{T+} 与输入信号从高电平下降过程中对应的输入电平 U_{T-} 不同，且具有回差电压 $\Delta U_T = U_{T+} - U_{T-}$。电路状态转换时，因电路内部存在正反馈过程使得输出信号波形的边沿很陡。

施密特触发器和单稳态触发器是最常用的两种整形电路。

集成 555 定时器的用途很广，只需外接少量 R、C 元件，就可构成多谐、单稳及施密特触发器，在测量与控制、家用电器等许多领域中都得到了广泛应用。

思考与题习题

7.1　RC 环形多谐振荡电路如图 7.1 所示，试分析电路的振荡过程，并定性画出 u_{O1}、u_{O2}、u_m 及 u_O 的波形。

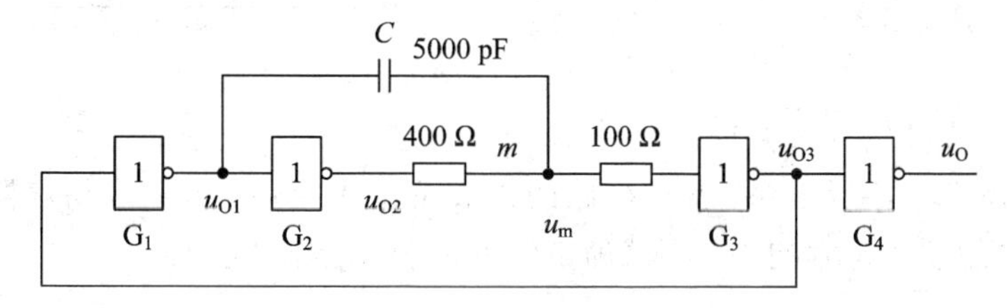

图 7.1　题 7.1 图

7.2　图 7.2 所示电路为由 CMOS 或非门构成的单稳态触发器。试分析电路的工作原理，画出加入触发脉冲后 u_{O1}、u_{O2} 及 u_R 工作波形，并写出输出脉宽 t_w 的表达式。

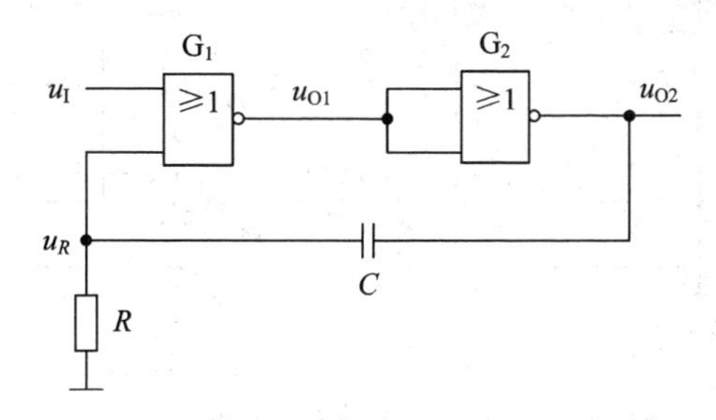

图 7.2　题 7.2 图

7.3　分别分析图 7.3(a)、(b)具有什么逻辑功能，画出其工作波形图。图(b)的 u_I 波形由读者自己给出。

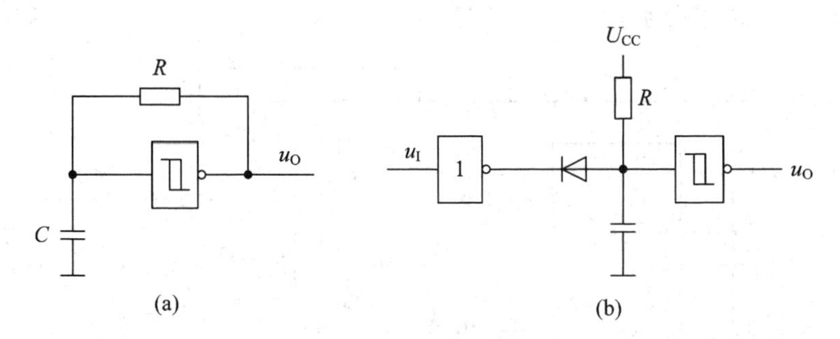

图 7.3　题 7.3 图

7.4　图 7.4 是用 CMOS 反相器接成的压控施密特触发器电路。试分析它的转换电平 U_{T+}、U_{T-}，及回差电压 ΔU 与控制电压 u_{CO} 的关系。

7.5　由 555 定时器接成的单稳态电路如图 7.5.4 所示，$U_{CC}=5$ V，$R=10$ kΩ，$C=50$ μF。试计算其输出脉冲宽度 t_w。

7.6　由 555 定时器接成多谐振荡器如图 7.5.6(a)所示，$U_{CC}=5$ V，$R_1=10$ kΩ，$R_2=$

2 kΩ，C=470 pF。试计算输出矩形波的频率及占空比。

7.7　用2级555定时器构成单稳态电路，实现如图7.5所示输入电压u_I和输出电压u_O的波形关系，并标出定时电阻R和定时电容C的数值。

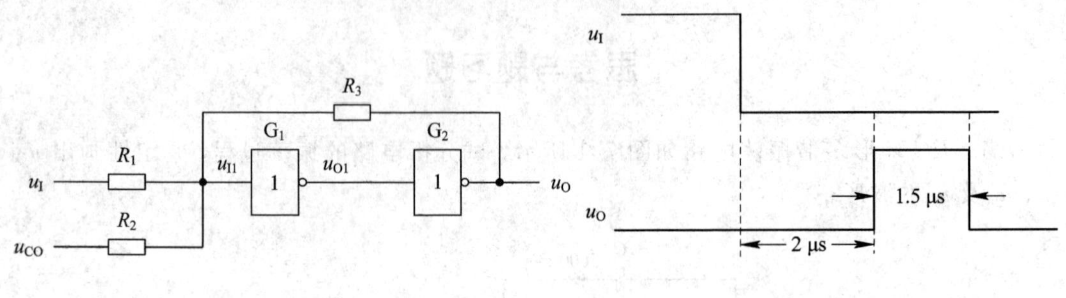

图7.4　题7.4图　　　图7.5　题7.7图

7.8　分析图7.6所示电路，简述电路的组成及工作原理。若要求扬声器在开关S按下后，以1.2 kHz的频率持续响10 s，试确定图中R_3、R_4的阻值。

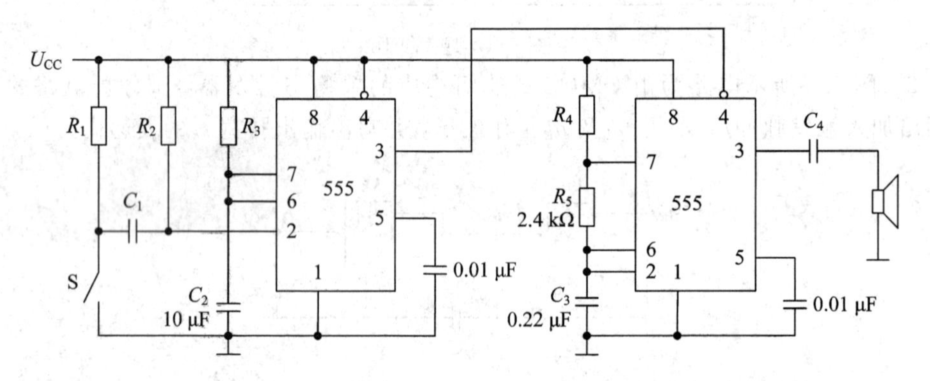

图7.6　题7.8图

7.9　图7.7是用两个555定时器接成的延迟报警器。当开关S按下时，经过一定的延迟时间后扬声器开始发出声音。如果在延迟时间内S重新闭合，扬声器不发出声音。在图中给定的参数下，试求延迟时间的具体数值和扬声器发出的声音频率。图中的G是CMOS反相器，输出的高、低电平分别为U_{OH}=12 V、U_{OL}=0 V。

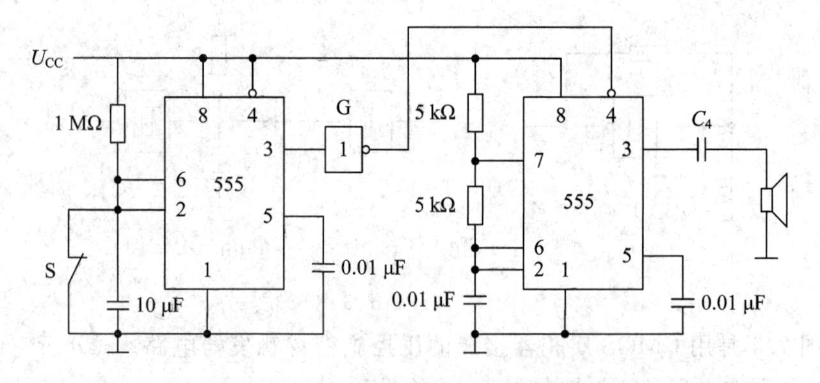

图7.7　题7.9图

7.10　图7.8是救护车扬声器的发音电路。在图中给出的电路参数下，试计算扬声器发出声音的高、低频率及高、低音的持续时间。当U_{CC}=12 V时，555定时器输出的高低电平分别为11 V和0.2 V，输出电阻小于100 Ω。

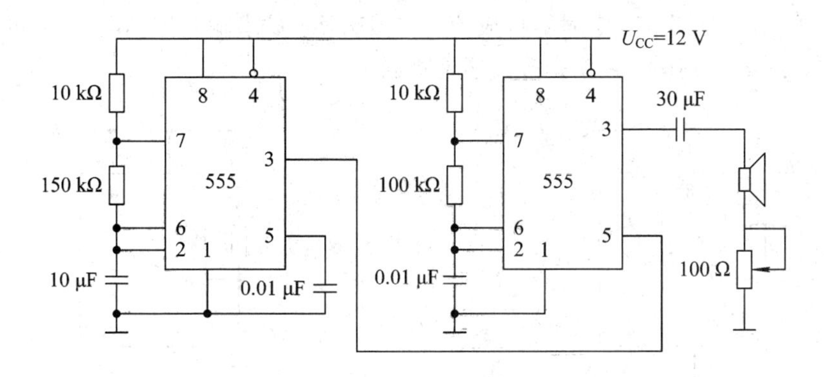

图 7.8　题 7.10 图

7.11　图 7.9 是用 555 定时器接成的施密特触发器电路，试求：

(1) 当 $U_{CC}=12$ V 且没有外接控制电压时，U_{T+}、U_{T-} 及 ΔU_T 值。

(2) 当 $U_{CC}=9$ V，外接控制电压 $U_{CO}=5$ V 时，U_{T+}、U_{T-}、ΔU_T 各为多少。

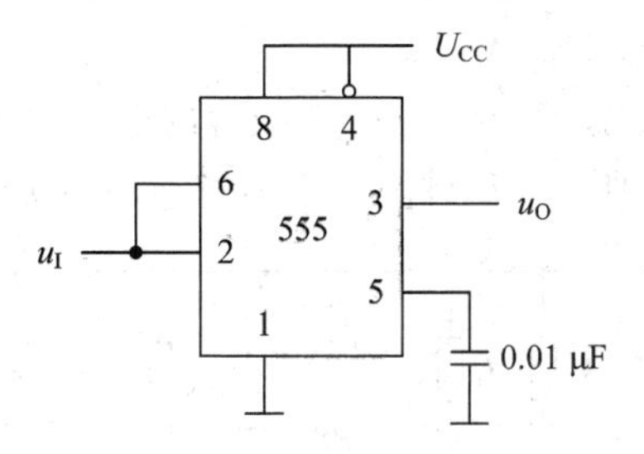

图 7.9　题 7.11 图

7.12　图 7.10 是用 555 定时器组成的开机延时电路。若给定 $C=25\ \mu$F，$R=91$ kΩ，$U_{CC}=12$ V，试计算常闭开关 S 断开以后经过多长的延迟时间 u_O 才跳变为高电平。

7.13　在使用图 7.11 所示由 555 定时器组成的单稳态触发器电路时，对触发脉冲的宽度有无限制？当输入脉冲的低电平持续时间过长时，电路应作何修改？

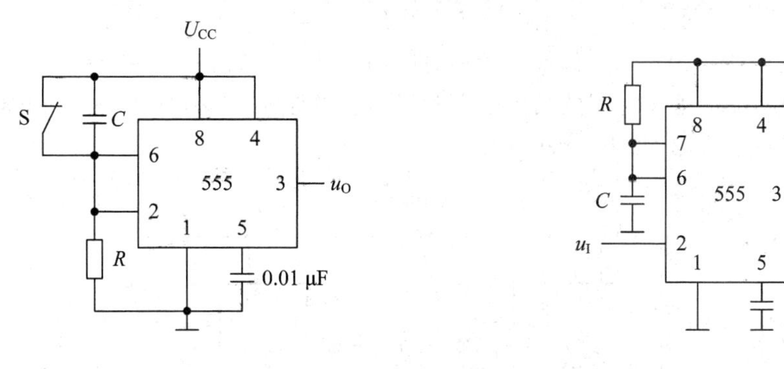

图 7.10　题 7.12 图　　　　图 7.11　题 7.13 图

7.14　试用 555 定时器设计一个单稳态触发器，要求输出脉冲宽度在 1～10 s 的范围内可手动调节，给定 555 定时器的电源为 15 V。触发信号来自 TTL 电路，高、低电平分别为 3.4 V和 0.1 V。

7.15　图 7.12 是用 555 定时器组成的多谐振荡器电路，若 $R_1=R_2=5.1$ kΩ，$C=0.01\ \mu$F，$U_{CC}=12$ V，试计算电路的振荡频率。

7.16　图 7.13 是用 555 定时器构成的压控振荡器，试求输入控制电压 u_I 和振荡频率之间的关系式。当 u_I 升高时，频率是升高还是降低？

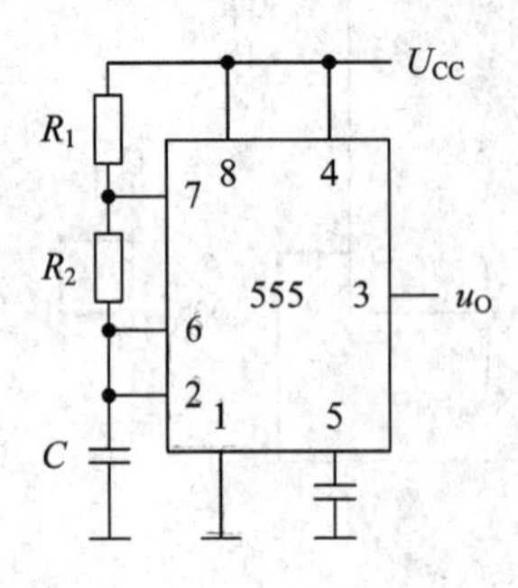

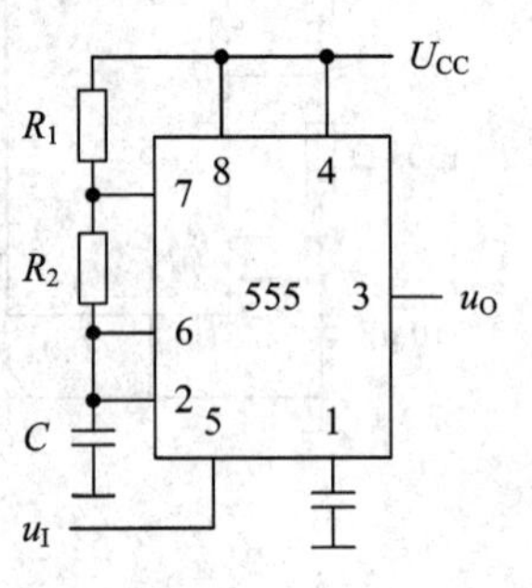

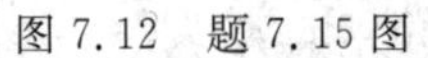
图 7.12　题 7.15 图　　　图 7.13　题 7.16 图

7.17　图 7.14 是一个简易电子琴电路，当琴键 $S_1 \sim S_n$ 均未按下时，三极管 V 接近饱和导通，U_E 约为 0 V，使 555 定时器组成的振荡器停振；当按下不同琴键时，因 $R_1 \sim R_n$ 的阻值不等，扬声器发出不同的声音。

若 $R_B = 20\ \text{k}\Omega$，$R_1 = 10\ \text{k}\Omega$，$R_E = 2\ \text{k}\Omega$，三极管的电流放大系数 $\beta = 150$，$U_{CC} = 12$ V，振荡器外接电阻、电容参数如图所示，试计算按下琴键 S_1 时扬声器发出声音的频率。

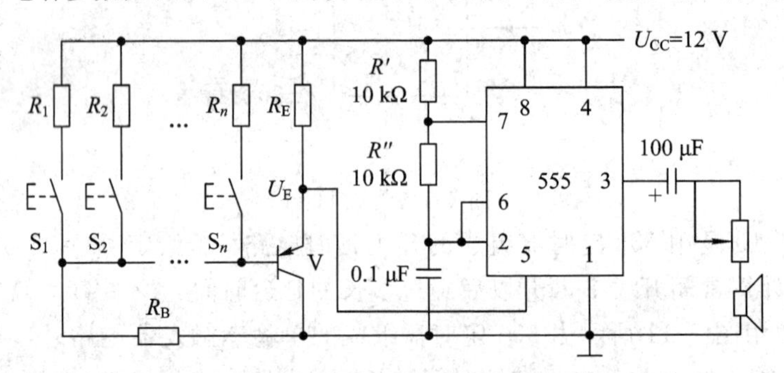

图 7.14　题 7.17 图

7.18　图 7.15 是用两个 555 定时器接成的延迟报警器，当开关 S 断开后，经过一定的延迟时间后扬声器开始发出声音，如果在延迟时间内 S 重新闭合，扬声器不会发出声音，在图中给定的参数下，试求延长时间的具体数值和扬声器的频率，图中的 G_1 是反相器，输出的高、低电平分别为 $U_{OH} \approx 12$ V，$U_{OL} \approx 0$ V。

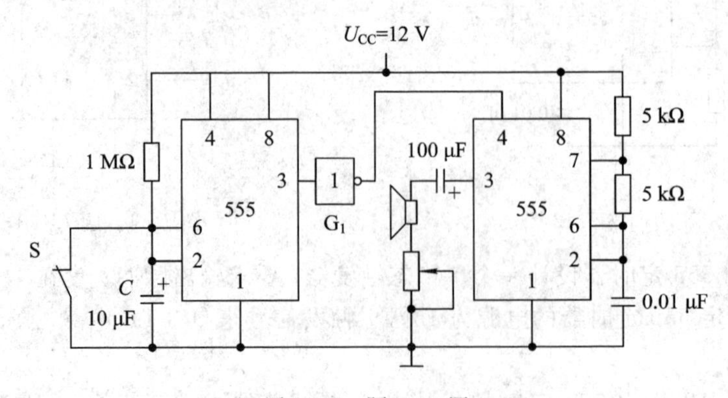

图 7.15　题 7.18 图

7.19　依据所给条件，填空或者选择填空。

(1) 多谐振荡器(　　)。

A. 没有稳定状态　　B. 能产生周期性脉冲输出

C. 需要触发输入　　D. 有一个稳定状态

(2) 单稳态触发器(　　)。

A. 没有稳定状态　　B. 有一个暂稳态

C. 需要触发输入　　D. 有一个稳定状态

(3) 施密特触发器(　　)。

A. 没有稳定状态　　B. 存在回差电压

C. 需要触发输入　　D. 有 2 个稳定状态

(4) 具备下述特点的电路是(　　)。

A. 需要触发输入　　B. 可用于脉冲整形

C. 不能用作定时电路　　D. 能鉴别输入信号幅度大小

(5) 具备下述特点的电路是(　　)。

A. 需要触发输入　　B. 可用于脉冲整形

C. 可用作定时电路　　D. 不适合采用缓慢变化的输入信号触发

(6) 不可重复触发的单稳态触发器的输出脉冲宽度取决于(　　)。

A. 电源电压　　B. 电路中 R、C 元件的值

C. 触发时间间隔　　D. 阈值电压大小

第 8 章 数/模与模/数转换电路

内容提要：本章主要介绍模/数与数/模转换电路的组成与工作原理。在数/模转换部分，分别讨论了权电阻网络、倒 T 型电阻网络数/模转换电路及权电流型数/模转换电路。在模/数转换部分，分别以并行比较型、逐次逼近型电路为例，讨论了直接转换型模/数转换器；以双积分型模/数转换电路为例讨论了间接转换型模/数转换器。

学习提示：数/模与模/数转换电路是模拟系统与数字系统联系的桥梁。熟悉实现模/数转换和数/模转换的基本思路，了解 ADC 和 DAC 的电路形式、工作原理、性能特点，才能更好地把 ADC 和 DAC 应用于数字信号处理系统中。

8.1 概　　述

随着半导体技术的迅速发展，数字电子技术的应用也越来越广泛，尤其是计算机在自动控制和自动检测系统中的广泛应用，使得用数字电路处理模拟信号的情况也更加普遍。

为了能够使用数字电路处理模拟信号，必须先把模拟信号转换成相应的数字信号，才能送入数字系统(例如计算机)进行处理；同时，还经常需要把经过数字系统处理得到的数字信号再转换成相应的模拟信号，作为最后的输出。我们把前一种从模拟信号到数字信号的转换称为模/数转换，或 A/D 转换；把后一种从数字信号到模拟信号的转换称为数/模转换，或 D/A 转换。与此同时，把实现 A/D 转换的电路称为 A/D 转换器，简写为 ADC；把实现 D/A 转换的电路称为 D/A 转换器，简写为 DAC。

为了保证处理结果的准确性，A/D 转换器和 D/A 转换器必须具有足够的转换精度。同时，为了适应快速控制和检测的需要，A/D 转换器和 D/A 转换器还必须有足够快的转换速度。因此，转换精度和转换速度是衡量 A/D 转换器和 D/A 转换器性能优劣的主要标志。近年来，A/D、D/A 转换技术的发展颇为迅速，特别是为了适应制作单片集成 A/D、D/A 转换器的需要，涌现出了许多新的转换方法和转换电路，因而 A/D 和 D/A 转换器的类型较多。

对于 A/D 转换器，为了便于学习和掌握它的原理和使用方法，我们将 A/D 转换器划分成直接 A/D 转换器和间接 A/D 转换器两大类。在直接 A/D 转换器中，输入的模拟信号直接被转换成相应的数字信号；而在间接 A/D 转换器中，输入的模拟信号将首先被转换成某种中间量(例如时间、频率等)，然后再把这个中间量转换成输出的数字信号。

考虑到 D/A 转换器的工作原理比 A/D 转换器的工作原理简单，而且在有些 A/D 转换器中需要用 D/A 转换器作为内部的反馈电路，所以本章我们先讨论 D/A 转换器，再介绍 A/D 转换器。

8.2　数/模转换电路

8.2.1　数/模转换的基本原理

数/模转换是将输入的数字量(如二进制数 N_B)转换为模拟量电压或者电流输出。当采用电压输出时，其输入、输出关系可表示为

$$u_O = kN_B \tag{8.2.1}$$

由第 1 章数制的概念可知，一个 n 位二进制数 $D_{n-1}D_{n-2}\cdots D_1D_0$ 可以用多项式表示为

$$N_B = D_{n-1}2^{n-1} + D_{n-2}2^{n-2} + \cdots + D_1 2^1 + D_0 2^0 = \sum_{i=0}^{n-1} D_i \cdot 2^i \tag{8.2.2}$$

式中，2^{n-1}，2^{n-2}，…，2^1，2^0 为各位的权值，所以式(8.2.1)可表示为

$$u_O = kN_B = k\sum_{i=0}^{n-1} D_i \cdot 2^i \tag{8.2.3}$$

式(8.2.3)表明要实现数/模转换，在电路组成上应包括三个主要部分：能够反映位权大小的解码网络、能够表示二进制数 0 和 1 的开关电路及比例求和电路。

基于上述基本思想，一个 D/A 转换器应该由数码寄存器、模拟电子开关、解码网络、求和电路及基准电压等部分组成，如图 8.2.1 所示。进行 D/A 转换时，先将数字量存于数码寄存器中，由寄存器输出的数码驱动对应数位的模拟电子开关，使解码网络获得相应数位的权值，再送入求和电路，将各位的权值叠加，从而得到与数字量对应的模拟量输出。

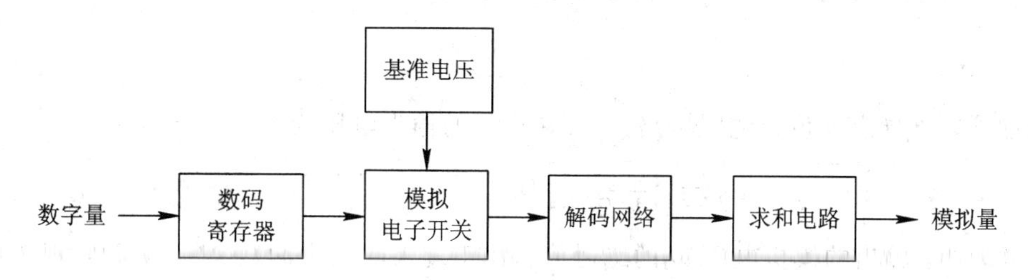

图 8.2.1　D/A 转换器方框图

D/A 转换器的种类比较多，按解码网络结构的不同可分为 T 型电阻网络、倒 T 型电阻网络、权电阻网络和权电流 D/A 转换器等；按模拟电子开关电路的不同可分为 CMOS 开关型和双极型开关 D/A 转换器等。下面重点介绍几种典型的 D/A 转换电路。

8.2.2　典型的 D/A 转换电路

1. 权电阻网络 D/A 转换器

图 8.2.2 是四位权电阻网络 D/A 转换器的原理图，它由权电阻网络、模拟开关 S_0～S_3 和 I/U 转换电路组成。权电阻网络中每一个电阻的阻值与对应位的位权成反比。图中模拟开关 S_0～S_3 由输入数码 D_0～D_3 控制，当 $D_i=0$ 时，模拟开关 S_i 接地；当 $D_i=1$ 时，模拟开关 S_i 将电阻接到 U_{REF} 上。这样流过每个电阻的电流就和对应位的位权成正比，再将这些电流相加，其结果就会与输入的数字量成正比。

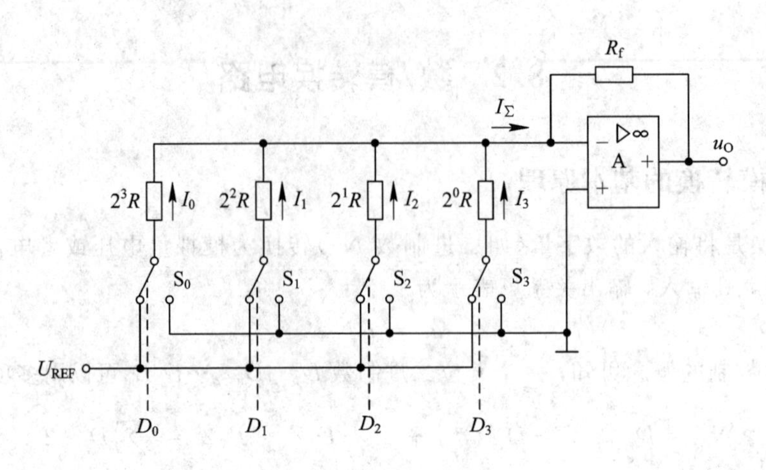

图 8.2.2 四位权电阻网络 D/A 转换器

由图 8.2.2 可得总电流 I_Σ 为

$$\begin{aligned} I_\Sigma &= I_0 + I_1 + I_2 + I_3 \\ &= \frac{U_{REF}}{R}\left(\frac{D_0}{2^3} + \frac{D_1}{2^2} + \frac{D_2}{2^1} + \frac{D_3}{2^0}\right) \\ &= \frac{U_{REF}}{2^3 R}\sum_{i=0}^{3} D_i \cdot 2^i \end{aligned} \tag{8.2.4}$$

若 $R_f = R/2$，则输出电压为

$$\begin{aligned} u_O &= -R_f I_\Sigma = -\frac{1}{2}RI_\Sigma \\ &= -\frac{U_{REF}}{2^4 R}\sum_{i=0}^{3} D_i \cdot 2^i \end{aligned} \tag{8.2.5}$$

由此可以推导出 n 位权电阻网络 D/A 转换器的输出电压为

$$u_O = -\frac{U_{REF}}{2^n R}\sum_{i=0}^{n-1} D_i \cdot 2^i = -\frac{U_{REF}}{2^n R} N_B \tag{8.2.6}$$

上式表明，输出的模拟电压 u_O 的绝对值正比于输入的二进制数 N_B，从而实现了从数字量到模拟量的转换。

权电阻网络 D/A 转换器的电路结构比较简单，使用的电阻元件数少，但各个电阻的阻值相差较大，尤其是在输入数字量的位数较多时，问题就更加突出。例如，对于一个 8 位输入信号来说，如果权电阻网络中的最小电阻 $R = 10\ \text{k}\Omega$，那么最大电阻将会达到 $2^7 R = 1.28\ \text{M}\Omega$，两者相差 128 倍。要想在极为广泛的阻值范围内保证每个电阻值都有很高的精度是非常困难的，同时也不利于集成电路的制作。

2. 倒 T 型电阻网络 D/A 转换器

为了解决权电阻网络 D/A 转换器中电阻阻值相差过大的问题，人们又提出了 T 型电阻网络 D/A 转换器和倒 T 型电阻网络 D/A 转换器，限于篇幅，这里仅对倒 T 型电阻网络D/A 转换器作重点介绍。

倒 T 型电阻网络 D/A 转换器是目前较为常用的一种 D/A 转换器，图 8.2.3 是四位倒 T 型电阻网络 D/A 转换器，它由倒 T 型电阻网络、模拟开关 $S_0 \sim S_3$ 和 I/U 转换电路组成。图中模拟开关 S_i 由输入数码 D_i 控制，当 $D_i = 0$ 时，模拟开关 S_i 接地，流过该支路的电流 I_i 对 I/U 转换电路不起作用；当 $D_i = 1$ 时，模拟开关 S_i 接集成运算放大器的反相输入端，该支路

电流 I_i 流入 I/U 转换电路。由于运算放大器的反相输入端为虚地端，所以不管输入数码 D_i 是 0 还是 1，流过倒 T 型电阻网络的各支路电流始终不变。

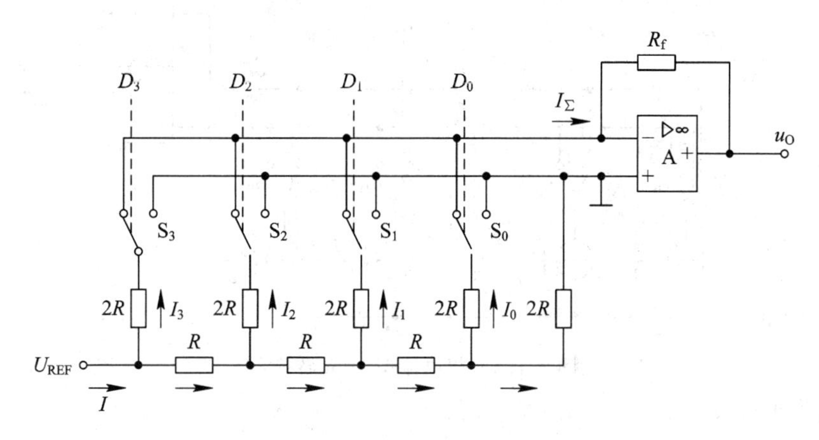

图 8.2.3　四位倒 T 型电阻网络 D/A 转换器

倒 T 型电阻网络是由 R、$2R$ 两种电阻构成的，基准电流 $I=U_{REF}/R$ 经倒 T 型电阻网络逐级分流，每级电流是前一级的 1/2，这样依次可以得出各支路电流 I_3、I_2、I_1 和 I_0 的数值分别为 $I/2$、$I/4$、$I/8$ 和 $I/16$，而每级电流可以分别代表二进制数各位不同的权值，总输出电流 I_Σ 是各支路电流的线性叠加。所以，总电流 I_Σ 为

$$I_\Sigma=\frac{U_{REF}}{R}\left(\frac{D_0}{2^4}+\frac{D_1}{2^3}+\frac{D_2}{2^2}+\frac{D_3}{2^1}\right)=\frac{U_{REF}}{2^4R}\sum_{i=0}^{3}D_i\cdot 2^i \tag{8.2.7}$$

输出电压为

$$u_O=-I_\Sigma R_f=-\frac{R_f}{R}\cdot\frac{U_{REF}}{2^4}\sum_{i=0}^{3}(D_i\cdot 2^i) \tag{8.2.8}$$

同理，可以推导出 n 位倒 T 型电阻网络 D/A 转换器的输出电压为

$$u_O=-\frac{R_f}{R}\cdot\frac{U_{REF}}{2^n}\sum_{i=0}^{n-1}(D_i\cdot 2^i)=-\frac{R_f}{R}\cdot\frac{U_{REF}}{2^n}N_B \tag{8.2.9}$$

式(8.2.9)表明，图 8.2.3 电路的模拟输出电压与输入的二进制数成正比，即对于输入的每一个二进制数，都会在输出端得到一个与它对应的模拟电压。

从图 8.2.3 电路中可以看到，倒 T 型电阻网络 D/A 转换器不存在权电阻网络中电阻阻值相差过大的问题，但为了保证倒 T 型电阻网络 D/A 转换器具有较高的转换精度，对电路参数不仅要求有稳定性好的基准电压、精度高的 R 和 $2R$ 电阻比值，还应要求每个模拟开关上有相等的开关压降。此外，由于倒 T 型电阻网络中各电阻支路是直接通过模拟开关与运算放大器的反相输入端相连的，因此它们之间没有信号传输延迟问题；又由于在模拟开关切换过程中，各电阻支路的电流不变，这不仅减少了电流建立时间，提高了转换速度，而且也减少了在动态过程中输出端可能出现的尖脉冲，因此它是目前广泛使用的一种速度较快的D/A 转换器。常用的集成 D/A 转换器有 AD7520(10 位)、DAC1210(12 位)及 AK7546(16 位)等。

3. 权电流型 D/A 转换器

由倒 T 型电阻网络 D/A 转换器的分析可知，电路中各支路的电流是依靠电阻网络的分流作用实现其比例关系的，且这比例关系是在理想的情况下得出的，没有考虑模拟开关的导通电阻及实际电阻网络中电阻值误差的影响，所以实际上各支路电流的比例关系会有一定误差，使得转换精度降低。为保证各支路电流的恒定，可以用恒流源来提供各支路电流，这样就构成了权电流型D/A转换器，如图8.2.4所示。

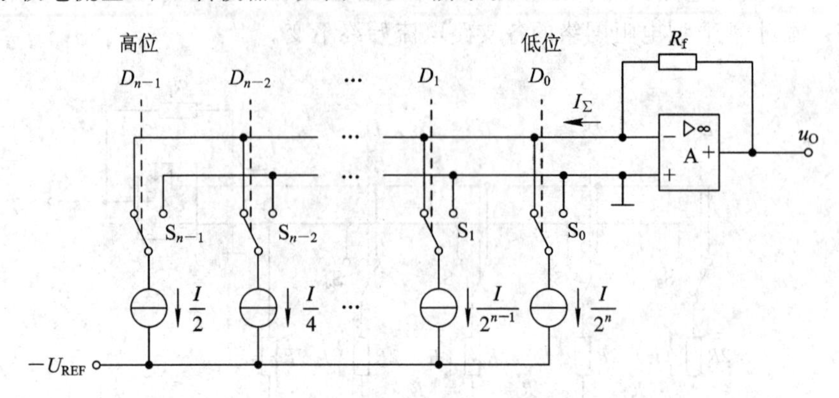

图8.2.4 权电流型D/A转换器

由图8.2.4可得

$$I_\Sigma = \frac{I}{2}D_{n-1} + \frac{I}{4}D_{n-2} + \cdots + \frac{I}{2^{n-1}}D_1 + \frac{I}{2^n}D_0 = \frac{I}{2^n}\sum_{i=0}^{n-1}2^iD_i \tag{8.2.10}$$

则

$$u_O = R_f I_\Sigma = \frac{IR_f}{2^n}\sum_{i=0}^{n-1}2^iD_i \tag{8.2.11}$$

在权电流型D/A转换器中，由于采用了恒流源，各支路电流的大小均不受开关导通电阻和压降的影响，从而降低了对开关电路的要求，提高了转换精度。

8.2.3 D/A转换器的输出方式

常用的D/A转换器绝大部分是以电流作为输出量的，这样在实际应用时还需要将电流转换成电压，因此必须选择和设计合适的输出电路，以保证D/A转换器的正确使用。D/A转换器的输出方式有单极性和双极性两种，下面分别对这两种输出方式加以讨论。

1. 单极性输出方式

单极性输出的电压范围是0到满度值(正值或负值)，例如0～+10 V。当D/A转换器采用单极性输出方式时，数字输入量采用自然二进制码。表8.2.1列出了根据式(8.2.6)得出的8位D/A转换器的数字输入量与模拟输出量之间的关系。

表8.2.1 8位D/A转换器的单极性数字量与模拟量之间的关系

数字量								模拟量
D_7	D_6	D_5	D_4	D_3	D_2	D_1	D_0	u_O
1	1	1	1	1	1	1	1	$\pm U_{REF}\left(\frac{255}{256}\right)$
⋮								⋮
1	0	0	0	0	0	0	1	$\pm U_{REF}\left(\frac{129}{256}\right)$
1	0	0	0	0	0	0	0	$\pm U_{REF}\left(\frac{128}{256}\right)$

续表

数字量								模拟量
D_7	D_6	D_5	D_4	D_3	D_2	D_1	D_0	u_O
0	1	1	1	1	1	1	1	$\pm U_{REF}\left(\frac{127}{256}\right)$
			⋮					⋮
0	0	0	0	0	0	0	1	$\pm U_{REF}\left(\frac{1}{256}\right)$
0	0	0	0	0	0	0	0	$\pm U_{REF}\left(\frac{0}{256}\right)$

图 8.2.5 是倒 T 型电阻网络 D/A 转换器的单极性电压输出电路，它的输出电压为

$$u_O = -I_\Sigma R_f = -\frac{R_f}{R} \cdot \frac{U_{REF}}{2^8} N_B \tag{8.2.12}$$

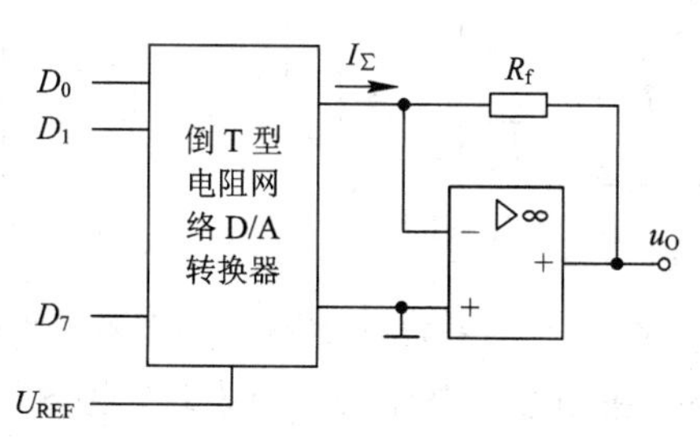

图 8.2.5　D/A 转换器的单极性电压输出电路

若要求输出电压为正，可在图 8.2.5 电路的输出端加一级反相比例器。

2. 双极性输出方式

在实际应用中，D/A 转换器输入的数字量有正有负，这就需要 D/A 转换器能将不同极性的数字量分别转换为正、负极性的模拟电压量，即需要 D/A 转换器采用双极性输出方式。双极性 D/A 转换常用的编码有：2 的补码、偏移二进制码及符号-数值码(符号位加数值码)等。表 8.2.2 列出了 8 位 2 的补码、偏移二进制码与模拟量之间的关系。

表 8.2.2　8 位 2 的补码、偏移二进制码与模拟量之间的关系

十进制数	2 的补码								偏移二进制码								模拟量
	D_7	D_6	D_5	D_4	D_3	D_2	D_1	D_0	D_7	D_6	D_5	D_4	D_3	D_2	D_1	D_0	u_O
127	0	1	1	1	1	1	1	1	1	1	1	1	1	1	1	1	$U_{REF}\left(\frac{127}{256}\right)$
⋮				⋮								⋮					⋮
1	0	0	0	0	0	0	0	1	1	0	0	0	0	0	0	1	$U_{REF}\left(\frac{1}{256}\right)$
0	0	0	0	0	0	0	0	0	1	0	0	0	0	0	0	0	0
−1	1	1	1	1	1	1	1	1	0	1	1	1	1	1	1	1	$-U_{REF}\left(\frac{1}{256}\right)$
⋮				⋮								⋮					⋮
−127	1	0	0	0	0	0	0	1	0	0	0	0	0	0	0	1	$-U_{REF}\left(\frac{127}{256}\right)$
−128	1	0	0	0	0	0	0	0	0	0	0	0	0	0	0	0	$-U_{REF}\left(\frac{128}{256}\right)$

比较表 8.2.2 与表 8.2.1 可知，偏移二进制码与无符号二进制码形式相似，它实际上是将二进制码对应的模拟量的零值偏移至 80H，使偏移后的数中大于 128 的是正数，而小于 128 的则为负数。所以，若将单极性 8 位 D/A 转换器的输出电压减去 $U_{REF}/2$(80H 所对应的模拟量)，就可得到极性正确的偏移二进制码对应的输出，其输出电路如图 8.2.6 所示。图中的输出电压 u_O 为

$$u_O = -u_{O1} - \frac{R_f}{R_B}U_{REF} \tag{8.2.13}$$

取 $R_B = 2R_f$，$R = R_f = R_1$，可得

$$u_O = -u_{O1} - \frac{1}{2}U_{REF} = \left(\frac{N_B}{2^8} - \frac{1}{2}\right)U_{REF} \tag{8.2.14}$$

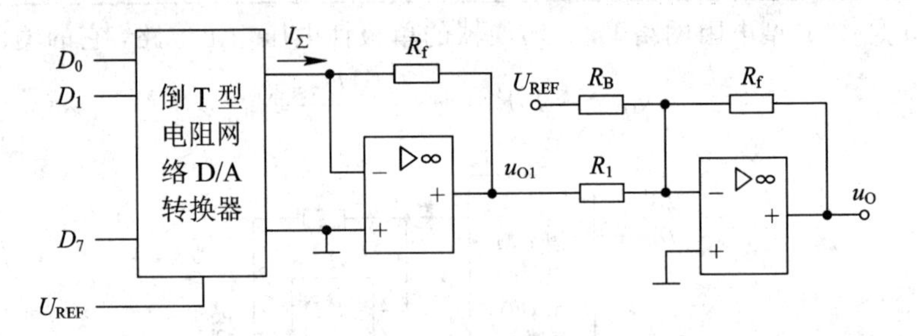

图 8.2.6　D/A 转换器的偏移二进制码输出电路

比较表 8.2.2 中 2 的补码和偏移二进制码可以发现，将 8 位 2 的补码加 80H，并舍弃进位就可得偏移二进制码。对 8 位 2 的补码加 80H，采用最高位取反的方法即可实现此转换，所以，如果 D/A 转换器的输入数字量是 2 的补码，就可以先将它转换为偏移二进制码，再利用图 8.2.6 所示的双极性输出电路即可实现双极性输出。

8.2.4　D/A 转换器的主要技术参数

D/A 转换器的性能主要是用转换精度和转换速度来衡量的。

1. 转换精度

D/A 转换器的转换精度包括分辨率和转换误差两个技术指标。

分辨率主要描述 D/A 转换器对输入微小数字量变化的敏感程度，也就是输出模拟量的最大值与最小值之间所分成的等级数，一般用输入数字量的位数 n 来表示。输入数字量的位数越多，输出模拟量分成的等级数越多，分辨率也就越高。另外，分辨率也可以用 D/A 转换器能分辨的最小输出电压与最大输出电压之比来表示。例如，一个 n 位 D/A 转换器的分辨率可以表示为$\frac{1}{2^n-1}$。

由于 D/A 转换器各元件参数值不可避免地存在着误差，因此 D/A 转换器的转换精度还应考虑转换误差的影响。转换误差通常用输出电压满刻度 FSR 的百分数来表示，即可以用最低有效位的倍数表示。例如，如果给出转换误差为$\frac{1}{2}$LSB，那么它的输出模拟电压的绝对误差应等于输入为 00…01 时的输出电压的一半。

D/A 转换器产生转换误差的主要原因是参考电压 U_{REF} 有波动、运算放大器存在零点漂移、模拟开关存在导通内阻和导通压降、电阻网络中电阻值有偏差等。由于不同原因所导致

的误差各有不同，D/A 转换器的转换误差可分为比例系数误差、失调误差和非线性误差等几种类型。

比例系数误差是指实际转换特性曲线的斜率与理想转换特性曲线的斜率的偏差，它主要是由参考电压 U_{REF} 的波动引起的。例如在 n 位倒 T 型电阻网络 D/A 转换器中，如果参考电压 U_{REF} 偏离标准值 ΔU_{REF}，就会在输出端产生误差电压 Δu_{O1}，由式(8.2.9)可得 Δu_{O1} 为

$$\Delta u_{\mathrm{O1}}=\frac{\Delta U_{\mathrm{REF}}}{2^{n}}\cdot\frac{R_{\mathrm{f}}}{R}\cdot\sum_{i=0}^{n-1}D_{i}2^{i} \tag{8.2.15}$$

式(8.2.15)表明误差电压 Δu_{O1} 的大小与输入数字量成正比。图 8.2.7 是 3 位 D/A 转换器的比例系数误差。

失调误差是由运算放大器的零点漂移所引起的，图 8.2.8 是 3 位 D/A 转换器的失调误差，由于运算放大器零点漂移的影响会使输出电压的转移特性曲线发生平移，从而在输出端产生误差电压 Δu_{O2}。失调误差电压 Δu_{O2} 的大小与输入数字量无关。

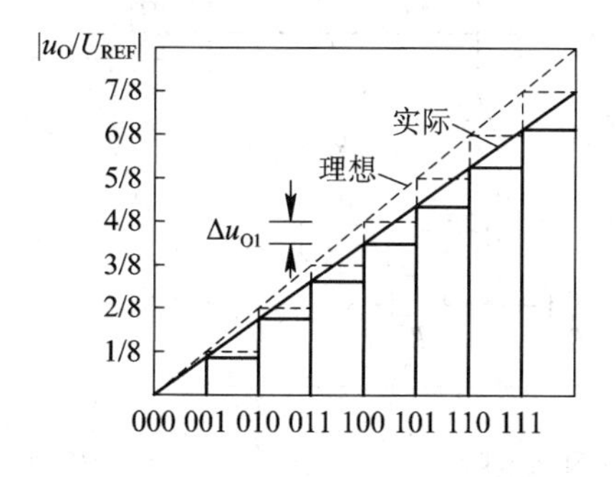

图 8.2.7 3 位 D/A 转换器的比例系数误差

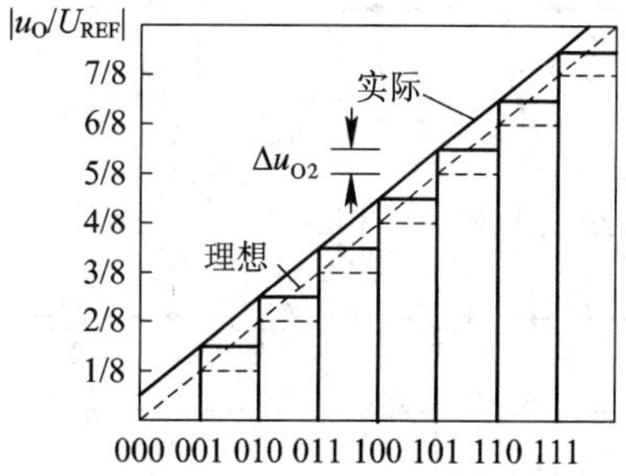

图 8.2.8 3 位 D/A 转换器的失调误差

非线性误差是一种没有一定变化规律的误差，一般用满刻度范围内偏离理想转移特性的最大值来表示。引起非线性误差的主要原因有模拟开关存在导通内阻和导通压降、电阻网络中电阻值的偏差等。

由于上述几种误差电压之间不存在固定的函数关系，所以在最不利的情况下，输出端总的误差电压 $|\Delta u_{\mathrm{O}}|$ 取它们的绝对值之和，即

$$|\Delta u_{\mathrm{O}}|=|\Delta u_{\mathrm{O1}}|+|\Delta u_{\mathrm{O2}}|+|\Delta u_{\mathrm{O3}}| \tag{8.2.16}$$

2. 转换速度

当 D/A 转换器输入的数字量发生变化时，输出的模拟量并不能立即达到所对应的数值，它需要经过一段时间，为此通常用建立时间和转换速率这两个参数来描述 D/A 转换器的转换速度。

建立时间(t_{set})是指输入数字量变化时，输出模拟电压变化达到相应稳定值所需要的时间，一般用 D/A 转换器输入的数字量从全 0 变为全 1 时，输出电压达到规定的误差范围 $\left(\pm\frac{1}{2}\mathrm{LSB}\right)$ 时所需的时间来表示。D/A 转换器的建立时间较快，单片集成 D/A 转换器建立时间最短不超过 0.1 μs。

转换速率(SR)用大信号工作状态下模拟电压的变化率表示。一般集成 D/A 转换器在不包含外接参考电压源和运算放大器时，转换速率比较高。实际应用中，要实现快速 D/A 转换，不仅要求 D/A 转换器有较高的转换速率，而且还应选用转换速率较高的集成运算放大器与之配合使用才行。

8.2.5 集成 D/A 转换器举例

随着半导体技术的发展，单片集成 D/A 转换器的种类越来越多，应用也越来越广泛。AD7520 是常用的单片集成 D/A 转换器，它由倒 T 型电阻网络、10 位 CMOS 电流开关和反馈电阻(R=10 kΩ)组成，其内部电路如图 8.2.9 虚线框内部分所示。该集成 D/A 转换器在应用时必须外接参考电压 U_{REF} 和运算放大器。AD7520 芯片引脚排列图如图 8.2.10 所示。

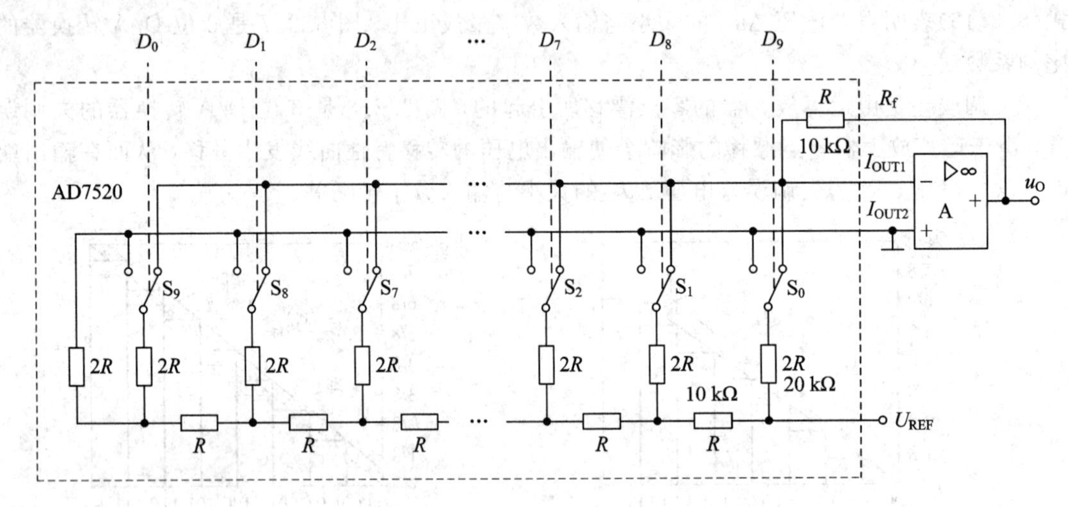

图 8.2.9 AD7520 内部电路

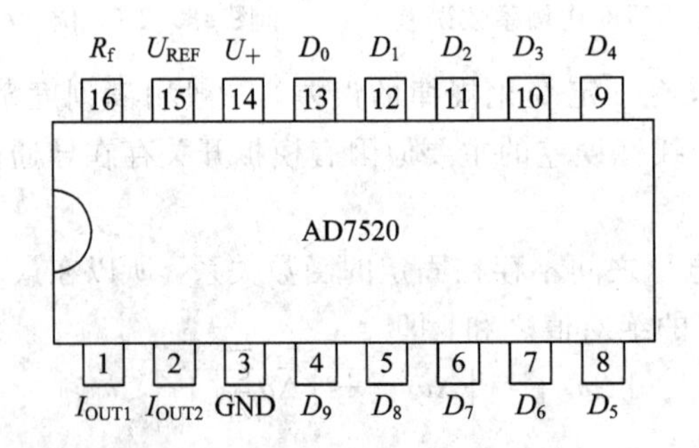

图 8.2.10 AD7520 芯片引脚排列图

D/A 转换器在实际电路中的应用非常广泛，它不仅可以作为接口电路用于微机系统，利用其电路结构特征和输入、输出电量之间的关系，还可以构成数控电源、数字式可编程增益控制电路及波形产生电路等。限于篇幅，这里不再一一介绍。

8.3 模/数转换电路

8.3.1 模/数转换的基本原理

模/数转换器的功能是在规定时间内把模拟信号在时刻 t 的幅度值(电压值)转换为一个相应的数字量。

由于 A/D 转换器输入的模拟信号在时间上是连续的，输出的数字信号是离散的，所以只能在一系列选定的瞬间进行 A/D 转换，这就要求先对输入的模拟信号进行采样，然后再把这些采样值转换为数字量输出。因此，一般的 A/D 转换过程需要经过采样、保持、量化和编码这四个步骤。

1. 采样和保持

采样就是把一个在时间上连续的信号变换为在时间上离散的信号。模拟信号的采样过程如图 8.3.1 所示。为了保证能从采样信号中恢复出原来的被采样信号，要求采样频率必须满足

$$f_s \geqslant 2f_{imax} \tag{8.3.1}$$

式中，f_s为采样频率，f_{imax}为输入模拟信号 u_I的最高频分量的频率。式(8.3.1)即为采样定理。

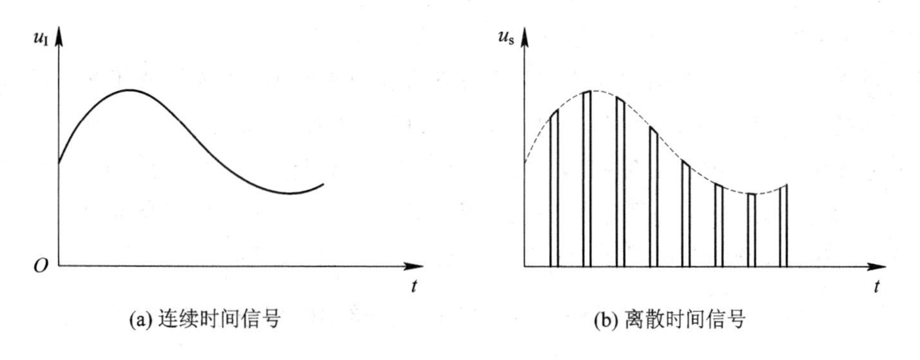

(a) 连续时间信号　(b) 离散时间信号

图 8.3.1　对输入模拟信号的采样

由于每次把采样得到的电压值转换为数字量都需要经过一段时间 τ，因此需要在时间 τ 内保持采样值不变，即要求利用保持电路存储采样值。

实际的采样-保持过程可以用一个电路连续完成。图 8.3.2(a)是一个简化的采样-保持电路，它由输入放大器 A_1、输出放大器 A_2、保持电容 C_H和开关驱动电路组成，且集成运放 A_1、A_2都具有很高的输入阻抗，同时要求 $A_{u1} \cdot A_{u2}=1$。当 $t=t_0$时，开关 S 闭合，电容迅速被充电，由于 $A_{u1} \cdot A_{u2}=1$，所以 $u_O=u_I$，如图 8.3.2(b)中的 $t_0 \sim t_1$ 时间段，就是采样阶段。当 $t=t_1$ 时，开关 S 断开，若 A_2是理想的，则它的输入阻抗为无穷大，电容 C_H没有放电回路，其两端电压保持不变，从而维持 u_O不变。如图 8.3.2(b)中 $t_1 \sim t_2$的平坦段，就是保持阶段。

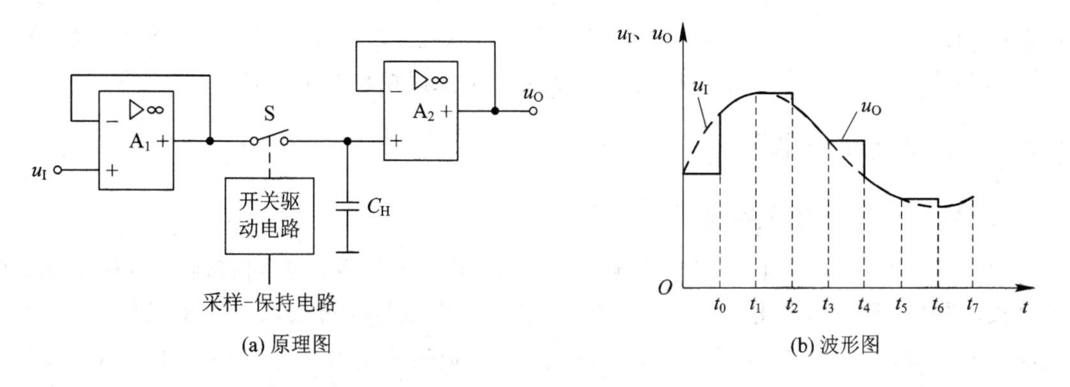

(a) 原理图　(b) 波形图

图 8.3.2　采样-保持电路

2. 量化和编码

数字信号不仅在时间上是离散的，而且在幅度上也是离散的。为了将模拟信号转换为数字量，在 A/D 转换过程中，还必须将采样-保持电路的输出电压以某种近似方式归化到与之相应的离散电平上。这一转换过程称为数值量化，简称量化。量化后的数值经过编码用一组代码表示出来，经编码得到的代码就是 A/D 转换器输出的数字量。

由于数字信号在时间和幅度上都是离散的，所以任何一个数字量的大小只能是某个规定的最小数量单位的整数倍。量化过程中所取的最小数量单位称为量化单位，用 Δ 表示，它是数字信号最低位为 1 时所对应的模拟量，即 1LSB。

在量化过程中，由于取样电压不一定能被 Δ 整除，所以在量化过程中不可避免地存在误差，称为量化误差，用 ε 表示。量化误差属于原理性误差，它是无法消除的。A/D 转换器的位数越多，各离散电平之间的差值越小，量化误差越小。

量化过程常采用两种近似量化方式：只舍不入和四舍五入。以 3 位 A/D 转换器为例，设输入信号 u_I 的变化范围为 0～8 V，采用只舍不入量化方式时，取 $\Delta=1$ V，量化中把不足量化单位的部分舍弃，如数值在 0～1 V 之间的模拟电压都当作 0Δ，用二进制数 000 表示，而数值在 1～2 V 之间的模拟电压都当作 1Δ，用二进制数 001 表示，以此类推得出各模拟电压量的量化值。这种量化方式的最大量化误差为 Δ，即 $|\varepsilon_{max}|=1$ LSB。如采用四舍五入量化方式，则取量化单位 $\Delta=\frac{8V}{15}$，量化过程将不足半个量化单位的部分舍弃，对于等于或大于半个量化单位的部分按一个量化单位处理。它将数值在 0～$\frac{8V}{15}$之间的模拟电压都当作 0Δ，用二进制数 000 表示，而数值在$\frac{8V}{15}$～$\frac{23V}{15}$之间的模拟电压均当作 1Δ，用二进制数 001 表示等。这种量化方式的最大量化误差为$\frac{1}{2}\Delta$，即 $|\varepsilon_{max}|=\frac{1}{2}$LSB。四舍五入量化方式的量化误差比只舍不入量化方式的量化误差小，故为大多数 A/D 转换器所采用。

A/D 转换器的种类很多，按其工作原理不同分为直接 A/D 转换器和间接 A/D 转换器两类。直接 A/D 转换器可将模拟信号直接转换为数字信号，这类 A/D 转换器具有较快的转换速度，其典型电路有并行比较型 A/D 转换器和逐次渐近型 A/D 转换器。而间接 A/D 转换器则是先将模拟信号转换成某一中间电量(时间或频率)，然后再将中间电量转换为数字量输出，此类 A/D 转换器的速度较慢，典型电路有双积分型 A/D 转换器、电压-频率转换型 A/D 转换器。下面将详细介绍这几种 A/D 转换器的电路结构及工作原理。

8.3.2 直接 A/D 转换器

1. 并行比较型 A/D 转换器

图 8.3.3 为三位并行比较型 A/D 转换器，它由电阻分压器、电压比较器、寄存器及编码器组成。图中电阻分压器由八个电阻组成，它将参考电压 U_{REF} 分成八个等级，其中七个等级的电压分别作为七个比较器 C_1～C_7 的参考电压，其数值分别为 $0.125U_{REF}$、$0.250U_{REF}$、…、$0.875U_{REF}$。各比较器的输出状态是由输入电压 u_I 的大小决定的。例如，当 $0\leqslant u_I<0.250U_{REF}$ 时，比较器 C_1～C_7 的输出状态都为 0，送入由 D 触发器组成的寄存器存储，再经编码器编

码，此时编码器输出的二进制代码为 000；当 $0.250U_{REF} \leqslant u_I < 0.375U_{REF}$ 时，比较器 C_6、C_7 的输出状态都为 1，其余各比较器的输出状态均为 0，经存储、编码后得到的二进制代码为 010。根据各比较器的参考电压值，可以确定模拟输入电压与各比较器输出状态及编码器输出的二进制代码的关系，如表 8.3.1 所示。

表 8.3.1　模拟输入电压与各比较器输出状态及编码器输出的二进制代码的关系

模拟输入电压 u_I	比较器输出状态							二进制代码		
	C_{O1}	C_{O2}	C_{O3}	C_{O4}	C_{O5}	C_{O6}	C_{O7}	D_2	D_1	D_0
$(0.000 \sim 0.125)U_{REF}$	0	0	0	0	0	0	0	0	0	0
$(0.125 \sim 0.250)U_{REF}$	0	0	0	0	0	0	1	0	0	1
$(0.250 \sim 0.375)U_{REF}$	0	0	0	0	0	1	1	0	1	0
$(0.375 \sim 0.500)U_{REF}$	0	0	0	0	1	1	1	0	1	1
$(0.500 \sim 0.625)U_{REF}$	0	0	0	1	1	1	1	1	0	0
$(0.625 \sim 0.750)U_{REF}$	0	0	1	1	1	1	1	1	0	1
$(0.750 \sim 0.875)U_{REF}$	0	1	1	1	1	1	1	1	1	0
$(0.875 \sim 1.000)U_{REF}$	1	1	1	1	1	1	1	1	1	1

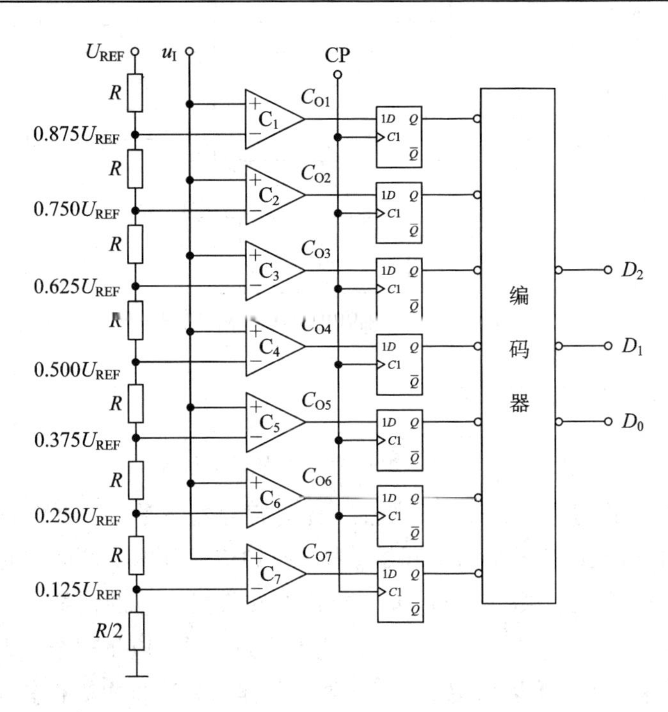

图 8.3.3　三位并行比较型 A/D 转换器

由于并行比较型 A/D 转换器的转换是并行的，所以它的转换速度最快。在图 8.3.3 电路中，如果从输入信号 u_I 的加入算起，完成一次转换所需要的时间仅包括比较器的响应时间、一级触发器的翻转时间和编码器的延迟时间，而且各位代码的转换几乎是同时进行的，增加输出代码的位数对转换时间影响较小。

并行比较型 A/D 转换器的转换精度主要取决于量化电平的划分，分得越细(即Δ取得越小)，精度越高。当然，此时所用的比较器和触发器也会按几何级数增多，编码器的电路也会更复杂。如图 8.3.3 所示电路输出的是三位二进制代码，共需要 $2^3-1=7$ 个比较器和触发器。对于一个 n 位 A/D 转换器，就分别需要 2^n-1 个比较器和触发器，使得并行比较型 A/D 转换器的制作成本较高，因此并行比较型 A/D 转换器一般用在转换速度要求较快而转换精度要求不太高的场合。

2. 逐次渐近型 A/D 转换器

逐次渐近转换过程与天平称重非常相似。天平称重是从最重的砝码开始试放，与被称物体进行比较，若物体重于砝码，则该砝码保留，否则移去。再加上下一个砝码，由物体的重量是否大于砝码的重量决定第二个砝码是留下还是移去。照此方法一直加到最小一个砝码为止，最后将所有留下的砝码的重量相加，就是物体重量。

依照天平称重，逐次渐近转换技术就是先由 A/D 转换器从高位到低位逐位改变寄存器的数值，产生不同的已知电压，然后让输入电压逐次与这些已知电压进行比较，从而实现 A/D 转换。图 8.3.4 是逐次渐近型 A/D 转换器原理框图，它由比较器 C、D/A 转换器、寄存器、时钟信号源和控制电路等组成。

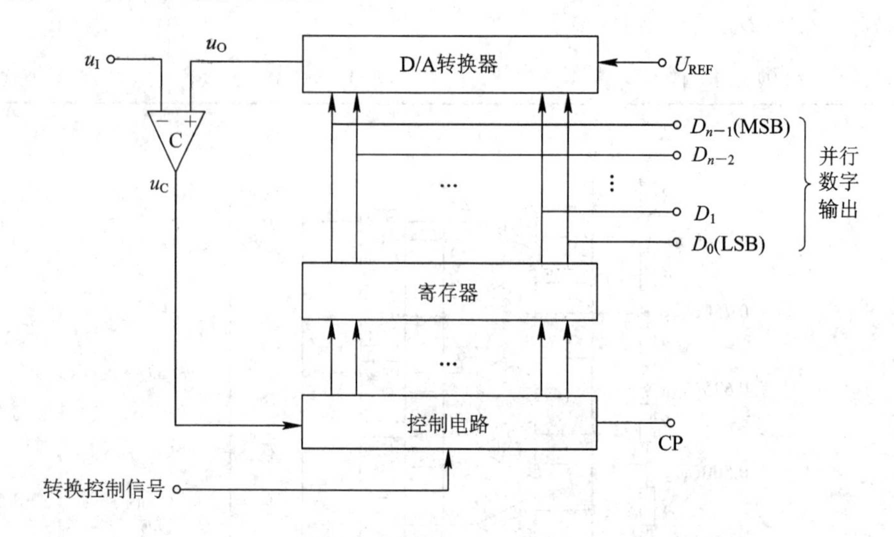

图 8.3.4　逐次渐近型 A/D 转换器原理框图

A/D 转换器的转换过程是：转换开始前，先将寄存器清零，使加给 D/A 转换器的数据全为 0。转换控制信号变成高电平以后开始转换，时钟信号首先将寄存器的最高位置 1，使寄存器的输出为 100…00。这个数字量被 D/A 转换器转换成相应的模拟电压 u_O，送到比较器与模拟输入信号 u_I 进行比较。如果 $u_O>u_I$，说明数字过大了，应将这个 1 去掉；如果 $u_O\leqslant u_I$，说明数字不够大，这个 1 应予以保留。然后，再按同样的方法将次高位置 1，由 D/A 转换器转换成相应的模拟电压 u_O，再比较 u_O 与 u_I 的大小以确定这一位的 1 是否保留。这样逐位比较下去，直到最低位为止。比较完毕，寄存器中的数码就是所求的输出数字量。

依照此原理可得四位输出的逐次渐近型 D/A 转换过程如图 8.3.5 所示。$t=t_0$ 时刻发出转换控制信号开始转换，在时钟脉冲作用下使寄存器的输出为 1000，经 D/A 转换器转换得到一模拟电压($0.500U_{REF}$)，送到比较器 C 与模拟输入信号 u_I 进行比较，由图中给定的模拟输

入信号 u_I 可知，$u_I > 0.500U_{REF}$，比较器 C 为高电平，这个 1 应予以保留，寄存器的最高位=1。当 $t=t_1$ 时，时钟脉冲使寄存器的输出为 1100，经 D/A 转换器转换得到一模拟电压 ($0.750U_{REF}$)，送到比较器 C 与模拟输入信号 u_I 进行比较，结果 $u_I < 0.750U_{REF}$，比较器 C 为低电平，这个 1 应去掉，寄存器的次高位=0。如此比较下去，直到最低位为止。四个脉冲周期后，寄存器的输出状态 $D_3D_2D_1D_0=1001$，也就是所求的输出数字量。

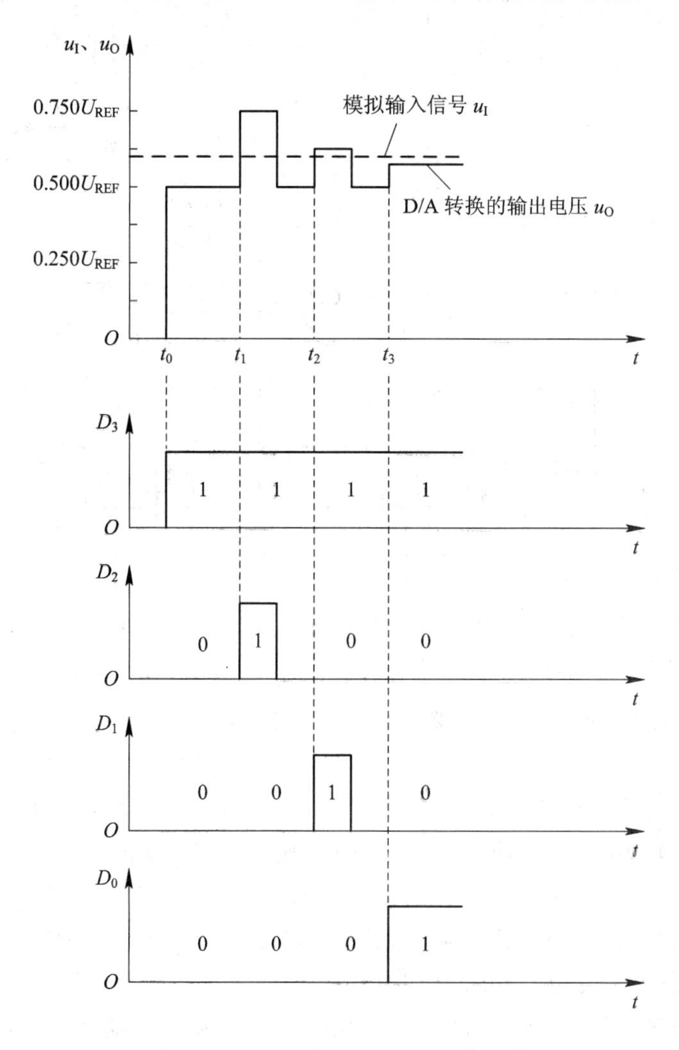

图 8.3.5　逐次渐近型 D/A 转换过程

例 8.3.1　三位输出的 A/D 转换器逻辑电路如图 8.3.6 所示。图中 C 为比较器，F_A、F_B、F_C 组成了三位数码寄存器，$F_1 \sim F_5$ 和 $G_1 \sim G_9$ 组成控制逻辑电路，试分析电路的工作原理。

解：转换开始前先将 F_A、F_B、F_C 清零，寄存器的输出状态 $Q_AQ_BQ_C=000$，并将环形移位寄存器 $F_1 \sim F_5$ 的输出状态置为 $Q_1Q_2Q_3Q_4Q_5=10000$。转换控制信号变成高电平以后，开始进行转换。

第一个 CP 脉冲到达以后，将 F_A 置 1，F_B、F_C 置 0，寄存器的输出状态为 $Q_AQ_BQ_C=100$，将其加到 D/A 转换器的输入端，经 D/A 转换器转换得到一模拟输出电压 u_O，送到比较器 C 与模拟输入信号 u_I 进行比较。如果 $u_O > u_I$，则比较器输出电压 $u_C=1$；如果 $u_O < u_I$，则比较

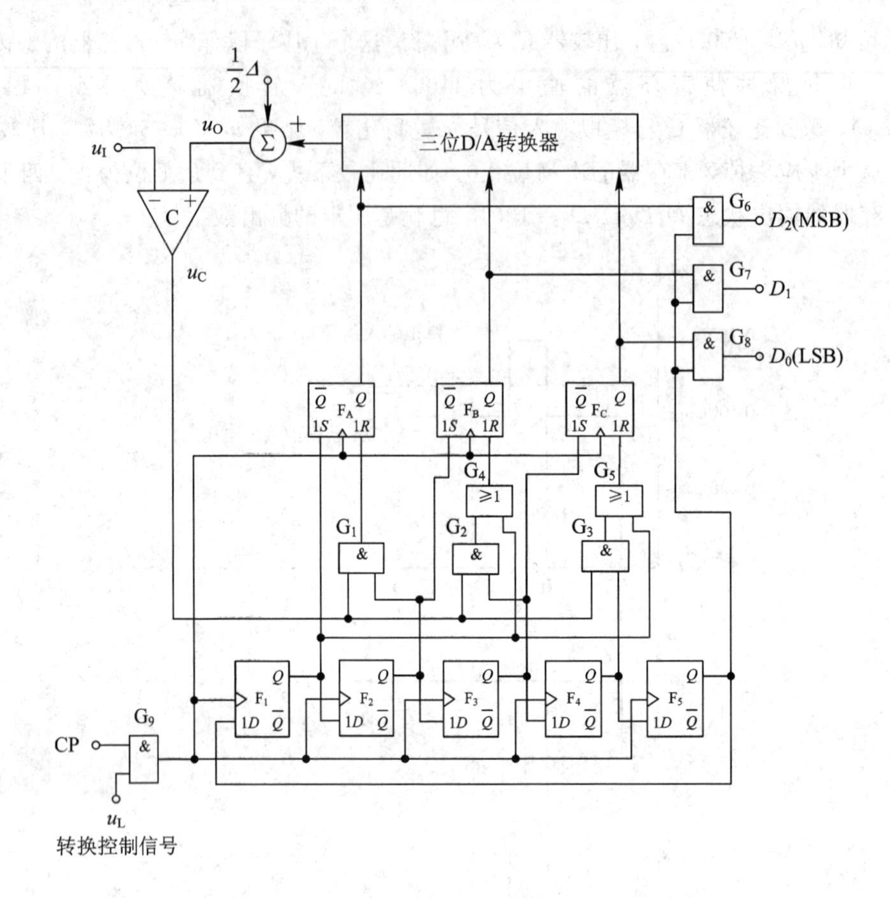

图 8.3.6 三位逐次渐近型 A/D 转换器的逻辑电路图

器输出电压 $u_C=0$。同时，移位寄存器右移一位，$F_1\sim F_5$ 的输出状态变为 $Q_1Q_2Q_3Q_4Q_5=01000$。

第二个 CP 脉冲到达时，将 F_B 置 1，F_C 置 0，F_A 的输出由比较器 C 的输出电压 u_C 确定，如果 $u_C=1$，说明数字过大了，应将这个 1 去掉，则 F_A 为 0；如果 $u_C=0$，说明数字不够大，这个 1 应予以保留，则 F_A 为 1。寄存器的输出状态发生变化，经 D/A 转换器转换得到一模拟输出电压 u_O，送到比较器 C 与模拟输入信号 u_I 进行比较。同时，移位寄存器再右移一位，$F_1\sim F_5$ 的输出状态变为 $Q_1Q_2Q_3Q_4Q_5=00100$。

第三个 CP 脉冲到达时，将 F_C 置 1，F_B 的输出由比较器 C 的输出电压 u_C 确定，若 $u_C=1$，则 F_B 为 0；若 $u_C=0$，则 F_B 为 1。同时，移位寄存器右移一位，$F_1\sim F_5$ 的输出状态变为 $Q_1Q_2Q_3Q_4Q_5=00010$。

第四个 CP 脉冲到达时，依照同样的方法，由比较器 C 的输出电压 u_C 确定 F_C 的输出状态是 1 还是 0。这时 F_A、F_B、F_C 的输出状态 $Q_AQ_BQ_C$ 就是所要的转换结果。同时，移位寄存器再右移一位，$F_1\sim F_5$ 的输出状态变为 $Q_1Q_2Q_3Q_4Q_5=00001$。此时 $Q_5=1$，使 F_A、F_B、F_C 的输出 $Q_AQ_BQ_C$ 通过与门 G_6、G_7、G_8 输送到输出端。

第五个 CP 脉冲到达以后，移位寄存器右移一位，$F_1\sim F_5$ 的输出状态变为 $Q_1Q_2Q_3Q_4Q_5=10000$，返回初始状态。同时 $Q_5=0$，将门 G_6、G_7、G_8 封锁，转换输出信号随之消失。

此外，图中与 u_I 比较的量化电平每次都是由 D/A 转换器给出的，为了减小量化误差，令 D/A 转换器的输出产生 $-\Delta/2$ 的偏移量。这里的 Δ 表示 D/A 转换器最低有效位输入 1 所产生的输出电压，也就是模拟电压的量化单位。它的原理是这样的：因为用来与 u_I 比较的量化电平每次由 D/A 转换器给出，由四舍五入量化方式可知，为使量化误差不大于 $\Delta/2$，应使第一个量化电平为 $\Delta/2$，而不是 Δ，所以应将 D/A 转换器输出的所有比较电平同时向负的方向偏移 $\Delta/2$。

从上面的例子可以看出，三位输出的 A/D 转换器需要五个时钟信号周期的时间才能完成一次转换。如果是 n 位输出的 A/D 转换器，就需要 $(n+2)$ 个时钟信号周期的时间才能完成一次转换，所以逐次渐近型 A/D 转换器完成一次转换所需时间与其位数和时钟脉冲频率有关，位数越少，时钟脉冲频率越高，转换所需时间越短。这种 A/D 转换器具有转换速度快、精度高的特点。

8.3.3　间接 A/D 转换器

双积分型 A/D 转换器又称为双斜率 A/D 转换器，是一种间接 A/D 转换器。它的基本原理是，对输入模拟电压和参考电压进行两次积分，变换成与输入电压平均值成正比的时间间隔，利用时钟脉冲和计数器测出此时间间隔。由于这种转换器是取输入电压的平均值进行变换的，因此具有很强的抗工频干扰能力，在数字测量中得到广泛应用。

图 8.3.7 是双积分型 A/D 转换器，它由积分器（由集成运放 A_1 组成）、过零比较器（A_2）、时钟脉冲控制门（G）和定时器/计数器等几部分组成。

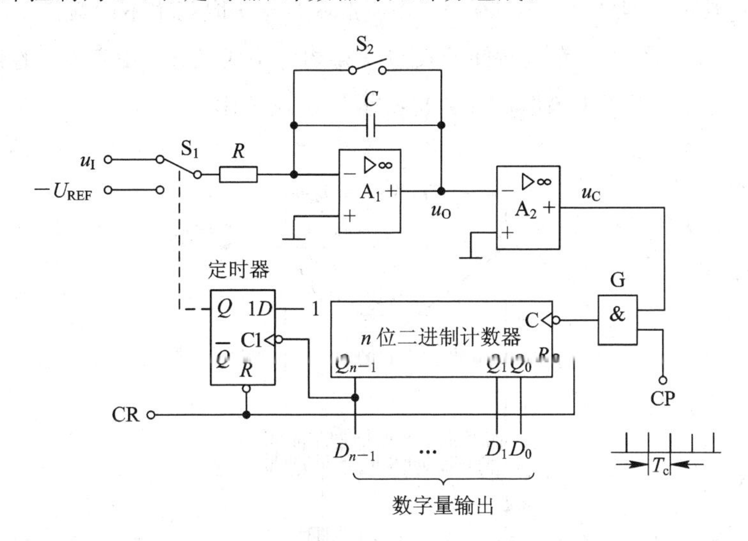

图 8.3.7　双积分型 A/D 转换器

转换开始前先将计数器清零，并接通开关 S_2 使电容 C 完全放电。

转换操作分两步进行：

第一步，令开关 S_1 合到输入信号 u_I 一侧，对 u_I 进行固定时间 T_1 的第一次积分。积分结束时，积分器的输出电压为

$$u_O = U_{O1} = \frac{1}{C}\int_0^{T_1} -\frac{u_I}{R}dt = -\frac{T_1}{RC}u_I \tag{8.3.2}$$

所以积分器第一次积分的输出电压 U_{O1}（或者说积分电容上的电荷）与 u_I 成正比。

第二步，令开关 S_1 转接至参考电压 $-U_{REF}$ 一侧，积分器向相反方向作第二次积分。经过第二次积分时间 T_2 以后，积分器的输出电压上升为零，即

$$u_O = U_{O1} + \frac{1}{RC}\int_{T_1}^{T_1+T_2} U_{REF}\,dt = 0$$

因此得到

$$\frac{T_2}{RC}U_{REF} = \frac{T_1}{RC}u_I$$

则

$$T_2 = \frac{T_1}{U_{REF}}u_I \tag{8.3.3}$$

式(8.3.3)表明，第二次积分(反向积分)时间 T_2 与输入信号 u_I 成正比。令计数器在 T_2 时间里对固定频率 $f_{CP}=1/T_{CP}$ 的时钟信号计数，则计数器的计数结果为

$$D = \frac{T_2}{T_{CP}} \tag{8.3.4}$$

将式(8.3.3)代入式(8.3.4)得

$$D = \frac{T_1}{T_{CP}U_{REF}}u_I \tag{8.3.5}$$

这个数字 D 就是转换结果。如果 T_1 为 T_{CP} 的整数倍，即 $T_1=NT_{CP}$，则式(8.3.5)还可写成

$$D = \frac{N}{U_{REF}}u_I \tag{8.3.6}$$

图 8.3.8 是双积分型 A/D 转换器的工作波形图。当 u_I 取两个不同数值 u_{I1} 和 u_{I2} 时，反向积分时间 T_2 和 T_2' 也不相同，而且时间的长短与 u_I 的大小成正比。由于 CP 的频率始终不变，所以在 T_2 和 T_2' 的时间里所记录的脉冲数也必然与 u_I 成正比。

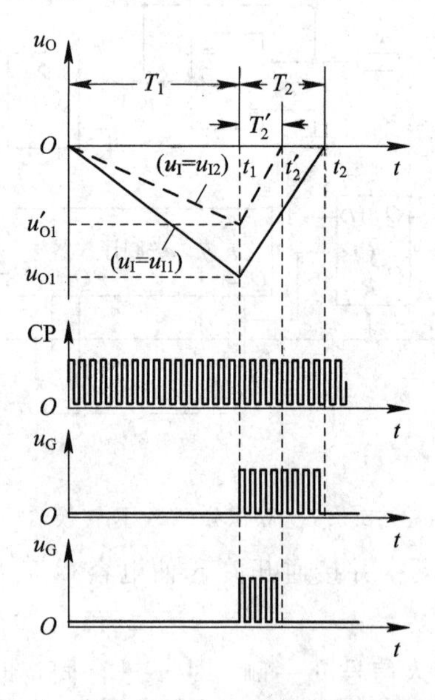

图 8.3.8　双积分型 A/D 转换器的工作波形图

双积分型 A/D 转换器的一个突出优点是工作性能比较稳定。因为双积分型 A/D 转换器在转换过程中先后进行了两次积分，只要两次积分的时间常数不变，那么转换结果就不会受时间常数的影响，这样 R、C 参数的缓慢变化也不会影响 A/D 转换器的转换精度，在实际电路中可以降低对 R、C 数值精度的要求。另外，在 $T_1=NT_{CP}$ 的条件下，由式(8.3.6)可知 A/D 转换器的转换时间与时钟信号周期无关，在转换过程中只要 T_{CP} 不变，那么时钟信号在

较长时间内发生的缓慢变化也不会带来转换误差。

双积分型 A/D 转换器的另一个突出优点是抗干扰能力较强。由于双积分型 A/D 转换器的输入端使用了积分器，它对交流噪声有很强的抑制能力。当积分时间 T_1 等于交流电网周期的整数倍时，可以有效地抑制电网的工频干扰。

双积分型 A/D 转换器的缺点是工作速度较慢，完成一次 A/D 转换器一般需要几十毫秒以上，但由于它的优点较为突出，所以在一些转换速度要求不高的场合(例如数字测量仪表等)中，它的应用也是十分广泛的。

间接 A/D 转换器的典型电路除了双积分型 A/D 转换器外，还有电压-频率转换型 A/D 转换器，它的基本工作原理基于压控振荡器。限于篇幅，在这里不作介绍了。

综上所述，对 A/D 转换器可总结如下三点：

(1) A/D 转换器主要分为直接 A/D 转换器和间接 A/D 转换器两类。A/D 转换都是利用输入电压与已知电压的比较来实现的。

(2) 并行 A/D 转换是用输入电压与固定等级的参考电压进行比较，从而确定输入电压所在等级的。逐次渐近 A/D 转换是用输入电压与一组已知电压逐个进行比较，属于多次比较，一次比较一位。双积分 A/D 转换是将输入电压与已知电压转换成脉冲数(即时间)进行比较的。

(3) 并行 A/D 转换的优点是转换速度快，缺点是随着位数的增加所用元件的数量将大大增加。逐次渐近 A/D 转换的速度较快，转换时间固定，容易实现与微机接口。双积分 A/D 转换的特点在于它的抗工频能力强，由于两次积分比较是相对比较，对器件的稳定性要求不高，容易实现高精度转换。

8.3.4 A/D 转换器的主要技术参数

1. 转换精度

A/D 转换器是用分辨率和转换误差来描述转换精度的。

A/D 转换器的分辨率是以输出二进制(或十进制)数的位数来表示的，它说明了 A/D 转换器对输入信号的分辨能力。对于 n 位 A/D 转换器来说，它应能区分出输入模拟电压信号的 2^n 个不同等级，每个等级相差(即量化单位)为 $\frac{1}{2^n}$FSB。例如 10 位输出 A/D 转换器的最大输入电压为 5 V，那么该 A/D 转换器应能区分出输入模拟电压信号 $\frac{5}{2^{10}}$ V $=4.88$ mV 的差异。

转换误差通常以相对误差的形式给出，它表示 A/D 转换器实际输出的数字量和理想输出数字量之间的差别，并用最低有效位的倍数表示。例如给出相对误差 $\leqslant\frac{1}{2}$LSB，这就表明实际输出的数字量和理论上应得到的输出数字量之间的误差不大于最低位为 1、其余位为 0 时对应的电压值的一半。

此外还应注意，手册中给出的转换精度数据是在某一规定条件下得出的，如环境温度、电源电压等。当这些条件发生变化时，将会引起附加的转换误差，因此为了减小转换误差，必须保证供电电源有较高的稳定度，并限制工作环境温度的变化。

2. 转换时间

完成一次 A/D 转换所需的时间称为转换时间。A/D 转换器的转换时间与转换类型有关，不同类型的 A/D 转换器的转换速度相差甚远。并行比较型 A/D 转换器的转换速度最高，8 位输出的单片集成 A/D 转换器的转换时间可以缩短至 50 ns 以内。逐次渐近型 A/D 转换器次之，8 位输出的单片集成 A/D 转换器的最短转换时间仅有 400 ns，多数产品的转换时间均在 10～50 μs 之间。间接 A/D 转换器的转换速度最慢，如双积分型 A/D 转换器的转换时间大都在几十毫秒至几百毫秒之间。

此外，在组成高速 A/D 转换器时还应将采样-保持电路的工作时间(即获得采样信号所需要的时间)计入转换时间之内。一般的单片集成采样-保持电路的工作时间在微秒数量级。

在实际应用中，A/D 转换器的选用应从系统数据总的位数、精度要求、输入模拟信号的范围及输入信号极性等方面综合考虑。

8.3.5 集成 A/D 转换器举例

单片集成 A/D 转换器产品的种类比较多，性能指标各异，在实际中使用比较多的是逐次渐近型 A/D 转换器。下面对其中典型产品集成 ADC0809 作一简单介绍。

图 8.3.9 是 ADC0809 的内部结构框图，从图中可以看出，它是逐次渐近型 A/D 转换器。它可以连接 8 路模拟信号，由 8 选 1 模拟信号选择器选择其中的一路进行 A/D 转换，转换结果是 8 位二进制数，最大值为 255。

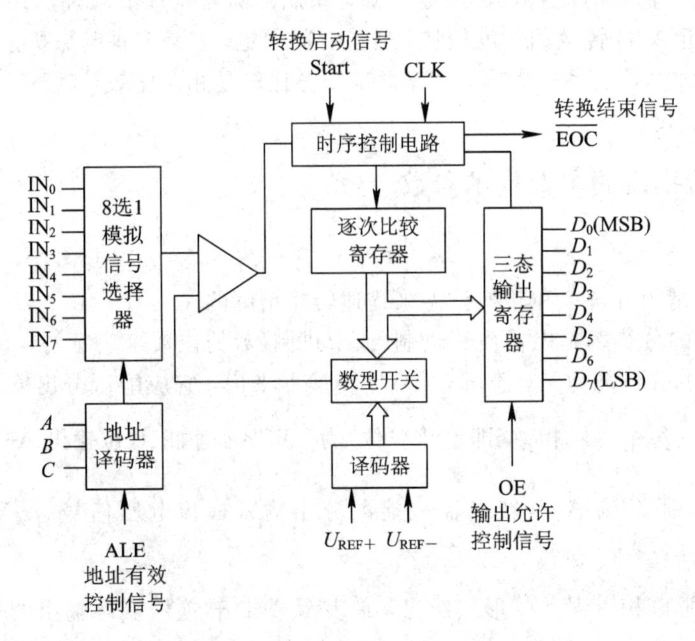

图 8.3.9 ADC0809 的内部结构框图

ADC0809 的工作过程是：首先，让地址有效控制信号 ALE 处于有效电平，由通道选择数据端 *ABC* 选择 8 路输入模拟信号中的一路；其次，转换启动信号 Start 启动 A/D 转换；转换完成后，由$\overline{EOC}$发出转换结束指令，同时发送输出允许控制信号 OE，进行数据输出。

ADC0809 的输出逻辑电平可以与 TTL 系列及 5 V 的 CMOS 系列兼容，并具有 8 位数据接口电路。例如，其可直接与译码器相连，对转换结果进行数字显示，也可以直接加在单片机的数据接口上。ADC0809 允许使用的最大时钟频率为 1 MHz，当时钟频率为 640 kHz 时，它的转换时间约为 120 μs。

本 章 小 结

电子技术的快速发展，使得数字系统处理数字信号的能力越来越强，数字系统的输入、输出都是数字量，但我们面对的现实世界中，大多数物理量是模拟量，因此，当利用数字系统来监视或者控制一个物理过程时，必须首先将模拟量转换为数字量，这就需要 A/D 转换器；信号经过数字系统的分析处理后，其结果往往需要对被控制的对象做出某种调节，这时又需要利用 D/A 转换器将数字量转换为模拟量。A/D 转换器与 D/A 转换器在系统中的位置如下所示：

物理量→传感器→A/D 转换器→数字系统→D/A 转换器→调节器→去控制物理变量

实现 A/D 转换有直接转换和间接转换两种途径。直接转换方法如并行比较型 A/D 转换器、逐次渐近型 A/D 转换器等；间接转换方法如双积分型 A/D 转换器、电压-频率变换型 A/D 转换器等。每种方法各具特点和适用场合，实际中要依据具体要求选择。如在高速数据采集系统中，为了满足快速转换的要求，可考虑采用并行比较型 A/D 转换器；若系统对完成 A/D 转换的速度要求不高，但应用场合的工频干扰较为严重，就应该采用双积分型 A/D 转换器。

衡量 A/D 转换器的主要技术指标是转换精度和转换速度。转换精度常用分辨率表示，如 n 位 A/D 转换器能区分输入电压的最小差异为 $FSR/2^n$。转换速度因转换方法的不同差异较大，典型的并行比较型 A/D 转换器完成一次转换仅需要几十纳秒，而双积分型 A/D 转换器完成一次转换需要几十毫秒甚至更长时间。

实现 D/A 转换的方法较多，其主要区别在于解码网络的不同。依据解码网络的组成，可将 D/A 转换器分为权电阻网络型 D/A 转换器、倒 T 型电阻网络 D/A 转换器、权电流型 D/A 转换器等。

D/A 转换器和 A/D 转换器已有各种集成电路芯片可供选用，在实际应用中，应注意所选芯片的转换精度与系统中其他器件所能达到的精度的相互匹配。

思考题与习题

8.1　在图 8.2.2 所示的四位权电阻网络 D/A 转换器中，若 $U_{REF}=5$ V，试计算输入数字量 $D_3D_2D_1D_0=0101$ 时的输出电压值。

8.2　在图 8.2.9 所示的倒 T 型电阻网络 D/A 转换器中，若 $U_{REF}=-10$ V，试计算输入数字量 $D_9D_8D_7D_6D_5D_4D_3D_2D_1D_0=0100111000$ 时的输出电压值。

8.3　在图 8.2.9 所示的倒 T 型电阻网络 D/A 转换器中，当 $R_f=R$ 时：

(1) 试求输出电压的取值范围；

(2) 若要求电路输入数字量 $D_9D_8D_7D_6D_5D_4D_3D_2D_1D_0=1000000000$ 时的输出电压 $U_O=5$ V，那么 U_{REF}应取何值？

(3) 电路的分辨率为多少？

8.4　图 8.1 所示电路是一权电阻和 T 型网络相结合的 D/A 转换器。

(1) 试证明：当 $r=8R$ 时，该电路为八位二进制码 D/A 转换器。

(2) 试证明：当 $r=4.8R$ 时，该电路为二位 BCD 码 D/A 转换器。

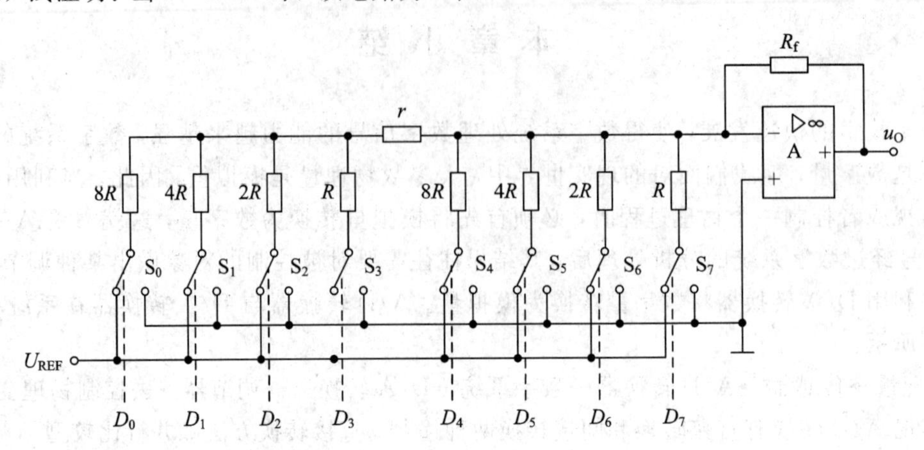

图 8.1　题 8.4 图

8.5　试计算八位单极性 D/A 转换器的数字输入量分别为 7FH、81H、F3H 时的模拟输出电压值，其满刻度电压值为 +10 V。

8.6　试计算八位双极性偏移二进制码 D/A 转换器的数字输入量分别为 01H、28H、7AH、81H 和 F7H 时的输出电压值，参考电压为 +10 V。

8.7　图 8.2 是用集成 D/A 转换器 AD7520 组成的双极性输出 D/A 转换器。AD7520 电路图见图 8.2.9，其倒 T 型电阻网络中的电阻 $R=10\ \text{k}\Omega$，为了得到 ±5 V 的最大输出模拟电压，试问：

(1) U_{REF}、U_B、R_B 各应取何值？

(2) 为实现 2 的补码，双极性输出电路应如何连接？电路中 U_{REF}、U_B、R_B 和片内的 R 应满足什么关系？

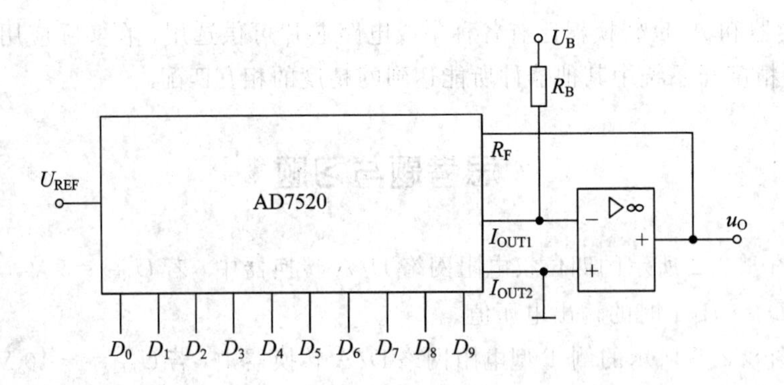

图 8.2　题 8.7 图

8.8　试分别求出 8 位 D/A 转换器和 10 位 D/A 转换器的分辨率。

8.9　试说明影响 D/A 转换器转换精度的主要原因有哪些。

8.10　图 8.2.9 是集成 D/A 转换器 AD7520 和集成运算放大器 5G28 组成的十位倒 T 型电阻网络 D/A 转换器，外接参考电压 $U_{REF}=-10$ V。为保证 U_{REF} 偏离标准误差所引起的误差小于 $\frac{1}{2}$LSB，U_{REF} 的相对稳定度应取多少？

8.11　若 A/D 转换器(包括采样-保持电路)输入模拟信号的最高变化频率为 10 kHz，那么采样频率的下限是多少？完成一次 A/D 转换所用时间的上限应为多少？

8.12　在图 8.3.3 所示的并行比较型 A/D 转换器中，$U_{REF}=7$ V，那么电路的最小量化单位 Δ 等于多少？当 $u_I=2.4$ V 时，输出数字量 $D_2D_1D_0=$？此时的量化误差 ε 为多少？

8.13　一计数型 A/D 转换器如图 8.3 所示，试分析其工作原理。

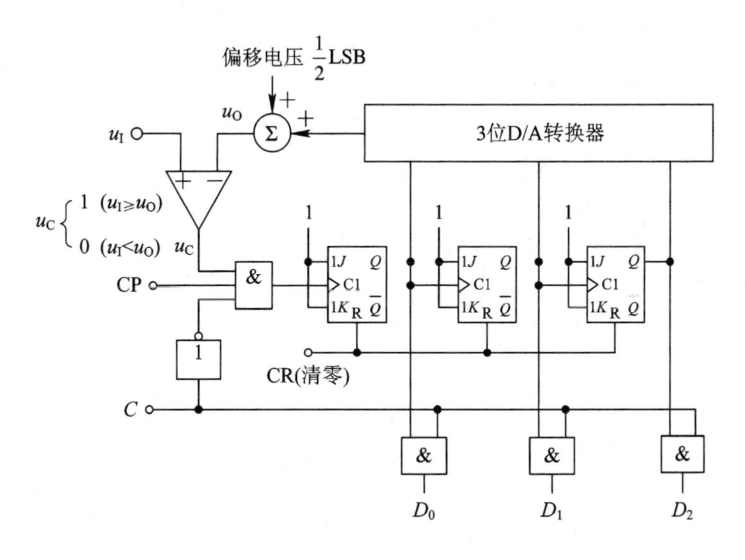

图 8.3　题 8.13 图

8.14　某双积分 A/D 转换器中，计数器为十进制计数器，其最大计数容量为$(3000)_D$。已知计数时钟频率 $f_{CP}=30$ kHz，积分器中 $R=100$ kΩ，$C=1$ μF，输入电压 u_I 的变化范围为 0～5 V。试求：

(1) 第一次积分时间 T_1；

(2) 积分器的最大输出电压 $|U_{Omax}|$；

(3) 当 $U_{REF}=10$ V，第二次积分计数器计数值 $D=(1500)_{10}$ 时，输入电压的平均值 u_I。

8.15　某双积分 A/D 转换器如图 8.3.7 所示。试问：

(1) 若输入电压的最大值 $u_{Imax}=2$ V，要求分辨率≤0.1 mV，则二进制计数器的计数总容量应大于多少？

(2) 需要用多少位二进制计数器？

(3) 若时钟脉冲频率 $f_{CP}=200$ kHz，则采样-保持时间为多少？

(4) 若时钟脉冲频率 $f_{CP}=200$ kHz，$|u_I|<|U_{REF}|$，已知 $U_{REF}=2$ V，积分器输出电压 u_O 的最大值为 5 V，则积分时间常数 RC 为多少？

8.16　某信号采集系统要求用一片 A/D 转换器芯片在 1 s 内对 16 个热电偶的输出电压分时进行 A/D 转换。已知热电偶输出电压范围为 0～0.025 V(对应于 0～450℃温度范围)，需要分辨的温度为 0.1℃，那么应选择多少位的 A/D 转换器？其转换时间为多少？

8.17　在选择采样-保持电路外接电容器的容量大小时应考虑哪些因素？

8.18　在计数式 A/D 转换器中，若输出的数字量为 10 位二进制数，时钟信号频率为 1 MHz，则完成一次转换的最长时间是多少？如果要求转换时间不得大于 100 μs，那么时钟信号频率应选多少？

8.19　若将逐次渐近型A/D转换器的输出扩展到10位，取时钟信号的频率为1 MHz，试计算完成一次转换操作需要的时间。

8.20　在双积分型A/D转换器中，若计数器为10位二进制数，时钟信号的频率为1 MHz，试计算转换器的最大转换时间。

8.21　在双积分型A/D转换器中，输入信号u_I的绝对值可否大于$-U_{REF}$的绝对值？为什么？

第 9 章　可编程逻辑器件

内容提要：本章主要介绍 PAL、GAL、CPLD、FPGA 的电路结构与工作原理。

学习提示：可编程逻辑器件代表了现代数字系统设计的发展方向，学习 PLD 的相关内容，重点在于理解其结构特点和设计思想。

9.1　概　　述

20 世纪 80 年代以来，专用数字集成电路(Application Specific Integrated Circuit，ASIC)逐步流行起来。它包括 4 种类型，即可编程逻辑器件(Programmable Logic Device，PLD)、门阵列、标准单元、全定制型器件，它们代表了数字系统硬件设计的发展方向，其中可编程逻辑器件的发展经历了由简单 PLD 到复杂 PLD 的过程。早期可编程逻辑器件的主要类型有 PLA(Programmable Logic Array，可编程逻辑阵列)和 PAL(Programmable Array Logic，可编程阵列逻辑)。PLA 器件的特点是其与阵列和或阵列均可编程，输出电路固定。虽然 PLA 器件使用起来比标准器件要灵活得多，但门的利用率不够高，且缺少高质量的支持软件和编程工具，因而没有得到广泛的应用。在 PLA 器件基础上发展起来的 PAL 器件，其特点是与阵列可编程、或阵列固定，输出电路固定，根据不同的要求，输出电路有组合输出方式，也有寄存器输出方式。PAL 器件与标准逻辑器件相比较，具有较高的集成度，节省了电路板的空间。通常 1 片 PAL 器件可代替 4～12 片 SSI 或者 2～4 片 MSI，提高了工作速度和设计的灵活性，且具有加密功能，可防止非法复制，其使用方便，但固定的输出结构降低了编程的灵活性，双极性熔丝工艺一旦编程则不能修改。为了提高输出电路结构的灵活性及可多次编程修改，在 PAL 器件的基础上，出现了通用阵列逻辑器件(Generic Array Logic，GAL)器件，GAL 器件与 PAL 的最大区别在于变原来的固定输出结构为可编程的输出逻辑宏单元(Output Logic Macro Cell，OLMC)。通过对 OLMC 的编程，可方便地实现组合逻辑电路输出或者寄存器输出结构，且这类器件采用电擦除 CMOS 工艺，通常可擦除几百次甚至上千次。正是由于 GAL 器件的通用性和能重复擦写等突出优点，在 20 世纪 90 年代得到了广泛的应用，但 GAL 器件在集成度上仍与 PAL 器件类似，无法满足较大数字系统的设计要求。

20 世纪 90 年代以来逐步出现了高密度可编程逻辑器件(High Density PLD，HDPLD)和在系统可编程逻辑器件(in system programmability PLD，isp-PLD)。高密度可编程逻辑器件有两种类型，一种是复杂的可编程逻辑器件(Complex Programmable Logic Device，CPLD)，其器件内部包含可编程的逻辑宏单元、可编程的 I/O 单元及可编程的内部连线等。每个可编程的逻辑单元即逻辑块相当于一个 GAL 器件，多个逻辑块之间通过可编程的内部连线实现相互连接，从而实现各个逻辑块之间的资源共享。CPLD 器件允许系统具有更多的输入、输出信号，因此，CPLD 能满足较大数字系统的设计要求，且具有高速度、低功耗、高保密性等优点。另一种高密度可编程逻辑器件是现场可编程门阵列(Field Programmable Gate Array，FPGA)，其电路结构与 CPLD 完全不同，它由若干个独立的可编程逻辑块组成，用户通过对这些逻辑块的编程连接形成所需要的数字系统。FPGA 内部单元主要有可编程的逻辑块(Configurable Logic Block，CLB)、可编程的输入输出模块(Input/Output Block，IOB)及可编程的互连资源(Interconnect Resource，IR)。重复可编程的 FPGA 采用 SRAM 编程技术，其逻辑块采用查找表(Look-Up Table，LUT)方式产生所要求的逻辑函数，由此带来的优点是其无限次可重复快速编程能力和在系统可重复编程能力，但基于 SRAM 的器件是易失性的，因此上电后要求重新配置。

PLD 具有高密度、高速度、低功耗的特点，其类型较多。对于一般用户来说，重要的是了解各类 PLD 器件的特点，根据实际需要选择适合系统要求的器件类型，从而使所设计的系统具有较高的性价比。

可编程逻辑器件有多种结构形式和制造工艺，不同厂家生产的器件又有多种型号，因此 PLD 的分类存在不同的分类方法。目前较为普遍的分类方法是按集成度进行分类：一般认为 1000 门以下的器件为低密度器件；1000 门以上的器件为高密度器件，即将可编程逻辑器件分为低密度和高密度两大类。

1. 低密度可编程逻辑器件

低密度可编程逻辑器件(Low Density PLD，LDPLD)有下述几种类型：

PLA((Programmable Logic Array)：PLA 是与或阵列结构的器件，它的与阵列和或阵列均可编程。

PAL((Programmable Array Logic)：PAL 是与或阵列结构的器件，它的与阵列可编程而或阵列固定，可编程的与阵列特性提供了增加输入项的条件，而固定的或阵列使器件的结构简单。PAL 器件具有多种输出结构形式，因而型号较多。

GAL(Generic Array Logic)：GAL 的基本结构是一个可编程的与阵列和一个固定的或阵列，其输出结构采用了可编程的输出逻辑宏单元(OLMC)，通过对 OLMC 的编程，可形成不同的输出电路结构形式，因此 GAL 器件设计的灵活性较大。

2. 高密度可编程逻辑器件

高密度可编程逻辑器件(HDPLD)按其电路结构又分为复杂的可编程逻辑器件(CPLD)和现场可编程门阵列(FPGA)两类。

复杂的可编程逻辑器件(CPLD)：CPLD 是在 PAL、GAL 的基础上对内部结构进行改进，并提高了集成度而形成的一类器件。与低密度可编程逻辑器件相比，CPLD 具有更多的输入/输出信号、更多的乘积项和逻辑宏单元块，每个逻辑块相当于一个 GAL 器件。众多的逻辑块之间通过内部可编程的连线实现相互连接，从而构成复杂的数字系统。

现场可编程门阵列(Field Programmable Gate Array，FPGA)：FPGA 在电路结构上与 CPLD 所采用的与或逻辑阵列逻辑单元的结构形式不同，它由若干个独立的可编程逻辑模块(CLB)组成，这些逻辑块的粒度比 CPLD 中的逻辑阵列模块(Logic Array Block，LAB)小得多，但每个芯片中逻辑块的数量比 CPLD 中 LAB 的数量大得多。这些逻辑块在 FPGA 内部排成阵列，通过丰富的可编程连线资源相互连接，再通过输入/输出模块与引脚连接，可以灵活地组成一些复杂的数字系统。FPGA 的另一特点是各个逻辑块的功能是由 SRAM 组成的可编程查找表实现的，因此，每次上电之后，要求从外部加载配置数据。

可编程逻辑器件按编程方式可分为普通可编程逻辑器件和在系统可编程逻辑器件。普通可编程逻辑器件需要利用编程器对器件进行编程，编程时芯片必须从所在系统的电路板上取下，编程完成后再插入原系统的电路板上。在系统可编程逻辑器件则不需要使用编程器，而是通过编程电缆将计算机与芯片所在系统的电路板相连，即可进行编程工作，这使得硬件系统设计更灵活，系统升级也更方便。

综上所述，数字逻辑器件的各种类型如图 9.1.1 所示。

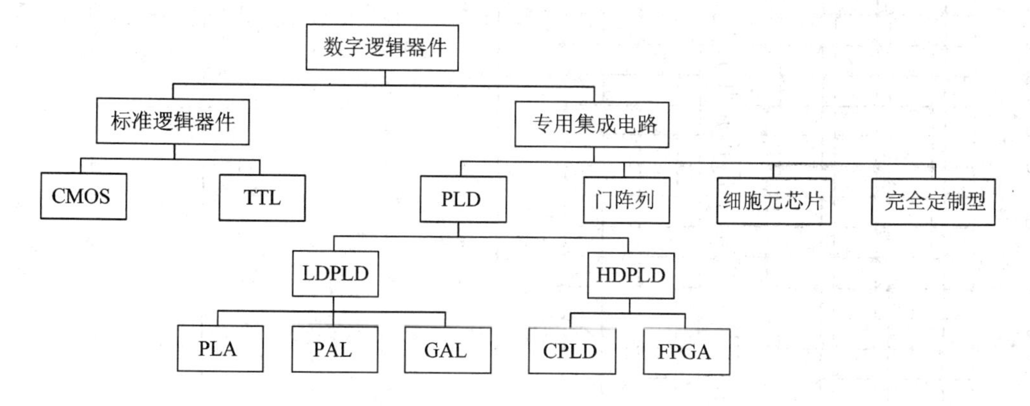

图 9.1.1　数字集成电路的类型

无论是 LDPLD 还是 HDPLD，均含有大量的门电路，各门电路的输入端也较多，为了便于画图，在 PLD 电路图中对各种门电路采用了与前述各章不同的表示方法，常用的表示方法如图 9.1.2 所示。

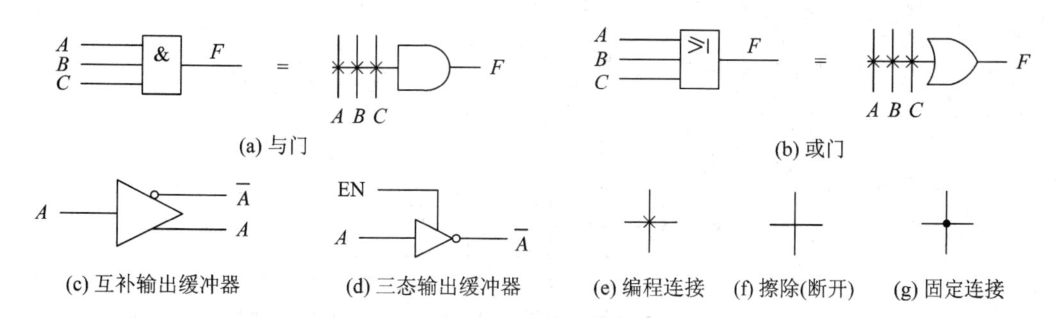

图 9.1.2　PLD 电路中门电路的习惯画法

9.2　PLA 和 PAL 的电路结构

通过 9.1 节的学习，已基本了解了 PLD 的发展过程和分类，下面几节将通过对典型 PLD 器件结构的学习，了解其电路结构及主要特点。

9.2.1　PLA 的电路结构与应用举例

PLA 的主要特点是与阵列和或阵列均可编程。现以图 9.2.1 所示的 4 输入、4 输出电路为例，介绍 PLA 的电路结构特点与应用。

由图 9.2.1 所示电路可见，输入信号经过互补输出缓冲器后，作为与阵列的输入信号使每个与门的 8 个输入端均可编程，与门的输出作为可编程或阵列的输入。现以 2 位二进制加法器为例，说明 PLA 器件的应用。设 2 位二进制加法器的输入信号分别为 A_1A_0、B_1B_0，和为 $S_2S_1S_0$，其真值表如表 9.2.1 所示。考虑到此电路的资源较为充足，不必对逻辑函数进行化简，直接依据真值表对 PLA 进行编程，所得结果如图 9.2.2 所示。

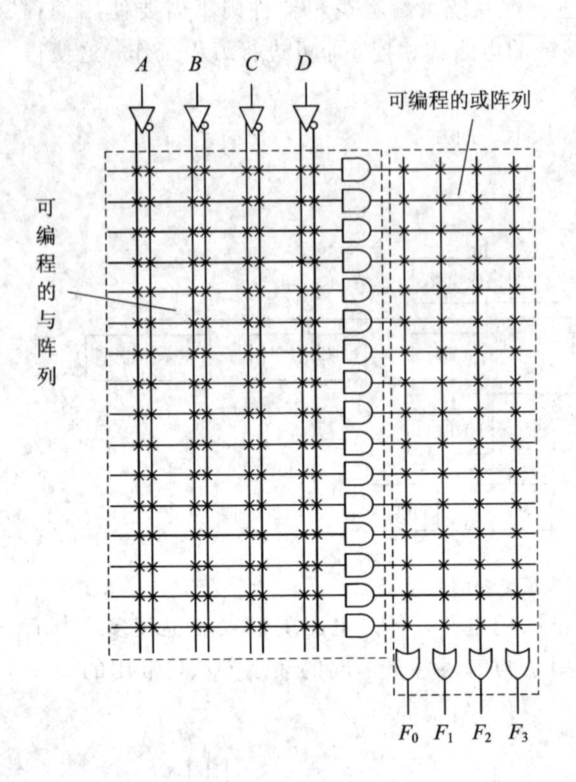

图 9.2.1　PLA 的基本结构

表 9.2.1　编程结果

A_1	A_0	B_0	B_1	S_2	S_1	S_0
0	0	0	0	0	0	0
0	0	0	1	0	0	1
0	0	1	0	0	1	0
0	0	1	1	0	1	1
0	1	0	0	0	0	1
0	1	0	1	0	1	0
0	1	1	0	0	1	1
0	1	1	1	1	0	0
1	0	0	0	1	0	
1	0	0	1	0	1	1
1	0	1	0	1	0	0
1	0	1	1	1	0	1
1	1	0	0	0	1	1
1	1	0	1	1	0	0
1	1	1	0	1	0	1
1	1	1	1	1	1	0

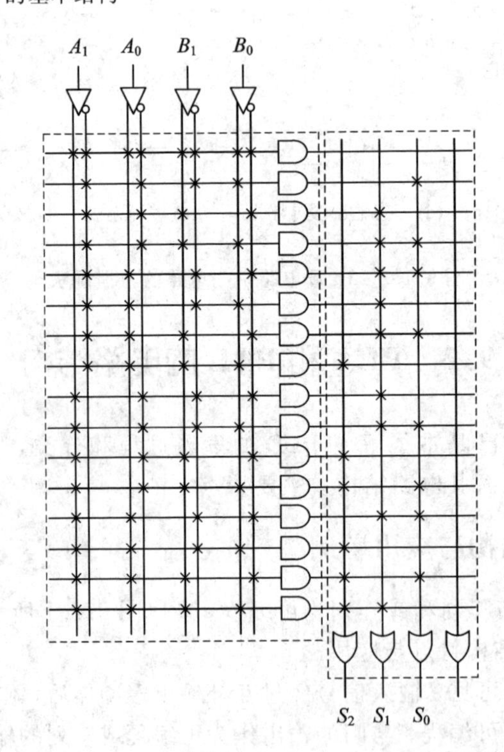

图 9.2.2　用 PLA 实现 2 位二进制加法器

由图 9.2.2 可见，与阵列和或阵列的利用率都不高，因此，这类器件已经不常使用。

9.2.2　PAL 的电路结构与应用举例

1. PAL 的基本电路结构

PAL 的与阵列可编程，或阵列固定。现以图 9.2.3 所示的 4 输入 4 输出电路为例，说明 PAL 的电路结构特点与应用。

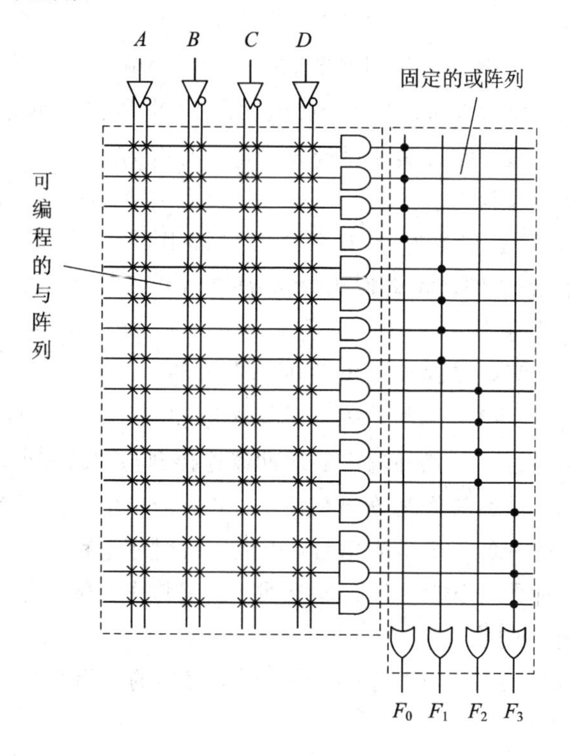

图 9.2.3　PAL 的基本结构

比较图 9.2.1 与图 9.2.3 电路可见，二者的主要区别在于或阵列的不同。在图 9.2.3 中，每个或门的输入与 4 个与门的输出固定连接，也就是说，由此电路构成的逻辑函数最多允许包含 4 个与项。显然，用此电路无法实现 2 位二进制数的加法器，因为实现 2 位二进制加法需要更多的与项。

目前常见的 PAL 器件中，输入变量最多可达 20 个，与阵列乘积项最多的有 80 个，或逻辑阵列的输出端最多的有 10 个，每个或门的输入端最多可达 16 个。为了扩展电路的功能并增加使用的灵活性，在 PAL 基本电路的基础上，增加了各种形式的输出电路，从而构成不同型号的 PAL 器件。

2. PAL 的几种输出电路结构和反馈形式

根据 PAL 的输出电路结构和反馈方式的不同，可将它们分为专用输出结构、可编程输入/输出结构、寄存器输出结构等几种类型。

1）专用输出结构

专用输出结构是指此类 PAL 器件的一个引脚只能作为输出端使用。常见的专用输出结构如图 9.2.4 所示。

在图 9.2.4(c)所示电路中，通过对异或门中一个可编程输入端的编程，可改变输出函数

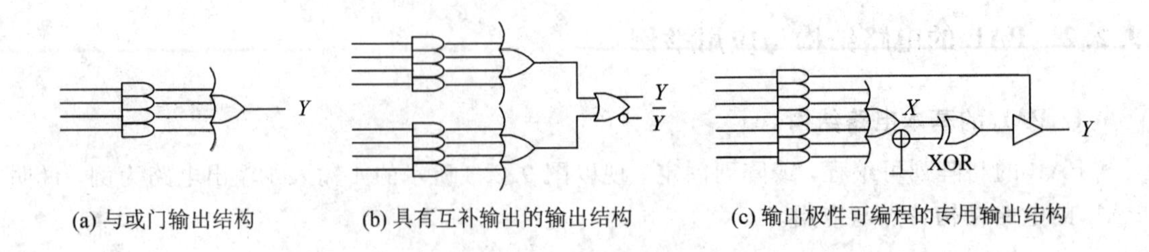

图 9.2.4　几种常见的专用输出结构形式

的极性。当 XOR=0 时，Y 与 X 同相；当 XOR=1 时，Y 与 X 反相，这种结构形式在 PAL 硬件资源有限的情况下，对于完成某些设计要求是十分有用的。

2）可编程输入/输出结构

可编程输入/输出结构是指此类 PAL 器件的一个引脚通过编程可作为输出端使用，或者作为输入端使用，其电路形式如图 9.2.5 所示。

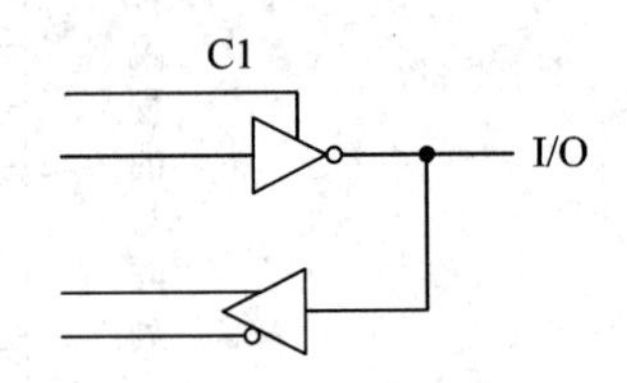

图 9.2.5　PAL 的可编程输入/输出结构

由图 9.2.5 可见，此类电路的输出电路中具有可编程控制端的三态缓冲器，其控制端由与阵列的一个乘积项给出，同时该引脚又经过一个互补输出的缓冲器连接到与逻辑阵列的输入端。当三态缓冲器处于正常工作状态时，此引脚作为输出端使用，此时输出信号经互补输出缓冲器反馈到与阵列的输入端，作为与阵列的一个输入信号，以便实现时序电路设计或者用于扩展与或门的输入端个数；当三态缓冲器处于禁止工作状态时，该引脚作为输入端使用，输入信号经互补输出缓冲器连接到与阵列的输入端。

可编程输出/输入结构的最大优点是增加了引脚使用的灵活性。

3）寄存器输出结构

PAL 的寄存器输出结构是指在此类 PAL 器件的三态输出缓冲器和与、或逻辑阵列的输出端之间加入了由 D 触发器组成的寄存器电路，常见的电路形式如图 9.2.6 所示。采用寄存器输出结构的 PAL 器件，其最大优点是可以方便地组成各种时序逻辑电路，如数据寄存器、移位寄存器、计数器等。

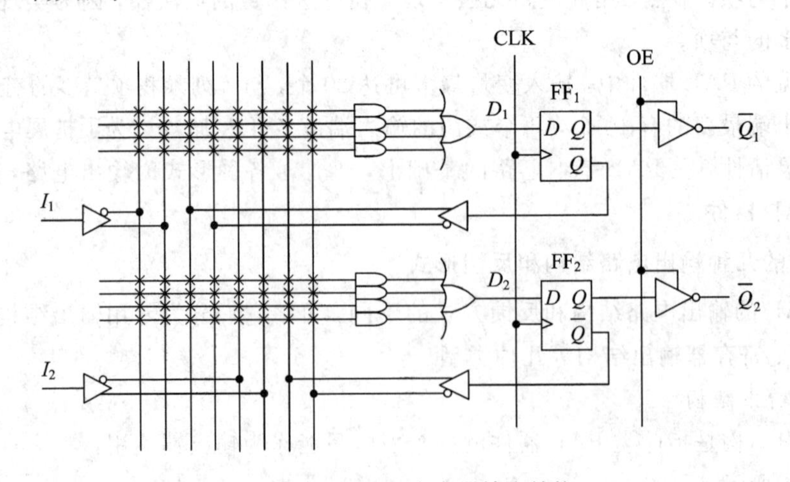

图 9.2.6　PAL 的寄存器输出结构

3. PAL 器件型号的含义

PAL 器件由于具有不同的输出结构形式，因此其芯片的型号种类较多，例如 PAL10H8、PAL14H4、PAL16L8、PAL20L10、PAL16R6、PAL16R8 等。型号中字母 H、L 分别表示高电平输出有效和低电平输出有效的组合逻辑输出结构，字母 R 表示寄存器输出结构形式；型号中前一组数字表示与阵列中输入变量的个数，后一组数字表示可用作输出端的最大数目。

4. PAL 器件应用举例

例 9.2.1 试用 PAL16R4 设计一个 4 位循环码计数器，并要求所设计的计数器具有置零和对输出进行三态控制的功能，进位信号要求高电平输出有效。

解：根据循环码的计数顺序可以列出在一系列时钟脉冲作用下，4 位循环码的变化顺序如表 9.2.2 所示。

考虑到输出缓冲器为反相器，所以 4 个触发器 Q 端的状态与表 9.2.2 中 Y 的状态相反，因此，$Q_3Q_2Q_1Q_0$ 的状态转换顺序应如表 9.2.3 所示，这也就是 $Q_3Q_2Q_1Q_0$ 的状态转换表。

表 9.2.2 4 位循环码的变化顺序

CP	Y_3	Y_2	Y_1	Y_0	C
0	0	0	0	0	0
1	0	0	0	1	0
2	0	0	1	1	0
3	0	0	1	0	0
4	0	1	1	0	0
5	0	1	1	1	0
6	0	1	0	1	0
7	0	1	0	0	0
8	1	1	0	0	0
9	1	1	0	1	0
10	1	1	1	1	0
11	1	1	1	0	0
12	1	0	1	0	0
13	1	0	1	1	0
14	1	0	0	1	0
15	1	0	0	0	1
16	0	0	0	0	0

表 9.2.3 状态转换顺序

CP	Q_3	Q_2	Q_1	Q_0	C
0	1	1	1	1	0
1	1	1	1	0	0
2	1	1	0	0	0
3	1	1	0	1	0
4	1	0	0	1	0
5	1	0	0	0	0
6	1	0	1	0	0
7	1	0	1	1	0
8	0	0	1	1	0
9	0	0	1	0	0
10	0	0	0	0	0
11	0	0	0	1	0
12	0	1	0	1	0
13	0	1	0	0	0
14	0	1	1	0	0
15	0	1	1	1	1
16	1	1	1	1	0

根据表 9.2.3 画出 4 个触发器次态的卡诺图，如图 9.2.7 所示。经化简后得到各个触发器的状态方程如下：

$$\begin{cases} Q_0^{n+1} = \overline{Q}_3\,\overline{Q}_2\,\overline{Q}_1 + \overline{Q}_3\,Q_2\,Q_1 + Q_3\,\overline{Q}_2\,Q_1 + Q_3\,Q_2\,\overline{Q}_1 \\ Q_1^{n+1} = Q_0\,Q_1^n + Q_3\,\overline{Q}_2\,\overline{Q}_0 + \overline{Q}_3\,Q_2\,\overline{Q}_0 \\ Q_2^{n+1} = (\overline{Q}_0 + Q_1)\,Q_2^n + \overline{Q}_3\,\overline{Q}_1\,Q_0 \\ Q_3^{n+1} = (\overline{Q}_1 + \overline{Q}_0)\,Q_3^n + Q_2\,Q_1\,Q_0 \end{cases} \tag{9.2.1}$$

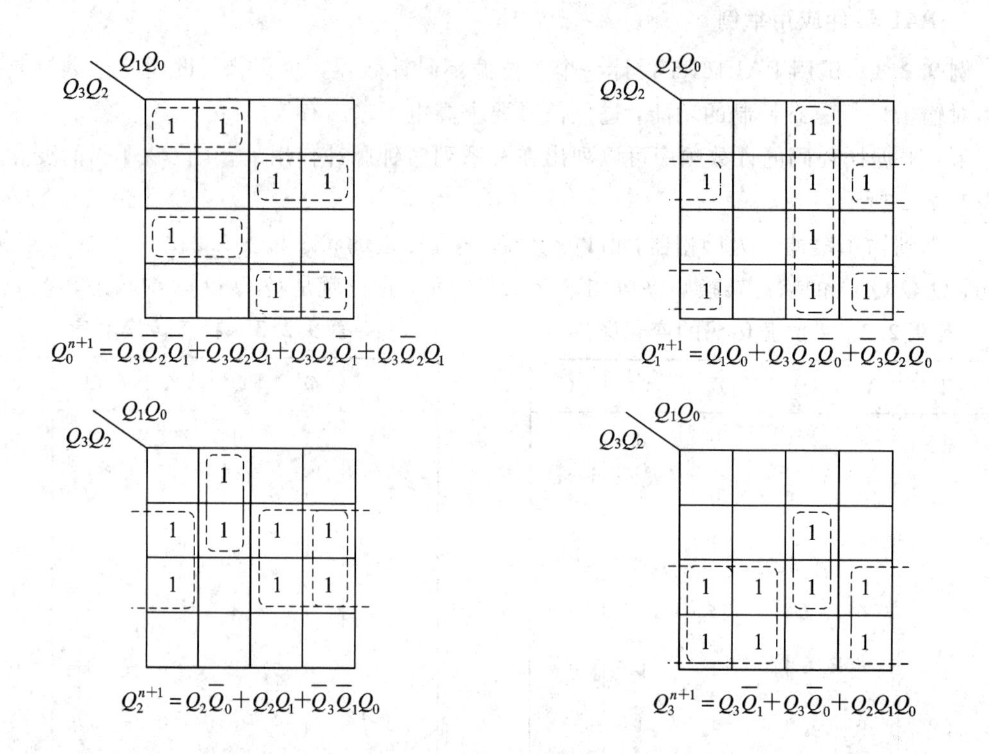

图 9.2.7　状态方程的卡诺图化简

考虑到 PAL16R4 中的 D 触发器没有直接置零控制端，因此，应在驱动方程中加入清零控制项 R。当置零输入信号 $R=1$ 时，在时钟脉冲到达后将所有触发器置 1，反相后的输出端得到 $Y_3\,Y_2\,Y_1\,Y_0=0000$。于是所求驱动方程如下：

$$\begin{cases} D_0 = \overline{Q}_3\,\overline{Q}_2\,\overline{Q}_1 + \overline{Q}_3\,Q_2\,Q_1 + Q_3\,\overline{Q}_2\,Q_1 + Q_3\,Q_2\,\overline{Q}_1 + R \\ D_1 = Q_1\,Q_0 + Q_3\,\overline{Q}_2\,\overline{Q}_0 + \overline{Q}_3\,Q_2\,\overline{Q}_0 + R \\ D_2 = Q_2\,\overline{Q}_0 + Q_2\,Q_1 + \overline{Q}_3\,\overline{Q}_1\,Q_0 + R \\ D_3 = Q_3\,\overline{Q}_1 + Q_3\,\overline{Q}_0 + Q_2\,Q_1\,Q_0 + R \end{cases} \tag{9.2.2}$$

进位输出信号的逻辑表达式如下：

$$C = \overline{Q}_3\,Q_2\,Q_1\,Q_0 = \overline{Q_3 + \overline{Q}_2 + \overline{Q}_1 + \overline{Q}_0} \tag{9.2.3}$$

按照式(9.2.2)和式(9.2.3)编程后的 PAL16R4 的逻辑图如图 9.2.8 所示。图中引脚 1 为时钟脉冲输入端；引脚 2 为置零信号输入端，正常计数时 R 应处于低电平；引脚 11 为输出缓冲器的三态控制信号 $\overline{\mathrm{OE}}$ 输入端；引脚 14、15、16、17 分别为输出 Y_0、Y_1、Y_2、Y_3；引脚 18 为进位信号 C 的输出端。

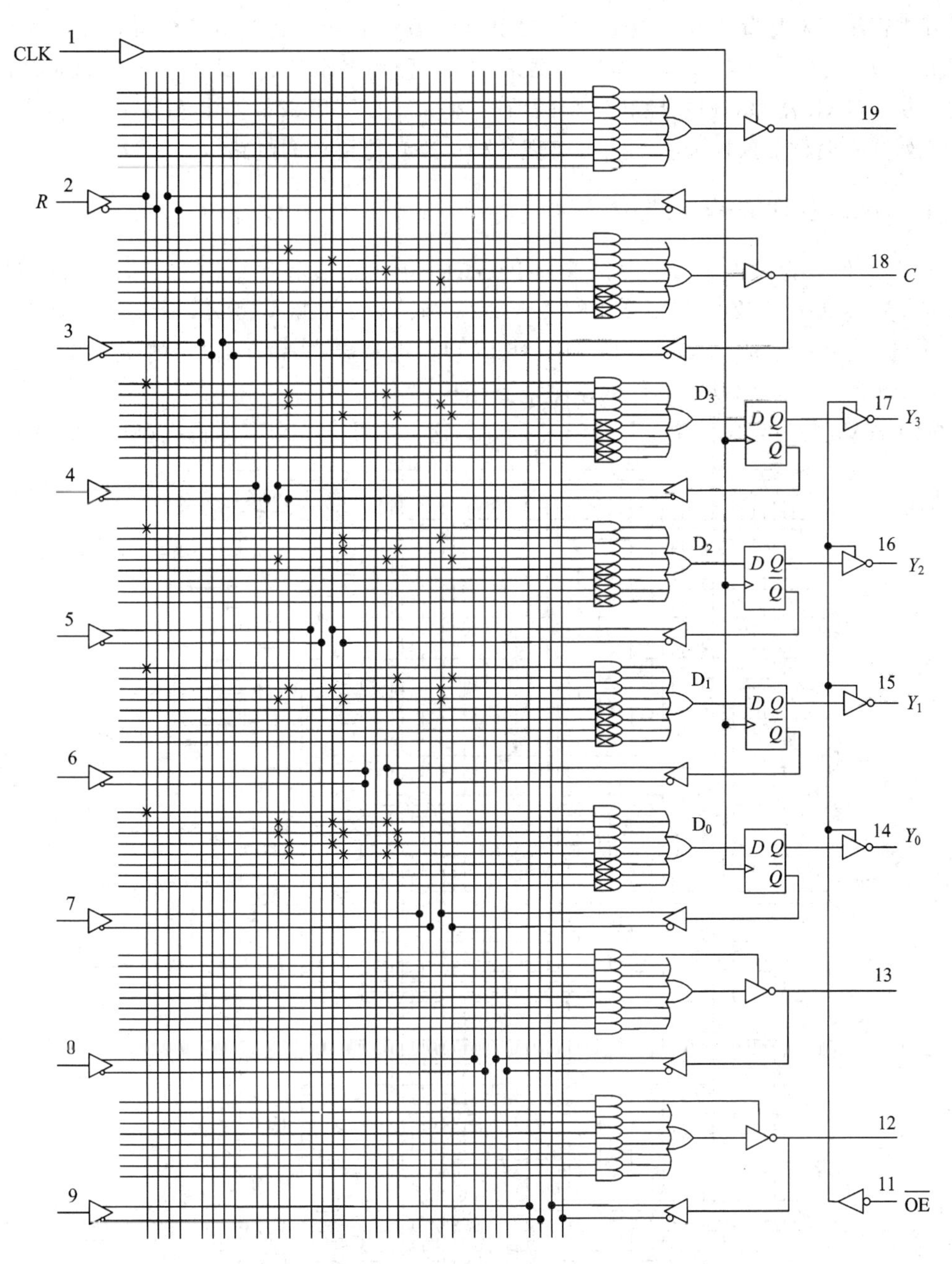

图 9.2.8 例 9.2.1 中编程后的 PAL16R4 的逻辑图

9.3 通用阵列逻辑

回顾 9.2 节介绍的 PAL 器件，尽管它相对于标准逻辑系列器件是一大进步，但其结构特点决定了在实际应用中存在下述问题：一是由于它采用双极性熔丝工艺，只能一次性可编程，也就是说一旦编程就不能修改；二是 PAL 器件输出电路结构形式较多，不同用途的电路要采用不同型号的器件，因此通用性较差。针对 PAL 器件的上述不足，半导体器件生产厂家又研发了一种新型的可编程逻辑器件——通用阵列逻辑(GAL)。GAL 器件继承了 PAL 器件的可编程与阵列、固定或阵列的基本结构，但 GAL 采用电擦除的 CMOS 工艺，从而允许对其进行编程和擦除100次以上。GAL器件的另一个创新是采用了可编程输出逻辑宏单元(OLMC)，通过多个可编程数据选择器来选择不同的工作模式，即可实现不同的电路结构形式。由于GAL器件的通用性和管脚的兼容性，GAL可用来替换大多数PAL器件。通用逻辑阵列这一名称形象地表明了它可实现各种逻辑功能要求的电路。

9.3.1　GAL器件的基本结构

GAL器件分为两大类，一类是普通型GAL，其与、或阵列结构与PAL器件相似，如GAL16V8、ispGAL16Z8、GAL20V8、GAL22V10、ispGAL22V10等；另一类是新型GAL，它与前者的主要区别是与、或阵列均可编程，进一步提高了编程的灵活性。下面以GAL16V8为例，讨论GAL器件的基本电路结构。

GAL16V8的逻辑电路图如图9.3.1所示。这个器件有8个专用输入(管脚2～9)，通过

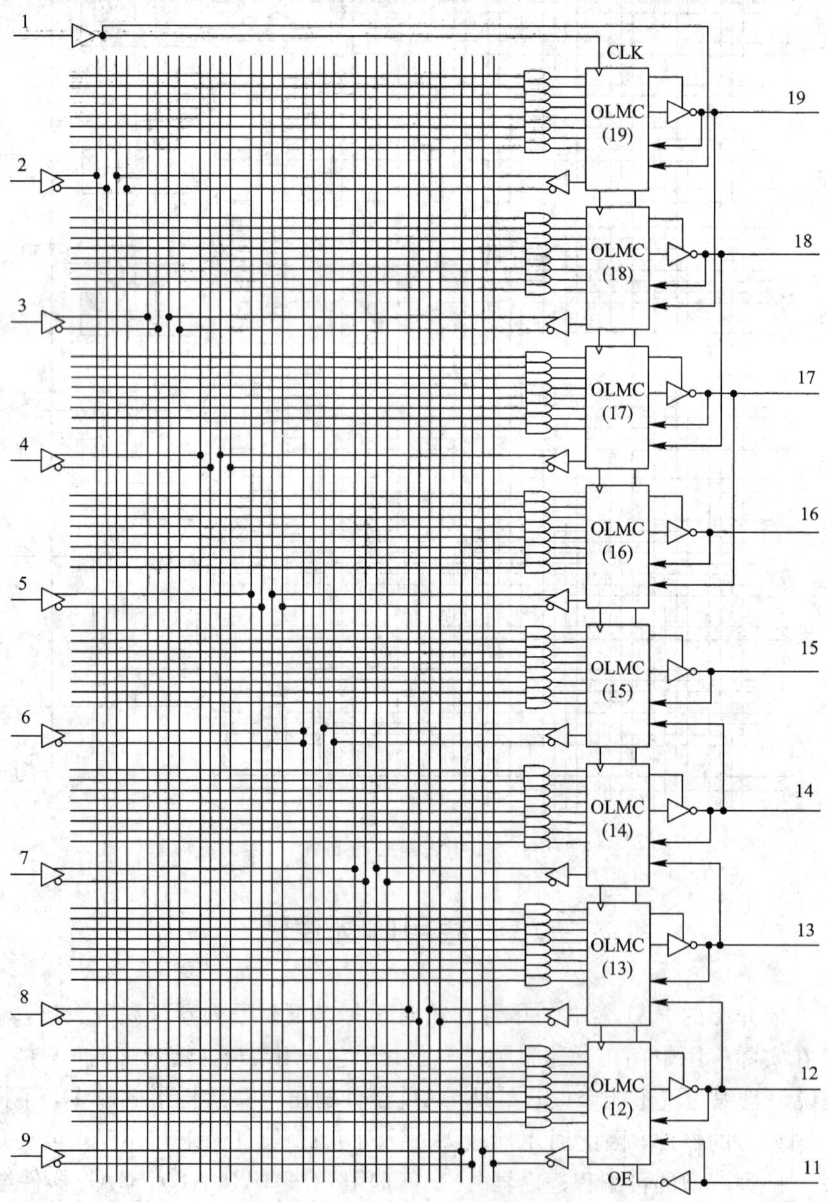

图9.3.1　GAL16V8的逻辑电路图

输入缓冲器连接到与阵列。2 个特殊功能的输入(管脚 1 和 11)，1 脚作为系统的时钟脉冲 CLK 的输入端，11 脚作为三态输出选通信号 OE 的输入端，但在组合电路模式时，1 脚和 11 脚均作为通用输入使用。8 个可作为输入或者输出(管脚 12～19)的 I/O 管脚，与 8 个 I/O 管脚相对应有 8 个输出逻辑宏单元 OLMC，以及 8 个三态反相缓冲器。事实上，此 GAL 器件主要由 8×8 个与门构成的与阵列和 8 个输出逻辑宏单元组成。与阵列共形成 64 个乘积项，每个与门有 32 个输入项，由 8 个专用输入的原变量及反变量和 8 个反馈信号的原变量及反变量组成。可编程与阵列在 PAL 器件中已有介绍，下面重点介绍输出逻辑宏单元。

9.3.2　可编程输出逻辑宏单元

GAL 器件的灵活性主要体现在可编程的输出逻辑宏单元(OLMC)。在 GAL16V8 内部，8 个输出逻辑宏单元的每一个都有 8 个不同的乘积项(与门的输出)作为其或门的输入，在或门的输出端形成与或功能。我们知道，任一个逻辑函数都可用与或表达式表示，因此这种与或结构具有一般性。在 OLMC 内部，与或形式的输出可经过选定的路径到达输出管脚，实现组合电路，或者作为 D 触发器的输入，在时钟脉冲的作用下实现寄存器输出电路。

为了理解可编程输出逻辑宏单元的详细工作过程，图 9.3.2 给出了 OLMC(n)的结构图，此处 n 是 12～19 中的一个数字。注意，来自与逻辑阵列的 8 个乘积项，其中 7 个直接与或门的输入相连，另一个乘积项作为 2 选 1 乘积项数据选择器(PTMUX)的输入端，经编程选择可作为或门的第 8 个输入端，此乘积项还作为 4 选 1 三态数据选择器(TSMUX)的一个输入端，三态数据选择器的输出控制三态反相缓冲器的使能，用于驱动输出管脚 I/O(n)。输出数据选择器(OMUX)是一个 2 选 1 的数据选择器，它在组合输出(或门)和寄存器输出(D 触发器)之间做出选择。4 选 1 反馈数据选择器(FMUX)在编程信号的控制下，可在 D 触发器输出、本管脚的 I/O(n)、相邻管脚的 I/O(m)或接地信号之间做出选择，经缓冲驱动后作为反馈信号送到与阵列作为输入信号使用。

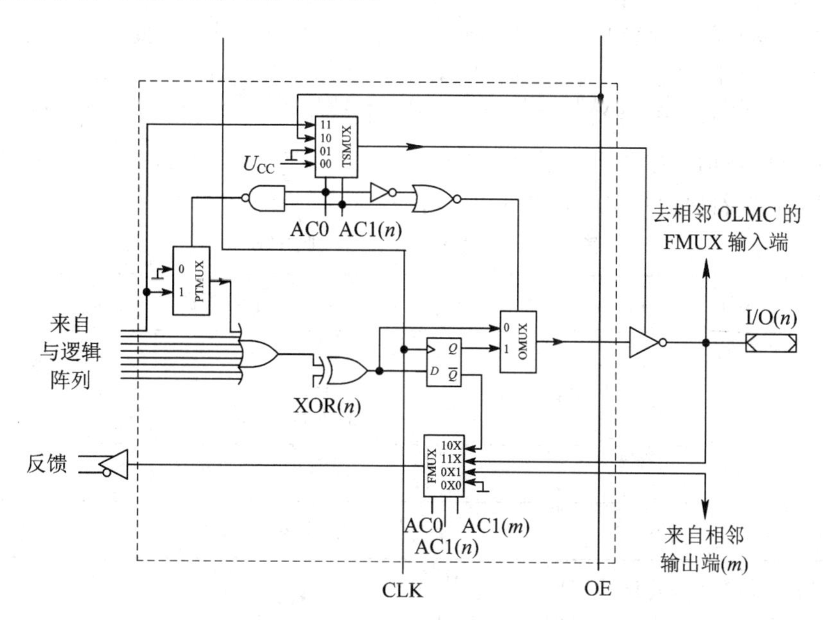

图 9.3.2　OLMC(n)的结构图

每个数据选择器由 EEPROM 矩阵中的可编程位 AC0 和 AC1 来控制，这就是通过编程器变更 OLMC 结构的途径。另一个可编程位是异或门的一个输入端，它提供了可编程输出极性的特点。此处，可编程位标记为 XOR(n)，对于 $x=\overline{XOR(n)}F+XOR(n)\overline{F}$，当 XOR(n)=0 时，$x=F$；当 XOR(n)=1 时，$x=\overline{F}$。在常态下，XOR(n)=1，异或门作为反相器使用，在组合输出方式时，当信号经过三态输出反相缓冲器时，再次反相，故该引脚的输出信号和或门的输出相同。

通过分析每个数据选择器的可能输入，有助于理解各种电路连接的实现。三态数据选择器控制三态反相缓冲器的使能输入，此 4 选 1 数据选择器的 4 个输入分别为电源电压 U_{CC}、接地信号、来自与阵列的一个乘积项、来自引脚 11 的 OE 信号。在 AC0、AC1(n)的不同组合下，如果选择 U_{CC}输入，则三态输出反相缓冲器总是处于使能状态，此时，三态输出反相缓冲器相当于一个普通的反相缓冲器；如果选择接地输入，则三态输出反相缓冲器处于高阻状态，此时，允许此 I/O 引脚作为输入使用；如果来自引脚 11 的 OE 信号作为输入，则三态输出反相缓冲器的使能或者禁止由加到引脚 11 的外部输入逻辑电平决定；最后一种可能的输入选择来自与阵列的一个乘积项，它允许来自输入矩阵的有关变量的与组合来使能或者禁止三态输出反相缓冲器。综上所述，TSMUX 的控制功能可归纳如表 9.3.1 所示。

表 9.3.1 TSMUX 的控制功能表

AC1(n)	AC0	TSMUX 的输出	三态输出反相缓冲器的工作状态
0	0	U_{CC}	使能状态
0	1	OE	OE=0，高阻态；OE=1，使能状态
1	0	低电平	高阻态
1	1	来自与阵列的一个乘积项	由乘积项取值决定

反馈数据选择器 FMUX 选择反馈到输入矩阵的信号。从选择控制信号来看有 AC0、AC1(n)、AC1(m)等 3 个控制变量，但数据输入端仅规定了 4 个，因此，事实上实现了 4 选 1 功能。当 AC0=1 时，AC1(n)有效，由 AC1(n)的 0 和 1 分别选择本单元触发器 $\overline{Q}$ 端或者本单元的 I/O 端；当 AC0=0 时，AC1(m)有效，当 AC1(m)=1 时，选择相邻单元 m 的 I/O 端，当 AC1(m)=0 时，选择低电平，在此种情况下，经反馈缓冲器后为输入矩阵提供常量 1 和 0。FMUX 的控制功能归纳如表 9.3.2 所示。

表 9.3.2 FMUX 的控制功能表

AC0	AC1(n)	AC1(m)	反馈信号来源
0	×	0	低电平
0	×	1	相邻单元 * m 的 I/O 端
1	0	×	本单元触发器的 $\overline{Q}$ 端
1	1	×	本单元的 I/O 端

* 相邻单元的具体含义见 GAL16V8 的电路结构图。

乘积项数据选择器和输出数据选择器均为 2 选 1，也就是说一个控制变量即可完成选择控制功能，但事实上是利用 AC0、AC1(n)的组合函数作为控制变量。具体控制功能见表 9.3.3。

表 9.3.3　PTMUX 和 OMUX 的控制功能表

AC0	AC1(*n*)	PTMUX 的输出信号来源	OMUX 的输出信号来源
0	0	来自与阵列的一个乘积项	异或门的输出端
0	1		
1	0		D 触发器的输出端
1	1	低电平	异或门的输出端

按照上述选择方案，似乎有许多种可能的电路接法。实际上，GAL16V8 的 OLMC 其工作模式可概括为 5 种，即专用输入模式、专用组合型输出模式、反馈组合型输出模式、时序电路中的组合输出模式、寄存器型输出模式。与这 5 种工作模式相对应的编程条件见表 9.3.4，5 种工作模式下的简化电路见图 9.3.3。

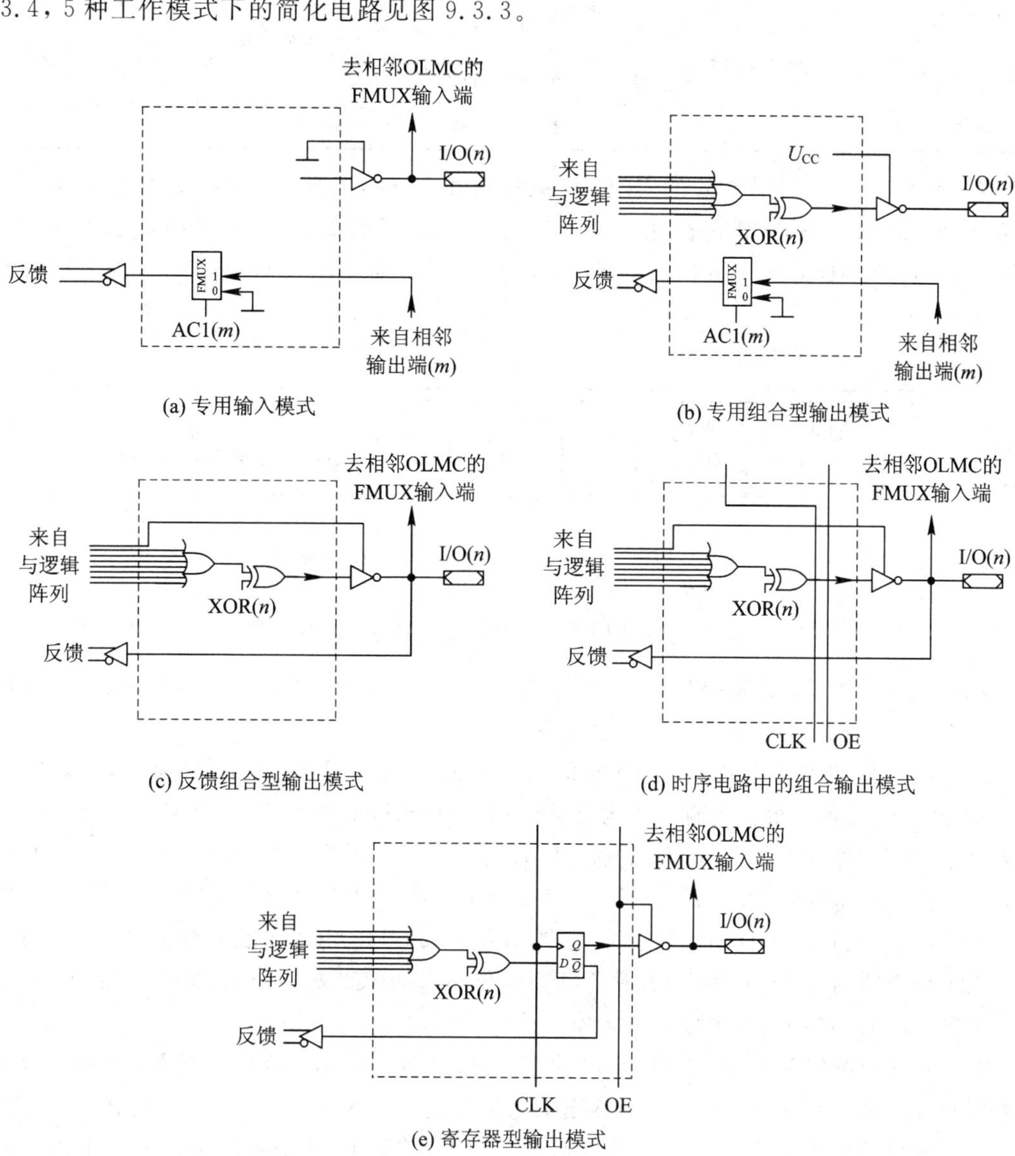

图 9.3.3　OLMC 的 5 种工作模式的简化电路

表 9.3.4　OLMC 的 5 种工作模式

<table>
<tr><th>工作模式</th><th>SYN</th><th>AC0</th><th>AC1(n)</th><th>XOR(n)</th><th>输出极性</th><th>备　　注</th></tr>
<tr><td>专用输入</td><td>1</td><td>0</td><td>1</td><td>×</td><td>×</td><td>1 和 11 脚作为输入，本单元三态门禁止</td></tr>
<tr><td rowspan="2">专用组合型输出</td><td rowspan="2">1</td><td rowspan="2">0</td><td rowspan="2">0</td><td>0</td><td>低电平有效</td><td rowspan="2">1 和 11 脚作为数据输入所有输出是组合型，三态门总是选通</td></tr>
<tr><td>1</td><td>高电平有效</td></tr>
<tr><td rowspan="2">反馈组合型输出</td><td rowspan="2">1</td><td rowspan="2">1</td><td rowspan="2">1</td><td>0</td><td>低电平有效</td><td rowspan="2">1 和 11 脚作为数据输入，所有输出是组合型，三态门选通由乘积项控制</td></tr>
<tr><td>1</td><td>高电平有效</td></tr>
<tr><td rowspan="2">时序电路中的组合输出</td><td rowspan="2">0</td><td rowspan="2">1</td><td rowspan="2">1</td><td>0</td><td>低电平有效</td><td rowspan="2">1 脚为 CLK 输入，11 脚为 OE 输入，本单元输出是组合型的，但其余单元至少有一个是寄存器输出</td></tr>
<tr><td>1</td><td>高电平有效</td></tr>
<tr><td rowspan="2">寄存器型输出</td><td rowspan="2">0</td><td rowspan="2">1</td><td rowspan="2">0</td><td>0</td><td>低电平有效</td><td rowspan="2">1 脚为 CLK 输入，11 脚为 OE 输入</td></tr>
<tr><td>1</td><td>高电平有效</td></tr>
</table>

对于 OLMC 5 种工作模式的实现，可编程软件友好的用户界面会自动处理这些具体的细节问题，但为了正确理解表 9.3.4 和图 9.3.3，了解结构控制字的组成很有必要。GAL16V8 的结构控制字如图 9.3.4 所示，图中 XOR(n)、AC1(n)字段下的数字对应各个 OLMC 的引脚号。

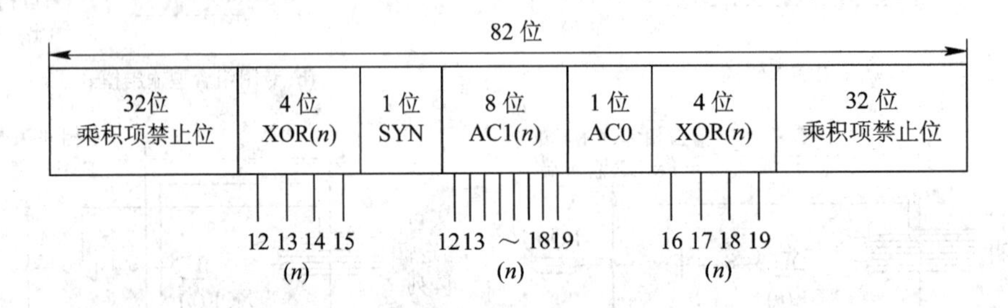

图 9.3.4　GAL16V8 的结构控制字

由图 9.3.4 可见，结构控制字是一个 82 位的可编程单元，每位取值可为 1 或者 0，按功能可分为 5 个组成部分，各部分的功能如下：

(1) 同步控制 SYN。通过对 SYN 的编程，决定 GAL 器件是具有寄存器型输出结构(SYN＝0)，还是单一组合型输出结构(SYN＝1)。在 OLMC(12)和 OLMC(19)中，SYN 还可替代 AC1(m)作为 FMUX 的选择输入信号之一，这是因为在 OLMC(12)和 OLMC(19)中，没有相邻的输出单元 m 与它相连，而实际上相连的分别是来自 11 脚和 1 脚的输入信号。

(2) 结构控制位 AC1(n)。AC1(n) 共有 8 位，每个 OLMC(n) 具有独立的 AC1(n)。

(3) 结构控制位 AC0。8 个 OLMC 共用 1 位 AC0，AC0 与各个 OLMC(n)的 AC1(n)配合，控制 OLMC(n)中的各个数据选择器。

(4) 极性控制位 XOR(n)。XOR(n)共有 8 位，每个 OLMC(n)对应 1 位，它通过异或门来控制输出极性。XOR(n)＝0，对应输出低电平有效；XOR(n)＝1，对应输出高电平有效。

(5) 乘积项禁止位(PT)。PT 共有 64 位，分别和阵列中 64 个乘积项(PT0～PT63)相对应，用以禁止某些不用的乘积项。

9.3.3　GAL器件的特点

GAL器件相对于PAL来说是一大进步，其主要特点可概括如下：

(1) 采用了E^2PROM技术，使编程改写变得方便快速，且每片至少可重复编程100次。

(2) 采用了可编程的输出逻辑宏单元OLMC，使得GAL器件对复杂的逻辑电路设计具有较大的灵活性。

(3) GAL器件备有加密单元，可防止他人抄袭设计电路；备有电子标签，方便文档管理。

尽管GAL器件具备上述优点，但它还属于LPLD器件，内部可利用的硬件资源较少，对于较大的数字系统设计而言，理论上可通过将系统分为多个模块，每个模块用一片GAL实现的方案，但这并不是解决问题的最佳方案，而HPLD的发展，已经解决了GAL器件的不足之处。

9.4　高密度可编程逻辑器件

前述几节讨论的PLD器件均属于LPLD器件，其集成密度一般小于1000个等效门电路，它们在早期的可编程器件应用中起到了积极的推动作用。为了实现复杂的数字系统，要求PLD器件具有更多的输入/输出信号，更多的乘积项和宏单元，由此产生了高密度可编程逻辑器件(HPLD)。HPLD与LPLD之间的主要区别在于可用逻辑资源的数量，前者一般具有几千到几十万个可用的门电路。HPLD按其结构可分为复杂可编程逻辑器件(CPLD)和现场可编程门阵列(FPGA)两种类型。

典型的CPLD器件是在一个芯片上把多个GAL型器件组合成一个阵列，其逻辑块本身是可编程的与阵列和固定连接的或阵列组成的逻辑电路。与大多数GAL相比，每个逻辑块可用的与项数较少，当需要更多的乘积项时，相邻逻辑块之间的乘积项可以共享，或者几个逻辑块共同实现一个逻辑表达式。在CPLD内部，可编程的互连线十分整齐地分布在芯片中，产生固定的信号延迟。多数CPLD具有独立的可编程I/O模块，通过编程可实现输入、输出，或者双向功能。CPLD所采用的可编程技术都是非易失性的，包括EPROM、E^2PROM和快闪存储器，以采用E^2PROM技术最为普遍。CPLD基本的与或结构形式，使它更适合于实现组合逻辑电路占主导地位的数字系统。

FPGA在结构上与CPLD不同，它通常由许多比较小的、独立的可编程模块组成，每个模块一般最多仅能处理4～5个输入变量，这些模块通过互连而产生较大的逻辑函数。FPGA的逻辑块一般采用查找表(LUT)的方式产生所要求的逻辑函数，查找表功能就像真值表，其输出可编程，对于每一组输入组合，存储适当的0和1，从而产生所要求的组合函数。FPGA内部可编程的信号布线资源十分灵活，具有许多不同的可选路径长度，所产生的信号延迟取决于编程软件所选择的实际信号线。FPGA具有可编程的输入/输出模块，每个输入/输出模块与一个I/O引脚相连，输入/输出模块根据编程可组合为输入、输出或者双向功能，其内嵌式的锁存器可用来锁存输入/输出数据。FPGA器件使用的编程技术包括SRAM、快闪存储器和反熔丝结构，其中SRAM技术应用最为普遍。基于SRAM的器件是易失性的，因此上电后要求重新配置FPGA。定义每一个逻辑块具有何种逻辑功能，一个I/O模块是输入还是输出，模块之间是如何连接的等编程信息，都存储在外部存储器中，当电源接通时，由外部存储器装载到基于 SRAM 的 FPGA 中。FPGA 芯片中所含的查找表和触发器数量非常多，因此它更适合用来设计复杂的时序逻辑电路。

9.4.1 典型的 CPLD 结构

CPLD 电路结构比 LPLD 要复杂得多，但功能更强。不同半导体器件厂家生产的 CPLD 器件在电路结构上有所不同，但其基本逻辑单元的共同特点是采用与或结构形式。下面以 Altera 公司的 EPM7128S 和 Lattice 公司的 ispLSI1032 为例，简单介绍 CPLD 的结构形式。

1. Altera 公司的 EPM7128S CPLD

EPM7128S 是 Altera 公司生产的 MAX7000S 系列芯片中基于 EECMOS 工艺的器件，具有在系统可编程功能。图 9.4.1 是 MAX7000S 系列的结构图，其主要结构是逻辑阵列块(CLB)、可编程互联矩阵(PIA)及输入输出控制模块(IOCB)。

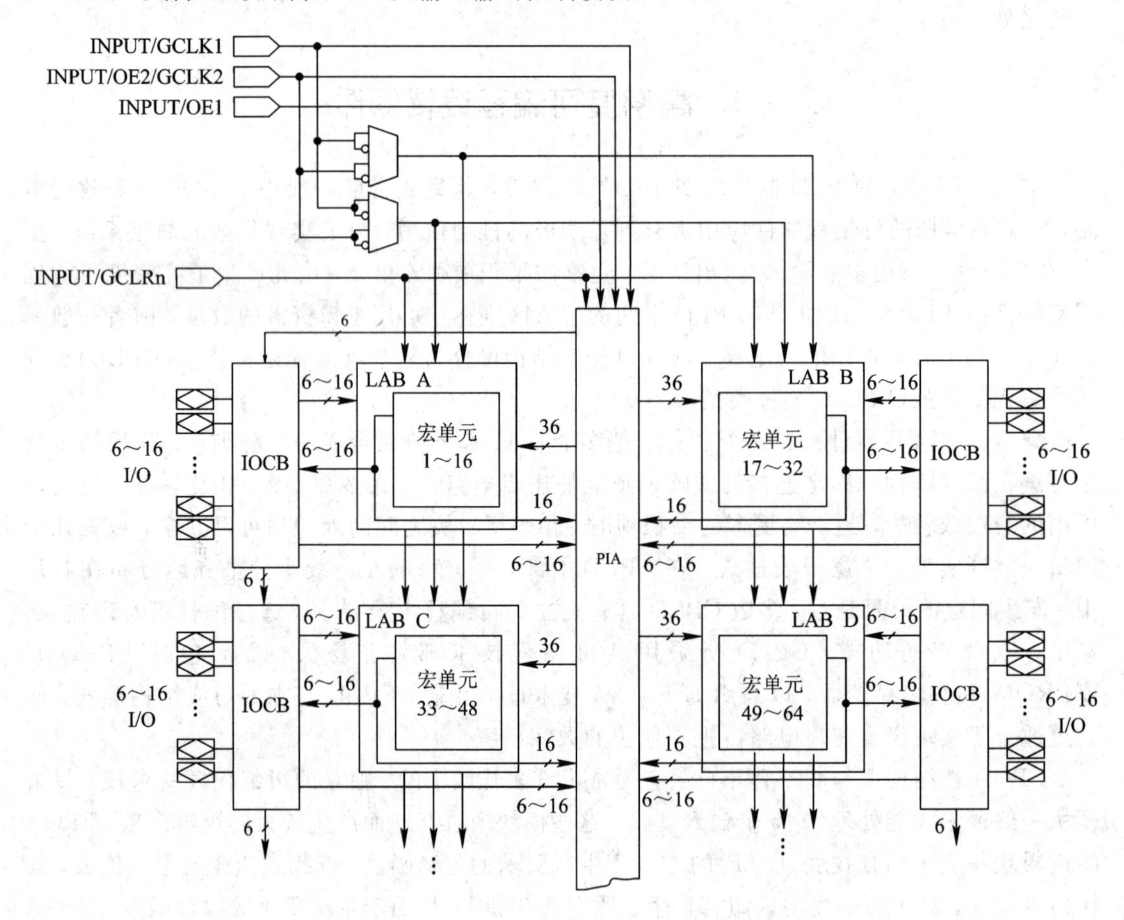

图 9.4.1　MAX7000S 系列的结构图

一个 LAB 包含一组 16 个宏单元，宏单元与单片 SPLD 器件十分类似，每个宏单元由可编程的与阵列、乘积项选择矩阵和可编程触发器组成，如图 9.4.2 所示。每个宏单元可产生组合输出或者寄存器型输出，当产生组合输出时，宏单元中所包含的触发器被旁路。可编程的与阵列及固定的或阵列与 GAL 芯片中的相应电路十分类似，每个宏单元能产生 5 个与项，尽管它比 GAL 芯片中的与项个数少，但对于大多数逻辑函数来说这经常是足够的。为了满足更多乘积项的编程需要，宏单元支持两种方式的乘积项扩展功能。一种是并联扩展乘积项，它允许一个宏单元从同一个 LAB 中 3 个相邻的宏单元中每个借来 5 个乘积项，故并联逻辑扩展能提供总数达 20 个乘积项，原来的宏单元不能再使用借出的门电路。在每个 LAB 中，另一种可用的扩展选择为共享扩展乘积项，这种扩展方式不是增加更多的乘积项，而是每个宏单元提供一个乘积项连接到与阵列作为共用的乘积项，供同一个 LAB 中的其他宏单元使用。当一个 LAB 中有 16 个宏单元时，则总共有 16 个共享乘积项可供使用。按照设计逻辑的要求，编译器能自动优化 LAB 内部可用乘积项的配置，但使用上述两种扩展功能都会增加少量的传输延迟。

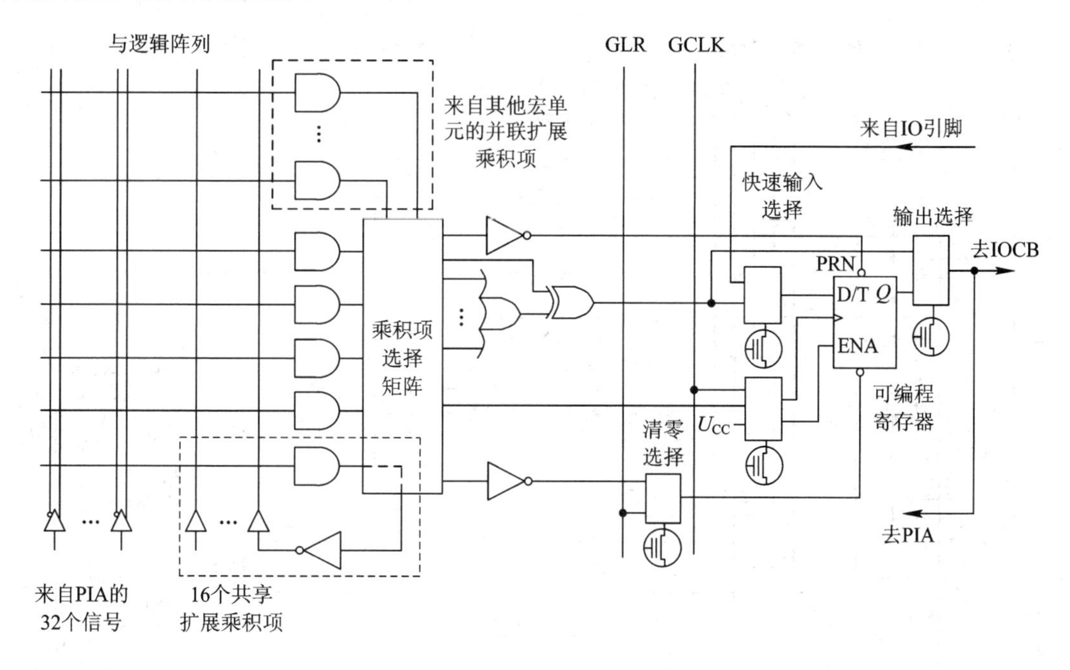

图 9.4.2　MAX7000S 系列的宏单元

逻辑信号经由 PIA 在各个 LAB 之间传递，PIA 属于全局总线，它可使器件内部任何信号源与任何目的地互连。MAX7000S 器件的所有输入和全部宏单元的输出信号均可通过 PIA 送到各个 LAB，从 PIA 到每个 LAB 有多达 36 条信号线，但传递到任一个 LAB 的信号仅仅是该 LAB 产生所要求的逻辑函数所需要的信号。

由 IOCB 确定每个 I/O 引脚作为输入、输出或者双向工作方式，所有 I/O 引脚都具有三态缓冲器，这些三态缓冲器有 3 种控制方式：永久性地使能或者禁止；由 2 个全局输出使能信号 OE1 或 OE2 输入引脚上的信号控制；由其他输入或者其他宏单元产生的函数来控制。当一个 I/O 引脚确定为输入时，相应的宏单元作为隐藏逻辑。

EPM7128S 有 4 个专用输入引脚，可用作特定的高速控制信号或者一般的用户信号输入。GCLK1 是器件中所有宏单元主要的全局时钟脉冲输入端，用来使设计中的所有寄存器进行同步操作，对于 EPM7128SLC84，GCLK1 信号固定由第 83 个引脚输入。第二个全局时钟脉冲信号 GCLK2 由第 2 引脚输入，作为备用引脚，它可以用作设计具有三态输出的任一宏单元的第 2 个全局使能信号(OE2)。OE1 作为主要的三态使能输入信号，固定在第 84 个引脚。第一个引脚的控制信号 GCLRn 为低电平有效的输入信号，用来控制任一个宏单元中寄存器异步清零。

EPM7128S 可采用在系统编程方式或者编程器编程方式。当对设计进行编程时，必须指出器件是否采用JTAG(Joint Test Action Group，联合测试工作组)接口。当采用在系统编程方式时，其JTAG接口要求4个特定引脚专用于编程接口，因此不能作为一般用户I/O使用。在系统可编程目标器件采用JTAG的引脚通过驱动电路与PC的并行口相连，其接线图如图9.4.3所示。4个JTAG信号分别叫作测试信号输入TDI、测试信号输出TDO、测试模式选择TMS、测试时钟脉冲TCK。由于采用了在系统可编程方式，对于EPM7128SLC84，用户I/O引脚总数减少为64个。当采用编程器进行编程时，则总共有68个I/O引脚供用户使用。

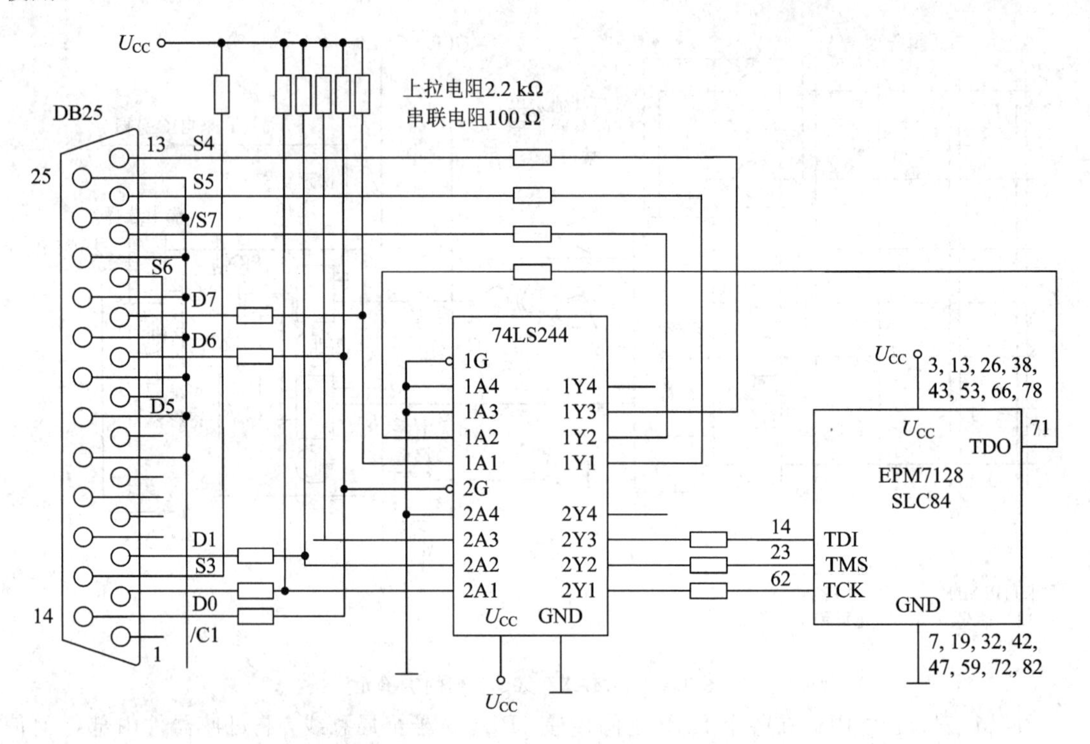

图9.4.3　EPM7128SLC84与PC的并行口之间的JTAG接口电路

2. Lattice公司的ispLSI1032

ispLSI1032是Lattice公司生产的高密度在系统可编程逻辑器件，其内部电路的结构框图如图9.4.4所示。它的主要结构包括通用逻辑块(Generic Logic Block，GLB)、输入输出单元(Input/Output Cell，IOC)、可编程的全局布线区(Global Routing Pool，GRP)和时钟分配网络。

由图9.4.4可见，ispLSI1032有32个GLB，在GRP四周形成4个结构相同的大模块。GLB的电路结构图如图9.4.5所示，每个GLB由可编程的与阵列、乘积项共享或阵列和功能控制电路组成。这种结构形式与GAL类似，但由于采用了乘积项共享的或阵列结构，因此器件编程具有更大的灵活性。

GLB的与阵列有18个输入，其中16个来自GRP，2个来自专用输入引脚。它们经输入缓冲之后产生互补信号，通过对与阵列编程可以产生20个乘积项，这20个乘积项分为4组，但每组所含乘积项的数目不同，最多的一组为7个乘积项。通过对乘积项共享或阵列编程，最多可实现20个乘积项输出。通过对GLB编程，可以将GLB设置为标准配置模式(如图9.4.5所示)、高速旁路模式、异或逻辑模式、单乘积项模式和多重模式，以满足不同逻辑

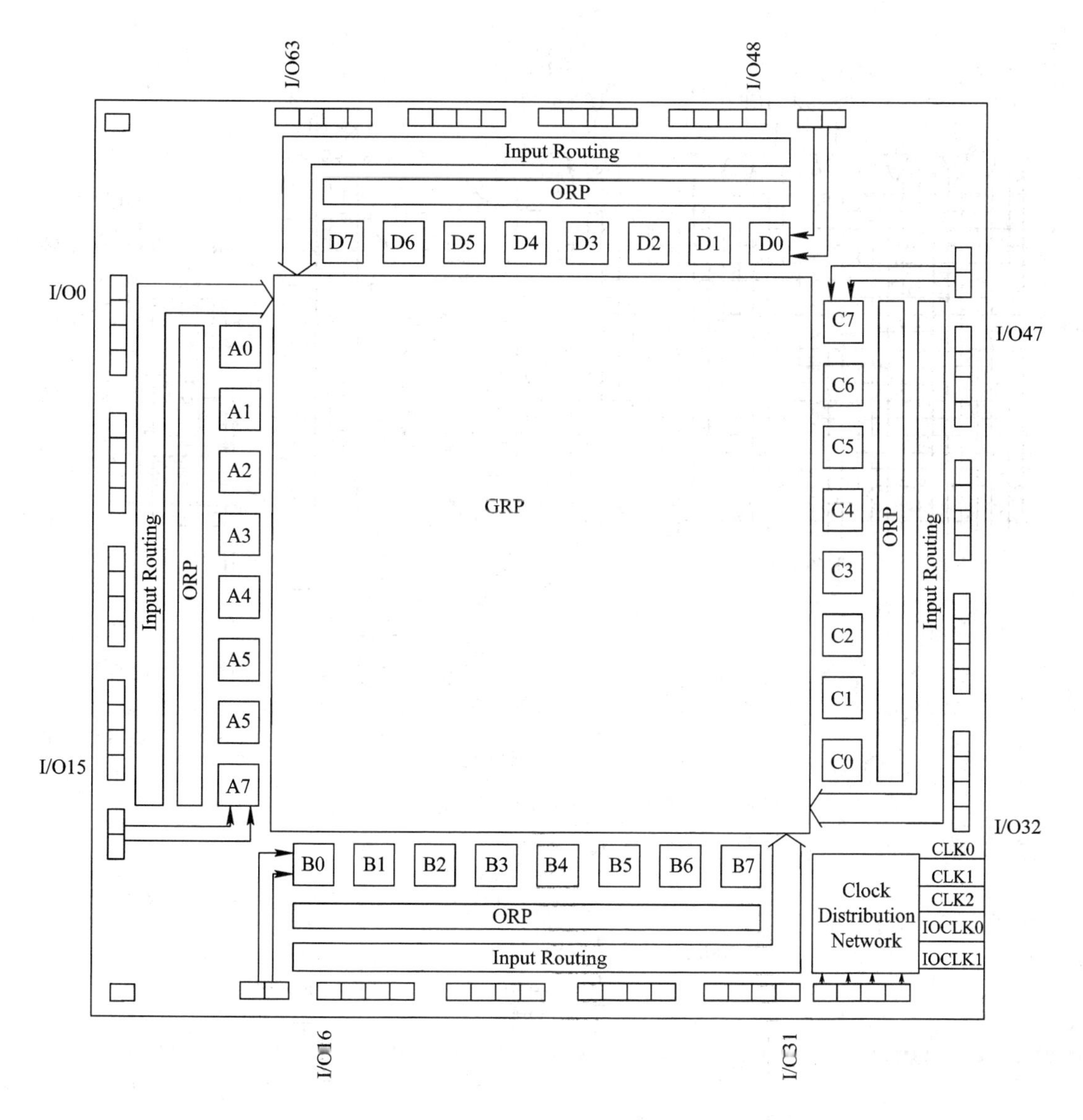

图 9.4.4　ispLSI1032 的电路结构框图

电路的需要。

IOC 是可编程逻辑器件外部封装引脚和内部逻辑模块之间的接口电路，其电路结构如图 9.4.6 所示。它由三态输出缓冲器、输入缓冲器、输入寄存器/锁存器和几个可编程的数据选择器组成。通过对 IOC 中可编程单元的编程，可将引脚定义为输入、输出或者双向功能。观察图 9.4.6 可见，MUX1 用于控制三态输出缓冲器的工作状态；MUX2 用于选择输出信号的传输通道；MUX3 用于选择输出信号的极性。MUX4 用于输入方式的选择，在异步输入方式下，来自引脚的输入信号经输入缓冲器直接传递到 GRP；在同步输入方式下，输入信号在时钟信号控制下存入 D 触发器，然后经过缓冲送到 GRP。MUX5 用于选择 D 触发器的时钟信号来源；MUX6 用于选择时钟信号极性。IOC 中的触发器工作方式是可编程的，通过对其编程，当 R/L 为低电平时，D 触发器为锁存器工作方式；当 R/L 为高电平时，D 触发器为边沿触发器工作方式。

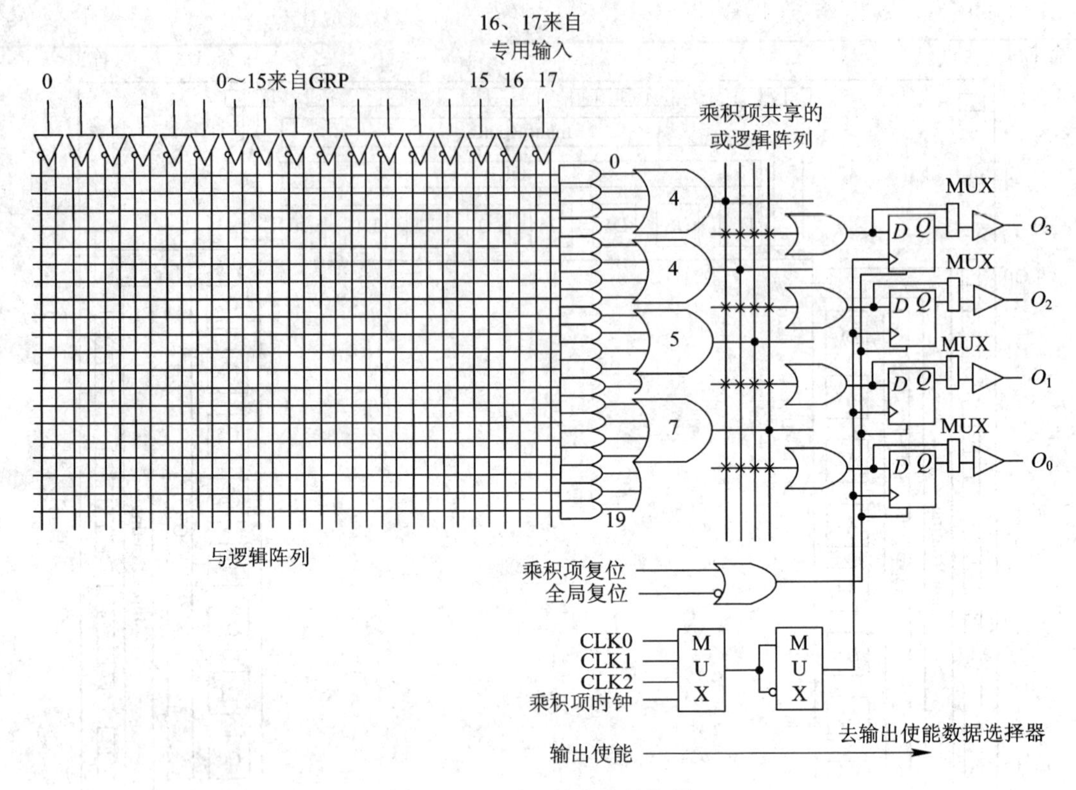

图 9.4.5　GLB 的电路结构图

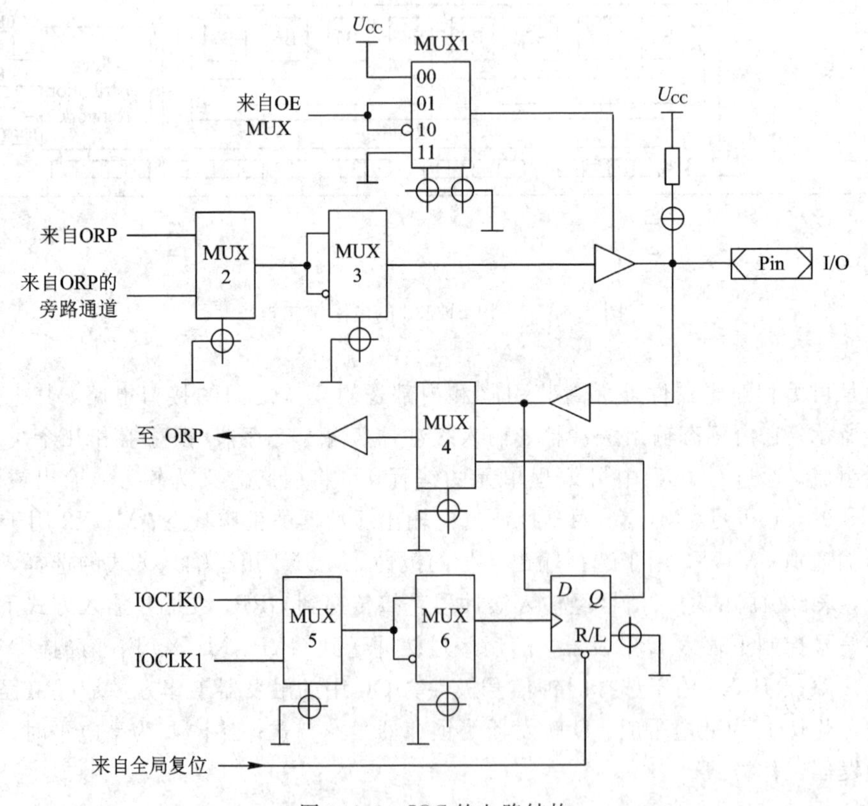

图 9.4.6　IOC 的电路结构

GRP 为可编程矩阵网络，每条纵线和每条横线的交叉点是否连通由一位编程单元的状态控制。通过对 GRP 编程，可以实现所有 GLB 之间的互连，以及 IOC 与 GRP 的连接。4 个输出布线区分别介于 4 组 GLB 和 IOC 之间，通过对 ORP 的编程，可以实现 GLB 的输出与 IOC 相互连接，这一特性给引脚定义提供了较大的灵活性。

时钟分配网络 CDN 的输入信号由 4 个专用输入端 Y0、Y1、Y2、Y3 提供，它的输出信号有 5 个，分别为 CLK0、CLK1、CLK2、ICLK0、ICLK1，前 3 个用于 GLB，后 2 个用于 IOC。

9.4.2　现场可编程门阵列

FPGA 是另一种类型的高密度可编程逻辑器件，图 9.4.7 是 FPGA 的基本结构框图，它由可编程逻辑块(CLB)、可编程输入输出模块(IOB)、可编程互连资源(IR)和一个用于存放编程数据的静态存储器(SRAM)组成。可编程资源的状态由编程数据存储器中的数据设定。

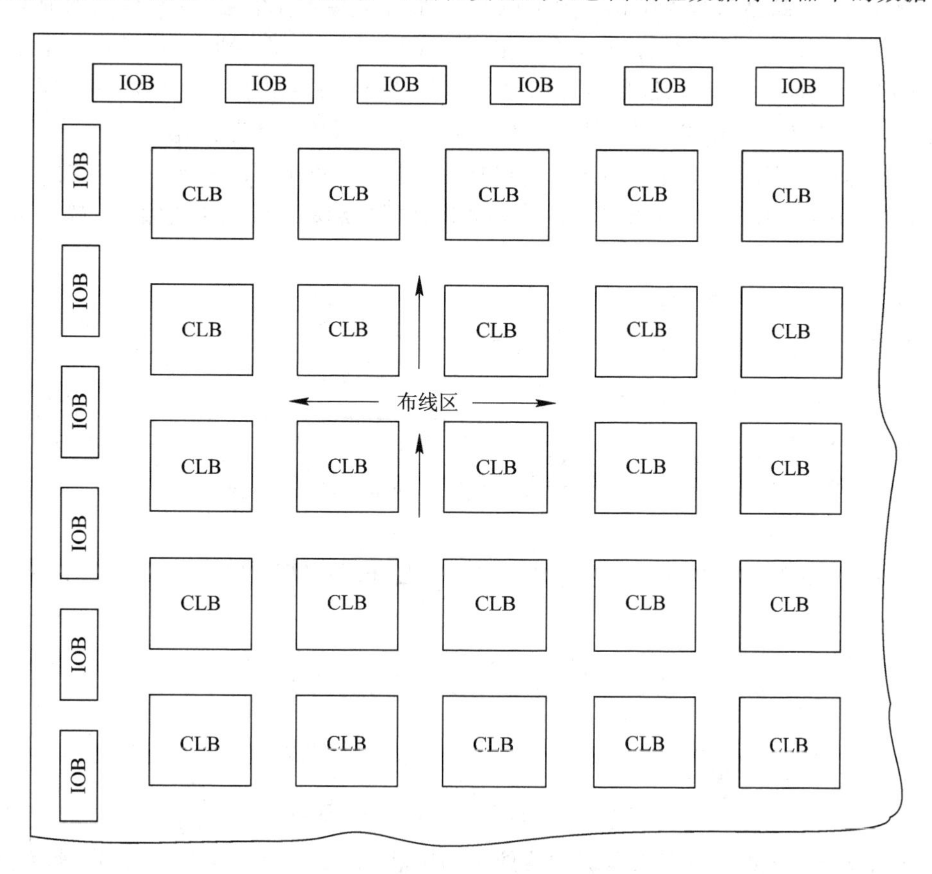

图 9.4.7　FPGA 的基本结构框图

CLB 用于实现一个 FPGA 芯片中的大部分逻辑功能，典型 CLB 的结构原理图如图 9.4.8 所示，它包括组合逻辑函数发生器(查找表)、触发器和多路数据选择器。

逻辑函数发生器一般由多个 16×1 的存储器查找表来实现，其中每个都能实现由任意 4 个独立的输入信号 *ABCD* 组合产生的任意组合逻辑函数，并且根据编程选择，可以实现 3 个或者 5 个输入变量的组合逻辑函数。

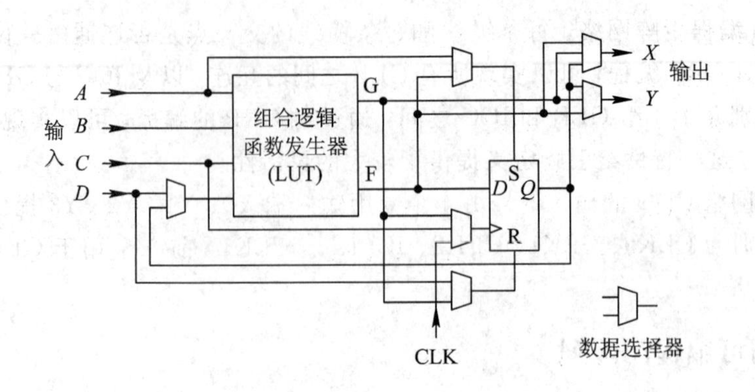

图 9.4.8 CLB的结构原理图

CLB中的触发器用于存储逻辑函数发生器的输出，触发器和逻辑函数发生器可以独立使用。时钟信号由数据选择器给出，既可以选择片内公共时钟信号 CLK 作为时钟信号，工作在同步方式；又可以选择组合电路的输出或者 CLB 的输入作为时钟信号，工作在异步方式。通过数据选择器，还可以选择时钟信号的上升沿或者下降沿触发。触发器可通过数据选择器选择异步置位或者清零信号，从而实现对触发器的置位或清零操作。

IOB 为芯片外部封装引脚和内部逻辑连接提供接口，每个 IOB 控制一个封装引脚。典型的 IOB 电路如图 9.4.9 所示，通过对各个数据选择器的编程，可配置成输入、输出或者双向功能。

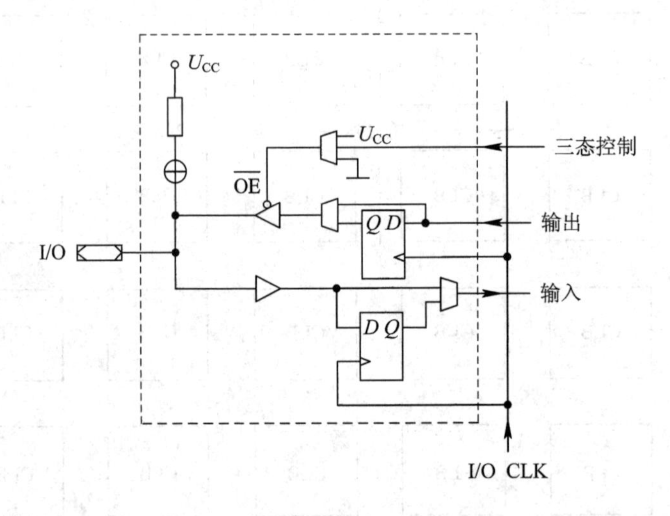

图 9.4.9 典型的 IOB 电路原理图

在输入工作方式时，三态输出缓冲器处于高阻状态，输入信号经输入缓冲器后，可以直接输入，也可以通过寄存器输入，此时，在同步输入时钟 CLK 的控制下，加到 I/O 引脚的输入信号才能送往 FPGA 的内部电路。在输出工作方式时，输出信号由输出数据选择器选择是直接送三态输出缓冲器，还是经过 D 触发器寄存后再送三态输出缓冲器。IOB 内部具有上拉、下拉控制电路，当某个引脚没有用到时，可通过上拉电阻接电源电压或者下拉电阻接地，以免引脚悬空引起不必要的噪声。

为了能将 FPGA 中众多的 CLB 和 IOB 连接成各种复杂的系统，在布线区内布置了丰富的连线资源。这些互连资源包括金属线、开关矩阵(SM)和可编程连接点，如图 9.4.10 所示，其中金属线分布在CLB阵列的行列间隙上，这些线可分为单长线、双长线和长线等类型。单长线是分布在CLB周围的水平和垂直连线，长度等于相邻2个SM之间的距离。双长线的长度是单长线的2倍，即一根双长线要经过2个CLB再汇集到SM。采用双长线可减少编程开关的数量，提高FPGA的工作速度。长线在水平或者垂直方向贯通，它们通常用于连接时钟及全局清零等信号。

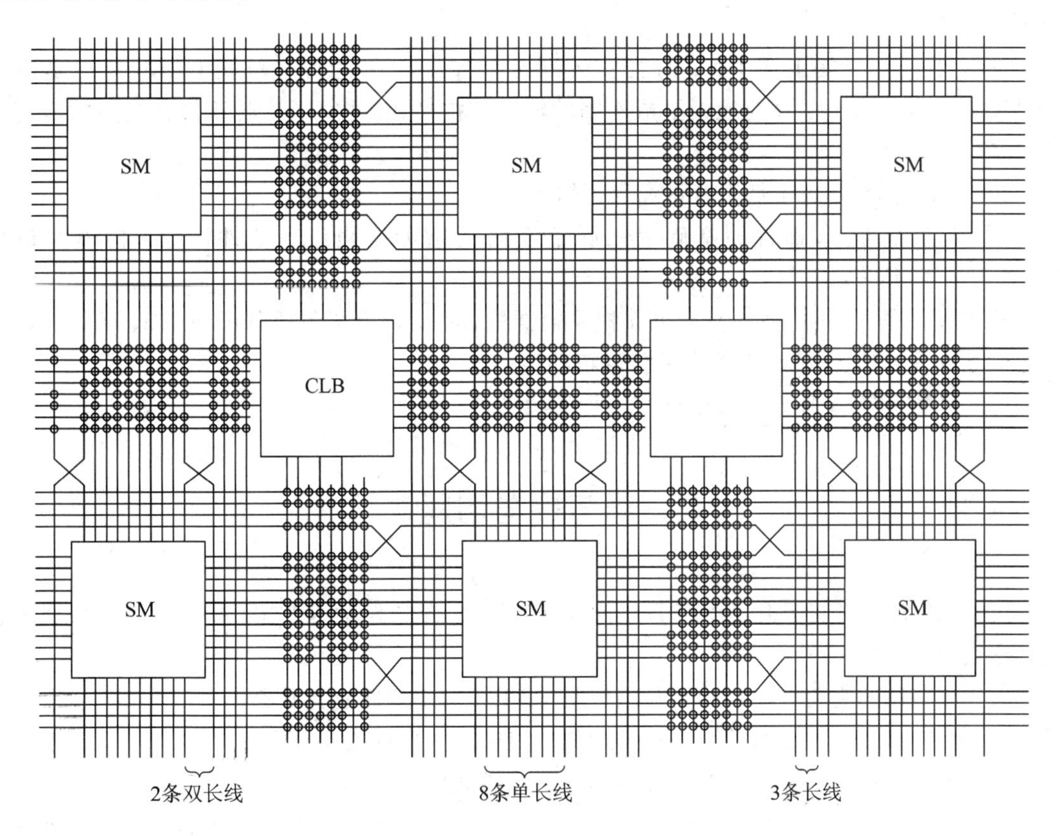

图 9.4.10　FPGA 可编程的互连资源

SRAM的基本单元结构如图9.4.11所示，它由2个CMOS反相器和一个用来控制读写的MOS传输开关组成，在FPGA中以点阵形式分布的这些单元，其数据(0或者1)在配置时写入。一般情况下，MOS传输开关处于断开状态，几乎不耗电，具有高度的可靠性、抗噪声能力。

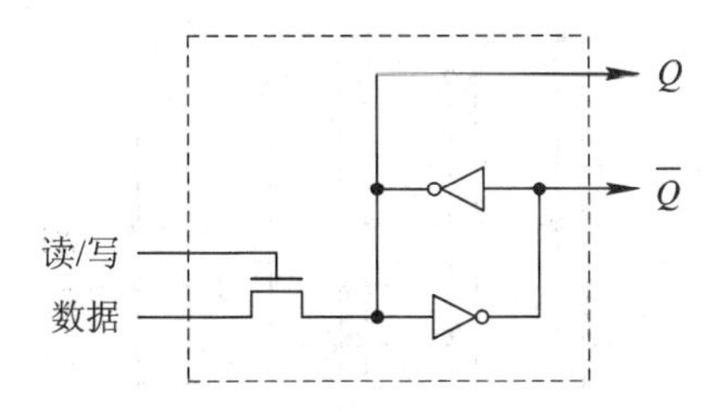

图 9.4.11　SRAM 的基本单元结构

本章小结

PAL的电路结构包括固定的或逻辑阵列和可编程的与逻辑阵列，其输出电路结构形式与型号有关。

GAL在电路结构上与PAL的主要区别是增加了输出逻辑宏单元OLMC，正是由于OLMC的可编程结构，使它能设置成不同的输出结构形式，故GAL器件具有较强的通用性和灵活性。

PAL和GAL都属于低密度可编程逻辑器件。

CPLD是在GAL器件的基础上发展起来的复杂可编程逻辑器件，其结构模块包括IOCB、LAB、PIA，每个LAB类似于一个GAL。

FPGA是基于SRAM的复杂可编程逻辑器件，其结构模块包括IOB、CLB、IR等，CLB用于实现一个FPGA芯片中的大部分逻辑功能。

CPLD和FPGA都属于高密度可编程逻辑器件。

思考题与习题

9.1 PLD的含义是什么？PLD电路图中两条线的交叉点“•”表示什么含义？“×”又表示什么含义？

9.2 PAL的主要电路结构是什么？它与PLA的主要区别是什么？

9.3 GAL的含义是什么？GAL与PAL相比其主要优点是什么？

9.4 什么是OLMC？OLMC有哪几种工作模式？

9.5 试用图9.2.3所示的PAL电路实现下述逻辑函数，并要求画出编程后的阵列图。

$$Y_0 = A\overline{B} + \overline{A}\overline{C}$$

$$Y_1 = \overline{A} + B\overline{C}$$

$$Y_2 = A\overline{B}C + \overline{A}B + AB\overline{C}$$

9.6 分析图9.1所示PAL构成的逻辑电路，试写出输出与输入的逻辑表达式。

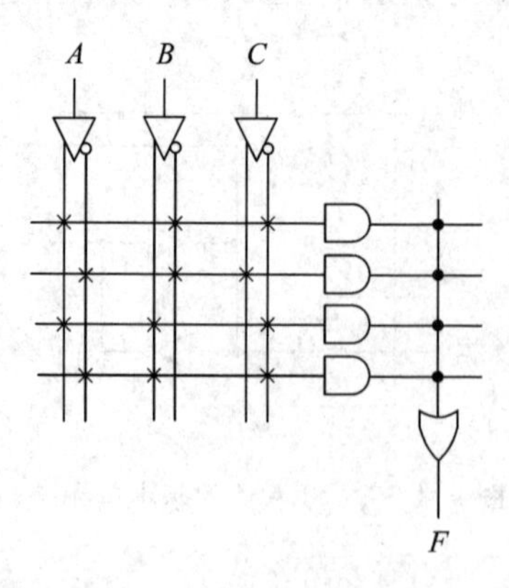

图9.1 题9.6图

9.7　CPLD 与 FPGA 之间的主要区别是什么？

9.8　CPLD 的主要组成结构是什么？FPGA 的主要组成结构是什么？

9.9　试分析图 9.2 中由 PAL16L8 构成的逻辑电路，写出 Y_1、Y_2、Y_3 与 A、B、C、D、E 之间的逻辑关系式。

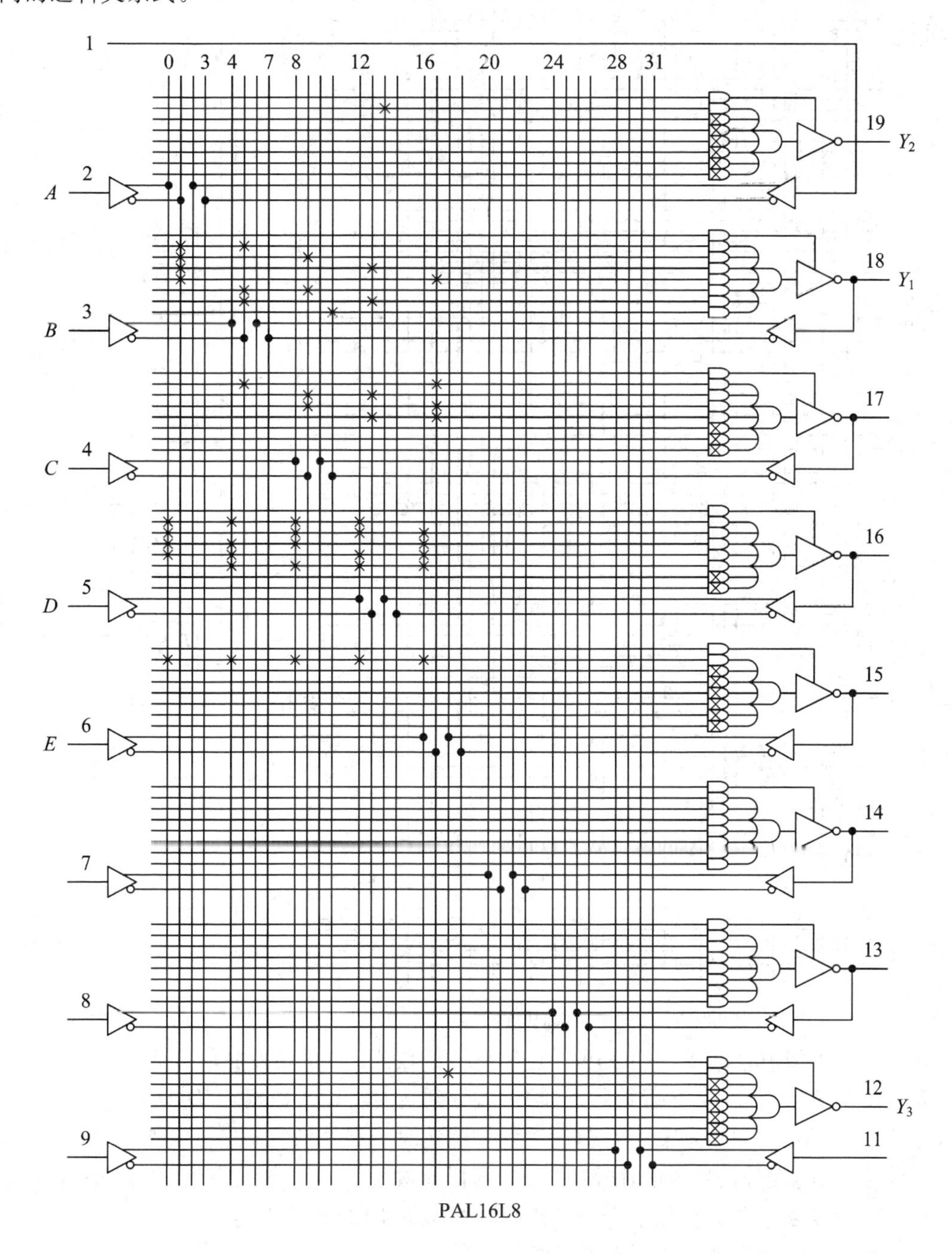

图 9.2　题 9.9 图

9.10　试分析图 9.3 由 PLA16R4 构成的时序逻辑电路，写出电路的驱动方程、状态方程、输出方程，画出电路的状态转换图。工作时，11 脚接低电平。

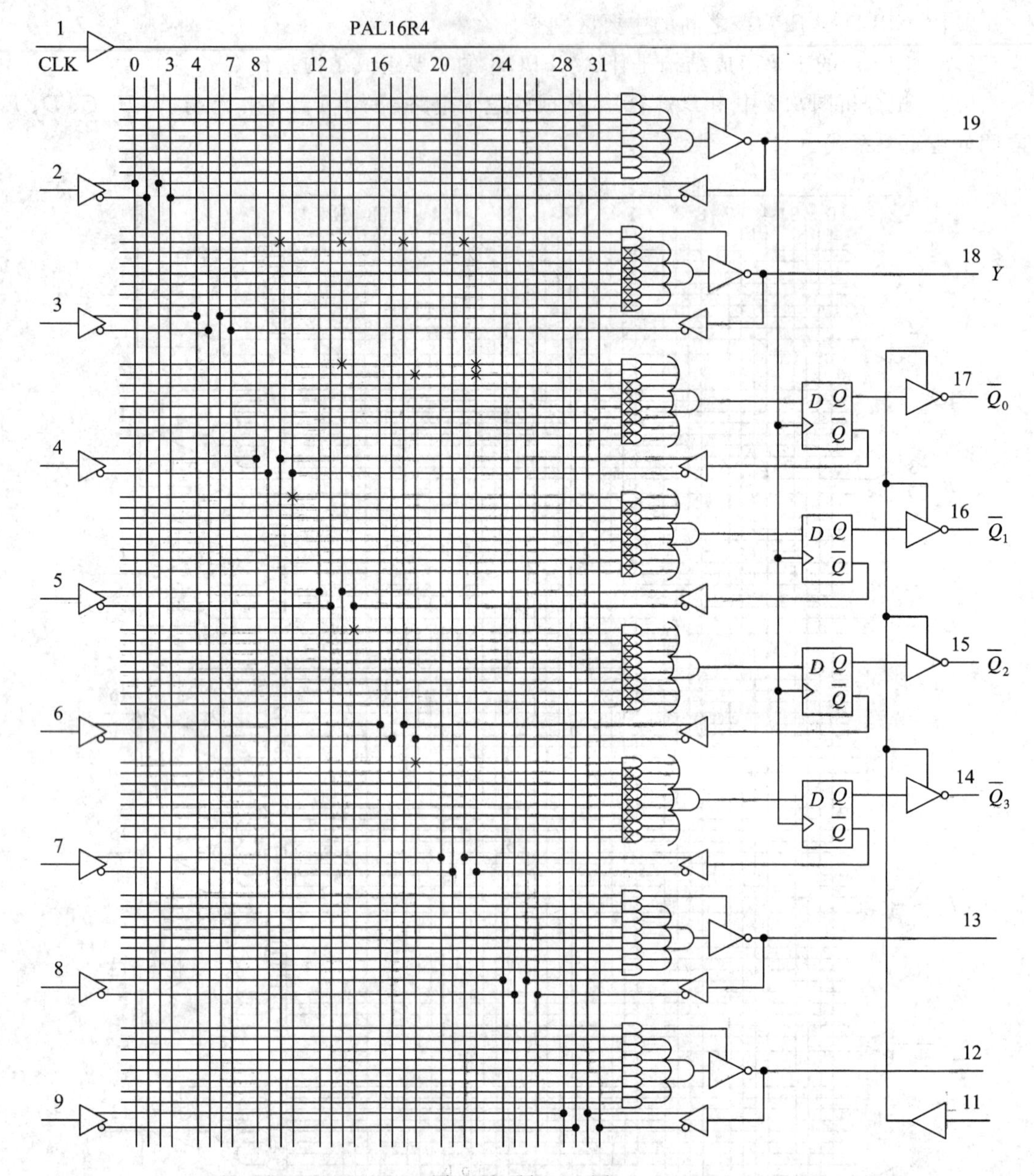

图 9.3 题 9.10 图

9.11 用 PAL16R4 设计一个四位二进制可控计数器。要求在控制信号 $M_1M_0=11$ 时作加法计数；在 $M_1M_0=10$ 时为预置数状态(时钟信号到达时将输入数据 $D_3D_2D_1D_0$ 并行置入 4 个触发器中)；$M_1M_0=01$ 时为保持状态(时钟信号到达时所有的触发器保持状态不变)；$M_1M_0=00$ 时为复位状态(时钟信号到达时所有的触发器同时被置 1)。此外，还应给出进位输出信号。

9.12 试说明在下列应用场合下选用哪种类型的 PLD 最为合适。

(1) 小批量定型产品中的中规模逻辑电路。

(2) 产品研制过程中需要不断修改的中、小规模逻辑电路。

(3) 少量定型产品中需要的规模较大的逻辑电路。

(4) 需要经常改变其逻辑功能的规模较大的逻辑电路。

(5) 要求能以遥控方式改变其逻辑功能的逻辑电路。

第 10 章　数字系统硬件设计

内容提要：本章主要介绍了硬件描述语言 VHDL 的基本语法及特点，应用 VHDL 设计数字系统的基本方法、基本设计流程和程序设计的基本结构。

学习提示：采用硬件描述语言对数字系统进行描述是现代数字系统设计的发展方向，了解和初步掌握 VHDL 硬件描述语言十分必要。

10.1　VHDL 概述

硬件描述语言(Hardware Description Language，HDL)是电子系统硬件行为描述、结构描述和数据流描述的语言。3 种描述方法形成 3 种不同的设计风格。利用硬件描述语言，可以进行数字电子系统 SoC、FPGA 和集成电路 ASIC 的设计。

国外硬件描述语言种类很多，有的从 Pascal 发展而来，有的从 C 语言发展而来。有些 HDL 称为 IEEE 标准，但大部分则是企业标准。VHDL(Very High Speed Integrated Circuit Hardware Description Language，超高速集电路硬件描述语言)来源于美国军方，其他硬件描述语言则来源于民间的公司。这些不同的语言发展到我国，产生了不同的影响。目前在我国比较有影响的硬件描述语言有两种——VHDL 语言和 Verilog HDL 语言，均已成为 IEEE 标准语言。

电子设计自动化(Electronic Design Automatic，EDA)技术的基础是描述语言、设计工具和实现器件。三者的关系是：设计师用硬件描述语言描绘出硬件的结构或行为，用 EDA 设计工具将这些描述编译、综合、映射成与半导体工艺无关的硬件配置文件，半导体器件 FPGA 则是这些硬件配置文件的实现载体。当给 FPGA 器件加载、配置上不同的文件时，这个器件便具有不同的功能。在这一系列的设计、综合、仿真、验证、配置的过程中，现代电子设计方法贯穿于其中。

以 HDL 语言表达设计意图、以 FPGA 为硬件实现载体、以计算机为设计开发环境、以 EDA 软件为开发工具的现代电子设计方法是电子设计工程师要掌握的基本技能之一。本章从应用的角度向读者介绍 VHDL 编程技术，让读者掌握 VHDL 编程方法，为集成电路的前端设计打下基础。

10.1.1　硬件描述语言的发展

下面介绍其发展的技术根源和社会根源。

1. VHDL 发展的技术根源

在 VHDL 形成之前，已有许多程序设计语言，如 C、Pascal、Fortran、Prolog 等。这些语言运行在不同的硬件平台和不同的操作环境中，它们适合于描述过程和算法，不适合作硬件描述。在利用 EDA 工具进行电子设计时，逻辑图、分立电子元件作为整个电子系统的设计越来越复杂，已不适应设计要求。一款 EDA 工具，需要一种硬件描述语言来作为它的工作语言。众多的 EDA 工具开发者各自推出了自己的硬件描述语言。

2. VHDL 发展的社会根源

美国国防部电子系统项目有众多的承包公司。由于各公司的技术路线不一致，许多产品不兼容，再加上使用各自的设计语言，使得各公司的设计不能被重复利用，造成了信息交换困难和维护困难。美国政府为了降低开发费用，避免重复设计，由国防部为超高速集成电路提供一种硬件描述语言 VHDL，期望它功能强大、语法严密、可读性好。政府要求各公司的合同都用该语言来描述，以避免产生歧义。

由政府牵头，VHDL 工作小组于 1981 年 6 月成立，提出了一个满足电子设计各种要求、能够作为工业标准的硬件描述语言。1983 年第三季度，由 IBM 公司、TI 公司、Inter metrics 公司签约组成开发小组，工作任务是提出语言版本和开发软件环境。1986 年，IEEE 标准化组织开始工作，讨论 VHDL 语言标准，并于 1987 年 12 月通过标准审查，VHDL 1.0 版本宣布实施，即 IEEE STD 1076－1987。从此以后，美国国防部实施新的技术标准，要求电子系统开发商的合同文件一律采用 VHDL 文档，即第一个官方 VHDL 标准得到推广、实施和普及。

1993 年，经过重新修订发布了 VHDL 2.0 版本，从而形成新的标准，即 IEEE STD 1076—1993。

2006 年，VHDL 发布了 VHDL 3.0 版本，除了与旧版本完全兼容外，新版本还提供了许多扩展功能，使得编写和管理 VHDL 代码更加容易。一些关键的改动包括将子标准(1164，1076.2，1076.3)并入 1076 主标准，增加了一些运算符，条件生成语句的语法更加灵活，编入了 VHPI (C/C＋＋语言接口)和 PSL(产品规范等级)。这些改进提升了 VHDL 代码的组合能力，使测试平台更灵活，并且使 VHDL 在系统层面上的应用更加广泛。

2008 年 8 月，VHDL 4.0 版本发布，解决了 3.0 版本中出现的多个问题，包括增强的类属性。

2009 年 1 月，IEEE 公布了 VHDL 4.0 的标准版本，最新的 VHDL 标准 IEEE 1076－2008 开始实施。

VHDL 被广泛使用的根本原因在于它是一种标准语言，与工具和工艺无关，从而可以方便地进行移植和重用。VHDL 语言的两个最直接应用领域是可编程逻辑器件和专用集成器件(Application Specific Integrated Circuits，ASIC)，其中可编程逻辑器件包括复杂可编程逻辑器件(Complex Programmable Logic Devices，CPLD)和现场可编程门列(Field Programmable GateArrays，FPGA)。一段 VHDL 代码编写完成后，用户可以使用 Altera、Xilinx、Lattice、Actel、Atmel 等厂商的可编程器件来实现整个电路，或者将其提交给专业的代客户加工的公司用于 ASIC 的生产，这也是目前许多复杂的商用芯片所采用的实现方法。

10.1.2　VHDL 的特点

VHDL 主要用于描述数字系统的结构、行为、功能和接口。除了含有许多具有硬件特征的语句外，VHDL 的语言形式、描述风格以及语法类似于一般的计算机高级语言。VHDL 的程序结构特点是将一项工程设计(可以是一个元件、一个电路模块或一个系统)分成实体和结构体。在对一个设计实体定义了外部界面后，一旦其结构体开发完成，其他的设计就可以直接调用这个实体，这种将设计项目分成实体和结构体的概念是 VHDL 系统设计的基本特点。与其他硬件描述语言相比，VHDL 具有以下特点：

1. 功能强大、设计灵活

VHDL 具有功能强大的语言结构，可以用简洁明确的源代码来描述复杂的逻辑功能。它具有多层次的设计描述功能，层层细化，支持设计库和可重复使用的元件生成，最后可直接生成电路级描述。VHDL 支持时序电路、组合逻辑电路的设计，还支持同步电路、异步电路和随机电路的设计，这是其他硬件描述语言所不能比拟的。

VHDL 的设计非常灵活，支持各种设计方法。从设计流程上来看，它既支持自底向上的设计，也支持自顶向下的设计；从设计层次上看，它既支持模块化设计，也支持层次化设计。

2. 支持广泛、易于修改

由于 VHDL 已经成为 IEEE 标准所规范的硬件描述语言，目前大多数 EDA 工具都支持 VHDL，这也为 VHDL 的进一步推广和广泛应用奠定了基础。

在硬件电路设计过程中，主要的设计文件都是用 VHDL 进行源代码的设计，而由于 VHDL 语法严谨、结构清晰、参数化设计等优点，并遵循统一的标准和规范，所以易读及易于修改。

3. 强大的系统硬件描述能力

VHDL 具有多层次的设计描述功能，既可以描述系统级电路，又可以描述门级电路。而描述既可以采用行为描述、寄存器传输描述或结构描述，也可以采用三者混合的混合级描述。强大的行为描述能力，可以避开具体的器件结构，能够从逻辑行为上描述和设计大规模的电子系统，它支持大规模设计的分解和已有设计的再利用。

VHDL 具有丰富的数据类型，支持预定义和自定义的数据类型，给硬件描述带来较大的自由度。同时，VHDL 具有子程序调用功能，对于已经完成的设计程序，可以通过修改子程序的方法对设计规模和结构进行改变，从而使对系统的硬件描述变得更加灵活。

4. 独立于器件的设计、与工艺无关

VHDL 对设计的描述具有相对独立性，设计者可以不懂硬件的结构，也不必关心最终设计实现的目标器件是什么，就可以开展独立的电路功能和系统行为设计。

设计人员用 VHDL 进行硬件电路设计时，不需要考虑制造器件的工艺，因此可以集中精力进行功能设计。当设计经由综合器进行编译、模拟和综合后，可以选用不同的映射工具将设计映射到不同的工艺上去。映射到不同的工艺，只需要改变相应的映射工具，而无需修改 VHDL 语言描述。

5. 很强的移植能力

VHDL 是一种标准化的硬件描述语言，几乎所有的 EDA 开发工具都支持 VHDL，使得 VHDL 的应用特别广泛。

用 VHDL 进行硬件电路设计时，VHDL 的可移植性表现为：对于同一个设计的 VHDL 描述，可以用任一模拟工具进行模拟；进行综合时，也可以选择任一综合工具进行综合，因此 VHDL 具有强大的移植能力。

6. 易于共享和复用

VHDL 语法规范、标准、可读性强。用 VHDL 设计的源文件，既是程序，也是文档，可以作为设计人员进行设计成果交流的文件。

VHDL 采用基于库(Library)的设计方法，这样，设计人员在进行大规模集成电路的设计时，不需要从底层电路开始一步步进行设计，可以直接调用原来设计好的模块。这些模块可以预先设计或使用以前设计中的存档模块，将这些模块存放到库中就可以在以后的设计中进行复用，减小了硬件电路设计的工作量，提高了设计效率，缩短了项目的开发周期。

10.1.3 VHDL 的设计技术

1. 自底向上设计方法

传统的电子设计技术，多数属于手工设计技术(如目前多数数字电路教材中介绍的数字电路设计技术)，通常是自底向上(Bottom－Up)的，即首先确定构成系统最底层的电路模块或目标元件的类别和功能，然后根据主系统的功能要求，将它们组合成更大的功能块，使它们的结构和功能满足高层系统的要求，并以此流程逐步向上递推，直至完成整个目标系统的设计。例如，对于一般电子系统的设计，使用自底向上的设计方法，必须首先决定使用的器件类别和规格，如 74 系列的器件、某种 RAM 和 ROM、某类 CPU 或单片机，以及某些专用功能芯片等；然后构成多个功能模块，如数据采集控制模块、信号处理模块、数据交换和接口模块等，直至最后利用它们完成整个电路系统的设计。

自底向上的设计方法的特点是必须首先关注并致力于解决系统最底层硬件的可获得性，以及它们的功能、技术参数等方面的诸多细节问题；在整个逐级设计和测试过程中，始终必须考虑具体目标器件的技术细节。如果在设计过程中的任一阶段，出现最底层目标器件被更换，或某些技术参数不满足系统要求，或缺货，或由于市场竞争的变化临时提出降低系统成本、提高运行速度等不可预测的外部因素等情况，都可能使前面的设计开发工作前功尽弃。由此可见，多数情况下，自底向上的设计方法是一种低效、低可靠性、费时费力且成本高昂的设计方案，并不适用于大规模数字系统的设计。

2. 自顶向下设计方法

随着 EDA 技术的快速发展，自顶向下(Top－Down)的设计方法得到了有效应用，是 EDA 技术的首选设计方法，成为 CPLD、FPGA 以及 ASIC 开发的主要设计手段。自顶向下的设计方法的本质是层次建模、分模块设计。设计者首先规划整个系统的功能和性能，然后对系统功能进行划分，将系统分割为功能较简单、规模较小的若干个功能子块，并确立它们之间的相互关系；然后进一步对各个子模块进行分解，直至达到无法进一步分解的底层功能模块。在进行模块划分时，需要注意各模块功能的完整性和可重复利用性。

采用自顶向下的设计方法，由于整个设计是从顶层系统开始的，可以从一开始就掌握系统的性能状况。功能划分时，较高层次的设计描述比较抽象，与具体的硬件实现无关，当然也不用考虑硬件实现中的技术细节，可以对其进行功能仿真，在设计的早期阶段就可以验证设计方案的正确性。一旦高层次的逻辑功能满足要求，就可以在较低层次针对具体的目标器件进行具体描述。另一方面，系统被分解为若干功能子块后，可以为每个独立的模块指派不同的设计人员，他们可以工作在不同的地点，甚至可以分属不同的单位，最后再将不同的模块集成为最终的系统，并对其进行综合测试和评价。自顶向下的设计方法缩短了项目开发的设计周期；设计规模越大，优势越明显。

10.2　VHDL 的基本设计流程

完整地了解利用 EDA 技术进行设计开发的流程，对于正确选择和使用 EDA 软件、优化设计项目、提高设计效率十分有益。一个完整的 EDA 设计流程既是自顶向下设计方法的具体实施途径，也是 EDA 工具软件本身的组成结构。在实践中进一步了解支持这一设计流程的诸多设计工具，有利于有效地排除设计中出现的问题，提高设计质量和总结设计经验。

图 10.2.1 是基于 EDA 软件的 FPGA/CPLD 开发流程框图，下面分别介绍各设计模块的功能特点。对于目前流行的 EDA 工具软件，图 10.2.1 的设计流程具有一般性。

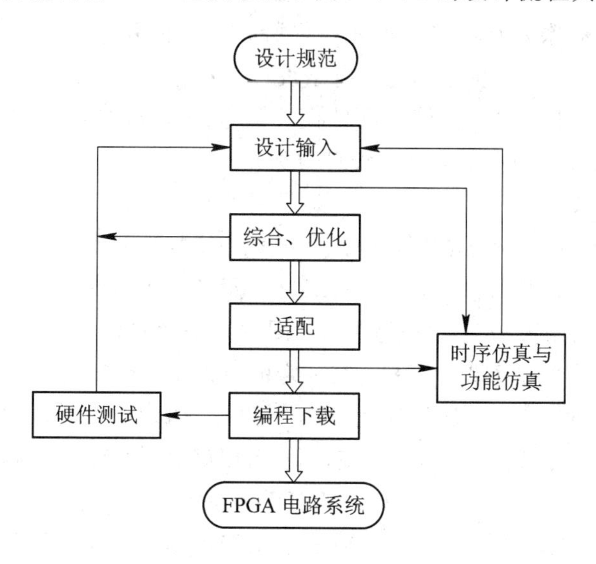

图 10.2.1　FPGA/CPLD 的开发流程

1. 设计规范

设计者首先需要对产品的应用场合、功能、要求等进行考虑和分析，确定一些技术指标，如面积、速度、功耗等。

2. 设计输入

设计输入指用一定的逻辑表达方式将电路系统设计表达出来。常用的表达方式可分为图形输入和文本输入两种类型。

1）图形输入

图形输入通常包括状态图输入、波形图输入和原理图输入。

状态图输入：常用于状态机的设计，即将一个系统划分为有限个状态，确定不同状态间的转移条件以及输入和输出。用绘图的方法在 EDA 工具的状态图编辑器上绘出状态图，EDA 工具可自动将状态图转化为 HDL 代码。

波形图输入：将待设计的电路系统看成是一个黑盒子，只需告诉 EDA 工具黑盒子电路的输入和输出时序波形图，EDA 工具就能据此要求完成电路系统的设计。

原理图输入：最常用的图形输入方法。这是一种类似于传统电子设计方法中电路原理图的绘制，即在 EDA 软件的图形编辑界面上绘制能完成特定功能的电路原理图。原理图由逻辑器件(符号)和连接线构成，图中的逻辑器件可以是 EDA 软件库中预定义的功能模块(如与门、非门、或门、触发器以及各种含 74 系列器件功能的宏功能块等)，也可以是自定义的功能模块。

原理图输入方法的优点主要在于不需要增加新的相关知识(诸如 HDL 等)，设计过程形象直观，适用于初学或教学演示等。然而，其缺点同样十分明显。

(1) 由于图形设计并未标准化，不同的 EDA 图形处理工具对图形的设计规则、存档格式和图形编译方式都不同，因此图形文件兼容性差，难以交换和管理。

(2) 随着电路设计规模的扩大，原理图输入描述方式必然引起一系列难以克服的困难，如电路功能原理的易读性下降，错误排查困难，整体调整和结构升级困难等。

(3) 由于在原理图中已确定了设计系统的基本电路结构和元件，留给综合器和适配器的优化选择空间已十分有限，因此难以实现用户所希望的面积、速度以及不同风格的综合优化。显然，原理图的设计方法明显偏离了电子设计自动化最本质的涵义。

(4) 在设计中，由于必须直接面对硬件模块的选用，因此行为模型的建立将无从谈起，从而无法实现真实意义上的自顶向下的设计方案。

2) HDL 文本输入

HDL 文本输入方式与传统的计算机软件语言输入类似，就是对使用了某种硬件描述语言的电路设计文本(如 VHDL 或 Verilog HDL 的源程序)进行编辑输入。

应用 HDL 文本输入方法克服了上述原理图输入法存在的所有弊端，为 EDA 技术的应用和发展打开了一片广阔的天地。当然，在一定的条件下，情况会有所改变。目前有些 EDA 输入工具可以把图形的直观与 HDL 的优势结合起来，如状态图输入的编辑方式，即用图形化状态机输入工具，用图形的方式表示状态图。当填好时钟信号名、状态转换条件、状态机类型等要素后，就可以自动生成 Verilog/VHDL 程序。又如，在原理图输入方式中，将用 HDL 描述的各个电路模块连接起来直观地表示系统的总体框架，再用自动 HDL 生成工具生成相应的 VHDL 或 Verilog 程序。总体来看，纯 HDL 输入设计仍然是最基本、最有效和最通用的输入方法。

3. 综合、优化

整个综合过程就是依据给定的硬件结构组件和约束控制条件对设计者在 EDA 平台上编辑输入的 HDL 文本、原理图或状态图形设计等进行编译、优化、转换和综合，最终获得门级电路甚至更底层的电路结构描述的网表文件。由此可见，综合器工作前，必须预先设置各类约束条件(如时间约束、面积约束等，以及设计库和工艺库)，然后综合器能够自动选择最优的方式将软件设计翻译为底层电路结构，也就是说，对于同一个软件设计，综合器可以综合出不同的电路结构，有的面积小，但速度慢；有的速度快，但面积大。选择电路的实现方案就是综合器的任务，它能选择出一种满足各种约束条件且成本最低的最优实现方案，综合后产生的网表文件不依赖于任何硬件环境，能够被移植到任何通用的硬件中。

4. 适配

适配器也称为结构综合器，它的功能是将由综合器产生的电路结构网表文件与指定的目标器件进行逻辑映射，即将工程的逻辑和时序要求与目标器件的可用资源进行匹配。适配用来将每个逻辑功能分配给最合适的逻辑单元进行布局布线，并选择相应的互联路径和引脚分配，使之产生最终的下载文件，如 JAM、SOF、POF 等格式的文件。适配所选定的目标器件必须属于原综合器指定的目标器件系列。通常，EDA软件中的综合器可由专业的第三方EDA公司提供专用综合器(如Synplicity公司提供的Synplify综合器)，也可以使用FPGA/CPLD供应商提供的综合器(如Altera公司集成EDA软件工具Quartus Ⅱ中自带的Analysis&Synthesis模块)，但是适配器则只能由FPGA/CPLD供应商提供，因为适配器的适配对象直接与具体器件的结构细节相对应。

5. 时序仿真与功能仿真

在编程下载前必须利用EDA工具对适配生成的结果进行模拟验证，即仿真。通过仿真，可以检查设计文件的结构是否和设计要求一致，从而可以在设计的早期进行错误排除，缩短设计周期和成本。仿真是EDA设计过程中的重要步骤。时序仿真与功能仿真通常由PLD公司的EDA开发工具完成(当然也可以选用第三方的专业仿真工具)。

1) 时序仿真

时序仿真是接近真实器件运行特性的仿真，仿真文件中已包含了器件硬件特性参数以及硬件延迟信息，因而仿真精度高。时序仿真文件来自综合与适配后产生的文件。

2) 功能仿真

功能仿真直接对HDL、原理图描述或其他描述形式的逻辑功能进行测试模拟，以验证其实现的功能是否满足原设计的要求。仿真过程不涉及任何具体器件的硬件特性，甚至不经历综合与适配阶段，在设计项目编辑编译后即可进入门级仿真器进行模拟测试。直接进行功能仿真的好处是设计耗时短，对硬件库、综合器等没有任何要求。对于规模比较大的设计项目，综合与适配在计算机上的耗时是十分可观的，如果每一次修改后都进行时序仿真，会极大地降低开发效率。因此，通常的做法是，首先进行功能仿真，待确认设计文件所表达的功能接近或满足设计者原有意图时，即逻辑功能满足要求后，再进行综合、适配和时序仿真，以便把握设计项目在硬件条件下的运行情况。

如果仅限于Quartus Ⅱ本身的仿真器，即使功能仿真，其设计文件也必须是可综合的，且需经历综合器的综合。只有使用ModelSim等专业仿真器才能对不经综合的HDL设计代码实现直接功能仿真。

6. 编程下载

编程下载是指把适配后生成的下载或配置文件，通过编程器或编程电缆下载到FPGA或CPLD器件，以便进行硬件调试和验证(Hardware Debugging)。通常，对CPLD的下载称为编程(Program)，对FPGA中的SRAM进行直接下载的方式称为配置(Configure)，但对于反熔丝结构和Flash结构的FPGA的下载，以及对FPGA的专用配置ROM的下载仍称为编程。当然也有根据下载方式分类的。

7. 硬件测试

硬件测试是对载入了设计文件的FPGA或CPLD的硬件系统进行测试，以便最终验证设计在目标系统上的实际工作情况，有助于在完成最终电路系统前排除错误，改进设计。

10.3 VHDL程序基本结构

VHDL程序通常包含实体(Entity)、结构体(Architecture)、配置(Configuration)、包集合(Package)和库(Library)五部分，前四部分是可分别编译的源设计单元。实体用于描述所设计系统的外部接口信号；结构体用于描述系统内部的结构和行为；包集合存放各设计模块都能共享的数据类型、常数和子程序等；配置用于从库中选取所需单元来组成系统设计的不同版本；库用于存放已经编译的实体、结构体、包集合和配置。库可由用户生成或由芯片制造商提供，以便于在设计中为大家所共享。下面将对上述 VHDL 设计的主要构成作详细介绍。

10.3.1 VHDL 设计的基本单元及其构成

一个完整的 VHDL 设计文件，或者说设计实体，通常要求能为 VHDL 综合器所支持，并能作为一个独立的设计单元(模块)，即以元件形式而存在的 VHDL 描述。这里所谓的元件，既可以被高层次的系统所调用，成为该系统的一部分，也可以作为一个电路功能块而独立存在和独立运行。

VHDL 程序结构如图 10.3.1 所示，主要由库、程序包、实体、结构体和配置五部分组成，其中实体和结构体是基本组成部分，它们可以构成最基本的 VHDL 程序。

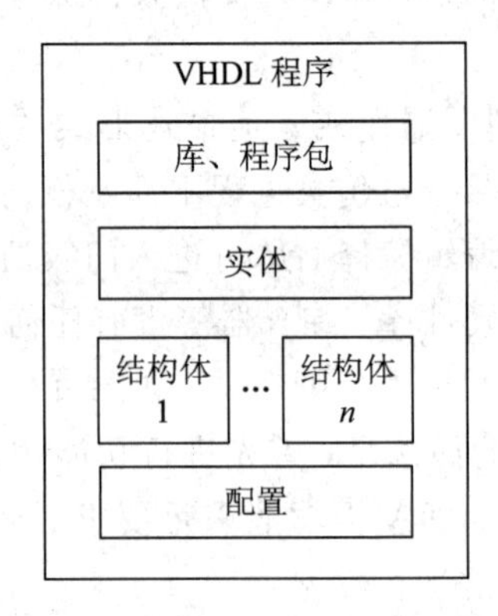

图 10.3.1 VHDL 程序结构

例 10.3.1 是一个二选一多路选择器的 VHDL 描述，可以看出，实体说明是二选一器件外部引脚的定义，结构体则描述了二选一器件的逻辑电路和逻辑关系。

例 10.3.1 用 VHDL 语言描述二选一多路选择器。

```
--实体：实体名为 mux2_1
ENTITY mux2_1 IS
   GENERIC(m：TIME：=1 ns)；
   PORT( a，b：IN      BIT；
            s：IN      BIT；
            y：OUT     BIT)；
END ENTITY mux2_1；
--结构体：描述选择器的功能
ARCHITECTURE construct OF mux2_1 IS
SIGNAL tmp：BIT；
BEGIN
      tmp <= a   WHEN   s = '0' ELSE
              b；
      y <= tmp AFTER 1ns；
END ARCHITECTURE construct；
```

10.3.2　实体

任何一个基本设计单元的实体说明都具有如下结构：

```
ENTITY 实体名 IS
    [GENERIC(类属表)];                  --类属参数声明
    PORT (端口表);                       --端口声明
END ENTITY 实体名;
```

实体说明必须以语句“ENTITY 实体名 IS”开始，以语句“END ENTITY 实体名；”结束。其中，实体名由设计者自己定义，用来表示设计电路实体的名称，也可作为其他设计调用该实体时的名称。在 MAXPLUS Ⅱ 和 QUARTUS Ⅱ 开发工具中，实体名与保存该实体的 VHDL 源文件名必须是一致的。

大写字母表示实体说明的框架，即每个实体说明都应这样书写，是不可缺少和省略的部分；其余是设计者添写的部分，随设计单元的不同而不同。实际上，对 VHDL 而言，是不区分大、小写的，这里仅仅是为了阅读方便才加以区分。

1. 类属参数说明

类属参数说明语句(可选项)必须放在端口声明之前，用于指定如位矢量、器件延迟时间等参数。

在进行模块化设计时，有时需要在不改变 VHDL 源代码的基础上，对设计实体的某些参数进行修改，从而改变设计实体内部的电路结构或规模，这时就需要用到类属参数，即在类属声明中声明参数。类属参数提供了可供外部修改参数的通道，当调用该设计实体时，通过对类属参数进行重新赋值就能够实现对设计实体内部相应逻辑功能的修改，这样既保证了电路功能的可修改性，又不会破坏 VHDL 程序的一致性，提高了代码的复用性。

例如：

```
GENERIC(m : TIME := 1 ns);
```

其中，声明 m 是一个值为 1ns 的时间参数。这样，在程序中，语句

```
tmp <= d0 AND sel  AFTER  m;
```

表示 d0 和 sel 相与经 1ns 延迟后才送到 tmp。

```
GENERIC(bus_width: integer :=8);
```

定义了总线位宽是整型数值 8。

2. 端口声明

端口声明是对设计实体(单元)与外部电路接口的描述，也可以说是对外部引脚信号的名称、输入/输出端口模式和数据类型的描述。其一般书写格式如下：

```
PORT(端口名[, 端口名 ] : 端口模式 数据类型;
        …
    端口名[, 端口名 ] : 端口模式 数据类型);
```

(1) 端口名。端口名是赋予每个端口(引脚)的名称，通常由字母、数字和下划线组成，遵循 VHDL 中标识符的命名规则，具体规则参见 10.4.2 节。

(2) 端口模式。端口模式用来定义端口上数据的流动方向。IEEE 1076 标准包中定义了 4 种常用的端口模式：输入(IN)、输出(OUT)、双向(INOUT)和输出缓冲(BUFFER)。端口模式示意图如图 10.3.2 所示。

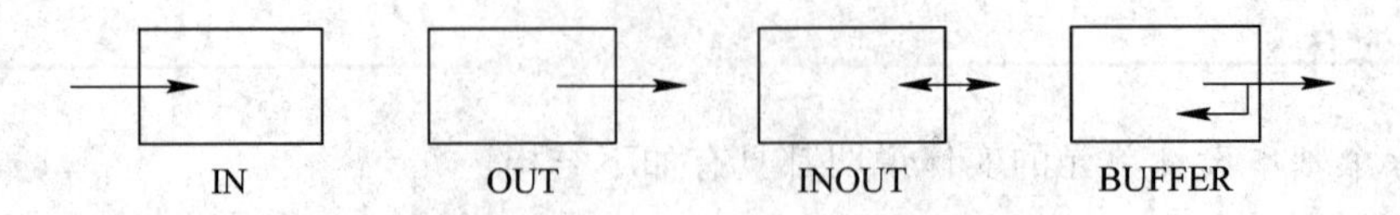

图 10.3.2 端口模式示意图

· IN 输入模式。采用输入模式进行方向说明的端口，其信号自端口输入到结构体，而结构体内部的信号不能从该端口输出，即数据只能通过此端口被读入。如果一个端口信号被声明为输入模式，则其只能作为赋值语句的右值存在，任何给该端口信号赋值的语句都是错误的。

· OUT 输出模式。采用输出模式进行方向说明的端口，其信号将从结构体内经端口输出，而不能通过该端口向结构体输入信号。如果一个端口信号被声明为输出模式，则其只能作为赋值语句的左值存在，任何读取该端口信号的语句都是错误的。

· INOUT 双向模式。双向模式用以说明该端口是双向的，既可以输入，也可以输出，但是同一时刻只能进行某一个数据流的操作，因此双向模式声明的端口信号一般需要另一个信号进行方向的控制。

· BUFFER 缓冲模式。缓冲模式用以说明该端口可以输出信号，且在结构体内部也可以利用该输出信号，与 INOUT 双向模式类似，但是，其输入的数据只允许回读内部输出的信号。另外，OUT 允许对应多个信号，而 BUFFER 只允许对应一个信号。

(3) 数据类型。端口信号必须确定其数据类型，即其上流动的数据的类型。VHDL 是一种强类型语言，它对语句中所有操作数的数据类型都有严格的规定，即对传输或存储的数据类型作出明确的界定。

例 10.3.2 VHDL 程序中数据类型的不同说明符号。

```
LIBRARY ieee;
USE ieee.std_logic_1164.all;
ENTITY mux IS
  PORT( a, b: IN      STD_LOGIC;
          s: IN      STD_LOGIC;
          y: OUT     STD_LOGIC;
          bus: OUT    STD_LOGIC_VECTOR);
END ENTITY mux;
```

VHDL 中有多种常见的数据类型，比如 BIT(位)、BIT_VECTOR(位矢量)、STD_LOGIC(标准位)、BOOLEAN(布尔型)等。VHDL 中有一个库，该库中有一个包集合，专门对数据类型做了说明，其作用就像 C 语言中的 include 文件一样，这样做主要是为了标准和统一，但是在用 STD_LOGIC 和 STD_LOGIC_VECTOR 说明时，在实体说明以前必须增加例 10.3.2 中前面两行语句，以便在对 VHDL 程序进行编译时，从指定库的包集合中寻找数据类型的定义。

10.3.3 结构体

结构体是一个基本设计单元的功能描述体，它具体指明了该基本设计单元的行为、元件及内部的连接关系，也就是说，它定义了设计单元的内部逻辑功能和电路结构。结构体对其基本设计单元的输入、输出关系可以用 3 种方式进行描述，即行为描述(基本设计单元的数学模型描述)、寄存器传输描述(数据流描述)和结构描述(逻辑单元连接描述)。不同的描述方式只体现在描述语句上，而结构体的结构是完全一样的。

由于结构体是对实体功能的具体描述，因此它一定要跟在实体的后面。通常，先编译实体，之后才能对结构体进行编译。如果实体需要重新编译，那么相应的结构体也应重新编译。

一个结构体的具体结构描述如下：

```
ARCHITECTURE 结构体名 OF 实体名 IS
   [说明语句；]                    -- 内部信号，常数，数据类型，函数等的定义；
BEGIN
    功能描述语句；
END ARCHITECTURE 结构体名；
```

结构体以语句“ARCHITECTURE 结构体名 OF 实体名 IS”开始，以语句“END ARCHITECTURE 结构体名；”结束。下面对结构体的有关内容和书写方法作一说明。

1. 结构体名

结构体名是对本结构体的命名，它是该结构体的唯一名称。OF 后面紧跟的实体名，表明该结构体所对应的是哪一个实体。用 IS 来结束结构体的命名。

结构体名可以由设计者自由命名，需符合 10.4.2 节中有关标识符的命名规则，但是在大多数文献和资料中，通常把结构体名命名为 behavioral(行为)、dataflow(数据流)或者 structural(结构)。顾名思义，这 3 个名称实际上是 3 种结构体描述方式的名称，当设计者采用某一种描述方式来描述结构体时，该结构体的结构名称就命名为哪一个名称。结构体描述部分的实体名应与结构体对应的实体名保持一致。如果一个实体有多个结构体，结构体的取名不可相同，但不同实体的结构体可以同名。

2. 说明语句

说明语句位于关键词 ARCHITECTURE 和 BEGIN 之间，主要是对结构体功能描述语句中将要用到的数据类型、常量、信号、子程序、函数、元件等进行声明。说明语句并不是必须的。在一个结构体中，说明语句部分声明的数据类型、常量、信号、子程序、函数、元件等只能用于该结构体，如果希望它们能够用于其他的设计实体，则需要作为程序包来处理。

例 10.3.3　结构体示例。

```
ARCHITECTURE bhv OF mux21 IS
  TYPE my_std_logic IS (3 DOWNTO 0)OF STD_LOGIC;
                                 --定义新的数据类型 my_std_logic，含 4 个元素的矢量
  TYPE color IS (red, green, blue, yellow);   --新的数据类型 color 属于枚举型
  SIGNAL tmp: STD_LOGIC;                      --信号 tmp，数据类型是 STD_LOGIC
  CONSTANT m: INTEGER: 15;                    --常量 m，数据类型是整型，取值为 15
COMPONENT half_add         --元件声明，将一个现成的设计实体定义为一个元件
PORT( a, b:IN STD_LOGIC;   --表示在结构体功能描述语句中将要调用该半加器元件
          CO, SO:OUT STD_LOGIC);
  END COMPONENT halfadd;                      --元件声明结束
  FUNCTION max( a, b:IN STD_LOGIC_VECTOR)RETURN STD_LOGIC_VECTOR;
--声明函数 max，比较 a 和 b 的大小，a、b 的数据类型是标准逻辑矢量，返回 a、b 中的
  --最大值，其数据类型也是标准逻辑矢量
```

```
BEGIN
  ……
END ARCHITECTURE bhv;
```

在例 10.3.3 中，说明语句部分使用了关键字 TYPE 声明了两个新的数据类型 my_std_logic 和 color；关键字 SIGNAL 声明了一个信号 tmp，注意，tmp 信号的定义和实体中端口说明的语句一样，包含信号名和数据类型的说明，但因它是内部连接用的信号，故没有也不需要有方向的说明。关键词 CONSTANT 声明了一个常量 m，关键词 COMPONENT 声明了半加器 half_add，关键词 FUNCTION 声明了一个比较函数 max。具体的相关语法将在后续章节中详细介绍。

3. 功能描述语句

功能描述语句处于关键词 BEGIN 和 END ARCHITECTURE 之间，这些语句具体地描述了结构体的逻辑功能和电路结构。

结构体中的语句都是可以并行执行的，也就是说，语句的执行不以书写的顺序为执行顺序。

结构体描述的结束语句"END ARCHITECTt1RE 结构体名；"是符合 VHDL93 标准的语法要求的。若根据 VHDL87 标准的语法要求，可写为"END 结构体名；"或直接使用"END；"。

实体描述的结束语句"END ENTITY 实体名；"也是符合 VHDL93 标准语法规则的，也可根据 VHDL87 标准语法要求写成"END 实体名；"或"END；"的形式。

由于目前大多数 EDA 工具中的 VHDL 综合器可以兼容两种标准的语法规则，所以在后面的示例中不再特别指出二者的区别。需要注意的是，如果综合器支持的 VHDL 标准不同，仍需要按照不同的语法规则进行代码的编写。另外，VHDL 程序中的标点符号全部是半角符号，使用全角标点符号被视为非法。

功能描述语句中可以包含进程语句、并行信号赋值语句、元件例化语句、子程序调用语句和块语句。这几类语句都是以并行方式工作的，而在每一种语句结构的内部可能含有并行或是顺序运行的逻辑描述。相对于 C 语言一类的软件描述语言，并行语句结构是 VHDL 语言最大的特色。

按照具体电路逻辑实现的方式进行分类，VHDL 的描述方式可分为结构化建模和行为建模两类，下面分别进行介绍。

1）结构化建模

结构化建模是通过明确的硬件实现来指定电路的功能，它描述设计单元的硬件结构，表示元件之间的互连。如例 10.3.4 所示的二选一多路选择器，其逻辑电路由与门、或门和非门构成，而这些基本的逻辑门电路都已经是现成的设计单元，那么将它们连接就可以构成新的电路系统，类似于电路原理图中设计器件的连接。

例 10.3.4　用 VHDL 语言描述二选一多路选择器。

```
--实体：实体名为 mux2_1
ENTITY mux2_1 IS
   PORT( a, b: IN      BIT;
             s: IN      BIT;
             y: OUT     BIT);
```

```
END ENTITY mux2_1;
--结构体：描述选择器的功能
ARCHITECTURE construct OF mux2_1 IS
BEGIN
    y<=(b AND s) OR(NOT s AND a);
    END ARCHITECTURE construct;
```

另一种常见的结构化建模的描述方式是，首先根据设计的逻辑功能进行模块的划分，进行各个模块的设计和验证；然后在顶层文件中对多个模块进行调用，描述底层各模块之间的连接关系，即层次型的VHDL描述，该描述主要采用元件声明和元件例化语句完成。

2）行为建模

行为建模只规定了电路系统的功能或行为，不关心电路的实际结构，没有明确指明涉及的硬件及连线等，即只关心“做什么”，而不关心“怎么做”。行为建模是VHDL语言描述的一大特色，是VHDL编程的核心，它使得设计者可以在不了解硬件电路结构的情况下实现电路系统。行为建模通常由一个或多个进程构成，每一个进程内包含了一系列的顺序语句。行为建模的描述形式充分体现了VHDL语言相对于其他硬件描述语言的优势。例10.3.1所示的二选一多路选择器就是行为建模的描述方式。

10.3.4 库和程序包

根据VHDL语法规则，在VHDL语言中使用的文字、数据对象、数据类型都需要预先定义，因此可以将预先定义好的数据类型、元件调用声明以及一些常用子程序汇集在一起，形成程序包，供VHDL设计实体共享和调用，若干个程序包则构成库。

库和程序包的使用使得设计人员能够遵循某些统一的语言标准或数据格式，也能够方便地调用一些已设计好的内容，提高设计效率，这一点对于多组开发人员并行工作的大规模电路系统的设计尤为重要。

在VHDL语言中，库的说明语句与C语言中的头文件一样，总是放在设计单元的最前面，以便后续设计能够随时使用库中指定的程序包中的内容。每当综合器在较高层次的VHDL源文件中遇到库语言时，就将随库指定的源文件读入，并参与综合。在VHDL设计中可以存在多个不同的库，但是库与库之间是独立的，不能互相嵌套。

1. 库和程序包的种类

当前VHDL语言中存在的库大致可以归纳为五种：IEEE库、STD库、WORK库、面向ASIC的库和用户自定义库。

1）IEEE库

IEEE库是目前使用频率最高和应用最为广泛的库，主要包含IEEE标准的程序包以及其他一些支持工业标准的程序包。下面对几个常用和重要的程序包作一介绍。

（1）std_logic_1164程序包。该程序包是最重要和最常用的程序包，是IEEE的标准程序包。该程序包定义了一些常用的数据类型和函数，其中数据类型主要包括STD_LOGIC、STD_ULOGIC、STD_LOGIC_VECTOR和STD_ULOGIC_VECTOR等。

（2）std_logic_arith程序包。该程序包是Synopsys公司定义的程序包，虽然它不是IEEE标准，但是由于已经成为事实上的工业标准，所以也都并入了IEEE库。该程序包在std_logic_1164程序包的基础上定义了有符号(SIGNED)、无符号(UNSIGNED)和小整型

(SMALL_INT)数据类型，其中有符号和无符号数据类型均是基于 STD_LOGIC 数据类型的。该程序包还定义了这些数据类型之间的相互转换函数，以及适用于它们的一些操作符，如算术操作符、比较操作符等。

(3) std_logic_signed 程序包。该程序包也是由 Synopsys 公司定义的，同样并入了 IEEE 库。该程序包对 INTEGER(整型)、STD_LOGIC、STD_LOGIC_VECTOR 数据类型的定义进行了扩展，重载了用于这些数据类型的混合运算的运算符，以及一个由 STD_LOGIC_VECTOR 数据类型到 INTEGER 的转换函数。

(4) std_logic_unsigned 程序包。该程序包同样是由 Synopsys 公司定义的，已并入了 IEEE 库。该程序包定义内容与 std_logic_signed 程序包相似，不同的是，std_logic_signed 程序包中定义的内容是基于有符号((SIGNED)数据类型的，即考虑了符号，而 std_logic_unsigned 程序包中定义的内容是基于无符号(UNSIGNED)数据类型的。

此外，IEEE 库还包括了 math_real、numberic_bit、numberic_std 等程序包，它们是 IEEE 正式认可的标准程序包集合。一般来说，基于 FPGA/CPLD 的开发，使用 std_logic_1164、std_logic_arith、std_logic_signed 以及 std_logic_unsigned 这 4 个程序包已经能够满足大多数的需要，所以其他几个程序包不再进行详述，设计者如有需要，可查阅相关资料。

2) STD 库

STD 库是 VHDL 的标准设计库，它包含两个预定义的程序包，即 standard 程序包和 textio 程序包。

(1) standard 程序包。该程序包是 VHDL 标准程序包，使用时默认打开，所以设计者在使用时无需使用关键词 LIBRARY 和 USE 进行声明，在 VHDL 编译和综合过程中，也可随时调用该程序包的所有内容。如：例 10.3.1 中 BIT 数据类型并没有库的声明格式，就是因为 BIT 数据类型是定义在 standard 程序包中的。standard 程序包定义了诸如 BOOLEAN(布尔型)、BIT(位型)、CHARACTER(字符型)、INTEGER(整型)、REAL(实数型)、TIME(时间型)等数据类型以及相关的操作。

(2) textio 程序包。该程序包主要供仿真器使用，综合器会忽略此程序包。设计者可以用文本编辑器建立一个数据文件，文件中包含仿真时需要的数据。仿真时利用 textio 程序包中提供的用于访问文件的过程，即可获得这些数据或将仿真结果保存于文件中。textio 程序包实际上是专为 VHDL 模拟工具提供的与外部计算机文件管理系统进行数据交换的通道，使用前需要使用 USE 语句。

3) WORK 库

WORK 库是用户进行 VHDL 设计的现行工作库，用于存放用户设计和定义的一些设计单元和程序包。VHDL 标准规定 WORK 库总是可见，因此在实际使用时，也不需要使用 LIBRARY 和 USE 语句显式地打开。VHDL 标准要求为设计项目建立一个文件夹，与此项目相关的工程、文件等都保存于此文件夹内，VHDL 综合器会将此文件夹默认为 WORK 库，指向该文件夹的路径。需要注意的是，WORK 库并不是这个文件夹的名字，它是一个逻辑名。

4) 面向 ASIC 的库

在 VHDL 中，为了能够进行门级仿真，各个公司提供了面向 ASIC 设计的逻辑门库，库中包括大量与各种逻辑门相对应的各种设计实体单元的 VHDL 程序。长期以来，由于缺乏高效、可靠的用 VHDL 描述的 ASIC 库，一定程度上影响了 VHDL 的广泛使用。而建立

ASIC 库最大的困难就是 VHDL 中没有一个统一有效的方法来处理时域参数，因此工业界和 IEEE 为解决这一问题而开展了一系列研究工作，其中 VITAL 库就是这一研究的成果。

VITAL 库符合 IEEE 标准，主要包括 vital_timing 和 vital_primitives 两个程序包。其中，vital_timing 是一个时序程序包，它含有与 ASIC 单元中时间行为有关的各种数据类型定义、常数、属性和过程等。vital_primitives 是一个基本元件程序包，它提供了一系列子程序，用来描述数字电路建模中各种常见的电路模块行为。

5）用户自定义库

在 VHDL 的实际应用中，用户为自身设计需要所开发的公共程序包和实体等也可以汇集在一起定义为一个库，这种库就是用户自定义库或称用户库，可供其他开发者调用，但在使用时需要在程序的开始部分进行说明。

此外，各 EDA 开发商为了便于开发设计，还提供了一些自己的库，如 Altera 公司的 LPM 库、Synopsys 公司的 Synopsys 库等。

2. 库和程序包的使用

使用库的方法是在设计项目的开头声明选用的库名，用 USE 语句声明选中的程序包。在前面提到的几类库中，除了 STD 库和 WORK 库以外，其他库在使用前都需要用 LIBRARY 和 USE 语句进行声明。声明格式如下：

```
LIBRARY 库名；
USE 库名.程序包名.all；
```

其中：第一条语句表示打开什么库；第二条语句表示打开指定库中特定程序包内的所有内容。此处，关键字 all 代表指定程序包中的所有资源。当然，也可以只打开程序包内所选定的某个项目或函数，其声明格式如下：

```
LIBRARY 库名；
USE 库名.程序包名.项目；
```

例如，语句

```
LIBRARY ieee;
USE ieee.std_logic_1164.all;            --打开 std_logic_1164 程序包中的所有资源
USE ieee.std_logic_1164.std_logic;  --打开 std_logic_1164 程序包中的 std_logic 数据类型
```

库声明语句的作用范围从一个实体说明开始到它所属的结构体、配置为止，或者从一个程序包的说明开始到该程序包的定义结束为止。当一个 VHDL 程序中出现两个或两个以上实体或程序包时，库使用声明的语句必须在每个实体说明语句或包说明语句前重复书写。

3. 程序包的定义

程序包类似于 C 语言中的 include 语句，用来单纯地罗列 VHDL 语言中所用到的各种常数定义，数据类型定义，元件、函数和过程定义等。程序包是一个可编译的设计单元，也是库结构中的一个层次。程序包可分为预定义程序包和用户自定义程序包两类。上述的 std_ logic_1164、std_logic_arith 等程序包属于常用的预定义程序包。

程序包的一般语句格式如下：

```
PACKAGE 程序包名 IS                  --程序包首
    说明语句；
END PACKAGE 程序包名；
[PACKAGE BODY 程序包名 IS            --程序包体
```

```
    说明语句及包体内容；
END PACKAGE BODY 程序包名；
```

程序包的结构由两大部分组成：程序包首和程序包体。一个完整的程序包中，程序包首的程序包名和程序包体的程序包名应是同一个名称。程序包体是一个可选项，当没有定义函数和过程时，程序包可以只由程序包首构成。程序包首的说明语句部分进行数据类型的定义，常数的定义，元件、函数及过程的声明等。程序包体的说明语句部分进行具体函数、过程功能的描述。例 10.3.5 给出了一个程序包定义的示例，其程序包名称是 my_package，其中定义了一个新的数据类型 color、一个常数 y 以及一个函数 positive_edge。由于函数必须要有具体的内容，所以在程序包体内进行描述。如果该程序包在当前 WORK 库中已定义，要使用该程序包中的内容，则可利用 USE 语句，如例 10.3.6 所示。例 10.3.5 相关的语法知识会在后续章节中介绍，这里只是对程序包的格式和用法进行说明。

例 10.3.5 程序包定义的示例。

```
LIBRARY ieee;
USE ieee.std_logic_1164.all;
PACKAGE my_package IS   --程序包首，程序包名称为 my_package
    TYPE color IS(red, green, blue, yellow);   --定义枚举类型 color，取值为 red，green，
                                               -- blue，yellow 中任一种
    CONSTANT y: STD_LOGIC :='0';               --定义常量 y，数据类型为 STD_ LOGIC，取
                                               --值为 0
    FUNCTION positive_edge(SIGNAL s: STD_LOGIC) RETURN BOOLEAN;
                                               --声明函数
END my_ package;                               --程序包结束
PACKAGE BODY my_package IS                     --程序包体
    FUNCTION positive_edge(SIGNAL s: STD_LOGIC) RETURN BOOLEAN IS
                                               --函数的描述部分
    BEGIN
        RETURN(s'EVENT AND s='1');             --判断是否有信号的上升沿到来
    END positive_edge;
END my_package;                                --程序包体结束
```

上述 my_package 程序包也是用 VHDL 语言编写的，所以其源文件也需要以".vhd"文件类型保存，即以 my_package.vhd 源文件名保存。

例 10.3.6 用 USE 语句使用程序包中的内容。

```
USE WORK.my_package.all;
    --由于 WORK 库是默认打开的，因此可以省去 LIBRARY WORK 语句
```

10.3.5 配置

配置(Configuration)主要用来描述各种设计实体和元件之间的连接关系，以及设计实体和结构体之间的连接关系。

例如，对于既定的电路功能，对应的电路结构并不是唯一的，它可以对应不同的电路结构，这意味着一个 VHDL 的设计只能有一个实体，但是可以有几个结构体，即使用几种方案实现同一种功能，其中每个结构体的地位是相同的，但结构体名不能重复。

配置可以把特定的结构体指定给一个确定的实体，它描述实体与结构体之间的连接关

系。目前配置语句不被综合器所支持，主要在前期仿真中使用。仿真某一个实体时，可以利用配置语句来选择不同的结构体进行性能对比实验，以得到最佳的结构体。例如要设计一个2线-4线译码器，如果一个结构体中基本元件采用反相器和三输入与门，而另一种结构体中的基本元件采用与非门，它们各自的结构体是不一样的，并且放在各自的库中，那么现在要设计译码器，就可以利用配置语句来实现两种不同结构体的选择。

配置语句的一般语法格式如下：

```
CONFIGURATION 配置名 OF 实体名 IS
    [配置说明]；
END CONFIGURATION 配置名；
```

根据不同的情况，配置语句的配置说明有简有繁，以下是最简单的缺省配置格式的结构：

```
CONFIGURATION 配置名 OF 实体名 IS
    FOR 选配结构体名
    END FOR；
END CONFIGURATION 配置名；
```

这种配置格式用于不包含块(Block)和元件(Component)的结构体。配置语句中只包含有实体所选配的结构体名，其他什么也没有，典型的例子(见例 10.3.7)是对计数器实现多种形式的配置。

例 10.3.7 对计数器实现多种形式的配置。

```
LIBRARY  ieee;
USE ieee.std_logic_1164.all;
ENTITY counter IS
    PORT(load, clear, clk: IN   STD_LOGIC;
          data_in: IN   INTEGER;
          data_out: OUT   INTEGER);
END ENTITY counter;
ARCHITECTURE count_255 OF counter IS
BEGIN
    PROCESS(clk) IS
        VARIABLE count : INTEGER :=0;
    BEGIN
          IF clear = '1'THEN   count := 0;
          ELSIF load ='1' THEN   count := data_in;
          ELSIF (clk'EVENT) AND (clk = '1')AND (clk'LAST_VALUE = '0') THEN
           IF (count = 255) THEN   count := 0;
          ELSE
            count := count+1;
          END IF;
    END IF;
    data_out <= count;
  END PROCESS;
END ARCHITECTURE count_255;
ARCHITECTURE count_64K OF counter IS
BEGIN
```

```
PROCESS(clk) IS
  VARIABLE count: INTEGER := 0;
BEGIN
  IF (clear = '1')THEN  count := 0;
  ELSIF load = '1'THEN  count := data_in;
  ELSIF (clk'EVENT) AND (clk = '1')AND (clk'LAST_VALUE = '0') THEN
      IF(count = 65535) THEN  count := 0;
      ELSE  count := count+1;
     END IF;
   END IF;
    data out <= count;
  END PROCESS;
 END ARCHITECTURE count_64K;
CONFIGURATION cfg1  OF counter IS
   FOR count_255
     END FOR;
 END CONFIGURATION cfg1;
CONFIGURATION cfg2 OF counter IS
   FOR count_64K
   END FOR;
END cfg2;
```

在上例中，一个计数器实体 counter 带有两个不同的结构体 count_255 和 count_64K，这时，就需要用配置语句来为设计实体选配不同的结构体。需要注意的是，为了达到选配不同结构体的目的，在计数器实体中对装入计数器和构成计数器的数据位宽度不应作具体说明，只要将输入和输出端口的数据定义为整型即可。其中，count_255 是一个 8 位计数器，count_64K 是一个 16 位计数器。

10.4　VHDL 数据类型与运算操作符

VHDL 语言是一种硬件描述语言，与软件语言(如：C 语言)有一定的相似之处：有相似的运算操作符、表达式、子程序、函数等。通过 10.3 节对 VHDL 语言有了大致感性的了解后，本节系统地讲解 VHDL 语言要素，包括文字规则、数据对象、数据类型、操作符和属性等，这些知识是学习 VHDL 语言的基础。

需要注意的是，虽然 VHDL 语言与软件语言有相似之处，但它仍需要经过编译，然后综合成可实现的硬件结构，再通过布局布线后下载到 PLD 器件中；而不像软件语言，编译后由 CPU 执行即可。

10.4.1　VHDL 文字规则

VHDL 文字主要包括数值型文字和标识符。数值型文字主要有数字型和字符串型。

1. 数字型

数字型文字有多种表达方式，下面列举它们的类型和表达规则。

(1) 整数(Integer)。整数都是十进制数，与算术整数相似，包括正整数、负整数和零，表示范围是$-(2^{31}-1)\sim(2^{31}-1)$，即$-2\ 147\ 483\ 647\sim2\ 147\ 483\ 647$。整数的表达方式举例如下：

5，678，0，667E2(=66700)，45_345_678(=45345678)

其中，数字间的下划线仅仅是为了提高文字的可读性，相当于一个空的间隔符，没有其他意义，也不影响文字本身的数值。

(2) 实数(Real)。实数也都是十进制的数，但必须带有小数点。它类似于数学上的实数，或称浮点数，表示范围是$-1.0E38\sim1.0E38$。实数的表达方式举例如下：

0.0，123.45，6.0，78.99E−2(=0.7899)，12_345.678_999(=12345.678999)

(3) 以数制基数表示的格式。用这种方式表示的数由五部分组成：第一部分，基数，用十进制数表明所用数制；第二部分，数制隔离符号“#”；第三部分，所要表达的数；第四部分，指数隔离符号“#”；第五部分，用十进制数表示的指数，如果这一部分为 0，则可以省去不写。以数制基数表示的文字表达方式举例如下：

10#635#　　　　(十进制数表示，等于 635)
2#1111_1110#　　(二进制数表示，等于 254)
8#376#　　　　　(八进制数表示，等于 254)
16#EB#　　　　　(十六进制数表示，等于 235)
16#E#E2　　　　(十六进制数表示，等于 16#E00#，等于 2#11100000#，等于 224)
16#F.01#E2　　　(十六进制数表示，等于 16#F01#，等于 3841.00)

(4) 物理文字量。物理文字量包括时间、电阻、电流等，但综合器不能接受此类文字，多用于仿真。物理文字量一般由整数和单位两部分组成，整数与单位间至少留一个空格，其表达方式举例如下：

55 ns (55 纳秒)，177 A (177 安培)，800 m (800 米)，1 k (一千欧姆)

2. 字符串型

字符是用单引号引起来的 ASCII 字符，可以是数值，也可以是符号或字母，如‘R’、‘a’、‘*’、‘-’等。如可用字符来定义一个新的数据类型：

TYPE STD_ULOGIC IS('0', 'X', '*', 'H', '-');

字符串是一维的字符数组，需放在双引号中。VHDL 中有两种字符串：文字字符串和数位字符串。

(1) 文字字符串。文字字符串即用双引号引起来的一串文字，比如：

"ERRROR", "STRING", "Both A and B equal to 0"

(2) 数位字符串。也称位矢量，数位字符串与文字字符串相似，但其所代表的是二进制、八进制或十六进制的数组。它们所代表的位矢量的长度即为等值的二进制数的位数。字符串数值的数据类型是一维的枚举型数组，与文字字符串表示不同，数位字符串的表示首先要有计算基数，然后将该基数表示的值放在双引号中，基数符用“B”“O”和“X”表示，并放在字符串的前面，字符串需用双引号引起来。

基数符的含义分别是：

B：二进制基数符号，表示二进制位 0 或者 1，字符串中的每一位表示 1 位(Bit)。

O：八进制基数符号，字符串中的每一位代表一个八进制数，即代表一个 3 位二进制数。

X：十六进制基数符号(0～F)，字符串中的每一位代表一个十六进制数，即一个 4 位二进制数。

举例：

B″11_1101_0010″　　(二进制数组，位矢量长度是 10)
O″234″　　(八进制数组，位矢量长度是 9，相当于 B“010011100”)
X″ACD″　　(十六进制数组，位矢量长度是 12)

分析下面表达方式的正确性：

```
B"1000_1110"     --二进制数组，数组长度 8，表达正确
B"10001110"      --二进制数组，数组长度 8，表达正确
"1100_1010"      --表达错误，如果省去 B，则不能加下划线
"10101110"       --表达正确
"3CE"            --表述错误，除二进制外，八进制和十六进制不能省去基数符
```

10.4.2 标识符及其表述规则

VHDL 中的标识符是最常用的操作符，可以是常数、变量、信号、端口、子程序或参数的名称。使用标识符要遵守一定的规则，这不仅是对电子系统设计工程师的一个约束，同时也为各种 EDA 工具提供标准的书写规范，使之在综合仿真过程中不产生歧义，易于仿真。VHDL 中的标识符分为基本标识符和扩展标识符两种。

基本标识符的规则如下：

(1) 标识符由字母(A～Z，a～z)、数字(0～9)和下划线“_”组成。

(2) 任何标识符必须以英文字母开头。

(3) 不允许出现多个连续的下划线，只能是单一下划线，且不能以下划线结束。

(4) 标识符中的英文字母不区分大小写。

(5) VHDL 定义的保留字或关键词不能用作标识符。

(6) VHDL 中的注释文字一律由两个连续的连接线“--”开始，可以出现在任一语句后面，也可以出现在独立行。

分析下面标识符的合法性：

```
_decoder         --非法标识符，起始必须是英文字母
3dop             --非法标识符，起始必须是英文字母
Large# number    --非法标识符，不能包含“#”
sig_N            --合法标识符
state0           --合法标识符
NOT-ACK          --非法标识符，“-”不能成为标识符的构成
Data_ _bus       --非法标识符，不能含有多个下划线
Copper_          --非法标识符，不能以下划线结束
Return           --非法标识符，关键字不能用作标识符
tx_clk           --合法标识符
```

VHDL93 标准还支持扩展标识符，以反斜杠来界定，免去了 87 标准中基本标识符的一些限制，如：可以以数字打头，允许包含图形符号，允许使用 VHDL 保留字，区分字母大小写等。扩展标识符举例：\entity\、\ 2chip\、\EDA\、\eda\。但目前仍有较多 VHDL 工具不支持扩展标识符，所以本书仍以 87 标准为准。由于 VHDL 语言不区分大小写，在书写时一定要养成良好的书写习惯。一般而言，应用关键词时应大写，自行定义的标识符应小写。

10.4.3　数据对象

1. 常数

常数的定义和设置通常是为了使程序更容易阅读和修改。例如，将逻辑位的宽度定义为一个常量，只要修改这个常量就可以很容易地改变宽度，从而改变硬件结构。在程序中，常数就是一个固定的值，所谓常数说明，就是对某一常数名赋予一个固定的值，赋值通常在程序开始前进行，该值的数据类型则在说明语句中指明。常数说明的一般格式如下：

```
CONSTANT 常数名：数据类型 := 表达式；
```

例如：

```
CONSTANT vcc：REAL :=5.0；                --声明常量 vcc，数据类型为实数，值为 5.0
CONSTANT width_s :INTEGER :=10；          --声明常量 width_s，数据类型为整型，值为 10
CONSTANT delay :TIME :=35ns；             --声明常量 delay 作为延迟时间 35ns
CONSTANT fbt:BIT_VECTOR :="010101"；--声明常量 fbt 为位矢量类型
```

常量使用时要注意以下几点：

(1) 常量所赋的值应和定义的数据类型一致；

(2) 常量一旦被赋值就不能改变。若要改变常量值，必须要改变设计，改变常量的声明。

(3) 常量声明所允许的范围有实体、结构体、进程、子程序、块和程序包。

(4) 常量的可视性，即常量的声明位置决定它的使用范围。常量如果在程序包中声明的，则具有最大的全局化特征，调用此程序包的所有设计实体都可以使用；常量如果声明在设计实体中，则这个实体定义的所有结构体都可以使用；常量如果声明在结构体内，则只能用于该结构体；常量如果声明在某进程中，则只能在该进程中使用。这一规则与信号的可视性规则是完全一致的。

2. 变量

变量用于暂时存储数据。变量是一个局部量，只能在进程语句和子程序内部定义和使用。变量的声明格式如下：

```
VARIABLE 变量名 ：数据类型[ :=初始值]；
```

例如：

```
VARIABLE  count :INTEGER RANGE 0 TO 99 :=12；
                                    --声明变量 count，数据类型为整型，初值为 12
VARIABLE  x, y, z:STD_LOGIC :='0'；  --变量 x，y，z 为标准逻辑位数据类型，初值为'0'
VARIABLE m, n: STD_LOGIC_VECTOR(6 DOWNTO 0)；
                              --声明变量 m，n 为标准逻辑矢量数据类型，没有定义初值
```

虽然变量可以在声明时赋予初始值，但综合器并不支持初始值的设置，综合时将忽略。初始值仅对仿真器有效，当变量在声明语句中没有赋予初值时，可以在使用时通过变量赋值语句对其赋值。变量赋值语句的格式如下：

```
目标变量名 := 表达式；
```

例如：

```
VARIABLE x, y:INTEGER RANGE 15 DOWNTO 0；--声明变量 x，y 为整型
VARIABLE m, n, p:STD_LOGIC_VECTOR(7 DOWNTO 0 )；--声明变量 m，n，p
x :=12；
```

```
y := x+2;
m :=n;
n :="10101010";
p :=m(0 TO 3) & n(3 TO 6);
m(5 DOWNTO 0) := n(7 DOWNTO 2);
```

需要注意的是，赋值语句中的表达式必须与目标变量具有相同的数据类型，这个表达式可以是一个运算表达式，也可以是一个数值。变量在使用时还需注意以下几点：

(1) 变量是一个局部量，不能将信息带出对它所定义的设计单元。

(2) 变量的赋值是立即发生的，不存在任何延迟。

(3) VHDL 语言规则不支持变量附加延迟语句。例如：temp1、temp2、temp3 都是局部变量，那么下式产生延迟的方式是不合法的：

```
temp3 :=temp2+temp1 AFTER 20ns;
```

(4) 变量常用在实现某种运算的赋值语句中，变量赋值和初始化赋值都使用符号“ :=”。

(5) 变量不能用于硬件连线。

VHDL 93 标准中增加变量的类型，引入了全程变量，可以把值传送到进程外部，但初学者应慎用，因为几个进程执行的时序不同会产生不同的结果。以后书中未做特殊说明的变量都是局部变量。

3. 信号

信号是电子电路内部硬件实体相互连接的抽象，可以实现进程之间的通信。信号声明的格式如下：

```
SIGNAL 信号名 : 数据类型[ :=初始值];
```

例：

```
SIGNAL  sys_clk:BIT  :='0'; --声明位型的信号 sys_clk，初始值为低电平
SIGNAL temp: STD_LOGIC_VECTOR(7 DOWNTO 0);
                                    --信号 temp，数据类型为标准逻辑矢量，没有设置初始值
SIGNAL s1, s2: STD_LOGIC; --声明了两个 STD_LOGIC 类型的信号 s1, s2
```

与变量相同，对信号赋初始值也不是必须的，并且仅在仿真中有效，一般在设计中对信号进行赋值。信号赋值语句的格式如下：

```
目标信号名 <= 表达式;
```

例如：

```
SIGNAL m, n:STD_LOGIC_VECTOR(7 DOWNTO 0);
m<="10110101";              --以二进制形式将 8 个比特一次赋值完毕
n<=X"AB";                   --以十六进制形式进行赋值，在 VHDL 标准中定义
m(7 DOWNTO 4) <="0110";     --比特分割，信号 m 的高 4 位被赋值
n(6) <='1';                 --单比特赋值
```

信号的使用需要注意以下几个要点：

(1) 信号的声明范围是程序包、实体和结构体。信号不能在进程和子程序中声明，但可以使用。

(2) 与常量相似，信号也具有可视性规则。在程序包中声明的信号，对于所有调用此程序包的设计实体都可见；在实体中声明的信号，在其对应的所有结构体中都可见；在结构体中声明的信号，此结构体内部都可见。

(3) 实体中定义的输入、输出端口也是信号，只是附加了数据流动的方向。

(4) 符号“ :=”用于对信号赋初始值，符号“<=”用于信号的代入赋值。信号代入时可以附加延迟，如：m<="10110001" AFTER 10ns。

(5) 信号包括 I/O 引脚信号和 IC 内部缓冲信号，有硬件电路与之对应，所以即使没有设置延迟，信号之间的传递也有实际的附加延迟。

(6) 信号能够实现进程间的通信，即把进程外的信息带入进程内部，把进程内部的信息带出进程，所以，信号能够列入进程的敏感信号列表，而变量不能。

(7) 信号的赋值可以出现在进程中，也可以直接出现在结构体的并行语句中，但它们的运行含义不同。前者属于顺序信号赋值，允许同一信号有多个驱动源(赋值源)，但只有最后的赋值语句进行有效的赋值操作；后者属于并行信号赋值，赋值操作是各自独立并行发生的，不允许对同一信号多次赋值。同样，也不允许在不同的进程中对同一信号进行赋值操作。

4. 信号与变量的区别

在 VHDL 语言中，变量和信号是常用的数据对象，在形式上非常相似，但本质上却有很大的差别。

变量赋值语句用来给变量赋值或改变变量值，使用赋值符号“ :=”，且只能在 VHDL 的顺序语句部分(进程和子程序)声明和使用，当给变量赋值时，赋值操作立即执行，该变量一直保留所赋值，直到下次赋值操作发生为止。变量一般用作局部数据的临时存储单元。

信号赋值语句可以改变当前进程中信号的驱动值，使用赋值符号“<=”。信号只能在 VHDL 并行语句部分声明，但既可以用在并行语句部分，也可以用在顺序语句部分。当给信号赋值时，赋值操作并没有立即生效，必须要等待一个延迟，在每个进程结束时才完成赋值。信号一般用作电路单元的互连。

例 10.4.1　a、b 定义为信号。

```
LIBRARY ieee;
USE ieee.std_logic_1164.all;
ENTITY dff1 IS
    PORT (clk, d: IN STD_LOGIC;
                q: OUT STD_LOGIC);
        END;
ARCHITECTURE bhv OF dff1 IS
  SIGNAL a, b: STD_LOGIC;
BEGIN
    PROCESS (CLK) BEGIN
       IF CLK'EVENT AND CLK='1' THEN
            a <= d;
            b <= a;
            q <= b;
        END  IF;
    END PROCESS;
    END;
```

例 10.4.2　a、b 定义为变量。

```
LIBRARY ieee;
USE ieee.std_logic_1164.all;
ENTITY dff1 IS
    PORT (clk, d : IN STD_LOGIC;
                q: OUT STD_LOGIC);
    END;
ARCHITECTURE bhv OF dff1 IS
  BEGIN
    PROCESS (CLK) BEGIN
    VARIABLE a, b: STD_LOGIC;
IF CLK'EVENT AND CLK='1' THEN
         a := d;
         b := a;
         q := b;
     END  IF;
     END PROCESS;
END;
```

比较例 10.4.1 和例 10.4.2，它们唯一的区别是对进程中的 a 和 b 定义了不同的数据对象，前者定义为信号而后者定义为变量。然而，它们的综合结果却有很大的不同，前者的电路是图 10.4.1，后者的电路是图 10.4.2。在此，例 10.4.1 和例 10.4.2 对信号与变量的不同特性作了很好的注解，这有助于深入理解有关信号与变量的行为特性。

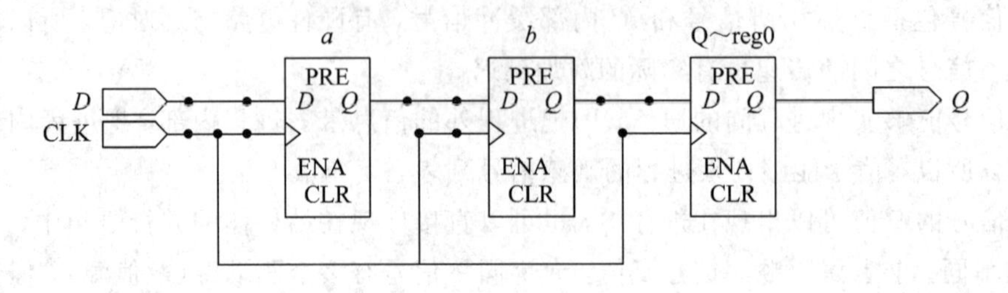

图 10.4.1 例 10.4.1 图

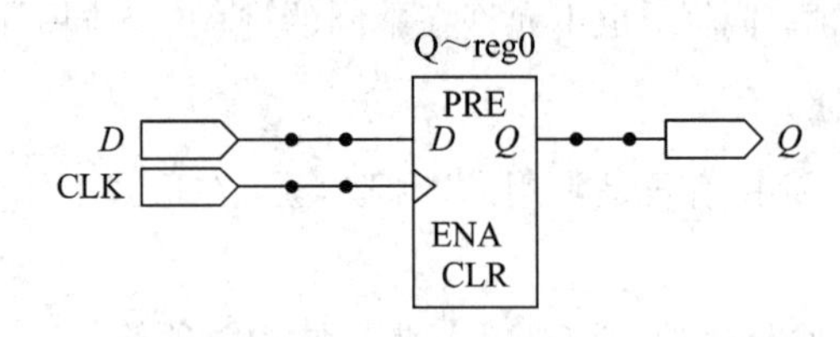

图 10.4.2 例 10.4.2 图

对于进程中的赋值行为应该注意以下三点：

(1) 信号的赋值需要有一个 δ 延时，例如当执行到例 10.4.1 中的表达式 a <= d 时，d 向 a 的赋值是在一个 δ 延时后发生的，此时 a 并未得到更新，即 a 并未获得 d 的值，只是刚刚启动了一个延时为 δ 的模拟定时器，只有在延时 δ 后，a 才能被更新并获得 d 的赋值。

(2) 一个进程中的赋值特点是，所有赋值语句，包括信号赋值和变量赋值，都必须在一个 δ 延时内完成(变量在 δ 延时前即已完成赋值)，即一个进程的运行时间固定为一个 δ 延时。一方面，进程中的所有信号赋值语句在进程启动的一瞬间立即顺序启动各自的延时为 δ 的定时器，预备在定时结束后分别执行赋值操作；但另一方面，在顺序执行到 END PROCESS 语句时，δ 延时才结束，因此这时在进程中的所有信号赋值操作是同时完成赋值的(即令赋值对象的值发生更新)，即在进程中的顺序赋值是以并行的方式"同时"完成的，并且是执行到 END PROCESS 语句时才发生。因此不难理解，执行赋值和完成赋值是两个不同的概念，对于类似于 C 的软件语言，执行或完成一条语句的赋值是没有区别的，但对于 VHDL 信号的赋值却有很大的不同，"执行赋值"只是一个过程，它具有顺序的特征；而"完成赋值"是一种结果，它的发生具有 VHDL 的信号赋值最有特色的并行行为特征。

(3) 当进程中存在同一信号有多个赋值源(即对同一信号发生多次赋值)时，实际完成赋值(即赋值对象的值发生更新的信号)是最接近 END PROCESS 语句的信号。

如上所述，由于进程中的顺序赋值部分没有时间的流逝，所以在顺序语句部分，无论有多少语句，都必须在到达 END PROCESS 语句时，δ 延迟才能发生，VHDL 仿真过程的模拟器时钟才能向前推进。为了更好地理解，首先研究例 10.4.3。

例 10.4.3 信号有多个赋值源的情况。

```
PROCESS(inl, in2, …)              --此进程在 5ns+δ 时刻被启动
    VARIABLE c1, …: STD_LOGIC_VECTOR(3 DOWNTO 0);
BEGIN
```

```
……
e1 <= "1010";              --第 3 行
……
c1 := "0011";              --第 10 行
……
END PROCESS;               --在 5ns+2δ 时刻结束进程
```

设例 10.4.3 的进程在 5ns+δ 时刻被启动，在此后的 δ 时间，进程中所有行为都必须执行完。在 5ns+δ 时刻，信号 e1 被赋值为“1010”(注意并没有即刻获得此值的更新)，变量 c1 被赋值为“0011”，但信号 e1 的值在 5ns+2δ 时刻才被更新，而变量 c1 在赋值的瞬间即被更新，即在 5ns+δ 时刻，其值就变成“0011”。尽管 c1 的赋值语句排在 e1 之后(假定是第 10 行)，但 c1 获得“0011”值的时刻比 e1 获得“1010”值的时刻早一个 δ。

尽管从表面看，对 e1 和 c1“执行赋值”是有严格顺序的，即先执行 e1 的赋值操作，后执行 c1 的赋值操作；但“完成赋值”，即更新的情况并非一致，实际情况是 c1 在前而 e1 在后。由此便能根据以上的讨论比较好地理解例 10.4.1 的信号赋值现象了。

由于例 10.4.1 中的三条赋值语句都必须在遇到 END PROCESS 后才同时执行更新，所以它们具有了并行执行的特性，即当执行到 END PROCESS 后，语句 a<=d 中的 a 获得了来自 d 的赋值，而语句 b<=a 的 b 并未通过上一个 a 得到 d 的赋值，得到的是上一次进程运行中 a 从 d 获得的赋值。同理，语句 b<=a 与 q<=b 中 b 的情况也与 a 相同，因此在进程的一次运行中，d 不可能通过信号赋值的方式将值传到 q，使 q 得到更新。在实际运行中，a 被更新的值是当前时钟上升沿以前的值；b 被更新的值是上一时钟周期的 a，而 q 被更新的值也是上一时钟周期的 b，显然此程序的综合结果只能是图 10.4.1 所示的电路。在例 10.4.2 中，由于 a、b 是变量，它们具有临时保留数据的特性，而且它们的赋值更新是立即发生的，因而有了明显的顺序性。当三条赋值语句顺序执行时，变量 a 和 b 就有了传递数据的功能。语句执行中，先将 d 的值传给 a，再通过 a 传给 b，最后在一个 δ 时刻后由 b 传给 q。在这些过程中，a 和 b 只担当了 d 数据的暂存单元，q 最终被更新的值即当前时钟有效边沿前的 d。

10.4.4　数据类型

VHDL 数据类型的定义相当严格，不同类型之间的数据不能直接代入，而且即使数据类型相同，位长不同也不能直接代入。因此，为了熟练地使用 VHDL 语言编写程序，必须很好地理解各种数据类型的定义。

在 VHDL 中，任何数据对象、函数或参数在声明时必须要声明数据类型，并且只能携带或返回该类型的值。不同的数据类型之间不能相互传递和作用。数据类型一般可以分为两大类：可以从现成程序包中随时获得的预定义数据类型和用户自定义数据类型。预定义数据类型在 standard、std_logic_1164、std_logic_arith 等多个程序包中定义。用户自定义数据类型，其基本元素一般仍然是 VHDL 的预定义数据类型。需要注意的是，VHDL 的综合器并不支持所有的预定义数据类型和用户自定义数据类型，如 TIME、FILE、REAL 等，但仿真器支持所有的数据类型。

1. 标准数据类型

标准数据类型共有 10 种，如表 10.4.1 所示。

表 10.4.1　标准数据类型

数据类型	含　义
位(BIT)	逻辑 0 或 1
布尔(BOOLEAN)	逻辑假或逻辑真
整数	整数 32 位，−2 147 483 647～+2 147 483 647
实数	浮点数
物理型	重量、长度、时间或电压值等
字符	ASCII 字符
位矢量	位矢量
字符串	字符矢量
自然数，正整数	整数的子集(自然数，大于 0 的整数；正整数，大于 0 的整数)
错误等级	NOTE、WARNING、ERROR、FAILURE

(1) 位(BIT)数据类型。BIT 数据类型是数字逻辑中最基本的逻辑形式，在 STD 库中有明确的定义，其定义如下：

```
TYPE BIT is('0', '1');
```

BIT 类型的数据只能取 0 和 1 两个值，是二值系统中最基本的单元，分别表示低电平和高电平。位数据类型的数据对象可以参与逻辑运算，结果仍然是位数据类型。VHDL 综合器使用一位二进制数表示位数据类型，如：

```
SIGNAL a, b, c: BIT;
  a <= '0';
  b<= '1';
  c <= a and b;
```

(2) 布尔(BOOLEAN)。BOOLEAN 数据类型比 BIT 数据类型抽象层次更高，其定义如下：

```
type BOOLEAN is(FALSE, TRUE);
```

布尔数据类型是一个二值枚举型数据类型，它的取值只有 FALSE 或者 TRUE。综合器使用一位二进制数表示 BOOLEAN 型的标量或信号，一般而言，综合器将 TRUE 翻译为 1，FALSE 翻译为 0，但它和位数据类型不同，它没有数值的含义，也不能进行算术运算，只能作为关系运算的结果在判断语句中判断使用。例如：

```
if sel = '1' …
if  f >= g…
```

这些语句都将产生 BOOLEAN 型结果。

又例如：

```
SIGNAL   cond: BOOLEAN;
      ……
if   cond   then
      ……
```

(3) 整数(INTEGER)。整数与数学中整数的定义相同，包括正整数、负整数和零。在 VHDL 语言中，整数使用 32 位有符号的二进制数表示，即整数的取值范围是−2 147 483 647～

+2 147 483 647，即$-(2^{31}-1)\sim+(2^{31}-1)$。尽管整数值在电子系统中可能用一系列二进制位值来表示，但是整数不能看作位矢量，也不能按位来进行访问，对整数不能用逻辑操作符。当需要进行位操作时，可以用转换函数将整数转换成位矢量。

另外，在实际应用时，综合器一般将整型作为无符号数处理，仿真器一般将整型作为有符号数处理。使用整数时，需要利用 RANGE 子句为所声明的数限定范围，然后根据所限定的范围来决定表示此信号或变量的二进制数的位数。如果在声明时没有限定取值范围，则综合器会自动采用 32 位二进制数来表示，假设实际中的整数只需 4 位二进制数即可，这样就会造成较大的资源浪费。

整数数据类型的声明如下：

```
SIGNAL s1：INTEGER RANGE 0 TO 29；
--声明信号 s1，数据类型为整型，取值范围 0～29 共 30 个值，可用 5 位二进制数来表示
```

(4) 实数(REAL)。VHDL 语言中，实数也叫浮点型 Floating，REAL 数据是通常的数值运算中浮点型的抽象，它的数值范围为$-10^{38}\sim+10^{38}$。在 VHDL 中没有定义REAL 数据的精度，但这个精度至少可以达到 6 个比特位。使用 REAL 类型数据时要注意，实数数据类型仅能在仿真器中使用，很多公司的综合工具都不支持 REAL 类型的数据。

在 VHDL 中，通常采用用户自定义的方式来定义一个 REAL 类型的数据，例如：

```
type capacity is range －20.0 to 20.0；
SIGNAL sig_1：capacity ：=3.0；
……
sig_1 <= 5.8；
```

其中，capacity 是用户自定义的一种 REAL 型的数据类型。

(5) 物理型。物理型数据用于表示一些物理量，如重量、长度、时间或电压等，用户可以根据工程需要定义一些物理数据类型。完整的物理型数据包含数值和单位两部分，定义一个物理型数据类型时，必须先给出一个基准单位，其他的单位也必须是基准单位的倍数。VHDL 中定义了一种物理类型 TIME，用于对延时等时间参数进行建模，时间类型包括整数和物理量单位两个部分，且整数和单位之间至少留一个空格，综合器也不支持时间类型。VHDL 中 TIME 类型的定义如下：

```
type TIME is range －2147483647 to 2147483647
  units
    fs；
    ps    = 1000 fs；
    ns    = 1000 ns；
    us    = 1000 ns；
    ms    = 1000 us；
    sec   = 1000 ms；
    min   = 60 sec；
    hr    = 60 min；
end units；
```

用户也可以根据需要定义工程设计中需要的物理型数据，例如要定义一个表示重量的物理量，其定义如下：

```
type weight is range 0 to 2147473647
```

```
units
  mg;
  g   =1000 mg;
  kg =1000 g;
  t= 1000kg;
end units;
```

物理型数据使用时的格式为数值后加单位。一个时间类型的数据实例如下：

```
constant tpd: TIME := 3 ns;
  ……
  b <= a after tpd;
  c <= b after 5 ns;
```

(6) 字符型(CHARACTER)。字符型数据量通常用单引号括起来，例如'Z'等。VHDL对大小写不敏感，但是字符中的大、小写被认为是不一样的，如'B'和'b'。字符量中的字符可以是a～z的任意字母，0～9中的任一个数及空格或者特殊字符，如$、@、%等。程序包STANDARD中给出了预定义的128个ASCII码字符，不能打印的用标识符给出。

(7) 位矢量(BIT_VECTOR) 数据类型。位矢量是基于位数据类型的数组，使用位矢量必须注明位宽，即数组中的元素个数和排列情况，如：

```
SIGNAL s1: BIT_VECTOR(7 DOWNTO)--信号s1被定义为一个8位位宽的位矢量，数组元素
    --排列指示关键词DOWNTO，表示最左位是s1(7)，下标名按照降序排列，最右位是s1(0)
SIGNAL s2: BIT_VECTOR(0 TO 7); --信号s2被定义为一个8位位宽的位矢量，数组元素排
    --列指示关键词TO，表示最左位是s2(0)，下标名按照升序排列，最右位是s2(7)
```

一般而言，DOWNTO更适合于硬件设计者通常的思维方法，即最左边是权值最高的位(MSB，Most Significant Bit)。

下面进一步理解数组排列指示关键词以及数组的赋值和运算。例10.4.4完成了对信号x、y、z的赋值，其中符号"&"表示串联，即把操作数或数组合并连接起来组成新的数组，如"0"&"1"&"0"的结果为"010"，"001"&"100"的结果为"001100"，"100"&"001"的结果为"100001"，"VH"&"DL"的结果为"VHDL"。例10.4.5是对数组进行逻辑运算，需要注意的是，如果对位矢量进行逻辑操作，其结果仍为位操作，如位与。另外，逻辑操作符要求两个矢量具有相同的长度，并要求被赋值的矢量也是相同的长度。

例10.4.4 信号x、y、z的赋值。

```
SIGNAL  x: BIT_VECTOR(1 DOWNTO 0);
SIGNAL  y: BIT_VECTOR(0TO 1);
SIGNAL  z: BIT_VECTOR(3 DOWNTO 0);
SIGNAL  t: BIT_VECTOR(7 DOWNTO 0);
  x <= a&b;              -- x(1)=a, x(0)=b
  y <= a&b;              -- y(0)=a, y(1)=b
  z <= '1'&x(1)&y(0);  -- z="1aa"
  t(7 DOWNTO 4) <= "0001";
                        --对数组部分的赋值，注意赋值时的下标方向要与声明时一致
```

例10.4.5 数组的逻辑运算。

```
SIGNAL  a, b, c, d: BIT_VECTOR (0 TO 3);
  a <= "1010";
```

```
b <= "1000";
c <= a AND b;                    -- c="1000"
d <= a OR b;                     -- d="1010"
```

（8）字符串（STRING）数据类型。字符串数据类型是字符类型的一个非限定数组。字符串数据类型必须用双引号引起来，如“blue”、“abcd”。

（9）自然数（NATURAL）和正整数（POSITIVE）。自然数数据类型是整数类型的子类型，用来表示自然数（即非负的整数）。正整数数据类型也是整数类型的子类型，包含整数中非零和非负的数值。

（10）错误等级类型。错误等级类型数据用来表征系统的状态，共有 4 种：NOTE（注意）、WARNING（警告）、ERROR（出错）和 FAILURE（失败）。在系统仿真过程中，可以用这 4 种状态来提示系统当前的工作情况，这样可以使设计人员随时掌握当前系统工作的情况，并根据系统的不同状态采取相应的对策。

2. IEEE 预定义数据类型

IEEE 库是 VHDL 设计中最为常用的库，包含 IEEE 标准的程序包和其他一些支持工业标准的程序包，如 std_logic_1164、numeric_std、numeric_bit、std_logic_arith、std_logic_unsigned、std_logic_signed 等。这些程序包内还定义了一些常用的数据类型，但由于这些程序包并非符合 VHDL 标准，所以在使用相应的数据类型前，需要在设计的最前面以显式的形式表达出来。下面对常用的数据类型做一介绍。

（1）STD_LOGIC 数据类型。STD_LOGIC 数据类型共定义了九种取值，分别是：‘U’未初始化；‘X’强未知的；‘0’强 0；‘1’强 1；‘Z’高阻态；‘W’弱未知的；‘L’弱 0；‘H’弱 1；‘-’忽略。这就意味着 STD_LOGIC 数据类型能够比 BIT 数据类型描述更多的线路情况，如‘Z’和‘-’常用于三态的描述，‘L’和‘H’可用于描述下拉和上拉。但就综合而言，STD_LOGIC 数据类型在数字器件中实现的只有其中的四种取值（‘0’、‘1’、‘-’和‘Z’）。当然，这九种取值对于仿真都有重要的意义。

（2）STD_LOGIC_VECTOR 数据类型。STD_LOGIC_VECTOR 是基于 STD_LOGIC 的一维数组，即数组中每个元素的数据类型都是 STD_LOGIC，用双引号引起来。需要注意的是，位宽相同、数据类型相同才能进行赋值或运算操作。该数据类型的相关操作与 BIT_VECTOR 数据类型类似，这里不赘述。

（3）STD_ULOGIC 和 STD_ULOGIC_VECTOR 数据类型。STD_ULOGIC 数据类型也是在 std _logic_1164 程序包中定义的，也定义了九种取值。它与 STD_LOGIC 数据类型的区别在于：STD_LOGIC 数据类型是 STD_ULOGIC 数据类型的一个子集，是一个决断类型。所谓决断是指：如果一个信号由多个驱动源驱动，则需要调用预先定义的决断函数以解决冲突，并确定赋予信号哪个值。由于 STD_ULOGIC 不是决断类型，如果一个这样的信号由两个以上的驱动源驱动，将导致错误。由于 STD_ULOGIC 的限制，使用 STD_LGOIC 数据类型更为方便。

同样地，STD_ULOGIC_VECTOR 数据类型是基于 STD_ULOGIC 数据类型的一维数组。

（4）UNSIGNED 数据类型。UNSIGNED 数据类型代表一个无符号的数。在综合器中，这个数值被解释为一个二进制数，最左位是最高位。如果声明一个变量或信号为 UNSIGNED 数据类型，则其位矢量长度越长，所能代表的数值就越大，如：位矢量长度为 8 位，最大值为 255。不能使用 UNSIGNED 声明负数。例 10.4.6 是 UNSIGNED 数据类型的示例。

例 10.4.6　UNSIGNED 数据类型示例。

```
VARIABLE v1：UNSIGNED(0 TO 7)；--声明变量 v1，8 位二进制数，最高位为 v1(0)
SIGNAL s1：UNSIGNED(7 DOWNTO 0)；--声明信号 s1，最高位为 s1(7)
```

(5) SIGNED 数据类型。SIGNED 数据类型表示一个有符号的数，最高位是符号位，一般用 0 表示正，1 表示负，综合器将其解释为补码。例 10.4.7 是 SIGNED 数据类型的示例。

例 10.4.7　SIGNED 数据类型示例。

```
ARCHITECTURE bhy OF ex Is
    SIGNAL   s1：SIGNED(3 DOWNTO 0)；                    --声明信号 s1 为有符号数
BEGIN
    PROCESS(c)
        VARIABLE v1：SIGNED(0 TO 3)                      --声明变量 v1 为有符号数
    BEGIN
        v1 := "0101";      --最高位 v1(0)是符号位，v1=+5
        s1 <= "1011";      --最高位 s1(3)是符号位，s1=-5
        …
```

(6) SMALL_INT 数据类型。SMALL_INT 数据类型是 INTEGER 数据类型的子类型，按照 std_logic_arith 程序包中定义的源代码，它将 INTEGER 约束到只含有 2 个值。程序包 std_logic_arith 中声明 SMALL_INT 的源代码如下：

```
SUBTYPE  SMALL_INT  IS  INTEGER RANGE 0 TO 1;
```

3. 用户自定义数据类型

除了上述预定义数据类型外，用户还可以定义自己所需的数据类型。一般采用类型定义语句 TYPE 和子类型定义语句 SUBTYPE 来实现。

(1) TYPE 语句。TYPE 语句能够定义一种全新的数据类型，其语法格式如下：

```
TYPE 数据类型名 IS 数据类型定义 [OF 基本数据类型]；
```

其中，数据类型名由用户自行定义，可有多个，采用逗号分开；数据类型定义部分用来描述所定义数据类型的表达方式和表达内容；关键词 OF 后的基本数据类型是指数据类型定义中所定义元素的基本数据类型，一般是已有的预定义数据类型，如 BIT、STD_LOGIC 等。下面将对枚举、整型、数组和记录数据类型进行具体介绍。

① 枚举类型。顾名思义，枚举类型即为通过枚举该类型的所有可能值来定义。枚举类型的示例如下：

```
TYPE color IS(blue，green，red，yellow)；      --定义数据类型 color，共有 4 个元素
TYPE my_std_logic IS('0'，'1'，'Z'，'-')；     --定义数据类型 my_std_logic，包含 4 个元素
```

使用状态机进行 VHDL 设计时，一般采用枚举类型来枚举所有的状态。例如：

```
TYPE st IS(s1，s2s3，s4)；
SIGNALN cs，ns  ：st；
```

信号 cs 和 ns 的数据类型是 st，它们的取值范围是可枚举的，即从 s1 到 s4 共 4 个状态。

在综合时，会把用文字符号表示的枚举值用一组二进制数来表示，称为枚举编码。编码比特向量的长度由枚举值的个数所决定，一般确定为所需表达的最少比特数。上面状态机的状态可由两位二进制数进行编码，默认的编码方式是顺序编码，如 s1＝“00”，s2＝“01”，s3＝“10”，s4＝“11”。当然，也可以不采用默认编码的方式。

② 整数类型。整数类型在 VHDL 中已存在，这里所说的是用户自定义的整数类型，可以认为是整数类型的一个子类。利用关键词 RANGE 限定整数的取值范围，提高芯片资源的利用率。整数类型的示例如下：

```
TYPE int1 IS INTEGER RANGE 0 TO 100;          --7 bit 矢量
TYPE int2 IS REAL RANGE  -100 TO 100;         --8 bit 矢量，最高位是符号位
```

需要注意的是，VHDL 综合器对整数的编码方式，如果是负数，则编码为二进制补码；如果是正数，则编码为二进制原码。

③ 数组类型。数组是将相同类型的数据集合在一起所形成的一个新数据类型。它可以是一维的，也可以是二维或多维的，但 VHDL 综合器通常不支持更高维数的数组。其实前面讲述 VHDL 预定义数据类型时已经接触过一维数组了，如 BIT_VECTOR、STD_LOGIC_VECTOR。图 10.4.3 进一步解释数组的构成，(a)显示单个元素，(b)显示一维数组，(c)显示一维×一维数组，(d)显示二维数组。

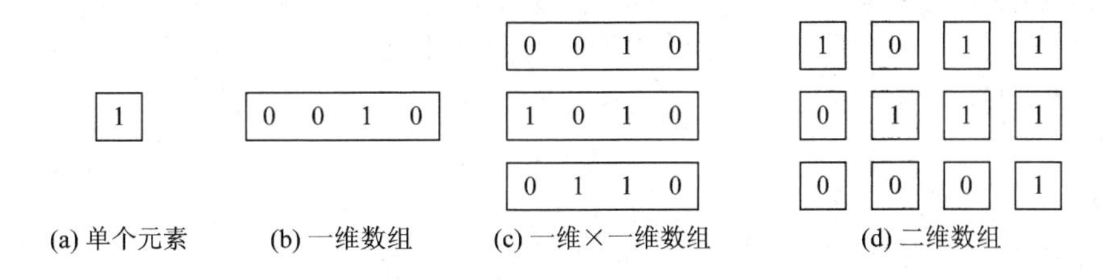

图 10.4.3　数组构成示意图

VHDL 既允许限定数组，又允许非限定数组，二者的区别在于：限定数组下标的取值范围在数组定义时就被确定，而非限定数组下标的取值范围留待具体数据对象使用时再确定。

限定数组定义语法的格式如下：

```
TYPE 数组名 IS ARRAY （数组范围） OF 数据类型;
```

其中，数组名是新定义的限定数组类型的名称；数组范围明确指出数组元素的数量和排列形式，以整数来表示数组下标；数据类型即为数组内各元素的数据类型。

非限定数组定义语法的格式如下：

```
TYPE 数组名 IS ARRAY (数组下标名 RANGE<>)OF 数据类型;
```

其中，数组名是新定义的非限定数组类型的名称；数组下标名是一个整数类型或子类型的名称；符号“<>”表示没有限定数组范围，在这种情况下，范围由信号说明语句等确定；数据类型为数组中每个元素的数据类型。

限定数组示例如下：

```
TYPE btype IS ARRAY (7 DOWNTO 0)OF BIT;
  --限定数组类型 btype，有 8 个元素，下标排列是 7、6、5、4、3、2、1、0
SIGNAL  s1: btype; --声明信号 s1，数据类型为限定数组 btype
```

非限定数组示例如下：

```
TYPE my_std IS array(NATURAL RANGE<>)OF STD_LOGIC;
    --非限定数组类型 my_std，下标可以取值在自然数范围内
VARIABLE  v1: my_std(1 TO 8);
    --声明变量 v1，将数组的取值范围确定为 1～8
TYPE my_std1 IS array(INTEGER RANGE<>)OF STD_LOGIC;
    --非限定数组类型 my_std1，下标可以取值在整数范围内
```

```
VARIABLE v2：my_std1(－3 TO 4)；--声明变量 v2，将数组的取值范围确定为－3～4
```

④ 记录类型。记录类型和数组类型非常相似，不同的是记录类型所包含的元素的数据类型不相同。记录类型定义语法的格式如下：

```
TYPE 记录类型名 IS RECORD
    元素名:元素数据类型；
    元素名:元素数据类型；
    ……
END RECORD[记录类型名]；
```

例 10.4.8 显示如何定义一个记录类型并对其赋值。从中可以看到，对记录类型的数据对象赋值，既可以对其中的单个元素进行赋值，也可以采用整体赋值的形式。对单个元素进行赋值时，在记录类型对象名后加点“.”，再跟赋值元素的元素名。对整体赋值时，有两种表达方式：名称关联和位置关联。使用名称关联方式时，赋值项可以以任何顺序出现，如 s2<=(int=>15，btype=>"10000111")；等价于例 10.4.8 中的 s2 赋值。使用位置关联方式时，元素的赋值顺序必须与记录类型声明时的顺序相同。可以使用 OTHERS 选项对元素进行赋值，但如果有两个或更多元素都由 OTHERS 选项来赋值，则这些元素必须具有相同的数据类型。

例 10.4.8　定义一个记录类型并赋值。

```
TYPE my_record IS RECORD                    --定义记录类型 my_record
    btype：  BIT_VECTOR(7 DOWNTO 0)；
    int：INTEGER RANGE 0 TO 15；
END RECORD；
SIGNAL  s1，s2，s3，s4：my_record；
  ……
s1.btype <= "0010001"；                      --单个元素赋值
s1.int <= 6；                                --单个元素赋值
s2 <= (btype=>"11110000"，int=>15)；         --名称关联方式
s3 <= ("00001111"，0)；                      --位置关联方式
s4 <= ("00000001"，OTHERS=>0)；
```

(2) SUBTYPE 语句。SUBTYPE 语句定义子类型，即已有数据类型的子集，它满足原数据类型(称为基本数据类型)的所有约束条件。子类型定义的语法格式如下：

```
SUBTYPE 子类型名 IS 基本数据类型[范围]；
```

子类型的定义只是在基本数据类型的基础上作一些约束，它并没有定义新的数据类型。上述的 POSITIVE 和 NATURAL 就是 INTEGER 数据类型的子类型，只要值在合适的子类型范围内，这些子类型都可以完成相加、乘、比较、赋值等操作。例 10.4.9 给出了 POSITIVE 和 NATURAL 之间有效和无效的赋值示例。例 10.4.10 是子类型定义示例。

例 10.4.9　有效和无效的赋值示例。

```
VARIABLE  v_n：NATURAL；       --声明变量 v_n 为 NATURAL 类型
VARIABLE  v_p：POSITIVE；      --声明变量 v_p 为 POSITIVE 类型
……
v_n := 0；        --对 v_n 赋值 0
v_p := v_n；      --把 v_n 赋值给 v_p，此处错误，0 超过了 POSITIVE 数据类型的取值范围
v_p := 5；        --对 v_p 赋值 5
```

```
v_n := v+p+1; --把 v_p+1 赋值给 v_n，赋值有效
```

例 10.4.10　子类型定义示例。

```
SUBTYPE my_int IS INTEGER RANGE 0 TO 1023;
    --定义子类型 my_int，取值范围 0～1023
SUBTYPE my_std ISSTD_LOGIC_VECTOR(15 DOWNTO 0);
    --定义子类型 my_type，16 位数组
TYPE btype IS ARRAY(NATURAL RANGE <>) OF BIT;
    --定义 btype 为非限定 BIT 数组
SUBTYPE my_type IS btype(0 TO 15);      --定义 my_tpe 为 btype 数据类型的子类型
```

4. 数据类型的转换

在 VHDL 中，数据类型的定义相当严格，不同类型的数据是不能进行运算和直接代入的。为了实现正确的代入操作，必须将要代入的数据进行类型变换，即类型变换。设计者可以通过调用预先在程序包中定义的函数来进行数据类型的转换，也可以自定义转换函数。

转换数据类型的方法有类型标记法和函数转换法。

(1) 类型标记法。类型标记就是类型的名称，仅适用于关系密切的标量类型之间的类型转换，其一般格式如下：

```
数据类型名(表达式)
```

例如，整数和实数的类型转换。

```
VARIABLE m: INTEGER;
    VARIABLE n: REAL;
    ……
    m := INTEGER(n);        --将实数转换成整数，赋予整型变量
    n := REAL(m);           --将整数转换成实数，赋予实型变量
```

有符号数 SIGNED 和无符号数 UNSIGNED 与位矢量 BIT_VECTOR 关系密切，可以用类型标记法进行转换；SIGNED 和 UNSIGNED 与 STD_LOGIC_VECTOR 相近，也可以用类型标记法进行类型转换。又例如：

```
VARIABLE  v1, v2: INTEGER;
    v1 :=INTEGER(25.63 * REAL(v2));
TYPE long IS INTEGER RANGE -100 TO 100;
TYPE short IS INTEGER RANGE -10 TO 10;
SIGNAL s1: long;
SIGNAL s2: short;
    ……
    s1 <= s2+5;             --错误，数据类型不匹配
    s1 <= long(s2+5);       --正确，最后赋值给 s1，数据类型为 long
```

(2) 函数转换法。在 VHDL 语言中，“STD_LOGIC_1164”“STD_LOGIC_ARITH”“STD_LOGIC_UNSIGNED”等包集合中都提供了不同数据类型的变换函数，用于不同数据类型间的转换。

std_logic_1164 程序包所包含的转换函数如下：

```
to_std_logic_vector(p)   --将 BIT_VECTOR 类型转换为 STD_LOGIC_VECTOR 类型。
to_bitvector(p)          --将 STD_LOGIC_VECTOR 类型转换为 BIT_VECTOR 类型。
to_stdlogic(p)           --将 BIT 类型转换为 STD_VECTOR 类型。
```

to_bit(p)　　--将 STD_LOGIC 类型转换为 BIT 类型。

std_logic_arith 程序包所包含的转换函数如下：

conv_integer(p)　　--将 UNSIGNED、SIGNED 类型转换为 INTEGER 类型。

conv_unsigned(p, b)　　--将 INTEGER、SIGNED、UNSIGNED、STD_ULOGIC 类型转换为 UNSIGNED 类型，参数 b 是 UNSIGNED 数据类型的位长。

conv_signed(p, b)　　--将 INTEGER、SIGNED、UNSIGNED、STD_ULOGIC 类型转换为 SIGNED 类型。

conv_std_logic_vector(p, b)　　--将 INTEGER、SIGNED、UNSIGNED、STD_ULOGIC 类型转换为 STD_LOGIC_VECTOR 类型。

std_logic_unsigned 程序包所包含的转换函数如下：

conv_integer(p)　　--将 STD_LOGIC_VECTOR 类型转换为 INTEGER 类型。

std_logic_signed 程序包所包含的转换函数如下：

conv_integer(p)　　--将 STD_LOGIC_VECTOR 类型转换为 INTEGER 类型。

例 10.4.11 调用程序包 std_logic_1164 中的 to_stdlogicvector 和程序包 std_logic_arith 中的 conv_std_logic_vector 实现数据类型的转换。

例 10.4.11　数据类型转换。

```
LIBRARY ieee;
USE ieee.std_logic_1164.all;
USE ieee.std_logic_arith.all;
ENTITY example IS
        PORT(a       : IN INTEGER RANGE 0 7;
             b1, b2  : IN BIT_VECTOR(3 DOWNTO 0);
             c1, c2  : IN UNSIGNED (3 DOWNTO 0));
END;
ARCHITECTURE bhv OF example IS
BEGIN
    y1 <= conv_std_logic_vector(a, 4);
    y2 <= to_std_logic_vector(bl AND b2);
    y3 <= con_std_logic_vector(1+c2), 4));
END bhv;
```

10.4.5　VHDL 操作符

VHDL 中的各种表达式是由操作数和操作符组成的，其中操作数是各种运算的对象，而操作符是规定运算的方式。VHDL 提供了 6 种类型的预定义操作符，分别是分配操作符(Assignment Operators)、逻辑操作符(Logic Operators)、算术操作符(Arithmetic Operators)、关系操作符(Relational Operators)、移位操作符(Shift Operators)和串联操作符(Concatenation Operators)。使用操作符完成运算，需要特别注意两点：第一，操作数是相同的数据类型，如果是矢量则需要有相同的长度；第二，操作数的数据类型与操作符所要求的数据类型一致。以下逐一介绍每一种操作符。

1. 分配操作符

分配操作符用于对信号、变量和常量分配数值，又称为赋值操作符。分配操作符包含 3 个：<=，用于对信号赋值；:=，用于对变量赋值；=>，用于对单个数组元素赋值或

OTHERS 赋值。

例如：

```
SIGNAL   s1      : STD_LOGIC;
SIGNAL   s2, s3: STD_LOGIC_VECTOR(7 DOWNTO 0);
……
VARIABLE v1      : STD_LOGIC_VECTOR(7 DOWNTO 0);
    ……
    sl <= '1';
    s2 <= "100011";
    s3<= (0, 2, 3=>'1', OTHERS=>'0')           -- s3="0001101"
    vl := "00010001";
```

2. 逻辑操作符

逻辑操作符用于完成逻辑运算，包含 7 个：NOT，取反；AND，与；OR，或；NAND，与；NOR，或非；XOR，异或；XNOR，同或。

逻辑操作符支持对 BIT、BIT_VECTOR、STD_LOGIC、STD_LOGIC_VECTOR、STD_ULOGIC 以及 STD_ULOGIC_VECTOR 等数据类型的运算。需要注意的是，在所有逻辑操作符中，NOT 的优先级最高，其余六种逻辑操作符具有相同的优先级。XNOR 操作符定义在 VHDL93 标准中。必须注意，操作符的左边和右边，以及代入信号的数据类型必须是相同的。

当一个语句中存在两个以上逻辑表达式时，C 语言中运算有自左至右优先级顺序的规定，而在 VHDL 中，左右没有优先级差别。例如，在下例中，如去掉式中的括号，从语法上来说是错误的：

```
x <= (a AND b) OR (NOT c AND d);
```

当然也有例外，如果一个逻辑表达式中只有 AND、OR、XOR 中的一种运算符，那么改变运算顺序不一定会导致逻辑的改变，此时，括号是可以省略的。如果一串运算中的操作符不同或有连续多个除上述二个操作符外的操作符，则必须使用括号。另外，逻辑操作符是按位操作的。下例显示了一些逻辑操作符的使用示例。

```
SIGNAL a, b, c, d: STD_LOGIC_VECTOR(3 DOWNTO 0);
SIGNAL e, f, g, h: BIT_VECTOR(1 DOWNTO 0);
SIGNAL i, j, k, m: STD_LOGIC;
……
c<= NOT a AND b;            --正确，NOT 优先级最高，相当于(NOTa)ANDb
d<=a AND b AND c;           --正确，两个操作符都是 AND，可以不加括号
g<=NOT(d AND e);            --错误，矢量长度不匹配
h<=e NAND f NAND g;         --错误，两个或以上的 NAND 符号必须加括号
k<=i NAND j;                --正确
m<=i OR j XOR k;            --错误，多个操作符必须加括号
```

3. 算术操作符

算术操作符用于完成算术运算，在 VHDL 中有 10 种算术操作符：+，加；-，减；*，乘；/，除；**，乘方；MOD，求模；REM，取余；+，正(一元运算)；-，负(一元运算)；ABS，取绝对值。

其中，符号操作符“＋”和“－”的操作数只有一个，操作数类型是整型。操作符“＋”对操作数不作任何改变；操作符“－”对原操作数取负，需要加括号，如 x ：＝ a ＊ （－b）。其余算术操作符可分为三类，分别是加减操作符、乘除操作符和混合操作符。

1）加减操作符

加减操作符的运算规则与常规的加减法是一致的。加减操作符示例如下：

```
SIGNAL s1, s2, s3, s4 : INTEGER RANGE 0 TO 255;
    ……
    s3 <= sl+s2;
    s4 <= sl-s2;
```

例 10.4.12 4 位二进制加法器。

```
LIBRARY ieee;
USE ieee.std_logic_1164.all;
ENTITY adder IS
PORT(clk  :  IN  STD_LOGIC;
     q    :  OUT STD_LOGIC_VECTOR(3 DOWNTO 0));
END;
ARCHITECTURE bhv OF adder IS
    SIGNAL reg: STD_LOGIC_VECTOR(3 DOWNTO 0);
BEGIN
    PROCESS(clk)
    BEGIN
        IF clk 'EVENT AND clk='1' THEN  reg <= reg+1;
        END IF;
    END PROCESS
    q <= reg;
END bhv;
```

例 10.4.12 的目的是完成一个 4 位二进制加法器，在时钟上升沿到来时进行加 1 计数。但是在编译时却出现了错误提示：不能确定“＋”的定义。观察语句“reg <= reg＋1；”发现，信号 reg 的数据类型是 STD_LOGIC_VECTOR，而 1 是整型。按照前面对算术操作符的讲述可知，其支持的数据类型并不包括 STD_LOGIC_VECTOR，所以不能完成数据类型 STD_LOGIC_VECTOR 和 INTEGER 的相加操作。实际上，在 IEEE 库中的 std_logic_unsigned 或者 std_logic_signed 程序包中，重新定义了加、减算术操作符，使其可以在 STD_LOGIC_VECTOR 与 STD_LOGIC_VECTOR 数据类型，以及 STD_LOGIC_VECTOR 与 INTEGER 数据类型间进行加法和减法运算。这类函数名称相同，但所定义的操作数的数据类型不同的函数称为重载函数。所以，例 10.4.12 只需要在实体前加上语句 USE ieee.std_logic_unsigned.all，表示允许使用该程序包内的预定义函数，就能实现 reg 和 1 的无符号相加。如果调用的是程序包 std_logic_signed，则能够实现有符号相加。

2）乘除操作符

VHDL 的乘除操作符包含 4 个：“＊”、“/”、“MOD”和“REM”，其中“MOD”和“REM”的本质与除法操作是一致的。需要注意的是，从优化的角度出发，最好不要轻易使用乘除操作符，因为当位数较多时，将会占用非常多的硬件资源，如 16 位的“＊”运算将耗费几百个逻辑单元才能实现。乘除运算可以通过其他变通的方法来实现，如移位相加、LPM 模块、

DSP模块等。

“MOD”和“REM”的操作数类型只能是整数，且运算结果也是整数。如果操作数都是正整数，则“MOD”和“REM”运算结果相同，都可以看作普通取余运算；但如果操作数出现负整数的情况，二者运算结果不同。

(1)“MOD”运算结果的正负与后面操作数的正负相同，如5 MOD 3=2，5 MOD(−3)=−1。

(2)“REM”运算结果的正负与前面操作数的正负相同，如5 REM 3 = 2，(−5) REM 3 = −2。

具体来说，二者的运算都可以套用公式a−b×N来计算，只是N的取值不同。当进行“MOD”运算时，N为除法结果向负无穷取整；而进行“REM”运算时，N为除法结果向零取整。如：5/−3的除法结果向负无穷取整是−2，而向零取整是−1，所以“MOD”运算的结果等于5−(−3)×(−2)=−1，而“REM”运算的结果等于5−(−3)×(−1)=2。

3) 混合操作符

混合操作符包含“**”和ABS操作符，示例如下：

```
SIGNAL  a: INTEGER RANGE 0 TO 7 :=3;
SIGNAL  b: INTEGER RANGE 0 TO 7 :=2;
SIGNAL  c: INTEGER RANGE -7 TO 7 :=-5;
    ……
    Y<=a**b;
    z<=abs(c);
```

4. 关系操作符

关系操作符的作用是将相同数据类型的数据对象进行数值比较或关系排序判断，并将结果以BOOLEAN类型的数据表示出来，即结果只有TRUE和FALSE两种取值。

VHDL提供了6个关系运算操作符：=，等于；/=，不等于；<，小于；>，大于；<=，小于等于；>=，大于等于。

关系运算符的左右两边是运算操作数，不同的关系运算符对两边操作数的数据类型有不同的要求。其中，等号“=”和不等号“/=”适用所有类型的数据，其他关系运算符则可适用于整数(INTEGER)、实数(REAL)、位(STD_LOGIC)等枚举类型以及位矢量(STD_LOGIC_VECTOR)等数组类型的关系运算。在进行关系运算时，左右两边操作数的数据类型必须相同，但是位长度不一定相同，当然也有例外的情况。利用关系运算符对位矢量数据进行比较时，比较过程从最左边的位开始，自左至右按位进行比较。在位长不同的情况下，只能将自左至右的比较结果作为关系运算的结果。例如，对3位和4位的位矢量进行比较如下：

```
SIGNAL  a: STD_LOGIC_VECTOR(3 DOWNTO 0);
SIGNAL  h: STD_LOGIC_VECTOR(2 DOWNTO 0);
    ……
    a <= "1010";        -- 10
    b <= "111";         -- 7
    IF (a>b) THEN
      ……
      ELSE
```

```
        ……
        END IF;
```

示例中，a 的值为 10，b 的值为 7，a 应该比 b 大。但是，由于位矢量是从左至右按位比较的，当比较到次高位时，a 的次高位为 0，而 b 的次高位为 1，因此比较结果 b 比 a 大。这样的比较结果显然是不符合实际情况的。

为了能使位矢量进行关系运算，在包集合“STD_LOGIC_UNSIGNED”中对“STD_LOGIC_VECTOR”关系运算重新作了定义，使其可以正确地进行关系运算。注意：使用时必须首先说明调用该包集合。当然，此时位矢量还可以和整数进行关系运算。

又例如：

```
SIGNAL a, b     : BIT_VECTOR(3 DOWNTO 0);
SIGNAL c, d     : STD_LOGIC_VECTOR(1 DOWNTO 0);
SIGNAL e, f     : BOOLEAN;
SIGNAL x , y , z: BOOLEAN;
   ……
   x <= (a=b);
   y <= (c<=d);
   x <= (e>f);
```

对于枚举类型，如 BOOLEAN 类型，大小排序方式与数据类型定义时的顺序一致，即 FALSE<TRUE。

在关系运算符中，小于等于符“<=”和代入符“<=”是相同的，在读 VHDL 语句时，应根据上下文关系来判断此符号到底是关系符还是代入符。

5. 移位操作符

移位操作符是 VHDL93 标准中新增的，共包含 6 个：

sll --逻辑左移，右端空出位置填“0”；

srl --逻辑右移，左端空出位置填“0”；

sla --算术左移，复制最右端位填充到右端空出位置；

sra --算术右移，复制最左端位填充到左端空出位置；

rol --循环左移，将左端移出的位填充到右端空出的位置；

ror --循环右移，将右端移出的位填充到左端空出的位置。

移位操作符支持的操作数数据类型为 BIT_VECTOR 或 BOOLEAN 类型组成的一维数组，其语法格式如下：

<左操作数><移位操作符><右操作数>；

其中，左操作数是待移位的数组；右操作数是移位位数，数据类型必须是整型(可加正负号)。

```
SIGNAL a : BIT_VECTOR(0 TO 7) :="01010101";
     a <= (a ROR 1);    --a 循环右移 1 位。
```

需要注意的是，移位运算符是在 BIT_VECTOR 中定义的，所以用移位运算符对 STD_LOGIC_VECTOR 进行移位时，需要进行数据类型转换。

6. 串联操作符

“&”串联操作符通过连接操作数来建立新的数组，每个操作数可以是一个元素或一个数组，示例如下：

```
SIGNAL x, y, z  : STD_LOGIC_VECTOR(6 DOWNTO 0);
SIGNAL a, b, t  : STD_LOGIC_VECTOR(2 DOWNTO 0);
   ……
x <= "100"&"1001";          -- x="1001001"
y <= a&b&'1'; -- y(6)=a(2), y(5)=a(1), y(4)=a(0), y(3)=b(2), y(2)=b(1), y(1)=b
(0), y(0)='1'
z <= b&'1'&a; -- z(6)=b(2), z(5)=b(1), z(4)=b(0), z(3)='1', z(2)=a(2), z(1)=a(1),
z(0)=a(0)
t <= a(0)&b(1)&'0'; -- t(2)=a(0), t(1)=b(1), t(0)='0'
```

“&”操作符还可以用在 IF 语句中，如 IF a & b = "1100" THEN。

7. 操作符优先级

VHDL 各操作符的优先级见表 10.4.2。

表 10.4.2　VHDL 各操作符优先级

操　作　符	优先级
NOT, ABS, **	最高优先级
*, /, MOD, REM	↑
+(正号), -(负号)	↑
&, +, -	↑
sll, srl, sla, sra, rol, ror	↑
=, /=, <, >, <=, >=	↑
AND, OR, NAND, NOR, XOR, XNOR	最低优先级

10.5　属　　性

属性是指从指定的对象中获取关心的数据或信息，利用属性可以使 VHDL 源代码更加简明扼要，如前面章节中已经出现过的 clk 'EVENT 就是利用属性 EVENT 来检查时钟的边沿。属性可分为预定义属性和用户自定义属性两类，其中预定义属性又包含数值类属性、信号类属性和函数式类型。

属性使用的语法格式如下：

对象'属性

10.5.1　预定义属性

1. 数值类属性

数值类属性用于获取 TYPE 类型、数组或块的有关值，如数组的长度、范围等，包含以下几种：

LEFT——得到数据类或子类区间的左边界值；

RIGHT——得到数据类或子类区间返回数组索引的右边界值；

HIGH——得到数据类或子类区间上限值；

LOW——得到数据类或子类区间下限值；

LENGTH——得到数组的长度值；

RANGE——得到数组的位宽范围；

REVERSE_RANGE——按相反的次序得到数组的位宽范围。

例 10.5.1

```
TYPE  my_type   IS INTEGER RANGE 15 DOWNTO 0;
TYPE  number    IS INTEGER 0 TO 9;
VARIABLE  m: STD_LOGIC_VECTOR(0 TO 7);
则:
my_type'LEFT = 15;    my_type'LOW = 0;      my_type'RANGE = (15 DOWNTO 0);
my_type'RIGHT = 0;    my_type'HIGH = 15;    my_type'REVERSE_RANGE = (0 TO 15);
number'LEFT = 0;                            number'RIGHT = 9;
number'LOW = 0;                             number'HIGH = 9;
m'LEFT=0;             m'LOW=0;              m'LENGTH=8;
m'RIGHT =7;           m'HIGH=7;             m'RANGE=(0 TO 7);
```

数值类属性不光适用于数字类型，而且适用于任何标量类型。

例 10.5.2

```
TYPE tim IS (sec, min, hous, day, moth, year);
SUBTYPE reverse_tim IS tim RANGE month DOWNTO min;
SIGNAL tim1, tim2, tim3, tim4, tim5, tim6, tim7, tim8: TIME;
则:
tim1 <= tim'LEFT;                   --得到 sec
tim2 <= tim'RIGHT;                  --得到 year
tim3 <= tim'HIGH;                   --得到 year
tim4 <=   tim'LOW;                  --得到 sec
tim5 <= reverse_tim'LEFT;           --得到 min
tim6 <= reverse_ im'RIGHT;          --得到 month
tim7 <= reverse_tim'HIGH;           --得到 month
tim8 <= reverse_tim'LOW;            --得到 min
```

在示例中，信号 tim1 和 tim2 分别得到的是 sec 和 year，分别是区间的左边界值和右边界值。但是，如何说明用 HIGH 和 LOW 属性来得到枚举类数据的数值属性呢？实际上，这里的 HIGH 和 LOW 表示的是数据类的位置序号值的大小。对于整数和实数来说，数值的位置序号值与数本身的值相等；而对于枚举类型的数据来说，在说明中较早出现的数据，其位置序号值低于较后出现的数据。例如，例 10.5.2 中 sec 的位置序号为 0，因为它最先在类型说明中说明，同样，min 的位置序号为 1，hous 的位置序号为 2。这样，位置序号大的属性为 HIGH；位置序号小的属性为 LOW。信号 tim5 到 tim8 代入的是 reverse_tim 类数据的属性值，该类数据的区间用 DOWNTO 来加以说明，此时，用属性 HIGH 和 RIGHT 得到的将不同(用 TO 来说明区间时，两者的属性值是相同的)，其原因就在于区间内的数据说明颠倒了。例 10.5.2 中，对于 reverse_tim 数据类型来说，month 的位置序号大于 min 的位置序号。

2. 信号类属性

信号类属性常用来得到信号的行为信息。例如，信号的值是否发生变化，从最后一次变化到现在经过了多长时间，信号变化前的值为多少等。

常用的信号类属性有：

EVENT——如果信号在很短时间内发生变化，返回 TRUE。

ACTIVE——如果当前信号值为 1，返回 TRUE；否则返回 FALSE。

LAST_EVENT——得到信号从前一个事件发生到当前所经过的时间。

LAST_ACTIVE——返回信号从上一次等于 1 到当前的时间差。

LAST_VALUE——得到信号上一次改变以前的值。

STABLE(t)——当信号在时间 t 内没有发生变化，返回 TRUE。

QUIET(t)——当信号在时间 t 内活跃，返回 TRUE。

DELAY(t)——返回一个延时 t 时间单位的信号。

TRANSACATION(t)——判断信号是否活跃，返回一个 BIT，在 0 和 1 间变换。

属性 EVENT 常用于检测时钟信号的边沿，如下面的几种写法均是等效的。

```
IF clk'EVENT AND clk = '1' THEN
IF NOT clk'STABLE AND clk = '1'THEN
IF clk'EVENT AND clk='1'AND clk'LAST_VALUE = '0' THEN
```

其中第一条语句，如果原来的电平为“0”，那么逻辑是正确的。但是，如果原来的电平信号是“X”(不定状态)，则同样也被认为出现了上升沿，显然这种情况是错误的。为了避免出现这种逻辑，可以采用第三条语句形式，从而确保时钟脉冲在变成“1”之前一定处于“0”状态。

3. 函数类属性

函数类属性用于获取 TYPE 类型的一些相关信息，如数据类型定义中的值、位置序号等，有以下几种：

POS(数据值)——得到输入数据值的位置序号；

VAL(位置序号)——得到输入位置序号的值；

SUCC(数据值)——得到输入数据值的下一个值；

PRED(数据值)——得到输入数据值的前一个值；

RIGHTOF(数据值)——得到输入数据值右边的值；

LEFTOF(数据值)——得到输入数据值左边的值。

例如：

```
TYPE week IS (sun, mon, tue, wed, thu, fri, sat);
TYPE week1   IS week RANGE sat DOWNTO sun;
则：
week'SUCC(mon) = tue;          week'PRED(mon) = sun;        weekl'SUCC(mon) = sun;
week 1'PRED(mon) = tue;        week'rightof(mon) = tue;     week'LEFTOF(mon) = sun;
week 1'RIGHTOF(mon) = sun;  week'LEFTOF(mon) = sun;      week'PRED(sun) = ERROR;
week'RIGHTOF(sat) = ERROR;weekl'PRED(sun) = mon;        week 1'RIGHTOF(sat) = fri;
```

又例如：

```
TYPE time IS( sec, min, hour, day, month, year);
TYPE reverse_time IS time RANGE year DOWNTO sec;
```

则：

```
tirne'SUCC(hous) = day;              tirne'PRED(day) = hous;
reverse_time'SUCC(hous) = min;       reverse_time'PRED(day) = month;
time'RIGHTOF(hous) = day;            tirne'LEFTOF(day) = hous;
```

reverse_time′RIGHTOF(hous) = min；　reverse_time′LEFTOF(day) = month；

由上述示例可知，对于递增区间来说，下面的等式成立：

SUCC(x)＝RIGHTOF(x)

PRED(x)＝ LEFTOF(x)

对于递减区间来说，与上述等式相反，下面两个等式成立：

SUCC(x)－LEFTOF(x)

PRED(x)_RIGHTOF(x)

需要注意的是，当一个枚举类型数据的极限值被传递给属性 SUCC 和 PRED 时，如本例中假设：

y ：= sec；

x ：= time′PRED(x)；

则第二个表达式将引起运行错误。因为在枚举数据 time 中，最小的值是 sec，time′PRED(y)要求提供比 sec 更小的值，超出了定义范围。

10.5.2　用户自定义属性

除了 VHDL 中定义的属性以外，VHDL 允许设计者使用自定义属性，其语法格式如下：

ATTRIBUTE 属性名 ：属性类型；

--自定义属性的声明，属性类型定义了属性值的类型，可以是任意数据类型

ATTRIBUTE 属性名 OF 目标名 ：目标集合　IS 公式；

在对要使用的属性进行说明以后，就可以对数据类型、信号、变量、实体、构造体和配置等进行具体的描述。

例如：

```
ATTRIBUTE number：INTEGER;                    --属性声明，属性名为 number
ATTRIBUTE number OF nand3：SIGNAL IS 3;      --属性描述
q <= nand3′number;                             --属性调用，返回值 3
```

自定义属性主要应用在 VHDL 语言所描述的电路行为特性的注释上，以及从 VHDL 到逻辑综合、ASIC 设计工具、动态解析工具的数据过渡。自定义属性的值在仿真中不能改变，也不能用于逻辑综合。

本 章 小 结

硬件描述语言(Hardware Description Language，HDL)是电子系统硬件行为描述、结构描述和数据流描述的语言。利用硬件描述语言，可以进行数字电子系统 SoC、FPGA 和集成电路 ASIC 的设计。

利用 EDA 技术进行设计开发的流程，对于正确选择和使用 EDA 软件、优化设计项目、提高设计效率十分有益。一个完整的 EDA 设计流程既是自顶向下设计方法的具体实施途径，也是 EDA 工具软件本身的组成结构。在实践中进一步了解支持这一设计流程的诸多设计工具，有利于有效地排除设计中出现的问题，提高设计质量和总结设计经验。

VHDL 程序通常包含实体(Entity)、结构体(Architecture)、配置(Configuration)、包集合(Package)和库(Library)五部分。实体用于描述所设计系统的外部接口信号；结构体用于描述系统内部的结构和行为；包集合用于存放各设计模块都能共享的数据类型、常数和子程

序等；配置用于从库中选取所需单元来组成系统设计的不同版本；库用于存放已经编译的实体、结构体、包集合和配置。库可由用户生成或由芯片制造商提供，以便于在设计中为大家所共享。

VHDL 语言是一种硬件描述语言，与软件语言有一定的相似之处：有相似的运算操作符、表达式、子程序、函数等。VHDL 语言要素包括：文字规则、数据对象、数据类型、操作符和属性等。

习　题

10.1　与其他软件语言相比，VHDL 有什么特点？

10.2　在 EDA 技术中采用哪种设计方法，有什么重要意义？

10.3　叙述 EDA 中 CPLD/FPGA 的设计流程。

10.4　VHDL 代码一般由哪几个部分组成？简述每个部分的作用。

10.5　VHDL 语言中常见的库有哪些？如何使用库？

10.6　VHDL 中常见的预定义程序包有哪些？分别定义了什么样的数据类型、函数？怎样使用这些预定义程序包？

10.7　VHDL 中有哪三种数据对象？说明它们的特点及主要使用场合。

10.8　信号和变量在描述和使用时有哪些主要区别？

10.9　VHDL 中的标准数据类型有哪几类？用户可以自己定义的数据有哪几类？

10.10　BIT 类型数据和 STD_LOGIC 类型数据有什么区别？

10.11　VHDL 有哪几类主要运算？一个表达式中有多种运算符时，应按怎样的准则进行运算？如下 3 个表达式是否等效？

```
a<=NOT b AND c OR d;
a<=(NOT b AND c) OR d;
a<= NOT b AND (c OR d);
```

10.12　如果有三个信号 a、b、c，其数据类型都是 STD_LOGIC，那么表达式 c<=a+b 是否能够直接进行加法运算？为什么？如何解决？

第 11 章　VHDL 逻辑电路设计

内容提要：本章主要介绍 VHDL 基本语句的结构和用法。首先介绍使用 VHDL 基本语句完整地描述数字系统的硬件结构和逻辑功能。然后以组合逻辑电路设计和时序逻辑电路设计为例，介绍了采用 VHDL 设计数字系统的方法。

学习提示：硬件描述语句最终实现的是具体硬件电路的结构，而非软件语言在 CPU 中的逐条顺序执行。读者在进行本章学习时，应多进行不同语句的比较与思考，理解不同语句各自的特点和优势。

11.1　VHDL 描述语句

11.1.1　顺序语句

1. 赋值语句

赋值语句的使用在前面章节中多次出现，如“x <= a AND b;”“y := a;”等。顺序赋值语句出现在进程和子程序内部。由于在进程和子程序内部可以声明变量，因此顺序赋值语句包括信号赋值语句和变量赋值语句两类，即在顺序语句结构中允许对信号和变量两种数据对象进行赋值。反过来，由于变量不能把数据或信息带出声明它的进程和子程序，所以并行赋值语句只有并行信号赋值语句，即在并行语句结构部分只能对信号进行赋值。

2. IF 语句

在 VHDL 语言中，IF 语句的作用是根据指定的条件来确定语句的执行顺序。IF 语句可用于选择器/比较器、编码器、译码器和状态机等的设计，是 VHDL 语言中最常用的语句之一。IF 语句按其书写格式可分为以下四种。

1）单分支 IF 语句

单分支 IF 语句书写格式如下：

```
IF 条件  THEN
  顺序语句;
END IF;
```

单分支 IF 语句是一种不完整的条件语句，当程序执行单分支 IF 语句时，首先对条件表达式的值进行判断，当表达式的值为真时，执行关键字 THEN 后的顺序语句，直到 END IF 结束；而当条件表达式的值为假时，跳过顺序语句不执行，即保持原值不变，直接结束 IF 语句，这意味着要引入存储元件，因此，利用单分支 IF 语句能够构成时序逻辑电路。设计者在进行组合逻辑电路设计时需特别注意，如果没有将电路中所有可能出现的判断条件考虑完全，就有可能被综合器综合出设计者不希望出现的组合与时序混合的电路。

例 11.1.1　利用 IF 语句引入 D 触发器。

```
LIBRARY  ieee;
USE ieee.std_logic_1164.all;
```

```
ENTITY dff  IS
    PORT(clk, d: IN STD_LOGIC;
              q: OUT STD_LOGIC);
END dff;
ARCHITECTURE rtl OF dff  IS
    BEGIN
        PROCESS(clk)
            BEGIN
                IF(clk'EVENT AND clk='1')THEN
                  q <= d;
                END IF;
            END PROCESS;
END rtl;
```

此例中 IF 语句的条件是时钟信号 clk 发生变化，且时钟信号 clk='1'。此时 q 端输出复现 d 端输入的信号值。当该条件不满足时，q 端维持原来的输出值。

2）双分支 IF 语句

双分支 IF 语句是完整条件语句，其语句的书写格式如下：

```
IF 条件  THEN
    顺序语句 1;
ELSE
    顺序语句 2;
END IF;
```

当条件表达式的值为真时，执行关键字 THEN 和 ELSE 之间的顺序语句 1；而当条件表达式的值为假时，执行关键字 ELSE 和 END IF 之间的顺序语句 2，即根据 IF 所指定的条件是否满足，程序可以有两条不同的执行路径。这种结构的条件语句不会出现单分支 IF 语句不执行任何顺序语句的情况，所以不会产生存储元件，一般用于组合逻辑电路的设计。

例 11.1.2　二选一电路结构体的描述。

```
ARCHITECTURE rtl OF mux2 IS
BEGIN
    PROCESS(a, b, s)
        BEGIN
          IF(s = '1')THEN
              c <= a;
          ELSE
              c <= b;
          END IF;
      END PROCESS;
END rtl;
```

其中，二选一电路的输入为 a 和 b，选择控制端为 s，输出为 c。

3）多分支 IF 语句

多分支 IF 语句的书写格式如下：

```
IF 条件 1 THEN
    顺序语句;
```

```
ELSIF 条件 2 THEN
    顺序语句;
ELSIF 条件 3 THEN
    顺序语句;
...
ELSE
    顺序语句;
END IF;
```

这种多选择控制的IF语句，实际上就是条件嵌套。它设置了多个条件，当满足所设置的多个条件之一时，就执行该条件后的顺序处理语句；当所有的条件都不满足时，程序执行ELSE和END IF之间的顺序处理语句。

多分支IF语句通过关键词ELSIF设定多个判断条件。语句首先判断第一个条件(即关键词IF后的条件)，如果满足则执行对应的顺序语句；如果不满足，则判断第二个条件(即第一个ELSIF后的条件)。如果第二个条件满足，则执行与它对应的顺序语句；如果不满足，则继续判断第三个条件，以此类推。可以看出，多分支IF语句中任一分支对应的顺序语句的执行条件是以上各分支条件均不满足，而该分支条件满足。在所有的条件都不满足的情况下，如果语句中有ELSE分支，则执行该分支；如果没有，则不做任何操作，直接结束多分支IF语句。

4) 嵌套IF语句

嵌套IF语句的书写格式如下：

```
IF 条件 THEN
  IF 条件  THEN
  ...
  END IF;
END IF;
```

IF语句可以进行多层嵌套。在编写VHDL程序的过程中，IF语句的嵌套可以用来解决具有复杂控制功能的逻辑电路的问题。

嵌套IF语句与多分支IF语句一样能够产生比较丰富的条件描述。嵌套IF语句中任一分支顺序语句的执行，要求以上各分支的条件都满足。使用嵌套IF语句需要注意END IF的数量应与嵌入条件的数量一致。

例 11.1.3 利用嵌套IF语句实现同步复位的D触发器。

```
LIBRARY ieee;
USE ieee.std_logic_1164.all;
ENTITY dff IS
PORT(clk, reset, d: IN  STD_LOGIC;
                  q: OUT STD_LOGIC);
END;
ARCHITECTURE bhv OF dff IS
BEGIN
PROCESS(clk)      --同步进程，仅时钟信号 clk 列入敏感参数表
BEGIN
    IF clk'EVENT AND clk = '1' THEN
```

```
                --IF 语句的嵌套，首先判断是否有 clk 的上升沿到来
      IF reset ='1' THEN   q <= '0';
                --在满足 clk 上升沿到来的情况下，再判断 reset 的取值
          ELSE   q<=d;
        END IF;
      END IF;
    END PROCESS;
    END bhv;
```

例 11.1.3 是同步时序进程，只有时钟信号的上升沿到来时才能启动进程，即使信号 reset 发生改变(从 0 变化到 1)也不能启动进程。当 clk 上升沿到来后，进程被启动，此时再判断信号 reset 的取值，如果 reset 为 1，则输入 q 被复位为 0；否则，将 d 赋值给 q。

3. CASE 语句

CASE 语句常用来描述总线行为、编码器和译码器的结构。CASE 语句可读性好，非常简洁，其一般格式如下：

```
CASE 条件表达式   IS
        WHEN 选择值 1    =>    顺序语句 1;
        WHEN 选择值 2    =>    顺序语句 2;
    …
        WHEN   OTHERS      =>   顺序语句 n;
END CASE;
```

执行 CASE 语句时，首先计算条件表达式的值，然后寻找与其相同的选择值，执行对应的顺序语句。如果条件表达式的值与选择值 1 相等，则执行顺序语句 1；如果与选择值 2 相等，则执行顺序语句 2；如果所有选择值与条件表达式的值均不相等，则执行 WHEN OTHERS 分支下的顺序语句 n。

通常情况下，CASE 语句中的 WHEN 子句具有 5 种不同的书写格式，如下所示：

(1) WHEN 选择值 1　=>　顺序处理语句；

(2) WHEN 选择值 1|选择值 2|选择值 3 …|选择值 n　=>　顺序处理语句；

(3) WHEN 选择值 1　TO 选择值 2　=>　顺序处理语句；

(4) WHEN 选择值 1 DOWNTO 选择值 2　=>　顺序处理语句；

(5) WHEN　OTHERS　=>顺序处理语句；

如果数据类型是 BIT_VECTOR 或者 STD_LOGIC_VECTOR 类型，则不允许用第(3)、第(4)种指定范围的形式来确认选择项。如果需要对矢量指定取值范围，则必须先把 BIT_VECTOR 或者 STD_LOGIC_VECTOR 数据类型转换为整数类型，或者用第(2)种的列举形式。

例如：

```
CASE   sel   IS
    WHEN   "000"                  =>  a <= 3;    --正确，sel 的取值为"000"
    WHEN   "001" TO " 011"        =>  a <= 2;    --错误，不允许对矢量指定范围
    WHEN   "111" DOWNTO "100"     =>  a <= 1;    --错误，不允许对矢量指定范围
    WHEN   "001"|"101"            =>  a <= 5;    --正确，sel 的取值为"001"或"101"
    WHEN   OTHERS                 =>  a <= 6;    --正确，其他剩余可能取值
```

```
END CASE;
```

另外，CASE 语句中每一个选择值对应的顺序语句允许有多条语句，可以顺序执行，也可以嵌套 IF 语句。

例如：

```
CASE ctl  IS
    WHEN "00" => x <= a; y <= b;
    WHEN "01" => x <= b; y <= c;
    WHEN  OTHERS =>  x<="0000"; y<="0000";
END CASE;
```

使用 CASE 语句时需要特别注意以下几点：

· 选择值的取值必须在表达式的取值范围内，且数据类型必须匹配。

· 各个选择值只允许出现一次，即不能有相同选择值的条件语句出现。

· 如果选择值不能将表达式的值完全列举，最后必须加上 WHEN OTHERS 子句，代表以上所列所有选择值中未能列出的其他可能取值。

· WHEN OTHERS 子句只能出现一次，且只能作为最后一种条件选择值。

· 符号“=>”不是操作符，它的含义相当于“THEN”(或“于是”)。

使用 OTHERS 是为了使条件语句中的所有选择值能覆盖表达式的所有取值，以免综合过程中插入不必要的锁存器。这一点对于定义为 STD_LOGIC 和 STD_LOGIC_VECTOR 数据类型的值尤为重要，因为这些数据对象的取值除了“1”“0”之外，还可能出现输入高阻态“Z”或不定态“X”等取值。关键字 NULL 表示不做任何操作。

与 IF 语句相比，CASE 语句各选择项之间不存在不同的优先级，它们是并行执行的，即执行的顺序与各选择项的书写顺序无关。IF 语句是有序的，先处理最起始、最优先的条件，后处理次优先的条件。

4. LOOP 语句

LOOP 语句的功能是循环执行一条或多条语句。它主要有三种基本形式：FOR/LOOP、WHILE/LOOP 以及条件跳出形式。

1) FOR/LOOP 语句

FOR/LOOP 语句的格式如下：

```
[标号：] FOR 循环变量 IN 循环次数范围 LOOP
    顺序语句;
END LOOP [标号];
```

关键词 FOR 后的循环变量是一个临时变量，属于 FOR/LOOP 语句的局部变量，由语句自动定义，不必事先声明。这个变量只能作为赋值源，不能被赋值。使用时应当注意，在 FOR/LOOP 语句范围内不能再使用其他与此循环变量同名的标识符。

循环次数范围用来规定 FOR/LOOP 语句中顺序语句被执行的次数。循环变量从循环次数范围的初值开始，每执行完一次顺序语句后递增/递减 1，直至达到循环次数范围指定的最大值/最小值。FOR/LOOP 语句循环的范围应以常量表示，是一个确定的值。综合器不支持没有约束条件的循环，这是因为 VHDL 的循环语句与 C 语言等程序设计语言不同，VHDL 中的每一次循环都将产生一个硬件模块。随着循环次数的增加，硬件资源将大量消耗，所以在 VHDL 设计中要谨慎使用循环语句。

```
ASUM: FOR i IN 1 TO 9 LOOP
      sum=i+sum;          -- sum 初始值为 0
    END LOOP ASUM;
```

在该例中，i 是循环变量，它可取值 1，2，3，…，9 共 9 个值，即 sum=i+sum 语句应循环计算 9 次。该程序实现对 1～9 的累加求和。

2）WHILE/LOOP 语句

VHDL 中的条件循环是通过 WHILE/LOOP 语句实现的，它的一般格式如下：

```
[标号:] WHILE 循环条件 LOOP
    顺序语句;
END LOOP[标号];
```

在该 LOOP 语句中，如果循环条件为真，则进行循环；如果条件为假，则跳出循环。需要注意的是，WHILE/LOOP 语句循环条件中的变量需要事先进行显式声明。

例如：

```
i:=1;
sum:=0;
sbcd: WHILE (i<10) LOOP
sum:=i+sum;
  i:=i+1;
END LOOP sbcd;
```

该例和 FOR/LOOP 语句示例的运行结果是一样的，都是对 1～ 9 求累加和。这里利用了 i<10 的条件使程序结束循环，而循环控制变量 i 的递增是通过算式 i:=i+1 来实现的。

3）条件跳出语句

前面讲述的 FOR/LOOP 和 WHILE/LOOP 循环语句是通过循环次数或循环条件来限定执行循环次数的。当需要人为跳出本次循环或整个循环语句，转去执行下一次循环或循环语句之外的其他操作语句时，可以采用 NEXT 语句(跳出本次循环)和 EXIT 语句(跳出整个循环)。

(1) NEXT 语句。NEXT 语句在 LOOP 语句执行中进行无条件的或有条件的转向控制，其格式如下：

```
NEXT [LOOP 标号][WHEN 条件表达式];
```

其中，LOOP 标号及 WHEN 子句都是可选项，因此，可以将 NEXT 语句具体分为以下 4 种形式：

- NEXT;
- NEXT LOOP 标号;
- NEXT WHEN 条件表达式;
- NEXT LOOP 标号 WHEN 条件表达式;

第一种语句格式是无条件跳出本次循环，即当 LOOP 内的顺序语句执行到 NEXT 语句时就无条件终止本次循环，跳回到 LOOP 语句处，重新开始下一次循环。

第二种语句格式的作用与第一种类似，只是当有多重 LOOP 语句嵌套时，可以跳到指定标号的 LOOP 语句处，重新开始执行循环操作。

第三种语句格式带有条件表达式，即如果条件表达式的取值为 TRUE，则执行 NEXT 语句跳出本次循环，进入下一次循环，否则不执行 NEXT 语句。

第四种语句格式既带有条件表达式，又带有 LOOP 标号，如果条件表达式取值为 TRUE，则执行 NEXT 语句，跳转到 LOOP 标号处，否则不执行 NEXT 语句。

例如：

```
PROCESS(a, b) IS
    CONSTANT max_limit: INTEGER :=255;
BEGIN
    FOR i IN 0 TO max_limit LOOP
        IF (done(i)=TRUE)THEN
            NEXT;
        ELSE
            done(i) :=TRUE;
        END IF;
      q(i) <= a(i) AND b(i);
    END LOOP;
END PROCESS;
```

(2) EXIT 语句。在 LOOP 语句中，使用 EXIT 语句可跳出并结束整个循环(注意：不是当次循环)，继续执行 LOOP 语句后的其他顺序语句。EXIT 语句的语法格式如下：

EXIT　[LOOP 标号][WHEN 条件表达式]；

可以看到，EXIT 语句的格式与 NEXT 语句的格式一致，通过是否选用可选项，如“LOOP 标号”“WHEN 条件表达式”等也可以分为 4 种形式，与 NEXT 语句类似，这里不再赘述。

例如：

```
PROCESS(a) IS
    VARIABLE int_a: INTEGER;
BEGIN
    in_a := a;
    FOR i IN 0 TO max limit LOOP
        IF(int_a <= 0) THEN
            EXIT;
        ELSE
            int_a := int_a-1;
            q(i) <= 3.1416/REAL(a*i);
        END IF;
    END LOOP;
    y<=q;
END PROCESS;
```

在该例中，int_a 通常代入大于 0 的正数值。如果 int_a 的取值为负值或零，则将出现错误状态，算式不能计算。也就是说，int_a 小于或等于 0 时，IF 语句将返回“真”值，EXIT 语句得到执行，LOOP 语句执行结束，程序将向下执行 LOOP 语句后续的语句。

5. WAIT 语句

在进程(或过程)中，WAIT 语句具有和敏感信号参数一致的作用，可以用来触发进程(或过程)。值得注意的是，如果一个进程中包含了 WAIT 语句，就不能再使用敏感信号了，否则综合时会出现错误。

WAIT 语句有 4 种不同的形式，分别是：

· WAIT ON 信号 1 [，信号 2，…]；　　--等待敏感信号变化
· WAIT UNTIL 条件表达式；　　--等待表达式为真
· WAIT FOR 时间；　　--等待固定的时间
· WAIT；　　--无限等待

(1) WAIT ON 语句。WAIT ON 语句的语法结构如下：

```
WAIT ON 信号 1[，信号 2，…]；
```

WAIT ON 语句后面跟着的是一个或多个信号量。当进程 PROCESS 中的顺序描述语句执行到 WAIT ON 语句时将会挂起，直到敏感信号中的任一信号发生变化，进程才结束挂起状态，继续执行 WAIT ON 语句后的语句。例如：

```
PROCESS(siga, sigb)                PROCESS
    BEGIN                              BEGIN
    next_state <= fetch;                next_state <= fetch;
END PROCESS;                            WAIT ON siga, sigb;
                                   END PROCESS;
```

上例右边进程中，在执行完 next_state <= fetch 语句后，会一直处于等待状态，直到 siga 或 sigb 信号发生变化，然后继续执行。上面两个进程的描述是完全等价的，只是 WAIT ON 语句和 PROCESS 语句中所使用的敏感信号量的书写方法有区别。在使用 WAIT ON 语句的进程中，敏感信号量写在 WAIT ON 语句后面；在不使用 WAIT ON 语句的进程中，敏感信号量应写在进程开头 PROCESS 后面的括号中。

(2) WAIT UNTIL 语句。WAIT UNTIL 语句的语法结构如下：

```
WAIT UNTIL 条件表达式；
```

WAIT UNTIL 语句后跟的是布尔表达式，当进程执行到该语句时将被挂起，直到表达式返回一个“真”值，进程才被再次启动。

该语句在表达式中将建立一个隐式的敏感信号量表，当表中任何一个信号量发生变化时，表达式的结果会被重新计算，如果计算结果为“真”，则进程继续执行后续语句；如果计算结果为“假”，则保持挂起状态。例如：

```
PROCESS
    BEGIN
    WAIT UNTIL clk'EVENT and clk = '1';
       next_state <= fetch;
    WAIT UNTIL counter = 100;
    …
END PROCESS;
```

其中，第一条 WAIT UNTIL 语句表示，当时钟信号 clk 发生变化，并且变化后 clk='1'时，执行 next_state <= fetch 语句；第二条 WAIT UNTIL 语句表示，系统一直挂起，直到 counter 的值等于 100 时，再执行后面的语句。

(3) WAIT FOR。WAIT FOR 语句表示等待固定的时间，它的语法结构如下：

```
WAIT FOR 时间表达式；
```

时间表达式的含义是，表达式的运算结果为一个时间值。如果时间表达式是一个常量，

则 WAIT FOR 语句将等待固定的时间；如果时间表达式是一个计算式，那么计算的结果应该是一个时间值，进程执行到 WAIT FOR 语句时将挂起，等待时间表达式所指示的时间长度，然后继续执行后续语句。例如：

```
WAIT FOR 20ns;
WAIT FOR (a*(b+c));
```

上例第一个语句中，时间表达式是一个常数值 20 ns，当进程执行到该语句时将等待 20 ns。一旦 20 ns 时间到，进程将执行 WAIT FOR 语句的后续语句。

上例第二个语句中，FOR 后面是一个时间表达式，a*(b+c)是时间量。WAIT FOR 语句在等待过程中要对表达式进行一次计算，计算结果返回的值就作为该语句的等待时间。

例如，a=2，b=50 ns，c=70 ns，那么 WAIT FOR(a*(b+c))这个语句将等待 240 ns。也就是说，该语句和 WAIT FOR 240 ns 是等价的。

(4) WAIT。单独使用 WAIT 语句，表示当代码执行到此处时，将一直处于等待状态。例如：

```
CONSTANT  period:TIME := 25 ns;
  ……
PROCESS
  BEGIN
    sig_a <= "0000";
    sig_b <= "0000";
    WAIT FOR  period;
    sig_a <="1111";
      WAIT FOR  period;
    sig_b <="1111";
    WAIT FOR  period;
    WAIT;
END PROCESS;
```

最后一个 WAIT 语句表示进程将一直等待下去。

实际使用 WAIT 语句时，可以将上述的 WAIT 语句混合使用，其语法结构如下：

```
WAIT[ON 敏感信号列表][UNTIL 条件表达式][FOR 时间表达式];
```

当 ON 语句的敏感信号列表中的任一信号发生变化，或 UNTIL 语句的条件表达式将被重新计算时，如果结果为“TRUE”，则进程继续执行 WAIT 后的语句；如果结果为“FALSE”，则进程保持挂起。

FOR 语句相对比较独立，只要 WAIT 语句已经等待了时间表达式所指示的时间，则继续执行 WAIT 后的语句。例如：

```
WAIT ON nmi, interrupt UNTIL((nmi=TRUE) OR(interrupt=TRUE)) FOR 5ns;
```

上述语句等待的是以下 3 个条件：

- 信号量 nmi 和 interrupt 中任何一个有一次新的变化；
- 信号量 nmi 或 interrput 中任何一个取值为“真”；
- 该语句已等待 5 ns。

只要上述 3 个条件中一个或多个条件满足，进程就再次启动，继续执行 WAIT 语句的后续语句。应该注意的是，在执行多条件等待时，表达式的值至少应包含一个信号量的值。

例如：

```
WAIT UNTIL (interrupt=TRUE) OR (old_clk='1');
```

如果该语句的 interrupt 和 old_clk 两个都是变量，而不是信号，那么即使两个变量的值有新的改变，该语句也不会对表达式进行评估和计算(事实上在挂起的进程中，变量的值是不可能改变的)。这样，该等待语句将变成无限的等待语句，包含该等待语句的进程就不能再启动。在多种等待条件中，只有信号量变化才能引起等待语句表达式的一次新的评价和计算。

实际上，上述 4 种形式的 WAIT 语句中，WAIT ON、WAIT FOR 和 WAIT 语句是不可综合的。WAIT UNTIL 语句只有在条件表达式为时钟的边沿时，如 WAIT UNTIL clock='1'时，是可综合的，否则也是不可综合的。

6. NULL 语句

在 VHDL 语法中，NULL 语句用来表示一种只占位置的空操作，即它不执行任何操作，唯一的功能是使逻辑运行流程进入下一步语句的执行。NULL 语句经常用在 CASE 语句中，表示除了列出的选择值所对应的操作行为外，其他未列出的选择值所对应的空操作行为，从而能够满足 CASE 语句列举表达式所有可能取值的要求。

需要指出的是，很多情况下在 CASE 语句中使用 NULL 语句并不是最佳的选择，有时反而会引入不必要的锁存器模块，需要设计者仔细考虑。

11.1.2 并行描述语句

由于硬件描述语言所描述的实际系统的许多操作是并行的，所以在对系统进行仿真时，这些系统中的元件在定义的仿真时刻应该是并行工作的。并行描述可以是结构性的，也可以是并行性的。并行语句就是用来表示这种并行行为的语句，在并行语句中最关键的语句是进程。在 VHDL 中能进行并行处理的语句有进程语句、并行信号赋值语句、元件例化语句、条件信号赋值语句、选择信号赋值语句、块语句和生成语句。下面介绍各种并行语句的使用。

1 进程语句

进程(PROCESS)语句在前面已多次提到，并在众多实例中得到了广泛的使用。进程语句是一种并行处理语句，在一个结构体中多个进程语句可以同时并行运行，因此，进程语句是 VHDL 中描述硬件系统并发行为的最基本语句。

在一个结构体内可以有一个或多个进程，不同进程的地位是相同的，进程间的执行是并行的、独立的，由各自敏感信号的变化触发。一个进程有两个状态：等待状态和执行状态。在等待状态下，当任一敏感信号发生变化时，进程立即启动进入执行状态。当进程顺序执行到 END PROCESS 语句时，重新进入等待状态，等待下一次敏感信号的改变。进程语句内部结构由一系列顺序语句构成，能够很好地体现 VHDL 语言的行为描述能力。

进程语句的一般结构如下：

```
[进程标号：]PROCESS[(敏感信号量表)]
    [进程说明部分]
BEGIN
    顺序描述部分；
END PROCESS[进程标号]；
```

进程语句一般由三部分组成：敏感信号量表、进程说明部分以及顺序描述部分。其中，敏感信号量表以及进程说明部分都是可以省略的。进程标号是由设计者自行定义的标识符，也是可以省略的。

敏感信号量表包含了进程中所有的输入信号。由于进程语句的执行依赖于敏感信号的变化，即当某一敏感信号发生改变，如从“1”跳变到“0”时就将启动进程语句，于是进程内部的顺序语句就被执行一遍，然后返回进程的起始端，进入等待状态，直到下一次敏感信号量表中的敏感信号再次发生变化。进程说明部分用于定义进程所需的局部数据环境，通常是数据类型、常数、子程序、变量等，它们将在顺序描述语句中被使用，在进程说明部分不允许定义信号和全程变量。以关键词 BEGIN 引导开始的顺序语句是一段顺序执行的语句，如 IF 语句、CASE 语句、LOOP 语句等。顺序语句只在进程和函数、过程结构中使用。

VHDL 中的进程有两种类型：组合进程和时序进程。组合进程用于设计组合逻辑电路，时序进程用于设计引入了触发器的时序逻辑电路。

在组合进程中，所有输入信号必须都包含在敏感信号量表中，包括赋值符号“<=”右边的所有信号以及 IF 语句、CASE 语句中判断表达式的所有信号。如果有一个信号没有包含在敏感信号量表中，则当这个信号变化时，该进程不会被激活，输出信号也不会得到新的赋值。

时序进程又可分为同步和异步两类。同步进程只对时钟信号敏感，即仅在时钟的边沿启动；异步进程除了对时钟信号敏感外，还对影响异步行为的输入信号敏感，即该输入信号的变化也能启动进程。例 11.1.4 显示了一个带有异步复位信号 reset 的 D 触发器。当信号 reset 取值为 1 时，输出 q 立即被复位为 0，而不管此时是否有时钟信号 clk 的上升沿到来，即信号 reset 的变化也能够启动进程。当信号 reset 值为 0 时，如果有时钟信号的上升沿到来，则输出 q 被赋值为 d。

例 11.1.4　带有异步复位信号的 D 触发器。

```
LIBRARY ieee;
USE ieee.std_logic_1164.all;
ENTITY dff IS
PORT( clk, reset, d: IN STD_LOGIC;
      q: OUT STD_LOGIC);
    END;

ARCHITECTURE bhv OF dff IS
BEGIN
    PROCESS(clk, reset)
                    --异步进程，时钟信号 clk 和异步复位信号 reset 都列入敏感信号参数表
    BEGIN
        IF reset='1' THEN q<='0';
                    --异步复位信号 reset，当取值为 1 时，输出立刻置零
          ELSIF clk'EVENT AND clk='1' THEN   q <= d;
                    --当 reset 为 0 时，如果有时钟信号 clk 的上升沿到来，则执行赋值语句
          END IF;
        END PROCESS;
 END bhv;
```

进程语句归纳起来具有如下几个特点：

· 它可以与其他进程并行运行，并可存取结构体或实体名中所定义的信号；
· 进程结构中的所有语句都是按顺序执行的；
· 为启动进程，进程结构中必须包含一个显式的敏感信号量表或者一个 WAIT 语句；
· 进程之间的通信是通过信号传递来实现的；
· 后面提到的一些并行语句实质上是一种进程的缩写形式，仍可以归属于进程语句。

2. 并行信号赋值语句

赋值语句(信号赋值语句)可以在进程内部使用，此时它以顺序语句形式出现；赋值语句(并行信号赋值语句)也可以在结构体的进程之外使用，此时它以并行语句形式出现。每一条并行信号赋值语句都相当于一条缩写的进程语句。例如：

```
ARCHITECTURE behave OF a_var IS
BEGIN
    output <= a(i);
END ARCHITECTURE behave;
```

可以等效于

```
ARCHITECTURE behave OF a_var IS
BEGIN
    PROCESS(a(i) ) IS
    BEGIN
        output <= a(i);
    END PROCESS;
END ARCHITECTURE behave;
```

由信号代入语句的功能可知，当代入符号“<=”右边的信号值发生任何变化时，代入操作就会立即发生，新的值将被赋予代入符号“<=”左边的信号。从进程语句的描述来看，在 PROCESS 语句的括号中列出了敏感信号量表，上例中是 a 和 i。由 PROCESS 语句的功能可知，仿真时进程一直监视敏感信号量表中的敏感信号量 a 和 i，一旦任何一个敏感信号量发生变化，进程将启动，赋值语句将被执行，新的值将从 output 信号输出。

综上所述，并行信号赋值语句和进程语句在这种情况下确实是等效的。并行信号赋值语句在仿真时刻同时运行，它表征了各个独立器件各自的独立操作。

例如：

```
a <= b+c;
d <= e*f;
```

第一个语句描述了一个加法器的行为，第二个语句描述了一个乘法器的行为。在实际的硬件系统中，加法器和乘法器是独立并行工作的。现在第一个语句和第二个语句都是并行信号赋值语句，在仿真时刻，这两个语句是并行处理的，从而真实地模拟了实际硬件系统中加法器和乘法器的工作。

并行信号赋值语句可以仿真加法器、乘法器、除法器、比较器及各种逻辑电路的输出，因此，在代入符号“<=”的右边可以用算术运算表达式，也可以用逻辑运算表达式，还可以用关系操作表达式来表示。

3. 元件例化语句

元件例化就是将预先设计好的设计实体定义为一个元件，然后利用特定的语句将此元件与当前设计实体中指定的端口连接，从而为当前设计实体引入一个新的低一级的设计层次。元件例化可以是多层次的，即在当前设计实体中调用的元件本身也是一个低层次的设计实体，它也可以通过调用其他的元件来实现。元件可以是一个已经设计好的设计实体(采用VHDL或Verilog语言设计的实体)，也可以是来自FPGA元件库中的元件，或是LPM模块、IP核等。

元件例化语句一般由两部分组成：元件声明和元件例化。

(1) 元件声明。元件声明把一个现成的设计实体定义为一个元件，即封装，只留出对外的接口界面。元件声明语句的功能是对待调用的元件作出调用声明，其一般语句格式如下：

```
COMPONENT 元件名
    [GENERIC(类属表)；]
    PORT(端口名表)；
END COMPONENT 元件名；
```

元件声明以关键词COMPONENT开始，元件名是待调用底层设计实体的实体名。类属表部分不是必需的，当有需要传递的类属参量时才需要。端口名表需要列出该元件对外通信的各端口名，与实体中的PORT语句一致，所以，对需要调用的元件，将对应的VHDL代码的实体描述部分直接复制过来即可，但务必将关键词由ENTITY改为COMPONENT。元件声明必须放在关键词ARCHITECTURE和BEGIN之间，即结构体说明语句部分。

(2) 元件例化。元件例化语句是底层元件与当前设计实体的连接说明，其一般语句格式如下：

```
例化名：元件名 PORT MAP([端口名=>]连接端口名，
                       [端口名=>]连接端口名，…)；
```

例化名是必需的，且在结构体中是唯一的，可以看作顶层电路系统中需要接受底层元件的一个插座的编号名称。元件名与声明时的元件名一致，即为待调用设计实体的实体名。PORT MAP语句可实现端口之间的映射(连接)。端口名指元件定义语句中定义的端口名称，即底层待调用元件的端口。符号“=>”是连接符号，它仅代表连接关系而不代表数据流动的方向。符号“=>”左侧放置端口名，右侧放置连接端口名。连接端口名指当前电路系统中准备与接入元件相连的端口，即顶层系统端口或顶层文件中定义的信号。从语句格式中可以看出，端口名和连接符号不是必需的。

端口间的映射关系有两种方式：名称映射和位置映射。

① 名称映射是指利用对应的接口名称进行连接，就是将元件的各端口名称赋予顶层系统中的信号名称，即端口名与连接端口名的映射。名称映射的优点是端口的顺序可以任意变化。例11.1.5使用VHDL语言的名称映射实现了4选1多路选择器。

例11.1.5　使用VHDL语言的名称映射实现4选1多路选择器。

```
LIBRARY  ieee;
USE ieee.std_logic_1164.all;
ENTITY mux41 IS
PORT (d0, d1, d2, d3   : IN  STD_LOGIC;
        s0, s1          : IN  STD_LOGIC;
        f               : OUT STD_LOGIC);
END;
ARCHITECTURE construct OF mux41 IS
```

```
    SIGNAL x1：STD_LOGIC；
    SIGNAL x2：STD_LOGIC；
    COMPONENT mux2_1
        PORT( a，b，s：IN STD_LOGIC；
               y：OUT   STD_LOGIC)；
    END COMPONENT；
BEGIN
    u1：mux2_1 PORT MAP(a => d0，b => d1，s => s0，y => x1)；
    u2：mux2_1 PORT MAP(a => d2，b => d3，s => s0，y => x2)；
    u3：mux2_1 PORT MAP(a => x1，b => x2，s => s1，y => f)；
END；
```

例 11.1.5 确定了顶层文件实体名 mux41，在实体描述部分定义了顶层的输入、输出端口。结构体部分首先在说明语句处定义了信号 x1 和 x2，用于器件内部的连接线；利用关键词 COMPONENT 声明了底层待调用元件 mux2_1。结构体功能描述语句部分利用端口映射语句 PORT MAP 将三个 mux2_1 元件连接起来构成了 4 选 1 多路选择器。其电路结构如图 11.1.1 所示。

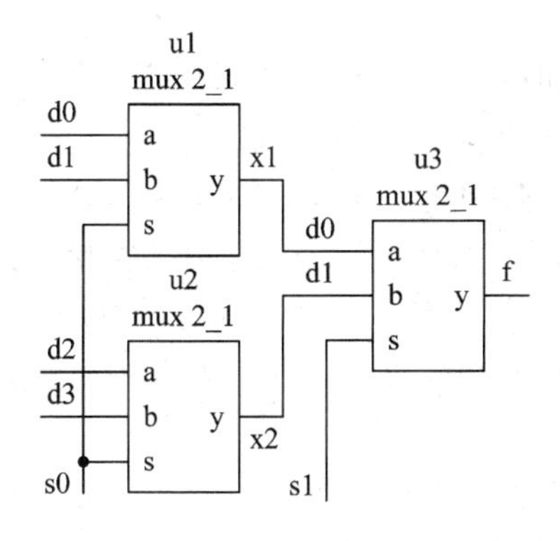

图 11.1.1　4 选 1 选择器电路结构

② 位置映射是指在 PORT MAP 语句中不写出端口名和连接符号“=>”，仅指定连接端口名，但连接端口名的书写顺序必须与元件端口说明中信号的书写顺序一一对应。例 11.1.6 将显示采用位置映射方式实现的 4 选 1 多路选择器的元件例化。

例 11.1.6　4 选 1 多路选择器的元件例化。

```
u1：mux2_1 PORT MAP(d0，d1，s0，x1)；
u2：mux2_1 PORT MAP(d2，d3，s0，x2)；
u3：mux2_1 PORT MAP(x1，x2，s1，f)；
```

元件例化也可采用直接例化的形式，即可以省略元件声明部分。例 11.1.7 将显示采用直接例化的形式实现 4 选 1 多路选择器。

例 11.1.7　采用直接例化形式实现 4 选 1 多路选择器。

```
ARCHITECTURE construct OF mux41 IS
    SIGNAL x1：STD_LOGIC；
    SIGNAL x2：STD_LOGIC；
BEGIN
    u1：ENTITY WORK.mux2_1 PORT MAP((a => d0，b => d1，s => s0，y => x1)；
```

```
    u2: ENTITY WORK.mux2_1 PORT MAP(a => d2, b => d3, s => s0, y => x2);
    u3: ENTITY WORK.mux2_1 PORT MAP(a => x1, b => x2, s => s1, y => f);
END;
```

4. 条件信号赋值语句

条件信号赋值语句也是并行描述语句，它可以根据不同条件将不同的多个表达式之一的值代入信号量，其书写格式如下：

```
目标信号量 <= 表达式1  WHEN  条件1  ELSE
              表达式2  WHEN  条件2  ELSE
              表达式3  WHEN  条件3  ELSE
              …
              表达式n;
```

WHEN/ELSE 语句使用中要注意以下几点：

(1)“WHEN 条件 ELSE”称为条件子句，条件子句后不需要加分号(或逗号)。

(2) 条件的判别是按照书写的顺序逐项进行测定的，一旦发现条件为 TRUE，即将对应表达式的值赋予目标信号量。也就是说，执行赋值的表达式是第一个满足布尔条件为真时所对应的表达式。

(3) 当所有条件都不满足时，执行最后一条表达式的赋值。最后一条表达式没有条件子句，需要加分号，代表 WHEN/ELSE 语句结束。

(4) 条件中允许使用不同的信号，这使得 WHEN/ELSE 语句在设计时非常灵活。

WHEN/ELSE 语句的条件判别具有顺序性，但其实质是生成硬件电路，语句本身是并行的，即当有多条 WHEN/ELSE 语句时，由各自的敏感信号(语句的所有输入信号)触发。也就是说，在多条 WHEN/ELSE 语句之间，书写顺序并不重要；但在 WHEN/ELSE 语句内部，顺序是重要的，它决定了赋值的结果。

在每个表达式后面都跟有用“WHEN”指定的条件，如果满足该条件，则该表达式的值代入目标信号量；如果不满足条件，则再判别下一个表达式所指定的条件；最后一个表达式可以不跟条件。当上述表达式所指明的条件都不满足时，将该表达式的值代入目标信号量。

通过前面的介绍不难看出，IF 语句和条件信号赋值语句具有一定的相似之处，它们都可以根据对条件的判断结果来决定对信号的赋值操作。但是它们之间还是存在着明显区别的，主要体现在以下几个方面：

(1) IF 语句是顺序描述语句，而条件信号赋值语句是并行描述语句。

(2) IF 语句中的 ELSE 子句是可选项，而条件信号赋值语句中必须含有 ELSE 子句。

(3) IF 语句可以进行嵌套，而条件信号赋值语句不能进行嵌套。

(4) IF 语句一般用于描述硬件电路的高层次描述，它对设计人员的硬件知识要求不高；而条件信号赋值语句与实际的硬件电路十分接近，因此它对设计人员的硬件知识要求很高。

(5) 通常情况下，设计人员很少使用条件信号赋值语句，只有当采用进程语句、IF 语句或者 CASE 语句难以描述硬件电路的逻辑功能时，设计人员才会采用条件信号赋值语句。

5. 选择信号赋值语句

选择信号赋值语句类似于 CASE 语句，它对表达式进行测试，当条件表达式满足不同的条件时，选择相应的表达式对目标信号进行赋值。选择信号赋值语句的书写格式如下：

```
WITH  条件表达式  SELECT
```

```
赋值目标 <=  表达式 1     WHEN   条件 1,
             表达式 2     WHEN   条件 2,
             …
             表达式 n-1   WHEN   条件 n-1,
             表达式 n     WHEN   条件 OTHERS;
```

WITH/SELECT/WHEN 语句使用中要注意以下几点：

(1) 关键词 WITH 后的条件表达式是选择信号赋值语句的敏感量。每当条件表达式的值发生变化时，就将启动语句对各子句的条件值进行对比，当发现有满足条件的子句时，就将此子句中表达式的值赋给目标信号。

(2) 各条件的值需要覆盖条件表达式的所有可能取值，如果不能将其覆盖，最后必须加上 WHEN OTHERS 子句。

(3) 选择信号赋值语句对子句条件值的对比具有同期性，不像条件信号赋值语句那样按照书写顺序从上至下逐条测试，因此，选择信号赋值语句中的条件值不能出现重复的情况。

(4) 与条件信号赋值语句相比，选择信号赋值语句只允许有一个条件表达式，而条件信号赋值语句允许在条件中使用不同的信号。

(5) 特别注意，选择信号赋值语句的每一子句用逗号分隔，最后一条子句结尾用分号表示结束；而条件信号赋值语句每一子句的结尾没有任何标点，只有最后一条子句的结尾用分号表示结束。

6. 块语句

块语句(BLOCK 语句)是并行语句，其内部所包含的语句也是并行语句。块语句可以将结构体中的并行语句进行分割和组合，有利于管理较长的代码和提高可读性。块语句有两种基本形式：简单块语句和保护块语句。

(1) 简单块语句。简单块语句的格式如下：

```
标号：BLOCK
    [块声明部分；]
  BEGIN
    并行语句；
END  BLOCK[标号]；
```

标号是设计者自定义的标识符，是块的名称。在关键词 BLOCK 前的标号是必需的，而在 END BLOCK 后的标号可以省略。块声明部分可以声明块的局部对象，包括数据类型、常量、信号和子程序等，块声明部分也不是必需的。下例是一个简单块语句的示例。

```
ARCHITECTURE construct OF ex IS
    BEGIN
        …
    b1：BLOCK
        SIGNAL y：BIT；
    BEGIN
        y <= a AND b；
    END BLOCK；
END；
```

块语句(不管是简单块语句还是保护块语句)能够嵌套在另一个块语句中。例 11.1.8 显示了三个嵌套的块语句 b1、b2 和 b3，其中块 b2 嵌套在块 b1 中，块 b3 嵌套在块 b2 中。块中声明的对象对这个块以及嵌套在其中的所有块都是可见的，且当子块声明的对象与父块声明的对象具有相同的名称时，子块将忽略父块的声明。

例 11.1.8　块语句的嵌套。

```
b1: BLOCK
    SIGNAL s: BIT;                --声明块 b1 中的信号 s
  BEGIN
    s <= a AND b;                 --此处的信号 s 是块 b1 中声明的
        b2: BLOCK
            SIGNAL s: BIT;        --声明块 b2 中的信号
        BEGIN
            s <= c AND d;         --此处的信号 s 是块 b2 中声明的
            b3: BLOCK
            BEGIN
                x <= s;           --此处的信号 s 是块 b2 中声明的
            END BLOCK b3;
        END BLOCK b2;
        y <= s;                   --此处的信号 s 是块 b1 中声明的
END BLOCK b1;
```

(2) 保护块语句。保护块语句是块语句中的特殊形式，它的基本格式如下：

```
标号: BLOCK(保护表达式)
    [块声明部分;]
BEGIN
    并行语句;
END BLOCK[标号];
```

保护块语句相比于简单块语句在关键词 BLOCK 后增加了一个特殊的表达式，称为保护表达式。保护表达式用于确定是否执行块中的保护语句，当保护表达式取值为真(TRUE)时，执行保护块内的保护语句；反之，则不执行。例 11.1.9 是一个带了同步复位信号 reset 的 D 触发器。当时钟上升沿到来时，保护表达式为真，则可以执行保护块内的保护语句。如果此时复位信号 reset 取值为 1，则 q 被赋值 0。

例 11.1.9　带同步复位信号的 D 触发器。

```
LIBRARY ieee;
USE ieee.std_logic_1164.all;
ENTITY dff_guard IS
        PORT( clk, d, reset   : IN   STD_LOGIC;
                q: OUT STD_LOGIC);
END;
ARCHITECTURE bhv OF dff_guard IS
BEGIN
    b1: BLOCK( clk'EVENT AND clk = '1')
    BEGIN
        q <= GUARDED '0' WHEN reset='1'ELSE
            d;
```

```
    END BLOCK;
END bhv;
```

由于块语句的存在并不会对综合后的逻辑功能有任何的影响，综合器在综合时会忽略所有的块语句，它只是在一定程度上增加了程序的可读性，所以，在实际应用中，块语句很少被用到。

7. 生成语句

生成语句(GENERATE 语句)与 LOOP 语句类似，可以实现某一段代码的重复多次执行，这意味着生成语句有一种复制作用，能够产生多个完全相同的元件。生成语句有 FOR/GENERATE 和 IF/GENERATE 两种使用形式。

(1) FOR/GENERATE 语句。FOR/GENERATE 语句的格式如下：

```
标号：FOR 循环变量 IN 取值范围 GENERATE
    并行语句；
END GENERATE[标号]；
```

需要注意的是，关键词 FOR 前的标号是设计者自行定义的标识符，它是必需的。循环变量是自动由生成语句声明的，不需要事先声明，它仅是一个局部变量，根据取值范围自动递增或递减。取值范围必须是一个可计算的整数范围，它的语句格式有两种形式，分别是：

```
    表达式 TO 表达式；            --递增方式
    表达式 DOWNTO 表达式；        --递减方式
```

FOR/GENERATE 语句中的并行语句可以是本节中讲述的任何并行语句，包括进程语句、元件例化语句、并行信号赋值语句、块语句、并行过程调用语句，甚至是生成语句本身。如果 FOR/GENERATE 语句中的并行语句是生成语句，则意味着生成语句允许存在嵌套结构。下例是一个利用 FOR/GENERATE 语句实现两个 4 bit 数组相与的简单示例。

```
ENTITY add IS
    PORT( a, b : IN   BIT_VECTOR(3 DOWNTO 0);
              y   : OUT BIT_VECTOR(3 DOWNTO 0));
END;
ARCHITECTURE bhv OF add IS
BEGIN
    g1: FOR i IN 3 DOWNTO 0 GENERATE
--循环变量 i 取值范围从 3 到 0，即生成语句 GENERATE 中的并行语句执行 4 遍
        y(i) <= a( i)AND b( i);
    END GENERATE;
END;
```

生成语句通常的作用是创建多个复制的元件、进程或块。

(2) IF/GENERATE 语句。IF/GENERATE 语句的格式如下：

```
标号：IF 条件表达式 GENERATE
    并行语句；
END GENERATE[标号]；
```

IF/GENERATE 语句仅在条件表达式为真时才执行结构体内部的并行语句，即条件表达式的结果是布尔型的。IF/GENERATE 语句与顺序语句 IF 不同的是，IF/GENERATE 语句中没有 ELSE 或 ELSIF 分支语句。

11.2　组合逻辑电路设计

前面几章对 VHDL 的语句、语法及利用 VHDL 设计逻辑电路的基本方法作了详细介绍，目的是使读者深入理解使用 VHDL 设计逻辑电路的具体步骤和方法。本节以常用的基本逻辑电路设计为例，再次对其进行详细介绍，以使读者初步掌握用 VHDL 描述基本逻辑电路的方法。

组合逻辑电路是一种不含存储元件的电路，其输出完全由输入决定。常见的组合逻辑电路包括三态门电路、编码器、译码器、多路选择器和全加器等。

11.2.1　三态门电路和双向端口

三态门是驱动电路常用的器件，其输出除了高、低电平两种状态外，还有第三种状态——高阻态。处于高阻态时，其输出相当于断开状态，没有任何逻辑控制功能。三态门输出逻辑状态的控制是通过一个输入控制端 en 来实现的。当 en 为高电平时，三态门呈现正常的逻辑 0 和逻辑 1 的输出；当 en 为低电平时，三态门输出呈现高阻状态，即断开状态，相当于该逻辑门与它相连接的电路处于断开状态。三态门主要用于总线的连接，通常在总线上接有多个器件，每个器件通过控制端进行选通，当器件没有被选中时，它就处于高阻状态，相当于没有接在总线上，不影响其他器件的工作。

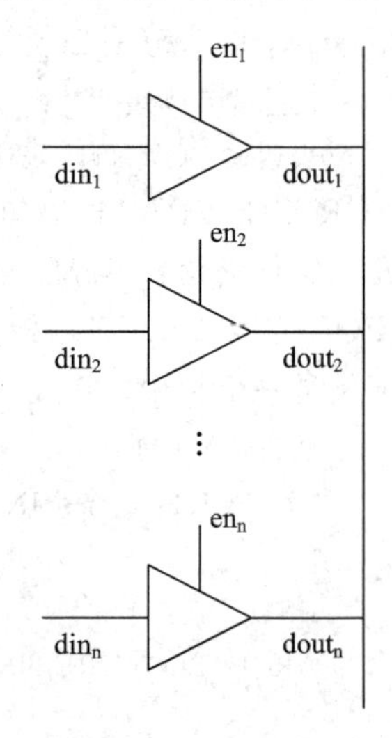

图 11.2.1　三态门总线传输

图 11.2.1 是利用三态门实现总线传输的示例。在任何时刻只有一个三态门的控制端取值为 1，因此通过使 n 个三态门的控制端依次为 1 就可以实现依次传输，而不是线与。

例 11.2.1 是一个三态门电路的描述示例。VHDL 中用大写字母“Z”表示高阻态，一个“Z”代表一个逻辑位。虽然 VHDL 语法对于关键词并不区分大小写，但当把“Z”作为一个高阻态赋值给一个数据类型为 STD_LOGIC 的数据对象时，必须是大写。这是因为 IEEE 库对 STD_LOGIC 数据类型的预定义中已经将高阻态明确确定为大写字母“Z”。当控制端 en 为低电平时，输出为高阻态。

例 11.2.1　三态门电路描述示例。

```
LIBRARY ieee;
USE ieee.std_logic_1164.all;
ENTITY tri_state IS
    PORT(en, din  : IN   STD_LOGIC;
           dout    : OUT STD_LOGIC);
END;
ARCHITECTURE bhv OF tri_state IS
  BEGIN
    PROCESS(en, din)
      BEGIN
```

```
        IF(en = '1') then   dout <= din;   --控制端 en 取值为 1 时，输入信号传递到输出端
        ELSE   dout<= 'Z';                 --控制端 en 取值为 0 时，输出呈现高阻态
        END IF;
    END PROCESS;
END bhv;
```

双向端口可以通过控制三态门来实现，当控制端 en 取值为 1 时，三态门导通，数据可以从 dout 端口输出；当控制端取值为 0 时，三态门断开，即 dout 端口被断开，数据只能够从 din 端口输入。

例 11.2.2 是一个双向端口的设计示例，其中定义了双向端口 q 和三态输出端口 x。需要注意的是，当控制端 en 取值为 0 时，双向端口 q 作为输入口使用，其输出必须设置为高阻态，否则待输入的外部数据会和端口处原有输出数据发生“线与”，导致数据无法准确读入。

例 11.2.2　双向端口的设计示例。

```
LIBRARY ieee;
USE ieee.std_logic_1164.all;
ENTITY tri_io IS
    PORT( en : IN     STD_LOGIC;                      --三态控制端
          din: IN     STD_LOGIC_VECTOR(7 DOWNTO 0);   --输入端口
          q  : INOUT  STD_LOGIC_VECTOR(7 DOWNTO 0);   --双向端口
          x  : OUT    STD_LOGIC_VECTOR(7 DOWNTO 0));  --三态门输出口
END;
ARCHITECTURE bhv OF tri_io IS
BEGIN
    PROCESS(en, din)
    BEGIN
        IF en ='0' THEN x <= q; q <= "ZZZZZZZZ"; --双向端口 q 输出断开，作为输入端
        ELSE   q <= din; x<="ZZZZZZZZ";          --双向端口 q 作为输出端
        END IF;
    END PROCESS;
END;
```

11.2.2　编码器和译码器

在数字电路中，需要建立特定信息与二进制码间的联系。如果用若干位二进制码代表特定意义的信息，就称为编码，即输入为特定信息，输出为相应的二进制码。常见的编码方式有 8421BCD 编码、8 线-3 线编码、8 线-3 线优先编码、10 线-4 线优先编码等。如果需要编码的信息量是 N，则需要 m 位二进制码，m 和 N 满足 $N<2^m$。编码的逆过程就是译码，即将输入的二进制码还原成事先规定的、具有特殊意义的输出信号。

例 11.2.3 是一个 8 线-3 线优先编码器的示例，它将 8 位输入信号转换成 3 位二进制编码，其功能见表 11.2.1。可以看到，当输入端 i(7)取值为 1 时，即使其他输入端 i(6)～i(0)取值为 1 也将会被忽略，i(7)具有最高的优先级，输出编码为“111”。当输入端 i(7)取值为 0 时，才会判断 i(6)的取值。如果此时 i(6)取值为 1，则输出编码为“110”；否则继续判断 i(5)的取值。8 位输入端具有优先级，这就是“优先”二字的由来。

表 11.2.1　8 线-3 线优先编码器的功能表

i(7)	i(6)	i(5)	i(4)	i(3)	i(2)	i(1)	i(0)	q(2)	q(1)	q(0)
1	×	×	×	×	×	×	×	1	1	1
0	1	×	×	×	×	×	×	1	1	0
0	0	1	×	×	×	×	×	1	0	1
0	0	0	1	×	×	×	×	1	0	0
0	0	0	0	1	×	×	×	0	1	1
0	0	0	0	0	1	×	×	0	1	0
0	0	0	0	0	0	1	×	0	0	1
0	0	0	0	0	0	0	1	0	0	0
0	0	0	0	0	0	0	0	Z	Z	Z

例 11.2.3　8 线-3 线优先编码器示例。

```
LIBRARY ieee;
USE ieee.std_logic_1164.all;
ENTITY encoder 8_3 IS
    port(i : IN    STD_LOGIC_VECTOR(7 DOWNTO 0);
         q : OUT   STD_LOGIC_VECTOR(2 DOWNTO 0));
END;
ARCHITECTURE bhv OF encoder8_3 IS
BEGIN
    q <=  "111"  WHEN  i(7)='1'  ELSE
          "110"  WHEN  i(6)='1'  ELSE
          "101"  WHEN  i(5)='1'  ELSE
          "100"  WHEN  i(4)='1'  ELSE
          "011"  WHEN  i(3)='1'  ELSE
          "010"  WHEN  i(2)='1'  ELSE
          "001"  WHEN  i(1)='1'  ELSE
          "000"  WHEN  i(0)='1'  ELSE
          "ZZZ";
END;
```

例 11.2.4 是使用 CASE 语句实现的译码器，其功能如表 11.2.2 所示。

表 11.2.2　3 线-8 线译码器

q(2)	q(1)	q(0)	i(7)	i(6)	i(5)	i(4)	i(3)	i(2)	i(1)	i(0)
1	1	1	1	0	0	0	0	0	0	0
1	1	0	0	1	0	0	0	0	0	0
1	0	1	0	0	1	0	0	0	0	0
1	0	0	0	0	0	1	0	0	0	0
0	1	1	0	0	0	0	1	0	0	0
0	1	0	0	0	0	0	0	1	0	0
0	0	1	0	0	0	0	0	0	1	0
0	0	0	0	0	0	0	0	0	0	1

例 11.2.4 使用 CASE 语句实现的译码器。

```
LIBRARY ieee;
USE ieee.std_logic_1164.all;
ENTITY decoder 3_8 IS
    PORT(datain : IN  STD_LOGIC_VECTOR(2 DOWNTO 0);
              en: IN  STD_LOGIC;
            code: OUT STD_LOGIC_VECTOR(7 DOWNTO 0));
    END;
ARCHITECTURE bhv OF decoder 3_8 IS
BEGIN
    PROCESS(datain, en)
    BEGIN
        IF en = '1' THEN
        CASE datain IS
            WHEN "000" => code <= "00000001";
            WHEN "001" => code <= "00000010";
            WHEN "010" => code <= "00000100";
            WHEN "011" => code <= "00001000";
            WHEN "100" => code <= "00010000";
            WHEN "101" => code <= "00100000";
            WHEN "110" => code <= "01000000";
            WHEN "111" => code <= "10000000";
            WHEN OTHERS=>code<="00000000";
        END CASE;
    ELSE code<="00000000";
    END IF;
  END PROCESS;
END;
```

11.2.3 串行进位加法器

加法器是电路设计中常用的基本器件，以全加器为基础，可以设计出任意位数的串行进位加法器。例 11.2.5 是采用 LOOP 语句实现的 8 位串行进位加法器，可以通过改变类属参量的值来改变串行进位加法器的位数。

例 11.2.5 8 位串行进位加法器。

```
LIBRARY ieee;
  USE ieee.std_logic_1164.all;
  ENTITY ripple_adder IS
      GENERIC(n: INTEGER :=8 );
      PORT( a, b  :  IN    STD_LOGIC_VECTOR(n-1 DOWNTO 0);
              cin  :  IN    STD_LOGIC;
              s    :  OUT   STD_LOGIC_VECTOR(n-1 DOWNTO 0);
              cout :  OUT   STD_LOGIC);
      END;
```

```
ARCHITECTURE bhv OF ripple_ adder IS
  BEGIN
    PROCESS( a, b, cin)
        VARIABLE carry:STD_LOGIC_VECTOR( n DOWNTO 0);
    BEGIN
        carry(0) := cin;
        FOR i IN 0 TO n-1 LOOP
            s(i) <= a(i) XOR b(i) XOR carry(i);
            carry(i+1) := (a(i) AND b(i)) OR (a(i) AND carry(i)) OR (b(i) AND carry
(i));
        END LOOP;
        cout <= carry(n);
    END PROCESS;
END;
```

11.2.4　计算矢量中 0 的个数的电路

例 11.2.6 的 VHDL 程序用来计算信号 data 中 0 的个数，该例使用了 LOOP 语句和 NEXT 语句。NEXT 语句表示当某一位是 1 时，跳出本次循环，继续判断下一位。

例 11.2.6　计算信号中 0 的个数的电路。

```
LIBRARY ieee;
USE ieee. std_logic_1164. all;
USE ieee. std_logic_unsigned. all;
ENTITY cnt_zero   IS
    PORT(data   :   IN      STD_LOGIC_VECTOR(7 DOWNTO 0);
            zero   :   OUT    INTEGER RANGE 0 TO 8);
END;
ARCHITECTURE bhv OF cnt zero IS
BEGIN
    PROCESS(data)
        VARIABLE temp:INTEGER RANGE 0 TO 8;
    BEGIN
        temp :=0;
      FOR n IN 0 TO 7 LOOP
          CASE data(n) IS
            WHEN '0' => temp := temp +1;
            WHEN OTHERS => NEXT;
          END CASE;
        END LOOP;
          zero<=temp;
    END PROCESS;
END;
```

11.3　时序逻辑电路设计

时序逻辑电路与组合逻辑电路最大的区别是：时序逻辑电路的输出不仅和输入有关，还与电路当前的状态有关，即时序逻辑电路具有记忆功能。时序逻辑电路的主要特征是时钟信号的驱动，即电路的各个状态在时钟的节拍下变化。本节以几个典型时序逻辑电路为例进一步说明 VHDL 语句的使用。

11.3.1　JK 触发器

JK 触发器是数字电路中常用的一种触发器，是构成时序逻辑电路的基础器件，它的逻辑功能如表 11.3.1 所示。当时钟信号 clk 的下降沿到来时，判断 j 和 k 的取值。当 j=k=0 时，触发器处于保持状态，即保持当前输出不变；当 j=0，k=1 时，触发器处于置 0 状态；当 j=1，k=0 时，触发器处于置 1 状态；当 j=1，k=1 时，触发器处于翻转状态，即下一个状态总是与前一个状态取值相反。

表 11.3.1　JK 触发器逻辑功能

输　入			输　出	
clk	j	k	q	qb
↓	0	0	保持	保持
↓	0	1	0	1
↓	1	0	1	0
↓	1	1	翻转	翻转

例 11.3.1 是采用 VHDL 语言描述的 JK 触发器。当时钟信号 clk 的下降沿到来时，根据 j 和 k 的不同取值决定输出的状态。

例 11.3.1　VHDL 语言描述的 JK 触发器。

```
LIBRARY ieee;
USE ieee.std_logic_1164.all;
ENTITY jk_reg IS
PORT( clk, j, k   :   IN    STD_LOGIC;
        q, qb     :   OUT   STD_LOGIC);
END;
ARCHITECTURE bhv OF jk_reg IS
    SIGNAL   q1: STD_ LOGIC;
    SIGNAL   temp: STD_LOGIC_VECTOR(1 DOWNTO 0);
BEGIN
    temp <= j&k;
    q <= q1;
    qb <= NOT q1;
    PROCESS(clk)
    BEGIN
        IF clk'EVENT AND clk='0' THEN
            CASE   temp IS
                WHEN   "00" => q1<=q1;           --保持不变
                WHEN   "01" => q1<='0';          --置“0”
                WHEN   "10" => q1<='1';          --置“1”
                WHEN   "11" => q1<=NOT q1;       --翻转
```

```
                WHEN   OTHERS=> q1<=q1;
              END CASE;
          END IF;
      END PROCESS;
  END;
```

11.3.2 移位寄存器

例 11.3.2 是采用 CASE 语句实现的移位模式可控的移位寄存器。当控制信号 ctl 取值为“00”时，实现左移，最低位移入数据 cin；当控制信号 ctl 取值为“01”时，实现右移，最高位移入数据 cin；当控制信号 ctl 取值为“10”时，实现循环左移；当控制信号 ctl 取值为“11”时，实现循环右移。

例 11.3.2 移位寄存器。

```
LIBRARY ieee;
USE ieee.std_logic_1164.a11;
ENTITY shift IS
    PORT( clk, en, cin :  IN STD_LOGIC; -- en是加载数据使能信号，cin是移入数据
          ctl          :  IN STD_LOGIC_VECTOR(1 DOWNTO 0); --移位模式控制信号
          din          :  IN STD_LOGIC_VECTOR(7 DOWNTO 0); --待移位的加载数据
          q            :  OUT   STD_LOGIC_VECTOR(7 DOWNTO 0)); --移位输出
    END;
ARCHITECTURE bhv OF shift IS
    SIGNAL reg: STD_LOGIC_VECTOR(7 DOWNTO 0);
BEGIN
    q <= reg;
    PROCESS(clk)
    BEGIN
        IF clk'EVENT AND clk='1' THEN
            IF en ='1' THEN reg<=din;      -- en为同步加载使能信号，高电平有效
            ELSE
              ASE ctl IS
                WHEN "00"=>reg(7 DOWNTO 1)<=reg(6 DOWNTO 0); reg(0)<=cin;
                WHEN "01"=>reg(6 DOWNTO 0)<=reg(7 DOWNTO 1); reg(7)<=cin;
                WHEN "10"=>reg(7 DOWNTO 1)<=reg(6 DOWNTO 0); reg(0)<=reg(7);
                WHEN "11"=>reg(6 DOWNTO 0)<=reg(7 DOWNTO I ); reg(7)<=reg(0);
              END CASE;
            END IF;
END IF;
    END PROCESS;
END;
```

11.3.3 数字分频器

分频器是时序逻辑电路中广泛应用的电路，其基本功能是把频率较高的时钟信号按照

要求分频成频率较低的时钟信号。分频的基本参数有分频系数和占空比。假设原信号频率是 20 kHz，分频后信号频率为 5 kHz，则分频系数是 4。占空比指在一个周期内高电平所占时间的比率，如方波的占空比是 50%。

例 11.3.3 是一个分频器的示例。该例声明了一个计数信号 cnt1 和一个计数变量 cnt2，可根据它们计数的次数分别控制输出信号 f1 和 f2 的分频系数。在实体描述部分声明了类属参量 n1 和 n2，它们的默认值均是 3，其中参量 n1 是计数信号 cnt1 的计数终值，参量 n2 是计数变量 cnt2 的计数终值。实体描述部分同时还声明了类属参量 len，作为 cnt1 和 cnt2 的取值范围的最大值。通过改变类属参量 n1、n2 和 len 的取值就可以改变分频系数。

以输出信号 f1 为例，当 clk 上升沿到来时，计数信号 cnt1 从 0 开始计数。当计数到 n1 时，输出取反，同时计数信号 cnt1 清零。在下一次时钟信号 clk 上升沿到来时，再次重新从 0 开始计数，不断重复上述过程。这意味着每计数 n1+1 次(计数范围 0～n1)，输出信号 f1 就会发生一次翻转，即输出信号 f1 的频率是 clk 频率的 1/[2(n1+1)]。由于本例中 n1 的默认取值为 3，所以 f1 的频率是 clk 频率的 1/8，且占空比是 50%。由于计数变量 cnt2 是变量，所以每次计数是从 0 到 2，而非 0 到 3，输出信号 f2 的频率是 clk 频率的 1/6。请读者自行分析产生差异的原因。如果要使输出信号 f2 的频率也是 clk 频率的 1/8，那么 n2 应该取值多少?

例 11.3.3　分频器示例。

```
LIBRARY ieee;
USE ieee.std_logic_1164.all;
ENTITY trey_divider IS
    GENERIC( n1: INTEGER :=3;
             n2: INTEGER :=3;
             len: INTEGER :=15);
    PORT( clk : IN   STD_LOGIC;
          f1, f2: OUT STD_LOGIC);
END;
ARCHITECTURE bhv OF freq_ divider IS
    SIGNAL cnt1: INTEGER RANGE 0 TO len;
    SIGNAL temp1, temp2: STD_LOGIC;
BEGIN
    PROCESS(clk)
        VARIABLE cnt2: INTEGER RANGE 0 TO ten;
    BEGIN
        IF clk'EVENT AND clk='1' THEN
            cnt1 <= cnt1+1;
            cnt2 := cnt2+ 1;
            IF cnt1 = n1 THEN temp1 <= NOT temp; cnt1<=0;
            END IF;
            IF cnt2 = n2 THEN temp2 <= NOT temp2; cnt2 :=0;
            END IF;
        END IF;
```

```
        END PROCESS;
        f1<=temp1; f2<=temp2;
    END;
```

例 11.3.3 虽然可以实现任意分频，但其占空比总是 50%。例 11.3.4 对例 11.3.3 稍作修改，即可以实现任意分频和占空比的分频器设计，其分频系数是 10，占空比是 70%。可以看出，n1 和 n2 的取值决定了分频系数和占空比，如果想让占空比为 30%，则只需要将 n2 的取值改变为 2 即可。

例 11.3.4　可以实现任意分频系数和占空比的分频器。

```
LIBRARY ieee;
USE ieee.std_logic_1164.all;
ENTITY clk_ div IS
    GENERIC( n1: INTEGER :=9;
             n2 : INTEGER :=6;
             len: INTEGER :=15);
    PORT( clk    : IN    STD_LOGIC;
          clkout : OUT   STD_LOGIC);
END;

    ARCHITECTURE bhv OF clk_div IS
        SIGNAL cnt: INTEGER RANGE 0 TO len;
    BEGIN
        PROCESS(clk)
        BEGIN
            IF clk'EVENT AND clk='1' THEN
                IF cnt = n1       THEN  cnt <= 0;     clkout <= '1';
                ELSIF cnt < n2    THEN  cnt <= cnt+1; clkout <= '1';
                ELSE  cnt <= cnt+1; clkout <= '0';
                END IF;
            END IF;
        END PROCESS;
    END;
```

有关分频器的设计方法有很多，其实只是设计方式略有不同，其核心都是采用计数器来实现的。

11.3.4　两位十进制计数器

计数器是数字电路中使用频繁的器件，它除了可以进行精确的数字计数外，还可以产生分频信号、控制有限状态机的转换、作为存储器的地址发生器等。总之，计数器是所有实用电路系统中不可缺少的器件。

例 11.3.5 是一个两位十进制计数器的示例，它可以从 0 计数到 99。其中，cnt1 代表个位计数结果，cnt2 代表十位计数结果。

例 11.3.5　两位十进制计数器示例。

```
LIBRARY ieee;
USE ieee. std_logic_1164. all;
USE ieee. std_logic_unsigned. all;
ENTITY cnt_10 IS
    PORT( clk, en, reset   :  IN   STD_LOGIC;
          cntl, cnt2       :  OUT  STD_LOGIC_VECTOR(3 DOWNTO 0));
END;
ARCHITECTURE bhv OF cnt_10 IS
    SIGNAL templ , temp2  : STD_LOGIC_VECTOR(3 DOWNTO 0);
    SIGNAL c              : STD_LOGIC;                    --个位进位信号
BEGIN
    cntl <= templ; cnt2 <= temp2;
    p1: PROCESS(clk, reset)
    BEGIN
        IF reset = '1' THEN templ <= "0000";              --异步清零
        ELSIF clk'EVENT AND clk = '1' THEN
            IF en = '1' THEN                              --同步使能信号
                IF templ < "1001"  THEN templ <= templ+l; c <= '0';
                ELSE templ <= "0000"; c<='1';
                END IF;
            END IF;
        END IF;
    END PROCESS p1;
    p2: PROCESS(reset, c)
    BEGIN
        IF reset = '1' THEN temp2 <= "0000";              --异步清零
        ELSIF c' EVENT AND c = '1' THEN
        IF en = '1' THEN
            IF tempt <  "1001"  THEN temp2 <= temp2+l;
            ELSE tempt <= "0000";
            END IF;
        END IF;
      END IF;
    END PROCESS p2;
END;
```

在实际系统中，经常需要使用数码管进行显示。数码管是常用的显示器件，一般由发光二极管作为笔段，分为共阴和共阳两种。共阴数码管的八段发光二极管的阴极连接在一起，阳极对应各段分别控制，如输入端a输入高电平就点亮该段；共阳数码管的八段发光二极管的阳极连接在一起，阴极对应各段分别控制，如输入端a输入低电平就点亮该段，因此通过控制各段的电平就可以点亮数码管的各段，从而显示不同的数字。以共阳数码管为例，公共端接地，具体各段编码如表11.3.2所示，其中dp代表小数点。

表 11.3.2　共阳极数码管显示编码

显示	a	b	c	d	e	f	g	dp	十六进制
0	0	0	0	0	0	0	1	1	03
1	1	0	0	1	1	1	1	1	9F
2	0	0	1	0	0	1	0	1	25
3	0	0	0	0	1	1	0	1	0D
4	1	0	0	1	1	0	0	1	99
5	0	1	0	0	1	0	0	1	49
6	0	1	0	0	0	0	0	1	41
7	0	0	0	1	1	1	1	1	1F
8	0	0	0	0	0	0	0	1	01
9	0	0	0	0	1	0	0	1	09
A	0	0	0	1	0	0	0	1	11
B	1	1	0	0	0	0	0	1	C1
C	0	1	1	0	0	0	1	1	63
D	1	0	0	0	0	1	0	1	85
E	0	0	1	0	0	0	0	1	21
F	0	1	1	1	0	0	0	1	71

例 11.3.5 需要两位数码管分别显示计数结果的个位和十位，即需要在计数电路的基础上增加显示模块，用于控制数码管的显示，其连接示意图如图 11.3.1 所示。其中 dig0 和 dig1 作为位选信号分别连接在数码管 1 和数码管 2 的公共脚上，用于控制是否选中该数码管。以共阳数码管为例，当 dig0 取值为“1”时，数码管 1 被选中，可以工作，此时根据段选信号seg[7..0]的取值就可以确定数码管 1 上显示的数字。当 dig1 取值为“1”时，数码管 2 被选中，根据段选信号 seg[7..0]确定数码管 2 上显示的数字。由于两位数码管的段选端口都是连接到同一段选信号 seg 上的，因此，如果位选信号 dig0 和 dig1 同时取值为“1”，两个数码管将显示相同的数字，不能分别显示计数结果的个位和十位，所以要使数码管显示不同的数字就只有轮流选中不同的数码管，依次显示数字。时钟信号 clk_s 是数码管的扫描时钟，根据 clk_s 的不同频率，两个数码管以不同的速度轮流显示。尽管实际上两个数码管并非同时点亮，但只要扫描的速度足够快，利用发光二极管的余辉和人眼的视觉暂留作用，就能使人感觉数码管同时在显示，这就是数码管的动态显示。例 11.3.6 是两位数码管动态扫描显示

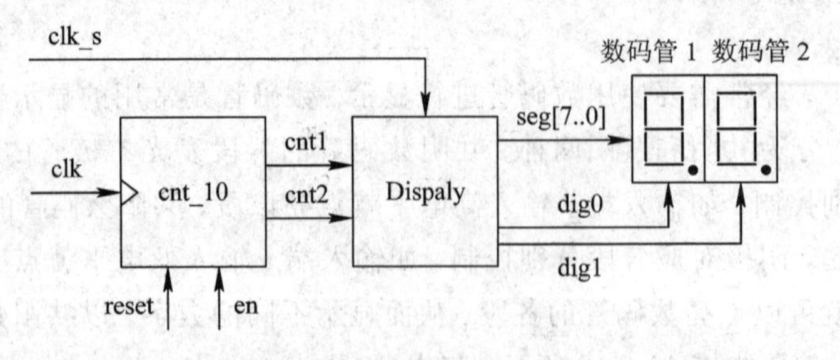

图 11.3.1　两位计数器数码管显示连接示意图

和译码的示例。

例 11.3.6　两位数码管动态扫描显示和译码示例。

```
LIBRARY ieee;
USE ieee.std_logic_1164.all;
ENTITY display IS
    PORT( clk_s          :  IN   STD_LOGIC; --动态扫描时钟，决定扫描频率
          data1, data2   :  IN   STD_LOGIC_VECTOR(3 DOWNTO 0); --计数结果输入
          dig            : OUT STD_LOGIC_VECTOR( 1 DOWNTO 0);
                                   --数码管位选控制信号
          seg            : OUT STD_LOGIC_VECTOR(? DOWNTO 0));
                                   --数码管段选控制信号
END;
ARCHITECTURE bhv of display IS
    SIGNAL cnt    : STD_LOGIC; --扫描信号
SIGNAL d          : STD_LOGIC_VECTOR(3 DOWNTO 0); --计数数据暂存信号
BEGIN
    p0: PROCESS(clk_s)
    BEGIN
        IF clk_s'EVENT AND clk_s = '1' THEN cnt <= NOT cnt;
        END IF;
    END PROCESS p0;
    p1: PROCESS(cnt)
    BEGIN
        CASE cnt IS
            WHEN '0' => dig <="10"; d <= data1;    --选中数码管 1 时，显示个位数据
            WHEN '1' => dig <="10"; d <= data2;    --选中数码管 2 时，显示十位数据
        END CASE;
    END PROCESS p1,
    p2: PROCESS(d)        --译码电路
    BEGIN
        CASE d IS
            WHEN "0000" => seg <= "11000000";
            WHEN "0001" => seg <= "11111001";
            WHEN "0010" => seg <= "10100100";
            WHEN "0011" => seg <= "10110000";
            WHEN "0100" => seg <= "10010010";
            WHEN "0101" => seg <= "01001001";
            WHEN "0110" => seg <= "10000010";
            WHEN "0110" => seg <= "11111000";
            WHEN "1000" => seg <= "10000000";
            WHEN "1001" => seg <= "10010000";
            WHEN OTHERS => seg <= "11111111";
        END CASE;
    END PROCESS p2;
```

```
END;
```

将例 11.3.4、例 11.3.5 和例 11.3.6 作为底层元件，则顶层例化见例 11.3.7。

例 11.3.7　顶层例化示例。

```
LIBRARY ieee;
USE ieee.std_logic_1164.all;
ENTITY counter IS
    PORT (clk        : IN   STD_LOGIC;
          en, reset  : IN   STD_LOGIC;
          seg        : OUT  STD_LOGIC_VECTOR(7 DOWNTO 0);
          dig        : OUT  STD_LOGIC_VECTOR(1 DOWNTO 0));
END;
ARCHITECTURE construct OF counter IS
    ENTITY clk_div IS    --分频电路
    GENERIC( n1: INTEGER :=9;
             n2: INTEGER :=6;
             len: INTEGER :=15);
    PORT( clk: IN    STD_LOGIC;
          clkout: OUT  STD_LOG1C);
    END;
        COMPONENT cnt_10        --声明 cnt_10
            PORT( clk, en , reset : IN    STD_LOGIC;
                  cnt1, cnt2      : OUT   STD_LOGIC_VECTOR(3 DOWNTO 0));
            END COMPONENT;
            COMPONENT display        --声明 display
                PORT( clk_s          :  IN    STD_LOGIC;
                      data1, data2   :  IN    STD_LOGIC_VECTOR(3 DOWNTO 0);
                      dig            :  OUT   STD_LOGIC_VECTOR(1 DOWNTO 0);
                      seg            :  OUT   STD_LOGIC_VECTOR(7 DOWNTO 0));
    END COMPONENT;
    SIGNAL clk_c1, clk_c2, clk_c3 : STD_LOGIC;
    SIGNAL x, y: STD_LOGIC_VECTOR(3 DOWNTO 0);
BEGIN
    u1: clk_div PORT MAP(clk=>clk, clkout=>clk_c1);
    u2: clk_div PORT MAP(clk=>clk_c1, clkout=>clk_c2);
    u3: clk_div PORT MAP(clk=>clk_c2, clkout=>clk_c3);
    u4: cnt_10 PORT MAP(clk=>clk_c3, en=>en, reset=>reset, cntl=>x, cnt2=>y);
    u5: display PORT MAP(clk_s=>clk, datal=>x, data2=>y , dig=>dig, seg =>seg);
END;
```

整个电路只有一个外部主时钟 clk，经过调用分频程序 clk_div 实现 1k 分频，作为计数的时钟。主时钟作为显示的动态扫描时钟。

本章小结

使用 VHDL 语言描述系统硬件行为时，可以将基本语句分为顺序语句和并行语句，这些语句能够完整地描述数字系统的硬件结构和逻辑功能。

组合逻辑电路是一种不含存储元件的电路，其输出完全由输入决定。常见的组合逻辑电路包括三态门电路、编码器、译码器、多路选择器和全加器等。本章通过组合逻辑电路设计的实例让读者深入理解使用 VHDL 设计逻辑电路的具体步骤和方法。

时序逻辑电路的输出不仅和输入有关，还与电路当前的状态有关，即时序逻辑电路具有记忆功能。时序逻辑电路的主要特征是时钟信号的驱动，即电路的各个状态在时钟的节拍下变化。

思考题与习题

11.1 VHDL 中的语句可以分为哪两类？它们有什么特点？

11.2 进程有哪两种状态？敏感信号的选择有什么样的要求？

11.3 描述时钟信号的上升沿和下降沿有多种不同的方法，请至少给出三种方法。

11.4 为什么说一条并行信号赋值语句可以等效为一个进程？如何启动并行信号赋值语句的执行？

11.5 下面的 VHDL 代码有什么错误？在不改变其功能的基础上，改正错误。

```
q<=a WHEN sel='0' ELSE
     b WHEN sel='1';
```

11.6 在 VHDL 设计中，复位时序电路有两种不同的方法，它们是什么？如何实现？

11.7 IF 语句有哪几种形式？不完整 IF 语句有什么特点？

11.8 在 CASE 语句中，什么情况下可以不加 WHEN OTHERS 子句？什么情况下一定要加？

11.9 比较 IF 语句和 CASE 语句的异同。

11.10 比较 IF 语句和 WHEN/ELSE 语句的异同。

11.11 比较 CASE 语句和 WITH/SELECT/WHEN 语句的异同。

11.12 设计一个带有异步清零信号和同步使能信号的四位二进制计数器。

11.13 设计一个带有异步清零信号的可控二进制计数器。当控制信号 ctl 取值为“1”时，进行加法计数；反之，进行减法计数。

11.14 同步计数器和异步计数器在设计时有哪些区别？试用一个六进制计数器和一个十进制计数器构成一个六十进制同步计数器。

第 12 章　Quartus 软件及仿真测试平台

内容提要： 本章以一个简单的实例，简洁地介绍使用 Quartus prime 18.1 完成整个系统的全过程。

学习提示： 随着软件版本不断更新，应用 Quartus 软件创建工程、仿真测试、适配下载及硬件验证的操作方式也略有变化。

12.1　工程与实体

本节以可用数码管显示的十进制计数器为例，介绍采用 Quartus prime 18.1 创建工程的相关过程。

1. 创建工程

首先启动 Quartus prime 18.1 软件，进入工作界面，选择 File→New Project Wizard，在如图 12.1.1 所示的对话框中选择工程保存目录以及工程名称，如图 12.1.2 所示，本例目录为 D:/intelFPGA_lite/18.1/workspace/CNT10（建议为每个工程建立单独的文件夹保存）。之后可在图 12.1.3 所示的对话框中选择使用的硬件型号，这里可以先按照默认器件不作修改，之后可在 Assignments→Device 下随时更改。最后点击“Finish”按钮完成创建工程。

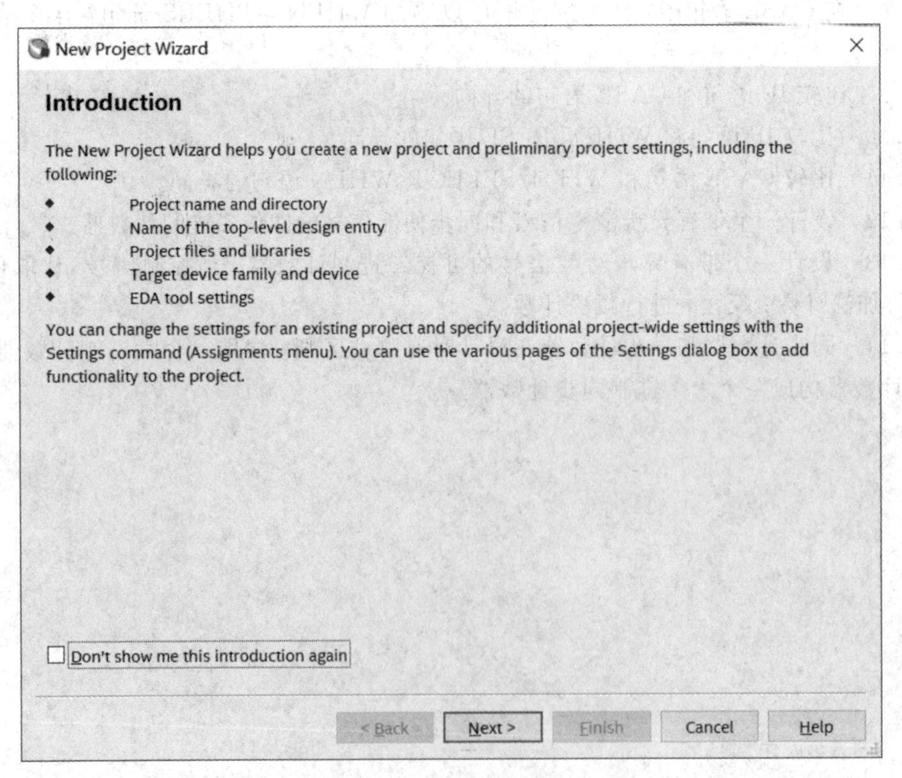

图 12.1.1　创建工程对话框(1)

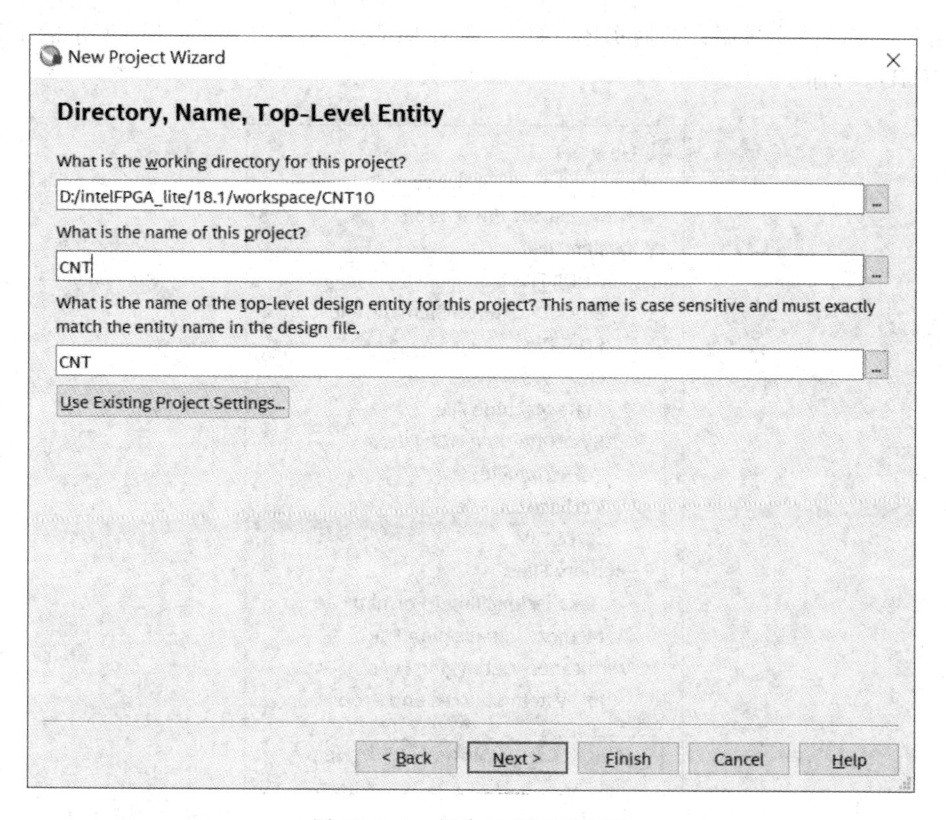

图 12.1.2　创建工程对话框(2)

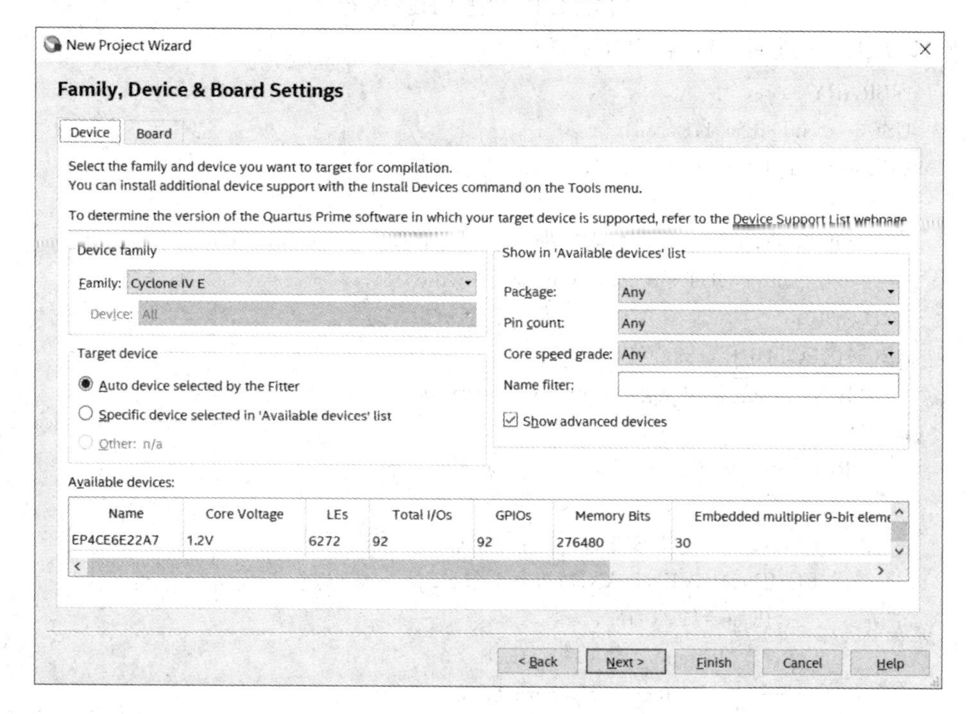

图 12.1.3　创建工程对话框(3)

2. 添加底层实体

选择菜单 File→New 弹出对话框，在“Design Files”下选择“VHDL File”新建 VHDL 文

件，用于建立新的十进制计数器实体，如图 12.1.4 所示。添加如例 12.1.1 所示的十进制计数器 VHDL 程序。

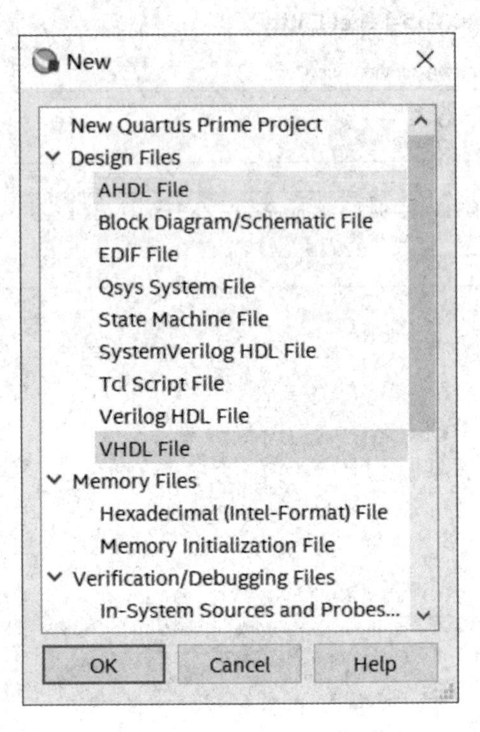

图 12.1.4　新建 VHDL 文件

例 12.1.1　十进制计数器 VHDL 程序。

```
LIBRARY ieee；
USE ieee.std_logic_1164.all；
USE ieee.std_logic_unsigned.all；
ENTITY cnt10 IS
    PORT(clk，en，reset：IN std_logic；
         cnt ：OUT std_logic_vector(3 downto 0))；
END cnt10；
ARCHITECTURE behav OF cnt10 IS
    SIGNAL temp：std_logic_vector(3 downto 0)；
BEGIN
    PROCESS(clk，reset)
    BEGIN
        IF reset='1' THEN temp<="0000"；
        ELSIF clk'EVENT AND clk='1' THEN
            IF en='1' THEN
                IF temp<"1001" THEN
                    temp<=temp+1；
                ELSE temp<="0000"；
                END IF；
            END IF；
        END IF；
```

```
    END PROCESS;
    cnt<=temp;
END behav;
```

保存时一定注意保存的文件名必须与实体名称一致。之后同样地，新建另一个 VHDL 文件，用于新建将计数器计数结果转化为可用于数码管显示的译码器实体，VHDL 程序如例 12.1.2 所示。

例 12.1.2　译码器实体 VHDL 程序。

```
LIBRARY ieee;
USE ieee.std_logic_1164.all;
USE ieee.std_logic_unsigned.all;
ENTITY decoder IS
    PORT(data : IN std_logic_vector(3 downto 0);          --输入要显示的计数结果
         seg  : OUT std_logic_vector(7 downto 0));        --段选输出
END decoder;
ARCHITECTURE behav OF decoder IS
BEGIN
    PROCESS(data)
    BEGIN
        CASE data IS
            WHEN "0000" => seg<="00111111";               --显示字符 0
            WHEN "0001" => seg<="00000110";               --显示字符 1
            WHEN "0010" => seg<="01011011";               --显示字符 2
            WHEN "0011" => seg<="01001111";               --显示字符 3
            WHEN "0100" => seg<="01100110";               --显示字符 4
            WHEN "0101" => seg<="01101101";               --显示字符 5
            WHEN "0110" => seg<="01111101";               --显示字符 6
            WHEN "0111" => seg<="00000111";               --显示字符 7
            WHEN "1000" => seg<="01111111";               --显示字符 8
            WHEN "1001" => seg<="01101111";               --显示字符 9
            WHEN others => seg<="00000000";               --其他数据时不显示
        END CASE;
    END PROCESS;
END behav;
```

3. 创建顶层实体

当保存好计数器与译码器之后，需要用顶层实体将两者连接起来。这里有两种方式，一种是用 VHDL 的元件例化语句实现，另一种则是用原理图连接的方式完成。下面将对两种方法分别介绍。

1）元件例化实现

新建 VHDL 文件，添加例 12.1.3 所示 VHDL 程序，并保存顶层实体。

例 12.1.3　新建 VHDL 文件程序。

```
LIBRARY ieee;
USE ieee.std_logic_1164.all;
```

```
ENTITY CNT IS
    PORT(clk, en, reset : IN std_logic;
         seg   : OUT std_logic_vector(7 downto 0));
END CNT;
ARCHITECTURE behav OF CNT IS
    COMPONENT cnt10
        PORT(clk, en, reset : IN std_logic;
             cnt   : OUT std_logic_vector(3 downto 0));
        END COMPONENT;
        COMPONENT decoder IS
            PORT(data : IN std_logic_vector(3 downto 0);
                 seg   : OUT std_logic_vector(7 downto 0));
        END COMPONENT;
        SIGNAL temp:std_logic_vector(3 downto 0);
BEGIN
    u1:cnt10 PORT MAP (clk, en, reset, temp);
    u2:decoder PORT MAP (temp, seg);
END behav;
```

之后通过菜单 Processing→Start Compilation 或菜单栏快捷栏中的对应按钮对工程进行编译，编译成功后可以看到工程以及下属包含的实体信息，如图 12.1.5 和图 12.1.6 所示。

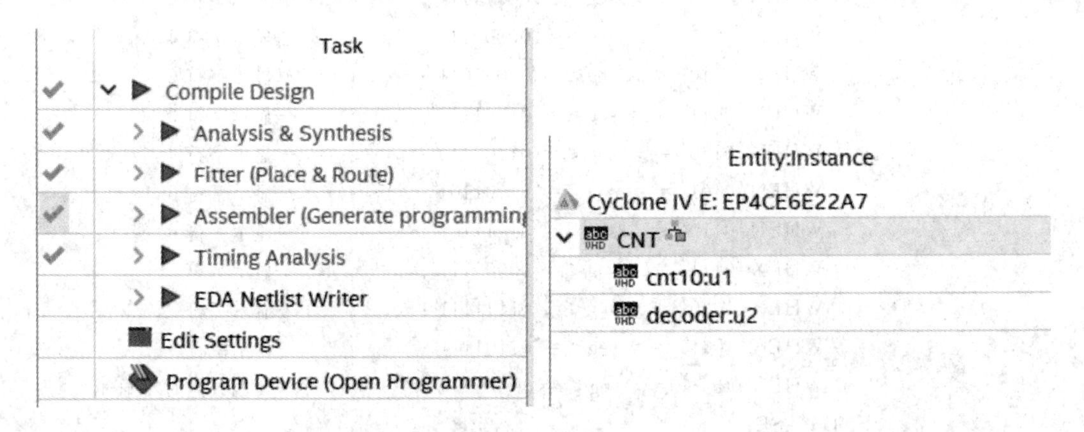

图 12.1.5　编译成功　　　　图 12.1.6　工程及包含的实体信息

2) 原理图实现

为了构造顶层原理图，我们先要将前面完成的两个实体 cnt10 和 decoder 分别生成对应的元件图。选中对应的实体文件，在菜单中选中 File→Create/Update→Create symbol Files for Current File，则会生成当前文件所对应的元件图。之后，选择菜单 File→New，在弹出的“Design Files”菜单下选择“Block Diagram/Schematic File”新建原理图文件，如图 12.1.7 所示。

在生成的原理图文件中双击空白处或单击该页面内子菜单中的“Symbol Tool”即可添加元件，如图 12.1.8 所示，可以在工程菜单下找到前面生成的新元件。此外，如果需要添加其他端口、门电路以及常见的中小规模集成电路，均可在下面的系统元件库中找到，这里就不一一介绍了。

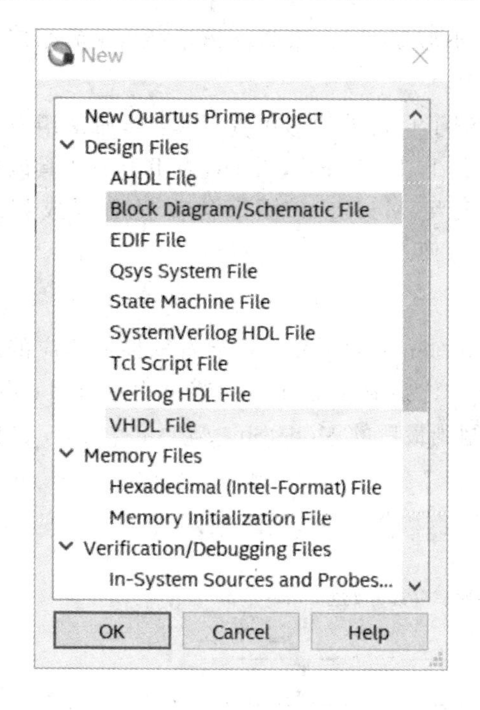

图 12.1.7　新建原理图文件

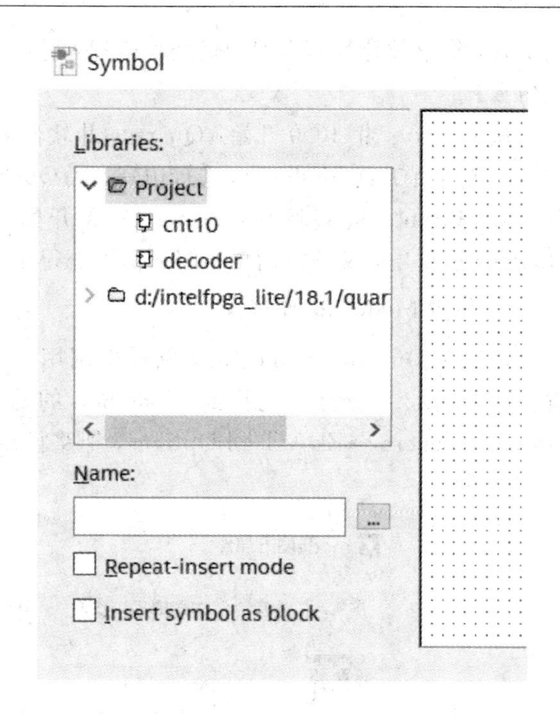

图 12.1.8　添加元件

可以看到，十进制计数器和译码器的元件图分别如图 12.1.9 和图 12.1.10 所示。

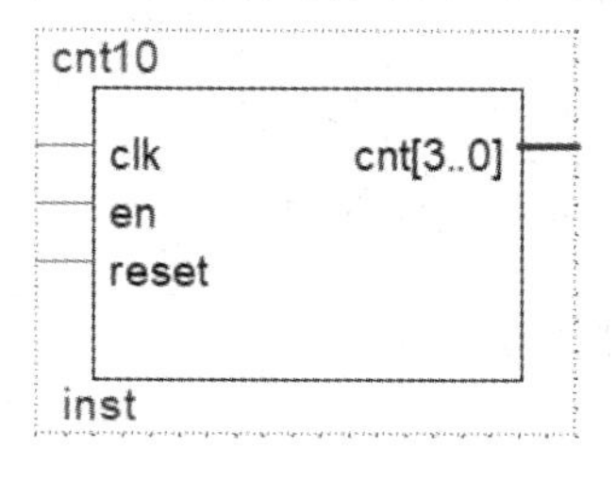

图 12.1.9　十进制计数器元件图

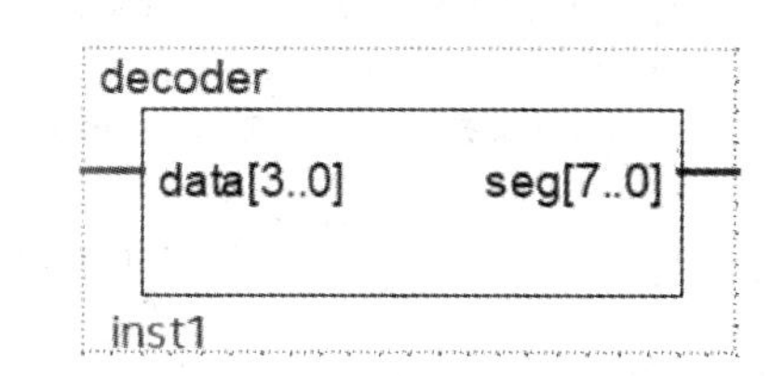

图 12.1.10　译码器元件图

添加外部输入和输出端口，将对应端口连接即可由原理图生成顶层文件，如图 12.1.11 所示。

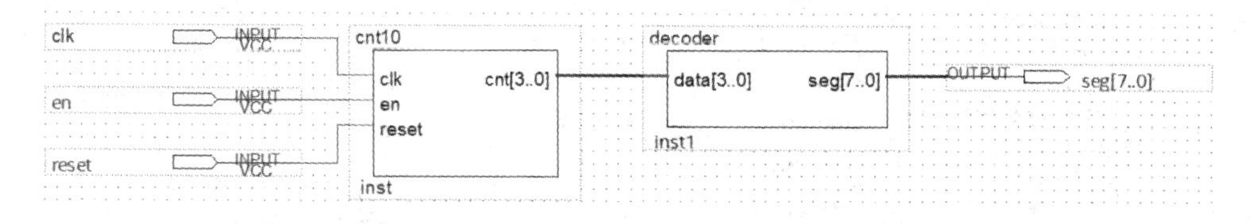

图 12.1.11　十进制计数器顶层电路原理图

12.2　仿真测试

在 EDA 设计中，验证设计的正确性是相当重要的步骤。常用的仿真方式有两种：一种是搭建测试平台(Test Bench)，通过施加激励信号观察输出响应，从而判断被测设计模型的逻辑功能和时序关系是否正确，适用于大型设计项目的验证测试；另一种是直接通过图形界面仿真，简单便捷且不需要记忆命令语句，适用于小型项目。本节将介绍相对简单的图形界面仿真。

从 Quartus Ⅱ 10.0 开始，Quartus Ⅱ软件取消了自带的波形仿真工具，转而采用专业的第三方仿真工具 ModelSim 进行仿真；从 Quartus Ⅱ 15.1 开始，Quartus Ⅱ开发工具改成 Quartus Prime；从 Quartus Prime 18.0 开始，又将 ModelSim 图形仿真界面集成到了 Quartus 软件中，又使得简单的图形仿真变得十分方便。

1. 设置 ModelSim 路径

首先在 Quartus Prime 18.1 软件中调用 ModelSim 软件功能，然后对软件做相应的配置。如图 12.2.1 所示，先找到 ModelSim 的路径，之后在 Quartus 的菜单中选择 Tool→Option→General→EDA Tool Options，把路径复制到最后的 ModelSim-Altera 一栏中，如图 12.2.2 所示。

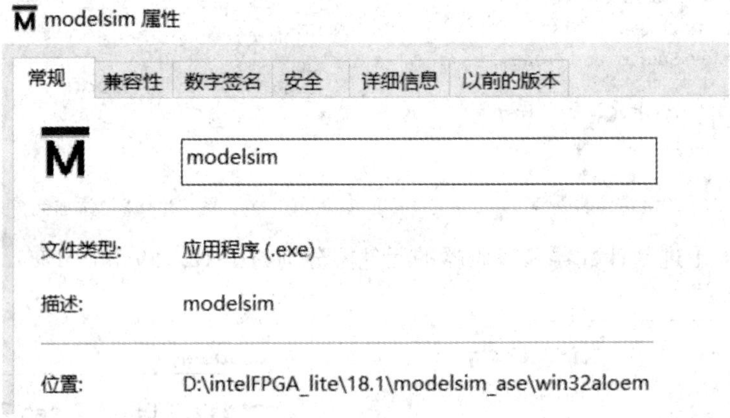

图 12.2.1　ModelSim 路径图

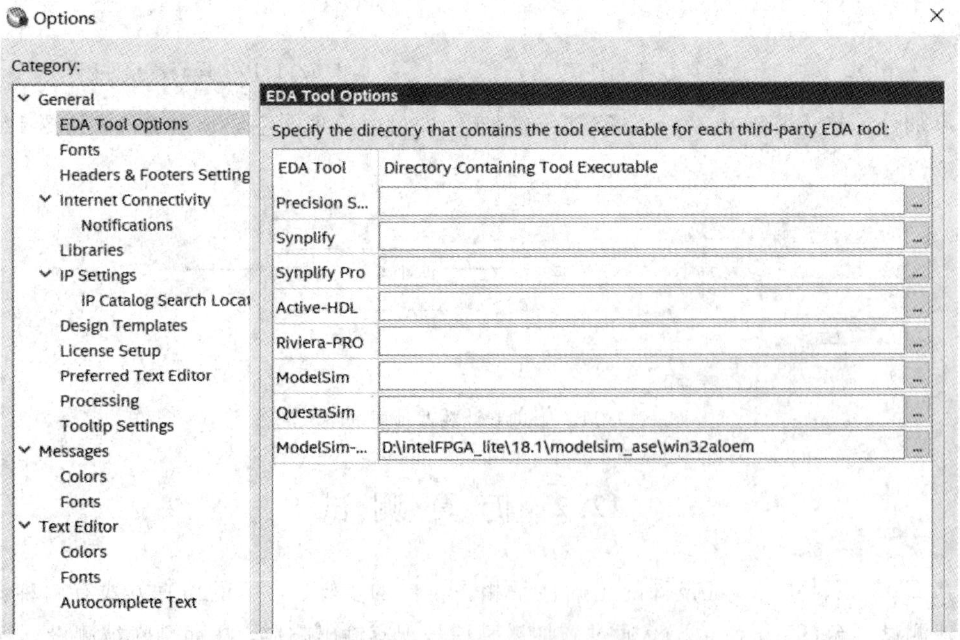

图 12.2.2　Quartus 中仿真路径设置

2. 功能仿真

现在就可以对上节的工程进行仿真验证了。首先对底层实体进行功能仿真，例如验证十进制计数器的逻辑功能。由于图形界面仿真每次只能识别顶层端口，因此需要先选中十进制计数器实体文件，点击菜单 Project→Sct as Top-Level Entity 将计数器实体设定为工程的顶层实体，重新编译工程。

待编译完成后选择菜单“File”→“New”，在弹出的菜单“Verification/Debugging Files”下选择“University Program VWF”新建波形图文件，如图 12.2.3 所示。之后点击新弹出的波形图文件的菜单 Edit→Insert→Insert Node or Bus，或直接双击窗口左侧的空白处，均会弹出添加端口或总线的窗口，如图 12.2.4 所示。

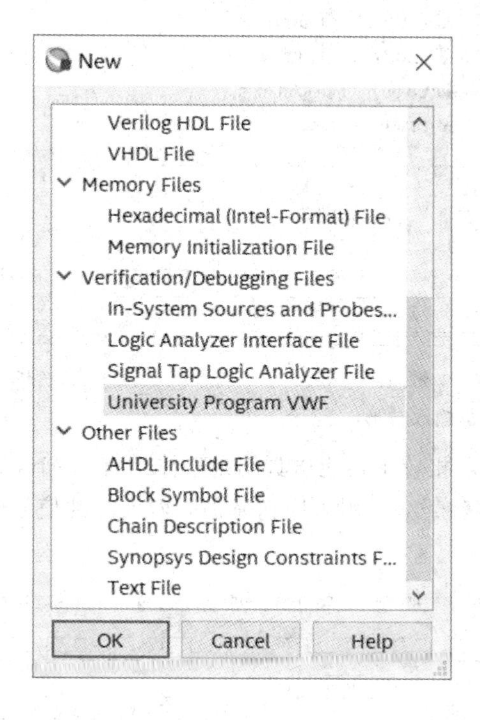

图 12.2.3　新建仿真波形文件

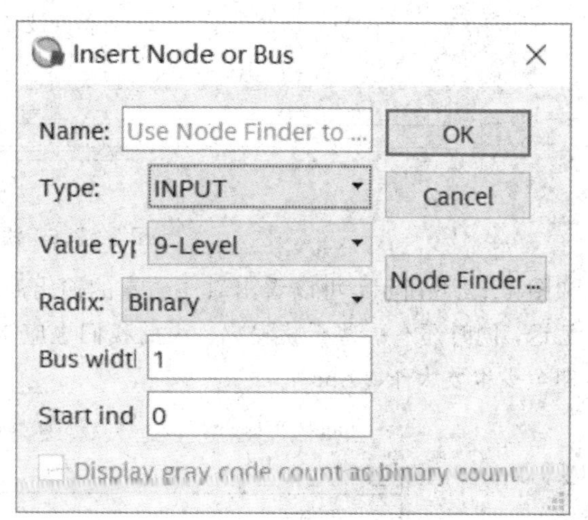

图 12.2.4　添加端口或总线窗口

此时，可以手动输入并选择端口类型以及数据显示方式等添加实体中的端口，也可以点击右侧的“Node Finder”按钮，在弹出的窗口中点“List”按钮就可显示出当前工程顶层实体中的所有端口，并可将其加入波形文件，如图 12.2.5 所示。如果除了输出波形以外还想观察中间信号或变量的变化波形，将串口中的“Pins: all”改为“Pins: all & Registers port-fitting”重新列出添加即可。

之后按需要给波形文件中的输入端口添加输入波形，如图 12.2.6 所示。若仿真波形默认的仿真时长不足，可以在菜单 Edit→Set End Time 中修改，将完成的仿真波形保存后即可仿真。

运行仿真的方式有两种，在菜单“Simulation”下分别是运行功能仿真 Run Functional Simulation 和运行时序仿真 Run Timing Simulation。简单而言，功能仿真时认为所有器件均是理想器件，仿真结果仅反映对应实体中的逻辑功能，不考虑延迟等影响；而时序仿真在仿真逻辑功能的同时还会考虑器件的延迟信息，更接近于实际系统，其仿真结果如图 12.2.7

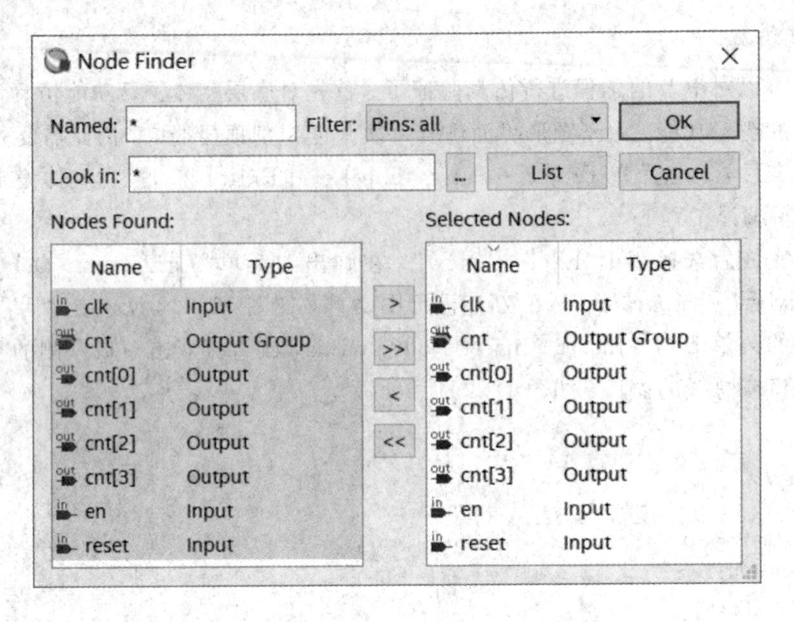

图 12.2.5　仿真波形文件添加实体端口

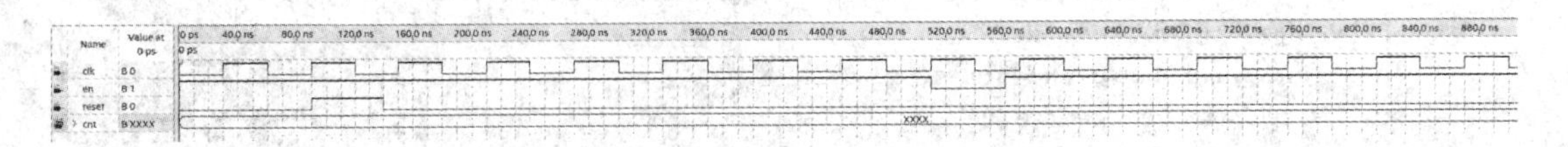

图 12.2.6　添加输入波形

和图 12.2.8 所示，可以看出时序仿真的输出波形相较于功能仿真结果整体约有 7～10 ns 的延迟，同时还有一些干扰输出。由此我们也应当注意，采用时序仿真时，输入时钟信号的周期至少也要大于 20 ns。

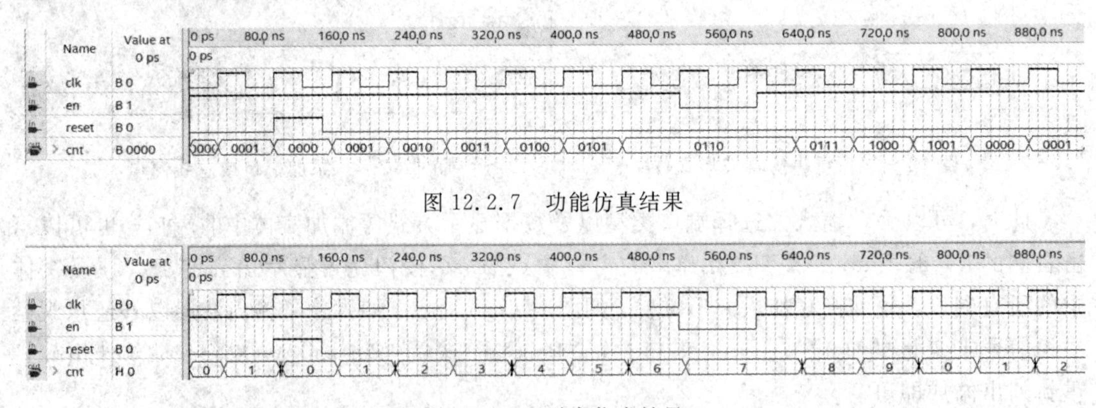

图 12.2.7　功能仿真结果

图 12.2.8　时序仿真结果

有时候二进制输出结果看起来不那么清晰，还可以修改端口显示方式。右键点击端口选择“Properties”在弹出的窗口中修改，例如将上例输出端口从二进制改为十进制显示，其仿真结果如图 12.2.9 所示。该方法既可以直接修改波形文件，也可以在仿真结果文件中修改。

如果要对其他实体进行仿真，同样需要选中待仿真的实体文件，将其设置为顶层实体，重新编译整个工程，之后新建波形文件并重复上述操作即可。

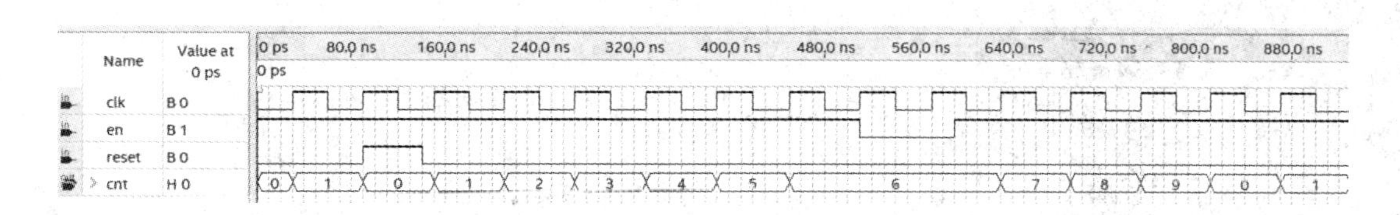

图 12.2.9　十进制输出仿真结果

12.3　适 配 下 载

当完成了工程的仿真验证，并确认功能无误之后，就可以将工程下载到 FPGA 芯片中进行硬件验证了。首先要为工程选择与现有芯片相同的器件，在 Quartus 软件菜单 Assignment→Device 中选择，例如 Cyclone Ⅳ 系列的 EP4CE10E22C8 芯片，如图 12.3.1 所示。

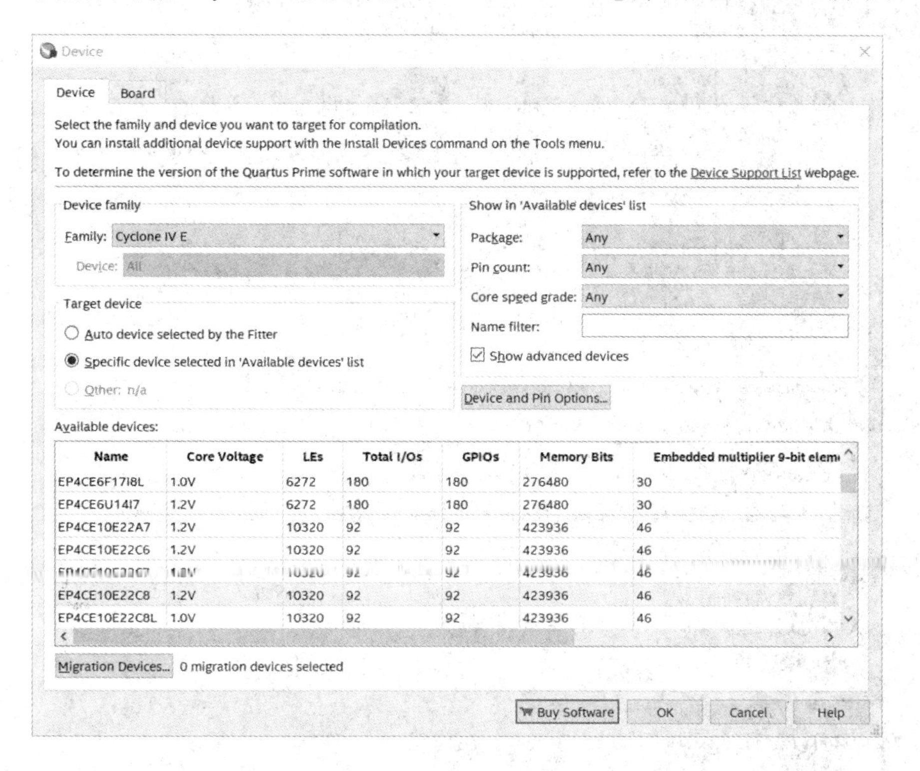

图 12.3.1　设备硬件选择

其次，同样要确认此时已经将工程的顶层文件设置为顶层实体，并且已经完成编译。选择菜单 Assignment→Pin Planner，在弹出的窗口中按照类型为顶层的各个端口分配硬件管脚，如图 12.3.2 所示，具体的管脚分配规则根据不同的器件均有所不同，这里就不一一介绍了。管脚分配完成之后，仍需要重新编译工程，从而生成管脚分配文件。同时，在硬件端按照同样的管脚连接外部电路，并将设备通过 USB 与计算机相连，此处略过。

最后，在 Quartus 菜单下选择 Tools→Programmer，如图 12.3.3 所示，当设备连接好时，“Hardware Setup”会显示 USB-Blaster，此时勾选当前工程的配置文件并点击“Start”按钮即可。

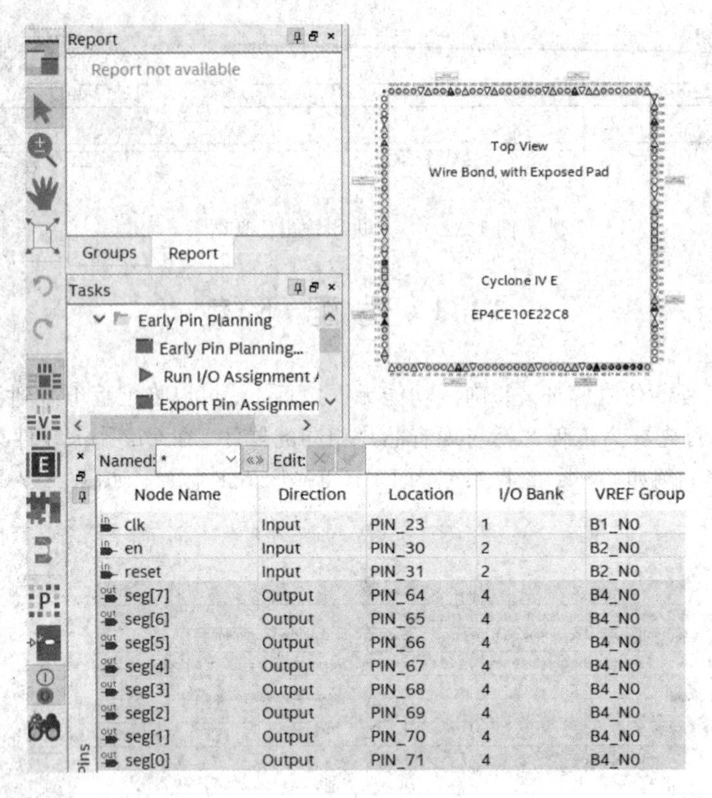

图 12.3.2　管脚分配

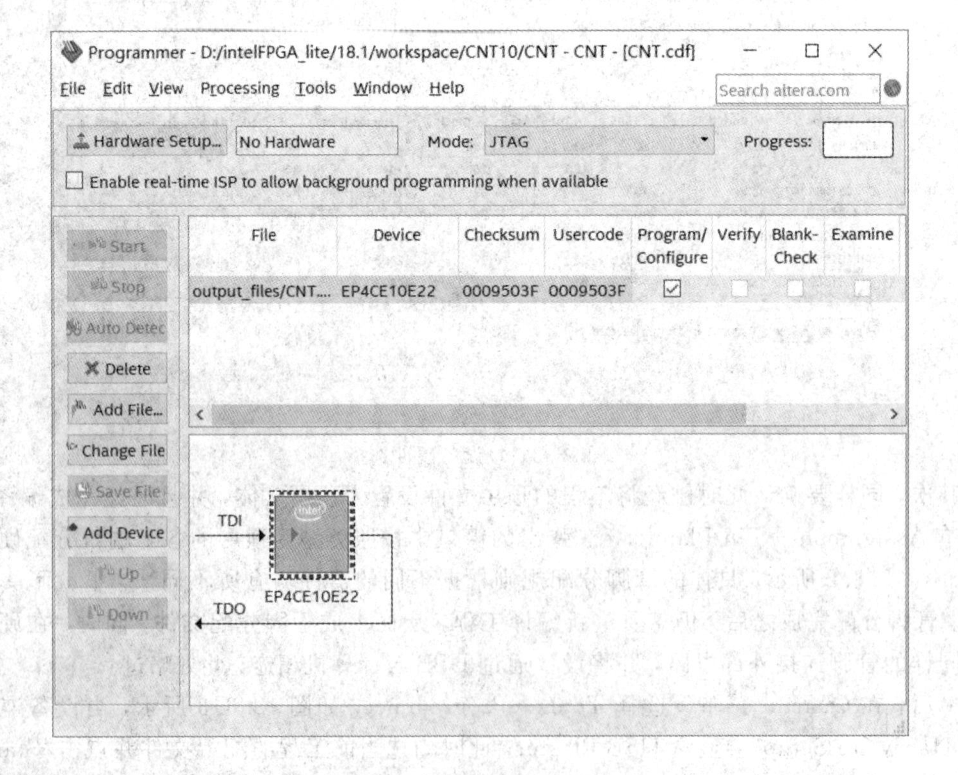

图 12.3.3　硬件适配下载

本章小结

启动 Quartus prime 18.1 软件，进入工作界面，选择 File→New Project Wizard，在对话框中选择工程保存目录以及工程名称，完成创建工程。

在 EDA 设计中，验证设计的正确性是相当重要的步骤。直接通过图形界面仿真，操作简单、便捷且不需要记忆命令语句，适用于小型项目。

当完成了工程的仿真验证，确认功能无误之后，就可以将工程下载到 FPGA 芯片中进行硬件验证。

参 考 文 献

[1] 阎石. 数字电子技术基础. 4 版. 北京：高等教育出版社，1999.
[2] 康华光. 电子技术基础(数字部分). 4 版. 北京：高等教育出版社，2000.
[3] 张克农. 数字电子技术基础. 北京：高等教育出版社，2003.
[4] [美]托兹，等. 数字系统原理与应用. 林涛，梁宝娟，杨照辉，等，译. 北京：电子工业出版社，2005.
[5] 杨颂华，冯毛官，孙万蓉，等. 数字电子技术基础. 西安：西安电子科技大学出版社，2000.
[6] 刘宝琴. 数字电路与系统. 北京：清华大学出版社，2003.
[7] 金西. VHDL 与复杂数字系统设计. 西安：西安电子科技大学出版社，2003.
[8] VOLNEI A P. VHDL 数字电路设计教程. 北京：电子工业出版社，2007.
[9] 王永军. 数字逻辑与数字系统. 2 版. 北京：电子工业出版社，2002.
[10] 杨刚. 现代电子技术：VHDL 与数字系统设计. 北京：电子工业出版社，2004.